ANALYTISCHE

GEOMETRIE

VON

DR RICHARD BALTZER

PROFESSOR AN DER UNIVERSITÄT GIESSEN, MITGLIED DER K. SÄCHS.
GESELLSCHAFT DER WISSENSCHAFTEN ZU LEIPZIG

MIT 65 HOLZSCHNITTEN.

LEIPZIG

VERLAG VON S. HIRZEL

1882

Druck von Hundertstund & Pries in Leipzig.

Vorrede.

Das vorliegende Buch enthält die algebraischen Grundlagen der analytischen Geometrie. Nur gelegentlich werden die Infinitesimalbetrachtungen berührt, aus denen ein ergänzender Theil analytischer Geometrie entspringt, welcher als Differentialgeometrie bezeichnet werden kann. Da die analytische Geometrie auf der Einführung von 1, 2, 3 Coordinaten eines Punctes im Raum von 1, 2, 3 Dimensionen beruht, und da ein Punct durch ebensoviel Gleichungen für seine Coordinaten bestimmt wird, so kann ein bestimmter Punct (und ein bestimmender) auch nicht real sein. Den nicht realen Puncten war daher wie den nicht realen Wurzeln einer Gleichung ohne Weiteres die Wirklichkeit (Wirksamkeit) einzuräumen. Dasselbe gilt von andern räumlichen Elementen, deren Coordinaten durch Gleichungen bestimmt werden. Namentlich sind es die Coordinaten einer Strecke und einer Richtung, einer Planfigur (area) und einer Stellung, welche sich als nützlich erweisen, ebenso wie die Coordinaten der Gleichungen und der Systeme von Gleichungen, welche als Coordinaten von Linien und Flächen seit längerer Zeit gebraucht werden.

Die unendliche Mannigfaltigkeit, welcher ein 1fach, 2fach, 3fach, .. unbestimmtes Element angehört, habe ich um der Kürze willen eine Serie, Doppelserie, Tripelserie, . . von Elementen genannt. Auch habe ich mir erlaubt, den Puncten einer Linie, den Linien einer Fläche sprachlich gegenüberzustellen die Linien eines Punctes, die Flächen einer Linie, welche den Punct, die Linie enthalten. Den Ausdruck Singularität einer Linie beschränke ich auf die Eigenschaften, in welchen die Linie von andern Linien derselben Ordnung Abweichungen zeigt; die Linien einer Ordnung haben demgemäss verschiedene Grade von Singularität. Bei Feststellung der Terminologie wurde den internationalen Ausdrücken der Vorzug gegeben.

Ueber die behandelten Materien giebt das ausführliche Inhaltsverzeichniss Nachricht. Theilnehmender Beachtung empfehle ich die Anordnung des gesammten Materials und dessen Gruppirung im Einzelnen; insbesondere die Anwendungen des Newtonschen Parallelogramms, die Bestimmung der gemeinschaftlichen Puncte von zwei Linien, den Weg, auf welchem die Species der Linien und Flächen zweiter Ordnung bestimmt werden.

Mit der Darlegung des Inhalts, welchen die analytische Geometrie bisher gewonnen hat, habe ich zugleich eine Geschichte dieser Wissenschaft verbunden durch Anführung der Autoren, welchen man die einzelnen Sätze, Methoden, Ausdrücke verdankt, oder durch Anführung von Quellen, welche hierüber Auskunft geben. Es ist mir aufgefallen, dass das ruhmreiche 17te Jahrhundert genauer an die griechische Mathematik anknüpft, als die Berichte unsrer Historiker erkennen lassen. Der Gebrauch der Coordinaten ist eine Erfindung der alten Zeit; der neuern Zeit war es vorbehalten, die von den Griechen gebrauchten Gleichungen der Kegelschnitte und andrer Linien übersichtlicher zu schreiben unter Anwendung der Buchstabenrechnung, welche seit dem 15ten Jahrhundert entwickelt wurde, und erst nach Einführung der arabisch-indischen Zahlenrechnung entwickelt werden konnte. Ich verweise hierüber auf §§. 19 und 25 dieses Buches, sowie auf meine vorläufige Mittheilung, welche in Hultsch's Ausgabe der Pappusschen Sammlung 1878 p. 1231 enthalten ist.

Inhalt.

Geometrie des Raumes von einer Dimension.

Cap. I. Die Puncte einer Geraden.

Geometrie des Raumes von zwei Dimensionen.

Cap. II. Winkel, Flächen, Projectionen.

Cap. III. Coordinaten eines Punctes der Ebene.

Cap. IV. Gleichungen von Linien.

Cap. V. Die Gerade.

Cap. VI. Die Linien 2ter Ordnung.

Cap. VII. Die Linien *n*ter Ordnung.

Geometrie des Raumes von drei Dimensionen.

Cap. VIII. Puncte, Strecken, Polygone, Tetraeder.

Cap. IX. Die Gerade und die Ebene.

Cap. X. Flächen und Linien.

Cap. XI. Die Flächen 2ter Ordnung.

Capitel I.

Die Puncte einer Geraden.

Geometrie des Raumes von einer Dimension.

§. 1. Abscissen der Puncte einer Geraden.

1. Die Gerade wird durch einen auf ihr gegebenen Punct O in 2 Schenkel (Strahlen) getheilt. Der Punct A eines Schenkels wird durch die Strecke OA bestimmt, d. h. nach mathematischem Gebrauch durch die Zahl x, welche das Verhältniss von OA zur Längeneinheit ausdrückt. Die Strecke $OA = x$ wird die Abscisse des Punctes A in Bezug auf den Anfang O (origo, Nullpunct) genannt. Die Abscisse des Anfangs ist null. Wenn A rückwärts über den Anfang auf den entgegengesetzten Schenkel geht, so geht die Abscisse x abnehmend aus dem Positiven ins Negative. Zwischen 2 Puncten von conträren Abscissen x und $-x$ liegt der Nullpunct in der Mitte.

Die Richtung der Geraden vom Nullpunct nach einem Punct mit positiver Abscisse heisst die positive Richtung der Geraden, und wird angezeigt durch eine der Geraden angesetzte Pfeilspitze oder dadurch, dass man auf einer Fläche, welche die Gerade enthält, das eine (linke) Ufer eines in der Geraden fliessenden Stromes bezeichnet. Planim. §. 9, 10.

2. Wenn die Gerade mit ihrem Nullpunct O und der positiven Richtung gegeben ist, so wird der Punct A durch seine Abscisse x eindeutig bestimmt. Nicht-realen Abscissen entsprechen nicht-reale (imaginäre) Puncte (von algebraischer, nicht geometrischer Existenz). Allen Abscissen entspricht eine Serie (Schaar, einfach-unendliche Mannigfaltigkeit) realer Puncte der Geraden; zu jedem realen Punct gehört eine Serie imaginärer Puncte der Geraden.

Durch eine Gleichung $n$ten Grades für x ist ein Punct der Geraden $n$deutig bestimmt. Die entsprechenden n Puncte bilden eine Gruppe von n conjugirten Puncten; die Gleichung, welche durch die Proportion der Coefficienten gegeben wird, heisst die Gleichung der Gruppe. Wenn die Discriminante der Gleichung null ist, so sind die Puncte der Gruppe nicht alle von einander verschieden. Wenn die Coefficienten der Gleichung von einer Variablen (Parameter) abhängen, so ist eine Serie von Gleichungen und von Gruppen gegeben.

Wenn die Gleichung $\alpha x^2 + 2\beta x + \gamma = 0$ die Wurzeln OA_1, OA_2 hat, so sind

$$OA_1 + OA_2 = \frac{-2\beta}{\alpha} \qquad OA_1 . OA_2 = \frac{\gamma}{\alpha}$$

$$(OA_2 - OA_1)^2 = \frac{4}{\alpha^2}(\beta^2 - \alpha\gamma)$$

real, auch in dem Fall, dass die conjugirten Abscissen OA_1, OA_2 und die conjugirten Puncte A_1, A_2 des Paares nicht real sind. Unter der Bedingung $\beta^2 - \alpha\gamma = 0$ fallen die Puncte des Paares auf den Punct $\alpha x + \beta = 0$, von welchem der Punct $\beta x + \gamma = 0$ nicht verschieden ist.

3. Die Strecke (Chorde) AB, die Distanz des Punctes B von A, ist die Differenz der Abscissen $OB - OA$ des zweiten Punctes B und des ersten Punctes A, positiv oder negativ, je nachdem die Richtung von A nach B mit der positiven Richtung der Geraden übereinstimmt oder nicht, unabhängig von der Lage des Nullpunctes. Diess ergiebt sich, wenn O diesseit AB, jenseit AB, zwischen AB liegt. Wenn die Puncte A, B nicht real sind, aber conjugirt complexe Abscissen haben, so ist die Strecke AB imaginär.

Wenn $A, B, C, ..$ auf der Geraden in beliebiger Folge liegen, so folgt aus $AB = OB - OA$, $BA = OA - OB$,

$$AB + BA = 0, \qquad BA = -AB$$

$$AB + BC + CA = 0$$

$$BC = AC - AB = BA - CA = BA + AC$$

Die eindeutige Definition der Strecke AB ist zuerst von Möbius barycentr. Calcul 1827 festgestellt worden. Vergl. Planim. §. 14.

4. Beispiele. $AB \,.\, CD + BC \,.\, AD + CA \,.\, BD = (AD - BD)\, CD + \,..\, = 0$

Wenn M die Mitte von AB d. h. $AM = MB$, so ist

$$OM - OA = OB - OM, \qquad 2OM = OA + OB$$

Zwei conjugirte nicht reale Puncte haben eine reale Mitte.

Wenn ON normal zu AB, so ist $AO^2 + ON^2 = AN^2$. Aus $AO = AC + CO$, $BO = BC + CO$ folgt

$$AN^2 = AC^2 + CN^2 + 2AC \,.\, CO$$
$$BN^2 = BC^2 + CN^2 + 2BC \,.\, CO$$

und durch Subtraction

$$AN^2 - BN^2 = AC^2 - BC^2 + 2CO\,(AC - BC)$$
$$= AC^2 - BC^2 + 2AB \,.\, CO$$

Wenn für C die Mitte M von AB gesetzt wird, so bleibt

$$AN^2 - BN^2 = 2AB \,.\, MO$$

Wenn A, B und $AN^2 - BN^2$ gegeben sind, so ist MO bestimmt, und die Puncte N liegen auf der Geraden, welche AB in O normal schneidet. Ebenso findet man

$$AN^2 + k \,.\, BN^2 = AC^2 + k \,.\, BC^2 + (1 + k)\,CN^2$$

unter der Bedingung $AC + k \,.\, BC = 0$. Wenn A, B, k und $AN^2 + k \,.\, BN^2$ gegeben sind, so ist C und CN^2 bestimmt, und die Puncte N liegen auf dem Kreis, dessen Centrum C, dessen Radius CN ist. Dabei ist

$$\frac{CA}{BC} = k, \qquad \frac{BA}{BC} = \frac{BC + CA}{BC} = 1 + k$$

$$AC^2 + k \,.\, BC^2 = AC^2 + CA \,.\, BC = (BC + CA)\, CA = BA \,.\, CA$$

folglich

$$BC \,.\, AN^2 + CA \,.\, BN^2 + AB \,.\, CN^2 + BC \,.\, CA \,.\, AB = 0$$

für 3 Puncte A, B, C einer Geraden und den beliebigen Punct N. Planim. §. 14, 22.

§. 2. Beziehung eines Punctes der Geraden auf zwei Puncte derselben.

1. Die Strecke AB wird in C nach dem Verhältniss λ getheilt, wenn $AC : BC = \lambda$. Man zieht durch A eine beliebige Gerade, macht auf ihr nach Festsetzung der positiven Richtung $AC' = \lambda$, $B'C' = 1$, und zieht mit $B'B$ parallel die Gerade durch C', welche AB in C schneidet. Wenn A, B, C die Abscissen x_1, x_2, x haben, so ist

$$x - x_1 : x - x_2 = \lambda, \qquad x = \frac{x_1 - \lambda x_2}{1 - \lambda}$$

In Bezug auf das Paar A, B entspricht jedem λ ein C. Wenn λ positiv, so ist C von AB ausgeschlossen und liegt einerseits oder andrerseits von AB, je nachdem λ über oder unter 1. Wenn λ negativ, so liegt C zwischen A und B, bei $\lambda = -1$ in der Mitte. Wenn $\lambda = 0$, so fällt C auf A; wenn $\lambda = \pm \infty$, so fällt C auf B.

Wenn $\lambda = 1$, so ist C sowohl in der Richtung AB, als auch in der conträren Richtung BA unerreichbar, der unendlichferne Punct der Geraden, welchen sie mit einer parallelen Geraden gemein hat. Es werden nicht zwei unendlichferne Puncte der Geraden unterschieden zufolge der Hypothese der Euclidischen Geometrie. Planim. §. 2.

2. Aus den gegebenen Werthen

$$AC : BC = \gamma, \qquad AD : BD = \delta, \qquad AE : BE = \varepsilon$$

findet man

$$BC = \frac{AB}{\gamma - 1} \qquad BD = \frac{AB}{\delta - 1} \qquad BE = \frac{AB}{\varepsilon - 1}$$

folglich das Verhältniss, nach welchem AC in D getheilt wird,

$$AD : CD = \frac{AB + BD}{BD - BC} = \frac{(\gamma - 1)\,\delta}{\gamma - \delta}$$

und das Verhältniss, nach welchem CD in E getheilt wird,

$$CE : DE = \frac{BE - BC}{BE - BD} = \frac{\gamma - \varepsilon}{\gamma - 1} : \frac{\delta - \varepsilon}{\delta - 1}$$

3. Wenn den Puncten $A, B, C, ..$ die Puncte $A', B', C', ..$ so entsprechen, dass AB in $C, D, ..$ und $A'B'$ in $C', D', ..$ je nach denselben Verhältnissen getheilt werden, so sind die Figuren (Punctreihen) $ABC..$, $A'B'C'..$ ähnlich. Zwei entsprechende Strecken derselben werden in entsprechenden (homologen) Puncten nach demselben Verhältniss getheilt.

Es giebt einen tautologen d. h. sich selbst entsprechenden Punct S (centrum similitudinis, point double) der beiden Figuren, so dass $AS : BS = A'S : B'S$. Derselbe theilt alle Chorden $AA', BB', ..$ nach demselben Verhältniss, weil auch $AS : A'S = BS : B'S$. Man findet den Punct S als gemeinschaftlichen Punct der Geraden AB und MM' bei beliebigem M', nachdem man AM mit $A'M'$ und BM mit $B'M'$ parallel gezogen hat. Ausserdem ist der unendlichferne Punct der Geraden tautolog, weil in ihm AB und $A'B'$ beide nach dem Verhältniss 1 getheilt werden. Planim. §. 12.

4. Die Bedingung der Aehnlichkeit von ABC und $A'B'C'$

$$AC . B'C' - A'C' . BC = 0$$

giebt zu erkennen, dass die Abscissen x, x' eines Paares durch eine Gleichung ersten Grades

$$\lambda + \mu' x - \mu x' = 0$$

verbunden sind, deren Coefficienten $\lambda, \mu', -\mu$ aus den Abscissen von 2 Paaren gebildet werden. Die Gleichungen

$$\lambda + \mu' a - \mu a' = 0, \quad \lambda + \mu' b - \mu b' = 0, \quad \lambda + \mu' c - \mu c' = 0$$

ergeben die Gleichung der Aehnlichkeit

$$\begin{vmatrix} 1 & a & a' \\ 1 & b & b' \\ 1 & c & c' \end{vmatrix} = 0 \quad \text{d. i.} \quad (c-a)(c'-b') - (c'-a')(c-b) = 0$$

5. Wenn die Puncte $S, A, B, ..$ die Abscissen $x, x_1, x_2, ..$ haben, und $\alpha, \beta, ..$ gegebene Zahlen sind, so heisst S der Schwerpunct von $\alpha . A, \beta . B, ..$ unter der Bedingung

$$x = \frac{\alpha x_1 + \beta x_2 + \ldots}{\alpha + \beta + \ldots}$$

unabhängig von dem Nullpunct, weil

$$\alpha(x_1 - x) + \beta(x_2 - x) + \ldots = 0 \quad \text{d. i.} \quad \alpha \,.\, SA + \beta \,.\, SB + \ldots = 0$$

Der Schwerpunct fällt auf den unendlichfernen Punct, wenn der Nenner des Bruches $\alpha + \beta + \ldots = 0$. Er ist unbestimmt, wenn auch der Zähler null ist, d. h. wenn einer der gegebenen Puncte der Schwerpunct der übrigen ist z. B. A von $\beta \,.\, B$, $\gamma \,.\, C$, ...

Der Schwerpunct M von $\alpha \,.\, A$ und $\beta \,.\, B$ theilt AB nach dem Verhältniss $-\beta : \alpha$, weil

$$\frac{\alpha x_1 + \beta x_2}{\alpha + \beta} = \frac{x_1 + \frac{\beta}{\alpha} x_2}{1 + \frac{\beta}{\alpha}}$$

Der Schwerpunct von $\alpha \,.\, A$, $\beta \,.\, B$, $\gamma \,.\, C$ ist der Schwerpunct von $(\alpha + \beta) M$ und $\gamma \,.\, C$, und theilt MC nach dem Verhältniss $-\gamma : \alpha + \beta$, weil

$$\frac{\alpha x_1 + \beta x_2 + \gamma x_3}{\alpha + \beta + \gamma} = \frac{\frac{\alpha x_1 + \beta x_2}{\alpha + \beta} + \frac{\gamma x_3}{\alpha + \beta}}{1 + \frac{\gamma}{\alpha + \beta}}$$

u. s. w. Auch die Schwerpuncte von Linien, Flächen, Räumen werden zu geometrischen Zwecken bestimmt. Vergl. Stereom. §. 11.

Jeder Punct der Geraden AB kann als Schwerpunct von $\alpha \,.\, A$ und $\beta \,.\, B$ betrachtet werden; jedem Verhältniss $\alpha : \beta$ entspricht ein bestimmter Punct der Geraden. Die Coefficienten α, β sind homogene Coordinaten des Punctes in Bezug auf A und B, und heissen seine barycentrischen Coordinaten (barycentrischer Calcul). S. unten §. 14, 5.

6. Wenn $u = p(x - f) = p \,.\, FX$ und $v = q(x - g) = q \,.\, GX$ gegebene Functionen ersten Grades sind, so sind

$$u = 0, \quad v = 0, \quad u + \alpha v = 0, \quad u + \beta v = 0, \ldots$$

die Gleichungen der Puncte F, G, A, B, .. d. h.

$$p \,.\, FA + \alpha q \,.\, GA = 0, \qquad p(FG + GA) + \alpha q \,.\, GA = 0$$

$$\frac{FA}{GA} = \frac{-\alpha q}{p} \qquad \frac{GA}{FG} = \frac{-p}{p + \alpha q} \qquad \frac{FA}{FG} = \frac{\alpha q}{p + \alpha q}$$

u. s. w. Wie oben (2) findet man

$$\frac{FB}{AB} = \frac{FG + GB}{GB - GA} = \frac{\beta}{\beta - \alpha} : \frac{p}{p + \alpha q}$$

$$\frac{AC}{BC} = \frac{GC - GA}{GC - GB} = \frac{\gamma - \alpha}{\gamma - \beta} : \frac{p + \alpha q}{p + \beta q}$$

$$\frac{AC}{BC} : \frac{AD}{BD} = \frac{\gamma - \alpha}{\gamma - \beta} : \frac{\delta - \alpha}{\delta - \beta}$$

§. 3. Doppelverhältniss von vier Puncten.

1. Der Quotient der Verhältnisse, nach denen AB in C und in D getheilt wird, heisst das Doppelverhältniss der Paare A, B und C, D, und wird durch

$$(ABCD) = \frac{AC}{BC} : \frac{AD}{BD} = \lambda$$

bezeichnet. Möbius baryc. Calc. §. 180 ff. Crelle J. 4 p. 101. Vergl. Trigon. §. 7, 8. Durch 3 Puncte und das Doppelverhältniss ist der 4te Punct eindeutig bestimmt; wenn $\lambda = \infty$, 0, 1, so fällt D auf A, B, C.

Bei $\lambda = -1$ sind AB und CD in Harmonie, A, B und C, D harmonische Paare, AB das harmonische Mittel von AC und AD (Algebra §. 1, 9), weil

$$\frac{BC}{AC} = -\frac{BD}{AD}, \qquad \frac{BA}{AC} + 1 = -\frac{BA}{AD} - 1, \qquad \frac{2}{AB} = \frac{1}{AC} + \frac{1}{AD}$$

Um AB harmonisch zu theilen, macht man auf einer durch A beliebig gezogenen Geraden $OM = MN$, und zieht MC, MD parallel mit NB, OB. Dann ist $AC : BC = AM : NM$, $AD : BD = AM : OM$, folglich $(AC : BC) : (AD : BD) = -1$. Während C von $A(B)$ bis zur Mitte von AB geht, geht der entsprechende Punct D von $A(B)$ bis zu dem unendlichfernen Punct der Geraden.

2. Den 24 Permutationen der 4 Puncte entsprechen 6 verschiedene Werthe des Doppelverhältnisses, nämlich

$$(ABCD) = \lambda \qquad (ACDB) = \frac{1}{1-\lambda} \qquad (ADBC) = 1 - \frac{1}{\lambda}$$

und die Reciproken derselben. (MÖBIUS a. a. O.) Denn man findet zunächst

$$(ABCD) = (BADC) = (CDAB) = (DCBA) = \lambda$$

weil $\frac{AC}{BC} : \frac{AD}{BD} = \frac{BD}{AD} : \frac{BC}{AC}$ oder $\frac{CA}{DA} : \frac{CB}{DB}$. Ferner ist

$$(ABCD)(ABDC) = 1, \qquad (ABDC) = \frac{1}{\lambda}$$

Endlich ist $CA \,.\, BD + AB \,.\, CD = CB \,.\, AD$ (§. 1, 4), folglich

$$(ABCD) + (ACBD) = 1, \qquad (ACBD) = 1 - \lambda$$

$$(ACDB) = \frac{1}{1-\lambda}, \qquad (ADBC) = 1 - \frac{1}{\lambda}$$

U. s. w. Unter der Bedingung $\lambda = \frac{1}{1-\lambda}$ ist

$$\lambda^2 - \lambda + 1 = 0, \qquad \lambda = 1 - \frac{1}{\lambda}, \qquad \frac{\lambda^3+1}{\lambda+1} = 0$$

d. h. λ eine eigentliche Cubikwurzel von -1. Vier Puncte von diesem Doppel-Verhältniss $(ABCD) = (ACDB) = (ADBC)$, die nicht alle real sein können, sind äqui-anharmonisch genannt worden. CREMONA 1862 Curve piane 27. SCHRÖTER math. Ann. 10 p. 420.

3. Das Doppelverhältniss $(ABCD)$ ist das Product der Verhältnisse, nach denen AB in C, BA in D getheilt wird:

$$(ABCD) = \frac{AC}{BC}\frac{BD}{AD} = AC \,.\, BD : CB \,.\, DA$$

Ebenso ist das Tripelverhältniss (Dreieck-Schnittsverhältniss, MÖBIUS a. a. O.) der Tripel (Dreiecke) ABC, DEF das Product der Verhältnisse, nach denen AB in D, BC in E, CA in F getheilt wird. U. s. w.

$$(ABC, DEF) = \frac{AD}{BD}\frac{BE}{CE}\frac{CF}{AF} = -AD \,.\, BE \,.\, CF : DB \,.\, EC \,.\, FA$$

4. Wenn die Puncte A, B, C, D der Geraden die Abscissen a, b, c, d haben, so ist

$$(ABCD) = \frac{c-a}{c-b} : \frac{d-a}{d-b} = (abcd)$$

Daher entspringt die Definition des Doppelverhältnisses $(abcd)$ von 4 realen oder nicht realen Zahlen, welches die angegebenen Eigenschaften besitzt. Wenn nun durch A', B', C', D' die Puncte der Zahlen a, b, c, d auf der Zahlenebene bezeichnet werden, so ist

$$(A'B'C'D') = (abcd) = \frac{c-a}{c-b} : \frac{d-a}{d-b}$$

das Doppelverhältniss von 4 Puncten einer Ebene. Allg. Arithm. §. 31, 12. Aus dieser Quelle fliessen die Bemerkungen über Doppel- und Tripelverhältnisse von Puncten einer Ebene, welche Möbius Kreisverwandtschaft 1855 §. 11 ff., auf Grund geometrischer Betrachtung gemacht hat.

5. Wenn in Bezug auf die gegebenen Puncte F, G, H der Geraden die Puncte A, B, C, D derselben durch die Doppelverhältnisse

$$(FGHA) = \alpha, \quad (FGHB) = \beta, \quad (FGHC) = \gamma, \quad (FGHD) = \delta$$

bestimmt werden, so ist

$$\alpha\frac{FA}{GA} = \beta\frac{FB}{GB} = \ldots = \frac{FH}{GH} = h$$

folglich

$$\text{I.} \quad (FGAB) = \frac{\beta}{\alpha}$$

Ferner erhält man

$$\frac{FG}{FA} = \frac{FA - GA}{FA} = \frac{h-\alpha}{h}$$

$$\frac{FB}{AB} = \frac{FB}{FG} : \frac{FB - FA}{FG} = \frac{h}{h-\beta} : \left(\frac{h}{h-\beta} - \frac{h}{h-\alpha}\right) = \frac{h-\alpha}{\beta-\alpha}$$

$$\text{II.}\quad (FABC) = \frac{FB}{AB} : \frac{FC}{AC} = \frac{\gamma - \alpha}{\beta - \alpha}$$

$$\frac{AC}{BC} = \frac{FC - FA}{FC - FB} = \frac{\gamma - \alpha}{h - \alpha} : \frac{\gamma - \beta}{h - \beta}$$

$$\text{III.}\quad (ABCD) = \frac{AC}{BC} : \frac{AD}{BD} = \frac{\gamma - \alpha}{\gamma - \beta} : \frac{\delta - \alpha}{\delta - \beta} = (\alpha\beta\gamma\delta)$$

In der That ist

$$(FGAB) = \frac{(FGHB)}{(FGHA)} \qquad (FABC) = \frac{(FAGC)}{(FAGB)} = \frac{1 - (FGAC)}{1 - (FGAB)}$$

$$(ABCD) = \frac{(FBCD)}{(FACD)}$$

Wenn $\alpha = \infty$, so fällt A auf F, u. s. w. Die Doppelverhältnisse von je 4 unter n Puncten der Geraden werden demnach bestimmt durch $n - 3$ dieser Doppelverhältnisse, welche von einander unabhängig sind. Möbius, baryc. Calc. §. 185 ff.

§. 4. Collineare Figuren einer Geraden.

1. Wenn den Puncten A, B, C, D, .. der Geraden die Puncte A', B', C', D', .. derselben so entsprechen, dass mit ABC und $A'B'C'$ die Puncte D und D', E und E', .. je gleiche Doppelverhältnisse bilden, so sind die Figuren $ABCD$.. und $A'B'C'D'$.. collinear. Das Doppelverhältniss von je 4 Puncten der einen Figur ist dem Doppelverhältniss der entsprechenden Puncte der andern Figur gleich (§. 3, 5). Möbius, baryc. Calc. §. 226. Collineare Figuren einer Geraden (Punctreihen) werden projectivische Gerade genannt. Steiner 1832 syst. Entw. 9. Der Ausdruck collinear ist von Chasles 1837 durch homographisch übersetzt worden. Vergl. Stereom. §. 5, 8.

2. Dem unendlichfernen Punct Q der Figur AB .. entspricht der Punct Q' der Figur $A'B'$ .., dem unendlichfernen Punct R' der Figur $A'B'$ .. entspricht der Punct R der Figur AB .. so dass

$$(ABC\infty) = (A'B'C'Q') \qquad c = c' : \frac{A'Q'}{B'Q'}$$

$$(ABCR) = (A'B'C'\infty) \qquad c : \frac{AR}{BR} = c'$$

$$AR\,.\,A'Q' = BR\,.\,B'Q' = ..$$

STEINER a. a. O. Die Puncte R, Q' sind die Gegenpuncte der collinearen Figuren genannt worden MAGNUS Aufgaben 1833 p. 45, oder auch die Brennpuncte derselben MÖBIUS Leipz. Berichte 1855 p. 14 und 123.

Wenn die Figuren ähnlich sind ($c' = c$), so fällt Q' mit R auf den unendlichfernen Punct der Geraden. Wenn Q' mit R auf einen endlichfernen Punct fällt, so sind die Figuren involutorisch (§. 6).

3. Wenn S ein tautologer Punct (§. 2, 3) der collinearen Figuren, und M die Mitte der $Q'R$ ist, so hat

$$SR\,.\,SQ' = SR^2 - 2MR\,.\,SR$$

den gegebenen Werth $AR\,.\,A'Q'$

$$= (AM + MR)(A'M - MR) = AM\,.\,A'M - AA'\,.\,MR - MR^2$$

folglich ist

$$SM^2 = (SR - MR)^2 = AM\,.\,A'M - AA'\,.\,MR$$

positiv oder negativ oder null, SM 2deutig bestimmt. Daher giebt es zwei tautologe Puncte S, T der collinearen Figuren, welche real oder conjugirt imaginär oder vereint sind. Die Gleichungen $SR + TR = 2MR$, $SM + TM = 0$ zeigen beide an, dass $Q'R$ und ST concentrisch sind, ihre gemeinschaftliche Mitte ist M. STEINER, syst. Entw. 16. Die tautologen Puncte sind Collineationscentren (MAGNUS), Doppelpuncte bei CHASLES, auch Brennpuncte genannt worden.

Nun ist $(ABST) = (A'B'ST)$, folglich $(AA'ST) = (BB'ST)$, d. h. alle Chorden AA', BB', .. der entsprechenden Puncte werden in den tautologen Puncten S, T nach demselben Doppelverhältniss $(R\infty ST) = SR : TR$ getheilt. CHASLES, Géom. sup. 153.

4. Unter der Voraussetzung $(ABCD) = (A'B'C'D')$ ist

$$\frac{AD \,.\, B'D'}{BD \,.\, A'D'} = \frac{AC \,.\, B'C'}{BC \,.\, A'C'}$$

Wenn daher 2 Figuren der Geraden collinear sind, so werden die Abscissen x, x' entsprechender Puncte durch eine Gleichung

$$\lambda - \mu' x - \mu x' + x x' = 0$$

verbunden, welche sowohl für x, als für x' ersten Grades ist, und deren Coefficienten λ, μ', μ aus den Abscissen von 3 Paaren gebildet sind. Möbius 1829 Crelle J. 4 p. 105. Aus den Werthen

$$x = \frac{\lambda - \mu x'}{\mu' - x'} \qquad a = \frac{\lambda - \mu a'}{\mu' - a'} \qquad b = \frac{\lambda - \mu b'}{\mu' - b'} \; \ldots$$

findet man

$$a - b = \frac{(\lambda - \mu\mu')(a' - b')}{(\mu' - a')(\mu' - b')}$$

u. s. w., folglich

$$\frac{c-a}{c-b} : \frac{d-a}{d-b} = \frac{c'-a'}{c'-b'} : \frac{d'-a'}{d'-b'} \quad \text{d. i.} \quad (ABCD) = (A'B'C'D')$$

Dieselbe Gleichung wird durch die Gleichung der Collinearität

$$\begin{vmatrix} 1 & a & a' & aa' \\ 1 & b & b' & bb' \\ 1 & c & c' & cc' \\ 1 & d & d' & dd' \end{vmatrix} = 0$$

ausgedrückt, die aus den Gleichungen folgt, durch welche a, b, c, d an a', b', c', d' gebunden waren. Vergl. Determ. 1875 p. 32.

§. 5. Involution von Paaren.

1. Wenn $(ABCA') = (A'B'C'A)$, so sind die Paare A und A', B und B', C und C' in Involution, d. h. die Figuren $ABCA'B'C'$ und $A'B'C'ABC$ sind collinear. Der Inhalt dieses Satzes nebst dem Namen Involution ist von Desargues 1639 (Oeuvres I p. 119) gegeben worden. Trigon. §. 7, 19.

Beweis. Aus der Voraussetzung

$$(ABCA') = (A'B'C'A) \quad \text{d. i.} \quad \frac{AC}{BC} : \frac{AA'}{BA'} = \frac{A'C'}{B'C'} : \frac{A'A}{B'A}$$

folgt

$$\frac{AC}{BC} : \frac{BB'}{BA'} = \frac{A'C'}{B'C'} : \frac{B'B}{B'A} \quad \text{d. i.} \quad (ABCB') = (A'B'C'B)$$

Daher ist auch $(BCAB') = (B'C'A'B)$, aus welcher Gleichung, indem man BB' durch CC' ersetzt, die Gleichung $(BCAC') = (B'C'A'C)$ oder $(ABCC') = (A'B'C'C)$ abgeleitet wird. Zufolge der Gleichungen

$$(ABCA') = (A'B'C'A), \quad (ABCB') = (A'B'C'B),$$
$$(ABCC') = (A'B'C'C)$$

sind die Figuren $ABCA'B'C'$ und $A'B'C'ABC$ collinear (§. 4, 1).

2. Wenn mit 2 Paaren A und A', B und B' jedes der Paare C und C', D und D', .. in Involution ist, so sind die Figuren

$$ABCD\,..\,A'B'C'D'\,.. \quad \text{und} \quad A'B'C'D'\,..\,ABCD\,..$$

collinear, und je 3 Paare in Involution.

Wenn mit dem unendlichfernen Punct der Geraden der Punct M ein Paar bildet, so ist $(AB'M\infty) = (A'B\infty M)$ d. h. $AM \,.\, A'M = BM \,.\, B'M = \ldots$ Daher ist M die Mitte (point central) der tautologen Puncte S, T, in welchen alle Chorden AA', BB', .. nach dem Doppelverhältniss $(M\infty ST) = SM : TM = -1$ d. i. harmonisch getheilt werden (§. 4, 3). Desargues a. a. O. Chasles Aperçu hist. Note X. Géom. sup. 182 ff.

Dabei ist ST sowohl mit AB und $A'B'$, als auch mit AB' und $A'B$ in Involution. Denn aus den Gleichungen $(STAA') = -1$, $(STBB') = -1$ folgen die Gleichungen $(STAB) = (STA'B')$, $(STAB') = (STA'B)$. Werden AB, $A'B'$ beide harmonisch getheilt in den Puncten U, V, so sind U, V sowohl mit AA' und BB', als auch mit AB' und $A'B$ in Involution. Also wird mit AA' und BB' auch UV in den Puncten S, T harmonisch getheilt. U. s. w. Hesse, Vorlesungen aus der anal. Geom. der Geraden 1865 p. 76.

Wenn durch M die Gerade MIK beliebig gezogen worden ist, und wenn mit der Geraden ABC die Kreise IKA, IKB, IKC die Puncte A', B', C' gemein haben, so sind die Paare AA', BB', CC' in Involution, weil $MI\,.\,MK = MA\,.\,MA' = MB\,.\,MB'$. U. s. w.

3. Die Bedingung der Involution $(BCAA') = (B'C'A'A)$, mit welcher die Gleichungen

$$(CABB') = (C'A'B'B) \text{ und } (ABCC') = (A'B'C'C)$$

congruiren (1), ist nach der Definition eines Doppelverhältnisses congruent mit $(BC'AA') = (B'CA'A)$, also auch mit

$$(CA'BB') = (C'AB'B) \text{ und } (AB'CC') = (A'BC'C)$$

Mit derselben Bedingung congruiren nach §. 3 die Gleichungen

$$(BCAB') = (B'C'A'B) \text{ d. i. } (BCA',\, AB'C') = 1$$
$$(CABC') = (C'A'B'C) \text{ d. i. } (CAB',\, BC'A') = 1$$
$$(ABCA') = (A'B'C'A) \text{ d. i. } (ABC',\, CA'B') = 1$$

sowie die Gleichung

$$(ABC'A') = (A'B'CA) \text{ d. i. } (ABC,\, C'A'B') = 1$$

oder auch

$$BA\,.\,CB'\,.\,A'C' + B'A'\,.\,C'B\,.\,AC = 0$$
$$CB\,.\,AC'\,.\,B'A' + C'B'\,.\,A'C\,.\,BA = 0$$
$$AC\,.\,BA'\,.\,C'B' + A'C'\,.\,B'A\,.\,CB = 0$$
$$AB'.\,BC'\,.\,CA' + A'B\,.\,B'C\,.\,C'A = 0$$

Die letzten 4 und die ersten 3 (oder die folgenden 3) Gleichungen, deren jede die übrigen bedingt, sind von Desargues a. a. O. aufgestellt worden.

4. Die Bedingung der Involution von 3 Paaren z. B.

$$(ABC'A') = (A'B'CA) \text{ d. i. } AB'.\,BC'.\,CA' + A'B\,.\,B'C\,.\,C'A = 0$$

giebt zu erkennen, dass die Abscissen x, x' eines Paares durch eine Gleichung

$$\text{I.}\quad \lambda - \mu(x + x') + xx' = 0$$

verbunden sind, deren Coefficienten λ, μ aus den Abscissen von 2 Paaren gebildet werden. Vergl. §. 4, 4. Aus den Werthen

$$x = \frac{\lambda - \mu x'}{\mu - x'} \qquad a = \frac{\lambda - \mu a'}{\mu - a'} \qquad b = \frac{\lambda - \mu b'}{\mu - b'} \ \ldots$$

findet man

$$a - b = \frac{(\lambda - \mu^2)(a' - b')}{(\mu - a')(\mu - b')}$$

u. s. w., folglich z. B.

$$\frac{c' - a}{c' - b} : \frac{a' - a}{a' - b} = \frac{c - a'}{c - b'} : \frac{a - a'}{a - b'} \quad \text{d. i.} \quad (ABC'A') = (A'B'CA)$$

oder

$$\text{II.}\quad (a - b')(b - c')(c - a') + (a' - b)(b' - c)(c' - a) = 0$$

Dieselben Gleichungen enthält die Gleichung der Involution

$$\text{III.}\quad \begin{vmatrix} 1 & a + a' & aa' \\ 1 & b + b' & bb' \\ 1 & c + c' & cc' \end{vmatrix} = 0$$

die aus den Gleichungen (I) folgt, durch welche a, b, c an a', b', c' gebunden waren, und die von der Gleichung der Collinearität

$$\begin{vmatrix} 1 & a & a' & aa' \\ 1 & b & b' & bb' \\ 1 & c & c' & cc' \\ 1 & a' & a & aa' \end{vmatrix} = 0$$

nicht verschieden ist. Denn

$$(a' - a)\begin{vmatrix} 1 & a + a' & aa' \\ 1 & b + b' & bb' \\ 1 & c + c' & cc' \end{vmatrix} = \begin{vmatrix} 1 & a & a + a' & aa' \\ 1 & b & b + b' & bb' \\ 1 & c & c + c & cc' \\ 0 & a' - a & 0 & 0 \end{vmatrix}$$

$$= \begin{vmatrix} 1 & a & a + a' & aa' \\ 1 & b & b + b' & bb' \\ 1 & c & c + c' & cc' \\ 1 & a' & a + a' & aa' \end{vmatrix} = \begin{vmatrix} 1 & a & a' & aa' \\ 1 & b & b' & bb' \\ 1 & c & c' & cc' \\ 1 & a' & a & aa' \end{vmatrix}$$

Insbesondere sind die Paare AA', BB', CC' in Involution (III), wenn $aa' = bb' = cc'$, oder wenn $a + a' = b + b' = c + c'$ d. h. wenn die Chorden AA', BB', CC' concentrisch sind. Vergl. Determ. a. a. O.

§. 6. Gleichungen harmonischer Paare.

1. Die Paare AA', PP' sind in Harmonie, wenn

$$(AA'PP') = -1, \qquad AP.A'P' + AP'.A'P = 0$$

oder in den Abscissen der Puncte

$$(p-a)(p'-a') + (p'-a)(p-a') = 0$$
$$pp' - \tfrac{1}{2}(p+p')(a+a') + aa' = 0$$

Wenn die Gleichungen der beiden Paare

$$\alpha x^2 + 2\alpha' x + \alpha'' = 0, \qquad \pi x^2 + 2\pi' x + \pi'' = 0$$

gegeben sind, $a + a' = -2\alpha' : \alpha$, $aa' = \alpha'' : \alpha$, u. s. w., so ist die Bedingung ihrer Harmonie

$$\alpha\pi'' - 2\alpha'\pi' + \alpha''\pi = 0$$

durch Composition der α, $2\alpha'$, α'' mit π'', $-\pi'$, π gebildet. Z. B. die Paare $x^2 + 1 = 0$ und $x^2 + 2\gamma x - 1 = 0$ sind harmonisch.

2. Setzt man $\pi'' = \lambda\pi$, so ist (1)

$$2\pi' = \frac{\alpha'' + \lambda\alpha}{\alpha'}\pi$$

folglich sind in Harmonie die Paare

$$\alpha x^2 + 2\alpha' x + \alpha'' = 0, \qquad x^2 + \frac{\alpha'' + \lambda\alpha}{\alpha'}x + \lambda = 0$$

bei jedem λ. Insbesondere ($\lambda = -1$) ist mit dem Paar $\alpha x^2 + ..$ in Harmonie das reale Paar

$$x^2 + \frac{\alpha'' - \alpha}{\alpha'}x - 1 = 0$$

sowie bei jedem μ das Paar

$$(\alpha + \mu)x^2 + 2\alpha' x + \alpha'' + \mu = 0$$

d. i. $$\alpha x^2 + 2\alpha' x + \alpha'' + \mu(x^2 + 1) = 0$$

3. Es giebt ein bestimmtes Paar P, P', welches mit den Paaren A, A' und B, B' in Harmonie ist. Aus den Gleichungen

$$\begin{aligned} pp' - \tfrac{1}{2}(p + p')(a + a') + aa' &= 0 \\ pp' - \tfrac{1}{2}(p + p')(b + b') + bb' &= 0 \\ pp' - (p + p')x \qquad\qquad + x^2 &= 0 \end{aligned} \quad \text{folgt} \quad \begin{vmatrix} 1 & a + a' & aa' \\ 1 & b + b' & bb' \\ 1 & 2x & x^2 \end{vmatrix} = 0$$

oder

$$\begin{vmatrix} \alpha & \alpha' & \alpha'' \\ \beta & \beta' & \beta'' \\ 1 & -x & x^2 \end{vmatrix} = 0$$

die Gleichung des Paares p, p'.

4. Um das Paar p, p' zu berechnen, kann man $p + p' = 2q$, $p - p' = 2q'$, $pp' = q^2 - q'^2$ setzen, und findet

$$(q - a)(q - a') - q'^2 = 0, \qquad (q - b)(q - b') - q'^2 = 0$$

$$q = \frac{aa' - bb'}{a + a' - b - b'} \qquad q'^2 = \frac{(a - b)(a - b')(a' - b)(a' - b')}{(a + a' - b - b')^2}$$

Wenn a, a', b, b' die Wurzeln einer gegebenen Gleichung 4ten Grades sind, so kann a entweder mit a', oder mit b, oder mit b' dergestalt gepaart werden, dass q'^2 positiv wird, und dass mit den beiden Paaren der 4 Wurzeln ein reales Paar p, p' in Harmonie ist. Hierauf gründet sich Legendre's Transformation der elliptischen Integrale. Transc. ellipt. 1793 n° 5.

5. Um das Doppelverhältniss der Paare $\alpha x^2 + ..$ und $\beta x^2 + ..$

$$k = (AA'BB') = \frac{(b - a)(b' - a')}{(b - a')(b' - a)}$$

durch die Coefficienten ihrer Gleichungen auszudrücken, bildet man

$$\frac{1+k}{1-k} = \frac{(a+a')(b+b') - 2aa' - 2bb'}{(a-a')(b-b')}$$

$$= \frac{-\alpha\beta'' + 2\alpha'\beta' - \alpha''\beta}{2\sqrt{\alpha'^2 - \alpha\alpha''}\sqrt{\beta'^2 - \beta\beta''}}$$

Entsprechend den Werthen ϑ und $-\vartheta$ dieser Formel findet man für k die reciproken Werthe (§. 3, 2)

$$\frac{\vartheta - 1}{\vartheta + 1} \quad \text{und} \quad \frac{\vartheta + 1}{\vartheta - 1}$$

In der That werden A und A', B und B' durch die gegebenen Gleichungen nicht unterschieden. Bei $\vartheta = 0$ sind die Paare in Harmonie (1). Vergl. Salmon Conics 1855 n° 343, 1873 n° 335.

6. Wenn die Gleichungen eine Wurzel, die Paare einen Punct gemein haben, so ist k null oder unendlich, $\vartheta^2 = 1$, mithin die Resultante der Gleichungen $\alpha x^2 + ..$ und $\beta x^2 + ..$

$$4(\alpha\alpha'' - \alpha'^2)(\beta\beta'' - \beta'^2) - (\alpha\beta'' - 2\alpha'\beta' + \alpha''\beta)^2 = 0$$

Boole 1845 Crelle J. 34 p. 34. Dieselbe Gleichung ist in der Gestalt

$$4\begin{vmatrix} \alpha & \alpha' \\ \beta & \beta' \end{vmatrix}\begin{vmatrix} \alpha & \alpha'' \\ \beta' & \beta'' \end{vmatrix} - \begin{vmatrix} \alpha & \alpha'' \\ \beta & \beta'' \end{vmatrix}^2 = 0$$

bekannt. Determ. §. 11, 14. Für den gemeinschaftlichen Punct findet man nach Elimination von x^2 die Gleichung

$$\begin{vmatrix} \alpha & 2\alpha' \\ \beta & 2\beta' \end{vmatrix} x + \begin{vmatrix} \alpha & \alpha'' \\ \beta & \beta'' \end{vmatrix} = 0$$

Anmerkung. Eine Gleichung 4ten Grades für x bestimmt ein Quadrupel von Puncten, die auf 3 verschiedene Arten in Paare vertheilt werden können. Daher ist das Doppelverhältniss des Quadrupel 6deutig bestimmt, die Wurzel einer reciproken Gleichung 6ten Grades mit einer Resolvente 3ten Grades (§. 3, 2).

§. 7. Involutionen.

1. Die Paare AA', BB', CC' sind in Involution, wenn

$$\begin{vmatrix} 1 & a+a' & aa' \\ 1 & b+b' & bb' \\ 1 & c+c' & cc' \end{vmatrix} = 0 \quad \text{d. i.} \quad \begin{vmatrix} \alpha & \alpha' & \alpha'' \\ \beta & \beta' & \beta'' \\ \gamma & \gamma' & \gamma'' \end{vmatrix} = 0$$

Dieser Bedingung genügen $\gamma = \alpha + \lambda\beta$, $\gamma' = \alpha' + \lambda\beta'$, $\gamma'' = \alpha'' + \lambda\beta''$. Also sind in Involution die Paare

$$u = \alpha x^2 + 2\alpha' x + \alpha'' = 0$$
$$v = \beta x^2 + 2\beta' x + \beta'' = 0, \qquad u + \lambda v = 0$$

bei beliebigem λ. In der That ist

$$\alpha(c-a)(c-a') + \lambda\beta(c-b)(c-b') = 0$$
$$\alpha(c'-a)(c'-a') + \lambda\beta(c'-b)(c'-b') = 0$$

folglich

$$\frac{(c-a)(c-a')}{(c-b)(c-b')} = \frac{(c'-a)(c'-a')}{(c'-b)(c'-b')} \quad \text{d. i.} \quad (ABCC') = (A'B'C'C)$$

u. s. w. (§. 5, 1). Chasles Géom. sup. 220. Salmon Conics 1855 n° 344.

2. Wenn ein Punct des Paares $u + \lambda v = 0$ der unendlichferne Punct ist d. h. $\alpha + \lambda\beta = 0$, so erhält man für das entsprechende Centrum M

$$\begin{vmatrix} \alpha & 2\alpha' \\ \beta & 2\beta' \end{vmatrix} x + \begin{vmatrix} \alpha & \alpha'' \\ \beta & \beta'' \end{vmatrix} = 0$$

welches auf den gemeinschaftlichen Punct der Paare $u = 0$, $v = 0$ fällt, wenn ein solcher existirt (§. 6, 6).

Wenn die Puncte des Paares $u + \lambda v = 0$ zusammenfallen, so erhält man für den tautologen Punct

$$\alpha x + \alpha' + \lambda(\beta x + \beta') = 0 \quad \text{und} \quad \alpha' x + \alpha'' + \lambda(\beta' x + \beta'') = 0$$

folglich

$$\begin{vmatrix} \alpha x + \alpha' & \alpha' x + \alpha'' \\ \beta x + \beta' & \beta' x + \beta'' \end{vmatrix} = 0$$

d. i. $$\begin{vmatrix} \alpha & \alpha x + \alpha' & \alpha' x + \alpha'' \\ \beta & \beta x + \beta' & \beta' x + \beta'' \\ 1 & 0 & 0 \end{vmatrix} = 0 \quad \text{oder} \quad \begin{vmatrix} \alpha & \alpha' & \alpha'' \\ \beta & \beta' & \beta'' \\ 1 & -x & x^2 \end{vmatrix} = 0$$

Demnach giebt es 2 tautologe Puncte, in welchen die Paare $u = 0$, $v = 0$ beide harmonisch getheilt werden (§. 6, 2).

Wenn der Nullpunct auf die Mitte M der tautologen Puncte fällt, so hat in der Gleichung der tautologen Puncte x den Coefficienten 0 d. h.

$$\begin{vmatrix} \alpha & \alpha'' \\ \beta & \beta'' \end{vmatrix} = 0, \quad MA \,.\, MA' = MB \,.\, MB'$$

Wenn die Paare $u = 0$, $v = 0$ einen Punct gemein haben, so fallen die tautologen Puncte zusammen und zwar auf den gemeinschaftlichen Punct der Paare, wie dessen Gleichung anzeigt.

3. Es giebt ein bestimmtes Paar PP', welches sowohl mit den Paaren AA' und BB', als auch mit den Paaren CC', DD' in Involution ist. Aus den Gleichungen

$$\begin{vmatrix} 1 & a + a' & aa' \\ 1 & b + b' & bb' \\ 1 & p + p' & pp' \end{vmatrix} = 0 \qquad \begin{vmatrix} 1 & c + c' & cc' \\ 1 & d + d' & dd' \\ 1 & p + p' & pp' \end{vmatrix} = 0$$

oder

$$\begin{array}{l} \lambda pp' + \lambda'(p + p') + \lambda'' = 0 \\ \mu pp' + \mu'(p + p') + \mu'' = 0 \\ pp' - x(p + p') + x^2 = 0 \end{array} \quad \text{folgt} \quad \begin{vmatrix} \lambda & \lambda' & \lambda'' \\ \mu & \mu' & \mu'' \\ 1 & -x & x^2 \end{vmatrix} = 0$$

die Gleichung des gesuchten Paares, welches mit 2 bestimmten Paaren LL' und MM' in Harmonie ist (§. 6, 2).

4. Die Abscisse eines tautologen Punctes der durch die Paare $u = 0$, $v = 0$ gegebenen involutorischen Figur macht die Discriminante der Function $u + \lambda v$ null. Versteht man unter u, v die (homogenen) Formen desselben Grades von x, t, welche bei $t = 1$ mit den gegebenen Functionen von x über-einstimmen, so wird das System für λ, x

$$\operatorname{discr}(u + \lambda v) = 0, \qquad u + \lambda v = 0$$

ersetzt durch das System

$$\frac{\partial u}{\partial x} + \lambda \frac{\partial v}{\partial x} = 0, \qquad \frac{\partial u}{\partial t} + \lambda \frac{\partial v}{\partial t} = 0$$

mit der resultirenden Gleichung

$$\begin{vmatrix} \frac{\partial u}{\partial x} & \frac{\partial v}{\partial x} \\ \frac{\partial u}{\partial t} & \frac{\partial v}{\partial t} \end{vmatrix} = 0 \quad \text{d. i.} \quad \frac{\partial(u, v)}{\partial(x, t)} = 0$$

Diese Fluxionen-Determinante heisst nach SYLVESTER Philos. Trans. 1853 t. 143 p. 476 die »JACOBI'sche Covariante« der Formen u, v, ein durch diese Gleichung bestimmter tautologer Punct ist ein »Jacobi'scher Punct« der Paare $u = 0$, $v = 0$. Vergl. Determ. §. 11, 19. §. 12, 1.

5. Wenn durch u, v gegebene Functionen $m$ten Grades von x bezeichnet werden, so sind die Gruppen von je m conjugirten Puncten $u = 0$, $v = 0$, $u + \lambda v = 0$ in Involution weiteren Sinnes. STURM hatte 1826 Gerg. Ann. t. 17 p. 173 gefunden, dass auf einer Geraden durch die Linien und Flächen 2ter Ordnung $u = 0$, $v = 0$, $u + \lambda v = 0$ Paare von Puncten bestimmt werden, die in Involution sind. Dieser Satz ist von PONCELET 1843 C. R. t. 16 p. 953 zu der Definition verwendet worden, dass auf einer Geraden durch die Linien oder Flächen $m$ter Ordnung $u = 0$, $v = 0$, $u + \lambda v = 0$ Gruppen von je m Puncten bestimmt werden, die in Involution $m$ten Grades sind. Vergl. JONQUIÈRES 1859 Ann. di Mat. t. 2. p. 86. CREMONA Curve piane n° 21. SALMON Conics 1873 n° 344. EGGERS Grunert Archiv 55 p. 337. Durch einen gegebenen Punct wird λ eindeutig, mithin eine Gruppe C bestimmt, welche mit den Gruppen A und B in Involution ist dergestalt, dass

$$\alpha(c_r - a_1) \,..\, (c_r - a_m) + \lambda\beta(c_r - b_1) \,..\, (c_r - b_m) = 0$$
$$r = 1, 2, .., m$$

folglich

$$\frac{(c_i - a_1) \,..\, (c_i - a_m)}{(c_i - b_1) \,..\, (c_i - b_m)} = \frac{(c_k - a_1) \,..\, (c_k - a_m)}{(c_k - b_1) \,..\, (c_k - b_m)}$$

d. i. $(A_1 B_1 C_i C_k)(A_2 B_2 C_i C_k) \,..\, (A_m B_m C_i C_k) = 1$

Die Gruppe $\alpha + \lambda\beta = 0$ enthält m conjugirte Puncte, deren einer unendlichfern ist. Jede Gruppe discr$(u + \lambda v) = 0$ enthält unter m conjugirten Puncten einen tautologen (Jacobi'schen) Punct, der auf einen der conjugirten Puncte fällt. Die Abscisse dieses Punctes ist durch eine Gleichung $2(m - 1)$ten Grades bestimmt (4), d. h. es existiren $2m - 2$ tautologe Puncte C.

6. Unabhängig von den vorstehenden Betrachtungen (5) ist die Involution höhern Grades von Möbius Leipz. Berichte 1855 p. 23 und 123, 1856 p. 144 auf folgende Art definirt worden.

Wenn aus den Gruppen $A_1 A_2 \,..\, A_m$, $B_1 B_2 \,..\, B_m$, $C_1 C_2 \,..\, C_m$, .. von je m conjugirten Puncten 2 Figuren so gebildet werden können, dass dem 1ten, 2ten, .., $m$ten Punct einer Gruppe als Puncten der ersten Figur der Reihe nach der 2te, 3te, .., 1te Punct derselben Gruppe als Puncte der zweiten Figur mit derselben bestimmten Correlation (Verwandtschaft) entsprechen, so sind die Gruppen A, B, C, .. in Involution $m$ten Grades. Wenn z. B. $(m = 3)$ die Figuren

$$A_1 A_2 A_3 B_1 B_2 B_3 C_1 C_2 C_3 \,.. \quad \text{und} \quad A_2 A_3 A_1 B_2 B_3 B_1 C_2 C_3 C_1 \,..$$

gleich und ähnlich sind, oder collinear, oder in einer andern bestimmten Correlation, so sind die Gruppen A, B, C, .. in Involution 3ten Grades (ternär).

Eine Figur ist symmetrisch, wenn sie sich selbst auf mehr als eine Art gleich und ähnlich ist (Möbius Leipz. Berichte 1851 p. 19. Vergl. Planim. §. 6, 7); involutorisch, wenn sie zu sich selbst auf 2 oder mehr Arten dieselbe Correlation hat.

7. Wenn die Figuren XX_1X_2 .. und $X_1X_2X_3$ .. collinear sind, und dem unendlichfernen Punct der zweiten Figur der Punct R der ersten Figur, dem unendlichfernen Punct der ersten Figur der Punct Q der zweiten Figur entspricht, so ist (§. 4, 2)

$$RX.QX_1 = RX_1.QX_2 = RX_2.QX_3 = ..$$

d. h. $x(x_1 - a) = x_1(x_2 - a) = x_2(x_3 - a) = .. = b$, folglich

$$x_1 = a + \frac{b}{x}$$

$$x_2 = a + \frac{b}{x_1} = a + \frac{b}{a+}\frac{b}{x}$$

$$x_3 = a + \frac{b}{x_2} = a + \frac{b}{a+}\frac{b}{a+}\frac{b}{x}$$

u. s. w. Die Kettenbrüche x_2, x_3, .. sind Quotienten ganzer Functionen ersten Grades von x.

Die Gruppen X sind in collinearer Involution $m$ten Grades, wenn X_m auf X fällt, also unter der Bedingung, dass für alle x

$$m = 2, \quad x = a + \frac{b}{a+}\frac{b}{x}$$

$$m = 3, \quad x = a + \frac{b}{a+}\frac{b}{a+}\frac{b}{x}$$

u. s. w. Diese Gleichungen sind 2ten Grades für x. Allen diesen Gleichungen genügt ein Werth x der Art, dass

$$x = a + \frac{b}{x} \qquad x^2 - ax - b = 0$$

Daher ist jede der Functionen 2ten Grades von x, welche null sein sollen für alle x, von $x^2 - ax - b$ nur durch einen von x unabhängigen Factor verschieden, nämlich

$$m = 2, \quad c_2(x^2 - ax - b)$$

$$m = 3, \quad c_3(x^2 - ax - b)$$

u. s. w. Diese Functionen sind nur dann null für alle x, wenn $c_2 = 0$, $c_3 = 0$, ... Indem man in den obigen Gleichungen $x = 0$ setzt, erhält man statt $c_2 = 0$, $c_3 = 0$, .. die Gleichungen

$$m = 2, \quad 0 = a$$

$$m = 3, \quad 0 = a + \frac{b}{a}$$

$$m = 4, \quad 0 = a + \frac{b}{a +} \frac{b}{a}$$

deren weitere Entwickelung und Verwendung Möbius a. a. O. gegeben hat.

§. 8. Harmonische Centren und Polaren.

1. Eine Form (homogene Function) $m$ten Grades der Verhältnisse $QR_1 : PR_1, \ldots, QR_n : PR_n$, nach welchen die Strecke QP in n durch die Gleichung $u = 0$ conjugirten Puncten R getheilt ist, werde durch φ bezeichnet, und Q an P in Bezug auf die Puncte $u = 0$ durch die Gleichung $\varphi = 0$ gebunden. Die Gleichung $\varphi = 0$ ist $m$ten Grades für die Abscisse des Punctes Q, und $(n - m)$ten Grades für die Abscisse des P; sie bestimmt daher einem gegebenen Punct P entsprechend m conjugirte Puncte Q, und einem gegebenen Punct Q entsprechend $n - m$ conjugirte Puncte P.

Die Gleichung $\varphi = 0$ und die zugehörige Correlation der Puncte P, Q, R ist projectiv (§. 13, 10), weil nach Division durch die $m$te Potenz eines der n Verhältnisse statt $\varphi = 0$ eine Gleichung bleibt, welche $n - 1$ Doppelverhältnisse verbindet z. B.

$$(QPR_1R_n), \quad (QPR_2R_n), \ldots, \quad (QPR_{n-1}R_n)$$

2. Vermöge der Gleichung $\varphi = 0$

$$\frac{QR_1}{PR_1} + \frac{QR_2}{PR_2} + \ldots + \frac{QR_n}{PR_n} = 0$$

$$\text{d. i.} \quad n - \frac{PQ}{PR_1} - \frac{PQ}{PR_2} - \ldots = 0, \quad \frac{n}{PQ} = \frac{1}{PR_1} + \ldots + \frac{1}{PR_n}$$

ist PQ das harmonische Mittel der $PR_1, PR_2, \ldots$, und Q heisst das dem Punct P entsprechende harmonische Centrum der Puncte R. Poncelet 1828 Crelle J. 3 p. 232.

Bezeichnet man durch $(QR : PR)_m$ die Summe der Producte von je m verschiedenen Verhältnissen $QR_1 : PR_1, \ldots, QR_n : PR_n$, so heisst der durch die Gleichung $(QR : PR)_m = 0$ $m$deutig bestimmte Punct Q ein dem Punct P entsprechendes harmonisches Centrum $m$ten Grades der Puncte R. Grassmann 1842 Crelle J. 24 p. 271. Vergl. Salmon Plane curves 1852 nº 57. Jonquières Liouv. J. 1857 p. 249. Cremona Curve piane 1862 art. 3. Briot-Bouquet Compl. de la géom. anal. 1864 p. 184.

Durch Multiplication mit dem Product aller $PR : QR$ geht jede Combination $m$ten Grades der $QR : PR$ über in eine Combination $(n - m)$ten Grades der $PR : QR$, also geht die Gleichung $(QR : PR)_m = 0$ über in die Gleichung $(PR : QR)_{n-m} = 0$, d. h. wenn Q ein dem P entsprechendes harmonisches Centrum $m$ten Grades der Puncte R ist, so ist P ein dem Q entsprechendes harmonisches Centrum $(n - m)$ten Grades der Puncte R.

Anmerkung. Durch Multiplication mit $PR_1{}^m$ geht die Gleichung $(QR : PR)_m = 0$ über in

$$\left(\frac{PR_1}{PR_1} QR_1, \ \frac{PR_1}{PR_2} QR_2, \ldots\right)_m = 0$$

Wenn nun P auf den unendlichfernen Punct fällt, so bleibt

$$(QR_1, QR_2, \ldots)_m = 0$$

eine nicht projective Gleichung, vermöge deren Q ein dem unendlichfernen Punct entsprechendes harmonisches Centrum $m$ten Grades der Puncte R ist, und ein Centrum $m$ten Grades der Puncte R heisst. Das Centrum 1ten Grades der Puncte R ist ihr Schwerpunct, Punct mittlerer Distanz.

3. Durch Absonderung der Combinationen, welche eines der Verhältnisse $QR : PR$ enthalten, findet man

$$\left(\frac{QR_1}{PR_1}, \frac{QR_2}{PR_2}, \ldots\right)_m = \frac{QR_1}{PR_1}\left(\frac{QR_2}{PR_2}, \ldots\right)_{m-1} + \left(\frac{QR_2}{PR_2}, \ldots\right)_m$$

Also kann die Gleichung $(QR : PR)_m = 0$ nach Multiplication mit PR_1 ersetzt werden durch

$$QR_1\left(\frac{QR_2}{PR_2}, \ldots\right)_{m-1} + PR_1\left(\frac{QR_2}{PR_2}, \ldots\right)_m = 0$$

Wenn $QR_1 = 0$, so ist $\left(\frac{R_1R_2}{PR_2}, \ldots\right)_m = 0$, d. h. ein Q fällt auf einen der Puncte R, wenn dieser selbst ein harmonisches Centrum desselben Grades der übrigen Puncte R ist.

Wenn $PR_1 = 0$, so ist $QR_1\left(\frac{QR_2}{R_1R_2}, \ldots\right)_{m-1} = 0$, d. h. ein dem R_1 entsprechendes harmonisches Centrum $m$ten Grades der R fällt auf R_1, die übrigen sind die dem R_1 entsprechenden harmonischen Centren $(m-1)$ten Grades der R_2, R_3, ... Z. B. Von den dem R_1 entsprechenden harmonischen Centren 2ten Grades der R_1, R_2, R_3 fällt eines auf R_1, das andre auf Q, so dass

$$\frac{QR_2}{R_1R_2} + \frac{QR_3}{R_1R_3} = 0, \quad (QR_1R_2R_3) = -1$$

4. Um aus der Gleichung für R die Gleichung für Q zu formiren, setzt man, wenn $u = 0$ die Wurzeln x_1, x_2, .., x_n hat,

$$PR_k = x_k - p = r_k, \quad PQ = q, \quad \frac{QR}{PR} = \frac{PR - PQ}{PR} = 1 - \frac{q}{r}$$

und findet $(QR : PR)_m$

$$= \left(1 - \frac{q}{r}\right)_m = \binom{n}{m} + \binom{n-1}{m-1}\left(\frac{-q}{r}\right)_1 + \binom{n-2}{m-2}\left(\frac{-q}{r}\right)_2 + \ldots$$

Denn die vorliegende Formel umfasst $\binom{n}{m}$ Glieder, deren jedes das Product von m Binomien ist; die Entwickelung eines jeden Products beginnt mit 1. Die Formel enthält ferner

ein Glied, welches durch e i n e der Grössen $\frac{-q}{r}$ z. B. durch $\frac{-q}{r_1}$ theilbar ist, sovielmal als es Combinationen $(m-1)$ten Grades der Binomien $1 - \frac{q}{r_2}$, $1 - \frac{q}{r_3}$, .. giebt d. i. $\binom{n-1}{m-1}$mal;

ein Glied, welches durch z w e i der Grössen $\frac{-q}{r}$ z. B. durch $\frac{-q}{r_1}\frac{-q}{r_2}$ theilbar ist, sovielmal als es Combinationen $(m-2)$ten

Grades der Binomien $1-\frac{q}{r_3}$, .. giebt d. i. $\binom{n-2}{m-2}$mal; u. s. w. Dabei ist

$$\binom{n-k}{m-k} = \binom{n-k}{n-m} = \binom{n}{m}\binom{m}{k} : \binom{n}{k}$$

weil $\frac{(n-k)!}{(n-m)!(m-k)!} = \frac{n!}{m!(n-m)!} \cdot \frac{m!}{k!(m-k)!} \cdot \frac{k!(n-k)!}{n!}$

Ferner ist $$\left(\frac{-q}{r}\right)_k = q^k\left(\frac{1}{-r}\right)_k$$

während

$$1 : \left(\frac{1}{-r}\right)_1 : \left(\frac{1}{-r}\right)_2 : \ldots = (-r)_n : (-r)_{n-1} : (-r)_{n-2} : \ldots$$

wie die Coefficienten sich verhalten, welche in der durch Potenzen von $x-p$ ausgedrückten Function u die 0te, 1te, 2te, .. Potenz haben.

5. Die Gleichungen $(QR:PR)_n = 0$, $(QR:PR)_{n-1} = 0$, $(QR:PR)_{n-2} = 0$, .. sind nach (4) congruent mit

$$\left(1-\frac{q}{r}\right)_n = 0, \quad \left(1-\frac{q}{r}\right)_{n-1} = 0, \quad \left(1-\frac{q}{r}\right)_{n-2} = 0, \ldots$$

oder nach Division durch q^n, q^{n-1}, q^{n-2}, .. congruent mit

$$\left(\frac{1}{q}-\frac{1}{r}\right)_n = 0, \quad \left(\frac{1}{q}-\frac{1}{r}\right)_{n-1} = 0, \quad \left(\frac{1}{q}-\frac{1}{r}\right)_{n-2} = 0, \ldots$$

Es entspringen aber aus der Identität

$$\left(\frac{1}{q}-\frac{1}{r}\right)_n = \left(\frac{1}{q}-\frac{1}{r_1}\right)\left(\frac{1}{q}-\frac{1}{r_2}\right) \cdots \left(\frac{1}{q}-\frac{1}{r_n}\right)$$

durch fortgesetzte Differentiation nach $\frac{1}{q}$ die Identitäten

$$\left(\frac{1}{q}-\frac{1}{r}\right)_n' = \left(\frac{1}{q}-\frac{1}{r}\right)_{n-1}$$
$$\left(\frac{1}{q}-\frac{1}{r}\right)_n'' = 2!\left(\frac{1}{q}-\frac{1}{r}\right)_{n-2}$$
$$\left(\frac{1}{q}-\frac{1}{r}\right)_n''' = 3!\left(\frac{1}{q}-\frac{1}{r}\right)_{n-3}$$

u. s. w. Denn das Product von $n-2$, $n-3$, .. bestimmten Binomien entsteht durch Differentiation von je 2, 3, .. bestimmten Gliedern der 1ten, 2ten, .. Fluxion (Differentialquotient, Derivation).

Also sind die obigen Gleichungen der Reihe nach congruent mit

$$\left(\frac{1}{q}-\frac{1}{r}\right)_n = 0, \quad \left(\frac{1}{q}-\frac{1}{r}\right)_n' = 0, \quad \left(\frac{1}{q}-\frac{1}{r}\right)_n'' = 0, \ldots$$

6. Wenn Q die Abscisse x hat, d. h. $q = x - p$, so wird die durch Potenzen von q ausgedrückte Function u null bei $q = r_1$, r_2, .., gleichwie $\left(1-\frac{q}{r}\right)_n$. Also hat man

$$\left(1-\frac{q}{r}\right)_n = Cu, \quad \left(\frac{1}{q}-\frac{1}{r}\right)_n = \frac{Cu}{q^n}$$

so dass C von q unabhängig ist.

Unter u werde nun die Form der x, t verstanden, welche bei $t = 1$ mit der gegebenen Function von x übereinstimmt. Dann wird die Form u durch q^n dividirt, indem man die Variablen x, t durch q dividirt, und nach der von Cauchy Résumé 1823 p. 54 eingeführten symbolischen Bezeichnung ist

$$du = \left(\frac{\partial}{\partial x}dx + \frac{\partial}{\partial t}dt\right)u, \quad d^2u = \left(\frac{\partial}{\partial x}dx + \frac{\partial}{\partial t}dt\right)^2 u, \ldots$$

Daher erhält man

$$\left(\frac{1}{q}-\frac{1}{r}\right)_n = C\left(\frac{\partial}{\partial x}dx + \frac{\partial}{\partial t}dt\right)u : d\frac{1}{q}$$

indem man in den Fluxionen $\frac{\partial u}{\partial x}$, $\frac{\partial u}{\partial t}$ und in den Differentialen für x, t die Werthe $\frac{p+q}{q}$, $\frac{t}{q}$, also $dx = pd\frac{1}{q}$, $dt = td\frac{1}{q}$ setzt, so dass die Gleichung für q

$$\left(\frac{1}{q}-\frac{1}{r}\right)_n = 0$$

durch die Gleichung für die Abscisse x des Q

$$\left(p\frac{\partial}{\partial x} + t\frac{\partial}{\partial t}\right)u = 0$$

bei $t = 1$ vertreten wird. Ebenso wird die Gleichung für q

$$\left(\frac{1}{q} - \frac{1}{r}\right)_n'' = 0$$

durch die Gleichung für x

$$\left(p\frac{\partial}{\partial x} + t\frac{\partial}{\partial t}\right)^2 u = 0$$

ersetzt. U. s. w.

7. Die Form $v = \left(x_0\frac{\partial}{\partial x} + t_0\frac{\partial}{\partial t}\right)^m u$ der x, t vom $(n-m)$ten Grad, welche man aus $d^m u$ dadurch ableitet, dass man dx, dt durch x_0, t_0 ersetzt, wird die *m*te Polare (Emanante) der Form u in Bezug auf die Werthe x_0, t_0 der Variablen genannt. Demnach heisst die Gruppe $Q(v = 0)$ die *m*te Polare der Gruppe $R(u = 0)$ für den Punct P oder die *m*te Polare des Punctes P in Bezug auf die Gruppe R. Die successiven Polaren des Punctes P in Bezug auf gegebene Linien und Flächen sind von Bobillier 1827 Gerg. Ann. 18 p. 157, 19 p. 110 und 302 der Polare eines Punctes in Bezug auf eine Linie und Fläche 2ter Ordnung nachgebildet, von Joachimsthal 1846 Crelle J. 33 p. 373 aus einem neuen Gesichtspunct gezeigt worden. Vergl. Plücker 1830 Crelle J. 5 p. 34. Steiner 1848 Crelle J. 47 p. 1. Salmon Lessons 1859 n° 78. Clebsch binäre Formen 1872 p. 12. Vorlesungen über Geometrie (ed. Lindemann) p. 203. Die Gruppe der einem gegebenen Punct entsprechenden harmonischen Centren $(n-m)$ten Grades der Puncte R ist nach dem Obigen nicht verschieden von der *m*ten Polare des P in Bezug auf die Puncte R.

Die letzte der congruenten Gleichungen

$$(QR : PR)_{n-m} = 0, \quad \left(\frac{1}{q} - \frac{1}{r}\right)_{n-m} = 0, \quad \left(p\frac{\partial}{\partial x} + t\frac{\partial}{\partial t}\right)^m u = 0$$

welche für P die $m$te Polare der R definiren, zeigt die $m$te Polare der R als die 1te Polare der $(m-1)$ten Polare der R, als die 2te Polare der $(m-2)$ten Polare der R, u. s. w.

Wenn Q ein Punct der $m$ten Polare der R für P, so ist nach (2) P ein Punct der $(n-m)$ten Polare der R für Q, d. h. mit der Gleichung

$$\left(p\frac{\partial}{\partial x}+t\frac{\partial}{\partial t}\right)^m u = 0$$

congruirt die Gleichung

$$\left(x\frac{\partial}{\partial p}+t\frac{\partial}{\partial t}\right)^{n-m} u = 0$$

welche man aus jener ableitet, indem man p, x, m durch x, p, $n-m$ ersetzt. Die Congruenz dieser Gleichungen kommt in Joachimsthal's Satz zur Anschauung.

Hiernach bestimmt man für P die $(n-1)$te, $(n-2)$te Polare der R durch die Gleichungen

$$\left(x\frac{\partial}{\partial p}+t\frac{\partial}{\partial t}\right)u = 0, \qquad \left(x\frac{\partial}{\partial p}+t\frac{\partial}{\partial t}\right)^2 u = 0$$

welche u voraussetzen, wie es bei $x=p$ sich ergiebt.

Capitel II.

Winkel, Flächen, Projectionen.

---

§. 9. Winkel von zwei Geraden.

1. Wenn die Puncte A, B auf einem Kreis liegen, so ist der Bogen AB unendlichdeutig auf 2 Arten, denn ein Punct kann den Kreis von A bis B in dem einen Sinn und in dem conträren Sinn so durchlaufen, dass er den Endpunct B keinmal oder einmal oder zweimal u. s. w. überschreitet. Um über den Sinn der Fortschreitung auf dem Kreis zu urtheilen, muss man die zu beiden Seiten der Ebene des Kreises liegenden (durch die Ebene getrennten) Räume unterscheiden. Man stellt sich ins Centrum des Kreises, den Kopf auf die eine Seite, und hat sich, indem man den den Kreis durchlaufenden Punct mit dem Auge verfolgt, entweder linksum oder rechtsum zu drehen (gegen den Uhrzeiger, mit dem Uhrzeiger). Wenn der Beurtheiler sich auf die andre Seite der Ebene stellt, so erhält er über den Sinn, in welchem der Kreis durchlaufen wird, das conträre Urtheil.

Nachdem der positive Sinn der Ebene d. h. der Sinn der Drehung, bei welcher positive Bogen beschrieben werden, für die Ebene willkürlich festgesetzt worden ist, hat der Bogen AB einen eindeutig bestimmten Werth, welchem eine beliebige (ganze) Anzahl Peripherien addirt oder subtrahirt werden kann.

2. Der Winkel ab der Geraden a, b der Ebene wird durch ASB ausgedrückt, wenn die Geraden den Punct S gemein haben, und SA, SB positive Strecken der Geraden a, b sind (§. 1). Zu seiner Bestimmung ist es erforderlich, dass die positiven Richtungen der beiden Geraden und der positive Sinn der Ebene festgesetzt worden sind.

Unter der Grösse des Winkels wird sein Arcus verstanden, d. h. das Verhältniss eines dem Winkel eingeschriebenen Kreisbogens, dessen Centrum der Scheitel ist, zu dem Radius des Kreises; also auch der Kreisbogen unter der Bedingung, dass der Radius die Längeneinheit ist. Wegen der Aehnlichkeit der Figuren haben gleiche Winkel denselben Arcus, und Winkel, welche denselben Arcus haben, sind einander gleich (Planim. §. 13, 8). Es ist

$$\mathrm{arc}\,180^0 = \pi, \qquad \mathrm{arc}\,\vartheta^0 = \frac{\pi}{180}\vartheta = \vartheta : \frac{180}{\pi}$$

und x der Arcus des Winkels von $\frac{180}{\pi}x$ Grad. Dem Arcus kann $2k\pi$ addirt oder subtrahirt werden, wenn k eine ganze Zahl ist (1). Der $m$te Theil eines Winkels ist $m$deutig.

Die Geraden der Ebene, welche einen Punct gemein haben, sind durch die Winkel (Anomalien) bestimmt, welche sie mit einer unter diesen Geraden bilden. Die Winkel, welche horizontale Richtungen mit der Südrichtung bilden, heissen Azimuthe, Declinationen. Winkel von Geraden mit einer Verticalen gebildet heissen Elongationen. Winkel von Geraden mit einer horizontalen Ebene gebildet heissen Höhen, Elevationen, Depressionen, Inclinationen.

Die scheinbaren Oerter des Punctes C für die Standpuncte A, B sind die Richtungen AC, BC; wenn man von A nach B geht, so verändert sich der scheinbare Ort des C, die Richtung AC und der Winkel ACB. Der Winkel ACB heisst die Parallaxe des C für die Standpuncte A, B, und ist die scheinbare Länge der Strecke AB für den Standpunct C.

3. Wenn die Geraden a, b, c, .. der Ebene einen Punct gemein haben, so ist unter den Voraussetzungen (2)

$$ab + ba = 0, \qquad ba = -ab = 2k\pi - ab \quad (k = 0, \pm 1, \pm 2, \ldots)$$

$$ab + bc + ca = 0, \qquad bc = ba + ac = ac - ab \quad (\text{Vergl. §. 1. 3})$$

$$ASB + BSA = 0, \qquad ASB + BSC + CSA = 0$$

Wenn b und b' conträre Richtungen haben, so ist

$$ab' = ab + bb' = ab + \pi$$

d. h. der Winkel wird um π verändert, wenn eine der Geraden die conträre positive Richtung erhält. Die Winkel ab und $b'a$ sind Nebenwinkel. Wenn die Puncte A, B, C auf einer Geraden liegen, so ist der Winkel ABC entweder 0 oder π, also in jedem Fall $2ABC = 0$.

Wenn a', b' die Normalen der a, b sind, welche mit a, b je einen rechten Winkel bilden, so ist

$$ab = aa' + a'b' + b'b = a'b'$$

Wenn die Nebenwinkel ab und ba' von c und c_1 halbirt werden, so ist

$$ac + cb + bc_1 + c_1a' = \pi, \quad 2cb + 2bc_1 = \pi, \quad 2cc_1 = \pi$$

und für eine beliebige Gerade x

$$ax + xc = cx + xb, \quad 2xc = xa + xb$$

4. In dem Euclidischen Raum (§. 2, 1) ist $ab + bc + ca = 0$ auch dann, wenn die Geraden der Ebene einen Punct nicht gemein haben. Wenn man durch einen Punct der Ebene die Geraden a', b', c' zieht, welche mit a, b, c der Reihe nach parallel und gleicher positiver Richtung sind, so ist $ab = a'b = a'b'$, $bc = b'c'$, $ca = c'a'$, folglich

$$ab + bc + ca = a'b' + b'c' + c'a' = 0$$

Wenn die Winkel rr', ss' von den Geraden m, n halbirt werden ($rm = mr'$, $sn = ns'$), so ist

$$\begin{aligned} rs + r's' &= rm + ms + r'n + ns' \\ &= mr' + ms + r'n + sn = 2mn \end{aligned}$$

Wenn der Lichtstrahl r von der Geraden s reflectirt die Fortsetzung r', und wenn r' von s' reflectirt die Fortsetzung r'' hat, so ist $rs = sr'$, $r's' = s'r''$, die Winkel rr', $r'r''$ werden von s, s' halbirt. Folglich ist

$$rr'' = rs + sr' + r's' + s'r'' = 2sr' + 2r's' = 2ss'$$

Hierauf beruht der Gebrauch des Spiegelsextanten, des Reflexionsgoniometer, und die Beobachtung kleiner Schwingungen.

Wenn in dem Dreieck ABC die Seiten BC, CA, AB positive Strecken der Geraden a, b, c sind, so ist der Winkel $BAC + bc = \pi$, u. s. w., folglich

$$BAC + ACB + CBA = \pi$$

Ebenso ist für einen andern Punct D der Ebene

$$CAD + ADC + DCA = \pi$$

folglich durch Addition für das Viereck $ABCD$

$$BAD + ADC + DCB + CBA = 0, \quad BAD - BCD = ABC - ADC$$

Wenn die Puncte A, B, C, D auf einem Kreis liegen, dessen Centrum O, so ist $OAC = ACO$, $2ACO + COA = \pi$. Wenn C und C_1 Gegenpuncte des Kreises sind, so ist $ACO = ACC_1$, $COA + AOC_1 = \pi$, folglich

$$2ACC_1 = AOC_1, \quad 2C_1CB = C_1OB$$

und durch Addition

$$2ACB = AOB, \quad 2ADB = AOB, \quad 2(ACB - ADB) = 0$$

d. h. $ACB - ADB$ ist π oder 0, je nachdem C und D durch die Gerade AB getrennt sind oder nicht (Planim. §. 4).

§. 10. Fläche einer Planfigur.

1. Die Ebene wird durch eine ihrer Geraden in zwei Felder getheilt. Puncte eines Feldes C, C' haben von der Geraden Distanzen eines Zeichens und bilden mit Strecken eines Zeichens AB, $A'B'$ der Geraden Dreiecke eines Sinnes ABC, ABC', $A'B'C$, $A'B'C'$ und von Flächen eines Zeichens, der Art dass die Umdrehungen, welche man macht, indem man die Perimeter ABC, ABC', .. von A über B nach C und A, von

A über B nach C' und A, u. s. w. zurücklegt, eines Sinnes sind. Wenn der Sinn ABC der positive Sinn der Ebene ist, so hat das Dreieck eine positive Fläche, die sowohl durch ABC, als auch durch BCA und CAB ausgedrückt wird. Zwei Dreiecke einer Ebene, die nicht eines Sinnes sind, haben Flächen von conträren Zeichen. Wenn eine Seite des Dreiecks das Zeichen wechselt, oder wenn die Distanz einer Spitze von der gegenüberliegenden Seite das Zeichen wechselt, so verändert sich der Sinn des Dreiecks und das Zeichen seiner Fläche. Daher ist

$$ABC + BAC = 0, \qquad BAC = ACB = CBA = -ABC$$

in Uebereinstimmung mit $AB + BA = 0$ nach Multiplication mit der halben Distanz des C von der durch A, B gehenden Geraden. Ebenso ist, wenn O auf der Geraden AB liegt,

$$AB = AO + OB, \qquad ABC = AOC + OBC,$$
$$AOC : OBC = AO : OB$$

bei Beachtung der Zeichen sowohl der Dreiecke, als der Strecken.

Wenn die Geraden AB und QR den Punct S gemein haben, so haben die Dreiecke AQR und ASR, BQR und BSR je gleiche Höhen, folglich ist

$$AQR : BQR = ASR : BSR = AS : BS$$

2. Wenn O ein beliebiger Punct der Ebene des Dreiecks ist, so ist

$$ABO + BCO + CAO = ABC$$

Denn von einer der Geraden AO, BO, CO wird eine der Seiten z. B. BC von AO in S getheilt. Nun ist (1)

$$ABO = OAB = OSB + SAB,$$
$$BCO = BSO + SCO, \qquad CAO = CAS + CSO$$

folglich, weil $OSB + BSO = 0$, u. s. w.

$$ABO + BCO + CAO = ABS + ASC = ABC$$

Die Fläche $2ABC$ wird durch jedes der Producte $BC \,.\, h_1$, $CA \,.\, h_2$, $AB \,.\, h_3$ ausgedrückt, wenn h_1, h_2, h_3 die Höhen des Dreiecks sind d. h. die Distanzen A von BC, B von CA, C von AB. Unter Voraussetzung positiver BC, CA, AB haben die Höhen das Zeichen der Fläche.

Wenn O von BC, CA, AB die Distanzen p_1, p_2, p_3 hat, so ist $2BCO = BC \,.\, p_1$, u. s. w., folglich

$$BC \,.\, p_1 + CA \,.\, p_2 + AB \,.\, p_3 = 2ABC$$

$$\frac{p_1}{h_1} + \frac{p_2}{h_2} + \frac{p_3}{h_3} = 1$$

die Gleichung, durch welche die Distanzen eines Punctes von 3 Geraden verbunden sind.

3. Die Gleichung der 4 Puncte besteht in derselben Weise für 4 Gerade. Das Dreieck der Geraden abc hat die Ecken ab, bc, ca, welche durch C, A, B bezeichnet werden; die Gerade d enthält die Ecken ad, bd, cd, welche durch A', B', C' bezeichnet werden; daher ist die Fläche $abc = CAB$, $dbc = B'AC'$, u. s. w. Auf der Geraden AC' liegt der Punct B, u. s. w., folglich ist

$$B'AC' = B'AB + B'BC'$$
$$C'BA' = BA'B' + BB'C'$$
$$A'CB' = A'BB' + BCB'$$

und durch Addition

$$B'AC' + C'BA' + A'CB' = BCB' + BB'A = BCA$$

d. i. bei der obigen Bezeichnung

$$dbc + dca + dab = bca = cab = abc$$

Möbius Leipz. Berichte 1865 p. 61.

4. Wenn O, P beliebige Puncte der Ebene des Polygons $ABC \,..\, MNA$ sind, so ist (2)

$$\begin{aligned}
PAB &= OAB + OBP + OPA \\
PBC &= OBC + OCP + OPB \\
\dots & \quad \dots \quad \dots \\
PMN &= OMN + ONP + OPM \\
PNA &= ONA + OAP + OPN
\end{aligned}$$

Die Summe der beiden letzten Colonnen ist null, folglich

$$PAB + PBC + \dots + PNA = OAB + OBC + \dots + ONA$$

5. Die von der Lage des Punctes O unabhängige Summe der Dreiecke $OAB + OBC + OCD + \dots$, für welche man z. B. $ABC + ACD + \dots$ setzen kann, ist die Fläche des Polygons, wenn dasselbe ein ordinäres aus einer Zelle bestehendes ist. Dieselbe Summe definirt die Fläche eines singulären Polygons, dessen Perimeter einen oder mehr Doppelpuncte hat, in welchen er sich selbst schneidet, so dass das Polygon mehrere Zellen mit einfachen oder mehrfachen positiven oder negativen Flächen hat.

Die Flächen singulärer Polygone sind von Meister 1769, von Möbius 1827 und 1865 bestimmt worden. Planim. §. 9, 7 ff.

§. 11. Normalprojectionen.

1. Wenn die Puncte A, B, C der Geraden h durch Normalen der Geraden x auf die Gerade x nach A_1, B_1, C_1 projicirt werden, so ist

$$\frac{A_1 B_1}{AB} = \frac{A_1 C_1}{AC} = \frac{B_1 C_1}{BC} = \cos xh$$

d. h. die Normalprojection einer Strecke der h auf x hat zu der Strecke ein von der Länge und dem Anfang der Strecke unabhängiges durch den Winkel xh eindeutig bestimmtes Verhältniss, welches der Cosinus des Winkels heisst. Wenn $xh = 0$, so haben die Geraden x und h dieselbe positive Richtung; $A_1 B_1$ und AB sind gleiche Strecken der x und h eines Zeichens, $A_1 B_1 = AB$, $\cos 0 = 1$. Wenn $xh = \frac{1}{2}\pi$, so ist $A_1 B_1 = 0$, $\cos\frac{1}{2}\pi = 0$.

Wenn h die conträre positive Richtung erhält, so verändert sich xh um π (§. 9, 3), und die Strecke AB wechselt das Zeichen, folglich ist

$$\cos(\alpha \pm \pi) = -\cos\alpha, \qquad \cos\pi = -1$$

Wenn die Ebene den conträren positiven Sinn erhält, so wechselt xh das Zeichen, aber $A_1B_1 : AB = \cos xh$ bleibt unverändert, folglich ist

$$\cos(-\alpha) = \cos\alpha$$

2. Vermöge der Definitionen

$$\sin\alpha = \cos(\tfrac{1}{2}\pi - \alpha), \quad \operatorname{tang}\alpha = \sin\alpha : \cos\alpha, \quad \cot\alpha = \operatorname{tang}(\tfrac{1}{2}\pi - \alpha)$$

erhält man

$$\sin(-\alpha) = \cos(\tfrac{1}{2}\pi + \alpha) = -\cos(-\tfrac{1}{2}\pi + \alpha) = -\cos(\tfrac{1}{2}\pi - \alpha) = -\sin\alpha$$

$$\sin(\alpha + \pi) = \cos(\tfrac{1}{2}\pi - \alpha - \pi) = -\cos(\tfrac{1}{2}\pi - \alpha) = -\sin\alpha$$

$$\sin(\pi - \alpha) = \sin\alpha$$

$$\operatorname{tang}(-\alpha) = -\operatorname{tang}\alpha, \quad \operatorname{tang}(\alpha + \pi) = \operatorname{tang}\alpha$$

$$\cot\alpha = 1 : \operatorname{tang}\alpha$$

$$\operatorname{tang}(\alpha + \tfrac{1}{2}\pi) = \operatorname{tang}(\alpha - \tfrac{1}{2}\pi) = -\cot\alpha$$

$$\operatorname{tang}\alpha \operatorname{tang}(\alpha \pm \tfrac{1}{2}\pi) = -1$$

Wenn eine Strecke AB der Geraden s durch Normalen auf die Geraden r und r' projicirt wird, so sind die beiden Normalprojectionen

$$A_1B_1 = AB\cos rs, \quad A_2B_2 = AB\cos sr'$$

Unter der Voraussetzung $rr' = \frac{1}{2}\pi$ ist $rs + sr' = \frac{1}{2}\pi$, $\cos sr' = \sin rs$, folglich $\cot rs = A_1B_1 : A_2B_2$.

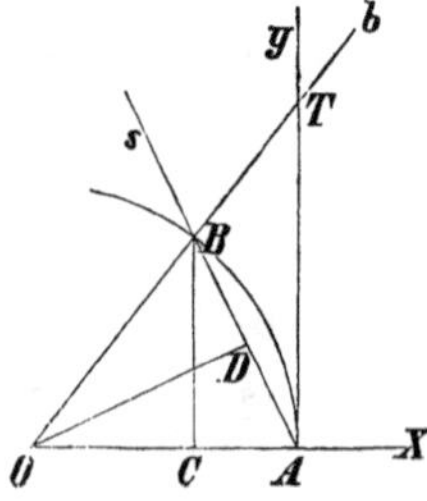

3. Dem Winkel xb, dessen Scheitel O, sei der concentrische Kreisbogen AB eingeschrieben; die Normalen der x durch B, A werden von x, b in C, T geschnitten; die Gerade BC habe mit der Geraden y, auf welcher AT liegt, dieselbe positive Richtung, so dass $xy = \frac{1}{2}\pi$. Dann ist

$$OC = OB\cos xb, \quad CB = OB\cos by = OB\sin xb$$
$$OA = OT\cos xb, \quad AT = OT\cos by = OT\sin xb$$

weil $xb + by = xy = \frac{1}{2}\pi$. Wenn $OA = 1$, so ist $AB = xb$ (der Arcus dieses Winkels §. 9, 2), mithin auch den Zeichen nach

$$OC = \cos AB, \quad CB = \sin AB, \quad AT = \operatorname{tang} AB$$

entsprechend den geometrischen Definitionen der goniometrischen Functionen beliebiger Winkel.

Die Chorde AB auf der Geraden s wird von der durch O gehenden Normale in D halbirt. Wenn nun OD auf der Geraden t liegt und $st = \frac{1}{2}\pi$, so ist $AB = 2AD = 2AO\cos xs$, $OD = OA\cos xt$. Nun ist

$$\cos xs = \cos(xy + ys) = -\sin ys$$
$$\cos xt = \cos(xy + ys + st) = -\cos ys$$

folglich

$$AB = 2OA\sin ys, \quad OD = -OA\cos ys$$

daher haben die Strecken AB auf s, OD auf t wechselnde Zeichen je nach der Grösse des Winkels ys. Vergl. Trigon. §. 4.

§. 12. Polygonometrie.

1. Wenn die geschlossene Linie $ABCA$ durch parallele Gerade auf eine Gerade ihrer Ebene nach $A_1B_1C_1A_1$ projicirt wird, so ist (§. 1)

$$A_1B_1 + B_1C_1 + C_1A_1 = 0, \quad A_1C_1 = A_1B_1 + B_1C_1$$

d. h. die gebrochene Linie ABC und die Strecke AC (die »geometrische Summe« der Strecken AB, BC nach Möbius Mechanik des Himmels 1843) haben auf einer beliebigen Geraden dieselbe Projection, welche null ist, wenn die Projicirenden mit AC parallel sind.

Wenn mit den gegebenen Strecken d_1, d_2, .. die Strecken EE_1, E_1E_2, .. parallel und gleich und eines Zeichens d. h. von gleicher Grösse und Richtung sind, so haben bei parallelen

Projicirenden d_1 und EE_1 auf einer Geraden gleiche Projectionen eines Zeichens. Die Summe der Projectionen der d_1, d_2 ist die Projection der EE_2, die Summe der Projectionen der d_1, d_2, d_3 ist die Projection der EE_3, u. s. w.

Wenn die Summe der Projectionen der $d_1, d_2, \ldots, d_n$ null ist bei 2 verschiedenen Richtungen der parallelen Projicirenden, so ist EE_n mit den beiden Richtungen parallel, mithin null, d. h. die Strecken $d_1, d_2, \ldots$ sind mit den Seiten eines Polygons von gleicher Grösse und Richtung, und die Summe ihrer Projectionen auf eine Gerade ist null bei jeder Richtung der parallelen Projicirenden. Möbius Statik 47. Vergl. Stereom. §. 11.

2. Wenn die Strecken BC, CA, AB der Geraden f, g, h auf die Gerade x ihrer Ebene durch Normalen der x projicirt werden, so erhält man (§. 11)

$$B_1C_1 + C_1A_1 + A_1B_1 = 0, \quad BC\cos xf + CA\cos xg + AB\cos xh = 0$$

und insbesondere

$$\begin{aligned} BC\cos ff + CA\cos fg + AB\cos hf &= 0 \\ BC\cos fg + CA\cos gg + AB\cos gh &= 0 \\ BC\cos hf + CA\cos gh + AB\cos hh &= 0 \end{aligned}$$

folglich für 3 und 4 Gerade der Ebene

$$\begin{vmatrix} \cos ff & \cos fg & \cos hf \\ \cos fg & \cos gg & \cos gh \\ \cos hf & \cos gh & \cos hh \end{vmatrix} = 0 \qquad \begin{vmatrix} \cos xf & \cos xg & \cos xh \\ \cos fg & \cos gg & \cos gh \\ \cos hf & \cos gh & \cos hh \end{vmatrix} = 0$$

und die Lösung des linearen Systems

$$\begin{aligned} BC : CA : AB &= \text{adj}\cos ff : \text{adj}\cos fg : \text{adj}\cos hf \\ BC^2 : CA^2 : AB^2 &= \text{adj}\cos ff : \text{adj}\cos gg : \text{adj}\cos hh \\ &= \sin^2 gh : \sin^2 hf : \sin^2 fg \end{aligned}$$

Vergl. Determ. §. 3, 8. Indem man die 3 Gleichungen mit BC, CA, $-AB$ componirt, findet man

$$BC^2 + CA^2 + 2BC.CA\cos fg = AB^2$$

Analoge Resultate ergeben sich für Polygone. Vergl. Trigon. §. 4 und 6.

Wenn M die Mitte der AB, so ist (§. 1, 4)

$$BC^2 + CA^2 = 2AM^2 + 2MC^2, \quad AB^2 = 4AM^2$$

folglich

$$BC \,.\, CA \cos fg = AM^2 - MC^2$$

3. Wenn BC, CA, AB durch Parallelen der x auf die Normale y der x projicirt werden, und $xy = \frac{1}{2}\pi$ ist, so ist $BC \cos fy = BC \sin xf$, also

$$BC \sin xf + CA \sin xg + AB \sin xh = 0$$

und insbesondere

$$CA \sin fg + AB \sin fh = 0, \quad BC \sin hf + CA \sin hg = 0$$
$$BC : CA : AB = \sin gh : \sin hf : \sin fg$$

eindeutig unter Voraussetzung eines bestimmten positiven Sinnes der Ebene (bei welchem $xy = \frac{1}{2}\pi$).

Durch Substitution in den obigen Gleichungen erhält man

$$\sin gh \, {\cos \atop \sin} xf + \sin hf \, {\cos \atop \sin} xg + \sin fg \, {\cos \atop \sin} xh = 0$$

die Grundlage der Goniometrie.

4. Wenn $hh' = \frac{1}{2}\pi$, so wird die Distanz des C von AB durch $BC \cos fh'$ d. i. $BC \sin hf$ ausgedrückt, und man erhält für die doppelte Fläche des Dreiecks

$$2ABC = AB \,.\, BC \sin hf = BC \,.\, CA \sin fg = CA \,.\, AB \sin gh$$

oder auch $AB \,.\, AC \sin hg$, u. s. w. Vergl. (3). Wenn h die conträre positive Richtung erhält, so wechseln AB und $\sin hf$ das Zeichen, und die Fläche bleibt unverändert. Wenn die Ebene den conträren positiven Sinn erhält, so wechselt mit $\sin hf$ die Fläche das Zeichen. Vergl. §. 11.

5. Die von dem Punct C ausgehenden Lichtstrahlen werden von einem Kreis gebrochen. Der leuchtende Punct C und der Radius AB liegen auf der Geraden x, der Radius AM auf der Geraden r, der nach M gehende Strahl auf der Geraden s, seine Fortsetzung auf der Geraden t, welche mit x den Punct D gemein hat. Wenn t von der durch C mit r parallel gezogenen Geraden in D' geschnitten wird, so ist (3)

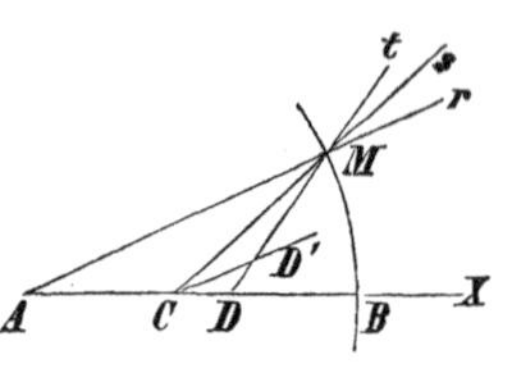

$$MD' : MC = \sin rs : \sin rt = n$$

der Refractions-Index für die durch den Kreis getrennten Medien. Zugleich ist $MD' : MD = AC : AD$, folglich

$$MD' : MC = \frac{AC}{CM} : \frac{AD}{DM} = n$$

Bei hinreichend kleinem BM haben $CM : CB$ und $DM : DB$ von 1 beliebig kleine Differenzen. Daher ist

$$\frac{AC}{CB} : \frac{AD}{DB} = (ABCD) = n$$

so dass die gebrochnen Strahlen von einem bestimmten Punct D divergiren. Das Object C (der leuchtende Punct) und sein Bild D theilen die optische Axe AB nach dem Doppelverhältniss n; die Objecte der Geraden x und deren Bilder sind collineare Figuren (§. 4) mit den tautologen Puncten A, B (Möbius Leipz. Berichte 1855 p. 10).

Bei der angegebenen Beschränkung ist

$$rs = n \,.\, rt, \quad xs - xr = n(xt - xr), \quad \text{arc}\, xs = \frac{BM}{CB}, \text{ u. s. w.}$$

folglich
$$\frac{1}{CB} - \frac{1}{AB} = n\left(\frac{1}{DB} - \frac{1}{AB}\right)$$

d. i.
$$\frac{AC}{CB} = n\frac{AD}{DB} \qquad \frac{1}{CB} - \frac{n}{DB} = \frac{1-n}{AB}$$

Bei $n = -1$ tritt Reflexion an die Stelle der Refraction.

§. 13. Centralprojectionen.

1. Aus dem Centrum S werden die Puncte A, B, .. durch die Geraden a, b, .., die Strecken AB, AC, .. durch die

Winkel ab, ac, .. projicirt. Wenn C, D auf der Geraden AB liegen, so ist $AC : BC = ACS : BCS$ (§. 10, 1), $2ACS = CS.SA \sin ca$ (§. 12, 4), u. s. w., folglich

$$AC : BC = \frac{SA}{SB}\frac{\sin ac}{\sin bc} \qquad AD : BD = \frac{SA}{SB}\frac{\sin ad}{\sin bd}$$

$$(ABCD) = \frac{AC}{BC} : \frac{AD}{BD} = \frac{\sin ac}{\sin bc} : \frac{\sin ad}{\sin bd} = (abcd)$$

Das Doppelverhältniss der 4 Puncte einer Geraden (§. 3, 1) ist zugleich das Doppelverhältniss von 4 Geraden der Ebene, welche einen Punct gemein haben und aus demselben jene Puncte projiciren. Poncelet propr. proj. 9. Steiner syst. Entw. p. 7. Einen Fall dieses Satzes hatte Carnot 1806 Transvers. 7 bemerkt.

Durch das Verhältniss $\sin ac : \sin bc$ ist die den Winkel ab theilende Gerade c (nicht ihre positive Richtung) eindeutig bestimmt. Denn wenn $\sin ad : \sin bd = \sin ac : \sin bc$, so ist $(ABCD) = 1$, D fällt auf C, mithin d auf c. Dasselbe erkennt man aus

$$\frac{\sin ac}{\sin ab \sin bc} = \frac{\sin(ab + bc)}{\sin ab \sin bc} = \cot ab + \cot bc$$

Wenn $\sin ad : \sin bd = \sin ac : \sin bc$, so ist $\cot bd = \cot bc$, also cd zweideutig, 0 oder π.

2. Das Doppelverhältniss von 4 Geraden eines Punctes $(abcd)$ hat dieselben Eigenschaften, wie das Doppelverhältniss von 4 Puncten einer Geraden $(ABCD)$. Wenn $(abcd) = -1$, so sind die Paare a, b und c, d in Harmonie (§. 4), z. B. die Schenkel eines Winkels ab und die Halbirenden c, d des Winkels und des Nebenwinkels ($ac = cb$, $ad + bd = \pi$).

Wenn $ab = \frac{1}{2}\pi$, so ist $\sin bc = \sin(ac - ab) = -\cos ac$, u. s. w., folglich

$$(abcd) = \operatorname{tang} ac : \operatorname{tang} ad = \cot bc : \cot bd$$

Wenn ausserdem $cd = \frac{1}{2}\pi$, so ist $\operatorname{tang} ad = -\cot ac$, folglich

$$(abcd) = -\operatorname{tang}^2 ac$$

3. Wenn die Puncte A, B, C, D einer Geraden aus einem beliebigen Punct S durch die Geraden a, b, c, d auf eine Gerade nach A', B', C', D' projicirt werden, so ist (1)

$$(ABCD) = (abcd) = (A'B'C'D')$$

Und wenn dieselben Puncte aus S' durch die Geraden a', b', c', d' projicirt werden, so ist

$$(abcd) = (ABCD) = (a'b'c'd')$$

Ueberhaupt, wenn die Seiten eines (ebenen oder unebenen) Polygons in je einem Punct getheilt sind, z. B. AB, BC, CD, DA in K, L, M, N, und wenn aus S die Puncte A, B, K durch die Geraden a, b, k auf eine Gerade nach A', B', K', die Puncte B, C, L durch die Geraden b, c, l auf eine Gerade nach B', C', L', u. s. w. projicirt werden, so ist

$$\frac{AK}{BK}\frac{BL}{CL}\frac{CM}{DM}\frac{DN}{AN} = \frac{\sin ak}{\sin bk}\frac{\sin bl}{\sin cl}\frac{\sin cm}{\sin dm}\frac{\sin dn}{\sin an} = \frac{A'K'}{B'K'}\frac{B'L'}{C'L'}\frac{C'M'}{D'M'}\frac{D'N'}{A'N'}$$

Und wenn die Puncte A, B, K, .. aus S' durch die Geraden a', b', k', .. projicirt werden, so ist

$$\frac{\sin ak}{\sin bk}\,.. = \frac{AK}{BK}\,.. = \frac{\sin a'k'}{\sin b'k'}\,..$$

Vergl. §. 4 und Trigon. §. 7.

4. Die Seiten BC und DA, AB und CD, und die Diagonalen AC und BD des planen Vierecks $ABCD$ enthalten 3 Paare von Puncten einer beliebigen Geraden der Ebene F und F', G und G', H und H', welche in Involution sind (Desargues. Vergl. Trigon. §. 7, 19). Denn man hat bei Projection der Geraden AC aus D und B

$$(DA,\ DC,\ DB,\ DH) = (BA,\ BC,\ BD,\ BH)$$

also auch $(F'G'H'H) = (FGH'H) = (FGHH')$ u. s. w. (§. 5).

Ebenso ergiebt sich bei gegenseitiger Vertauschung von Puncten und Geraden der Satz:

Die Schnittpuncte bc und da, ab und cd, ac und bd des planen Vierseits $abcd$ enthalten 3 Paare von Geraden eines beliebigen Punctes der Ebene f und f', g und g', h und h', welche in Involution sind d. h. $(fghh') = (f'g'h'h)$ u. s. w.

5. Zwei Figuren ABC .., $A'B'C'$ .. werden perspectivisch (bei STEINER, homothetisch bei CHASLES) genannt, wenn die Geraden a, b, .., auf welchen die Chorden der entsprechenden Puncte AA', BB', .. liegen, einen Punct gemein haben, so dass die beiden Figuren derselben Figur abc .. eingeschrieben sind. Die Figur abc .., deren Elemente Gerade sind, gegenüber dem Polygon ABC .., dessen Elemente Puncte sind, mag wo es nöthig scheint ein Polygramm (Vielseit) genannt werden, und zwar centrisch (Büschel), wenn die Geraden einen Punct gemein haben. Ebenso werden die centrischen Figuren abc .., $a'b'c'$ .., welche beide die Figur ABC .. aus S, S' projiciren, perspectivisch genannt.

Wenn zwei collineare gerade Figuren (§. 4) die eine aus S durch die Geraden a, b, c, .., die andre aus S' durch die Geraden a', b', c', .. projicirt werden, so heissen auch die Figuren abc .., $a'b'c'$ .. collinear (projectivisch nach STEINER, homographisch nach CHASLES), in Betracht dass das Doppelverhältniss von je 4 Geraden der einen Figur dem Doppelverhältniss der entsprechenden Geraden der andern Figur gleich ist.

Wenn demnach zwei gerade Polygone oder zwei plane centrische Polygramme perspectivisch sind, so sind sie collinear. Dabei ist in dem einen Fall der Schnittpunct der beiden Geraden, in dem andern Fall die Gerade der beiden Centren tautolog (sich selbst entsprechend).

6. Wenn in den collinearen geraden Polygonen ABC .., $A'B'C'$ .. der gemeinschaftliche Punct R ihrer Geraden tautolog ist d. h. $(ABCR) = (A'B'C'R)$, so sind die Figuren perspectivisch d. h. die Gerade CC' enthält den Schnittpunct S der AA', BB'. Wären SC und SC' verschieden, so wären (SA, SB, SC, SR) und (SA', SB', SC', SR) verschieden, also auch $(ABCR)$ und $(A'B'C'R)$ verschieden.

Wenn in den collinearen planen centrischen Polygrammen $abc\ ..,\ a'b'c'\ ..$ die Gerade r der Centren tautolog ist d. h. $(abcr) = (a'b'c'r)$, so sind die Figuren perspectivisch d. h. der Schnittpunct cc' liegt auf der Geraden s der aa', bb'. Wären sc und sc' verschieden, so wären $(sa,\ sb,\ sc,\ sr)$ und $(sa',\ sb',\ sc',\ sr)$ verschieden, also auch $(abcr)$ und $(a'b'c'r)$ verschieden.

Zwei collineare Figuren der angegebenen Art werden perspectivisch, wenn ein Element (Punct, Gerade) der einen Figur mit dem entsprechenden Element der andern vereinigt wird, wozu in dem einen Fall eine Translation, in dem andern Fall eine Rotation und eine Translation der einen Figur genügt.

7. Die collinearen Puncte $TAB\ ..,\ TA'B'\ ..$ von zwei Geraden sind perspectivisch (6): die Chorden AA', BB', .. haben den Punct S gemein, den unendlichfernen Puncten der beiden Geraden entsprechen die Puncte Q', P, so dass das Viereck $TPSQ'$ ein Parallelogramm ist. Wenn der Winkel der beiden Geraden verändert wird und Q' einen Kreis beschreibt, dessen Centrum T und dessen Radius TQ', so beschreibt S einen gleichen Kreis um das Centrum P. Nach der Vereinigung der beiden Geraden sind S, T die tautologen Puncte der beiden collinearen Figuren. Stereom. §. 5, 9.

Die collinearen Geraden $tab\ ..,\ ta'b'\ ..$ von zwei Puncten S, S' sind perspectivisch: die Schnittpuncte aa', bb', .. liegen auf der Geraden s, der Geraden p, welche den unendlichfernen Punct der s enthält, entspricht die parallele Gerade p'. Wenn der Punct S' auf der Geraden t fortschreitet, während p' mit p parallel bleibt, so bleibt s mit ihnen parallel. Nach der Vereinigung des S' mit S liegt p' mit s auf p, und s, t sind die tautologen Geraden der beiden collinearen Figuren.

8. In den collinearen Geraden $abc\ ..,\ a'b'c'\ ..$ der Puncte S, S' giebt es einen rechten Winkel ef der einen Figur, dem ein rechter Winkel $e'f'$ der andern Figur entspricht (Steiner syst. Entw. 9). Wenn die zweite Figur so bewegt worden ist, dass die beiden Figuren perspectivisch sind, und die Schnittpuncte aa', bb', cc', .. auf der Geraden s liegen (6), so giebt es einen bestimmten Kreis, der durch die Puncte S, S' geht und dessen Centrum auf der Geraden s liegt. Dieser Kreis schneidet seinen Diameter s in E, F so, dass ESF, $ES'F$ die entsprechenden rechten Winkel sind. In dem besondern Fall, dass die Strecke SS' von der Geraden s normal halbirt wird, giebt es eine Serie von Kreisen der geforderten Art und eine Serie von entsprechenden rechten Winkeln.

Wenn dem rechten Winkel ef der einen Figur der rechte Winkel $e'f'$ der andern Figur entspricht, so ist $(abef) = (a'b'e'f')$ d. h. (2)

$$\tang ea : \tang eb = \cot f'a' : \cot f'b'$$
$$\tang ea \tang f'a' = \tang eb \tang f'b' = \ldots$$

Wenn ausserdem dem rechten Winkel gh der einen Figur der rechte Winkel $g'h'$ der andern Figur entspricht, so ist $(efgh) = (e'f'g'h')$ d. h. $\tang^2 eg = \tang^2 e'g'$. Daher sind die Figuren efg .., $e'f'g'$ .., also auch die gegebenen Figuren abc .., $a'b'c'$ .. gleich und ähnlich eines Sinnes oder nicht eines Sinnes, so dass jedem rechten Winkel der einen Figur ein rechter Winkel der andern entspricht.

Die Figuren abc .., $a'b'c'$ .. werden von einer Geraden in A, B, C, .., A', B', C', .. so geschnitten, dass die Figuren ABC .., $A'B'C'$ .. collinear sind. Die tautologen Puncte S, T der letztern (§. 5) bestimmen die tautologen Geraden s, t der erstern, so dass $(aa'st) = (bb'st)$.

9. Wenn den Geraden a, b, c, .. eines Punctes O die Geraden a', b', c', .. desselben Punctes so entsprechen, dass mit 2 Paaren aa', bb' jedes der übrigen Paare cc', .. in Involution ist (4), so sind die Figuren abc .. $a'b'c'$ .. und $a'b'c'$ .. abc .. collinear, und je 3 Paare der entsprechenden Geraden in Involution (§. 6). Die Paare aa', bb', .. haben auf einer beliebigen Geraden, die den Punct O nicht enthält, die Paare von Puncten AA', BB', .., von welchen je 3 in Involution sind.

Die Kreise $AA'O$, $BB'O$ haben ausser dem Punct O einen zweiten Punct P gemein. Die Gerade OP hat auf der Geraden AA' den Punct M, so dass

$$MO \,.\, MP = MA \,.\, MA' = MB \,.\, MB'$$

Daher bildet M mit dem unendlichfernen Punct der AA' ein Paar (§. 6), so dass $MA \,.\, MA' = MB \,.\, MB' = MC \,.\, MC' = \ldots$ Folglich enthalten auch die Kreise $CC'O$, .. den Punct P. Der Kreis OP, dessen Centrum auf der Geraden AA' liegt, schneidet die Gerade AA' in E, E', so dass $ME \,.\, ME' = MO \,.\, MP$ und das Paar EE' mit den Paaren AA', BB', also das Paar ee', dessen Gerade einen rechten Winkel bilden, mit den Paaren aa', bb' in Involution ist. Demnach giebt es ein Paar ee', dessen Gerade normal zu einander sind; auch in dem Fall, dass M unendlichfern ist, wobei die Strecken AA', BB', .. concentrisch sind.

Wenn die beiden Winkel AOA' und BOB' recht sind, so ist die Gerade AA' ein Diameter der beiden Kreise, zu welchem die Puncte O, P symmetrisch liegen. Daher ist die Gerade AA' auch ein Diameter der Kreise $CC'O$, .. d. h. wenn 2 Paare rechtwinkelig sind, so sind alle Paare rechtwinkelig.

Aus der Gleichung $(abee') = (a'b'e'e)$ folgt (2)

$$(\operatorname{tang} ea : \operatorname{tang} eb)(\operatorname{tang} ea' : \operatorname{tang} eb') = 1$$
$$\operatorname{tang} ea \operatorname{tang} ea' = \operatorname{tang} eb \operatorname{tang} eb' = \ldots$$

Wenn $aa' = \frac{1}{2}\pi$, so ist $\operatorname{tang} ea \operatorname{tang} ea' = -\operatorname{tang} ea \cot ea = -1$, u. s. w. Je drei rechtwinkelige Paare sind in Involution.

Durch die tautologen Puncte S, T, deren jeder mit sich selbst ein Paar bildet, welches mit je zwei Paaren AA' und BB' in Involution ist, gehn die tautologen Geraden s, t, deren jede mit sich selbst ein Paar bildet.

Vergl. Chasles Ap. hist. note 10. Géom. sup. c. 11. Steiner Vorlesungen von Schröter §. 17.

10. Doppelverhältnisse von je 4 Puncten einer Geraden, und Producte der Verhältnisse, nach welchen die Seiten eines Polygons in je einem Punct getheilt sind, sowie Functionen solcher Grössen heissen projectiv (nach Poncelet propr. proj. 5 ff.), weil sie ihre Werthe behalten, wenn für die Strecken der Figur die Sinus der aus einem beliebigen Punct die Strecken projicirenden Winkel gesetzt werden, oder für das gerade Viereck und für das Polygon eine Figur derselben Art, die mit der gegebenen Figur perspectivisch ist.

In dem geraden Viereck $ABCD$ ist das Doppelverhältniss $(ABCD)$ projectiv. Wenn diese Puncte aus einem Punct durch die Geraden a, b, c, d projicirt werden, und zwar auf eine mit d parallele Gerade nach A', B', C', ∞, so ist (Trigon. §. 7, 9)

$$(ABCD) = (abcd) = (A'B'C'\infty) = A'C' : B'C'$$

Wenn die Seiten eines Dreiecks BC, CA, AB von einer Geraden in F, G, H geschnitten werden, so ist das Tripelverhältniss

$$\frac{BF}{CF}\frac{CG}{AG}\frac{AH}{BH}$$

projectiv. Man projicire die Figur aus einem Punct des Raumes S durch Gerade auf eine Ebene, die mit SFG parallel ist, nach $A'B'$ ... Dann ist $B'F' : C'F' = 1$, weil F' unendlichfern, u. s. w., also hat das Tripelverhältniss den Werth 1 (Trigon. §. 7, 6).

In dem planen Viereck $ABCD$ schneiden sich die Geraden AB und CD in K, BC und AD in L, CA und BD in M, CA und KL in N, AB und LM in O, so dass

$$\frac{AK}{BK}\frac{BL}{CL}\frac{CM}{AM} = -1, \quad (ACMN) = -1, \quad (ABOK) = -1$$

Man projicire die Figur aus S durch Gerade auf eine Ebene, die mit SKL parallel ist, nach $A'B'$ ... Dann ist $A'B'C'D'$ ein Parallelogramm mit dem Centrum M', weil K', L' unendlichfern sind. Folglich u. s. w. (Trigon. §. 7, 5 und 11).

Auf einer Geraden sei die Gruppe der Puncte Q die $m$te Polare der Gruppe von n Puncten R für den Punct P (§. 8). Diese Relation der P, Q, R ist projectiv: sie besteht für die Sinus der projicirenden Winkel und für die Projectionen der gegebenen Puncte P', Q', R' auf einer Geraden.

Capitel III.

Coordinaten eines Punctes der Ebene.

---

§. 14. Parallele und polare Coordinaten eines Punctes.

1. Die Ebene wird durch zwei ihrer Geraden x, y, die sich in dem Punct O schneiden, in 4 Felder getheilt. Nach Festsetzung der positiven Richtung für jede von beiden Geraden werden die Puncte der beiden Geraden durch ihre von dem gemeinschaftlichen Anfang O anfangenden Abscissen bestimmt (§. 1). Ein andrer Punct P der Ebene wird durch die Parallele der y auf die Gerade x nach A, durch die Parallele der x auf die Gerade y nach B projicirt, und durch die Projectionen A, B eindeutig bestimmt als Gegenpunct des O in dem Parallelogramm $BOAP$. Wenn A auf der Geraden x die Abscisse $OA = x$, B auf der Geraden y die Abscisse $OB = AP = y$ hat, so heissen von den beiden Abscissen die erste die Abscisse, die andere die Ordinate des Punctes P, und der Punct P wird durch $x|y$ bezeichnet. Beide, Abscisse und Ordinate, heissen Coordinaten des Punctes in Bezug auf die Geraden x, y (Coordinatenaxen, Fundamentallinien), welche den Anfang (Nullpunct) O der Coordinaten gemein haben, und zwar parallele Coordinaten (gemeine, Cartesische), weil die eine mit x, die andre mit y parallel ist; rechtwinkelige (orthogonale) in dem Fall, dass ihr Winkel recht, $xy = \frac{1}{2}\pi$ ist.

Der Punct O hat die Coordinaten $0|0$, der Punct A hat die Coordinaten $x|0$, der Punct B hat die Coordinaten $0|y$. Ein Punct des Winkels xy hat positive Coordinaten, ein Punct des

Scheitelwinkels hat negative Coordinaten, die Coordinaten eines Punctes des Nebenwinkels sind nicht eines Zeichens.

Die Puncte gleicher Abscissen liegen auf einer Parallele der y, die Puncte gleicher Ordinaten liegen auf einer Parallele der x. Die Chorde der Puncte $a|b$ und $a|-b$ ist parallel mit y und wird von x halbirt. Die Puncte $a|b$ und $b|a$ liegen symmetrisch zu der Halbirenden des Winkels xy.

2. Allen realen Coordinaten x, y entspricht eine Doppelserie (zweifach-unendliche Mannigfaltigkeit) von Puncten der Ebene. Jedem realen Punct ist eine Doppelserie von nicht realen (imaginären) Puncten beigeordnet. Ein Paar conjugirte imaginäre Puncte heissen insbesondere solche, deren Coordinaten beide conjugirt complex sind.

Den Coordinaten x, y, welche durch eine Gleichung verbunden sind, entspricht eine Serie von Puncten d. i. eine Linie der Ebene. Die Gleichung für die Coordinaten heisst die Gleichung der Linie. Die Classification der Linien beruht auf der Classification der Gleichungen. Wenn f eine gegebene Function der x, y, so ist $a|b$ ein Punct der Linie $f = 0$ unter der Bedingung, dass f bei $x = a$, $y = b$ null ist.

Den Coordinaten x, y, welche durch 2 Gleichungen verbunden sind, entspricht ein Punct oder eine Gruppe von Puncten, der Schnitt von 2 gegebenen Linien. Wenn f und g Functionen der x, y vom $m$ten und $n$ten Grade ohne einen gemeinschaftlichen Divisor sind, so ist der Punct ($f = 0$, $g = 0$) mndeutig bestimmt und die Gruppe enthält mn conjugirte Puncte, real oder nicht, in endlicher oder unendlicher Ferne, gesondert oder nicht (Determ. §. 11, 5).

Der Punct ($f = 0$, $g = 0$) liegt auf der Linie $f + \lambda g = 0$ bei beliebigem λ (Lamé Examen 1818 p. 28). Wenn $f + \lambda g = 0$ ist bei allen x, y (identisch null), so sind die Linien $f = 0$ und $g = 0$ congruent wie die Gleichungen. Und wenn f, g, h Functionen der x, y sind der Art, dass $f + \lambda g + \mu h = 0$ bei allen x, y, so ist die Linie $\mu h = 0$ congruent mit der Linie $f + \lambda g = 0$ und enthält den Punct ($f = 0$, $g = 0$). Es giebt eine Serie von Linien $f + \lambda g = 0$ entsprechend allen realen λ.

3. Die Bestimmung eines Punctes einer Fläche durch 2 Coordinaten stammt aus früher Zeit. Man bestimmte einen Punct der Himmelskugel durch Azimuth und Höhe, durch Rectascension und Declination, durch Länge und Breite desselben, einen Punct der Erdoberfläche durch Länge und Breite, einen Punct einer bestimmten Linie der Ebene durch eine Gleichung für seine Coordinaten. Die Gleichungen für die Kegelschnitte werden von den Mathematikern der Platonischen Schule, von Archimedes Con. et Sph. 4 u. A. angewendet. Von Apollonius werden *τεταγμένως κατηγμέναι* (ordinatim applicatae) definirt und *ἀποτεμνομέναι* (abscissae) *ἀπὸ τῆς διαμέτρου ὑπὸ τῶν τετ. κατηγμένων* erwähnt Con. I, 20. Der erste Ausdruck ordinatim applicatae, zunächst noch ohne den zweiten abscissae, hat nach Einführung der Buchstabenrechnung Verbreitung erhalten durch Descartes, Fermat, Pascal, und wurde von Fermat durch Applicate, von Andern durch Ordinate ersetzt. Abscisse und Ordinate sind von Leibniz Acta Erud. 1692 Coordinaten genannt worden. Vergl. Leipziger Berichte 1865 p. 1.

4. In Bezug auf eine den gegebenen Punct O enthaltende Fundamentallinie x wird ein Punct P der Ebene durch den Winkel, welchen mit x die Gerade r der Strecke OP bildet, und durch die auf der Geraden r von O anfangende Abscisse eindeutig bestimmt. Der Winkel $xr = \vartheta$ heisst nach astronomischem Gebrauch die Anomalie, die Abscisse $OP = r$ der Vector (radius vector) des Punctes P; Anomalie und Vector werden seit dem 19ten Jahrhundert die polaren Coordinaten des Punctes P genannt, weil der fixe Punct O der Geraden r von Alters her ein Pol heisst. Puncte gleicher Anomalien liegen auf einer Geraden des O, Puncte gleicher Vectoren liegen auf einem Kreis, dessen Centrum O ist. Der Punct $\vartheta | r$ ist von dem Punct $\vartheta + \pi | -r$ nicht verschieden (§. 9, 3).

Mit den rechtwinkeligen Coordinaten des Punctes P stehen die polaren Coordinaten in einfachem Zusammenhang (§. 11). Man findet

$$OA = OP \cos xr, \quad x = r \cos \vartheta$$
$$AP = OP \sin xr, \quad y = r \sin \vartheta$$

und umgekehrt

$$\cot \vartheta = \frac{x}{y} \qquad r = \frac{x}{\cos \vartheta} = \frac{y}{\sin \vartheta} = \sqrt{x^2 + y^2}$$

Es ergeben sich zwei um π verschiedene ϑ, welchen conträrgleiche r entsprechen: in beiden Fällen erreicht man denselben Punct. Der Zusammenhang zwischen den parallelen Coordinaten und den polaren Coordinaten eines Punctes wird in gleicher Weise aus §. 12 abgeleitet.

5. Der Punct P kann auch in Bezug auf 2 Puncte O, O' der Geraden x durch 2 Anomalien xr, xr' oder durch 2 Vectoren r, r' bestimmt werden, eindeutig im ersten Fall, zweideutig im andern Fall. Die beiden Anomalien sowie die beiden Vectoren sind bipolare Coordinaten genannt worden. Ueberhaupt können irgend 2 von einander unabhängige Functionen der x, y als Coordinaten eines Punctes betrachtet werden, insofern gegebene Werthe der beiden Functionen den Punct $x|y$ ein- oder mehrdeutig bestimmen. Dazu gehören die von Lamé u. A. gebrauchten und sogenannten krummlinigen Coordinaten eines Punctes z. B. die elliptischen. Liouv. J. 1833 t. 2 p. 147.

Ausserdem werden 3 gegebene Functionen der x, y, insofern ihre Proportion den Punct $x|y$ bestimmt, als homogene (trimetrische) Coordinaten eines Punctes der Ebene gebraucht. Dazu gehören Möbius' barycentrische Coordinaten (trigonale, Dreieckcoordinaten) und Plücker's trilineare Coordinaten, die von jenen nicht wesentlich verschieden sind.

§. 15. Die Coordinaten einer Strecke.

1. Der Punct P_i wird durch die Parallele der y auf x nach A_i, durch die Parallele der x auf y nach B_i projicirt, und die Coordinaten OA_i, OB_i des P_i werden durch x_i, y_i bezeichnet. Dann sind $A_1A_2 = x_2 - x_1$ und $B_1B_2 = y_2 - y_1$ coordinirte Projectionen der Strecke P_1P_2 und heissen Coordinaten der Strecke. Wenn die Strecke eine Geschwindigkeit, Beschleunigung, Kraft bedeutet, so sind die Coordinaten der Strecke die Componenten der Geschwindigkeit u. s. w. nach den Richtungen x, y. Die Coordinaten des Vector OP_i sind von den Coordinaten des Punctes P_i nicht verschieden. Wenn AB, BC mit den Geraden x, y parallel sind, so hat AC die Coordinaten AB, BC. Wenn $ABCD$ ein Parallelogramm ist, so hat BD die Coordinaten BA, AD d. i. $-AB$, BC.

Gleiche Strecken einer Geraden oder paralleler Geraden von derselben positiven Richtung haben gleiche Coordinaten, und wenn zwei Strecken gleiche Coordinaten haben, so sind sie parallel und gleich. Daher ist eine Strecke durch ihre Coordinaten eindeutig bestimmt, während ihr Anfang unbestimmt bleibt.

2. Eine Strecke wird aus ihren Coordinaten als geometrische Summe derselben construirt und berechnet (§. 12). Wenn AB, BC parallel und gleich sind mit den Coordinaten X, Y der Strecke, so ist AC parallel und gleich mit der Strecke $X|Y$ der Geraden s, und

$$AC : AB : BC = \sin xy : \sin sy : \sin xs$$

Man findet $\operatorname{tang} xs$ aus $\sin xs : \sin sy = Y : X$, daher zwei um π verschiedene xs, denselben entsprechend conträre positive Richtungen der Geraden s und conträre Werthe AC, also in beiden Fällen dieselbe Lage des Punctes C gegen den Anfang A auf der Geraden s. Aus der Gleichung

$$AC^2 = AB^2 + BC^2 + 2AB . BC \cos xy$$

erfährt man nur die Länge der Strecke AC; nachdem entsprechend dem Winkel xs die positive Richtung der Geraden s bestimmt worden ist, giebt der eine Werth der Quadratwurzel den Werth AC, der andre nicht. Bei rechtwinkeligen Coordinaten ist

$$\cos xy = 0, \quad \sin sy = \cos xs, \quad \operatorname{tang} xs = Y : X, \text{ u. s. w.}$$

Beispiele. Das Dreieck der Puncte $2|3$, $4|-5$, $-3|-6$ hat die Seiten $2|-8$, $-7|-1$, $5|9$ d. i. bei rechtwinkeligen Coordinaten $\sqrt{68}$, $\sqrt{50}$, $\sqrt{106}$, u. s. w.

Wenn der Punct xy von den Puncten $2|3$, $4|5$, $6|1$ gleiche Distanzen hat und die Coordinaten rechtwinkelig sind, so ist

$$(x-2)^2+(y-3)^2=(x-4)^2+(y-5)^2=(x-6)^2+(y-1)^2$$

$$x=\frac{13}{3},\quad y=\frac{8}{3},\quad (x-2)^2+(y-3)^2=\frac{50}{9},\quad \text{u. s. w.}$$

Von den Strecken $X|Y$, $X'|Y'$, .. hat die geometrische Summe die Coordinaten $X+X'+\ldots$, $Y+Y'+\ldots$

Wenn die Strecken $X|Y$, $X'|Y'$ normal zu einander sind, so ist $\operatorname{tang} xs \operatorname{tang} xs' + 1 = 0$ (§. 11, 2), also bei rechtwinkeligen Coordinaten

$$XX'+YY'=0$$

3. Parallele Strecken haben Coordinaten derselben Proportion, und wenn zwei Strecken Coordinaten derselben Proportion haben, so liegen sie auf parallelen Geraden (vergl. §. 11).

Parallele Gerade s, welche denselben unendlichfernen Punct enthalten, werden durch die Proportion $X:Y$ der Coordinaten einer ihrer Strecken bestimmt, weil $\sin xs : \sin sy$ (bei rechtwinkeligen Coordinaten $\operatorname{tang} xs$) den Werth $Y:X$ hat. Die positive Richtung der Geraden s wird durch freie Wahl des zweideutig bestimmten Winkels xs festgesetzt. Demnach sind X, Y homogene Coordinaten (§. 14, 5) der Richtung (des unendlichfernen Punctes) von parallelen Geraden, deren eine die Strecke $X|Y$ enthält.

§. 16. Drei Puncte einer Geraden. Schwerpunct von Puncten der Ebene.

1. Wenn die Puncte F, G, H einer Geraden die Coordinaten $a|0$, $0|b$, $p|q$ haben, also F auf x, G auf y liegt, so ist

$$\frac{p}{a}=\frac{GH}{GF}\qquad \frac{q}{b}=\frac{HF}{GF}$$

folglich

$$\frac{p}{a}+\frac{q}{b}=\frac{GH+HF}{GF}=1$$

Wenn die Puncte $a|0$, $0|b$, $c|c$ auf einer Geraden liegen, so ist

$$\frac{1}{a} + \frac{1}{b} = \frac{1}{c}$$

2. Der Punct P_i habe die Coordinaten $AO_i = x_i$, $OB_i = y_i$. Wenn P_1, P_2, P_3 auf einer Geraden liegen, und wenn P_3 die Strecke $P_1 P_2$ nach dem Verhältniss λ theilt, so ist

$$P_1 P_3 : P_2 P_3 = A_1 A_3 : A_2 A_3 = B_1 B_3 : B_2 B_3 = \lambda \quad (\S.\ 2)$$

$$x_3 - x_1 : x_3 - x_2 = y_3 - y_1 : y_3 - y_2 = \lambda$$

$$\frac{x_3 - x_1}{y_3 - y_1} = \frac{x_3 - x_2}{y_3 - y_2} \qquad x_3 = \frac{x_1 - \lambda x_2}{1 - \lambda} \qquad y_3 = \frac{y_1 - \lambda y_2}{1 - \lambda}$$

3. Die Gleichung für die Coordinaten kann gestaltet werden wie folgt.

$$x_1(y_2 - y_3) + x_2(y_3 - y_1) + x_3(y_1 - y_2) = 0$$

$$y_1(x_2 - x_3) + y_2(x_3 - x_1) + y_3(x_1 - x_2) = 0$$

$$A_1 P_1 \,.\, A_2 A_3 + A_2 P_2 \,.\, A_3 A_1 + A_3 P_3 \,.\, A_1 A_2 = 0$$

$$(x_2 y_3 - x_3 y_2) + (x_3 y_1 - x_1 y_3) + (x_1 y_2 - x_2 y_1) = 0$$

$$\begin{vmatrix} 1 & 1 & 1 \\ x_1 & x_2 & x_3 \\ y_1 & y_2 & y_3 \end{vmatrix} = 0$$

Dieser Gleichung genügt nach Veränderung der 3ten Colonne das System $\mu = 1 - \lambda$, $\mu x_3 = x_1 - \lambda x_2$, $\mu y_3 = y_1 - \lambda y_2$.

4. Wenn die 6 Coordinaten der Gleichung (2) genügen, so liegen die 3 Puncte auf einer Geraden. Hätte die Gerade $P_1 P_2$ mit der Geraden $A_3 P_3$ den Punct Q gemein, der durch die Parallele der x auf y nach C projicirt wird, so wäre

$$A_1 A_3 : A_2 A_3 = P_1 Q : P_2 Q = B_1 C : B_2 C$$

verschieden von $B_1 B_3 : B_2 B_3$ gegen die Voraussetzung. Oder man findet

$$A_1 P_1 \,.\, A_2 A_3 + A_2 P_2 \,.\, A_3 A_1 + A_3 Q \,.\, A_1 A_2 = 0$$

folglich $A_1P_1 \,.\, A_2A_3 + A_2P_2 \,.\, A_3A_1 + A_3P_3 \,.\, A_1A_2$ nicht null, gegen die Voraussetzung.

Ebenso folgt aus der Gleichung (1), dass der Punct H auf der Geraden FG liegt.

Beispiel. Wenn auf der Geraden x die Puncte A, B die Abscissen a, b, auf der Geraden y die Puncte C, D die Ordinaten c, d haben, so hat die Mitte der Strecke AC die Coordinaten $\frac{1}{2}a$, $\frac{1}{2}c$, die Mitte der Strecke BD die Coordinaten $\frac{1}{2}b$, $\frac{1}{2}d$. Wenn die Geraden BC, AD den Punct E gemein haben, dessen Coordinaten x, y sind, so hat die Mitte der Strecke OE die Coordinaten $\frac{1}{2}x$, $\frac{1}{2}y$, und es ist (1)

$$\frac{x}{b} + \frac{y}{c} - 1 = 0 \qquad \frac{x}{a} + \frac{y}{d} - 1 = 0$$

folglich

$$(x-a)(d-c) = -ay - cx + ac = (y-c)(b-a)$$

d. h. (2) die Mitten der AC, BD, OE liegen auf einer Geraden. Planim. §. 8, 5. Durch Centralprojection der Figur ergiebt sich: Wenn AC, BD, OE von einer Geraden in F, G, H getheilt werden, und wenn FF' mit AC, GG' mit BD, HH' mit OE in Harmonie sind, so liegen F', G', H' auf einer Geraden.

5. Als Schwerpunct (barycentrum) der Puncte $\alpha_1 \,.\, P_1$, $\alpha_2 \,.\, P_2$, .. der Ebene wird der Punct P definirt, dessen Coordinaten

$$x = \frac{\alpha_1 x_1 + \alpha_2 x_2 + \,..}{\alpha_1 + \alpha_2 + \,..} \qquad y = \frac{\alpha_1 y_1 + \alpha_2 y_2 + \,..}{\alpha_1 + \alpha_2 + \,..}$$

sind (§. 2, 5). Wenn $\alpha_1 + \alpha_2 + \,.. = -\alpha$, so erhält man das System von Gleichungen

$$\alpha x + \alpha_1 x_1 + \alpha_2 x_2 + \,.. = 0, \qquad \alpha y + \alpha_1 y_1 + \alpha_2 y_2 + \,.. = 0$$

welches zu erkennen giebt, dass unter den Puncten $\alpha \,.\, P$, $\alpha_1 P_1$, $\alpha_2 \,.\, P_2$, .. jeder der Schwerpunct der übrigen ist, und dass die Strecken $\alpha \,.\, OP$, $\alpha_1 \,.\, OP_1$, $\alpha_2 \,.\, OP_2$, .. parallel und gleich sind mit den Seiten eines Polygons (§. 12, 1), weil die Strecke OP die Coordinaten x, y hat, u. s. w.

6. Wenn die Puncte O, P, P_1, .. durch parallele Gerade von beliebiger Richtung auf eine beliebige Gerade nach N, Q, Q_1, .. projicirt werden, so hat OP die Coordinaten NQ, $QP - NO$, u. s. w. Also erhält man nach §. 12, 1 das System

$$\alpha \,.\, NQ + \alpha_1 \,.\, NQ_1 + \alpha_2 \,.\, NQ_2 + \,..\, = 0$$
$$\alpha(QP - NO) + \alpha_1(Q_1P_1 - NO) + \,..\, = 0$$

oder, weil $\alpha + \alpha_1 + \alpha_2 + \,..\, = 0$,

$$\alpha \,.\, NQ + \alpha_1 \,.\, NQ_1 + \alpha_2 \,.\, NQ_2 + \,..\, = 0$$
$$\alpha \,.\, QP + \alpha_1 \,.\, Q_1P_1 + \alpha_2 \,.\, Q_2P_2 + \,..\, = 0$$

welches zu erkennen giebt, dass die in einem beliebigen Punct N der Ebene anfangenden Strecken $\alpha \,.\, NP$, $\alpha_1 \,.\, NP_1$, $\alpha_2 \,.\, NP_2$, .. parallel und gleich sind mit den Seiten eines Polygons. Demnach ist der Schwerpunct der Puncte $\alpha_1 \,.\, P_1$, $\alpha_2 \,.\, P_2$, .. unabhängig von den coordinirten Geraden x, y, auf welche seine Definition Bezug nahm.

7. Der Schwerpunct M der Puncte $\alpha_1 \,.\, P_1$ und $\alpha_2 \,.\, P_2$ theilt die Strecke P_1P_2 nach dem Verhältniss $-\alpha_2 : \alpha_1$ (4). Der Schwerpunct der Puncte $(\alpha_1 + \alpha_2)M$ und $\alpha_3 \,.\, P_3$ ist der Schwerpunct der Puncte $\alpha_1 \,.\, P_1$, $\alpha_2 \,.\, P_2$, $\alpha_3 \,.\, P_3$, und theilt die Strecke MP_3 nach dem Verhältniss $-\alpha_3 : \alpha_1 + \alpha_2$. U. s. w. Auch hieraus erkennt man die Unabhängigkeit des Schwerpunctes von den coordinirten Geraden, auf welche seine Definition Bezug nahm.

Aus dieser Construction wie aus der Definition erkennt man, dass unter der Bedingung $\alpha_1 + \alpha_2 + \,..\, = 0$ der Schwerpunct unendlichfern in bestimmter Richtung ist, nämlich in der Richtung (§. 15, 3)

$$\alpha_1x_1 + \alpha_2x_2 + \,..\, : \alpha_1y_1 + \alpha_2y_2 + \,..$$

Wenn aber unter den Puncten $\alpha_1 \,.\, P_1$, $\alpha_2 \,.\, P_2$, .. jeder der Schwerpunct der übrigen ist, so ist (5)

$$\alpha_1x_1 + \alpha_2x_2 + \,..\, = 0\,, \qquad \alpha_1y_1 + \alpha_2g_2 + \,..\, = 0$$

Der Schwerpunct solcher Puncte existirt nicht, weil die ihn definirenden Gleichungen nicht existiren.

8. Wenn S der Schwerpunct der Puncte $\alpha . A$, $\beta . B$, $\gamma . C$ und O ein beliebiger Punct ist, und wenn in Bezug auf zwei beliebige Gerade des O die Puncte S, A, B, C die Coordinaten $x|y$, $x_1|y_1$, $x_2|y_2$, $x_3|y_3$ haben, so ist (6)

$$(\alpha+\beta+\gamma)x = \alpha x_1+\beta x_2+\gamma x_3, \quad (\alpha+\beta+\gamma)y = \alpha y_1+\beta y_2+\gamma y_3$$

folglich

$$\begin{aligned} &(\alpha + \beta + \gamma)(\alpha x_1^2 + \beta x_2^2 + \gamma x_3^2) - (\alpha + \beta + \gamma)^2 x^2 \\ = &(\alpha + \beta + \gamma)(\alpha x_1^2 + \beta x_2^2 + \gamma x_3^2) - (\alpha x_1 + \beta x_2 + \gamma x_3)^2 \\ = &\alpha\beta(x_2 - x_1)^2 + \alpha\gamma(x_3 - x_1)^2 + \beta\gamma(x_3 - x_2)^2 \end{aligned}$$

und ebenso für die Ordinaten. Nun sind $x|y$, $x_2 - x_1|y_2 - y_1$, .. die Coordinaten der Strecken OS, AB, .. und unter Voraussetzung rechtwinkeliger Coordinaten $x^2 + y^2 = OS^2$, u. s. w. (§. 15, 2). Also findet man durch Addition der beiden Gleichungen

$$\begin{aligned} &(\alpha + \beta + \gamma)(\alpha . OA^2 + \beta . OB^2 + \gamma . OC^2) - (\alpha + \beta + \gamma)^2 OS^2 \\ &= \alpha\beta . AB^2 + \alpha\gamma . AC^2 + \beta\gamma . BC^2 \end{aligned}$$

Ebenso für mehr Puncte. Lagrange 1783. S. Stereom. §. 11, 7 u. 8.

9. Jeder Proportion der Coefficienten $\alpha : \beta : \gamma$ entspricht ein bestimmter Punct D der Ebene ABC, der Schwerpunct der $\alpha . A$, $\beta . B$, $\gamma . C$ (7). Daher sind α, β, γ homogene Coordinaten des Punctes D (§. 14, 5), die barycentrischen Coordinaten des Punctes in Bezug die Fundamentalpuncte A, B, C: wenn A, B, C, D durch parallele Gerade auf eine beliebige Gerade nach A', B', C', D' projicirt werden, so ist (6)

$$\alpha . A'A + \beta . B'B + \gamma . C'C = (\alpha + \beta + \gamma)D'D$$

Insbesondere werden die 4 Puncte auf BC nach A_1, B, C, D_1, auf CA nach A, B_2, C, D_2, auf AB nach A, B, C_3, D_3 projicirt, so dass

$$\begin{aligned} \alpha . A_1 A &= (\alpha + \beta + \gamma)D_1 D \\ \beta . B_2 B &= (\alpha + \beta + \gamma)D_2 D \\ \gamma . C_3 C &= (\alpha + \beta + \gamma)D_3 D \end{aligned}$$

Daher erhält man für 4 Puncte der Ebene

$$\frac{A'A}{A_1 A} D_1 D + \frac{B'B}{B_2 B} D_2 D + \frac{C'C}{C_3 C} D_3 D = D'D$$

oder

$$\frac{D_1 D}{A_1 A} : \frac{D'D}{A'A} + \frac{D_2 D}{B_2 B} : \frac{D'D}{B'B} + \frac{D_3 D}{C_3 C} : \frac{D'D}{C'C} = 1$$

Nun sind $D_1 D : A_1 A$ und $D'D : A'A$ die Verhältnisse, nach welchen DA von BC und der beliebigen Geraden s, auf der A', D' liegen, getheilt wird. Bezeichnet man dieses Doppelverhältniss durch (D, A, BC, s) u. s. w., so ist (Trigon. §. 7, 12)

$$(D, A, BC, s) + (D, B, CA, s) + (D, C, AB, s) = 1$$

10. Für den Punct E gilt die analoge Gleichung

$$\frac{A'A}{A_1 A} E_1 E + \frac{B'B}{B_2 B} E_2 E + \frac{C'C}{C_3 C} E_3 E = E'E$$

folglich erhält man durch Subtraction

$$\frac{A'A}{A_1 A}(E_1 E - D_1 D) + \frac{B'B}{B_2 B}(E_2 E - D_2 D) + \frac{C'C}{C_3 C}(E_3 E - D_3 D)$$
$$= E'E - D'D$$

Nun sind $D_1 E_1 | E_1 E - D_1 D$, $D_2 E_2 | E_2 E - D_2 D$, $D_3 E_3 | E_3 E - D_3 D$ und $D'E' | E'E - D'D$ Coordinaten derselben Strecke DE. Wenn diese Coordinaten rechtwinkelig sind d. h. $A'A$, $B'B$, $C'C$ die Distanzen der A, B, C von der Geraden s, $A_1 A$, $B_2 B$, $C_3 C$ die Höhen des Dreiecks ABC, wenn DE auf der Geraden p und $D_1 D$, $D_2 D$, $D_3 D$, $D'D$ auf den Normalen f, g, h, n der Geraden BC, CA, AB, s liegen, so ist

$$E_1 E - D_1 D = DE \cos pf, \quad E_2 E - D_2 D = DE \cos pg$$
$$E_3 E - D_3 D = DE \cos ph, \quad E'E - D'D = DE \cos pn$$

und daher

$$\frac{A'A}{A_1 A} \cos pf + \frac{B'B}{B_2 B} \cos pg + \frac{C'C}{C_3 C} \cos ph = \cos pn$$

Aus dieser Gleichung, welche Kronecker 1870 Borchardt J. 72 p. 160 gegeben hat, folgt nach §. 13, 1, dass die Strecken

$$\frac{A'A}{A_1A} \text{ auf } f, \quad \frac{B'B}{B_2B} \text{ auf } g, \quad \frac{C'C}{C_3C} \text{ auf } h, \quad -1 \text{ auf } n$$

gleich und parallel sind mit den Seiten eines Vierecks (Determ. 1876 §. 17, 4). Die trigonometrische Gleichung, durch welche demnach die Distanzen der Puncte A, B, C von einer Geraden verbunden sind,

$$\left(\frac{A'A}{A_1A}\right)^2 + \ldots + 2\frac{A'A}{A_1A}\frac{B'B}{B_2B}\cos fg + \ldots = 1$$

ist von Salmon Plane curves 1852 c. 1 auf andre Grundlagen gebaut worden.

Die linke Seite der Gleichung ist die Summe der Quadrate

$$\left(\frac{A'A}{A_1A} + \frac{B'B}{B_1B}\cos fg + \frac{C'C}{C_1C}\cos hf\right)^2 + \left(\frac{B'B}{B_1B}\sin fg - \frac{C'C}{C_1C}\sin hf\right)^2$$

weil $\cos fg \cos hf - \sin fg \sin hf = \cos(hf + fg) = \cos gh$.

Dabei ist $\quad \dfrac{1}{A_1A} = \dfrac{BC}{2ABC}$, u. s. w.

$$\frac{1}{A_1A} + \frac{\cos fg}{B_1B} + \frac{\cos hf}{C_1C} = \frac{BC + CA\cos fg + AB\cos hf}{2ABC} = 0$$

$$\frac{\sin fg}{B_1B} - \frac{\sin hf}{C_1C} = \frac{CA\sin fg - AB\sin hf}{2ABC} = 0$$

§. 17. Product von zwei Strecken.

1. Die Projection einer Strecke ist von der Summe der Projectionen ihrer Coordinaten nicht verschieden (§. 15, 2). Wenn daher die Strecken AB, CD der Geraden r, s die mit x, y parallelen Coordinaten $X|Y$, $X'|Y'$ haben, so ist

$$AB\cos rs = X\cos xs + Y\cos ys$$

$$CD\cos xs = X' + Y'\cos xy, \qquad CD\cos ys = X'\cos xy + Y'$$

folglich

$$\begin{aligned} AB\,.\,CD\cos rs &= X(X' + Y'\cos xy) + Y(X'\cos xy + Y') \\ &= XX' + YY' + (XY' + X'Y)\cos xy \end{aligned}$$

Bei rechtwinkeligen Coordinaten ist das Product $AB \,.\, CD \cos rs$ aus den Coordinaten der beiden Strecken componirt:

$$AB \,.\, CD \cos rs = XX' + YY'$$

Carnot 1803 G. de pos. 354. Spuren dieses Satzes finden sich bei Euler th. motus 227 und Lagrange Rotation 5 (Mém. de Berlin 1773).

Durch die Coordinaten sind die Strecken, also auch der Cosinus des Winkels ihrer Geraden bestimmt. Bei rechtwinkeligen Coordinaten sind die Strecken $X|Y$, $X'|Y'$ normal zu einander unter der Bedingung

$$XX' + YY' = 0$$

2. Wenn die Puncte A, B, C, D die rechtwinkeligen Coordinaten $a|a'$, $b|b'$, $c|c'$, $d|d'$ haben, so ist $X = b - a$, $Y = b' - a'$, u. s. w.

$$AB \,.\, CD \cos rs = (b-a)(d-c) + (b'-a')(d'-c')$$

Nun ist

$$2(b-a)(d-c) = (d-a)^2 + (c-b)^2 - (c-a)^2 - (d-b)^2$$
$$2(b'-a')(d'-c') = (d'-a')^2 + (c'-b')^2 - (c'-a')^2 - (d'-b')^2$$

und $(d-a)^2 + (d'-a')^2 = AD^2$, u. s. w., folglich

$$2AB \,.\, CD \cos rs = AD^2 + BC^2 - AC^2 - BD^2 = \begin{vmatrix} 0 & 1 & 1 \\ 1 & AC^2 & AD^2 \\ 1 & BC^2 & BD^2 \end{vmatrix}$$

Auch ist $(b-a)(d-c) = \frac{1}{4}(b+d-a-c)^2 - \frac{1}{4}(b-d-a+c)^2$, u. s. w. Wenn die Mitten der AC, BD, BC, DA durch F, G, F', G' bezeichnet werden, so erhält man

$$AB \,.\, CD \cos rs = FG^2 - F'G'^2$$

Carnot 1806 Sur la relation 27. Vergl. Determ. §. 16, 1. Trigon. §. 6, 7.

3. Durch Projection auf die Normale der r erhält man (§. 12, 3)

$$CD \sin rs = X' \sin rx + Y' \sin ry$$

Nun ist (§. 15, 2)

$$\frac{AB}{\sin xy} = \frac{X}{\sin ry} = \frac{Y}{\sin xr}$$

folglich

$$AB \,.\, CD \sin rs = (XY' - X'Y) \sin xy$$

Wenn z. B. OA, OB, auf r, s liegen, und wenn die Puncte A, B in Bezug auf die beiden durch O gehenden Geraden x, y die Coordinaten $x_1 | y_1$, $x_2 | y_2$ haben, so ist nach §. 12, 4 die Fläche

$$2OAB = OA \,.\, OB \sin rs = (x_1 y_2 - x_2 y_1) \sin xy$$

In der That, wenn OA, OB die Coordinaten $OA' | A'A$, $OB' | B'B$ haben, so ist nach §. 10, 2

$$OAB = BOA' + OAA' + ABA'$$

Nun ist $BOA' = OA'B$, $OAA' = -OA'A$, $ABA' = -A'BA = -A'B'A$, und $OA'A + A'B'A = OB'A$, folglich

$$OAB = OA'B - OB'A = \tfrac{1}{2}(x_1 y_2 - x_2 y_1) \sin xy$$

Vollendet man das Parallelogramm $OA'AC$, so ist $OB'A = OB'C = -OCB' = -OCB$, folglich erhält man

$$OAB = OA'B + OCB$$

für die Dreiecke, welche B mit OA, OA', OC bildet. Varignon 1719. Planim. §. 9, 8. Determ. §. 15, 1.

4. Wenn der Punct 1 die Coordinaten x_1, y_1 hat, u. s. w., so ist das doppelte Dreieck 123 dividirt durch $\sin xy$ (3)

$$\begin{vmatrix} x_2 - x_1 & y_2 - y_1 \\ x_3 - x_1 & y_3 - y_1 \end{vmatrix} = \begin{vmatrix} 1 & x_1 - x_1 & y_1 - y_1 \\ 1 & x_2 - x_1 & y_2 - y_1 \\ 1 & x_3 - x_1 & y_3 - y_1 \end{vmatrix} = \begin{vmatrix} 1 & x_1 & y_1 \\ 1 & x_2 & y_2 \\ 1 & x_3 & y_3 \end{vmatrix}$$

Durch Entwickelung der Determinante nach der ersten Colonne erhält man

$$123 = 032 + 031 + 012$$

wie §. 10, 2. Wenn die Determinante null ist, so liegen die Puncte 1, 2, 3 auf einer Geraden. Vergl. §. 16, 2.

5. Nach der ersten Colonne entwickelt ist

$$\begin{vmatrix} l & 1 & x & y \\ l_1 & 1 & x_1 & y_1 \\ l_2 & 1 & x_2 & y_2 \\ l_3 & 1 & x_3 & y_3 \end{vmatrix} = \alpha l + \alpha_1 l_1 + \alpha_2 l_2 + \alpha_3 l_3$$

Die Adjuncten α, α_1, .. verhalten sich, wenn der Punct $x|y$ durch 4 bezeichnet wird, wie die Flächen

$$-123 : 234 : 314 : 124$$

Die Determinante ist null, wenn die 1te Colonne durch die 2te, oder durch die 3te, oder durch die 4te Colonne, oder durch eine lineare Form der 3 andern Colonnen ($u_i = ax_i + by_i + c$) ersetzt wird. Daher ist

$$\begin{aligned} \alpha + \alpha_1 + \alpha_2 + \alpha_3 &= 0 \\ \alpha x + \alpha_1 x_1 + \alpha_2 x_2 + \alpha_3 x_3 &= 0 \\ \alpha y + \alpha_1 y_1 + \alpha_2 y_2 + \alpha_3 y_3 &= 0 \\ \alpha u + \alpha_1 u_1 + \alpha_2 u_2 + \alpha_3 u_3 &= 0 \end{aligned}$$

d. h. der Punct $x|y$ ist der Schwerpunct der Puncte $\alpha_1 . 1$, $\alpha_2 . 2$, $\alpha_3 . 3$ (§. 16, 5). Die letzte Gleichung giebt die Haupteigenschaft des Schwerpunctes (§. 16, 6) an. Vergl. unten §. 29, 4.

6. Die Fläche des Polygons 12345 .. ist die Summe der Dreiecke 123, 134, 145, .. (§. 10, 4). Wenn die Seite 12 auf der Geraden 1 den Werth a_1 hat, u. s. w., so ist $123 = \frac{1}{2} a_1 a_2 \sin 12$ (§. 12, 4).

Bei einem Viereck ist $134 = \frac{1}{2} a_3 a_4 \sin 34$. Nun ist (§. 12, 3)

$$a_1 \sin 31 + a_2 \sin 32 + a_3 \sin 33 + a_4 \sin 34 = 0$$

d. h. $a_4 \sin 34 = a_1 \sin 13 + a_2 \sin 23$, folglich

$$134 = \tfrac{1}{2} a_1 a_3 \sin 13 + \tfrac{1}{2} a_2 a_3 \sin 23$$

Bei einem Fünfeck ist $145 = \frac{1}{2} a_4 a_5 \sin 45$, und

$$a_1 \sin 41 + a_2 \sin 42 + a_3 \sin 43 + a_4 \sin 44 + a_5 \sin 45 = 0$$

d. h. $a_5 \sin 45 = a_1 \sin 14 + a_2 \sin 24 + a_3 \sin 34$, folglich

$$145 = \tfrac{1}{2} a_1 a_4 \sin 14 + \tfrac{1}{2} a_2 a_4 \sin 24 + \tfrac{1}{2} a_3 a_4 \sin 34$$

U. s. w. Bezeichnet man das Product $a_1 a_2 \sin 12$ durch s_{12}, u. s. w., so erhält man die halbe Fläche eines nEcks

$$\begin{aligned} s_{12} + s_{13} + s_{14} + \ldots + s_{1,n-1} \\ + s_{23} + s_{24} + \ldots + s_{2,n-1} \\ + s_{34} + \ldots + s_{3,n-1} \\ + \ldots \end{aligned}$$

ausgedrückt durch $n - 1$ Seiten und deren Winkel. L'Huilier 1789 Polygon. p. 8.

7. Wenn der Punct 1 die Coordinaten x_1, y_1 hat, u. s. w., so ist die doppelte Fläche 123 dividirt durch $\sin xy$ (4)

$$y_2(x_1 - x_3) + y_3(x_2 - x_1) + y_1(x_3 - x_2)$$

Ebenso sind die doppelten Flächen 134, 145, .. dividirt durch $\sin xy$

$$\begin{aligned} &y_3(x_1 - x_4) + y_4(x_3 - x_1) + y_1(x_4 - x_3) \\ &y_4(x_1 - x_5) + y_5(x_4 - x_1) + y_1(x_5 - x_4) \end{aligned}$$

u. s. w. Durch Addition findet man die doppelte Fläche 1234 dividirt durch $\sin xy$

$$y_2(x_1 - x_3) + y_3(x_2 - x_4) + y_4(x_3 - x_1) + y_1(x_4 - x_2)$$

$$= (y_4 - y_2)(x_3 - x_1) - (y_3 - y_1)(x_4 - x_2) = \begin{vmatrix} x_3 - x_1 & y_3 - y_1 \\ x_4 - x_2 & y_4 - y_2 \end{vmatrix}$$

wie oben (3); ferner die doppelte Fläche 12345 dividirt durch $\sin xy$

$$y_2(x_1 - x_3) + y_3(x_2 - x_4) + y_4(x_3 - x_5) + y_5(x_4 - x_1) + y_1(x_5 - x_2)$$

U. s. w. Die Ordinate jedes Punctes hat man mit der Differenz der Abscissen des vorausgehenden und des nachfolgenden Punctes zu multipliciren. Dieselbe Formel wird, wenn 0 den Anfang der Coordinaten bedeutet, durch Berechnung der Dreiecke 012, 023, 034, .. erhalten. Gauss 1810. Vergl. Planim. §. 10, 6.

8. Die Strecken AA_1, AA_2, .., BB_1, BB_2, .. liegen auf den Geraden f, g, .., f', g', .., die Puncte A_i, B_k haben die rechtwinkeligen Coordinaten $a_i | b_i$, $\alpha_k | \beta_k$ und das Product $AA_i \cdot BB_k$ mit dem Cosinus des Winkels ihrer Geraden wird durch c_{ik} bezeichnet. Wenn die Strecken Einheiten sind, so ist $c_{12} = \cos fg'$, u. s. w. Wenn die Puncte B auf die Puncte A fallen, so ist $c_{ki} = c_{ik}$ und $c_{ii} = AA_i^2$. Ueberhaupt ist (1)

$$c_{ik} = (a_i - a)(\alpha_k - \alpha) + (b_i - b)(\beta_k - \beta)$$

Die Determinanten der componirten Elemente c (Determ. §. 6, 1) sind

$$\begin{vmatrix} c_{11} & c_{12} & c_{13} \\ c_{21} & c_{22} & c_{23} \\ c_{31} & c_{32} & c_{33} \end{vmatrix} = 0 \qquad \begin{vmatrix} \cos ff' & \cos fg' & \cos fh' \\ \cos gf' & \cos gg' & \cos gh' \\ \cos hf' & \cos hg' & \cos hh' \end{vmatrix} = 0$$

für 2mal 4 Puncte und für 2mal 3 Geraden der Ebene, und

$$\begin{vmatrix} c_{11} & c_{12} \\ c_{21} & c_{22} \end{vmatrix} = \begin{vmatrix} a_1 - a & b_1 - b \\ a_2 - a & b_2 - b \end{vmatrix} \begin{vmatrix} \alpha_1 - \alpha & \beta_1 - \beta \\ \alpha_2 - \alpha & \beta_2 - \beta \end{vmatrix} = 4AA_1A_2 \cdot BB_1B_2$$

Nun ist $2AA_1A_2 = AA_1 \cdot AA_2 \sin fg$, u. s. w., folglich auch

$$\begin{vmatrix} \cos ff' & \cos fg' \\ \cos gf' & \cos gg' \end{vmatrix} = \sin fg \sin f'g'$$

und insbesondere bei $xy = \frac{1}{2}\pi$

$$\begin{vmatrix} \cos xf & \cos yf \\ \cos xg & \cos yg \end{vmatrix} = \sin fg$$

Der Ausdruck des Products von 2 Dreiecken durch die Determinante der Elemente c ist von Staudt 1842 auf anderem Wege gefunden worden. Vergl. Trigon. §. 6, 13 und Determ. §. 16.

9. Wenn man das Quadrat der Strecke A_iB_k durch d_{ik} bezeichnet und den Anfang O der Coordinaten einführt, indem man

$$r_i = OA_i^2 = a_i^2 + b_i^2 \qquad \varrho_k = OB_k^2 = \alpha_k^2 + \beta_k^2$$

setzt, so ist

$$d_{ik} = (a_i - \alpha_k)^2 + (b_i - \beta_k)^2 = r_i + \varrho_k - 2a_i\alpha_k - 2b_i\beta_k$$

componirt aus

$$\begin{matrix} r_i & 1 & a_i & b_i \\ 1 & \varrho_k & -2\alpha_k & -2\beta_k \end{matrix}$$

Daher ist

$$\begin{vmatrix} d_{00} & d_{01} & . \\ d_{10} & d_{11} & . \\ . & . & . \end{vmatrix} = \begin{vmatrix} r_0 & 1 & a_0 & b_0 \\ r_1 & 1 & a_1 & b_1 \\ . & . & . & . \end{vmatrix} \begin{vmatrix} 1 & \varrho_0 & -2\alpha_0 & -2\beta_0 \\ 1 & \varrho_1 & -2\alpha_1 & -2\beta_1 \\ . & . & . & . \end{vmatrix}$$

folglich

$$\Sigma \pm d_{00} \ldots d_{44} = 0$$

$$\Sigma \pm d_{00} \ldots d_{33} = -4(r\,1\,a\,b)(\varrho\,1\,\alpha\,\beta)$$

$$\Sigma \pm d_{00} \ldots d_{22} = 2(r\,1\,a)(\varrho\,1\,\alpha)$$

$$+ 2(r\,1\,b)(\varrho\,1\,\beta) + 4(r\,a\,b)(1\,\alpha\,\beta) + 4(1\,a\,b)(\varrho\,\alpha\,\beta)$$

wenn zur Abkürzung

$$(r\,1\,a) = \begin{vmatrix} r_0 & 1 & a_0 \\ r_1 & 1 & a_1 \\ r_2 & 1 & a_2 \end{vmatrix}$$

u. s. w. gesetzt wird. Weitere Verwerthung dieser Gleichungen findet man Determ. §. 16, 11 ff.

§. 18. Andere Coordinaten eines Punctes.

1. Wenn der Punct P die Coordinaten $OQ = x$, $QP = y$ und O' die Coordinaten $OA = a$, $AO' = b$ hat, und wenn die von O' anfangenden Coordinaten $O'Q' = x'$, $Q'P = y'$ des Punctes P mit x, y parallel sind, so ist OP die geometrische Summe der OO' und $O'P$, folglich durch Projection

$$\begin{aligned} OQ &= OA + AQ = OA + O'Q' & x &= a + x' \\ QP &= QQ' + Q'P = AO' + Q'P & y &= b + y' \end{aligned}$$

Die Einführung der von dem Punct $a|b$ anfangenden mit x, y parallelen Coordinaten x', y' des Punctes P (permutatio coordinatarum bei Euler) geschieht durch die Substitution $x = a + x'$, $y = b + y'$. Durch dieselbe wird eine gegebene Function der

x, y (des Punctes $x|y$) in eine Function der x'; y' transformirt. Daher heisst bei den Neuern die Einführung anderer Coordinaten selbst eine »Transformation der Coordinaten«.

2. Wenn P die Coordinaten $OQ = x$, $QP = y$ und in andern gegebenen Richtungen die Coordinaten $OQ' = x'$, $Q'P = y'$ hat, so ist OP die geometrische Summe sowohl der x und y, als auch der x' und y'. Wenn OP auf der Geraden s liegt und l eine beliebige Gerade ist, so erhält man (§. 12)

$$\begin{aligned} OP^2 &= x^2 + y^2 + 2xy\cos xy = x'^2 + y'^2 + 2x'y'\cos x'y' \\ OP\sin sl &= x\sin xl + y\sin yl = x'\sin x'l + y'\sin y'l \\ x\sin xy &= x'\sin x'y + y'\sin y'y \\ y\sin xy &= x'\sin xx' + y'\sin xy' \end{aligned}$$

Durch xy, xx', xy' sind die übrigen Winkel bestimmt. Nun ist bei den Geraden x, y', y, x' nach §. 12, 3

$$\sin xy'\sin x'y + \sin y'y\sin x'x + \sin yx\sin x'y' = 0$$

$$\begin{vmatrix} \sin x'y & \sin y'y \\ \sin xx' & \sin xy' \end{vmatrix} = \sin xy\sin x'y'$$

$$\begin{vmatrix} \sin x'y : \sin xy & \sin y'y : \sin xy \\ \sin xx' : \sin xy & \sin xy' : \sin xy \end{vmatrix} = \frac{\sin x'y'}{\sin xy}$$

Also werden bei unverändertem Anfang statt der Coordinaten x, y eines Punctes die Coordinaten x', y' desselben dadurch eingeführt, dass man für x, y lineare Formen der x', y' substituirt, deren Coefficienten von 2 beliebigen Winkeln abhängen. Die Determinante der linearen Formen x, y (der Substitution, Determ. §. 8, 1 und §. 14, 1) ist $\sin x'y' : \sin xy$. Durch die Substitution geht $x^2 + y^2 + 2xy\cos xy$ über in $x'^2 + y'^2 + 2x'y'\cos x'y'$. Aus den neuen werden die alten Coordinaten berechnet, und umgekehrt.

Wenn insbesondere $xy = \frac{1}{2}\pi$, $xx' = \alpha$, $xy' = \beta$, so ist

$$\begin{aligned} x &= x'\cos\alpha + y'\cos\beta \\ y &= x'\sin\alpha + y'\sin\beta \end{aligned}$$

und die Determinante der Substitution

$$\begin{vmatrix} \cos\alpha & \cos\beta \\ \sin\alpha & \sin\beta \end{vmatrix} = \sin(\beta - \alpha) = \sin x'y'$$

Anwendung. Durch Drehung des rechten Winkels xy um den gegebenen Winkel $xt = yu$ erhält man

$$x = t \sin ty + u \sin uy = t \cos xt - u \sin xt$$
$$y = t \sin xt + u \sin xu = t \sin xt + u \cos xt$$

Wenn $xt = \frac{1}{4}\pi$, so ist $\sin xt = \cos xt = 1 : \sqrt{2}$, und

$$x\sqrt{2} = t - u \qquad y\sqrt{2} = t + u$$

In der That ist $t - u$ die Hypotenuse der Catheten x und x, und $t + u$ die Hypotenuse der Catheten y und y.

Durch diese Substitution wird z. B.

$$f = x^3 + y^3 - 3axy = \frac{(t-u)^3 + (t+u)^3}{2\sqrt{2}} - \frac{3}{2}a(t^2 - u^2)$$
$$= \frac{1}{2}\sqrt{2}(t^3 + 3tu^2) - \frac{3}{2}a(t^2 - u^2)$$

Bei $f = 0$ hat man $(b = 3a : \sqrt{2})$

$$t^3 + 3tu^2 = b(t^2 - u^2), \quad (b + 3t)u^2 = (b - t)t^2$$
$$u = t\sqrt{\frac{b-t}{b+3t}}$$

Für die mit x, y parallelen Coordinaten kann man die rechtwinkeligen Coordinaten einführen, die mit den Halbirenden des Winkels xy parallel sind.

3. Wenn durch die lineare Substitution

$$x \sin xy = x' \sin x'y + y' \sin y'y, \qquad y \sin xy = x' \sin xx' + y' \sin xy'$$

deren Determinante $\varepsilon = \sin x'y' : \sin xy$ ist, die quadratische Form der x, y

$$ax^2 + by^2 + 2cxy$$

in die quadratische Form der x', y'

$$Ax'^2 + By'^2 + 2Cx'y'$$

transformirt wird, so wird die quadratische Form

$$ax^2 + by^2 + 2cxy + \lambda(x^2 + y^2 + 2xy\cos xy)$$

bei jedem λ transformirt in die quadratische Form

$$Ax'^2 + By'^2 + 2Cx'y' + \lambda(x'^2 + y'^2 + 2x'y'\cos x'y')$$

Die Determinante einer quadratischen Form ist invariant (Determ. §. 14, 3 und §. 6, 4), und zwar

$$\det(Ax'^2 + ..) = \varepsilon^2 \det(ax^2 + ..)$$

Nun ist

$$\det[ax^2 + .. + \lambda(x^2 + ..)] = \begin{vmatrix} a + \lambda & c + \lambda\cos xy \\ c + \lambda\cos xy & b + \lambda \end{vmatrix}$$

$$= ab - c^2 + \lambda(a + b - 2c\cos xy) + \lambda^2 \sin^2 xy$$

folglich

$$AB - C^2 + \lambda(A + B - 2C\cos x'y') + \lambda^2 \sin^2 x'y' = \varepsilon^2[ab - c^2 + ..]$$

bei jedem λ, daher

$$\frac{AB - C^2}{ab - c^2} = \frac{A + B - 2C\cos x'y'}{a + b - 2c\cos xy} = \frac{\sin^2 x'y'}{\sin^2 xy} = \varepsilon^2$$

$$\frac{AB - C^2}{\sin^2 x'y'} = \frac{ab - c^2}{\sin^2 xy} \qquad \frac{A + B - 2C\cos x'y'}{\sin^2 x'y'} = \frac{a + b - 2c\cos xy}{\sin^2 xy}$$

Also ist nicht nur $ab - c^2$ sondern auch $a + b - 2c\cos xy$ invariant. Boole 1848 (Salmon Conics 1855 n° 162).

4. Wenn überhaupt die Coordinaten x, y des Punctes P eindeutig gegebene Functionen der t, u sind, und wenn t, u in Bezug auf zwei beliebig angenommene coordinirte Gerade die Coordinaten des Punctes M sind, so entspricht jedem Punct M ein Punct P, der Figur $M_1 M_2 M_3$ .. die Figur $P_1 P_2 P_3$ .. nach einem gegebenen Gesetz, und die beiden Figuren, von denen die eine als ein Bild der andern betrachtet werden kann, haben eine durch die Relation der Coordinaten bestimmte Correlation (Verwandtschaft). Dabei können umgekehrt einem gegebenen Punct $x|y$ mehrere Puncte $t|u$ entsprechen, so dass es mehrere Figuren M giebt, zu welchen die Figur P dieselbe Correlation hat.

Wenn x, y ganze Functionen der t, u insbesondere ersten Grades sind, so heisst die Correlation der beiden Figuren Affinität. Stereom. §. 5, 8. Affin sind nicht-parallele Planschnitte eines Cylinders, und CLAIRAUT's Figuren »de même espèce«. Die Affinität kann mit Aehnlichkeit oder mit Gleichheit (MÖBIUS bar. Calcul 161 ff.) verbunden sein. Eine allgemeinere Art der Affinität von Figuren hat MÖBIUS 1834 Crelle J. 12 p. 109 aufgestellt.

Wenn p, q, r Functionen der t, u ersten Grades sind und $x = p : r$, $y = q : r$, so heisst die Correlation der beiden Figuren Collinearität, weil 3 Puncten einer Geraden der einen Figur 3 Puncte einer Geraden der andern Figur entsprechen. MÖBIUS bar. Calcul 217 ff. Crelle J. 1829 t. 4 p. 103. Collinear sind nicht-parallele Planschnitte eines Kegels, und die Figuren »ejusdem generis«, deren Construction NEWTON lehrt Principia I lemma 22 (nach prop. 24) und Enumeratio V (Genesis curvarum per umbras).

Wenn p, q, r, p', q', r' Functionen ersten Grades der t, u sind und

$$px + qy + r = 0, \quad p'x + q'y + r' = 0$$

so ist die Correlation der beiden Figuren die allgemeinste, bei welcher einem M ein P und umgekehrt eindeutig entspricht. MAGNUS 1832 Crelle J. 8 p. 51, Aufgaben t. 1 §§. 50. 51. 63. Vergl. STEINER syst. Entw. 59, II. Wenn zwei Functionen der x, y, t, u null sind, so entsprechen im Allgemeinen einem M mehrere P, einem P mehrere M. Vergl. WEYR Crelle J. 71 p. 18, 73 p. 87.

Wenn die Coordinaten rechtwinkelig sind und i eine imaginäre Einheit, $v = t + iu$, $z = x + iy$, und z eine gegebene Function der v, so entspricht dem Punct M ein Punct P (singuläre Puncte ausgenommen) der Art, dass das Dreieck, welches zwei von P anfangende Bogendifferentiale bilden, dem entsprechenden Dreieck ähnlich ist (Allg. Arithm. §. 31, 12), dass also die Winkel der einen Figur den entsprechenden Winkeln der andern Figur gleich sind. Bei dieser Correlation heissen die Figuren in den kleinsten Theilen ähnlich, conform, isogonal. Wenn z. B. z der v umgekehrt proportional ist, so entsprechen 4 Puncten eines Kreises der einen Figur 4 Puncte eines Kreises (ausnahmsweise einer Geraden) der andern Figur, und die beiden Figuren heissen homocyclisch (kreisverwandt, Möbius 1855. Vergl. Planim. §. 14, 14). Homocyclische Figuren z. B. eine sphärische Figur und ein stereographisches Abbild derselben, sind isogonal. Die Seekarten Gerhard Mercator's 1569 sind isogonale Abbilder der Erdoberfläche. Stereom. §. 5, 6.

§. 19. Analytische Geometrie.

1. Als Element des Raumes wird zunächst der Punct betrachtet und durch Coordinaten bestimmt. Der Raum von einer Dimension ist eine Linie, von der man einem Punct durch seine von einem gegebenen Punct der Linie anfangende Abscisse (oder durch 2 homogene Coordinaten) bestimmt. §§. 1 und 3.

Der Raum von 2 Dimensionen ist eine Fläche, von der man einen Punct durch 2 Coordinaten (oder durch 3 homogene Coordinaten) bestimmt. Einer Gleichung für die Coordinaten (einer homogenen Gleichung für die homogenen Coordinaten) genügen die Puncte einer bestimmten Linie (eine Serie von Puncten); 2 Gleichungen, die von einander unabhängig sind, genügt ein eindeutig oder mehrdeutig bestimmter Punct (eine Gruppe von Puncten).

Im Raum von 3 Dimensionen wird ebenso ein Punct durch 3 Coordinaten (durch 4 homogene Coordinaten) bestimmt. Einer Gleichung für die Coordinaten genügen die Puncte einer bestimmten Fläche (eine Doppelserie von Puncten); 2 Gleichungen genügen die Puncte einer bestimmten Linie (eine Serie von Puncten); 3 Gleichungen genügt ein Punct (eine Gruppe von Puncten).

Ueberhaupt kann man eine $m$fache Serie (Mannigfaltigkeit von m Dimensionen) einen Raum von m Dimensionen nennen, von welchem ein Element (Punct) durch m Coordinaten ($m + 1$ homogene Coordinaten) bestimmt wird. Einer Gleichung für die Coordinaten genügen die Elemente einer $(m - 1)$fachen

Serie, 2 Gleichungen die Elemente einer $(m-2)$fachen Serie, u. s. w. Vergl. Cayley 1845 Cambr. math. J. t. 4, Cauchy 1847 C. R. t. 24 p. 885, u. A.

2. Im Raum von 2 Dimensionen gehört zu einer Gleichung gegebenen Grades für die Coordinaten eines Punctes (Elementargleichung) eine Linie desselben Grades, die selbst als Element dieses Raumes betrachtet werden kann. Die Linie als Element ist wie die Gleichung durch die Proportion der Coefficienten der Gleichung eindeutig bestimmt: also sind die Coefficienten der zu Grund gelegten Gleichung homogene Coordinaten der Linie (des Elements).

Im Raum von 3 Dimensionen gehört zu einer Gleichung gegebenen Grades für die Coordinaten eines Punctes (Elementargleichung) eine Fläche desselben Grades, die selbst als Element des Raumes betrachtet werden kann. Die Fläche als Element ist durch die Proportion der Coefficienten der Elementargleichung eindeutig bestimmt: also sind die Coefficienten der Elementargleichung homogene Coordinaten der Fläche (des Elements). In demselben Raum gehört zu einem System von 2 Gleichungen für die Coordinaten eines Punctes (Elementarsystem) eine Linie, die selbst als Element des Raumes betrachtet werden kann: die Coefficienten des Elementarsystems sind dann Coordinaten der Linie (des Elements).

Wenn das Element des Raumes n homogene Coordinaten hat, so genügt einer homogenen Gleichung für die Coordinaten eine $(n-2)$fache Serie von Elementen, 2 Gleichungen eine $(n-3)$fache Serie, .., $n-1$ Gleichungen eine Gruppe von Elementen.

3. Serien von Linien und Flächen sind von Desargues 1639 in Betracht gezogen worden, und zwar die Geraden eines Punctes und die Ebenen einer Geraden (welche den Punct, die Gerade enthalten) unter dem Namen ordonnance de lignes, de plans (Brouillon-projet ed. Poudra p. 104). Serien von Geraden einer Ebene sind es, welche eine Curve berühren (die Enveloppe der Serie); insbesondere die Normalen einer Curve, welche die

Evolute der Curve berühren (Huygens 1673 Horol. oscill. III). Die Lichtstrahlen eines Punctes berühren nach einer Reflexion eine Catacaustica, nach einer Refraction eine Diacaustica (Huygens 1678, Tschirnhausen 1682, Joh. Bernoulli 1692. Vergl. Klügel m. W. t. 1 p. 15).

Eine Serie von Curven als Tangenten einer Curve (der Enveloppe der Serie) ist von Leibniz Acta Er. 1692 und 1694 hinzugefügt worden. Die Curven (Elemente) der Serie sind als die particulären Integrale, die Enveloppe als das singuläre Integral einer Differentialgleichung erkannt worden von Lagrange Mém. de Berlin 1774 p. 198. Eine Serie von Flächen als Tangenten einer Fläche und den Namen Enveloppe verdankt man Monge 1795 Appl. §. 6. Eine Serie von Kreisen durch 2 Puncte ist von Gaultier 1812 (Planim. §. 14, 6), eine Serie von Curven durch eine Mehrzahl von Puncten ist von Lamé 1818 betrachtet worden (§. 15, 2).

Die »Coordinaten einer Geraden und einer Ebene« und homogene Gleichungen für diese Coordinaten als Gleichungen von Curven und Flächen (Enveloppen der Serien von Geraden und Ebenen) sind von Plücker 1830 eingeführt worden. Crelle J. 6 p. 107 und Entwickelungen t. 2, 1831 (vergl. insbesondere die Vorrede des zweiten Bandes). Auch die Gerade als Element des Raumes von 3 Dimensionen und homogene Coordinaten derselben hat Plücker 1865 hinzugefügt.

4. Im Raum von 2 Dimensionen hat die Linie ersten Grades als Element dieses Raumes 3 homogene Coordinaten, ebensoviel als der Punct, wenn er als Element desselben Raumes dient. Die Elementargleichung (2) ist bilinear.

Im Raum von 3 Dimensionen hat die Fläche ersten Grades als Element des Raumes 4 homogene Coordinaten, ebensoviel als der Punct, wenn er als Element des Raumes dient.

Ein System von Elementen des Raumes, deren jedes durch seine homogenen Coordinaten gegeben ist, kann demnach nicht nur als ein System von Puncten (Polygon) aufgefasst werden, sondern auch als System von Linien oder von Flächen ersten Grades (Polygramm oder Polyeder), je nachdem Raum von 2 oder von 3 Dimensionen vorausgesetzt war. Die entsprechenden Figuren, Polygon und Polygramm, Polygon und Polyeder heissen reciprok, dual.

5. Die Reciprocität von Figuren, welche an dem sphärischen Dreieck und seinem Polardreieck (VIÈTE und LANSBERG zu Ende des 16ten Jahrhunderts) wahrgenommen worden war, ist aus der Betrachtung der einem Punct entsprechenden Polare (Gerade, Ebene) einer gegebenen Linie oder Fläche 2ter Ordnung in die Geometrie eingeführt worden. Nachdem SERVOIS 1811 den Ausdruck »Pol einer Geraden«, GERGONNE 1813 die Ausdrücke »Polare eines Punctes« und »Dualität« gebraucht hatte, wurde von PONCELET 1818 Gerg. Ann. 8 p. 201, 1822 Propr. proj. 233, 1824 Mémoire sur la théorie generale etc. (Crelle J. 4 p. 1) die théorie des polaires réciproques aufgestellt, und von GERGONNE 1826 Ann. 16 p. 209, 17 p. 216 die Dualität durch Coordinirung dualer Sätze weiter aufgeklärt.

Ohne Bezugnahme auf eine gegebene Linie oder Fläche 2ter Ordnung hat MÖBIUS 1827 die Reciproke einer Figur aufgezeigt. Baryc. Calcul 285 ff., 1828 Crelle J. 3 p. 273, 1833 Crelle J. 10 p. 317, 1837 Statik 84 ff. Vergl. STEINER syst. Entw. p. 292 und MAGNUS Aufgaben t. 1 §§. 19—21, t. 2 §§. 23—28. CHASLES Géom. sup. 1852 c. 26. FIEDLER-SALMON Kegelschnitte 1873 art. 379 ff. Von CHASLES sind die Figur und ihre Reciproke correlativ genannt worden.

6. Die Geometrie, welche zur Untersuchung der Raumfiguren die Elemente des Raumes durch Coordinaten und durch Gleichungen für diese bestimmt, wird analytische Geometrie genannt. Sie gebraucht nicht Constructionen an den Figuren, sondern Operationen mit den Coordinaten und an den Gleichungen. Nicht die Rechnung, auf welcher auch die Trigonometrie beruht, sondern die Anwendung von Coordinaten für die Elemente des Raumes ist das Unterscheidende einer analytisch-geometrischen Betrachtung.

In der analytischen Geometrie wird für einen Punct einer Serie von Puncten (Linie) die Tangente, für eine Linie einer Serie von Linien der Berührungspunct der Enveloppe durch

Differentialrechnung bestimmt. U. s. w. Die auf geometrische Infinitesimalbetrachtung gegründeten Abschnitte der analytischen Geometrie können unter dem Titel Differentialgeometrie zusammengefasst werden.

Die Geometrie, welche die Elemente des Raumes unmittelbar in Betracht zieht ohne das Hülfsmittel von Coordinaten, heisst synthetische Geometrie. Der Synthesis (compositio, constructio) wird Analysis (resolutio) gegenübergestellt; und von der Analysis infinitorum, analyse des lignes, application de l'analyse à la géométrie u. s. w. hergenommen ist das vieldeutige Prädicat analytisch, welches in der obigen Bedeutung auf dem Titel von NEWTON's Geometria analytica (aus dem Nachlass 1779 von Horsley edirt), von LAGRANGE's Mécanique analytique 1788 und von BIOT's Essai de géom. analytique 1805 angetroffen wird.

7. Nach Einführung der indischen Ziffern und des Rechnens mit denselben (Algorithmus) wurde die Buchstabenrechnung und mit deren Hülfe im 17ten Jahrhundert die moderne analytische Geometrie nebst der Differentialrechnung ausgebildet. An den ersten Theil dieses Jahrhunderts, welchen KEPPLER, NEPER, GALILEI auszeichnen, schliesst sich das Zeitalter von DESARGUES, DESCARTES, FERMAT, PASCAL, HUYGENS, und diesem folgt die Zeit von NEWTON, LEIBNIZ mit JAC. und JOH. BERNOULLI. Die Fortschritte der analytischen Geometrie datiren hauptsächlich von der Anwendung der Buchstabenrechnung zur Formulirung von Gleichungen, namentlich der Gleichungen von Linien, welche die griechischen Geometer wörtlich aufgestellt hatten. Die Uebertragung der griechischen Geometrie in die Sprache der Algebra, die Wiederherstellung und Ergänzung der griechischen Werke führte zur Lösung neuer Probleme. KEPPLER Stereometria doliorum 1615. FERMAT Isagoge ad locos planos et solidos, Opp. p. 1 [Restauration der entsprechenden Schriften von Apollonius nach Pappus' Sammlung: »hanc scientiam (locorum) totius geometriae pulcherrimam ab oblivione vindicamus« p. 12. Das Eloge de Fermat (Journal des Sçavans 1665 Febr. 9) erwähnt die »introduction aux lieux, qui avait été vu devant que M. Descartes eut rien publié sur ce sujet«]. DESCARTES Géométrie 1637, Torricelli Opera geometrica 1644, Pascal Problemata de cycloide 1658. Durch moderne Darstellung und Bezeichnung hat Descartes' Schrift schnellen Eingang gefunden, so dass ihrem Autor später die Erfindung der analytischen Geometrie zugeschrieben wurde. Vergl. §. 15, 1—3. Das von Fermat, Descartes u. A. bereits mit Erfolg behandelte Problem der Tangenten und die weiteren Probleme der Differentialgeometrie waren es, welche Newton 1665 veranlassten, für entsprechende Differenzen (Fluxionen) der durch eine Gleichung verbundenen Variablen (Fluenten) eine Gleichung (die Gleichung für die Fluxionen) zu formiren; die von Leibniz 1676 gebrauchten Differentiale sind den Fluxionen proportional.

8. Vorzüglich gefördert wurde die analytische Geometrie durch Newton Principia 1687, Arithm. universalis 1707 und Enumeratio linearum tertii ordinis 1704. An das letztere Werk schliessen sich an Stirling 1717 unter demselben Titel, Maclaurin Geometria organica 1720, Algebra (1748 posth.) part 3 mit dem angehängten Tractatus, Euler Introd. 1848 t. 2, Cramer Analyse des lignes courbes 1750.

Weitere Fortschritte verdankt die analytische Geometrie Clairaut 1731, Euler, Lambert, Lagrange (Sur les pyramides Mém. de Berlin 1773), Monge (Feuilles d'analyse appl. 1795 u. s. w. nebst den Lehrbüchern von Biot und Laroix), Journal de l'Ecole polyt. 1795, Gergonne Annales 1810—31, Lamé Examen des différentes méthodes 1818; Crelle Journal 1826, Möbius baryc. Calcul 1827, Plücker Entwickelungen 1828, Magnus Aufgaben 1833, Steiner, Chasles, Jacobi, Kummer, Liouville Journal 1836; Hesse, Joachimsthal, Cayley (Einführung der Determinanten), Salmon, Clebsch, Cremona u. A.

Auf die Entwickelung der Differentialgeometrie sind von vorzüglichstem Einfluss gewesen Newton Principia 1687, Quadratura curvarum 1704 und die erst 1736 gedruckte Methodus fluxionum, die Arbeiten von Leibniz, Jac. und Joh. Bernoulli am Ende des 17ten Jahrhunderts, sowie Maclaurin fluxions 1742. Ferner Euler's Entdeckungen über die Krümmung der Flächen 1760, Euler's und Monge's developpable Flächen 1771,

Meusnier's Unterscheidung der Flächenpuncte 1776, Monge's Krümmungslinien 1781; Monge Application de l'analyse à la géométrie 1795, Dupin Développements 1813, Cauchy Applications 1826. Neue Gebiete der Differentialgeometrie hat Gauss 1828 eröffnet in den Disquisitiones generales circa superficies curvas.

9. Das Bedürfniss technisch verwendbarer Abbildungen von räumlichen Objecten hat einen besondern Zweig der synthetischen Geometrie hervorgerufen, dessen Anfänge in der Perspective (prospettiva) und in der Stereotomie zu finden sind. Desargues und Lambert haben diesen Zweig gefördert, der von Monge 1794 zu der descriptiven (graphischen) Geometrie ausgebildet worden ist. Chasles Ap. hist. V. Ebenso hat die descriptive Behandlung statischer Aufgaben zur graphischen Statik geführt (Culmann 1866).

Unter geometrischen Constructionen werden vorzugsweise solche verstanden, die auf dem Gebrauch der einfachsten Instrumente, des Lineals (règle) und des Zirkels (compas) beruhen. Durch Anwendung von Winkeln, Schienen, Fäden und andern Instrumenten (ὄργανον) kommen sogenannte organische (instrumentale, mechanische) Constructionen zu Stande.

Lambert freie Perspective 1774 t. 2 p. 162 hat bemerkt, dass die constructive Lösung vieler Aufgaben nur den Gebrauch des Lineals erfordert, und hat das Gebiet der Geometrie, welchem diese Aufgaben angehören, Linealgeometrie genannt (Géométrie de la règle bei Servois 1804 u. A.). Die geometrischen Constructionen bloss mit dem Zirkel (ohne Lineal) auszuführen, hat Mascheroni Geometria del compasso 1797 gelehrt. Dieselben Constructionen können mit dem Lineal unter Benutzung eines gegebenen Kreises oder Winkels vollzogen werden, wie Cardano u. A. bemerkt haben und wie insbesondere Steiner (die geometrischen Constructionen u. s. w. 1833) gezeigt hat. Vergl. Newton Arithm. univ. p. 231 ff.

10. Das Gebiet synthetischer Geometrie, zu welchem die Linealgeometrie gehört, und dessen Untersuchung die griechischen Geometer (Pappus Coll. VII) begonnen hatten, ist von Desargues u. A., im 19ten Jahrhundert von Carnot, Servois, Brianchon, Poncelet weiter erschlossen worden. Steiner und Chasles haben dann nach der Art, wie es in der analytischen Geometrie geschieht, das Doppelverhältniss von 4 Puncten einer Geraden, von 4 Geraden eines Puncts, von 4 Ebenen einer Geraden zur Bestimmung eines dieser Elemente eingeführt und eine synthetische Geometrie im weitern Sinne ausgebildet, welche auch neuere oder höhere oder projectivische Geometrie genannt wird.

Desargues hatte bemerkt, dass gewisse Sätze über die gegenseitige Lage der Figuren und ihrer Elemente, welche die Grundlage der Linealgeometrie bilden, nicht abhängen von den Relationen unter den Bestandtheilen der Figuren, welche auf der Messung der Grössen nach Einheiten beruhen und von trigonometrischer Art sind (Stereom. §. 5, 7). Diese auch von Poncelet propr. proj. 168 und 300 und von Möbius baryc. Calcul 207 gemachte Bemerkung hat durch Staudt (Geometrie der Lage 1847) ihre volle Bedeutung erhalten. Das Messen von Raumgrössen beruht auf der Voraussetzung, dass die Figuren hinreichende Starrheit besitzen, um den Transport zu ertragen d. h. dabei ausser der Veränderung des Ortes eine andere Veränderung nicht zu erleiden. Staudt hat seine »Geometrie der Lage« unabhängig von dieser Voraussetzung erbaut, indem er die Harmonie von 4 Puncten einer Geraden durch Linealconstruction (nicht metrisch) definirte, und die Collinearität von geraden Figuren auf eine hinreichende Menge von Harmonien zurückführte. Geometrie der Lage §§. 8 und 9.

Auf diese von Messung unabhängige Geometrie der Lage waren nicht gerichtet die Entwürfe einer Analysis situs, welche Leibniz ohne die erwarteten Resultate unvollendet hinterlassen hat; nicht die Probleme aus der geometria situs, welche Euler Comm. Petrop. t. 8 (1741) und Mém. de Berlin 1759, Vandermonde, Fergola, Giordano Mém. de Paris 1771 und 1787 behandelt haben; nicht die Géométrie de position, in welcher Carnot 1803 zunächst die Theorie der positiven und negativen Grössen zu verbessern suchte, um der Trigonometrie die erforderliche Allgemeinheit zu verschaffen.

11. Von den übrigen Voraussetzungen, welche die Grundlage der Geometrie bilden, und die in den Axiomen von der Geraden, von der Ebene, von den Parallelen Ausdruck erhalten haben, kann keine ganz entbehrt werden. Es ist aber nicht unzulässig, anstatt des Axioms von den Parallelen die Voraussetzung zu machen, dass die Gerade 2 getrennte unendlichferne Puncte hat, oder dass sie unendlichferne Puncte überhaupt nicht hat. Planim. §. 2, 6.

Der Raum von 3 Dimensionen wird durch die Doppelserie der Geraden eines Punctes erfüllt und hat bei den verschiedenen Voraussetzungen über die unendlichfernen Puncte der Geraden verschiedene Ausdehnung. Er wird der Gauss'sche Raum genannt (nach Schering Göttinger Nachr. 1870 n° 15), wenn 2 getrennte unendlichferne Puncte der Geraden vorausgesetzt werden; dagegen hat im Riemann'schen Raum die Gerade keinen unendlichfernen Punct. Die gewöhnliche und bis auf Gauss für unerlässlich gehaltene Voraussetzung, dass die Gerade einen und nicht mehr als einen unendlichfernen Punct besitzt, ist die Voraussetzung des Euclid'schen Raumes und der entsprechenden Geometrie.

Capitel IV.

Gleichungen von Linien.

---

§. 20. Ordnung einer Linie.

1. Wenn f eine Function $n$ten Grades der mit 2 gegebenen Geraden parallelen Coordinaten x, y eines Punctes der Ebene ist, eine Function des Punctes $x|y$, so heisst die Linie (§. 14, 2) $f = 0$ eine Linie $n$ter Ordnung. Wenn der positive ganze Exponent n jede gegebene Zahl übersteigt, und die Function nicht algebraisch ist, so heisst die Linie $f = 0$ transscendent wie die Function.

Die Function kann geordnet werden nach steigenden Potenzen der x oder der y

$$f = a_0 + a_1 x + a_2 x^2 + .. + a_n x^n = b_0 + b_1 y + b_2 y^2 + .. + b_n y^n$$

so dass a_k, b_k Functionen $(n - k)$ten Grades sind, a_k der y, b_k der x; oder nach steigenden Formen (homogenen Functionen) der x, y

$$f = u_0 + u_1 + .. + u_n$$

so dass u_k eine Form $k$ten Grades der x, y ist. Die Function f der x, y ist der Werth, welchen die Form desselben Grades der x, y, t

$$u_0 t^n + u_1 t^{n-1} + .. + u_{n-1} t + u_n$$

bei $t = 1$ hat.

Wenn f, g Functionen der x, y sind, so heisst die Linie $fg = 0$ reducibel wie die Gleichung, weil sie aus den Linien $f = 0$ und $g = 0$ besteht. Sie enthält den Punct oder die Gruppe von Puncten $(f = 0,\ g = 0)$. Wenn insbesondere f

eine Form $n$ten Grades dex x, y ist, so besteht die Linie $f = 0$ aus n Linien erster Ordnung, welche den Nullpunct enthalten, weil f durch n lineare Formen der x, y theilbar ist.

2. Die Linie erster Ordnung $ax + by + c = 0$ enthält die Puncte

$$M(0|-c : b) \quad \text{und} \quad N(-c : a|0)$$

Auf der Geraden MN liegt der Punct $P(x|y)$, weil (§. 16, 1)

$$\frac{x}{-c : a} + \frac{y}{-c : b} = 1$$

Daher ist eine Linie erster Ordnung eine Gerade.

Die Strecke MP hat die Coordinaten $x + c : a|y$, deren Verhältniss

$$y : \left(x + \frac{c}{a}\right) = -a : b, \quad \text{weil} \quad ax + by + c = 0$$

Dasselbe Verhältniss haben die Coordinaten der Strecke MN, also liegen MP und MN beide auf einer Geraden s (§. 15, 3). Bei rechtwinkeligen Coordinaten ist $\tan xs = -a : b$.

Wenn auf der Geraden r der Vector $OP = r$, $OM = m$, $xs = \alpha$, $xr = \vartheta$, so ist

$$OP : OM = \sin xs : \sin rs, \quad r \sin(\alpha - \vartheta) = m \sin \alpha$$

die Gleichung der Geraden s für die polaren Coordinaten ϑ, r. Den kleinsten Werth $a \sin \alpha$ erhält r bei $\alpha - \vartheta = \frac{1}{2}\pi$.

3. Eine Linie $n$ter Ordnung hat n Puncte einer Geraden, entsprechend den Lösungen des Systems der Gleichung $n$ten Grades und der Gleichung 1ten Grades für x, y (§. 14, 2). Eine transscendente Linie hat eine Gruppe von unendlichviel Puncten einer Geraden.

Wenn nach Elimination von y die für x resultirende Gleichung nicht existirt $(0 = 0)$, so sind alle Puncte der Geraden Puncte der Linie: die Linie ist reducibel (1) und besteht aus der Geraden und einer Linie $(n - 1)$ter Ordnung.

Wenn die resultirende Gleichung nicht lauter verschiedene Wurzeln hat, so fallen von den n gemeinschaftlichen Puncten einige zusammen: die Linie $n$ter Ordnung wird von der Geraden in einem Punct oder in mehr Puncten je mehrpunctig berührt.

Wenn die resultirende Gleichung $(n - k)$ten Grades ist, so sind k Wurzeln unendlich: die Linie $n$ter Ordnung hat mit der Geraden k unendlichferne Puncte gemein und wird in dem unendlichfernen Punct der Geraden von der Geraden $k$punctig berührt. Bei $k > 1$ ist die Gerade ein Asymptote der Linie $n$ter Ordnung.

Wenn der Punct $x|y$ die mit andern gegebenen Geraden parallelen Coordinaten x', y' hat, so wird f durch eine lineare Substitution transformirt in eine Function der x', y' desselben Grades (§. 18). Also ist die Ordnung der Linie $f = 0$ unabhängig von den Geraden, mit welchen die Coordinaten eines Punctes der Linie parallel sind.

4. Wenn u_k eine Form $k$ten Grades der x, y ist und

$$f = u_n + u_{n-1} + \cdot\cdot + u_0 = u_n\left(1 + \frac{u_{n-1} + \cdot\cdot}{u_n}\right)$$

so ist $(u_{n-1} + \cdot\cdot) : u_n$ bei hinreichend grossen x, y beliebig klein, d. h. ein unendlichferner Punct der Linie $f = 0$ ist nicht verschieden von einem unendlichfernen Punct der Linie $u_n = 0$, welche aus n bestimmten Geraden besteht (1). Daher hat eine Linie $n$ter Ordnung n unendlichferne Puncte. Wenn die Linie gerader Ordnung ist, so kann es sich ereignen, dass kein unendlichferner Punct der Linie real ist; in diesem Falle ist die Linie, wenn sie überhaupt reale Puncte hat, eine im endlichen Raum in sich zurückkehrende, geschlossene.

Die Linie, auf welcher die unendlichfernen Puncte der Ebene liegen, ist eine Linie erster Ordnung, weil sie mit einer Geraden der Ebene nicht mehr als einen Punct gemein hat, und heisst die unendlichferne Gerade der Ebene, welche die Ebene mit parallelen Ebenen gemein hat. Stereom. §. 1, 4. Die Linie $n$ter Ordnung hat n Puncte der unendlichfernen Geraden.

5. Wenn die Linie gerader Ordnung ist, so kann es sich ereignen, dass keiner ihrer Puncte real ist. Z. B. $x^2+2y^2+3=0$ giebt bei realen x nicht reale y.

Wenn die Gleichung der Linie complexe Coefficienten hat, so kann es sich ereignen, dass die Linie reale Puncte hat. Z. B. die Linie $f+ig=0$ enthält (§. 14, 2) die Gruppe von Puncten $(f=0,\ g=0)$, die übrigen Puncte sind nicht real. Die Gerade

$$(a+ia')x+(b+ib')y+c+ic'=0$$

enthält den realen Punct $(ax+by+c=0,\ a'x+b'y+c'=0)$.

Die reducible Linie $4(x-3)^2+9(y+4)^2=0$ besteht aus den Geraden

$$2(x-3)\pm 3i(y+4)=0$$

mit dem realen Punct $3|-4$.

6. Wenn mit der Anomalie ϑ der Vector r (§. 14, 4) oder die rechtwinkelige Ordinate y durch eine Gleichung verbunden ist, so liegt der Punct $\vartheta|r$ auf einer Linie, welche im Allgemeinen (besondere Gleichungen ausgenommen) transscendent ist und in dem ersten Fall eine Spirale (ἕλιξ), in dem andern Fall eine Quadratrix (τετραγωνίζουσα) genannt wird.

Wenn auf einer Linie eine Linie (A) rollt ohne zu gleiten, so beschreibt ein mit der Linie (A) starr verbundener Punct eine Linie, welche im Allgemeinen transscendent, in besondern Fällen endlicher Ordnung ist und eine Trochoide (Roulette) genannt wird. Linien von besonderen geometrischen Definitionen haben besondere Namen erhalten.

Wenn F, G Functionen der x, y, λ sind, so entspricht bei dem System $F=0$, $G=0$ jedem λ ein Punct $x|y$ (eine Gruppe von Puncten), allen λ eine Serie von Puncten, die Linie $(F=0,\ G=0)$. Durch Elimination von λ würde die Gleichung für x, y erhalten werden.

7. Durch die Serie von Puncten einer Fläche, welche einer gegebenen Bedingung genügen, wird eine Linie erfüllt, welche der Ort (τόπος, locus) des unbestimmten Punctes genannt worden ist. Die griechischen Geometer (vergl. Pappus VII praef.

und IV, 25) haben die geometrisch construirbaren (§. 19, 9) Linien und zwar die Gerade und den Kreis als τόποι ἐπίπεδοι (loci plani), die Kegelschnitte als τόποι στερεοί (loci solidi), andre als τόποι γραμμικοί (loci lineares) unterschieden von sogenannten mechanischen Linien, zu denen die Spiralen und Quadratricen, die Linien auf krummen Flächen (τόποι πρὸς ἐπιφάνειαν, loci ad superficiem) gehören. Nachdem Fermat und Descartes gemäss der vorgeschriebenen Construction eines Punctes der Linie die Gleichung für die parallelen Coordinaten des Punctes mit Hülfe der Buchstabenrechnung aufgestellt hatten, konnten die Linien nach ihren Gleichungen classificirt werden. Wenn die Gleichung 1ten oder 2ten, 3ten oder 4ten, 5ten oder 6ten, .. Grades ist, so rechnete Descartes die Linie zur 1ten, 2ten, 3ten .. Gattung (genre) geometrischer Linien. Dieser unpassenden Eintheilung gegenüber wird nach Newton eine Linie, deren Gleichung für parallele Coordinaten $n$ten Grades ist, eine Linie $n$ter Ordnung oder auch eine Curve $(n-1)$ter Gattung genannt. Princ. I, 30 lemma 28. Enumeratio 1. Die Prädicate geometrisch und mechanisch werden nach Leibniz durch algebraisch und transscendent ersetzt.

8. Wenn u_k eine Form $k$ten Grades der x, y und

$$f = u_0 + u_2 + u_4 + \ldots \quad \text{oder} \quad u_1 + u_3 + u_5 + \ldots$$

so entspricht jedem Punct $x|y$ der Linie $f = 0$ der Punct $-x|-y$ derselben Linie. Diese Puncte heissen Gegenpuncte (antipodes), ihre Chorde ein Diameter der Figur. Ein Diameter theilt die Figur in 2 gleiche und ähnliche Figuren eines Sinnes. Die Mitten der Diameter sind im Nullpunct vereint, welcher das Centrum der Figur heisst. Wenn die Linie gerader Ordnung ist, so ist das Centrum entweder kein Punct der Linie oder ein Doppelpunct derselben; wenn die Linie ungerader Ordnung ist, so ist das Centrum ein Punct der Linie und zwar ein Inflexionspunct derselben. Planim. §. 7, 6 und 7. Steiner Crelle J. 47 p. 7. Chasles C. R. 1871[a] p. 794.

9. Wenn f eine symmetrische Function der x, y ist, so entspricht dem Punct $x|y$ der Linie $f = 0$ der Punct $y|x$ derselben Linie: die Halbirende des Winkels xy ist eine Axe der Linie, welche die Chorden entsprechender Puncte normal halbirt und die Figur in 2 gleiche und ähnliche Figuren nicht eines Sinnes theilt.

Wenn f eine Function der x^2, y ist, so entspricht jedem Punct xy der Linie $f = 0$ der Punct $-x|y$ derselben Linie. Die Chorde dieser Puncte ist mit y parallel, und die Gerade x, welche die mit y parallelen Chorden halbirt, ist für diese ein conjugirter (συζυγής) Diameter nach Archimedes und Apollonius. Die 3 Mittellinien eines Dreiecks sind je einer Seite conjugirt. Bei rechtwinkeligen Coordinaten liegen die Puncte $x|y$ und $-x|y$ symmetrisch zu der Geraden $y = 0$, welche eine Axe der Figur ist.

Wenn f eine Function der x^2, y^2 ist, so entsprechen jedem Punct $x|y$ der Linie $f = 0$ die Puncte $-x|y$, $-x|-y$, $x|-y$ derselben Linie, die Ecken eines Parallelogramms, dessen Centrum der Nullpunct ist. Die mit y parallelen Chorden werden von der Geraden x, die mit x parallelen Chorden von der Geraden y halbirt; der Nullpunct ist ein Centrum der Figur; die Geraden x, y theilen die Figur in 4 Figuren, von welchen die 1te mit der 3ten, die 2te mit der 4ten gleich und ähnlich eines Sinnes ist. Bei rechtwinkeligen Coordinaten sind die Geraden x, y Axen der Figur, die die Figur in 4 gleiche und ähnliche Figuren theilen, von welchen je zwei folgende nicht eines Sinnes sind.

10. Wenn f eine Function der $\cos k\vartheta$, r ist, so entsprechen bei der Linie $f = 0$ den Anomalien $\vartheta = \pm(\alpha + 2\pi m : k)$ für $m = 0, 1, 2, .., k-1$ gleiche Vectoren r, weil $\cos k\vartheta = \cos k\alpha$. Daher hat die Figur k Axen, welche den Nullpunct gemein haben und die Figur in $2k$ gleiche und ähnliche Figuren theilen, von welchen je 2 folgende nicht eines Sinnes sind. Sie besteht zugleich aus k gleichen und ähnlichen Figuren eines Sinnes, und hat ein Centrum der Art, dass je k Vectoren, welche die Ebene in k gleiche Winkel theilen, einander gleich sind. Vergl. Euler Introd. II cap. 15.

Wenn f eine Function der $\cos k\vartheta$, $\sin k\vartheta$, r ist, so entsprechen bei der Linie $f = 0$ den Anomalien $\vartheta = \alpha + 2m\pi : k$ für $m = 0, 1, 2, \ldots, k - 1$ gleiche Vectoren r, weil $\cos k\vartheta = \cos k\alpha$ und $\sin k\vartheta = \sin k\alpha$. Die Figur hat keine Axen, sie besteht aus k gleichen und ähnlichen Figuren eines Sinnes, und hat ein Centrum der Art, dass je k Vectoren, welche die Ebene in k gleiche Winkel theilen, einander gleich sind. Die entsprechenden Substitutionen zur Einführung rechtwinkeliger Coordinaten sind

$$\cos\vartheta = x : r, \quad \sin\vartheta = y : r, \quad r^2 = x^2 + y^2$$
$$\cos k\vartheta + i\sin k\vartheta = (\cos\vartheta + i\sin\vartheta)^k = (x + iy)^k : r^k$$

§. 21. Gerade und Kreise als Oerter.

1. Dem Dreieck ABC wird eine Serie von Parallelogrammen $DEFG$ eingeschrieben, D liegt auf AC, DE ist mit AB parallel, EF hat eine gegebene Richtung, FG liegt auf AB: die Linie der Centren der Parallelogramme wird gesucht. Die Gerade AB wird von der Geraden, welche C enthält und die gegebene Richtung hat, in O geschnitten, so dass

$$OG : OA = CD : CA = CE : CB = OF : OB$$

$$\frac{OF}{OB} + \frac{FE}{OC} = 1 \quad (§. 16, 1)$$

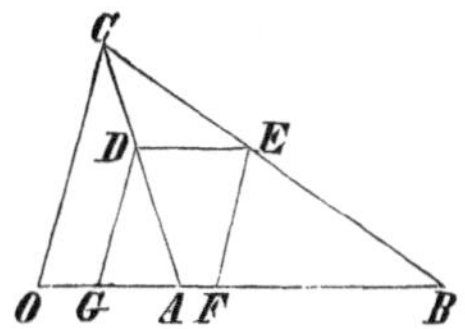

Wenn $OA = a$, $OB = b$, $OC = c$, $OG = x$, $OF = z$, $GD = FE = y$, so hat das Centrum des Parallelogramms die Coordinaten $\frac{1}{2}(x + z)$ und $\frac{1}{2}y$. Nun ist nach dem Obigen

$$\frac{x}{a} = \frac{z}{b} \qquad \frac{z}{b} + \frac{y}{c} = 1$$

folglich

$$\frac{x+z}{a+b} = \frac{z}{b} \qquad \frac{x+z}{a+b} + \frac{y}{c} = 1$$

d. h. das Centrum des Parallelogramms liegt auf der Geraden, welche die Mitten der AB und OC enthält. In der That fällt das Parallelogramm mit AB oder OC zusammen, wenn D auf A oder C fällt.

2. Wenn der Punct A unbeweglich ist, B auf einer gegebenen Geraden bewegt wird, und das Dreieck ABC sich selbst ähnlich bleibt, so beschreibt der Punct C eine bestimmte Gerade (Planim. §. 12, 4). Zieht man AD normal zu der Geraden des B, und hat C die mit AD und DB parallelen Coordinaten x und y, so ist der Winkel

$$DAB = DAC - BAC = \vartheta - \alpha, \quad AB\cos(\vartheta - \alpha) = AD$$

Vermöge der Aehnlichkeit ist $AC : AB = m$ gegeben, $AC\cos(\vartheta - \alpha) = m \,.\, AD$, d. h. C liegt auf der Geraden, welche zu der Geraden $\vartheta = \alpha$ normal steht. Dabei ist

$$AC\cos\vartheta\cos\alpha + AC\sin\vartheta\sin\alpha = x\cos\alpha + y\sin\alpha = m \,.\, AD$$

d. h. C liegt auf einer Geraden s, so dass $\tang xs = -\cos\alpha : \sin\alpha$ (§. 20, 2). Wenn $xs' = \alpha$, so ist $\tang xs \tang xs' + 1 = 0$, folglich (§. 15, 2) die Gerade s normal zu s'.

3. Wenn aus dem Dreieck $F_1F_2F_3$ der Puncte a_1b_1, a_2b_2, a_3b_3 und dem Dreieck $G_1G_2G_3$ der Puncte c_1d_1, c_2d_2, c_3d_3 das Dreieck $H_1H_2H_3$ der Puncte $\alpha_1\beta_1$, $\alpha_2\beta_2$, $\alpha_3\beta_3$ so construirt wird, dass F_1G_1 in H_1, F_2G_2 in H_2, F_3G_3 in H_3 nach dem Verhältniss λ getheilt werden, so ist (§. 16, 4)

$$\alpha_1 = \frac{a_1 - \lambda c_1}{1 - \lambda} \qquad \beta_1 = \frac{b_1 - \lambda d_1}{1 - \lambda}$$

u. s. w. Die Normalen zu F_2F_3 durch H_1, zu F_3F_1 durch H_2, zu F_1F_2 durch H_3 haben nicht unbedingt einen gemeinschaftlichen Punct xy, der durch P bezeichnet wird, sondern bei rechtwinkeligen Coordinaten unter den Bedingungen (§. 17, 1)

$$\begin{aligned}(a_2 - a_3)(x - \alpha_1) + (b_2 - b_3)(y - \beta_1) &= 0\\ (a_3 - a_1)(x - \alpha_2) + (b_3 - b_1)(y - \beta_2) &= 0\\ (a_1 - a_2)(x - \alpha_3) + (b_1 - b_2)(y - \beta_3) &= 0\end{aligned}$$

Durch Addition erhält man $S = 0$, wo

$$S = \begin{vmatrix} \alpha_1 & a_1 & 1\\ \alpha_2 & a_2 & 1\\ \alpha_3 & a_3 & 1\end{vmatrix} + \begin{vmatrix} \beta_1 & b_1 & 1\\ \beta_2 & b_2 & 1\\ \beta_3 & b_3 & 1\end{vmatrix}$$

der nach der Substitution

$$\left(1-\frac{1}{\lambda}\right)S = \begin{vmatrix} c_1 & a_1 & 1 \\ c_2 & a_2 & 1 \\ c_3 & a_3 & 1 \end{vmatrix} + \begin{vmatrix} d_1 & b_1 & 1 \\ d_2 & b_2 & 1 \\ d_3 & b_3 & 1 \end{vmatrix}$$

als Bedingung, unter welcher x, y den 3 Gleichungen genügen, so dass der Punct P existirt.

Die Normalen zu F_2F_3, F_3F_1, F_1F_2 durch F_1, F_2, F_3 haben einen Punct gemein, den Höhenpunct M des Dreiecks $F_1F_2F_3$, weil $S = 0$ bei $\alpha = a$, $\beta = b$. Die Coordinaten x, y des M werden aus 2 Gleichungen des Systems berechnet. Die Determinante

$$R = \begin{vmatrix} a_2 - a_3 & b_2 - b_3 \\ a_3 - a_1 & b_3 - b_1 \end{vmatrix}$$

ist die doppelte Fläche des Dreiecks $F_1F_2F_3$ (§. 17, 3).

Wenn die Normalen zu F_2F_3, F_3F_1, F_1F_2 durch G_1, G_2, G_3 einen Punct M' gemein haben, so ist $(1 - 1 : \lambda)S = 0$, folglich $S = 0$ d. h. die Normalen zu F_2F_3, F_3F_1, F_1F_2 durch H_1, H_2, H_3 bei jedem λ haben einen gemeinschaftlichen Punct P, der auf der Geraden MM' liegt, so dass die Strecke MM' in P nach dem Verhältniss λ getheilt wird. Denn man findet

$$Rx = \frac{A - \lambda A'}{1 - \lambda} \qquad Ry = \frac{B - \lambda B'}{1 - \lambda}$$

Bei $\lambda = 0$ fällt $H_1H_2H_3$ auf $F_1F_2F_3$, und P auf M, dessen Coordinaten $A : R$, $B : R$ sind. Bei $\lambda = \infty$ fällt $H_1H_2H_3$ auf $G_1G_2G_3$, und P auf M', dessen Coordinaten $A' : R$, $B' : R$ sind. Bei einem andern λ liegt der Punct P auf der Geraden MM', so dass $MP : M'P = \lambda$.

4. Wenn insbesondere G_1, G_2, G_3 die Mitten der Seiten F_2F_3, F_3F_1, F_1F_2 sind, d. h. $2c_1 = a_2 + a_3$, $2d_1 = b_2 + b_3$, u. s. w., so ist $(1 - 1 : \lambda)S = 0$, u. s. w. Der gemeinschaftliche Punct der Normalen M' ist das Centrum des Kreises $F_1F_2F_3$. Bei $\lambda = -2$ fällt $H_1H_2H_3$ auf den Schwerpunct des Dreiecks $F_1F_2F_3$, und P ebendahin. Also liegt der Schwerpunct auf der Geraden MM', und theilt MM' nach dem Verhältniss -2. Gauss 1810 Zusätze zu Schumacher's Uebersetzung von Carnot géom. de pos. II p. 359. Planim. §. 12, 8.

5. Wenn von dem Punct $M(a|b)$ der Punct $P(x|y)$ die gegebene Distanz c hat, so liegt P auf dem Kreis, dessen Centrum M ist, dessen Radius c, und dessen Gleichung bei rechtwinkeligen Coordinaten (§. 15, 2)

$$(x-a)^2 + (y-b)^2 - c^2 = 0$$

Diese Gleichung giebt zu erkennen, dass $(y-b)^2$ positiv ist bei $(x-a)^2 < c^2$ d. h. sowohl bei $x-a < c$ als auch bei $a-x < c$. Während x von $a-c$ bis $a+c$ geht, ist $y-b$ real, d. h. zu den Abscissen von $a-c$ bis $a+c$ gehören reale Puncte, zu andern Abscissen nichtreale Puncte des Kreises.

Die Differenz

$$MP^2 - c^2 = (x-a)^2 + (y-b)^2 - c^2$$

welche positiv, null, negativ ist, je nachdem P ausser, auf, in dem Kreis liegt, und welche durch das Product $PQ \,.\, PQ'$ ausgedrückt wird, wenn eine Gerade des P die Puncte Q, Q' des Kreises enthält, heisst die Potenz des Kreises in dem Punct P. Planim. §. 11, 4. §. 14, 3. Die Potenz des Kreises im Nullpunct O ist $a^2 + b^2 - c^2$, im Centrum $-c^2$.

6. Der Kreis ist eine Linie 2ter Ordnung mit 2 unendlichfernen Puncten, die nicht real sind und auf der Linie $x^2 + y^2 = 0$ d. i. auf den Geraden $s(x + iy = 0)$, $s'(x - iy = 0)$ liegen (§. 20, 4 und 5), so dass

$$\text{tang}\, xs = \frac{-1}{i} = i, \quad \text{tang}\, xs' = -i$$

$$\text{tang}\, x's = \text{tang}(xs - xx') = \frac{i-\alpha}{1+i\alpha} = \frac{i(i-\alpha)}{i-\alpha} = i$$

Demnach haben alle Kreise der Ebene dieselben unendlichfernen Puncte; die aus einem beliebigen realen Punct dahin gerichtete (imaginäre) Gerade bildet mit jeder andern Geraden der Ebene einen (imaginären) Winkel, dessen Tangente den Werth i hat. Poncelet propr. proj. 94 und 128. Plücker Crelle J. 10 p. 84.

7. Wenn $u = ax^2 + ay^2 + 2fy + 2gx + c$, so ist $u = 0$ die Gleichung eines Kreises, dessen Potenz in dem Punct $x|y$ den Werth $u : a$, in dem Nullpunct O den Werth $c : a$ hat, dessen Centrum $M(-g : a|-f : a)$, dessen Quadrat-Radius

$$MO^2 - \frac{c}{a} = \frac{f^2 + g^2 - ac}{a^2}$$

Wenn $v = a'x^2 + a'y^2 + 2f'y + 2g'x + c'$, so ist $v = 0$ die Gleichung eines Kreises, der in dem Punct $x|y$ die Potenz $v : a'$ hat. Die Potenzen der Kreise $u = 0$, $v = 0$ in dem Punct $x|y$ haben das gegebene Verhältniss λ, wenn $u : a - \lambda v : a' = 0$. Diess ist die Gleichung eines Kreises, der die gemeinschaftlichen Puncte der Kreise $u = 0$, $v = 0$ enthält (§. 14, 2): jeder Punct der Ebene, in welchem die Potenzen der Kreise $u = 0$, $v = 0$ ein gegebenes Verhältniss haben, liegt auf einem bestimmten Kreis, der die Puncte $(u = 0, v = 0)$ enthält. Sein Centrum

$$\frac{-g : a + \lambda g' : a'}{1 - \lambda} \Big| \frac{-f : a + \lambda f' : a'}{1 - \lambda}$$

theilt die Strecke der Centren $-g : a|-f : a$, $-g' : a'|-f' : a'$ nach dem Verhältniss λ (§. 16, 4).

Bei $\lambda = 1$ ist die Gleichung $u : a - v : a' = 0$ ersten Grades. Der Kreis besteht aus der unendlichfernen Geraden der Ebene (4) und aus der die Puncte $(u = 0, v = 0)$ enthaltenden Geraden, in deren Puncten die beiden Kreise je gleiche Potenzen haben. Planim. §. 14, 6.

8. Wenn die Distanzen des Punctes P von den gegebenen Puncten A, B das Verhältniss ε haben, so liegt P auf einem bestimmten Kreis, der die Strecke AB nach den Verhältnissen ε und $-\varepsilon$ harmonisch und normal schneidet. Der Punct P habe die rechtwinkeligen Coordinaten $AQ = x$ auf $AB = a$ und $QP = y$. Dann ist $AP^2 = x^2 + y^2$, $BP^2 = (x - a)^2 + y^2$, also

$$x^2 + y^2 = \varepsilon^2(x - a)^2 + \varepsilon^2 y^2$$
$$0 = (\varepsilon^2 - 1)(x^2 + y^2) - 2\varepsilon^2 ax + \varepsilon^2 a^2$$

d. h. der Punct xy liegt auf einem Kreis, der die Axe x (§. 20, 9) normal schneidet in R, so dass $AR^2 = \varepsilon^2 BR^2$, $AR : BR = \pm\varepsilon$. Das Centrum des Kreises hat die Abscisse $\varepsilon^2 a : (\varepsilon^2 - 1)$ und die Ordinate 0. Bei $\varepsilon = 1$ besteht der Kreis aus der Normalhalbirenden der AB und der unendlichfernen Geraden. Planim. §. 8, 6.

9. Wenn $A_i(b_i c_i)$ ein gegebener Punct, α_i eine gegebene Zahl, und

$$\alpha_1 \,.\, A_1 P^2 + \alpha_2 \,.\, A_2 P^2 + \alpha_3 \,.\, A_3 P^2 + \,..$$

eine gegebene Summe a ist, so liegt der Punct $P(xy)$ auf einem bestimmten Kreis. Stereom. §. 11, 8. Bei rechtwinkeligen Coordinaten ist

$$\begin{gathered}\alpha_1(x - b_1)^2 + \alpha_2(x - b_2)^2 + \,.. \\ + \alpha_1(y - c_1)^2 + \alpha_2(y - c_2)^2 + \,.. = a\end{gathered}$$

folglich

$$\begin{gathered}(\alpha_1 + \alpha_2 + ..)(x^2 + y^2) - 2(\alpha_1 b_1 + \alpha_2 b_2 + ..)x - 2(\alpha_1 c_1 + \alpha_2 c_2 + ..)y \\ + \alpha_1(b_1^2 + c_1^2) + \alpha_2(b_2^2 + c_2^2) + .. - a = 0\end{gathered}$$

d. h. der Punct xy liegt auf einem Kreis, dessen Centrum der Schwerpunct der Puncte $\alpha_1 \,.\, A_1$, $\alpha_2 \,.\, A_2$, .. ist (§. 16, 5). Wenn $\alpha_1 + \alpha_2 + .. = 0$, so besteht der Kreis aus einer Geraden und der unendlichfernen Geraden. Wenn zugleich unter den Puncten $\alpha_1 \,.\, A_1$, $\alpha_2 \,.\, A_2$, .. einer der Schwerpunct der übrigen ist, so hat $\alpha \,.\, A_1 P^2 + \alpha_2 \,.\, A_2 P^2 + ..$ bei allen endlichfernen P einen unveränderlichen Werth (§. 16, 8).

10. Wenn auf die Seiten eines gegebenen Polygons AB .. aus dem Punct P die Normalen PQ, PR, .. gefällt werden, und wenn die Strecken QA, AR, QP, RP, AP auf den Geraden a, b, a', b', s liegen, so sind die Winkel aa', bb' recht, $\cos sa' = \sin as$, $a'b' = ab$ das Supplement des Polygonwinkels A,

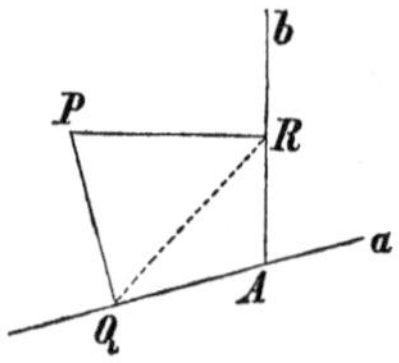

$$\begin{aligned} QP &= AP \cos sa' = AP \sin as\,, \quad QA = PA \cos as \\ AR &= AP \cos bs\,, \quad RP = AP \cos sb' = AB \sin bs \end{aligned}$$

$$\frac{QP + RP}{QA + AR} = \frac{\sin as + \sin bs}{\cos bs - \cos as} = \frac{\cos \frac{1}{2}(as - bs)}{\sin \frac{1}{2}(as - bs)} = \cot \tfrac{1}{2} ab$$

Vergl. Trigon. §. 3, 4. Ferner ist (§. 10)

$$2QRP - QARP = 2QRP - QAR - QRP = QRP - QAR$$
$$= \tfrac{1}{2}RP \,.\, PQ \sin b'a' - \tfrac{1}{2}QA \,.\, AR \sin ab \quad (\S.\ 12,\ 4)$$
$$= \tfrac{1}{2}\sin ab(RP \,.\, QP - QA \,.\, AR) = \tfrac{1}{2}AP^2 \sin ab \cos ab = \tfrac{1}{4}AP^2 \sin 2ab$$

Wenn das eingeschriebene Polygon QR .. eine gegebene Fläche hat, so hat die Summe $AP^2 \sin 2ab +$ .. einen gegebenen Werth: also liegt P auf einem bestimmten Kreis (9) um den Schwerpunct der Puncte $A \,.\, \sin 2ab, \ldots$ Steiner Crelle J. 2 p. 263 und 1 p. 51.

Ueber den Kreis, der 3 Puncte oder 3 Kreise berührt, vergl. Det. §. 17, 5 und 9, über andere Aufgaben dieser Art Salmon Conics cc. 3, 8, 9.

§. 22. Die Kegelschnitte.

1. Wenn ein Kreis aus einem Punct durch Gerade auf eine Ebene projicirt wird, so heisst die Projection ein Kegelschnitt, welchen der projicirende Kegel mit der Ebene gemein hat. Eine durch das Centrum des Kegels gehende Ebene enthält 2 Kanten des Kegels, aus welchen der Kegelschnitt besteht; wenn die beiden Kanten zusammenfallen, so wird der Kegel von der Ebene längs der Kante berührt; wenn die beiden Kanten nicht real sind, so hat der Kegelschnitt nur einen realen Punct.

Eine Ebene, welche das Centrum nicht enthält, schneidet die Kanten theils auf dem einen, theils auf dem andern Feld des Kegels, wenn sie mit 2 Kanten parallel ist; oder nur auf einem Feld, wenn sie mit einer oder mit keiner (realen) Kante parallel ist. Der Kegelschnitt hat dabei 2 unendlichferne Puncte und 2 getrennte Zweige, oder einen unendlichfernen Punct, oder keinen (realen) unendlichfernen Punct, und heisst in dem ersten Fall eine Hyperbel, in dem zweiten Fall eine Parabel, in dem dritten Fall eine Ellipse.

2. Der Kegel enthält eine Serie von parallelen Kreisen, welche den Kegelschnitt in je 2 Puncten so schneiden, dass die gemeinschaftlichen Chorden des Kegelschnittes und der Kreise parallel sind. Wenn mit dem Kegelschnitt ein Kreis die Puncte P, Q gemein hat, so liegt deren Mitte R auf dem Diameter MM' des Kreises, welcher zu PQ normal ist, und man hat $RP^2 = MR\,.\,RM'$. Auf den Kanten SM, SM' des Kegels liegen die Puncte A, B' des Kegelschnittes, und zwar A, B', R auf einer Geraden, als gemeinschaftliche Puncte der Ebenen $MM'S$ und des Kegelschnittes. Werden die Geraden AA', BB' parallel mit MM' gezogen, so ist

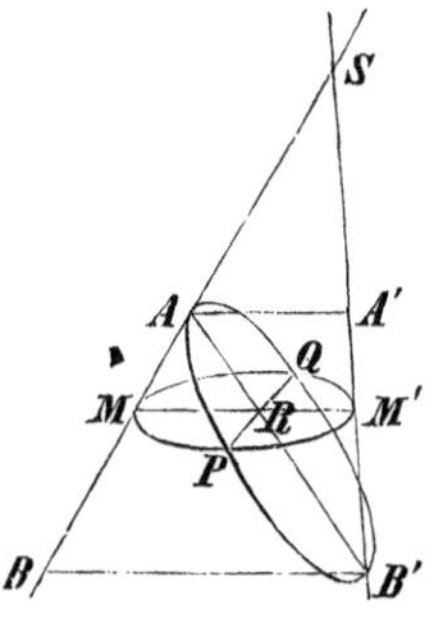

$$\frac{MR}{BB'} = \frac{AR}{AB'} \qquad \frac{RM'}{AA'} = \frac{RB'}{AB'}$$

$$RP^2 = \frac{AA'\,.\,BB'}{AB'^2}\,AR\,.\,RB'$$

die Gleichung, durch welche die auf der Geraden AB' liegende Abscisse AR und die mit den Ebenen des Kegelschnitts und des Kreises parallele Ordinate RP des Punctes P verbunden sind.

Wenn SA' und SB' eines Zeichens sind, so ist der Kegelschnitt eine Ellipse; AR und AB', AA' und BB' sind eines Zeichens und $RB' = AB' - AR$.

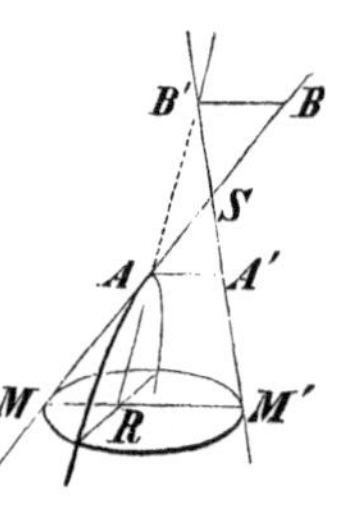

Wenn SA' und SB' nicht eines Zeichens sind, so ist der Kegelschnitt eine Hyperbel; AR und AB', AA' und BB' sind nicht eines Zeichens, $B'R = B'A + AR$ und

$$RP^2 = \frac{AA'\,.\,B'B}{B'A^2}\,AR\,.\,B'R$$

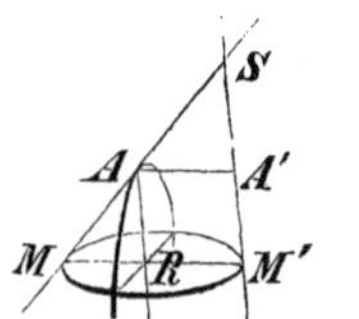

Wenn AB' mit SA' parallel ist, so ist der Kegelschnitt eine Parabel, und man erhält

$$\frac{MR}{AR} = \frac{AA'}{SA'} \qquad RM' = AA'$$

$$RP^2 = \frac{AA'^2}{SA'}\,AR$$

3. Wenn insbesondere die Ebene $AB'S$ normal ist zu der Ebene des Kreises, so ist der Winkel ARP recht, wie der

Winkel MRP. Die rechtwinkeligen Coordinaten AR, RP werden durch x, y, die Grössen

$$\frac{AA'.BB'}{AB'} \qquad \frac{AA'.B'B}{B'A} \qquad \frac{AA'^2}{SA'}$$

bei den 3 Schnitten durch $2p$, und AB' bei der Ellipse, $B'A$ bei der Hyperbel durch $2a$ bezeichnet: dann erhält man die Gleichungen der

Ellipse: $$y^2 = \frac{2p}{2a}x(2a - x) = 2px - \frac{p}{a}x^2$$

Hyperbel: $$y^2 = \frac{2p}{2a}x(2a + x) = 2px + \frac{p}{a}x^2$$

Parabel: $$y^2 = 2px$$

Die Puncte A, B', deren einer bei der Parabel unendlichfern ist, heissen die Scheitel (κορυφαί Archimedes), die Strecke p der halbe Parameter des Kegelschnittes, die Strecke a die halbe Axe (Hauptaxe) der Ellipse und der Hyperbel. Bei hinreichend grosser Halbaxe a kann die Ellipse und die Hyperbel durch die Parabel ersetzt werden mit beliebig kleinem Fehler.

Die Grössen $2p$ und $2a$ heissen bei Apollonius Conica I, 11 ff. πλευρὰ ὀρθία und πλαγία, latus rectum und transversum. Der Name Parameter ist von Desargues 1639 Brouillon projet p. 203 eingeführt worden.

Wenn von $2p$ und $AR = x$ das geometrische Mittel RT construirt wird, so ist die Differenz $RP - RT$ negativ bei der Ellipse, positiv bei der Hyperbel, null bei der Parabel. Hierauf beziehen sich die von Apollonius a. a. O. eingeführten Namen der Kegelschnitte ἔλλειψις, ὑπερβολή, παραβολή (defectus, excessus, aequatio). Die Namen παραβολή und ἔλλειψις kommen vereinzelt auch in den überlieferten Texten von Archimedes vor, jener auf dem Titel der Schrift über die Quadratur der Parabel, dieser im 9ten Satz der Schrift über die Conoide und Sphäroide. Gewöhnlich braucht Archimedes die ältern Namen der Kegelschnitte, Schnitt des spitzwinkeligen, stumpfwinkeligen, rechtwinkeligen Kegels für Ellipse, Hyperbel, Parabel. Menaechmus

(Platonische Schule 370 v. Chr.) hatte zuerst diese Linien unterschieden und durch ihre Gleichungen in rechtwinkeligen Coordinaten bestimmt als Schnitte eines Rotationskegels, der durch Rotation der Hälfte eines spitzen, stumpfen, rechten Winkels um einen seiner Schenkel entstanden ist, und durch eine normal zu einer Kante gestellte Ebene geschnitten wird (Reimer hist. duplic. cubi 1798 p. 58). Die 3 Schnitte sind von Archimedes an jedem Rotationskegel, von Apollonius an jedem einen Kreis projicirenden Kegel erkannt worden.

4. Wenn ein Rotationskegel von einer Ebene geschnitten wird, so liegen die Scheitel A, B' des Kegelschnittes auf der Ebene, welche das Centrum S des Kegels und das Centrum eines auf dem Kegel liegenden Kreises enthält, und die zu der Ebene des Kegelschnittes normal steht. Dem Winkel ASB' sind 2 Kreise $LL'F$ und $MM'G$ eingeschrieben, welche die Gerade AB' in F und G berühren. Wenn der Kegelschnitt eine Ellipse ist, so ist FG von AB', A von LM, B' von $L'M'$ eingeschlossen; wenn der Kegelschnitt eine Hyperbel ist, so ist der Kreis MM' dem Scheitelwinkel eingeschrieben, FG von AB', A von LM, B' von $L'M'$ ausgeschlossen.

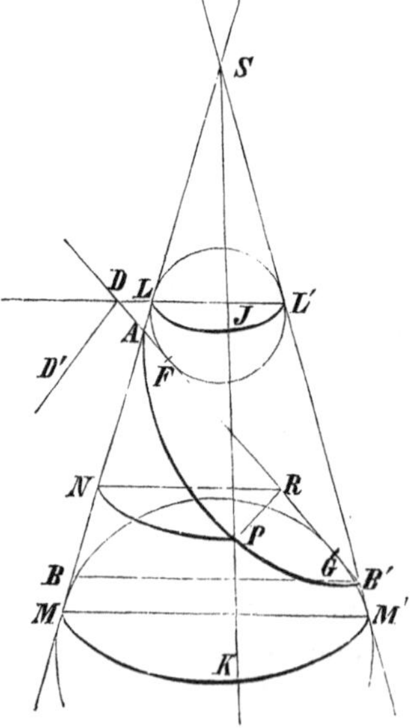

Die Kanten SA, SB' werden von den parallelen Geraden LL', MM', BB' so geschnitten, dass $LM = L'M'$, $BM = B'M'$. Die Tangenten AF und LA, AG und AM, FB' und $L'B'$, GB' und $B'M'$ sind paarweise gleich. Daher ist bei der Ellipse

$$AF + AG = LA + AM = LM$$
$$FB' + GB' = L'B' + B'M' = L'M'$$

folglich $2AB' = 2LM$, $AF = GB'$, $FG = AB$ und mit AB' concentrisch. Ebenso bei der Hyperbel, nachdem AF durch $-AF$, u. s. w. ersetzt worden. Vergl. Planim. §. 14, 4.

5. Die Kreise $LL'F$ und $MM'G$ sind Hauptkreise der Kugeln, welche den Kegel in Kreisen und die Ebene des Kegelschnittes in den Puncten F und G berühren. Die Ebenen der Kreise des Kegels stehn normal zu der Ebene $AB'S$, eine derselben schneidet die Kante SA in N, die Gerade AB' in R, so dass NR mit BB' parallel ist, und den Kegelschnitt in P, so dass der Winkel ARP recht ist. Die Kante SP hat mit den Kreisen $LL'J$ und $MM'K$, in welchen der Kegel von den eingeschriebenen Kugeln berührt wird, die Puncte J und K gemein, und berührt daselbst die dem Kegel eingeschriebenen Kugeln.

Die Tangenten der Kugeln SJ und SL, SK und SM, FP und JP, GP und PK sind paarweise gleich, folglich ist $JK = LM$, und bei der Ellipse hat die Summe, bei der Hyperbel die Differenz der von F und G anfangenden Vectoren FP, GP den constanten Betrag $JK = LM = AB'$ (4). Apollonius Con. III, 51 und 52.

Die Puncte F, G der Hauptaxe AB' werden bei Apollonius Con. III, 45 durch eine Gleichung definirt, welche aus Eigenschaften der Tangenten eines Kegelschnittes entspringt, und τὰ ἐκ τῆς παραβολῆς γενόμενα σημεῖα, puncta ex comparatione genannt. S. unten §. 35, 11. Dieselben Puncte heissen nombrils (umbilici) oder wegen catoptrischer Eigenschaften points brûlans, foyers (foci, Brennpuncte) des Kegelschnittes bei Desargues Brouillon projet p. 210. Die Bestimmung der Brennpuncte durch die den Segmenten eines Rotationskegels eingeschriebenen Kugeln ist von Dandelin Mém. de Bruxelles 1822 p. 171 erfunden worden.

6. Die Ebene des Kreises $LL'J$ hat mit der Geraden AB' den Punct D gemein, mit der Ebene des Kegelschnittes die Gerade DD', welche mit RP parallel und zu AB' normal ist. Weil $FP = JP = LN$, so hat die Distanz FP zu der Distanz DR des P von der Geraden DD' das Verhältniss

$$LN : DR = LA : DA = AB : AB' = FG : AB' = \varepsilon$$

Bei der Ellipse ist $\varepsilon < 1$, bei der Hyperbel $\varepsilon > 1$ (4). Bei der Parabel ist $LA : DA = 1$, $\varepsilon = 1$, weil DA mit SL' parallel ist.

Insbesondere ist $AF : DA = \varepsilon$, $FB' : DB' = \varepsilon$, d. h. FD wird in A innen, in B' aussen nach dem Verhältniss ε getheilt, so dass FD und AB' in Harmonie sind (§. 4, 1).

Mit Rücksicht auf die »excentrischen« Kreise der alten Astronomen ist das Verhältniss ε der Focaldistanz FG zu der Scheiteldistanz AB' von Keppler die Excentricität des Kegelschnittes genannt worden. Die Gerade DD', deren Eigenschaft von Pappus 7 pr. 238 aus älteren Quellen angegeben wird, heisst nach Lahire 1685 (Sect. con. II) die dem Brennpunct F zugehörige Directrix des Kegelschnittes, und ist die Polare dieses Brennpunctes in Bezug auf den Kegelschnitt (§. 34, 2).

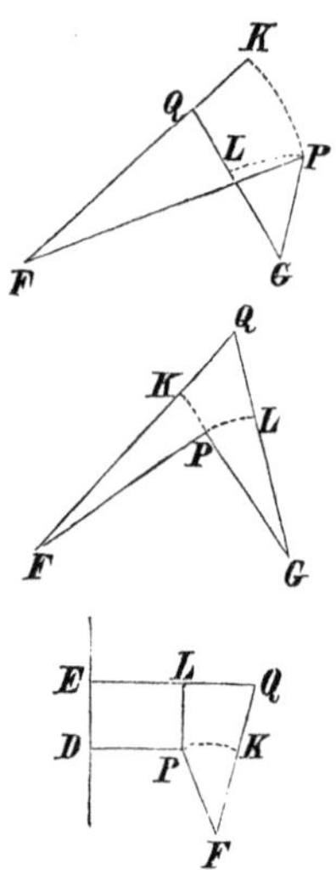

7. Wenn F, G die Brennpuncte des Kegelschnittes PQ .. sind, so haben die Vectoren FP, GP und FQ, GQ entweder gleiche Summen oder gleiche Differenzen (5). Wenn DP und EQ normal zu DE, und $DP = FP$, $EQ = FQ$, so sind P, Q Puncte einer Parabel, deren Brennpunct F und deren Directrix die Gerade DE ist (6). Daher sind die Differenzen KQ und LQ der FP, FQ und der GP, GQ oder der DP, EQ von gleicher Länge.

Bei hinreichend kleinem Bogen PQ ist mit beliebig kleinem Fehler PQ die Tangente des Kegelschnittes an dem Punct P, der Winkel PLQ und der Winkel QKP recht, das Viereck $PKQL$ symmetrisch, so dass PQ den Winkel KPL halbirt, PK zu FP und PL zu GP oder zu DP normal ist. Die Tangente der Hyperbel und die Normale der Ellipse halbirt demnach den Winkel P des Dreiecks FGP; die Tangente der Parabel halbirt den Winkel DPF, welchen der Vector mit der Axe bildet. Apollonius Con. III, 48.

Licht- und Wärmestrahlen, welche von G divergiren und von der Ellipse reflectirt worden sind, convergiren nach dem

Punct F. Strahlen, welche von G divergiren und von der Hyperbel reflectirt worden sind, divergiren von F. Strahlen, welche mit der Axe der Parabel parallel und von der Parabel reflectirt worden sind, convergiren nach F oder divergiren von F. Daher heissen die Puncte F, G Brennpuncte der Kegelschnitte.

8. Zieht man die Normale FN der Tangente PN, und macht man $FO = 2FN$, so ist GO die Summe oder die Differenz der Vectoren FP, GP. Wenn C die Mitte von FG, so ist $CN = \frac{1}{2}GO$ die halbe Scheiteldistanz. Also liegt der Fusspunct N der aus F auf die Tangente der Ellipse oder Hyperbel gefällten Normale auf dem Scheitelkreis des Kegelschnittes, von welchem die Scheitel des Kegelschnittes Gegenpuncte sind. Bei der Parabel fällt O auf D, N auf die Gerade, welche mit der Directrix parallel ist, die Distanz des Brennpunctes von der Directrix halbirt und die Parabel im Scheitel berührt. Der Scheitelkreis wird bei der Parabel durch die Scheiteltangente vertreten.

Wenn von der Tangente der Parabel die Axe in T geschnitten wird, und der Berührungspunct die Ordinate QP hat, so ist N auch die Mitte der Strecke TP, und der Scheitel A die Mitte der Strecke TQ. Apollonius Con. I, 35.

9. Eine den gegebenen Punct M enthaltende Tangente des Kegelschnittes findet man mit Hülfe eines gemeinschaftlichen Punctes O der Kreise um G, M mit den Radien $2a$, MF. Die durch M gehende Normale der FO schneidet FO, GO in N, P so, dass $GP + FP$ der $GP - FP$ die Länge $2a$ hat, und dass die Gerade MP in dem einen Fall den Nebenwinkel des GPF, in dem andern Fall den Winkel GPF halbirt, folglich u. s. w. (7).

Durch den Punct M gehn 2 Tangenten MP, MP' des Kegelschnittes; die Winkel PMP' und GMF haben dieselbe Halbirende, und der Winkel PFP' wird von FM halbirt. Poncelet propr. proj. 478. Magnus Aufgaben 1 p. 168 u. A.

Beweis. Wenn $FO' = GO$, $MO' = MG$, und FO' von der durch M normal zu GO' gezogenen Geraden in P' geschnitten wird, so ist auch P' ein Punct des Kegelschnittes mit der Tangente MP'. Die Dreiecke $O'MF$ und GMO sind gleich und ähnlich wegen der gleichen Seiten $O'M$ und GM, MF und MO, FO' und OG. Daher sind die Winkel $O'MF$ und GMO gleich, so dass die Winkel $O'MO$, $P'MP$, GMF dieselbe Halbirende haben; und die Winkel MFO' und MOG sind gleich, so dass $MFP' = MOP = PFM$.

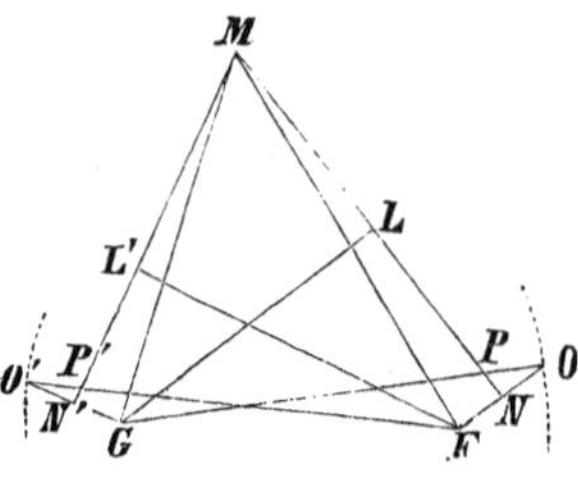

Die Distanzen einer Tangente von den beiden Brennpuncten haben ein constantes Product, bei der Ellipse b^2, bei der Hyperbel $-b^2$. Keill 1709 Philos. Trans. n° 317 p. 147. Wenn GL und FL' zu MP und MP' normal stehn, wie FN und GN', so sind wegen der gleichen Winkel $P'MF$ und GMP, $P'MG$ und FMP' die Dreiecke $L'MF$ und LMG, $N'MG$ und NMF ähnlich, also

$$\frac{FL'}{GL} = \frac{MF}{MG} = \frac{FN}{GN'} \quad \text{d. h.} \quad FL' . GN' = FN . GL$$

Für eine Scheiteltangente hat das Product $FA \,.\, GA$ den Werth $\pm b^2$ (§. 23, 4 f.).

10. Bei der Parabel tritt an die Stelle des um G mit dem Radius $2a$ beschriebenen Kreises die Directrix, mit welcher der um M mit dem Radius MF beschriebene Kreis die Puncte O, O' gemein hat. Die Normalen durch M zu FO, FO' schneiden die Normalen der Directrix durch O, O' in den Puncten P, P' der Parabel, deren Tangenten MP, MP' sind. Wenn noch MG normal zu OO', so erhält man die Gleichungen der Winkel

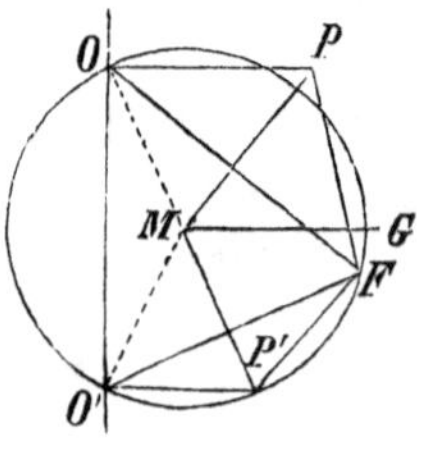

$$P'MF = \tfrac{1}{2} O'MF = O'OF = OPM = GMP$$
$$MFP' = P'O'M = MOP = PFM$$

welche anzeigen, dass die Winkel $P'MP$ und FMG von derselben Geraden halbirt werden, und dass der Winkel PFP' von FM halbirt wird.

11. Die Eigenschaften der Kegelschnitte sind auf die projectiven Eigenschaften (§. 13, 10) des Kreises zurückgeführt worden von Steiner syst. Entw. 37 ff. Vorlesungen (Schröter) §. 20 ff. und Chasles Ap. hist. note 15 u. 16. Géom. sup. 541 ff. 643 ff. Sect. con. 1 ff. Vergl. Trigon. §. 7, 15.

Wenn vier Puncte eines Kreises A, B, C, D aus den Puncten P und P' desselben Kreises durch die Geraden a, b, c, d und a', b', c', d' projicirt werden, so sind die Winkeldifferenzen $ab - a'b'$, $ac - a'c'$, $ad - a'd'$ null oder π (§. 10, 4), folglich die Figuren $abcd$ und $a'b'c'd'$ congruent, und die Doppelverhältnisse $(abcd)$ und $(a'b'c'd')$ gleich (§. 13, 1).

Wenn die Tangenten des Kreises in A, B, C, D auf den Tangenten in P und P' die Puncte α, β, γ, δ und α', β', γ', δ' haben, und M das Centrum des Kreises ist, so sind die Geraden αM, $\alpha' M$, .. normal zu a, a', .., folglich

$$(\alpha\beta\gamma\delta) = (\alpha M,\ \beta M,\ \gamma M,\ \delta M) = (abcd)$$
$$(\alpha'\beta'\gamma'\delta') = (\alpha' M,\ \beta' M,\ \gamma' M,\ \delta' M) = (a'b'c'd')$$

daher $(\alpha\beta\gamma\delta) = (\alpha'\beta'\gamma'\delta')$.

Einem Punct und einer Tangente des Kreises entspricht eine Kante und eine Tangentenebene des projicirenden Kegels, ein Punct und eine Tangente des Kegelschnittes. Das Doppelverhältniss von 4 Geraden eines Punctes, sowie von 4 Puncten einer Geraden wird durch Projection nicht verändert. Also:

I. Vier Puncte eines Kegelschnittes werden aus jedem Punct desselben durch Gerade von demselben Doppelverhältniss projicirt, welches das Doppelverhältniss der 4 Kegelschnitt-Puncte heisst. Vier Tangenten eines Kegelschnittes haben auf jeder Tangente desselben Puncte von demselben Doppelverhältniss, welches das Doppelverhältniss der 4 Kegelschnitt-Tangenten heisst und dem Doppelverhältniss der Berührungspuncte gleich ist.

II. Die Geraden, welche aus 2 Kegelschnitt-Puncten P, P' die übrigen Puncte A, B, .. projiciren, sowie die Puncte, welche auf 2 Kegelschnitt-Tangenten p, p' die übrigen Tangenten a, b, .. haben, bilden collineare Figuren.

Wenn A auf P fällt, so fällt PA auf die Tangente PQ, und $P'A$ auf $P'P$: der Tangente PQ entspricht die Gerade $P'P$. Und wenn a auf p fällt, so fällt mit dem Berührungspunct der a auch der Punct pa auf den Berührungspunct der p, und $p'a$ auf $p'p$: dem Berührungspunct der p entspricht der Punct der p', welchen sie mit p gemein hat.

12. Umgekehrt schliesst man: Wenn die Geraden von 2 Puncten collineare Figuren bilden, so liegen die Schnittpuncte der entsprechenden Geraden nebst den beiden Puncten auf einem Kegelschnitt. Und wenn die Puncte von 2 Geraden collineare Figuren bilden, so sind die Chorden der entsprechenden Puncte nebst den beiden Geraden Tangenten eines Kegelschnitts.

A. Wenn die Geraden des P und die entsprechenden Geraden des P' collineare Figuren bilden, so werden jene von diesen auf der Linie PAP' geschnitten, deren Tangente PQ die Gerade $P'P$ entspricht. Denn wenn A auf P fällt, so fällt PA auf PQ, und $P'A$ auf $P'P$. Ein die Gerade PQ in P berührender Kreis wird von den Geraden PP', PA, .. in P_1, A_1, .. so geschnitten, dass die Figur der Geraden P_1P, P_1A_1 .. mit der Figur PQ, PA, .. (9, II), also auch mit der Figur $P'P$, $P'A$, .. collinear ist. Die entsprechenden Geraden P_1P und $P'P$ sind vereint, also liegen die Puncte, welche die Geraden des P_1 mit den entsprechenden Geraden des P' gemein haben, auf einer Geraden s (§. 9, 6). Daher gehn die Geraden P_1P', A_1A, .. durch einen Punct, auch dann, wenn die Ebene des Kreises mit der Ebene PAP' nur die Gerade s gemein hat (Stereom. §. 5, 7 ff.). Also ist die Linie PAP' die Centralprojection eines Kreises.

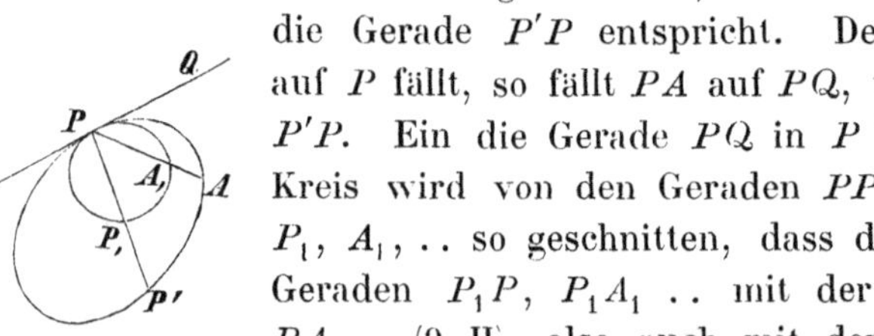

B. Wenn die Puncte der Geraden p und die entsprechenden Puncte der p' collineare Figuren bilden, so berühren die

Chorden der entsprechenden Puncte eine Linie, die von p in dem Punct P berührt wird, welchem der gemeinschaftliche Punct P' der p' und p entspricht (9, II). Ein die Gerade p in P berührender Kreis hat die durch P' gehende Tangente p_1, welche von den durch $A, ..$ gehenden Kreis-Tangenten in $A_1, ..$ so geschnitten wird, dass die Figur $P'A_1 ..$ mit der Figur $PA ..$ (9, II), also auch mit der Figur $P'A' ..$ collinear ist. Da der Punct P' sich selbst entspricht, so haben die Chorden $A_1A', ..$ einen Punct gemein (§. 9, 6). Also sind die Chorden AA' die Centralprojectionen der einen Kreis berührenden Chorden AA_1, auch dann, wenn die Ebenen pp_1 und pp' nur die Gerade p gemein haben.

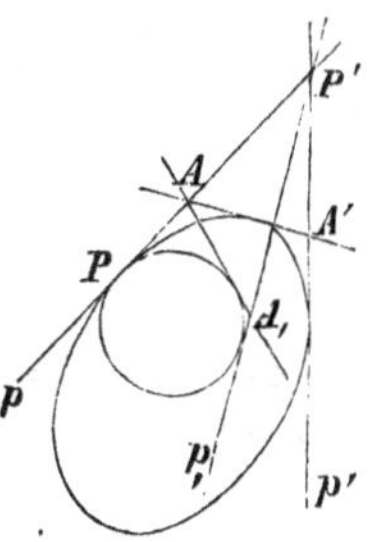

Den Beweis, dass die Schnitte der entsprechenden Geraden und die Chorden der entsprechenden Puncte eine Linie berühren, welche die Centralprojection eines Kreises ist, hat auf obige Weise Chasles geführt Sect. con. 8 und 9.

§. 23. Linien 2ter Ordnung als Oerter.

1. Die Puncte P, welche von einem gegebenen Punct F und von einer gegebenen Geraden d je gleiche Distanzen haben, werden construirt, indem man durch F die Normale der d zieht, welche d in D, eine Parallele der d in Q schneidet; der mit dem Radius DQ um F beschriebene Kreis schneidet die Parallele in P so, dass $FP = DQ$.

Wenn von dem rechten Winkel TRS der Schenkel RS auf d liegt, und wenn ein Faden von der Länge RT in T und F befestigt durch einen Stift P an den Schenkel RT gedrückt wird, so ist $FP + PT = RT$, $FP = RP = DQ$.

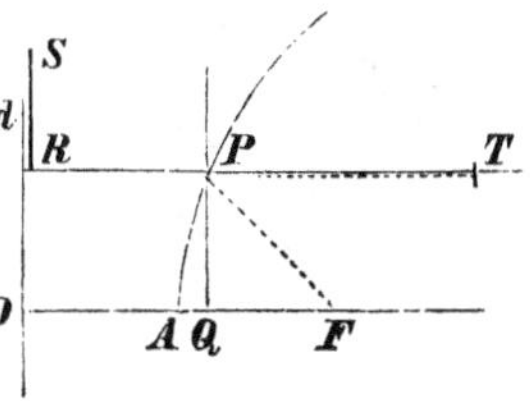

Zu den Puncten P gehört die Mitte A der Strecke $DF = p$.

Wenn die Abscisse AQ, die Ordinate QP des P die Werthe x, y haben, so ist

$$QP^2 = FP^2 - QF^2 = DQ^2 - QF^2 = 2DF.AQ, \quad y^2 = 2px$$

d. h. P liegt auf einer Parabel (§. 22, 3 und 6). Die Distanz $DF = p$ ist der Halb-Parameter der Parabel, die Gerade AF ihre Axe, A der Scheitel, F der Brennpunct, d die Directrix. Vermöge der Gleichung $y^2 = 2px$ ist die Parabel eine Linie 2ter Ordnung (§. 20), jeder Abscisse entsprechen 2 conträrgleiche Ordinaten, die Gerade $y = 0$ ist die Axe der Parabel. Negativen Abscissen entsprechen imaginäre Ordinaten nicht realer Parabelpuncte. Die im Brennpunct anfangende Ordinate ist der Halb-Parameter, denn $x = \frac{1}{2}p$ giebt $y = p$.

Bei unendlich wachsender Abscisse werden die Ordinaten unendlich, so dass $y : x = 2p : y$ null wird, d. h. die Zweige der Parabel werden mehr und mehr parallel mit der Geraden $y = 0$ (§. 15, 3). Die unendlichfernen Puncte der Parabel sind in dem unendlichfernen Punct der Geraden $y = 0$ vereint (§. 20, 4), die Parabel wird von der unendlichfernen Geraden der Ebene berührt.

2. Wenn die Seiten AB, BC des Dreiecks ABC in L, M nach demselben Verhältniss getheilt werden z. B. wie AC in K, so liegt der gemeinschaftliche Punct N der Geraden KL und AM auf der Parabel, welche die AB in A berührt, durch C geht und den unendlichfernen Punct der BC enthält. Denn das Viereck $KLBM$ ist ein Parallelogramm, folglich

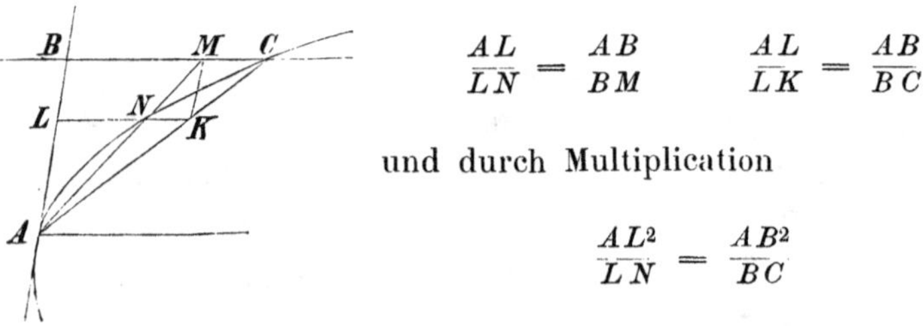

$$\frac{AL}{LN} = \frac{AB}{BM} \qquad \frac{AL}{LK} = \frac{AB}{BC}$$

und durch Multiplication

$$\frac{AL^2}{LN} = \frac{AB^2}{BC}$$

so dass das Quadrat der Ordinate AL zu der Abscisse LN für alle Puncte N dasselbe gegebene Verhältniss hat. Die mit

AB parallelen Chorden der Parabel werden von der parallel mit BC durch A gezogenen Geraden (Diameter §. 20, 9) halbirt.

Wenn $AL \,.\, LB$ zu LN das gegebene Verhältniss $2p$ hat, $AO = OB = a$, $OL = y$, $LN = x$, so ist

$$(a+y)(a-y) = 2px, \qquad y^2 = 2p\left(\frac{a^2}{2p} - x\right)$$

d. h. N liegt auf einer bestimmten Parabel. Diese enthält die Puncte A, B $(x = 0)$, den unendlichfernen Punct der Geraden $y = 0$, und wird von der Geraden $x = a^2 : 2p$ auf der Geraden $y = 0$ berührt.

3. Wenn die Puncte F, G gegeben sind, und die Summe oder die Differenz der Vectoren FP, GP des Punctes P den gegebenen Betrag $2a$ hat, so liegt P in dem ersten Fall auf der Ellipse, in dem zweiten Fall auf der Hyperbel mit den Brennpuncten F, G und der Halb-Axe a (§. 22, 5). Man kann die Linien construiren, indem man die Strecke $2a$ theilt, u. s. w., insbesondere die Ellipse, indem man einen Faden $FGPF$ durch den bewegten Stift P gespannt hält.

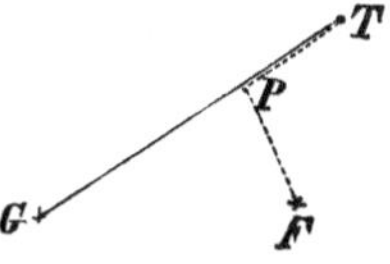

Man kann die Hyperbel construiren, wenn man, während das Lineal GT um G gedreht wird, einen in T und F befestigten Faden, der um $2a$ kürzer ist als GT, durch den Stift P an das Lineal drückt. Wenn G unendlichfern wird, so geht die Rotation des Lineals in Translation über, und die Hyperbel in eine Parabel (1).

Wenn man auf der Geraden GP die Strecke $GR = GP \pm FP$ abschneidet, so liegt R auf dem Kreis, dessen Centrum G und dessen Radius $2a$ ist. Ein Punct der Ellipse oder der Hyperbel hat von diesem Kreis und von dem andern Brennpunct gleiche Distanzen. Der Kreis wird bei der Parabel durch die Directrix vertreten (1).

4. Wenn die Focaldistanz FG die Länge $2\varepsilon a$ hat, also ε die Excentricität ist, und wenn die Vectoren FP, GP durch r, r' bezeichnet werden, so ist am Dreieck FGP

$$r - r' < 2\varepsilon a < r + r'$$

folglich bei der Ellipse $\varepsilon < 1$, bei der Hyperbel $\varepsilon > 1$ (§. 22, 6). Wenn C die Mitte der FG, und A ein Scheitel, so ist $CA = a$, $GC = CF = \varepsilon a$, $FA = FC + CA$, $GA = CA - CG$, $FA \,.\, GA = CA^2 - FC^2 = a^2(1 - \varepsilon^2)$ positiv bei der Ellipse, negativ bei der Hyperbel.

Wenn Q die Normalprojection des P auf GF, $CQ = x$, so ist

$$r^2 - r'^2 = FQ^2 - GQ^2 = 4FC \,.\, CQ$$

Bei der Ellipse ist $r + r' = 2a$, $FC = \varepsilon a$, $r - r' = 2\varepsilon x$, also

$$r = a + \varepsilon x \qquad r' = a - \varepsilon x$$

Bei der Hyperbel ist $r' - r = 2a$, $FC = -\varepsilon a$, $r + r' = 2\varepsilon x$, also

$$r = -a + \varepsilon x \qquad r' = a + \varepsilon x$$

d. h. der Vector ist eine lineare Function einer auf FG liegenden Abscisse des P. Macht man bei der Ellipse $DC = a : \varepsilon$, bei der Hyperbel $CD = a : \varepsilon$, so erhält man $FP = \varepsilon \,.\, DQ$: der Vector FP eines Elipsen- oder Hyperbel-Punctes hat zu der in D (von der Directrix des F) anfangenden Abscisse das constante Verhältniss ε. Bei der Parabel ist $\varepsilon = 1$ (1).

Weil r die Coordinaten FQ und $QP = y$ hat, so ist

$$(\varepsilon a + x)^2 + y^2 = (a + \varepsilon x)^2 \quad \text{oder} \quad (-\varepsilon a + x)^2 + y^2 = (-a + \varepsilon x)^2$$

$$x^2 + \frac{y^2}{1 - \varepsilon^2} = a^2$$

d. h. Ellipse und Hyperbel sind Linien 2ter Ordnung, mit dem Centrum C und unendlichviel Diametern, darunter 2 Axen (§. 20, 8 und 9).

5. Die in einem Brennpunct anfangende Ordinate p, der Halb-Parameter, ergiebt sich aus der Gleichung (II)

$$\varepsilon^2 a^2 + \frac{p^2}{1 - \varepsilon^2} = a^2, \qquad p^2 = a^2(1 - \varepsilon^2)^2$$

$$\begin{matrix}\text{ell}\\ \text{hyp}\end{matrix}\, p = \pm a(1 - \varepsilon^2)$$

Die im Centrum anfangende Ordinate b der Ellipse, die halbe kleine Axe, ergiebt sich bei $x = 0$ aus der Gleichung

$$\frac{b^2}{1-\varepsilon^2} = a^2, \quad b^2 = ap$$

Daher sind εa und b Catheten der Hypotenuse a, und überhaupt

$$x^2 + \frac{a^2}{b^2} y^2 = a^2 \quad \text{oder} \quad \frac{x^2}{a^2} + \frac{y^2}{b^2} = 1$$

Bei der Hyperbel ist die im Centrum anfangende Ordinate, die halbe zweite Axe nicht real und wird $b\sqrt{-1}$ gesetzt, so dass man für die halbe Nebenaxe b erhält

$$\frac{-b^2}{1-\varepsilon^2} = a^2, \quad b^2 = ap$$

Daher sind a und b Catheten der Hypotenuse εa, und überhaupt

$$\frac{x^2}{a^2} - \frac{y^2}{b^2} = 1$$

Wenn $p = a$ (latus rectum = transversum), so ist $b = a$, die Ellipse ein Kreis (§. 21, 5), $\varepsilon = 0$, und die Hyperbel gleichseitig, $\varepsilon = \sqrt{2}$.

Wenn die Abscisse im Scheitel A anfängt, so ist bei der Ellipse $CQ = AQ - AC = x - a$

$$\frac{(x-a)^2}{a^2} + \frac{y^2}{ap} = 1, \quad y^2 = 2px - \frac{p}{a}x^2$$

bei der Hyperbel $CQ = CA + AQ = a + x$

$$\frac{(a+x)^2}{a^2} - \frac{y^2}{ap} = 1, \quad y^2 = 2px + \frac{p}{a}x^2$$

wie oben §. 22, 3.

6. Die realen Puncte der Ellipse $\frac{x^2}{a^2} + \frac{y^2}{b^2} = 1$ liegen in einem endlichen Bereich der Ebene; die Diameter der Ellipse liegen zwischen $2b$ und $2a$, denn

$$CP^2 = x^2 + y^2 = b^2 + \frac{a^2 - b^2}{a^2} x^2$$

$$b^2 < CP^2 < b^2 + \frac{a^2 - b^2}{a^2} a^2 \quad \text{d. i.} \quad a^2$$

Zu $x^2 > a^2$ gehören imaginäre y, imaginäre Ellipsenpuncte. Die Ellipse hat 2 unendlichferne Puncte, die nicht real sind und auf der Linie $\frac{x^2}{a^2} + \frac{y^2}{b^2} = 0$ liegen, also je einer auf den Geraden

$$\frac{x}{a} + i\frac{y}{b} = 0, \quad \frac{x}{a} - i\frac{y}{b} = 0, \quad i = \sqrt{-1}$$

welche ausser dem Centrum einen realen Punct nicht enthalten. Vergl. §. 21, 7.

Die Ordinate der Ellipse QP hat zu der Ordinate QP' ihres Scheitelkreises (§. 23, 8) bei gleicher Abscisse das constante Verhältniss $b : a$, weil

$$y = \frac{b}{a}\sqrt{a^2 - x^2}$$

Diese Bemerkung ist von Archimedes (Con. et Sph. 5) zur Quadratur der Ellipse gebraucht worden, und dient zur Construction der Ellipse, indem man die Kreis-Ordinaten in gegebenem Verhältniss verjüngt. Vergl. Klügel math. W. 2 p. 101.

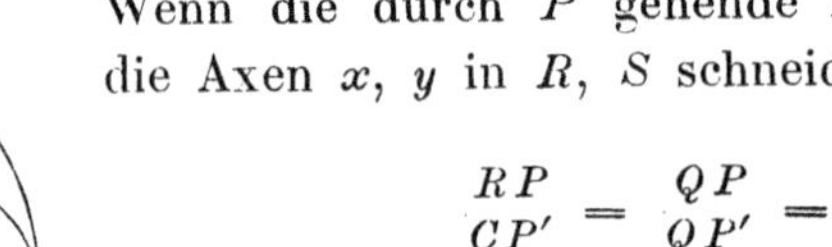

Wenn die durch P gehende Parallele der CP' die Axen x, y in R, S schneidet, so ist

$$\frac{RP}{CP'} = \frac{QP}{QP'} = \frac{b}{a}$$

folglich $RP = b$, $SR = a - b$. Wenn daher von den Stiften P, R, S eines Lineals R die Furche x, S die Furche y durchläuft, so beschreibt P die Ellipse. Diese Construction ist den Griechen bekannt gewesen, wie Proclus (450) im Commentar zu Eucl. I def. 4 mittheilt.

Der Winkel φ, welchen mit der Axe x der Radius CP' bildet, heisst die excentrische Anomalie des P (anomalia eccentri bei Keppler, weil das Centrum des Scheitelkreises nicht im Brennpunct liegt). Dabei ist

$$x = a\cos\varphi, \qquad y = b\sin\varphi$$

ein System von Gleichungen der Ellipse.

Wenn in dem Parallelogramm $CADB$ die Chorde MN parallel mit CD gezogen wird und C die Mitte der EB ist, so liegt der gemeinschaftliche Punct P der Geraden EM und BN auf der Ellipse mit dem Centrum C, welche von AD in A, von BD in B berührt wird. Der Punct P hat die Abscisse $QP = x$ parallel mit $CA = f$, und die Ordinate $CQ = y$ auf $CB = g$. Dann ist

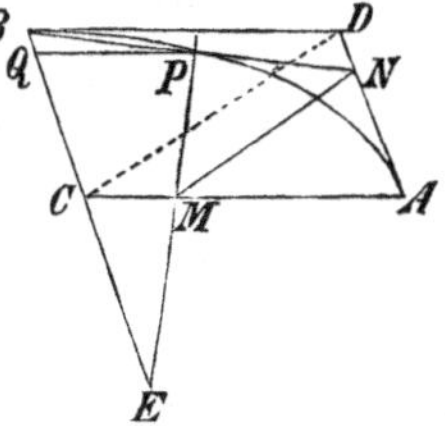

$$\frac{CM}{CA} = \frac{ND}{AD} = \lambda \qquad \frac{EC}{CM} = \frac{EQ}{QP} \qquad \frac{ND}{BD} = \frac{QB}{QP}$$

$$\text{d. h.} \quad \frac{g}{\lambda f} = \frac{g+y}{x} \qquad \frac{\lambda g}{f} = \frac{g-y}{x}$$

und durch Multiplication

$$\frac{g^2}{f^2} = \frac{g^2 - y^2}{x^2} \quad \text{oder} \quad \frac{x^2}{f^2} + \frac{y^2}{g^2} = 1$$

Diese Construction der Ellipse ist von Pohlke Darstellende Geom. II (1876) 35 ff. gegeben worden.

7. Wenn überhaupt von den Puncten A, B, C, die mit einander starr verbunden sind, A die gegebene Gerade x, B die gegebene Gerade y durchläuft, so beschreibt C eine Ellipse. Schooten organica conicorum descriptio 1646 c. 3 (Exerc. math. IV).

Beweis. Die Geraden x, y haben den Punct O gemein, die durch C gehenden Parallelen der y, x haben mit x, y die Puncte D, E gemein, die Strecken BC, AC liegen auf den Geraden a, b. Dann ist (§. 12, 2)

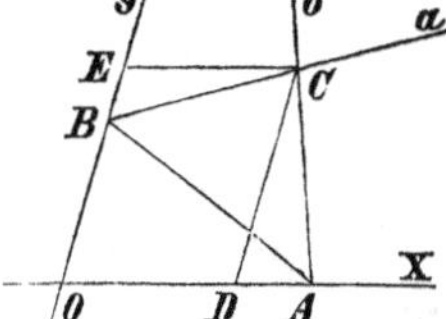

$$\frac{\sin ay}{EC} = \frac{\sin xy}{BC} \qquad \frac{\sin xb}{DC} = \frac{\sin xy}{AC}$$

ferner (§. 9, 3) $ay = ab + by$, $ay + xb = xy + ab$, und (Trigon. §. 4, 11)

$$\sin^2 u + \sin^2 v + 2 \sin u \sin v \cos(u + v) = \sin^2(u + v)$$

Wenn nun die Coordinaten EC, DC des C durch x, y, die Strecken BC, AC durch a, b, die Winkel xy, ab durch α, γ bezeichnet werden, so erhält man

$$\frac{x^2}{a^2} + \frac{y^2}{b^2} + 2\frac{xy}{ab}\cos(\alpha + \gamma) = \frac{\sin^2(\alpha + \gamma)}{\sin^2\alpha}$$

$$\left\{\frac{x}{a} + \frac{y}{b}\cos(\alpha + \gamma)\right\}^2 + \frac{y^2}{b^2}\sin^2(\alpha + \gamma) = \frac{\sin^2(\alpha + \gamma)}{\sin^2\alpha}$$

die Gleichung einer geschlossenen Linie 2. Or., deren Centrum im Nullpunct liegt.

8. Bei der Hyperbel $\frac{x^2}{a^2} - \frac{y^2}{b^2} = 1$ entsprechen den Abscissen zwischen $-a$ und a imaginäre Ordinaten, einer unendlichen Abscisse unendliche Ordinaten. Die realen Diameter der Hyperbel wachsen von $2a$ bis ins Unendliche, denn

$$CP^2 = x^2 + y^2 = a^2 + \frac{a^2 + b^2}{a^2}(x^2 - a^2)$$

Dabei ist

$$\frac{y^2}{b^2} = \frac{x^2 - a^2}{a^2} \quad \text{und} \quad \frac{y^2}{x^2} = \frac{b^2}{a^2}\left(1 - \frac{a^2}{x^2}\right)$$

Bei hinreichend grossen x wird demnach $y : x$ durch $\pm b : a$ ausgedrückt mit einem beliebig kleinen Fehler, d. h. die Ordinaten der Hyperbel nähern sich den Ordinaten der Diameter

$$y = \pm \frac{b}{a} x$$

mehr und mehr, ohne sie bei endlichen Abscissen zu erreichen. Diese beiden Diameter, auf welchen die unendlichfernen Puncte der Hyperbel liegen, heissen die Asymptoten der Hyperbel (αἱ ἔγγιστα εὐθεῖαι τῆς τομῆς Archimedes Con. et Sph praef., ἀσύμπτωτοι Apollonius Con. II).

Die Puncte
$$\left(\frac{x^2}{a^2} - \frac{y^2}{b^2} = 1, \quad \frac{x}{a} \mp \frac{y}{b} = 0\right)$$
welche die Hyperbel mit jeder ihrer Asymptoten gemein hat, sind beide unendlichfern, weil die resultirende Gleichung 0ten Grades ist, und fallen beide auf den unendlichfernen Punct der Asymptote. Daher sind die Asymptoten Tangenten der Hyperbel an ihren unendlichfernen Puncten; die Parallelen der Asymptoten haben mit der Hyperbel je einen unendlichfernen und einen endlichfernen Punct gemein.

Unter dem Asymptotenwinkel wird der von den Asymptoten eingeschlossene Winkel (und der Scheitelwinkel) verstanden, welcher die realen Hyperbelpuncte einschliesst. Der Asymptotenwinkel und sein Nebenwinkel werden von den beiden Axen der Hyperbel halbirt. Der halbe Asymptotenwinkel λ, welchen mit der Axe x eine Asymptote bildet, ist durch die Gleichung $\tang \lambda = b : a$ oder $\cos \lambda = 1 : \varepsilon$ (5) bestimmt. Der Asymptotenwinkel der gleichseitigen Hyperbel ist recht.

Die beiden Hyperbeln $\frac{x^2}{a^2} - \frac{y^2}{b^2} = \pm 1$ haben dieselben Asymptoten, die eine liegt in einem Winkel dieser Geraden und in dessen Scheitelwinkel, die andre in den Nebenwinkeln. Sie heissen conjugirte Hyperbeln. Apollonius Con. I, 56.

Die Asymptoten der Parabel fallen auf die unendlichferne Gerade. Die Asymptoten der Ellipse sind nicht real (6).

9. Bei der Hyperbel
$$\frac{x^2}{a^2} - \frac{y^2}{b^2} = 1 \quad \text{ist} \quad \frac{b^2 + y^2}{x^2} = \frac{b^2}{a^2}$$

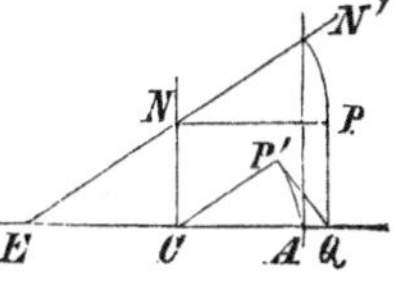

Wenn $EC = b$, $CA = a$ auf x, und CN mit QP parallel und gleich, so hat $EN : NP$ das constante Verhältniss $EC : CA$. Pappus IV, 42.

Die Scheiteltangente wird von der Geraden EN in N' so geschnitten, dass $EN : NN' = EC : CA$, $NP = NN'$, man kann also den Punct P der Hyperbel mit Hülfe der Geraden ENN' finden.

Die Gerade EN bildet mit x den Winkel ψ, so dass

$$x = \frac{a}{\cos\psi} \qquad y = b \operatorname{tang}\psi$$

ein System von Gleichungen der Hyperbel. Wenn man Q auf die durch C gehende Parallele der EN normal projicirt nach P', so ist $CP' = CQ\cos\psi = a$. Daher liegt P' auf dem Scheitelkreis, der von der Geraden QP' berührt wird, so dass $QP : QP' = b : a$. Vergl. 6.

10. Für den Punct $x'y'$ der Asymptote s oder t ist (8)

$$\frac{x'}{a} \mp \frac{y'}{b} = 0$$

Wenn nun die den Hyperbelpunct P enthaltende Parallele der x die Geraden s, t, y in K, L, M schneidet, so ist

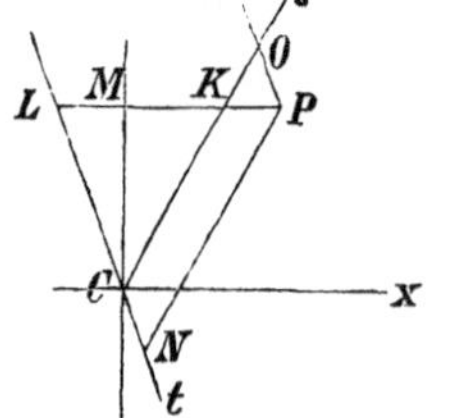

$$\frac{MK}{a} - \frac{y}{b} = 0, \qquad MK = x - KP$$

$$\frac{KP}{a} = \frac{x}{a} - \frac{y}{b} \quad \text{und} \quad \frac{LP}{a} = \frac{x}{a} + \frac{y}{b}$$

und durch Multiplication

$$\text{I.} \quad KP \, . \, LP = a^2$$

Daher ist durch a und die Asymptoten s, t die Hyperbel bestimmt.

Die durch P gehenden Parallelen der t, s schneiden s, t in O, N, so dass

$$OP : KP = NP : LP = \sin xs : \sin ts$$

Also ist

$$\text{II.} \quad CN \, . \, NP = OP \, . \, NP = KP \, . \, LP \frac{\sin^2 xs}{\sin^2 ts} = \frac{a^2}{4\cos^2 xs} = \tfrac{1}{4}\varepsilon^2 a^2$$

weil $ts = 2xs$, u. s. w., und

$$\text{III.} \quad CN \, . \, NP \sin ts = \frac{a^2 \sin^2 xs}{\sin ts} = \tfrac{1}{2} a^2 \operatorname{tang} xs = \tfrac{1}{2} ab$$

d. h. das Parallelogramm $CNPO$ hat eine gegebene Fläche. Der Satz (II) ist in einem allgemeinern Satz Apollonius Con. II, 12 enthalten. Das constante Product $CN \, . \, NP$ ist die Potenz der Hyperbel genannt worden.

11. Wenn die Puncte D, E und eine Gerade gegeben sind, und die Geraden DP, EP mit der gegebenen Geraden supplementäre Winkel (ein gleichschenkeliges Dreieck) bilden, oder, was dasselbe ist, wenn die Halbirenden des Winkels EPD und des Nebenwinkels zu der gegebenen Geraden normal und parallel sind: so liegt P auf einer gleichseitigen Hyperbel. Newton Arithm. univ. p. 137. Steiner syst. Entw. 40, II.

Beweis. Die Parallele der gegebenen Geraden, welche die Strecke DE in C halbirt, bildet mit DP, EP das gleichschenkelige Dreieck KLP, und wird von den durch D, E, P gehenden Normalen in D', E', P' so geschnitten, dass $E'L = D'K$, folglich $E'D' = LK$, $CD' = P'K = LP'$, $CP' = D'K$. Nun ist $D'K : D'D = LP' : P'P$ d. i. $CP' \, . \, P'P = CD' \, . \, D'D$. Also (10) liegt P auf der Hyperbel, welche die Puncte D, E enthält, deren Asymptoten durch C gehn, die eine parallel, die andre normal zu der gegebenen Geraden.

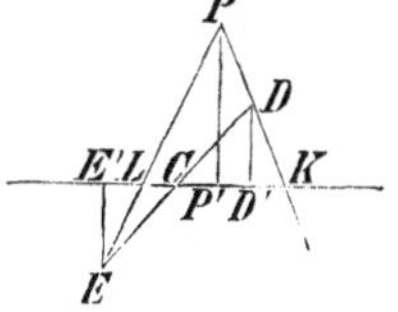

12. Die gegebenen Geraden x, y, welche den gemeinschaftlichen Punct O haben, werden von einer durch den gegebenen Punct A gehenden Geraden in L, M geschnitten; wenn dann $MOLP$ ein Parallelogramm ist, so liegt P auf einer Hyperbel mit dem Centrum A, deren Asymptoten mit x, y parallel sind und welche den Punct O enthält. Denn die durch A gehende Parallele der x wird von LP und y in Q und B so geschnitten, dass $AQ \, . \, QP = AB \, . \, BO$ (Planim. §. 9, 8), folglich (10) u. s. w.

Wenn $OL = x$, $LP = y$, $OB = \beta$, $BA = \alpha$, so ist

$$(x - \alpha)(y - \beta) = \alpha\beta \quad \text{oder} \quad \frac{\alpha}{x} + \frac{\beta}{y} = 1$$

die Gleichung der Hyperbel mit den Asymptoten $x - \alpha = 0$ und $y - \beta = 0$. In der zweiten Gestalt drückt die Gleichung aus, dass A auf der Geraden LM liegt (§. 16, 1).

Durch die Asymptoten und den Punct O ist die Hyperbel bestimmt, wie schon Menaechmus erkannt hat. Vergl. Reimer dupl. cubi p. 62. Pappus IV, 33. Zieht man durch O die Parallelen x, y der Asymptoten, und durch das Centrum eine Gerade, welche x in L, y in M schneidet, so giebt das Parallelogramm $MOLP$ einen Punct P der Hyperbel.

Anwendung. Der Punct P, welcher die Chorde LM nach dem gegebenen Verhältniss λ theilt, liegt auf einer Hyperbel, deren Asymptoten mit den gegebenen Geraden x, y parallel sind. Newton Arithm. univ. p. 134.

Beweis. Die durch P gehenden Parallelen der y, x schneiden x, y in Q, R so dass

$$LQ : OQ = OR : MR = LP : MP = \lambda$$

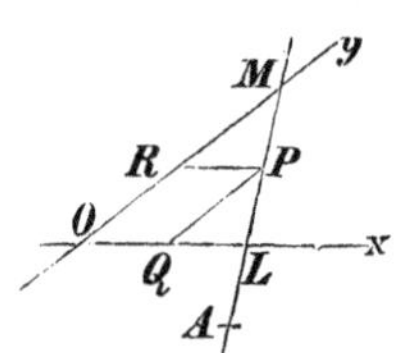

Die mit den gegebenen Geraden parallelen Coordinaten der Puncte A, L, M, P sind $\alpha | \beta$, $u | 0$, $0 | v$, $x | y$, so dass

$$u = (1 - \lambda) x, \quad \lambda v = -(1 - \lambda) y$$

Weil A auf der Geraden LM liegt, so ist

$$\frac{\alpha}{u} + \frac{\beta}{v} = 1 \quad \text{d. i.} \quad \frac{\alpha}{(1 - \lambda) x} - \frac{\lambda \beta}{(1 - \lambda) y} = 1$$

Daher liegt P auf der Hyperbel, welche den Punct O enthält, und deren Asymptoten mit x und y parallel sind. Das Centrum $\alpha : (1 - \lambda) | -\lambda\beta (1 - \lambda)$ theilt die Strecke der Puncte $\alpha | 0$, $0 | \beta$ nach dem Verhältniss λ (§. 15, 4).

13. I. Wenn x, y die Coordinaten des Punctes P und des Vector $0P = r$ sind, und $x + y \pm r$ die gegebene Grösse c hat, so liegt P auf einer Hyperbel, deren Asymptoten mit den gegebenen Geraden x, y parallel sind. Denn bei rechtwinkeligen Coordinaten ist

$$r^2 = x^2 + y^2 = (c - x - y)^2$$

$$2xy - 2cy - 2cx + c^2 = 0\,, \qquad (x - c)(y - c) = \tfrac{1}{2}c^2$$

Daher liegt P auf einer Hyperbel, deren Asymptoten $x - c = 0$, $y - c = 0$ mit x, y parallel sind und das Centrum $c|c$ gemein haben. Auf dem einen Zweig, während x von $-\infty$ bis 0, von 0 bis $\frac{1}{2}c$, von $\frac{1}{2}c$ bis c steigt, und dabei y von c bis $\frac{1}{2}c$, von $\frac{1}{2}c$ bis 0, von 0 bis $-\infty$ fällt, ist $x + y < c$, $x + y + r = c$. Auf dem andern Zweig ist $x > c$, $y > c$, $x + y - r = c$.

Aehnliches ergiebt sich, wenn der Winkel xy nicht recht ist.

II. Wenn von den gegebenen Strecken AB, UV auf den gegebenen Geraden x, y die eine fest, die andre beweglich ist, so liegt der gemeinschaftliche Punct P der Chorden AU, BV auf einer Hyperbel. Es haben A, B auf x die Abscissen a, b, und U, V auf y die Ordinaten u, v, so dass $v - u = c$, und P die Coordinaten x, y. Dann ist (§. 19, 3)

$$\frac{x}{a} + \frac{y}{u} = 1 \quad \text{und} \quad \frac{x}{b} + \frac{y}{v} = 1$$

folglich

$$\frac{by}{b - x} - \frac{ay}{a - x} = c\,, \qquad x\left(\frac{b - a}{c}y + x - a - b\right) + ab = 0$$

d. h. P liegt auf einer Hyperbel durch die Puncte A, B, mit den Asymptoten

$$x = 0\,, \qquad \frac{b - a}{c}y + x - a - b = 0$$

deren zweite den Punct $y = 0$, $x = b + a$ enthält und mit CB parallel ist, unter der Voraussetzung dass AC mit UV parallel und gleich ist, mithin CB die Coordinaten $AB = b - a$, $CA = -c$ hat (§. 19, 4).

Der dieser Construction der Hyperbel zu Grunde liegende Satz ist von Fiedler-Salmon Kegelschnitte n° 207 bewiesen.

14. Wenn der Punct F und die Gerade d gegeben sind, und die Distanzen FP, RP des Punctes P von F und d das gegebene Verhältniss ε haben; so liegt P auf einem bestimmten Kegelschnitt (§. 21, 6). Vergl. NEWTON Arithm. univ. p. 133.

Beweis. Zu den Puncten P gehört der Punct A, welcher die Distanz DF des F von d so theilt, dass

$$\frac{AF}{DA} = \varepsilon \qquad \frac{DF}{DA} = 1 + \varepsilon$$

Wenn $DF = c$, so ist

$$DA = \frac{c}{1+\varepsilon} \qquad AF = \frac{\varepsilon c}{1+\varepsilon}$$

und wie oben (1) $QP^2 + FQ^2 = \varepsilon^2 . DQ^2 = \varepsilon^2(DF + FQ)^2$ oder

$$QP^2 = \varepsilon^2(DA + AQ)^2 - (AF - AQ)^2$$

d. i. $$y^2 = \varepsilon^2\left(\frac{c}{1+\varepsilon} + x\right)^2 - \left(\frac{\varepsilon c}{1+\varepsilon} - x\right)^2 = 2\varepsilon c x - (1 - \varepsilon^2)x^2$$

Daher (5) liegt P auf dem Kegelschnitt, von welchem F ein Brennpunct, d die Directrix, ε die Excentricität, εc der Halb-Parameter, A ein Scheitel ist.

Wenn in (1) der gegebene Winkel TRS stumpf und $T'RS$ sein Supplement ist, so giebt es auf der Geraden RT den Punct P, auf RT' den Punct P', mit den Distanzen OP, $O'P'$ von d, so dass $FP = RP = \varepsilon . OP$, $FP' = RP' = \varepsilon . O'P'$, dass mithin P, P' auf den beiden Zweigen einer Hyperbel liegen. Eine Ellipse kann auf diesem Wege nicht construirt werden.

15. Wenn ein Kreis um das Centrum F und der Punct G gegeben sind, so liegt das Centrum P eines Kreises, welcher durch G geht und von dem gegebenen Kreis einen Bogen von gegebener Länge abschneidet, auf einem bestimmten Kegelschnitt.

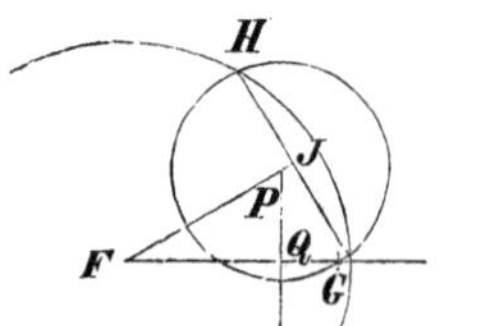

Die halbe Chorde HJ des abgeschnittenen Bogen hat vom Centrum F die gegebene Distanz JF, und P hat von der Geraden FG die Distanz QP. Dann ist (§. 12, 2)

$$GP^2 = FP^2 + FG^2 - 2FG \, . \, FQ$$
$$HP^2 = FP^2 + FH^2 - 2FJ \, . \, FP$$

daher $2FJ \, . \, FP = FH^2 - FG^2 + 2FG \, . \, FQ$, oder

$$FP = \frac{FG}{FJ}\left(\frac{FH^2 - FG^2}{2FG} + FQ\right)$$

d. h. (14) P liegt auf dem Kegelschnitt, von welchem F ein Brennpunct, dessen Axe durch G geht, dessen Directrix von F die Distanz $(FH^2 - FG^2) : 2FG$ hat, dessen Excentricität $FG : FJ$ ist.

Wenn der gegebene Kreis von einem Kreis um das Centrum P halbirt wird ($FJ = 0$), so liegt P auf einer bestimmten Geraden, welche von dem Kegelschnitt in endlicher Ferne überbleibt. Denn $GP^2 = HP^2 = HF^2 + FP^2$, $GP^2 - FP^2 = HF^2$, folglich (§. 1, 4) u. s. w.

16. Auch das Centrum P eines Kreises, welcher durch G geht und mit dem gegebenen Kreis den gegebenen Winkel $FHP = \alpha$ bildet, liegt auf einem bestimmten Kegelschnitt. Denn

$$FP^2 = FH^2 + HP^2 - 2FH \, . \, HP \cos\alpha$$
$$2FH \, . \, GP \cos\alpha = FH^2 + GP^2 - FP^2$$
$$= FH^2 + GQ^2 - QF^2 = FH^2 - GF^2 + 2GF \, . \, GQ$$
$$GP = \frac{GF}{FH\cos\alpha}\left(\frac{FH^2 - GF^2}{2GF} + GQ\right)$$

d. h. P liegt auf dem Kegelschnitt, von welchem G ein Brennpunct, dessen Axe durch F geht, dessen Directrix von G die Distanz $(FH^2 - GF^2) : 2GF$ hat, dessen Excentricität $GF : FH \cos\alpha$ ist.

17. Wenn der Punct P des Kegelschnittes (14) die polaren Coordinaten ϑ, r, die Anomalie $xr = \vartheta$ und den Vector $FP = r$ hat (§. 14, 4), so ist

$$r = \varepsilon(c + r\cos\vartheta), \qquad r(1 - \varepsilon\cos\vartheta) = p$$

die von KEPPLER eingeführte Polargleichung des Kegelschnittes. Zu ϑ und $-\vartheta$ gehören gleiche r, bei $\vartheta = \frac{1}{2}\pi$ ist $r = p$, u. s. w.

Wenn $\varepsilon = 1$, so giebt $\vartheta = \pi$ den kleinsten Vector $\frac{1}{2}p$ der Parabel, die Distanz des Scheitels (Perihelium) von dem Brennpunct (Sonne), und $\vartheta = 0$ den unendlichen Vector.

Wenn $\varepsilon < 1$, so giebt $\vartheta = \pi$ den kleinsten Vector $p : (1 + \varepsilon)$ der Ellipse, $\vartheta = 0$ den grössten Vector $p : (1 - \varepsilon)$ des Aphelium. Der mittlere Vector $p : (1 - \varepsilon^2)$ ist die halbe Axe a (5).

Wenn $\varepsilon > 1$, so giebt es einen spitzen Winkel λ, eine Wurzel der Gleichung $1 - \varepsilon \cos\vartheta = 0$ für ϑ (8), dergestalt dass bei $\vartheta = \pm\lambda$ der Vector der Hyperbel unendlich wird (parallel mit den Asymptoten). Wenn ϑ von π bis λ fällt, so steigt r von $p : (\varepsilon + 1)$ bis ∞ an dem Zweig AM; wenn ϑ von λ bis 0 fällt, so ist r negativ und steigt von $-\infty$ bis $-p : (\varepsilon - 1)$ an dem Zweig $M'B$; u. s. w.

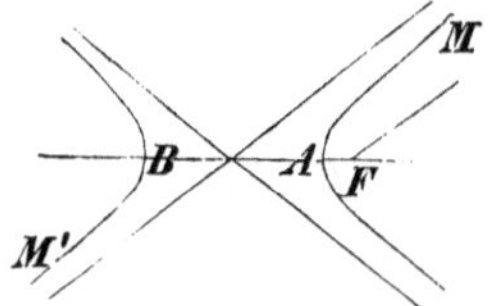

18. Eine durch den Brennpunct F gehende Gerade schneidet den Kegelschnitt in P und P_1, deren polare Coordinaten ϑ, r und $\vartheta + \pi$, r_1 durch die Gleichungen

$$r(1 - \varepsilon\cos\vartheta) = p = r_1(1 + \varepsilon\cos\vartheta)$$

verbunden sind. Wenn r und r_1 positiv sind, so sind FP und FP_1 positive Strecken des einen Schenkels der Geraden und des conträren Schenkels, FP und P_1F Strecken eines Zeichens der Geraden; wenn r_1 negativ ist, so sind FP und FP_1 Strecken eines Zeichens der Geraden: also hat die Focalchorde P_1P in jedem Fall die Länge $r + r_1$.

Aus den beiden Gleichungen findet man

$$\frac{1}{r} + \frac{1}{r_1} = \frac{2}{p} \quad (\text{§. } 3, 1)$$

$$rr_1(1 - \varepsilon^2\cos^2\vartheta) = p^2$$

$$r + r_1 = \left(\frac{1}{r} + \frac{1}{r_1}\right)rr_1 = \frac{2p}{1 - \varepsilon^2\cos^2\vartheta}$$

also eine kleinste Focalchorde $2p$ bei $\vartheta = \frac{1}{2}\pi$.

Wenn durch das Centrum C der Diameter $M_1 M$ parallel mit der Focalchorde $P_1 P$ gezogen wird, und CM die Normalprojection CN auf die Axe hat, so ist (4)

$$CN^2 + \frac{NM^2}{1-\varepsilon^2} = a^2 \qquad (1-\varepsilon^2)\cos^2\vartheta + \sin^2\vartheta = \frac{a^2(1-\varepsilon^2)}{CM^2}$$

$$(1-\varepsilon^2\cos^2\vartheta)CM^2 = ap$$

folglich

$$P_1 P = \frac{2\,CM^2}{a} = \frac{M_1 M^2}{2a}$$

ein Maximum oder ein Minimum zugleich mit dem Diameter $M_1 M$. Diese Sätze sind in der ersten Hälfte des 18ten Jahrhunderts bekannt. Vergl. Fiedler-Salmon Kegelschn. 1873 n° 201.

19. Aufgabe. Die Basis AB des Dreiecks ABC soll in D so getheilt werden, dass $CD^2 : AD \, . \, DB$ das gegebene Verhältniss k hat. Steiner Crelle J. 37 p. 161.

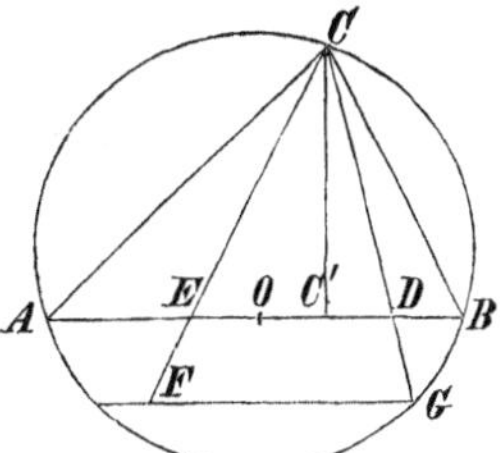

Wenn der Punct E der Geraden AB von C die Distanz $CE = k$ hat, wenn $EF = 1$ auf CE, wenn die durch F gezogene Parallele der AB den Kreis ABC in G schneidet, und wenn die Geraden AB, CG den Punct D gemein haben, so ist

$$CD : DG = CE : EF = k, \qquad CD \, . \, DG = AD \, . \, DB$$

folglich durch Multiplication $CD^2 = k \, . \, AD \, . \, DB$. Im Allgemeinen giebt es 2 Puncte G_1 und G_2 für G, so dass die Bogen AG_1 und $G_2 B$ gleich sind, und 2 Puncte D_1 und D_2 für D, so dass die Winkel ACB und $D_1 C D_2$ dieselbe Halbirende haben. Wenn die Parallele den Kreis berührt oder nicht schneidet, so fallen die Puncte G, D auf je einen Punct oder verlieren die Realität. Näheres giebt die folgende Rechnung.

Wenn O die Mitte der $AB = 2a$, wenn D auf AB die Abscisse $OD = u$ hat, und C die rechtwinkeligen Coordinaten $OC' = x$, $C'C = y$, so ist

$$(x-u)^2+y^2 = k(a^2-u^2)$$
$$(1+k)u^2-2xu+x^2+y^2-ka^2 = 0$$
$$[(1+k)u-x]^2+k(1+k)\left\{\frac{x^2}{1+k}+\frac{y^2}{k}-a^2\right\} = 0$$

Die Puncte D fallen zusammen, wenn

$$v = \frac{x^2}{1+k}+\frac{y^2}{k}-a^2 = 0$$

d. h. wenn C auf einem bestimmten Kegelschnitt liegt, der bei positivem k eine Ellipse ist, bei k zwischen 0 und -1 eine Hyperbel; in allen Fällen hat der Kegelschnitt die Brennpuncte A, B, weil das Quadrat der halben Focaldistanz (5) $a^2(1+k)-a^2k = a^2$ unabhängig von k. Die beiden Kegelschnitte

$$\frac{x^2}{1+k}+\frac{y^2}{k} = a^2, \qquad \frac{x^2}{1-k}-\frac{y^2}{k} = a^2$$

schneiden sich auf dem Kreis, dessen Diameter AB ist. Denn durch Composition der beiden Gleichungen mit $1+k$ und $1-k$ erhält man $x^2+y^2 = a^2$ unabhängig von k.

Wenn y^2 grösser ist als die der Abscisse x entsprechende Quadrat-Ordinate des Kegelschnittes $v = 0$, so ist kv positiv, daher u und D nicht real. Wenn dagegen $k < -1$, so hat der Kegelschnitt $v = 0$ keinen realen Punct, und die Puncte D sind real getrennt.

20. In Bezug auf die rechtwinkeligen Geraden t, u haben C, D, P' die Coordinaten $-f|0$, $f|0$, $t|u$, so dass

$$CP'^2 = (t+f)^2+u^2 \qquad DP'^2 = (t-f)^2+u^2$$

In Bezug auf die rechtwinkeligen Geraden x, y haben A, B, P die Coordinaten $-g|0$, $g|0$, $x|y$, so dass

$$AP^2 = (x+g)^2+y^2 \qquad BP^2 = (x-g)^2+y^2.$$

Unter den Bedingungen $AP = CP'$, $BP = DP'$ ist

$$(x+g)^2+y^2 = (t+f)^2+u^2, \quad (x-g)^2+y^2 = (t-f)^2+u^2$$

oder nach Subtraction und Addition

$$gx = ft$$

$$x^2 + g^2 + y^2 = t^2 + f^2 + u^2 \quad \text{oder} \quad \left(1 - \frac{g^2}{f^2}\right)x^2 + y^2 = u^2 + f^2 - g^2$$

Wenn nun insbesondere P' die Gerade l

$$u = t \operatorname{tang} tl + h$$

beschreibt, so beschreibt P den Kegelschnitt

$$\left(1 - \frac{g^2}{f^2 \cos^2 tl}\right)x^2 + y^2 = 2\frac{g}{f}hx \operatorname{tang} tl + f^2 - g^2 + h^2$$

mit der Excentricität $g : f \cos tl$ (4, II). Jacobi Crelle J. 12 p. 137.

Wenn P' den Kegelschnitt (§. 23, 14)

$$u^2 = 2\varepsilon ct - (1 - \varepsilon^2)t^2$$

beschreibt, so beschreibt P den Kegelschnitt

$$\left(1 - \frac{\varepsilon^2 g^2}{f^2}\right)x^2 + y^2 = 2\frac{\varepsilon g}{f}cx + f^2 - g^2$$

mit der Excentricität $\varepsilon g : f$. Wenn P' eine anders gelegene Linie 2ter Ordnung beschreibt, so beschreibt P eine Linie 4ter Ordnung. U. s. w.

§. 24. Aehnliche, affine, confocale Kegelschnitte.

1. In Bezug auf die Geraden t, u hat der Punct P' die Coordinaten $t = O'X'$, $u = X'P'$. In Bezug auf die Geraden x, y hat der entsprechende Punct P die Coordinaten $x = OX$, $y = XP$ (§. 18, 4).

Wenn die Winkel xy, tu gleich sind, und $x = \lambda t$, $y = \lambda u$, so sind die Dreiecke OXP, $OX'P'$ ähnlich. Wenn nun dem Punct $Q'(t_1 | u_1)$ der Punct $Q(x_1 | y_1)$ ebenso entspricht, dass $x_1 = \lambda t_1$, $y_1 = \lambda u_1$, u. s. w., so sind die Figuren $P'Q'$.., PQ.. ähnlich. Planim. §. 12. Einem unendlichfernen Punct der einen Figur entspricht ein unendlichferner Punct der andern Figur, die entsprechenden Winkel der beiden Figuren sind gleich, das Verhältniss entsprechender Strecken ist $OP : O'P' = \lambda$, das Verhältniss entsprechender Flächen ist λ^2.

Einem Kegelschnitt ähnlich ist ein Kegelschnitt derselben Excentricität; die Centren, die Scheitel, die Brennpuncte, die unendlichfernen Puncte sind entsprechende Puncte. Umgekehrt schliesst man: alle Parabeln sind ähnliche Figuren, alle Hyperbeln mit gleichen Asymptotenwinkeln sind ähnliche Figuren. Archimedes Con. et Sph. Einleitung. Apollonius Con. VI, 11 ff.

Aber zwei conjugirte Hyperbeln (§. 23, 8) sind nicht ähnlich. Wenn f eine Form $n$ten Grades der x, y, d. h. $f(\lambda x, \lambda y) = \lambda^n f(x, y)$, so sind die Linien $f(x, y) = a$, $f(\lambda x, \lambda y) = b$ ähnlich unter der Bedingung

$$\lambda^n a = b, \quad \lambda = \sqrt[n]{\frac{b}{a}}$$

welche ein reales λ nicht ergiebt, wenn n gerade und a, b nicht eines Zeichens.

Wenn f eine Form der x, y, a ist, so ist $f = 0$ bei jedem a die Gleichung einer Linie. Entsprechend allen a erhält man eine Serie von ähnlichen Linien. Euler Introd. II §. 436.

2. Wenn die Winkel tu, xy beliebig sind, und $x = \lambda t$, $y = \mu u$, so sind die Figuren $P'Q'..$, $PQ..$ affin. Möbius baryc. Calc. §. 144 ff. Den Puncten einer Geraden der einen Figur entsprechen Puncte einer Geraden der andern Figur, so dass die entsprechenden Figuren ähnlich sind. Jedes Dreieck der einen Figur hat zu dem entsprechenden Dreieck dasselbe Verhältniss.

Beweis. Wenn P', Q', R' auf einer Geraden liegen, so ist (§. 16, 2)

$$P'R' : Q'R' = t_2 - t : t_2 - t_1 = u_2 - u : u_2 - u_1$$

Bei der Affinität ist

$$x_2 - x : x_2 - x_1 = t_2 - t : t_2 - t_1, \quad y_2 - y : y_2 - y_1 = u_2 - u : u_2 - u_1$$

folglich $x_2 - x : x_2 - x_1 = y_2 - y : y_2 - y_1$, d. h. P, Q, R liegen auf einer Geraden, so dass $PR : QR = P'R' : Q'R'$.

Wenn P', Q', R' nicht auf einer Geraden liegen, so ist (§. 17, 4)

$$PQR : P'Q'R' = \begin{vmatrix} 1 & x & y \\ 1 & x_1 & y_1 \\ 1 & x_2 & y_2 \end{vmatrix} \sin xy : \begin{vmatrix} 1 & t & u \\ 1 & t_1 & u_1 \\ 1 & t_2 & u_2 \end{vmatrix} \sin tu = \frac{\sin xy}{\sin tu} \lambda\mu$$

Einem unendlichfernen Punct der einen Figur entspricht ein unendlichferner Punct der andern Figur; einem Parallelogramm affin ist ein Parallelogramm. Die Vierecke $ABCD$, $A'B'C'D'$ sind affin, wenn

$$ABD : BCD : CAD = A'B'D' : B'C'D' : C'A'D$$

Der Parabel $y^2 = 2px$ affin ist die Parabel

$$u^2 = 2\frac{\lambda p}{\mu^2} t$$

Dem Kegelschnitt

$$\frac{x^2}{a^2} \pm \frac{y^2}{b^2} = 1 \quad \text{affin ist} \quad \frac{t^2}{(a:\lambda)^2} \pm \frac{u}{(b:\mu)^2} = 1$$

d. h. einer Ellipse eine Ellipse, einer Hyperbel eine Hyperbel.

3. Wenn der Winkel xy recht, und $a > b$, so ist

$$\frac{x^2}{a^2 - k} + \frac{y^2}{b^2 - k} = 1$$

bei gegebenem k die Gleichung eines Kegelschnittes, dessen Centrum der Nullpunct ist.

Wenn $b^2 - k$ positiv ist, so ist $a^2 - k$ positiv, und der Kegelschnitt eine Ellipse mit den Scheiteln $y = 0$, $x^2 - (a^2 - k) = 0$. Das Quadrat der halben Focaldistanz (§. 23, 5) ist $a^2 - k - (b^2 - k) = a^2 - b^2$ unabhängig von k.

Wenn $b^2 - k = 0$, so ist $a^2 - k$ positiv, und der Kegelschnitt $y^2 = 0$ besteht aus zwei Geraden $y = 0$.

Wenn $b^2 - k$ negativ und $a^2 - k$ positiv ist, d. h. k zwischen b^2 und a^2, so ist der Kegelschnitt eine Hyperbel mit den Scheiteln $y = 0$, $x^2 - (a^2 - k) = 0$. Das Quadrat der halben Focaldistanz ist $a^2 - k - (b^2 - k) = a^2 - b^2$ unabhängig von k.

Wenn $a^2 - k = 0$, so ist $b^2 - k$ negativ und der Kegelschnitt $x^2 = 0$ besteht aus zwei Geraden $x = 0$.

Wenn $a^2 - k$ negativ ist, so ist $b^2 - k$ negativ, und der Kegelschnitt hat keinen realen Punct.

Die Kegelschnitte, welche verschiedenen k entsprechen, sind confocal, d. h. sie haben die Brennpuncte gemein. Die Serie der confocalen Kegelschnitte besteht aus 3 Abtheilungen; die Kegelschnitte der ersten Abtheilung (k zwischen $-\infty$ und b^2) sind Ellipsen, die Kegelschnitte der zweiten Abtheilung (k zwischen b^2 und a^2) sind Hyperbeln, die Kegelschnitte der dritten Abtheilung ($k > a^2$) sind imaginär. Vergl. Dupin Développements de géom. 1813 p. 269.

4. Kegelschnitte einer Abtheilung der Serie sind affin (2) und haben keinen realen Punct gemein. Denn für den gemeinschaftlichen Punct $x|y$ ist

$$\frac{x^2}{a^2 - k} + \frac{y^2}{b^2 - k} = 1, \quad \frac{x^2}{a^2 - k^1} + \frac{y^2}{b^2 - k^1} = 1$$

folglich durch Subtraction

$$\frac{x^2}{(a^2 - k)(a^2 - k')} + \frac{y^2}{(b^2 - k)(b^2 - k')} = 0$$

Nun sind $a^2 - k$ und $a^2 - k'$, sowie $b^2 - k$ und $b^2 - k'$ je eines Zeichens; also liegt der gemeinschaftliche Punct auf einer von 2 nichtrealen Geraden, die den Nullpunct gemein haben. Aber der Nullpunct ist kein Punct der Kegelschnitte k und k'.

Dagegen werden die Ellipsen der Serie von den Hyperbeln derselben geschnitten, und zwar normal, weil in einem gemeinschaftlichen Punct einer Ellipse und einer Hyperbel, welche die Brennpuncte gemein haben, die Tangenten beider Linien normal zu einander sind (§. 22, 7).

5. Bei gegebenen x, y ist die Grösse

$$u = \frac{x^2}{a^2 - k} + \frac{y^2}{b^2 - k} - 1$$

von k abhängig. Wenn k von $-\infty$ bis b^2 steigt, so steigt u von -1 bis ∞; wenn k von b^2 bis a^2 steigt, so steigt u von $-\infty$ bis ∞; wenn k von a^2 bis ∞ steigt, so steigt u von $-\infty$ bis -1. Also hat die für k quadratische Gleichung $u = 0$ die reale Wurzel $\lambda < b^2$ und die reale Wurzel μ zwischen b^2 und a^2, d. h. durch den gegebenen Punct $x|y$ geht eine Ellipse $k = \lambda$ und eine Hyperbel $k = \mu$ der Serie.

Um x, y durch λ, μ auszudrücken, setzt man zunächst $a^2 - k = \varrho$. Dann hat die für ϱ quadratische Gleichung

$$\frac{x^2}{\varrho} + \frac{y^2}{\varrho - a^2 + b^2} - 1 = 0$$

die Wurzeln $a^2 - \lambda$, $a^2 - \mu$. In der geordneten Gleichung haben ϱ^2, ϱ^0 die Coefficienten -1, $x^2(-a^2 + b^2)$, also ist

$$(a^2 - b^2)x^2 = (a^2 - \lambda)(a^2 - \mu)$$

Ebenso findet man

$$(b^2 - a^2)y^2 = (b^2 - \lambda)(b^2 - \mu)$$

$$\text{d. i.} \quad (a^2 - b^2)y^2 = (b^2 - \lambda)(\mu - b^2)$$

6. Durch x, y sind daher λ, μ (eine Ellipse und eine Hyperbel der Serie) eindeutig bestimmt, und durch λ, μ wird in dem Winkel xy der Punct $x|y$ eindeutig bestimmt. Desshalb sind λ, μ die elliptischen Coordinaten des Punctes genannt worden.

Die Wurzeln der Gleichung $u = 0$ sind von Jacobi 1834 Crelle J. 12 p. 25 bestimmt worden. In demselben Band p. 137 hat Jacobi eine Folge von Sätzen über »confocale« Flächen 2ter Ordnung mit Bezug auf Ivory's Theorem gegeben. Denselben Gegenstand behandelt Chasles 1837 Ap. hist. Note 31. Die »elliptischen Coordinaten« sind von Lamé 1837 Liouv. J. 2 p. 147 eingeführt und von Jacobi 1839 Crelle J. 19 p. 309 weiter verwendet worden. Vergl. die 1842 gehaltenen Vorlesungen Jacobi's über Dynamik p. 198 ff. Anfänge der Substitution für x, y, durch welche elliptische Coordinaten eingeführt werden, hat Jacobi bei Euler (Bewegung eines nach 2 fixen Puncten gezogenen Punctes Mém. de Berlin 1760 p. 228, Nov. Comm. Petrop. t. 10 p. 207, t. 11 p. 152) und bei LEGENDRE (Complanation des Ellipsoids Exerc. 1811 t. 1 p. 182) bemerkt.

7. Wenn dem Punct P

$$x = t\sqrt{a^2 - k} \qquad\qquad y = u\sqrt{b^2 - \delta k}$$

der Punct P'

$$x' = t\sqrt{a^2 - k'} \qquad\qquad y' = u\sqrt{b^2 - \delta k'}$$

entspricht, so sind die Figuren der entsprechenden Puncte affin. Wenn O der Nullpunct ist und zu den Werthen t_1, u_1 die entsprechenden Puncte $Q(x_1|y_1)$ und $Q'(x'_1|y'_1)$ gehören, so ist (§. 17, 1)

$$\begin{aligned} OP.OQ'\cos POQ' &= xx'_1 + yy'_1 \\ &= tt_1\sqrt{a^2 - k}\sqrt{a^2 - k'} + uu_1\sqrt{b^2 - \delta k}\sqrt{b^2 - \delta k'} \\ &= x'x_1 + y'y_1 = OP'.OQ\cos P'OQ \end{aligned}$$

folglich

$$PQ'^2 + OP^2 - OQ'^2 = P'Q^2 - OP'^2 - OQ^2$$

Wenn durch M und N die Mitten der PQ' und $P'Q$ bezeichnet werden, so ist (§. 1, 4)

$$\begin{aligned} OP^2 + OQ'^2 &= \tfrac{1}{2}PQ'^2 + 2OM^2 \\ OP'^2 + OQ^2 &= \tfrac{1}{2}P'Q^2 + 2ON^2 \end{aligned}$$

folglich $PQ'^2 - 4OM^2 = P'Q^2 - 4ON^2$.

Nach §. 15, 2 ist

$$\begin{aligned} OP^2 - OP'^2 &= t^2(a^2 - k) + u^2(b^2 - \delta k) - t^2(a^2 - k') - u^2(b^2 - \delta k') \\ &= (k' - k)(t^2 + \delta u^2) \end{aligned}$$

8. Unter der Voraussetzung $t^2 + \delta u^2 = 1$ sind die affinen Figuren PQ .. und $P'Q'$ ..

$$\frac{x^2}{a^2 - k} + \frac{\delta y^2}{b^2 - \delta k} = 1 \quad \text{und} \quad \frac{x'^2}{a^2 - k'} + \frac{\delta y'^2}{b^2 - \delta k'} = 1$$

confocale Kegelschnitte, weil bei beiden das Quadrat der halben Focaldistanz $a^2 - b^2 : \delta$ ist; insbesondere sind die Scheitel entsprechende Puncte. Zugleich ist $OP^2 - OP'^2 = k' - k$ unveränderlich für alle Paare entsprechender Puncte; daher $PQ'^2 = P'Q^2$ und $OM^2 = ON^2$, d. h. die Chorde, welche einen Punct der einen Figur mit einem Punct der andern Figur verbindet, ist der Chorde der entsprechenden Puncte gleich, und die Mitten beider Chorden haben von O gleiche Distanzen.

Bei $\delta = 1$ kommen die zwischen -1 und 1 liegenden t in Betracht. Der Ellipse ($k = 0$)

$$\frac{x^2}{a^2} + \frac{y^2}{b^2} = 1$$

entspricht ($k' = b^2$) die Gerade $x' = t\sqrt{a^2 - b^2}$, $y' = 0$ zwischen den Brennpuncten, einem Scheitel entspricht ein Brennpunct.

Bei $\delta = -1$ kommen die nicht zwischen -1 und 1 liegenden t in Betracht. Der Hyperbel

$$\frac{x^2}{a^2} - \frac{y^2}{b^2} = 1$$

entspricht ($k' = -b^2$) die Gerade $x' = t\sqrt{a^2 + b^2}$, $y' = 0$ mit Ausschluss der Strecke zwischen den Brennpuncten, oder ($k' = a^2$) die Gerade $x' = 0$, $y' = u\sqrt{a^2 + b^2}$ ohne Beschränkung.

Wenn daher den Puncten C, D, P eines Kegelschnittes die Puncte C', D', P' seiner Axe in der angegebenen Weise entsprechen, so ist

$$C'P = CP', \quad D'P = DP', \text{ u. s. w.}$$

Wenn C und D die Scheitel sind, so sind C', D' die Brennpuncte, also bei der Ellipse $C'P + PD' = CP' + P'D = CD$, bei der Hyperbel $C'P - D'P = CP' - DP' = CD$, wie oben §. 22, 4. Die Umkehrung des allgemeinen Satzes ist §. 23, 20 gezeigt worden.

Die Correlation confocaler Ellipsen PQ .. und $P'Q'$ .., bei welcher die Gleichungen $PQ' = P'Q$, .. stattfinden, ist zur Berechnung der Attraction eines Punctes durch ein Ellipsoid erfunden worden von Ivory Phil. Trans. 1809[b] p. 345. Die Verwendung des Ivoryschen Theorems bei den Linien und Flächen 2ter Ordnung verdankt man JACOBI 1834 Crelle J. 12 p. 138 und 73 p. 179. Vergl. HERMES a. a. O. p. 209.

§. 25. Graphische Lösung cubischer und biquadratischer Probleme.

1. Den Mathematikern der Pythagoreischen Schule war die Construction der Quadratwurzeln bekannt ($\sqrt{n+1}$ als Hypotenuse der Catheten $\sqrt{n}$ und 1), oder der Quadrate von gegebenem Verhältniss, sowie die damit verbundene graphische Lösung der quadratischen Gleichungen. Dieselbe Schule hat auch die Construction der Cubikwurzeln in Betracht gezogen. Das »delische Problem« forderte die Multiplication eines Cubus, d. h. die Construction des Cubus, der zu einem gegebenen Cubus ein gegebenes Verhältniss hat, oder, wie man nach dem Pythagoreer HIPPOCRATES von Chios sich ausdrückte, die Construction der zwei geometrischen Mittel x, y zwischen zwei gegebenen Strecken a, b, so dass a, x, y, b eine geometrische Progression bilden. Denn unter dieser Voraussetzung ist

$$a : x = x : y = y : b$$

$$x^2 = ay, \quad y^2 = bx, \quad xy = ab$$

$$\frac{a^3}{x^3} = \frac{y^3}{b^3} = \frac{a}{x}\frac{x}{y}\frac{y}{b} = \frac{a}{b}$$

$$x^3 = a^2b, \quad y^3 = ab^2, \quad x^3 : y^3 = a : b$$

Wenn auf einem Schenkel des Winkels AOB die Puncte A, A_1, A_2, A_3, .. und auf dem andern Schenkel die Puncte B, B_1, B_2, B_3, .. so liegen, dass A_1B_1 mit AB, B_1A_2 mit BA_1, A_2B_2 mit A_1B_1, B_2A_3 mit B_1A_2, .. parallel sind, so ist

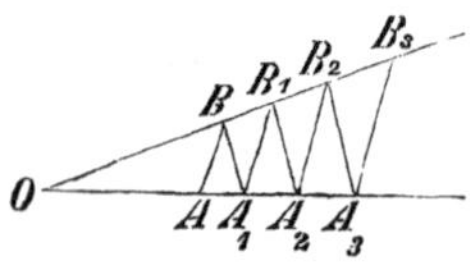

$$OA : OA_1 = OB : OB_1 = OA_1 : OA_2$$
$$OA_1 : OA_2 = OB_1 : OB_2 = OA_2 : OA_3$$

u. s. w. Daher bilden OA, OA_1, OA_2, OA_3, .. eine geometrische Proportion, ebenso OB, OB_1, OB_2, OB_3, .. und AB, A_1B_1, A_2B_2, A_3B_3, ... Wenn OA und OA_3 gegeben sind, so kann OA_1 durch Versuche mit beliebig kleinem Fehler gefunden werden.

Ueber diese Betrachtung, von der PAPPUS III pr. 5 u. A. berichten, vergl. NEWTON Arithm. univ. p. 212. REIMER duplicatio cubi 1798 und dessen Zusätze zu seiner deutschen Uebersetzung von BOSSUT hist. de math. KLÜGEL math. W. 1 p. 721.

2. I. Um näherungsweise die beiden geometrischen Mittel zwischen AB und BC zu finden, welche einen rechten Winkel einschliessen, bestimmt man durch Versuche auf der Geraden AB den Punct D so, dass die durch D gehende Normale der Geraden CD die Gerade BC in E schneidet, und die durch E gehende Normale durch A geht. Dann ist $EB^2 = AB \,.\, BD$, $BD^2 = BC \,.\, EB$, d. h. AB, EB, BD, BC bilden eine geometrische Progression. Diese Construction wird PLATON zugeschrieben. REIMER p. 43.

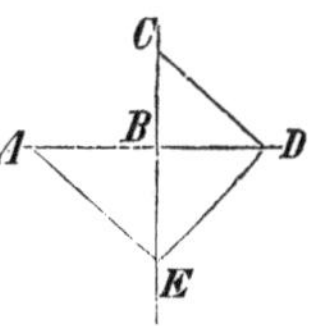

II. Oder man sucht um das Centrum E des Rectangel $ABCD$ den Kreis, welcher AB in F, AD in G so schneidet, dass die Gerade FG durch C geht. Dann ist (§. 1, 4)

$$AF \,.\, BF = EF^2 - AE^2$$
$$AG \,.\, DG = EG^2 - AE^2$$

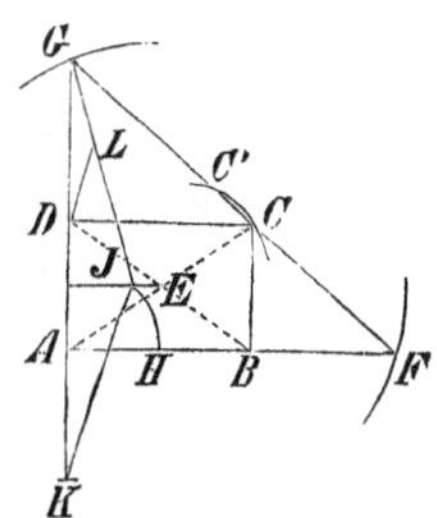

folglich $AF \,.\, BF = AG \,.\, DG$ nach der Voraussetzung $EG = EF$. Daher

$$DC : DG = BF : BC = AF : AG$$
$$= DG : BF$$

d. h. $AB : DG = DG : BF = BF : BC$, also sind DG und BF die beiden geometrischen Mittel zwischen AB und BC. HERON von Alexandria (PAPPUS III, 5).

III. Wenn die Chorde FG von dem um das Centrum E durch C beschriebenen Kreis in C' geschnitten wird, so ist die Chorde CC' mit FG concentrisch, $FC = C'G$. Man kann daher auch die durch C gehende Gerade suchen, welche den

Kreis $ABCD$ in C', die Geraden AB, AD in F, G so schneidet, dass $FC = C'G$. Philon von Byzanz (Reimer p. 107).

IV. Wenn H die Mitte der AB ist, und unter der Voraussetzung $AB > BC$ auf dem mit AB parallelen Diameter des Rectangel $ABCD$ der Punct J so bestimmt wird, dass $AJ = AH$, so ist

$$JG^2 - AJ^2 = EG^2 - AE^2 = EF^2 - AE^2 = HF^2 - AH^2$$

folglich $JG = HF$. Wenn endlich A die Mitte der DK ist, und wenn JG von der durch D gehenden Parallele der KJ in L geschnitten wird, so ist

$$JL : LG = 2BC : DG = 2FB : CD = FB : BH$$

folglich $JL = FB$ und $LG = BH$.

Man kann also auch durch Versuche die den Punct J enthaltende Gerade bestimmen, welche die gegebenen Geraden AD, DL in G, L so schneidet, dass GL die gegebene Länge $\frac{1}{2}AB$ hat: dann sind DG und JL die gesuchten Mittel. Nicomedes (Pappus IV, 24).

3. Wenn um das Centrum A mit dem Radius $AC = \frac{1}{2}AB$ der Kreis CD beschrieben wird, und wenn eine durch A gehende Gerade die Geraden CD, DB in E, F so schneidet, dass die Strecke EF dem Radius gleich ist, so bilden AB, DE, FA, CD eine geometrische Progression. »Constructio nota« Newton Ar. univ. p. 228.

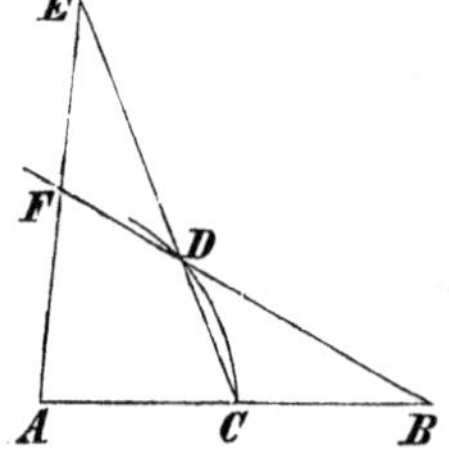

Beweis. Das Dreieck ACE wird von der Geraden BDF so geschnitten, dass (§. 13, 10)

$$\frac{AB}{CB}\frac{CD}{ED}\frac{EF}{AF} = 1$$

Nun ist $CB = EF$, folglich $AB \,.\, CD = DE \,.\, FA$.

Der Kreis hat für E die Potenz $DE \,.\, CE = EA^2 - AC^2$. Nun ist

$$EA^2 - AC^2 = (AC + FA)^2 - AC^2 = AB \,.\, FA + FA^2$$

folglich

$$DE(CD + DE) = FA(AB + FA)$$

$$DE^2\left(\frac{CD}{DE} + 1\right) = FA \,.\, AB\left(1 + \frac{FA}{AB}\right)$$

also $DE^2 = FA \,.\, AB$, weil $AB \,.\, CD = DE \,.\, FA$. Daher

$$AB : DE = DE : FA = FA : CD$$

Eine andre Construction der beiden Mittel s. unten §. 26, 1.

4. Die erste directe Construction der beiden Mittel hat der Pythagoreer Archytas von Tarent, ein Zeitgenosse Platon's gegeben. Reimer p. 48. Ein horizontaler Kreis mit dem Diameter AB und der Chorde AC ist der Normalschnitt eines verticalen Cylinders. Wenn der verticale Kreis mit dem Diameter AB um die in A ihn berührende verticale Gerade rotirt, so schneidet er den Cylinder in einer unebenen Linie, welche von dem horizontalen Kreis in B berührt wird, welche ihre grösste Höhe erreicht, während die Rotation des verticalen Kreises 60^0 beträgt, und welche nach vollendeter Rotation um 90^0 von dem verticalen Kreis in A berührt wird. Durch Rotation des Winkels BAC um die Axe AB entsteht ein Kegel, welcher die unebene Linie in D schneidet. Die Horizontalprojection des D ist D', so dass AB, AD, AD', AC eine geometrische Progression bilden.

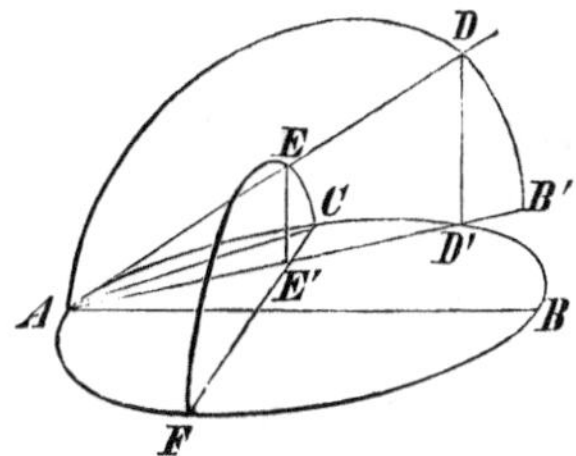

Beweis. An dem verticalen Halbkreis ADB' ist $AD^2 = AD' \,.\, AB'$, $AB' = AB$. Der durch C gehende Kreis des Kegels schneidet die Kante AD in E, dessen Horizontalprojection E' ist, und den horizontalen Kreis in F, so dass AC, AE, AF von gleicher Länge sind. Die Ebene des Kreises CEF ist vertical, und E' liegt auf der Geraden CF, so dass

$$E'E^2 = FE' . E'C = AE' . E'D'$$

Daher ist der Winkel AED' recht, und $AD'^2 = AE \,.\, AD$, folglich

$$AB' : AD = AD : AD' = AD' : AE$$
$$AB : AD = AD : AD' = AD' : AC$$

5. Nach Aufstellung der Gleichungen der Kegelschnitte (§. 22, 3) wurden von den Mathematikern der Platonischen Schule die geometrischen Mittel x und y zwischen a und b, welche den Gleichungen $x^2 = ay$, $y^2 = bx$ genügen (1), als die rechtwinkeligen Coordinaten des Schnittpunctes von zwei zu zeichnenden Linien bestimmt. Menaechmus (Reimer p. 67).

Die Linie $x^2 = ay$ ist eine Parabel mit dem Scheitel $0|0$, der Scheiteltangente $y = 0$, dem Punct $a|a$, dem Halbparameter $\frac{1}{2}a$. Die Linie $y^2 = bx$ ist eine Parabel mit demselben Scheitel, der Scheiteltangente $x = 0$, dem Punct $b|b$, dem Halbparameter $\frac{1}{2}b$. Die beiden Parabeln haben den Scheitel und ausser demselben einen realen Punct $x|y$ (und 2 imaginäre Puncte) gemein. Die Genauigkeit der graphischen Lösung wird bedingt durch die Genauigkeit der Zeichnung, welche geringer ist bei kleinern Winkeln der sich schneidenden Linien.

Aus dem System $x^2 = ay$, $y^2 = bx$ werden die Gleichungen componirt

$$x^2 + y^2 - bx - ay = 0, \quad xy = ab, \quad x^2 - y^2 + bx - ay = 0$$

Zufolge der ersten Gleichung liegt $x|y$ auf dem Kreis mit dem Centrum $\frac{1}{2}b|\frac{1}{2}a$, der die Gegenpuncte $0|0$ und $b|a$ enthält (§. 21, 5). Zufolge der zweiten Gleichung liegt $x|y$ auf der Hyperbel mit den Asymptoten $y = 0$ und $x = 0$, welche den Punct $a|b$ enthält. Zufolge der dritten Gleichung liegt $x|y$ auf der Hyperbel mit dem Centrum $-\frac{1}{2}b|-\frac{1}{2}a$, deren Asymptoten mit den Geraden $x - y = 0$ und $x + y = 0$ (den Halbirenden des Winkels xy und des Nebenwinkels) parallel sind, und welche die Gegenpuncte $0|0$ und $-b|-a$ enthält (§. 23, 8 und 9). Durch ein Paar der gezeichneten Linien wird der Punct $x|y$ gefunden.

Diese von Menaechmus gegebene Lösung des delischen Problems ist es, welche Archimedes Sph. et Cyl. II, 2 als bekannt voraussetzt.

6. Wenn a, $y - b$, $x - a$, b eine geometrische Progression bilden, so ist

$$y(y-b) - b(y-b) - a(x-a) = 0$$
$$x(x-a) - a(x-a) - b(y-b) = 0$$

folglich $x(x-a) = y(y-b)$, und

$$(x-a)(y-b) = ab \quad \text{d. i.} \quad 1 = \frac{a}{x} + \frac{b}{y}$$

Demnach liegt der Punct $x|y$ auf der Hyperbel $x^2 - y^2 - ax + by = 0$ mit dem Centrum $\frac{1}{2}a|\frac{1}{2}b$, deren Asymptoten mit den Geraden $x - y = 0$ und $x + y = 0$ parallel sind, und welche die Gegenpuncte $0|0$, $a|b$ enthält; sowie auf der Hyperbel, deren Asymptoten $x - a = 0$ und $y - b = 0$ sind, und welche die Gegenpuncte $0|0$, $2a|2b$ enthält. Dabei liegen die Puncte $x|0$, $0|y$ in gleichen Distanzen von $\frac{1}{2}a|\frac{1}{2}b$, und mit $a|b$ auf einer Geraden.

Zu dieser Construction führt die oben (2, II) gegebene Betrachtung.

7. Archimedes (Sph. et Cyl. II, 5. Vergl. die Vorrede zu den Spiralen) hat die Kugel durch eine Ebene in Segmente von gegebenem Volum-Verhältniss getheilt, indem er eine cubische Gleichung, auch wenn sie nicht rein ist, graphisch lösen lehrte durch Zeichnung einer Parabel und einer Hyperbel. Diese Leistung, welche Poinsot in Peyrard oeuvres d'Archimède I p. 394 ff. für unwahrscheinlich erklärt hat, wird durch Eutocius Commentar (die betreffende Stelle ist in Nizze Archimedes Werke p. 95 mitgetheilt) ausser Zweifel gestellt.

Von einer Kugel mit dem Radius a wird durch eine Ebene ein Segment mit der Sagitte $a(1 + x)$ abgeschnitten, welches das Volum $\frac{1}{3}\pi a^3(1 + x)^2(2 - x)$ hat. Stereom. §. 9, 3. Wenn das Segment zu dem andern Segment mit der Sagitte $a(1 - x)$ das Verhältniss λ hat, so hat es zur Kugel das Verhältniss $\lambda : \lambda + 1$, daher

$$\tfrac{1}{3}\pi a^3(1+x)^2(2-x) = \tfrac{4}{3}\pi a^3 \frac{\lambda}{\lambda+1} \quad \text{d. i.} \quad (1+x)^2(2-x) = \frac{4\lambda}{\lambda+1}$$

$$x^3 - 3x + 2\mu = 0, \quad \mu = \frac{\lambda - 1}{\lambda + 1} \text{ zwischen 0 und 1}$$

Diese Gleichung für x wird ersetzt durch das System für x, y

$$x^2 = y, \quad x(y-3) + 2\mu = 0$$

Der Punct, dessen rechtwinkelige Coordinaten x, y sind, liegt auf der Parabel mit dem Scheitel $0|0$, der Scheiteltangente $y = 0$, dem Punct $1|1$, dem Halbparameter $\frac{1}{2}$; und auf der Hyperbel mit den Asymptoten $x = 0$ und $y - 3 = 0$, dem Punct $\mu|1$. Die Parabel hat mit der Hyperbel den unendlichfernen Punct der Ordinaten gemein; die Abscissen der 3 übrigen gemeinschaftlichen Puncte sind die Wurzeln der cubischen Gleichung.

Einer der beiden Kegelschnitte kann durch einen Kreis ersetzt werden. Denn aus $(xy - 3x + 2\mu)x = y^2 - 3y + 2\mu x = 0$ und $x^2 - y = 0$ wird componirt

$$x^2 + y^2 - 4y + 2\mu x = 0$$

d. h. der Punct $x|y$ liegt auf dem Kreis mit dem Centrum $-\mu|2$ und den Gegenpuncten $0|0$, $-2\mu|4$. Der Kreis hat mit der Parabel den Punct $0|0$, mit der Hyperbel den Punct $-2\mu|4$ gemein; die Abscissen der 3 übrigen gemeinschaftlichen Puncte sind die Wurzeln der cubischen Gleichung.

Die cubische Function $x^3 - 3x + 2\mu$ wechselt das Zeichen, wenn x von -2 bis -1, von 0 bis 1, von 1 bis 2 geht; also sind die Wurzeln der cubischen Gleichung real und nach Trisection eines Winkels goniometrisch ausdrückbar. Wenn nun x ausserhalb der Grenzen -1 und 1 liegt, so hat die Kugel mit der Ebene einen Kreis ohne reale Puncte gemein, dessen Quadratradius und Fläche negativ ist. Aber das Segment hat bei realen x ein reales Volum, positiv oder negativ, je nachdem x unter oder über 2. Das Segment ist bei $x = -2$ die Kugel, bei $x = -1$ null, bei $x = 1$ die Kugel, bei $x = 2$ null.

8. Die Geraden x, y und der Punct A sind gegeben, und die durch A gehende Gerade wird gesucht, welche x, y in D, E so schneidet, dass die Strecke DE eine gegebene Länge hat (2, IV). Eine einfache graphische Lösung dieses biquadratischen Problems ist in Pappus Sammlung IV, 31 enthalten.

Die Parallelen der y, x durch A schneiden x, y in B, C. Wenn $ECAF$ ein Parallelogramm ist, und EF von der durch B gehenden Parallele der ADE in P geschnitten wird, so ist $EP = DB$, $BP = DE$, und

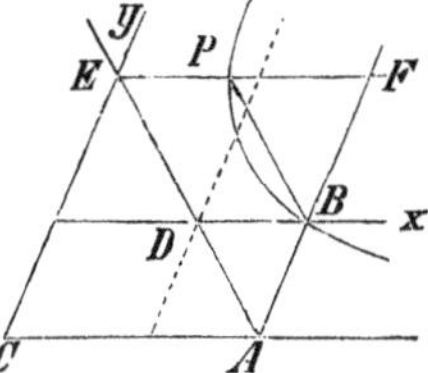

$$CE \,.\, EP = AF \,.\, DB = AB \,.\, CA$$

d. h. (§. 23, 9) der Punct P liegt auf der Hyperbel mit den Asymptoten CA, y und dem Punct B, und auf dem Kreis mit dem Centrum B und dem Radius DE. Die gesuchte Gerade ist mit BP parallel.

Wenn $CA = a$, $AB = b$, $CE = y$, $DE = c$, so hat man

$$AE : DE = y : y - b$$

folglich die für y biquadratische Gleichung

$$(y - b)^2 (y^2 - 2ay \cos xy + a^2) = c^2 y^2$$

deren graphische Lösung vorliegt.

9. Die Gerade y, ein Kreis um das Centrum B und der Punct A desselben sind gegeben, und die durch A gehende Gerade wird gesucht, welche die Gerade in D und den Kreis in E so schneidet, dass die Strecke DE eine gegebene Länge hat. Die graphische Lösung dieses biquadratischen Problems wird von Archimedes Helices 5 und 8 benutzt; die Art der Lösung lässt sich aus Pappus Sammlung IV, 42 ff. erkennen.

Die Gerade y wird von ihren durch A, B gehenden Normalen in A', C geschnitten, so dass

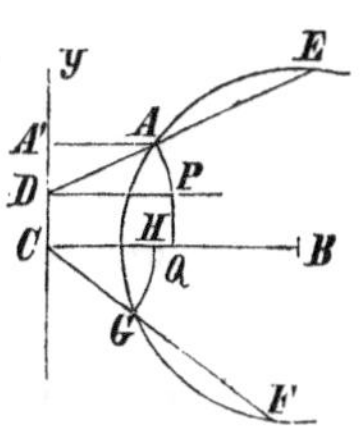

$$DE \,.\, DA = DB^2 - AB^2 = CD^2 + CB^2 - AB^2$$

Diese Gleichung ist für CD biquadratisch, weil DA die Hypotenuse der Catheten $CA' - CD$ und $A'A$ ist.

Zur graphischen Lösung derselben wird DP normal zu y so lang als DA gezogen und das Parallelogramm $PDCQ$ vollendet. Zieht man noch durch C die Gerade, welche den Kreis in F, G so schneidet, dass $CF = DE$ ist, und macht CH auf CB so lang als CG, so ist $DA = DP = CQ$, $CD = QP$, und

$$CB^2 - AB^2 = CF.CG = DE.CH$$

folglich

$$QP^2 = DE.CQ - DE.CH = DE.HQ$$
$$A'D^2 - DP^2 = A'D^2 - DA^2 = -A'A^2$$

d. h. der Punct P liegt auf der Parabel mit dem Scheitel H, der Axe CB, dem Halb-Parameter $\frac{1}{2}DE$, und auf der gleichseitigen Hyperbel mit dem Centrum A', dem Scheitel A. Durch den 4deutig bestimmten P werden D und E eindeutig bestimmt.

Dasselbe Problem ist von Newton Ar. un. p. 245 durch Zeichnung einer Ellipse und einer Hyperbel gelöst worden.

10. Das cubische Problem, welches die griechischen Geometer auf verschiedenen Wegen graphisch gelöst haben, ist die Trisection eines Winkels. Um von dem spitzen Winkel CBA den dritten Theil abzutheilen, zieht man durch einen beliebigen Punct A des einen Schenkels die Normale AC des andern Schenkels und die Parallele desselben. Die durch B gehende Gerade des Winkels BAC, welche die Normale in D und die Parallele in E so schneidet, dass $DE = 2AB$ (8), theilt den gegebenen Winkel so, dass $3CBD = CBA$. Pappus IV, 32. Wenn nämlich F die Mitte der DE ist, so sind die Dreiecke EAF, BFA gleichschenkelig, folglich ist der Winkel $FBA = AFB = 2AEB = 2CBD$, $CBA = 3CBD$. Der Aufgabe genügen auch die Winkel $CBD + \frac{2}{3}\pi$ und $CBD + \frac{4}{3}\pi$, deren Dreifache von CBA nicht verschieden sind.

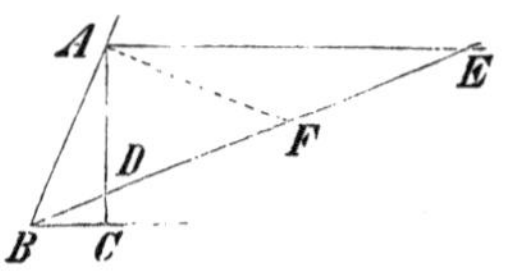

11. Um den dritten Theil des Kreisbogen AB zu finden, ergänzt man den Bogen AB durch AB' zu einem Halbkreis, so dass der Centriwinkel AOB' dem Nebenwinkel des AOB gleich ist, und zieht durch den Punct B' die Gerade, welche den Bogen AB' in C, die Gerade OA in D so schneidet, dass CD dem Radius gleich ist (9). Dann ist der Winkel $AOB = OB'D + B'DO$ als Nebenwinkel des DOB', $OB'D = B'CO = 2CDO$, folglich $AOB = 3CDO = 3AOC$. Archimedes Lemma 8.

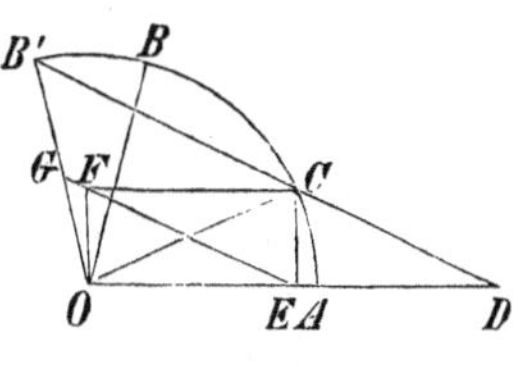

Wenn E die Mitte der OD, so ist EC normal zu OD; und wenn $CEOF$ ein Rectangel, so ist $CDEF$ ein Parallelogramm, und OB' wird von der mit DB' parallelen Geraden EF in G halbirt. Rechtwinkelige Coordinaten des C sind $OE = x$, $EC = OF = y$; der Punct B hat die Coordinaten a, b, daher hat G die Coordinaten $-\frac{1}{2}a$, $\frac{1}{2}b$. Weil G auf der Geraden EF liegt, so ist

$$\frac{-\frac{1}{2}a}{x} + \frac{\frac{1}{2}b}{y} = 1$$

d. h. C liegt auf der Hyperbel mit den Asymptoten $x = -\frac{1}{2}a$ und $y = \frac{1}{2}b$, dem Centrum G, den Gegenpuncten O, B' (§. 23, 12). Die Hyperbel hat mit dem Kreis den Punct B' und noch 3 andre Puncte gemein, in welchen die Bogen AB, $ABAB$, $ABABAB$ nach dem Verhältniss 1 : 2 getheilt werden.

12. Wenn $OA = 1$, so ist $a^2 + b^2 = 1$, $x^2 + y^2 = 1$, $bx - ay = 2xy$, und man findet für y die reducible Gleichung 4ten Grades

$$(y - b)(4y^3 - 3y + b) = 0$$

In der That, wenn $x = \cos\alpha$, $y = \sin\alpha$, mithin $a = \cos 3\alpha$, $b = \sin 3\alpha$, so ist

$$\sin 3\alpha \cos\alpha - \cos 3\alpha \sin\alpha = \sin 2\alpha = 2\cos\alpha \sin\alpha$$

$$\begin{aligned}\sin 3\alpha &= \sin 2\alpha \cos\alpha + \cos 2\alpha \sin\alpha \\ &= 2\sin\alpha(1 - \sin^2\alpha) + (1 - 2\sin^2\alpha)\sin\alpha \\ &= 3\sin\alpha - 4\sin^3\alpha\end{aligned}$$

Die cubische Gleichung für $2y$, welche mit der Archimedischen Gleichung (7) congruirt, wird unmittelbar durch geometrische Betrachtung gefunden. Bombelli Algebra 1579. Descartes Géom. III u. A. Wenn die Bogen AB, BC, CD gleich sind, wenn die Chorde AD von den Radien OB, OC in E, F, von der durch B gehenden Parallele der OC in G geschnitten wird: so ist $BCFG$ ein Parallelogramm, und die Dreiecke OBA und ABE, BEG und AEB sind ähnlich wegen der gleichen Winkel. Daher bilden OA, AB, EB, GE ihrer Länge nach eine geometrische Progression, während AE, GF, FD so lang sind als die Chorden AB, BC, CD, und $3AB - GE = AD$. Wenn nun $AD = 2b \cdot OA$, $AB = 2y \cdot OA$, so ist $EB = 2y \cdot AB$, $GE = 2y \cdot EB$, folglich

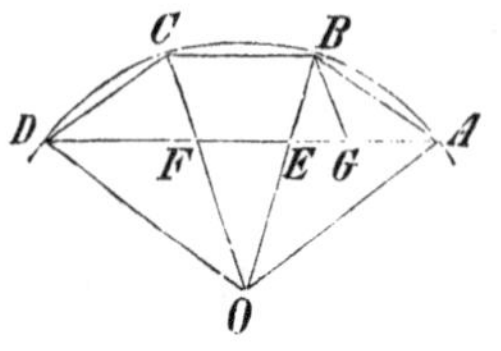

$$6y - 8y^3 = 2b, \quad 4y^3 - 3y + b = 0$$

13. Wenn die Bogen eines Kreises AB, BC, CD gleich sind, oder (was dasselbe ist) wenn in dem Dreieck ADB der Winkel $BAD = 2ADB$, so liegt der Theilpunct B des Bogen AD auf einer bestimmten Hyperbel. Pappus IV, 33 und 34.

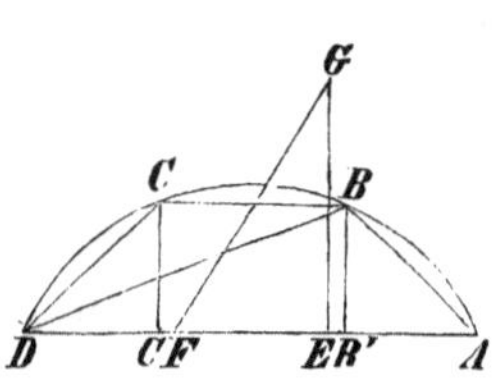

Die Normalprojectionen der B, C auf die Chorde AD sind B', C', also $DC' = B'A$, $B'C'$ den Chorden BC, AB gleich. Daher

$$B'B^2 = AB^2 - B'A^2 = (DB' - DC')^2 - B'A^2$$
$$= DB'(DB' - 2B'A)$$

Wenn nun $DF = FE = EA = a$ auf der Geraden DA, $FB' = x$, $B'B = y$, so ist $DB' = x + a$, $B'A = 2a - x$, daher

$$y^2 = (x + a)(3a - 3x), \quad x^2 + \frac{y^3}{1 - 4} = a^2$$

d. h. B liegt auf der Hyperbel, von der die Scheitel D, E, das Centrum F, die Excentricität 2, ein Brennpunct A, und eine Asymptote FG, wenn das Dreieck FAG gleichseitig. Die Hyperbel hat mit dem Kreis den Punct D und noch 3 andre Puncte gemein, in welchen die Bogen AD, $ADAD$, $ADADAD$ nach dem Verhältniss 1 : 2 getheilt werden.

14. Wenn der Kreisbogen $AD = 3AB$, und die Gerade DT den Kreis berührt, dessen Centrum O, so ist der Winkel $2BDT = BOD = 2AOB$. Daher haben die von den Geraden OB, DB und die von den Geraden OA, DT gebildeten Winkel parallele Halbirende. Daher (§. 23, 10) liegt der Theilpunct B des Bogen AD auf der gleichseitigen Hyperbel, deren Asymptoten mit den Halbirenden jener Winkel parallel sind, und welche die Gegenpuncte D, O enthält. Chasles Sect. con. 37.

15. Bald nach Erfindung von algebraischen Lösungen der cubischen und biquadratischen Gleichungen für eine Unbekannte sind die Gleichungen auch höherer Grade nach den griechischen Mustern graphisch gelöst worden. Die realen Wurzeln einer gegebenen Gleichung mnten Grades werden nach Zeichnung von 2 Linien, deren Gleichungen der Aufgabe genügen, einer Linie $m$ter Ordnung und einer Linie $n$ter Ordnung, dargestellt durch die Abscissen (Ordinaten) der gemeinschaftlichen Puncte beider Linien. Fermat Opp. p. 9, Descartes Géom. III, Newton Enumeratio VII und Arithm. univ. p. 228, Maclaurin Algebra III, 3. Vergl. Klügel math. W. 1 p. 131.

Die gegebene Gleichung wird z. B. durch die Substitution $x^2 = y$, oder $x^2 = 1 : y$, oder $x^3 = y$, u. s. w. zu einer Gleichung für x, y, der Gleichung einer zu zeichnenden Linie. Die Abscissen der endlichfernen Puncte, welche diese Linie mit der gezeichneten Linie $x^2 = y$ oder $x^2y = 1$ oder $x^3 = y$ gemein hat, sind die Wurzeln der gegebenen Gleichung. Die Gleichung $ax^{12} + bx^{11} + \ldots = 0$ kann durch das System

$$x^3 = y, \qquad ay^4 + bx^2y^3 + \ldots = 0$$

ersetzt werden, dessen zweite Gleichung 2ten Grades für x ist. Die entsprechenden Linien, welche 3ter und 5ter Ordnung sind, haben 3 unendlichferne und 12 endlichferne Puncte gemein.

§. 26. Linien höherer Ordnung.

1. Wenn der Kreis mit dem Centrum B und dem Diameter OA und seine Tangente an A von einer durch O gehenden Geraden in M' und N geschnitten wird, und wenn auf derselben Geraden $OP = M'N$ gemacht wird, so ist P ein Punct einer Cissoide (κίσσος, Epheu) mit der Spitze (cuspis) O und der Axe OA.

Wenn QQ' die Normalprojection der PM' auf OA ist, so sind die Strecken QQ' und OA concentrisch wie die Strecken PM' und ON; die Mitte der PM' liegt auf dem zu OA normalen Radius BC. Auf der Cissoide liegen die Puncte O, C, sowie der Punct P', welchen die Geraden OM und $Q'M'$ gemein haben, wenn QM die der Abscisse OQ entsprechende Kreis-Ordinate ist. Der unendlichferne Punct der Tangente an A ist ein Punct der Cissoide, und die Tangente eine Asymptote derselben. Die Cissoide besteht aus 2 Zweigen, welche zu OA symmetrisch liegen und den Punct O gemein haben, in welchem sie beide von OA berührt werden.

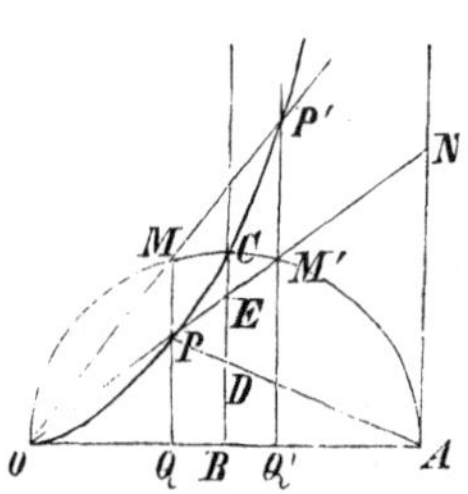

Die Winkel AOP und AOP' sind complementär, das Product ihrer Tangenten ist 1, also $QP \,.\, Q'P' = OQ \,.\, OQ'$, und $OQ^2 = QP \,.\, QM$. Dabei ist $OQ \,.\, QA = QM^2$, folglich

$$QA : QM = QM : OQ = OQ : QP$$

d. h. QA, QM, OQ, QP bilden eine geometrische Progression, zwischen QA und QP sind QM, OQ die beiden geometrischen Mittel, so dass $QM^3 : OQ^3 = QA : QP$ (§. 25, 1). Wenn die Gerade BC von den Geraden AP, OP in D, E geschnitten wird, so ist

$$BE : OB = QP : OQ = OQ : QM$$
$$BA : BD = QP : QA$$

folglich $BE^3 : BA^3 = BA : BD$. Zur Multiplication des Cubus von BA mit $BA : BD$ dient die Gerade AD, welche die Cissoide in P schneidet, und die Gerade OP, welche BD in E schneidet. Pappus III, 5 und VIII, 11.

Die polaren Coordinaten $AOP = \vartheta$, $OP = r$ und die rechtwinkeligen Coordinaten $OQ = x$, $QP = y$ eines Cissoidenpunctes sind unter der Voraussetzung $OA = a$ durch die Gleichungen verbunden

$$r = ON - OM' = \frac{a}{\cos\vartheta} - a\cos\vartheta = a\frac{\sin^2\vartheta}{\cos\vartheta}$$

$$r^2 = a\frac{r^2\sin^2\vartheta}{r\cos\vartheta} \quad \text{d. i.} \quad x^2 + y^2 = \frac{ay^2}{x} \quad \text{oder} \quad y^2 = \frac{x^3}{a - x}$$

Demnach ist die Cissoide eine (singuläre) Linie 3ter Ordnung, deren reale Puncte den zwischen 0 und a liegenden x entsprechen. Auf der Cissoide liegen die unendlichfernen Kreispuncte.

Auf der Axe OA mache man $FO = \frac{1}{2}a$ und $FBG \cong OAN$, so ist $GNP \cong BOM'$, $GP = \frac{1}{2}a$ und der Winkel $FGP = NPG = GNP = AOP$. Wenn nun P die Mitte von GH, so ist $FGH \cong NOA$, der Winkel GHF recht. Um dies analytisch zu beweisen, benutzt man die Coordinaten FK und KH, HL und LP der Strecken FH, HP, so dass $HLQK$ ein Rectangel ist. Dann hat man

$$y^2(a - x) = x^3, \qquad y\sqrt{ax - x^2} = x^2$$

$$(\tfrac{1}{2}a + x)(\tfrac{1}{2}a - x) + y\sqrt{ax - x^2} = \tfrac{1}{4}a^2$$

$$\tfrac{1}{2}a + x = FQ, \qquad \tfrac{1}{2}a - x = QB = KQ$$

$$ax - x^2 = \tfrac{1}{4}a^2 - (\tfrac{1}{2}a - x)^2 = LP^2$$

$$FQ\,.\,KQ + QP\,.\,LP = HP^2 = HL^2 + LP^2 = KQ^2 + LP^2$$

$$(FQ - KQ)KQ + (QP - LP)LP = 0$$

$$FK\,.\,KQ + QL\,.\,LP = 0 \quad \text{d. i.} \quad FK\,.\,HL + KH\,.\,LP = 0$$

folglich (§. 15, 2) ist FH normal zu HP. Vergl. unten (3).

Die Cissoide war den griechischen Mathematikern des 2ten Jahrh. v. Chr. bekannt; als Erfinder derselben wird Diocles genannt von Eutocius, einem Commentator im Anfang des 6ten Jahrh. n. Chr. Reimer hist. duplicationis cubi 1798 p. 174. Klügel math. W. 1 p. 434.

2. Wenn von einem rechten Winkel der eine Schenkel durch den gegebenen Punct F geht, und der andere HG von gegebener Länge auf einer gegebenen Geraden endigt, so liegt der Punct P, welcher HG nach gegebenem Verhältniss theilt, auf einer bestimmten Linie 4ter Ordnung.

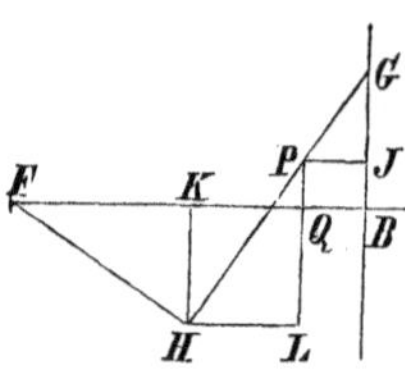

Von dem gegebenen Punct F hat die gegebene Gerade die Distanz FB. In den Richtungen FB und BG haben BP, FH, GP die Coordinaten BQ und QP, FK und $KH = QL$, $JP = BQ$ und GJ. Weil FH normal ist zu GP, so ist (§. 15, 2)

$$QL.GJ + FK.BQ = 0 \quad \text{d.i.} \quad (QP - LP)GJ + (FB + BQ - KQ)BQ = 0$$

und nach der Voraussetzung

$$HP : GP = KQ : BQ = LP : GJ = n$$

Wenn nun $BQ = x$, $QP = y$, $FB = a$, $GP = c$, mithin $GJ^2 = c^2 - x^2$, so ist

$$y\sqrt{c^2 - x^2} - n(c^2 - x^2) + (a + x - nx)x = 0$$

$$y = \frac{nc^2 - ax - x^2}{\sqrt{c^2 - x^2}}$$

Die Linie der Puncte P besteht aus 2 Zweigen, welche zu der Geraden FB symmetrisch liegen, entsprechend den zwischen $-c$ und c liegenden x. Auf ihr liegen die unendlichfernen Kreispuncte. Ein Zweig hat mit der Geraden FB die Puncte $y = 0$, $nc^2 - ax - x^2 = 0$ gemein, Doppelpuncte der Linie, die bei positivem n unbedingt real sind. Den Abscissen $-c$ und c entsprechen im Allgemeinen unendliche Ordinaten, Asymptoten des Zweiges.

3. Wenn aber $nc^2 - ax - x^2 = (c + x)(nc - x)$ bei allen x, d. h. $(1 - n)c = a$, $GH = FB$, so besteht die Linie 4ter Ordnung aus der Geraden $c + x = 0$ und der Linie 3ter Ordnung

$$y^2 = \frac{(c + x)(nc - x)^2}{c - x}$$

Bei $n = -1$ ist P die Mitte der HG, $c = \frac{1}{2}a$, und

$$y^2 = \frac{(\frac{1}{2}a + x)^3}{a - (\frac{1}{2}a + x)}$$

d. h. die Linie 3ter Ordnung ist eine Cissoide, deren Spitze die Mitte von FB, auf deren Axe $= FB$ ist. Die Construction der Cissoide durch einen rechten Winkel ist von Newton erfunden worden. Arith. univ. p. 130 und 231.

Bei $n = 0$, $c = a$, fällt P auf H. Die Linie 3ter Ordnung geht durch F und B (Doppelpunct), und hat die Asymptote $x = a$. Auf einer durch F gezogenen Geraden liegen 2 Puncte H, H' der Linie 3ter Ordnung und der Punct M der Geraden BG, so dass die Dreiecke FHG, $FH'G'$, FBM gleich und ähnlich, die Strecken HM, $H'M$, BM von gleicher Länge sind. Diese Linie, welche dadurch construirt werden kann, dass man um jedes Centrum M den Kreis mit dem Radius MB zieht, ist eine Strophoide genannt worden. Briot-Bouquet Géom. anal. 27.

4. Wenn auf einer Geraden, die den gegebenen Punct D enthält, und eine gegebene Gerade in N schneidet, die Strecke NP oder PN die gegebene Länge b hat, so ist P ein Punct einer Conchoide (κόγχη, Muschel). Vergl. §. 25. 2, IV. Die gegebene Gerade (Basis) hat von D (Pol) die Distanz $DE = a$, und DP hat auf DE die Normalprojection DQ, so dass $EDP = \vartheta$, $DP = r$ die polaren, $DQ = x$, $QP = y$ die rechtwinkeligen Coordinaten des P sind. Dann ist

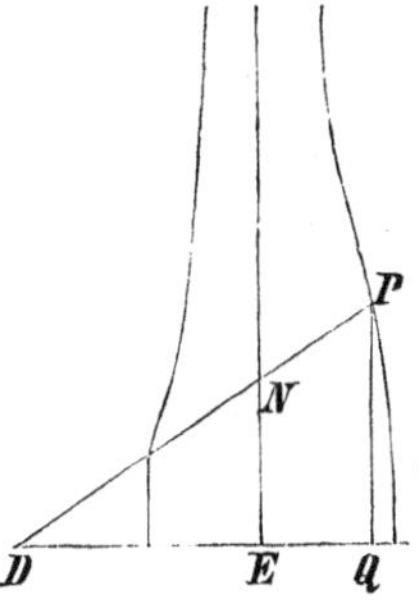

$$DP - NP = DN, \qquad (r - b)\cos\vartheta = a$$

$$\frac{DP}{DQ} = \frac{NP}{EQ} \text{ d. i. } \frac{r}{x} = \frac{b}{x-a} \text{ oder } (x^2 + y^2)(x - a)^2 - b^2x^2 = 0$$

$$y^2 = \frac{(x - a + b)(a + b - x)x^2}{(x - a)^2}$$

Daher ist die Conchoide eine Linie 4ter Ordnung, und besteht aus 2 Theilen, welche symmetrisch zu der Geraden DE liegen, entsprechend den zwischen $a - b$ und $a + b$ liegenden x. Jeder Theil hat zwei Zweige, getrennt durch die gegebene Basis EN, eine Asymptote der Conchoide (Tangente an ihrer unendlichfernen Spitze). Auf der Conchoide liegen der Pol D, ein Doppelpunct derselben, und die unendlichfernen Kreispuncte. Die Gestalt der Conchoide ist von dem Verhältniss $b : a$ abhängig.

Die Conchoide ist von Nicomedes (nach Eratosthenes und vor Geminus im 2ten Jahrh. v. Chr.) erfunden worden. Reimer a. a. O. Klügel math. W. 1 p. 530.

5. Die gegebene Gerade wurde im 17ten Jahrh. durch eine andere gegebene Linie ersetzt. Wenn z. B. statt der Geraden der Kreis gegeben wird, dessen Diameter DE und dessen Chorde DN ist, so erhält man

$$DP - DN = b, \qquad r - a\cos\vartheta = b, \qquad (r^2 - ax)^2 = b^2 r^2$$

d. h. P liegt auf einer Linie 4ter Ordnung, welcher Roberval den Namen limaçon de Pascal gegeben hat. Klügel math. W. 1 p. 543. Wenn insbesondere $b = a$, so ist $r = a(1 + \cos\vartheta)$ die Gleichung einer Linie 4ter Ordnung, welche im 18ten Jahrh. Cardioide (καρδία, Herz) genannt worden ist und zu den Epicycloiden, sowie zu den Catacaustiken gehört. Klügel math. W. 1 p. 396.

Wenn die Kreisbogen AB, BC, CD gleich sind, O und A Gegenpuncte, und wenn auf den Geraden OA, OB, OC, OD die Strecken $A'A$ und AA'', . . , $D'D$ und DD'' je einem Radius gleich sind, so ist $A'B$ mit $C'C$ und CC'' parallel und gleich, folglich $A'C'$ parallel, $A'C''$ normal zu der Chorde BC oder AD. Um den Theilpunct C des Bogen AD zu finden, zeichnet man die Cardioide $A'D'$ . . $A''D''$. Die Parallele der AD durch A' schneidet den Zweig $A'D'$ in C', und die Normale der AD durch A' den

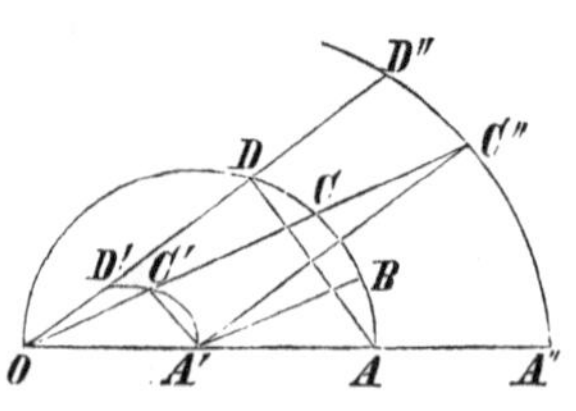

Zweig $A''D''$ in C'' so, dass die Gerade OC' oder OC'' den Bogen AD nach dem Verhältniss 2 theilt.

6. Wenn in Bezug auf die gegebenen Puncte F, G die Summe oder die Differenz der Vectoren FP, GP einen gegebenen Betrag hat, so ist P als Punct einer Ellipse oder einer Hyperbel definirt. Ebenso wird P als Punct einer Cartesischen Ovale definirt, wenn eine gegebene lineare Form der beiden Vectoren einen gegebenen Betrag hat. Diese Linie, welche bei dioptrischen Aufgaben sich ergab (Descartes Géom. II), ist 4ter Ordnung. Klügel math. W. 1 p. 757 und 3 p. 707. Chasles Ap. hist. Note 21.

Von derselben Ordnung ist die Linie, auf welcher P liegt, wenn das Product der beiden Vectoren einen gegebenen Betrag hat. Giov. Dom. Cassini, Astronom am Hofe Louis XIV., wollte diese Linie an die Stelle der Ellipse als Planetenbahn setzen (De l'origine et du progrès de l'astronomie. Anc. Mém. de Paris t. 8 p. 42), als Newton seine Principia eben vollendet hatte. Encyclopédie art. Ellipse de Cassini. Wenn O die Mitte der $FG = 2e$, $GOP = \vartheta$, $OP = r$, so ist für die Cassini'sche Linie

$$FP.GP = c^2, \quad (r^2 + e^2 - 2er\cos\vartheta)(r^2 + e^2 + 2er\cos\vartheta) = c^4$$
$$r^4 - 2e^2r^2\cos 2\vartheta = c^4 - e^4$$

Wenn r auf FG und auf die Normale derselben die Normalprojectionen x, y hat, so ist

$$(x^2 + y^2)^2 - 2e^2(x^2 - y^2) = c^4 - e^4$$

Diese Linie, für welche die Geraden $y = 0$ und $x = 0$ Axen sind, besteht aus einer Ovale oder aus 2 getrennten Ovalen, je nachdem $e : c$ weniger oder mehr als 1 ist. In dem besondern Fall $e = c$

$$r^2 = 2c^2\cos 2\vartheta, \quad (x^2 + y^2)^2 = 2c^2(x^2 - y^2)$$

ist das Centrum O ein Doppelpunct der Linie, welche Jac. Bernoulli 1694 betrachtet und wegen ihrer Gestalt Lemniscata (λημνίσκος, Schlinge) genannt hat. Klügel math. W. 3 p. 441.

Eine Correlation der Lemniscate und der gleichseitigen Hyperbel ist von MAGNUS Aufgaben 1 p. 286 aufgestellt worden. D'ARREST hat 1854 bemerkt (Astronom. Nachrichten t. 38 p. 199), dass man eine Cassinische Linie erhält, wenn man den Schnitt einer Kugel und eines Rotationscylinders auf eine bestimmte Ebene durch Normalen derselben projicirt. Auf der Ebene eines Cylinderkreises liegt ein Kugelkreis; mit der Geraden ihrer Centren parallel sind die Projicirenden, zu welchen die Ebene der Projection normal steht.

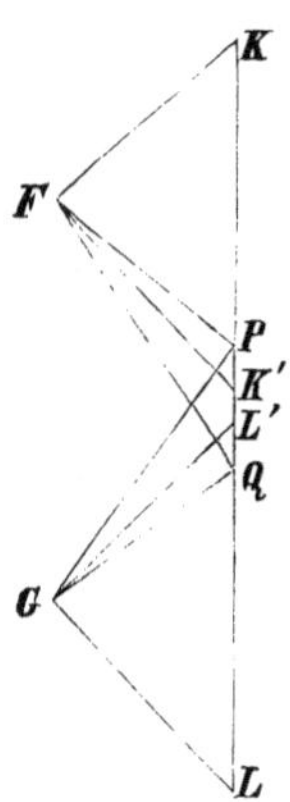

7. Wenn die Chorde PQ der Cassinischen Linie durch die Halbirenden der Winkel QFP, QGP und der Nebenwinkel in K', L' und in K, L getheilt wird, so ist (Planim. §. 8, 6)

$$PK : QK = PK' : K'Q = FP : FQ$$
$$QL : PL = QL' : L'P = GQ : GP$$

Nun ist $FP \,.\, GP = FQ \,.\, GQ = c^2$, folglich

$$PK : QK = QL : PL, \qquad PK = LQ$$
$$PK' : K'Q = QL' : L'P, \qquad K'P = QL'$$

d. h. die Strecken KL, $K'L'$ sind mit PQ concentrisch.

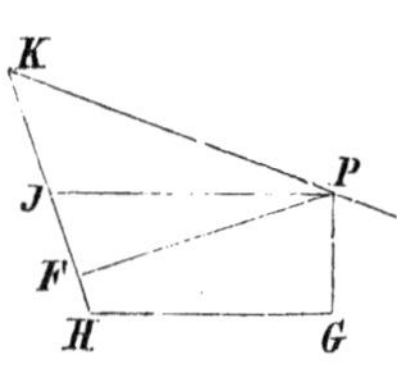

Wenn Q dem P hinreichend nahe ist, so sind mit beliebig kleinen Fehlern die Winkel PFK, LGP recht, die Strecken PK, LP gleich, und die Gerade PK Tangente der Cassinischen Linie an P. Wenn daher die Normale der FP durch F von den Normalen der GP durch G und P in H und J geschnitten wird, und auf derselben $JK = HJ$, so ist PK die gesuchte Tangente. STEINER Crelle J. 14 p. 80.

8. Auf den Geraden x, y, die den Punct O gemein haben, liegen die Strecken AB, CD; der Punct P hat die mit x, y parallelen Coordinaten $OQ = x$, $QP = y$; die Strecken AP,

BP, CP, DP liegen auf den Geraden a, b, c, d. Dann ist (§. 12, 4)

$$AP \,.\, BP \sin ab = 2ABP = AB \,.\, y \sin xy$$
$$CP \,.\, DP \sin cd = 2CDP = CD \,.\, x \sin yx$$
$$AP \,.\, BP \cos ab = u, \qquad CP \,.\, DP \cos cd = v$$
$$\cot ab = \frac{u}{AB \,.\, y \sin xy} \qquad \cot dc = \frac{v}{CD \,.\, x \sin xy}$$

und (§. 17, 1)

$$\begin{aligned} u &= AQ \,.\, BQ + QP^2 + (AQ + BQ)QP \cos xy \\ &= OP^2 - (OA + OB)(x + y \cos xy) + OA \,.\, OB \\ v &= OP^2 - (OC + OD)(x \cos xy + y) + OC \,.\, OD \end{aligned}$$

oder, wenn $AB = a$, $CD = b$, $OA = a'$, $OC = b'$, $OP = r$,

$$\begin{aligned} u &= r^2 - (a + 2a')(x + y \cos xy) + (a + a')a' \\ v &= r^2 - (b + 2b')(x \cos xy + y) + (b + b')b' \end{aligned}$$

Wenn nun die gegebenen Strecken AB, DC aus P betrachtet gleiche scheinbare Grösse haben, $dc = ab$, die Kreisbogen ABP und DCP ähnlich und eines Sinnes, so ist $ayv - bxu = 0$, d. i.

$$\begin{aligned} (ay - bx)r^2 + (a + 2a')bx^2 - (b + 2b')ay^2 + 2(a'b - a'b)xy \cos xy \\ + (b + b')ab'y - (a + a')a'bx = 0 \end{aligned}$$

Der Punct P liegt auf einer bestimmten Linie 3ter Ordnung, welche die Puncte ($y = 0$) O, A, B und ($x = 0$) C, D, die unendlichfernen Kreispuncte und den unendlichfernen Punct der Geraden AE enthält, wenn BE mit CD parallel und gleich.

9. Wenn A und C auf O fallen ($a' = 0$, $b' = 0$) so liegen BP und DP symmetrisch zu der Geraden OP, und BP ist derjenige Strahl des B, welcher von der Geraden OP in die Richtung DP reflectirt wird. Dann ist

$$(ay - bx)r^2 - ab(y^2 - x^2) = 0$$

Klügel math. W. 3 p. 700. Magnus Aufg. 1 p. 265. Der Punct O ist ein Doppelpunct der Linie mit den Tangenten $y^2 - x^2 = 0$, welche den Winkel xy und den Nebenwinkel halbiren. Die Gerade $ay - bx = a\mu$ hat mit der Linie mehr als einen unendlichfernen Punct gemein und ist eine Asymptote der Linie, wenn nach Elimination von y eine Gleichung für x bleibt, in der die Coefficienten von x^3, x^2 null sind, also unter der Bedingung

$$a\mu(a^2 + b^2 + 2ab\cos xy) - ab(b^2 - a^2) = 0$$

Nun ist $a^2 + b^2 + 2ab\cos xy = OE^2$, und wenn F die Normalprojection des B auf OE, so ist

$$b^2 - a^2 = FE^2 - OF^2 = OE(OE - 2OF) = OE.OG$$
$$\mu : b = OG : OE$$

Die durch G gehende Parallele der x schneidet y in H so, dass $\mu = OH$, und die durch H gehende Parallele der OE ist die Asymptote.

Wenn insbesondere $b = a$, so ist $\mu = 0$, und die Linie

$$(y - x)(r^2 - ay - ax) = 0$$

besteht aus dem Kreis OBD und der Geraden OE.

10. Wenn ein Strahl des B den um O mit dem Radius c beschriebenen Kreis in P trifft, und von dem Kreis in die Gerade DP reflectirt wird, so ist (9)

$$(ay - bx)c^2 - ab(y^2 - x^2) = 0$$

d. h. der Incidenzpunct P liegt auf der Hyperbel mit dem Punct O und den Puncten B', D', welche OB, OD so theilen, dass $OB \,.\, OB' = OD \,.\, OD' = c^2$. Das Centrum ist $\frac{1}{2}OB' | \frac{1}{2}OD'$, die Asymptoten sind mit den Halbirenden des Winkels xy und des Nebenwinkels parallel. Mit dem Kreis hat die Hyperbel 4 Puncte P gemein. Dieses biquadratische Problem der Catoptrik findet sich gelöst bei Alhazen (11tes Jahrh.) Opt. V, 39, Vitello (14tes Jahrh.) Opt. VI, 22, Huygens Opp. varia p. 759.

§. 27. Transscendente Linien.

1. Wenn der Kreisquadrant AB mit dem Centrum O von dem Punct L, und der Radius OB von dem Punct M gleichzeitig und gleichförmig durchlaufen wird, d. h. $OM : OB = AL : AB$, und wenn M durch die Parallele der OA auf OL nach P projicirt wird, so beschreibt der Punct P, dessen Ordinate $QP = y$ mit OM parallel und gleich, mithin der Anomalie $AOL = \vartheta$ proportional ist, eine Quadratrix (τετραγωνίζουσα). Durch Halbirung des Quadranten AB und des Radius OB und durch Halbirung ihrer Theile findet man beliebig viel Puncte L, M, P. Diese Linie ist von Deinostratus, Bruder von Menaechmus, erfunden worden nach Pappus IV, 25. Die Angabe des späteren Commentator Proclus, dass Hippias von Elis, Zeitgenosse von Socrates, der Erfinder gewesen sei, wird nach Reimer für unrichtig gehalten.

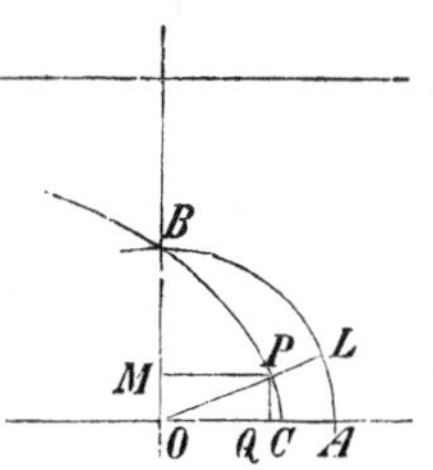

Wenn $OA = a$, $OQ = x$, so ist $AL = a\vartheta$, $AB = \frac{1}{2}a\pi$,

$$y : \vartheta = a : \tfrac{1}{2}\pi = c, \qquad x = y \cot\vartheta = c\vartheta \cot\vartheta = y \cot\frac{\pi}{2}\frac{y}{a}$$

Daher sind x, y durch eine transscendente Gleichung verbunden, und die Quadratrix ist eine transscendente Linie. Bei $\vartheta = 0$ ist $\vartheta \cot\vartheta = 1$ (Trigon. §. 3, 10), $x = c$, der Punct P fällt auf den Scheitel C der Quadratrix. Zufolge der Gleichungen

$$AL = \frac{a}{c}y \qquad\qquad OAL = \frac{a^2}{2c}y$$

sind der Bogen und der Sector des Kreises proportional der Ordinate der Quadratrix; durch Theilung der Ordinate nach gegebenem Verhältniss werden der Sector und der Bogen nach demselben Verhältniss getheilt. Daher der Gebrauch und der Name der Linie.

Die Quadratrix enthält den Punct B. Wenn AL ein Halbkreis, so ist OM ein Diameter, und P unendlichfern auf der durch M gehenden Parallele der OA. Wenn LL' ein Halbkreis, so ist MM' ein Diameter, und P' liegt auf der durch M' gehenden Parallele der OA, u. s. w. Die Quadratrix hat unendlichviel Zweige mit den Asymptoten $y = 2a,\ 4a, \ldots$ Der unendlichferne Punct der OA ist ein unendlichfacher Punct der Linie. Wenn ϑ das Zeichen wechselt, so wechselt y das Zeichen, x bleibt unverändert; also liegt die Quadratrix symmetrisch zu ihrer Axe OC. Durch Differentialrechnung findet man, dass die Scheiteltangente mit OB parallel ist und die übrigen Zweige in ihren Wendepuncten schneidet.

Die Quadratrix kann als Normalprojection eines Planschnittes von Schraubenflächen erhalten werden. Pappus IV, 28 und 29.

2. Wenn man OM auf die durch L gehende Parallele der OB normal projicirt nach QP, so beschreibt P eine von Tschirnhausen Medicina mentis 1687 p. 114 definirte Quadratrix, für welche

$$x = OL \cos\vartheta\,, \quad y = c\vartheta$$

unter der Bedingung, dass OL eine gegebene Function von ϑ ist, also L auf einer gegebenen Linie liegt. Wenn insbesondere $OL = a$, so ist

$$x = a \cos\frac{\pi}{2}\frac{y}{a}$$

Die Linie geht zwischen den Geraden $x = a$ und $x = -a$ unendlichvielmal hin und her, und liegt symmetrisch zu den Geraden $y = 0,\ 2a, \ldots$

Dieselbe Gestalt hat die Linie $y = \sin x$ oder $x = \operatorname{arc}\sin y$, welche die Puncte $0|0,\ \frac{1}{2}\pi|1,\ \pi|0,\ \frac{3}{2}\pi|-1,\ 2\pi|0, \ldots$ enthält, unter denen der 1te, 3te, .. Centren der Linie sind. Die Geraden $y = 1$ und $y = -1$ berühren die Linie in unendlichviel Puncten.

Die Linie $y = \operatorname{tang} x$ oder $x = \operatorname{arc}\operatorname{tang} y$ enthält die Puncte $-\frac{1}{2}\pi|-\infty,\ -\frac{1}{4}\pi|-1,\ 0|0,\ \frac{1}{4}\pi|1,\ \frac{1}{2}\pi|\infty$, u. s. w., unter denen $0|0,\ \pi|0, \ldots$ Centren der Linie sind.

Die Linie $y = a^x$ oder $x = ly : la$, welche daher eine logarithmische Linie heisst, enthält die Puncte $0|1$, $1|a$, $2|a^2, \ldots$ Die Ordinaten a^x, a^{x+d}, a^{x+2d} bilden eine geometrische Progression. Das geometrische Mittel zwischen den Ordinaten a^x und a^{-x} ist 1. Bei negativer Abscisse ist die Ordinate kleiner als 1; die Linie enthält den Punct $-\infty|0$, die Gerade $y = 0$ ist ihre Asymptote.

Aus den symmetrisch zu der Geraden $x = 0$ liegenden Linien $y = ae^x$ und $y = ae^{-x}$ bildet man die Linie

$$y = \tfrac{1}{2}a(e^x + e^{-x}) = a \cos ix$$

mit dem Scheitel $0|a$ und der Axe $x = 0$. Wenn $OQ = x$, $QP_1 = ae^x$, $QP_2 = ae^{-x}$, und P die Mitte der P_1P_2, so ist $QP = y$. Diese Linie ist die Gleichgewichtsfigur eines biegsamen aber nicht dehnbaren Fadens (Kette), der in 2 Puncten befestigt, von seinem Gewicht in der Richtung der negativen Ordinaten gespannt wird, und heisst eine Kettenlinie, catenaria. JAC. BERNOULLI, LEIBNIZ u. A. 1691.

3. Wenn die gegebenen Geraden x, y den Punct O enthalten und der Winkel xy recht ist, wenn $OA = a$, $AB = b$, $BC = c$ gegebene Strecken der Geraden u, v, w sind, so findet man die mit x, y parallelen Coordinaten der Strecke OC oder des Punctes C

$$\begin{aligned} x &= OA \cos xu + AB \cos xv + BC \cos xw \\ y &= OA \cos uy + AB \cos vy + BC \cos wy \\ &= OA \sin xu + AB \sin xv + BC \sin xw \end{aligned}$$

Wenn nun u, v, w gleichförmig sich drehn, d. h.

$$xu = \alpha + \lambda t, \quad xv = \beta + \mu t, \quad xw = \gamma + \nu t$$

so bewegen sich gleichförmig A auf einem Kreis um O, B auf einem bewegten Kreis um A, C auf einem bewegten Kreis um B. Die Bewegung des C ist aus den gleichförmigen Kreisbewegungen des A und B componirt; jedem t entspricht ein Punct $x|y$. Die Kreise, deren Centren auf Kreisen sich bewegen, heissen Epicyclen, die von C beschriebene Linie heisst eine Epicycloide (im weitern Sinne). Die Coordinaten x, y sind trigonometrische Functionen von t (FOURIER'sche Reihen). Bei hinreichendviel Gliedern kann die Epicycloide jede gegebene Figur mit beliebig kleinen Abweichungen erhalten; bei 2 Gliedern kann sie eine Ellipse sein. MÖBIUS Mechanik des Himmels 1843 p. V und 46 ff. Wenn z. B. $\alpha = 0$, $\beta = 0$, $\lambda + \mu = 0$, so ist

$$x = (a + b)\cos\lambda t, \quad y = (a - b)\sin\lambda t$$

$$\frac{x^2}{(a+b)^2} + \frac{y^2}{(a-b)^2} = 1$$

Bei $b = a$ fällt die Ellipse mit ihrer grossen Axe zusammen.

Ueberhaupt ist unter der Voraussetzung $i^2 = -1$

$$x + iy = OA \,.\, e^{i.xu} + AB \,.\, e^{i.xv} + BC \,.\, e^{i.xw}$$

Wenn dabei λ, μ, ν commensurabel sind, so ist die Epicycloide nicht transscendent, sondern algebraisch. Denn λ, μ, ν verhalten sich wie die ganzen Zahlen l, m, n, und durch die Substitution $\lambda = lk$, $\mu = mk$, $\nu = nk$, $e^{ikt} = z$ erhält man die Gleichungen

$$x + iy = fz^l + gz^m + hz^n$$
$$x - iy = f'z^{-l} + g'z^{-m} + h'z^{-n}$$

aus welchen durch Elimination von z eine algebraische Gleichung für x, y gefunden wird ohne i, weil das System bei der Vertauschung von i mit $-i$ unverändert bleibt.

Die Composition von Bewegungen, insbesondre die Darstellung einer gegebenen Bewegung (einer Planetenbewegung) durch Composition von gleichförmigen Kreisbewegungen ist ein Problem, dessen Lösung die Mathematiker der Platonischen Schule, namentlich EUDOXUS, und die Alexandrinischen Astronomen mit Erfolg unternommen haben. Die Verwerthung dieser Methode in der neuern Astronomie hat MÖBIUS in dem genannten Werk gezeigt.

4. Wenn um den Punct O eine Gerade gleichförmig sich dreht, und auf der Geraden von O aus der Punct P gleichförmig fortschreitet, so beschreibt P eine A r c h i m e d i s c h e S p i r a l e ($\check{\varepsilon}\lambda\iota\xi$). Der Vector $OP = r$ ist der Anomalie ϑ proportional, $r = a\vartheta$. Wenn die Linie den Punct $\vartheta|r$ enthält, so enthält sie die Puncte $\lambda\vartheta|\lambda r$ für alle λ. Sie enthält den Punct B $(\frac{1}{2}\pi|\frac{1}{2}\pi a)$, und auf der Geraden OP die Puncte P', wenn $OP' = OP + 4k \,.\, OB$ für ganze k. Die Puncte $\vartheta|r$ und $-\vartheta|-r$ d. i. $\pi - \vartheta|r$ liegen symmetrisch zu der Geraden OB $(\vartheta = \frac{1}{2}\pi)$, welche die Axe der Spirale ist. Der Punct O ist der Scheitel der Spirale, die übrigen auf der Axe liegenden Puncte der Spirale B, . . sind Doppelpuncte derselben.

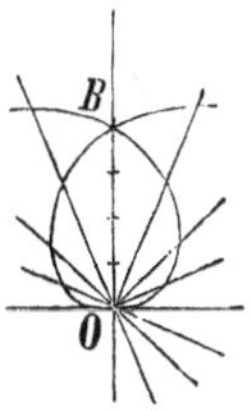

Diese Spirale ist von ARCHIMEDES erfunden, der in einer besondern Schrift ihre Eigenschaften entwickelt hat. Die von PAPPUS IV, 19 gemachte Angabe, dass CONON der Erfinder sei, ist unrichtig; ARCHIMEDES hatte seinem Freund CONON Sätze über die Spirale ohne Beweis zugeschickt, und CONON ist gestorben, bevor er die Sätze bewiesen hatte.

5. Im 17. und 18. Jahrh. sind andre Spiralen betrachtet worden. Die Spirale $r\vartheta = a$ heisst h y p e r b o l i s c h wegen der Form der Gleichung (§. 23, 10). Der Kreisbogen mit dem Radius r und dem Centriwinkel ϑ hat constante Länge. Weil $y = r \sin\vartheta = a \sin\vartheta : \vartheta$, so ist $y = a$ bei $\vartheta = 0$, $r = \infty$, und die Gerade $y = a$ eine Asymptote der Linie. Bei $\vartheta = \infty$ ist $r = 0$, und der Nullpunct asymptotisch, d. h. nach unendlichviel immer engern Windungen erreichbar.

Die Spirale $r^2 = 2p\vartheta$, welche p a r a b o l i s c h heisst, enthält den Nullpunct, der ihr Centrum ist, und umläuft denselben in immer weiteren Windungen.

Die Spirale $r^2\vartheta = a$ heisst ein L i t u u s (COTES Harm. mensurarum 1722 p. 85). Der Kreissector mit dem Radius r und dem Centriwinkel ϑ hat constante Fläche. Weil $y^2 = a \sin^2\vartheta : \vartheta$, so ist $y = 0$ bei $\vartheta = 0$, $r^2 = \infty$, und die Gerade $\vartheta = 0$ eine Asymptote der Linie; y^2 erreicht ein Maximum; der Nullpunct ist das Centrum und ein asymptotischer Punct der Linie.

Die Spirale $r = e^{\vartheta : a}$ oder $\vartheta = alr$, welche logarithmisch heisst, enthält den Punct 0|1, und macht von da an bei wachsenden ϑ immer weitere, bei fallenden ϑ immer engere Windungen um den Nullpunct. Wenn ϑ das arithmetische Mittel der ϑ_1 und ϑ_2, so ist r das geometrische Mittel der r_1 und r_2; aus 2 Puncten der Spirale kann man einen dritten Punct derselben construiren.

Vergl. Klügel math. W. IV p. 409 ff.

6. Wenn auf der gegebenen Linie (A) die gegebene Linie (B) rollt, so fallen auf die Puncte L, L' der Basis (A) nach und nach die Puncte M, M' der (B); in jedem vereinten Punct berühren sich die beiden Linien, und ihre gemeinschaftliche Tangente wird entweder auf verschiedenen Seiten oder auf derselben Seite von den beiden Linien berührt. Wenn (B) auf (A) rollt ohne Gleitung, so sind die Bogen LL' und MM' von gleicher Länge, und ein mit (B) starr verbundener Punct beschreibt eine bestimmte Linie, Trochoide (Roulette) genannt.

Wenn (A) eine Gerade und (B) ein Kreis ist, so heisst die von einem Punct des Kreises beschriebene Trochoide eine Cycloide. Wenn (A) ein Kreis und (B) ein Kreis oder eine Gerade ist, so heisst die Trochoide eine Epicycloide (oder auch Hypocycloide in dem Fall, dass die sich berührenden Kreise einerseits der gemeinschaftlichen Tangente liegen).

Die Trochoiden wurden im 17. Jahrh. untersucht, Roberval hat 1634 die ersten Sätze über die Cycloide gefunden. Die Namen Roulette, Trochoide, Epicycloide sind von Mersenne 1615, Roberval 1634, Beaugrand 1638, Newton 1687 (Princ. I pr. 48 und 49) gegeben worden. Vergl. Klügel math. W. 1 p. 595. Epicycloiden sind als die geeigneten Figuren für Radzähne erdacht worden von Desargues (nach Lahire Mécan. 1695 p. 368) und von Römer 1672 (nach Leibniz Brief an Joh. Bernoulli 1698 Jan. 18 nebst Antwort). Vergl. Klügel math. W. 2 p. 126.

7. Nachdem auf einer gegebenen Geraden ein Kreis rollend ohne Gleitung die Strecke AR berührt hat, so hat das Centrum B

des Kreises die parallele und gleiche Strecke BS durchlaufen, und der Radius BA hat sich um den Winkel PSR gedreht, dessen Bogen PR so lang ist als AR oder BS. Dabei hat der Punct A des Kreises den Cycloidenbogen AP beschrieben. Wenn BM mit SP parallel und gleich ist, so ist der Bogen MA mit PR oder BS von gleicher Länge.

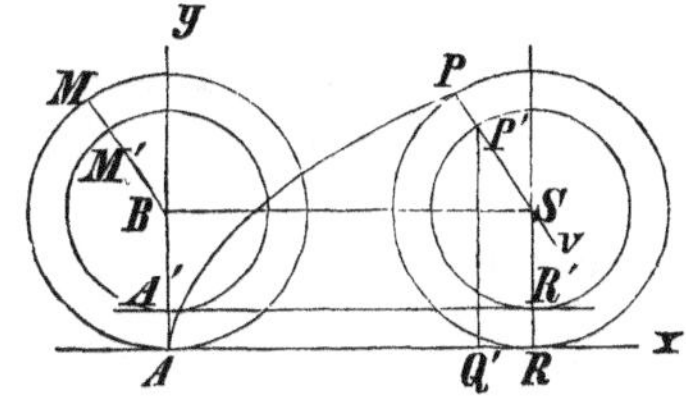

Macht man $M_1A = \lambda \,.\, MA$ auf dem Kreis, $BS_1 = \lambda \,.\, BS$ auf der Geraden, und S_1P_1 parallel und gleich mit BM_1, so liegt P_1 auf der Cycloide AP für alle λ.

Der Punct A' des Radius BA beschreibt zugleich den Bogen $A'P'$ einer gedehnten (prolata) oder einer verkürzten (curtata) Cycloide, je nachdem BA' kleiner oder grösser als BA. Der concentrische Kreis, dessen Radius BA' ist, rollt auf der Geraden $A'R'$ mit Gleitung, die von A' nach R' oder conträr gerichtet ist, je nachdem BA' kleiner oder grösser als BA. Denn wenn $M'A'$ und MA, $P'R'$ und PR ähnliche Bogen sind, so ist

$$A'R' : M'A' = BS : M'A' = MA : M'A' = BA : BA'$$

(Die hierüber von Aristoteles Mechanica c. 24 und 25 erhobenen Schwierigkeiten beruhen auf Missverständnissen.) Wenn daher die gegebene Strecke BA um den Punct B sich gleichförmig dreht, und B gleichförmig auf einer Geraden fortschreitet, so beschreibt A eine Cycloide, welche eine gemeine, oder eine gedehnte, oder eine verkürzte ist, je nachdem die Strecke BS zu dem gleichzeitig zu beschreibenden Bogen MA das Verhältniss 1 hat oder mehr oder weniger.

Wenn AR einem Kreisperimeter des Radius BA gleich ist, so hat der Punct A' eine Welle der Cycloide beschrieben. Zwei folgende Wellen sind gleiche und ähnliche Figuren nicht nur eines Sinnes, sondern auch conträren Sinnes; jede Welle hat eine Axe, auf der ein Scheitel der Cycloide liegt.

8. Die Strecken AR, AB, PS liegen auf den Geraden x, y, v, der Winkel xy ist recht, der Vector AP' hat die rechtwinkeligen

Coordinaten $AQ' = x$, $Q'P' = y$, die Strecke $P'S$ der v hat den Werth c der $A'B$ auf y. Wenn nun $AB = b$, $vy = \omega$, so ist

$$x = AR - Q'R = AR - P'S\cos xv = AR - P'S\sin vy = b\omega - c\sin\omega$$
$$y = RS + SP'\cos vy = AB - P'S\cos vy = b - c\cos\omega$$

Weil $c\cos\omega = b - y$, so ist $c^2\sin^2\omega = c^2 - (b-y)^2$ und

$$x = b\arccos\frac{b-y}{c} - \sqrt{c^2-(b-y)^2}$$

für den Punct $x|y$ der Cycloide, welche eine gemeine, oder eine gedehnte, oder eine verkürzte ist, je nachdem $b : c = 1$ oder mehr oder weniger als 1.

Weil $\cos\omega$ zwischen 1 und -1 liegt, so steigt und fällt die Ordinate y zwischen den Grenzen $b - c$ und $b + c$. Conträr gleichen ω entsprechen gleiche Ordinaten und conträr gleiche Abscissen, also ist die Gerade $x = 0$ eine Axe der Cycloide. Auf dieser Axe liegt ($\omega = 0$) eine Spitze der gemeinen Cycloide mit der Tangente $x = 0$, ein Scheitel der gedehnten oder verkürzten Cycloide mit der Tangente $y = b - c$, und ausserdem ein Doppelpunct der verkürzten Cycloide. Denn $\sin\omega : \omega$ kann den Werth $b : c < 1$ erhalten (Algebra §. 8, 4), bei welchem $x = b\omega - c\sin\omega = 0$ ist. Ferner ist die Gerade $x = b\pi$ eine Axe der Cycloide, auf welcher der Scheitel $\omega = \pi$ mit der Tangente $y = b + c$ liegt. Ebenso ist die Gerade $x = 2b\pi$ eine Axe wie $x = 0$, und die Gerade $x = 3b\pi$ eine Axe wie $x = b\pi$, u. s. w.

9. Nachdem auf einem gegebenen Kreis mit dem Centrum O ein Kreis rollend ohne Gleitung den Bogen AR berührt hat, so hat das Centrum B des rollenden Kreises den ähnlichen Bogen BS durchlaufen, und der Radius BA hat sich um den Winkel RSP gedreht, dessen Bogen RP so lang ist als AR. Dabei hat der Punct A' des Radius BA den Epicycloiden-

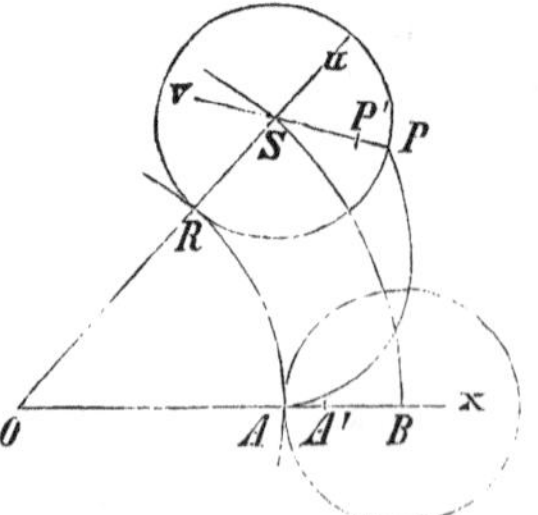

bogen $A'P'$ beschrieben, wenn $SP'P$ und $BA'A$ gleich und ähnlich sind. Durch Halbirung der Bogen AR und RP kann man einen andern Punct der Linie $A'P'$ construiren, u. s. w. Die Epicycloide ist eine gemeine, oder eine gedehnte, oder eine verkürzte, je nachdem $BA' = BA$, oder BA' kleiner oder grösser als BA.

Wenn AR einem Kreisperimeter des Radius BA gleich ist, so hat A' eine Welle der Epicycloide beschrieben; zwei folgende Wellen haben die Eigenschaften der Cycloidenwellen (7). Wenn eine der folgenden Wellen eine bereits beschriebene Welle deckt, so ist die Epicycloide eine geschlossene Linie. Dieser Fall tritt ein, sobald eine ganze Anzahl Kreisperimeter des Radius OA von einer ganzen Anzahl Kreisperimeter des Radius BA bedeckt wird, wenn also die beiden Kreisperimeter commensurabel sind, d. h. wenn die Radien OA und BA commensurabel sind, ein rationales Verhältniss haben.

Dieselbe gemeine Epicycloide wird auch von einem Punct eines andern bestimmten Kreises beschrieben, der auf demselben gegebenen Kreis rollt ohne Gleitung. Euler 1781. Vergl. Planim. §. 12, 3.

10. Durch O geht die Gerade x der Puncte A, B, A', die Gerade u der Puncte R, S, und die Gerade y, die mit x einen rechten Winkel bildet. Durch S geht die Gerade v der Puncte P, P'; die Strecke SP' der v hat denselben Werth wie BA' auf x. Wenn nun OR und RS eines Zeichens sind, $OR = a$, $RS = b$, so ist $OS = a + b$, RP und AR sind gleiche Bogen eines Zeichens,

$$b \,.\, uv = a \,.\, xu, \qquad xv = xu + uv = xu + \frac{a}{b} xu = \frac{a+b}{b} xu$$

Wenn aber OR und RS nicht eines Zeichens sind (wobei die Epicycloide auch eine Hypocycloide genannt wird), so sind RP und AR nicht eines Zeichens, und man hat b durch $-b$ zu ersetzen. In jedem Falle sind die Normalprojectionen des Vector OP' auf x, y

$$x = OS \cos xu + SP' \cos xv = OB \cos xu + BA' \cos xv$$
$$y = OS \cos uy + SP' \cos vy = OB \sin xu + BA' \sin xv$$

so dass jedem xu ein Punct $x|y$ entspricht.

Wenn a und b commensurabel sind, so ist die Epicycloide eine geschlossene Figur (9) und eine algebraische Linie (3) gerader Ordnung.

Wenn z. B. $b = a$, A' der Gegenpunct des A d. h. $SP' = a$, und $xu = \varphi$, so ist

$$x = 2a\cos\varphi + a\cos 2\varphi, \quad y = 2a\sin\varphi + a\sin 2\varphi$$

$$\frac{a+x}{\cos\varphi} = \frac{y}{\sin\varphi} = 2a(1+\cos\varphi)$$

Daher hat der Punct $a + x | y$ die polaren Coordinaten φ, r, so dass

$$r = 2a(1+\cos\varphi)$$

Diese Epicycloide ist eine Cardioide (§. 26, 5).

Wenn dagegen $b = -\frac{1}{2}a$ d. h. B die Mitte der OA und $BA' = c$, so ist

$$x = (\tfrac{1}{2}a + c)\cos\varphi, \quad y = (\tfrac{1}{2}a - c)\sin\varphi$$

und die Epicycloide (Hypocycloide) eine Ellipse (3).

Vergl. Euler Introd. II §. 523. Klügel math. W. 2 p. 115. Magnus Aufgaben 1 p. 303. Salmon plane curves p. 211. Hennig Borch. Journ. 65 p. 52.

11. Wenn auf einer gegebenen Linie (A) eine Gerade rollt ohne Gleitung, so beschreibt ein Punct der Geraden eine Linie, deren Evolute die Linie (A) ist, und welche eine Evolvente der Linie (A) genannt worden ist (Huygens 1673). Nachdem die Gerade rollend ohne Gleitung den Bogen AR der Basis berührt hat, so hat der Punct A der Geraden den Evolventenbogen AP beschrieben, wenn die Strecke RP mit dem Bogen AR von gleicher Länge ist. Wenn (A) von einem Faden, dessen Anfang auf (A) befestigt ist, mit unveränderter Spannung umschlungen bleibt, so liegt das freie Ende des Fadens auf einer Evolvente der (A).

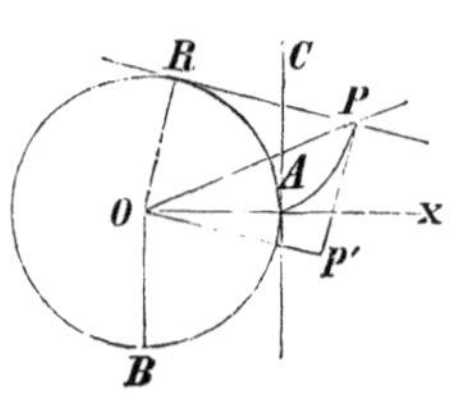

Wenn die Basis ein Kreis ist, und die Radien OA, OR auf den Geraden x, s den Werth a haben, wenn der Vector

OP auf der Geraden r den Werth r hat, wenn $r's = \frac{1}{2}\pi$, $xr = \vartheta$, $xs = \omega$, so ist

$$RP = OP \cos r'r = OP \sin rs, \quad AR = OA \,.\, xs, \quad OR = OP \cos rs$$
$$r \sin(\omega - \vartheta) = a\omega, \quad r \cos(\omega - \vartheta) = a$$

Jedem ω entspricht ein ϑ und ein r, weil $\operatorname{tang}(\omega - \vartheta) = \omega$ oder

$$\vartheta = \omega - \operatorname{arctg} \omega$$

Dabei ist r die Hypotenuse der Catheten a und $a\omega$. Wenn ω das Zeichen wechselt, so wechselt ϑ das Zeichen bei demselben r; also ist die Gerade $\vartheta = 0$ eine Axe der Evolvente des Kreises, und Tangente derselben an der Spitze A. Die Linie macht unendlichviel immer weitere Windungen um den Kreis.

Wenn r' von der durch P gehenden Parallele der s in P' geschnitten wird, $x'x = \frac{1}{2}\pi$, $OB = a$ auf x', so ist $P'P = a$ und

$$OP' = RP = OA \,.\, xs = OB \,.\, x'r'$$

Wenn daher der Schenkel AC des rechten Winkels CAO auf dem Kreis rollt ohne Gleitung, so beschreibt der Punct O des andern Schenkels eine Archimedische Spirale (4) mit dem Scheitel O und der Axe OA. Klügel math. W. 2 p. 148. Magnus Aufg. 1 p. 299 und 312.

12. Wenn auf einer Geraden oder auf einem Kreis ein Kreis rollt ohne Gleitung, so wird von einem unbeweglichen die Ebene des beweglichen Kreises streifenden Stift auf dieser Ebene eine Linie beschrieben, deren Gleichung Clairaut Mém. de Paris 1740 p. 148 in älterer Ausdrucksweise gegeben hat.

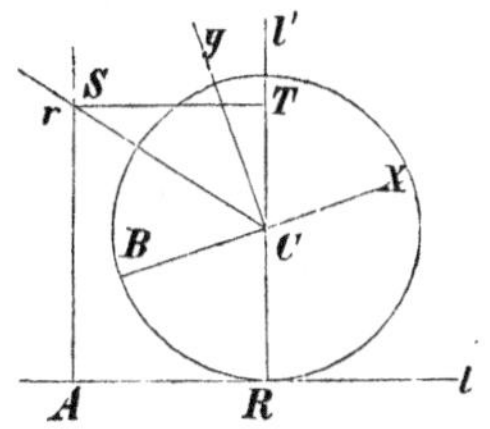

Der Stift S hat von der Geraden l die gegebene Distanz AS. Wenn die Gerade von dem Kreis in R berührt wird, und wenn vorher mit dem Punct A der Geraden der Punct B des Kreises vereint war, so ist B ein gegebener Punct des Kreises, weil der Bogen BR und die Strecke AR von gleicher Länge sind. In Bezug auf das Centrum C

und die Gerade x des Radius CB wird der Punct S der Kreisebene durch den Vector $CS = r$ und die Anomalie $xr = \vartheta$ bestimmt. In dem Parallelogramm $SART$ ist $AS = RC + CT$ gegeben, $RC = b$, $CT = c$ und

$$ST = AR = BR = b \,.\, xl'$$

Ferner ist, wenn $ll' = \frac{1}{2}\pi$,

$$CT = CS \cos rl', \qquad TS = CS \cos lr = CS \sin rl', \qquad ST^2 = r^2 - c^2$$

folglich

$$\operatorname{tang} l'r = \frac{ST}{c} \quad \text{d. i.} \quad \operatorname{tang}\left(\vartheta - \frac{ST}{b}\right) = \frac{ST}{c}$$

die gesuchte Gleichung für ϑ, r.

Bei $c = 0$ ist $l'r = \frac{1}{2}\pi$, und unter der Voraussetzung $xy = \frac{1}{2}\pi$

$$ST = r = b \,.\, xl' = b \,.\, yr$$

d. h. die von dem Stift beschriebene Linie ist eine Archimedische Spirale mit dem Scheitel C und der Axe x.

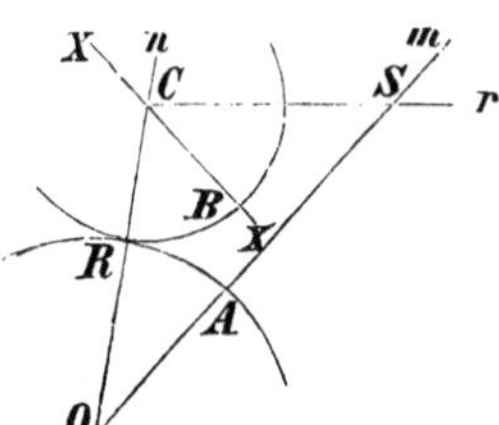

Wenn aber der Stift S auf dem Radius OA eines Kreises liegt, wenn dieser Kreis von einem auf ihm ohne Gleitung rollenden Kreis in R berührt wird, und wenn vorher mit dem Punct A des unbeweglichen Kreises der Punct B des bewegten Kreises vereint war, so sind die Bogen AR und RB gleich. Wenn OA, OR, BC positive Strecken der Geraden m, n, x sind, so ist

$$OA \,.\, mn = BC \,.\, nx = BC(nr - xr)$$

die gesuchte Gleichung für xr, r. Denn die Winkel mn und nr sind durch die Seiten des Dreiecks OCS bestimmt, mithin gegebene Functionen von r.

Capitel V.

Die Gerade.

§. 28. Die Geraden der Ebene.

1. Wenn $u = ax + by + c$ eine gegebene lineare Function der x, y ist (des Punctes $x|y$, der in Bezug auf die Geraden x, y des Punctes O die in O anfangenden und mit den Geraden parallelen Coordinaten x, y hat), so ist $u = 0$ die Gleichung einer bestimmten Geraden s (§. 20, 2). Die Gleichung $u = 0$ ist durch die Proportion $a : b : c$ der Coefficienten bestimmt: denn wenn $u' = a'x + b'y + c'$, und

$$a' : b' : c' = a : b : c$$

so ist $au' - a'u$ null bei allen x, y d. h. die Linie $u' = 0$ hat mit der Linie $u = 0$ alle Puncte gemein.

Allen Proportionen $a : b : c$ entsprechen alle Geraden der Ebene, welche eine Doppelserie bilden, wie die Puncte der Ebene. Daher sind die Coefficienten a, b, c homogene Coordinaten der Geraden s, welche, als Element der Ebene betrachtet, als die Gerade $a|b|c$ bezeichnet wird (§. 19, 1 und 2).

Die Gerade $a|b|0$ enthält den Nullpunct. Die Gerade $0|b|c$ ist mit x parallel, weil y constant. Die Gerade $a|0|c$ ist mit y parallel, weil x constant. Die Gerade $0|0|c$ ist die unendlichferne Gerade der Ebene, weil sie alle unendlichfernen Puncte der Ebene enthält, mit x und mit y zugleich parallel ist (§. 20, 4).

2. Wenn die Coordinaten a, b, c durch eine homogene Gleichung verbunden sind, so giebt es eine Serie von Geraden s; durch 2 solche Gleichungen ist $a : b : c$ bestimmt, also auch die Gerade s (eine Gruppe von Geraden).

Wenn $ap + bq + cr = 0$, so enthält jede Gerade der Serie den Punct $p : r | q : r$. Die Serie der Geraden $ap + c = 0$ enthält den Punct $p | 0$. Die Serie der Geraden $ap + bq = 0$ enthält $(r = 0)$ den unendlichfernen Punct der Richtung $p | q$ (§. 20, 2); in der That ist nach Elimination von b

$$qx - py + cq : a = 0$$

wobei $cq : a$ unbestimmt bleibt.

Wenn F_k eine Form $k$ten Grades der a, b, c, so ist die Gerade $(F_m = 0, F_1 = 0)$ $m$deutig bestimmt, weil das System der homogenen Gleichungen für a, b, c congruent ist mit dem System einer Gleichung $m$ten Grades und einer Gleichung 1ten Grades für $a : c$ und $b : c$. Die Serien $F_m = 0$ und $F_1 = 0$ haben m gemeinschaftliche Gerade; unter den Geraden der Serie $F_m = 0$ gehn m durch den Punct, welchen die Geraden der Serie $F_1 = 0$ enthalten.

Die Serie $F_m = 0$ heisst eine Serie $m$ter Classe; ihre Geraden, deren m einen gegebenen Punct enthalten, berühren eine Linie $m$ter Classe, die Enveloppe der Serie (§. 19, 3). Die Serie $F_1 = 0$ ist 1ter Classe, ihre Geraden berühren einen gegebenen Punct. Daher heisst in der Geometrie, welche als Element der Ebene die Gerade gebraucht, $F_1 = 0$ die Gleichung eines Punctes, $F_2 = 0$ die Gleichung einer Linie 2ter Classe (der von den Geraden der Serie berührten Enveloppe). Die Linie 2ter Classe besteht aus 2 Puncten, wenn F_2 reducibel (Product von 2 Formen 1ten Grades). Zwei Linien $m$ter und $n$ter Classe haben mn gemeinschaftliche Tangenten, welche die Linie $F_m + \varrho F_n = 0$ berühren. Plücker 1830 a. a. O. Der Begriff Classe war dem Begriff Ordnung einer Linie dualistisch hinzugefügt worden von Gergonne 1827 Ann. 18 p. 149. Die Linie $n$ter Ordnung hat n Puncte einer Geraden, die Linie $m$ter Classe hat m Tangenten eines Punctes (die ihn enthalten). Wenn jene Puncte nicht alle von einander verschieden sind, so ist die Gerade eine Tangente der Linie; wenn diese Tangenten nicht alle von einander verschieden sind, so ist der Punct ein Punct der Enveloppe.

3. Wenn die Gerade $ax + by + c = 0$ den Punct $x_1|y_1$ enthält, d. h. $ax_1 + by_1 + c = 0$, so ist

$$a(x - x_1) + b(y - y_1) = 0$$

während $b : -a$ d. i. $x - x_1 : y - y_1$ unbestimmt bleibt.

Wenn die Gerade die Puncte $x_1|0$ und $0|y_2$ enthält, d. h. $ax_1 + c = 0$ und $by_2 + c = 0$, so ist

$$ax + by + c = \frac{-cx}{x_1} - \frac{cy}{y_2} + c = 0, \qquad \frac{x}{x_1} + \frac{y}{y_2} = 1 \quad (\S.\ 16)$$

Wenn die Gerade die Puncte $x_1|y_1$ und $x_2|y_2$ enthält, so ist

$$\begin{aligned} ax + by + c &= 0 \\ ax_1 + by_1 + c &= 0 \\ ax_2 + by_2 + c &= 0 \end{aligned} \quad \text{folglich} \quad \begin{vmatrix} x & y & 1 \\ x_1 & y_1 & 1 \\ x_2 & y_2 & 1 \end{vmatrix} = 0$$

$$\begin{aligned} a(x - x_1) + b(y - y_1) &= 0 \\ a(x_1 - x_2) + b(y_1 - y_2) &= 0 \end{aligned} \qquad \frac{x - x_1}{y - y_1} = \frac{x_1 - x_2}{y_1 - y_2}$$

$$(y_1 - y_2)x - (x_1 - x_2)y + x_1y_2 - x_2y_1 = 0$$

Die Gerade ist durch 2 Puncte bestimmt, ihre Coordinaten sind die Adjuncten der ersten Zeile des Systems

$$\begin{matrix} x & y & 1 \\ x_1 & y_1 & 1 \\ x_2 & y_2 & 1 \end{matrix}$$

und auch dann real, wenn die gegebenen Puncte nicht real aber conjugirt sind.

4. Wenn die Geraden $a_1|b_1|c_1$ und $a_2|b_2|c_2$ den Punct $x|y$ gemein haben, so ist

$$\begin{aligned} a_1x + b_1y + c_1 &= 0 \\ a_2x + b_2y + c_2 &= 0 \end{aligned}$$

$$\begin{vmatrix} a_1x + c_1 & b_1 \\ a_2x + c_2 & b_2 \end{vmatrix} = 0 \qquad \begin{vmatrix} a_1 & b_1y + c_1 \\ a_2 & b_2y + c_2 \end{vmatrix} = 0$$

$$(ab)x + (cb) = 0, \qquad (ab)y + (ac) = 0$$

indem (ab) für $a_1 b_2 - a_2 b_1$ u. s. w. gesetzt wird. Die Coordinaten des Punctes sind die Verhältnisse von (bc) und (ca) zu (ab), gebildet aus den Adjuncten der ersten Zeile des Systems

$$\begin{matrix} a & b & c \\ a_1 & b_1 & c_1 \\ a_2 & b_2 & c_2 \end{matrix}$$

und auch dann real, wenn die gegebenen Geraden nicht real aber conjugirt sind bei conjugirt-complexen Coordinaten der Geraden.

Wenn $(ab) = 0$, so ist der gemeinschaftliche Punct unendlichfern, und die Geraden sind parallel. Wenn zugleich $(bc) = 0$ ist, so ist auch $(ca) = 0$, und die Geraden haben alle Puncte gemein.

5. Wenn $u_1 = a_1 x + b_1 y + c_1$, $u_2 = a_2 x + b_2 y + c_2$, und $u_1 + \lambda u_2$ constant, d. h. $a_1 + \lambda a_2 = 0$, $b_1 + \lambda b_2 = 0$, so ist $a_2 : b_2 = a_1 : b_1$, die Geraden $u_1 = 0$, $u_2 = 0$ sind parallel. Die Gerade $u_1 + \lambda u_2 = 0$, welche den Punct $(u_1 = 0, u_2 = 0)$ enthält, ist die unendlichferne Gerade. Die Gerade $u_1 - \lambda u_2 = 0$ ist mit den Geraden $u_1 = 0$, $u_2 = 0$ parallel und halbirt den Streifen derselben. Denn $a_1 - \lambda a_2 : b_1 - \lambda b_2 = 2a_1 : 2b_1 = a_1 : b_1$, und von der Geraden $y\,(x = 0)$ werden die Geraden $u_1 = 0$, $u_2 = 0$, $u_1 - \lambda u_2 = 0$ in L, L', L'' so geschnitten, dass

$$b_1 . OL + c_1 = 0, \quad b_2 . OL' + c_2 = 0, \quad (b_1 - \lambda b_2) OL'' + c_1 - \lambda c_2 = 0$$

folglich $(b_1 - \lambda b_2) OL'' = b_1 . OL - \lambda b_2 . OL'$, $2\, OL'' = OL + OL'$.

6. Wenn die Ordinaten der Puncte A, B und die Gerade AB von der Geraden $u = ax + by + c = 0$ in A', B', C geschnitten werden, so ist (Planim. §. 10, 2 und §. 8, 1) das Verhältniss, nach welchem AB von $u = 0$ getheilt wird,

$$AC : BC = A'B'A : A'B'B = A'A : B'B$$

Wenn nun $A = x_1 | y_1$, $B = x_2 | y_2$, $ax_i + by_i + c = u_i$, so ist

$$ax_1 + b(y_1 - A'A) + c = 0, \quad u_1 = b \,.\, A'A$$
$$ax_2 + b(y_2 - B'B) + c = 0, \quad u_2 = b \,.\, B'B$$

folglich

$$AC : BC = A'A : B'B = u_1 : u_2$$

Nach dem Verhältniss λ wird die Strecke AB in dem Punct (§. 16)

$$\frac{x_1 - \lambda x_2}{1 - \lambda} \,\Big|\, \frac{y_1 - \lambda y_2}{1 - \lambda}$$

getheilt, welcher auf der Geraden $u = 0$ liegt, wenn

$$a \frac{x_1 - \lambda x_2}{1 - \lambda} + b \frac{y_1 - \lambda y_2}{1 - \lambda} + c = 0$$

d. h. $u_1 - \lambda u_2 = 0$, wie vorher.

7. Wenn $u_i = a_i x + b_i y + c_i$, so enthält die Gerade $u_1 + \lambda u_2 = 0$ den Punct $(u_1 = 0,\ u_2 = 0)$ bei jedem λ, und den Punct $x_1 | y_1$ unter der Bedingung $u_{11} + \lambda u_{21} = 0$, wobei $u_{i1} = a_i x_1 + b_i y_1 + c_i$ gesetzt ist. Daher ist

$$\begin{vmatrix} u_1 & u_2 \\ u_{11} & u_{21} \end{vmatrix} = 0$$

die Gleichung der Geraden, welche den gemeinschaftlichen Punct von 2 gegebenen Geraden und einen gegebenen Punct enthält.

Die Gerade, welche die Puncte $(u_1 = 0,\ u_2 = 0)$ und $(u_3 = 0,\ u_4 = 0)$ enthält, hat die Gleichung $u_1 + \lambda u_2 = 0$, wenn diese mit $u_3 + \mu u_4 = 0$ congruirt. Unter der Bedingung

$$a_1 + \lambda a_2 : b_1 + \lambda b_2 : c_1 + \lambda c_2 = a_3 + \mu a_4 : b_3 + \mu b_4 : c_3 + \mu c_4$$

ist

$$\begin{vmatrix} a_1 + \lambda a_2 & a_3 + \mu a_4 & a_i \\ b_1 + \lambda b_2 & b_3 + \mu b_4 & b_i \\ c_1 + \lambda c_2 & c_3 + \mu c_4 & c_i \end{vmatrix} = 0$$

$$\begin{vmatrix} a_1 + \lambda a_2 & a_3 & a_4 \\ b_1 + \lambda b_2 & b_3 & b_4 \\ c_1 + \lambda c_2 & c_3 & c_4 \end{vmatrix} = 0 \qquad \begin{vmatrix} a_1 & a_2 & a_3 + \mu a_4 \\ b_1 & b_2 & b_3 + \mu b_4 \\ c_1 & c_2 & c_3 + \mu c_4 \end{vmatrix} = 0$$

d. i. $(134) + \lambda(234) = 0$ und $(123) + \mu(124) = 0$. Daher ist für die gesuchte Gerade

$$(234)u_1 - (134)u_2 = 0 \quad \text{oder} \quad (124)u_3 - (123)u_4 = 0$$

In der That sind diese Gleichungen congruent, weil bei allen x, y

$$\begin{vmatrix} u_1 & u_2 & u_3 & u_4 \\ a_1 & a_2 & a_3 & a_4 \\ b_1 & b_2 & b_3 & b_4 \\ c_1 & c_2 & c_3 & c_4 \end{vmatrix} = (234)u_1 - (134)u_2 + (124)u_3 - (123)u_4 = 0$$

Ebenso congruiren $(234)u_1 + (124)u_3 = 0$ und $(134)u_2 + (123)u_4 = 0$, welche die Puncte $(u_1 = 0,\ u_3 = 0)$ und $(u_2 = 0,\ u_4 = 0)$ enthalten, u. s. w.

8. Wenn die Geraden $u_1 = 0$, $u_2 = 0$, $u_3 = 0$ den Punct $x|y$ gemein haben, so ist

$$\begin{matrix} a_1x + b_1y + c_1 = 0 \\ a_2x + b_2y + c_2 = 0 \\ a_3x + b_3y + c_3 = 0 \end{matrix} \quad \text{folglich} \quad \begin{vmatrix} a_1 & b_1 & c_1 \\ a_2 & b_2 & c_2 \\ a_3 & b_3 & c_3 \end{vmatrix} = 0$$

Nun ist bei allen x, y

$$(abc) = \begin{vmatrix} a_1 & b_1 & c_1 \\ a_2 & b_2 & c_2 \\ a_3 & b_3 & c_3 \end{vmatrix} = \begin{vmatrix} a_1 & b_1 & u_1 \\ a_2 & b_2 & u_2 \\ a_3 & b_3 & u_3 \end{vmatrix} = \gamma_1 u_1 + \gamma_2 u_2 + \gamma_3 u_3$$

Also ist unter der Bedingung $(abc) = 0$ eine bestimmte lineare Form der u_1, u_2, u_3 identisch null d. i. bei allen x, y, so dass die Gerade $-\gamma_3 u_3 = 0$ congruent ist mit der Geraden $\gamma_1 u_1 + \gamma_2 u_2 = 0$, welche den Punct $(u_1 = 0,\ u_2 = 0)$ enthält.

Wenn z. B. $v_1 = \alpha_2 u_2 - \alpha_3 u_3$, $v_2 = \alpha_3 u_3 - \alpha_1 u_1$, $v_3 = \alpha_1 u_1 - \alpha_2 u_2$, so ist $v_1 + v_2 + v_3 = 0$ bei allen x, y. Daher haben die Geraden $v_1 = 0$, $v_2 = 0$, $v_3 = 0$ einen Punct gemein $(v_1 = 0,\ v_2 = 0)$.

Das Dreieck $0|0$, $a|0$, $0|b$ hat die Diameter (Mittellinien)

$$p = \frac{x}{\frac{1}{2}a} + \frac{y}{b} - 1 = 0$$

$$q = \frac{x}{a} + \frac{y}{\frac{1}{2}b} - 1 = 0$$

$$r = \frac{x}{a} - \frac{y}{b} \qquad = 0$$

welche, weil $p - q - r = 0$ bei allen x, y ist, den Punct $\frac{1}{3}a|\frac{1}{3}b$ gemein haben, den Schwerpunct der gegebenen Eckpuncte bei gleichen Coefficienten.

9. Unter der Voraussetzung $u_{ik} = a_i x_k + b_i y_k + c_i$ ist

$$\begin{vmatrix} u_{11} & u_{12} & u_{13} \\ u_{21} & u_{22} & u_{23} \\ u_{31} & u_{32} & u_{33} \end{vmatrix} = \begin{vmatrix} a_1 & b_1 & c_1 \\ a_2 & b_2 & c_2 \\ a_3 & b_3 & c_3 \end{vmatrix} \begin{vmatrix} x_1 & y_1 & 1 \\ x_2 & y_2 & 1 \\ x_3 & y_3 & 1 \end{vmatrix}$$

$$\begin{vmatrix} a_1 & b_1 & c_1 \\ a_2 & b_2 & c_2 \\ a_3 & b_3 & c_3 \end{vmatrix} = \begin{vmatrix} a_1 & b_1 & u_{1k} \\ a_2 & b_2 & u_{2k} \\ a_3 & b_3 & u_{3k} \end{vmatrix}$$

Wenn nun die Geraden $u_2 = 0$, $u_3 = 0$ den Punct $x_1|y_1$ gemein haben, u. s. w., so ist

$$\begin{matrix} u_{21} = 0 & \quad u_{32} = 0 & \quad u_{13} = 0 \\ u_{31} = 0 & \quad u_{12} = 0 & \quad u_{23} = 0 \end{matrix}$$

folglich

$$\begin{vmatrix} a_1 & b_1 & c_1 \\ a_2 & b_2 & c_2 \\ a_3 & b_3 & c_3 \end{vmatrix} \begin{vmatrix} x_1 & y_1 & 1 \\ x_2 & y_2 & 1 \\ x_3 & y_3 & 1 \end{vmatrix} = u_{11} u_{22} u_{33}$$

$$(abc) = \gamma_1 u_{11} = \gamma_2 u_{22} = \gamma_3 u_{33}$$

und daher

$$\begin{vmatrix} x_1 & y_1 & 1 \\ x_2 & y_2 & 1 \\ x_3 & y_3 & 1 \end{vmatrix} = \frac{(abc)^2}{\gamma_1 \gamma_2 \gamma_3}$$

zur Berechnung der Fläche des Dreiecks der Geraden $u_1 = 0$, $u_2 = 0$, $u_3 = 0$ (§. 17, 4). Vergl. Det. §. 15, 9.

10. Vier Gerade ($u_i = a_i x + b_i y + c_i = 0$, $i = 1, 2, 3, 4$) geben 3 Paare von Schnitten 23 und 14, 31 und 24, 12 und 34, die durch p und p', q und q', r und r' bezeichnet werden, so dass pp', qq', rr' die 3 Diagonalen eines Vierecks sind. Die Coordinaten von p sind $p_1 : p_3$, $p_2 : p_3$, wenn (4)

$$p_1 : p_2 : p_3 = \begin{vmatrix} b_2 & c_2 \\ b_3 & c_3 \end{vmatrix} : \begin{vmatrix} c_2 & a_2 \\ c_3 & a_3 \end{vmatrix} : \begin{vmatrix} a_2 & b_2 \\ a_3 & b_3 \end{vmatrix}$$

oder abgekürzt

$$p_1 : (bc)_{23} = p_2 : (ca)_{23} = p_3 : (ab)_{23} = 1 : A$$

Ebenso findet man

$$\begin{aligned}
p_1' : (bc)_{14} &= p_2' : (ca)_{14} = p_3' : (ab)_{14} = 1 : A' \\
q_1 : (bc)_{31} &= q_2 : (ca)_{31} = q_3 : (ab)_{31} = 1 : B \\
q_1' : (bc)_{24} &= q_2' : (ca)_{24} = q_3' : (ab)_{24} = 1 : B' \\
r_1 : (bc)_{12} &= r_2 : (ca)_{12} = r_3 : (ab)_{12} = 1 : C \\
r_1' : (bc)_{34} &= r_2' : (ca)_{34} = r_3' : (ab)_{34} = 1 : C'
\end{aligned}$$

Während die 12 Grössen $p_1 : p_2 : p_3$, $p_1' : p_2' : p_3'$, .. durch 4 Gleichungen verbunden sind, in Betracht dass die Puncte p', q, r auf der Geraden 1 liegen, u. s. w., giebt es 6 Gleichungen, welche dieselben Grössen mit $AA' : BB' : CC'$ verbinden. Diese 6 Gleichungen sind von Hesse Crelle J. 36 p. 146 angegeben und verwendet worden. Es ist nämlich

$$AA'p_1p_1' + BB'q_1q_1' + CC'r_1r_1'$$

$$= (bc)_{23}(bc)_{14} + (bc)_{31}(bc)_{24} + (bc)_{12}(bc)_{34} = \tfrac{1}{2}\begin{vmatrix} b_2 & c_2 & b_2 & c_2 \\ b_3 & c_3 & b_3 & c_3 \\ b_1 & c_1 & b_1 & c_1 \\ b_4 & c_4 & b_4 & c_4 \end{vmatrix} = 0$$

und ebenso

$$\begin{aligned}
AA'p_2p_2' + BB'q_2q_2' + CC'r_2r_2' &= 0 \\
AA'p_3p_3' + BB'q_3q_3' + CC'r_3r_3' &= 0
\end{aligned}$$

Ferner ist

$$AA'(p_2p_3'+p_2'p_3) + BB'(q_2q_3'+q_2'q_3) + CC'(r_2r_3'+r_2'r_3)$$
$$= (ca)_{23}(ab)_{14} + (ca)_{31}(ab)_{24} + (ca)_{12}(ab)_{34}$$
$$+ (ca)_{14}(ab)_{23} + (ca)_{24}(ab)_{31} + (ca)_{24}(ab)_{12}$$
$$= \begin{vmatrix} c_2 & a_2 & a_2 & b_2 \\ c_3 & a_3 & a_3 & b_3 \\ c_1 & a_1 & a_1 & b_1 \\ c_4 & a_4 & a_4 & b_4 \end{vmatrix} = 0$$

und ebenso

$$AA'(p_3p_1'+p_3'p_1) + BB'(q_3q_1'+q_3'q_1) + CC'(r_3r_1'+r_3'r_1) = 0$$
$$AA'(p_1p_2'+p_1'p_2) + BB'(q_1q_2'+q_1'q_2) + CC'(r_1r_2'+r_1'r_2) = 0$$

Durch Composition der 6 Gleichungen mit a, b, c, f, g, h erhält man

$$AA'P + BB'Q + CC'R = 0$$

wobei

$$P = ap_1p_1' + bp_2p_2' + cp_3p_3' + f(p_2p_3'+p_2'p_3)$$
$$+ g(p_3p_1'+p_3'p_1) + h(p_1p_2'+p_1'p_2), \text{ u. s. w.}$$

§. 29. Winkel und Distanzen.

1. Die Coordinaten einer Strecke der Geraden $s\,(u = 0)$ haben das Verhältniss $b : -a$ (§. 28, 3). Wenn die Strecke $b|-a$ der s den Werth ϱ hat, so ist (§. 15, 2)

$$\sin sy : \sin xs : \sin xy = b : -a : \varrho$$
$$\cos xy - \cot xs \sin xy = b : a$$
$$\operatorname{tang} xs = \frac{a \sin xy}{a \cos xy - b} \quad \text{und} \quad \frac{\varrho}{\sin xy} = \frac{-a}{\sin xs} = \frac{b}{\sin sy}$$

Nachdem man den Winkel xs zwischen $-\frac{1}{2}\pi$ und $\frac{1}{2}\pi$ und damit auch die positive Richtung der Geraden s bestimmt hat, findet man ϱ eindeutig. Wählt man den um π grössern Winkel, so erhält die Gerade die conträre positive Richtung und ϱ das conträre Zeichen. Die Gleichung

$$\varrho^2 = a^2 + b^2 - 2ab \cos xy$$

giebt ϱ zweideutig. Auch ist

$$\frac{\tang\frac{1}{2}(xs - sy)}{\tang\frac{1}{2}(xs + sy)} = \frac{\sin xs - \sin sy}{\sin xs + \sin sy} \quad \text{d. i.} \quad \frac{\tang(xs - \frac{1}{2}xy)}{\tang\frac{1}{2}xy} = \frac{b + a}{b - a}$$

2. Wenn die Gerade $a'|b'|c'$ durch s' bezeichnet wird, so ist

$$\tang ss' = \tang(xs' - xs) = \frac{\tang xs' - \tang xs}{1 + \tang xs \tang xs'}$$
$$= \frac{(ab' - a'b)\sin xy}{aa' + bb' - (ab' + a'b)\cos xy}$$

Die Geraden s, s' sind parallel, wenn $a' : b' = a : b$. Vergl. §. 28, 4. Die Geraden sind normal zu einander, wenn

$$aa' + bb' - (ab' + a'b)\cos xy = 0, \quad a' : b' = a\cos xy - b : a - b\cos xy$$

Vergl. §. 17, 1. Im orthogonalen System $(xy = \frac{1}{2}\pi)$ ist

$$\tang xs = \frac{-a}{b} \qquad \tang ss' = \frac{ab' - a'b}{aa' + bb'}$$
$$ss' = \pm\tfrac{1}{2}\pi, \quad \text{wenn} \quad aa' + bb' = 0$$

Daher ist zu der Geraden $a|b|c$ normal die Gerade $b|-a|c'$, ihr gemeinschaftlicher Punct $x|y$ ist $(ax + by + c = 0,$ $bx - ay + c' = 0)$.

3. Eine Normale der Geraden s wird durch n bezeichnet, und $sn = \frac{1}{2}\pi$ vorausgesetzt, so dass $\cos xn = \sin sx$ u. s. w. Wenn $OQ = x$, $QP = y$ die Coordinaten des Punctes P, wenn NR die Normalprojection der OP auf s, mithin NO, RP die Distanzen der Puncte O, P von der Geraden s sind, so findet man durch Normalprojection auf n

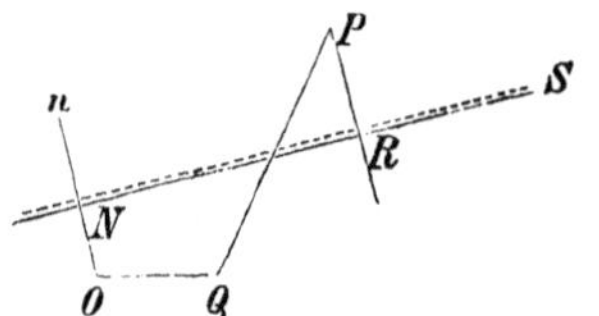

$$OQ\cos xn + QP\cos yn + PR + NO = 0$$
$$RP = x\cos xn + y\cos yn + NO$$

Wenn $RP = 0$, d. h. $x\cos xn + y\cos yn + NO = 0$, so liegt der Punct $x|y$ auf der Geraden, welche die Gerade n des Punctes O in N normal schneidet. Diese Gleichung der Geraden s ist mit der Gleichung $ax + by + c = 0$ congruent unter den Bedingungen

$$\lambda \cos xn = a, \qquad \lambda \cos yn = b, \qquad \lambda \,.\, NO = c$$

$$\text{d. h.} \quad \lambda = \frac{-a}{\sin xs} = \frac{b}{\sin sy} = \frac{\varrho}{\sin xy} \quad (1)$$

folglich ist $\lambda \sin xy = \varrho$ die Strecke der Coordinaten b, $-a$, und $c : \lambda$ die Distanz des Punctes O von der Geraden $ax + by + c = 0$.

Wenn der Punct P auf der Geraden s liegt, so ist das Parallelogramm der folgenden Seiten $\lambda \sin xy$, OP gleich dem Rectangel $\lambda \sin xy \,.\, ON$, also nach §. 17, 3

$$\begin{vmatrix} b & x \\ -a & y \end{vmatrix} \sin xy = \lambda \sin xy \,.\, ON = -c \sin xy$$

$$ax + by + c = 0$$

Durch den Fusspunct N ist die Gerade $s\,(u = 0)$ eindeutig bestimmt; die rechtwinkeligen Coordinaten des N sind $ON \cos xn$, $ON \sin xn$. Hiervon hat Gauss 1810 Gebrauch gemacht W. 4 p. 385.

Zugleich ist

$$\lambda \,.\, RP = ax + by + c = u$$

folglich $u : \lambda$ die Distanz des Punctes $x|y$ von der Geraden $u = 0$.

Wenn der Fusspunct R die Coordinaten x_1, y_1 hat, so hat die Strecke RP die Coordinaten $x - x_1$, $y - y_1$. Diese werden aus RP gefunden durch Multiplication mit $\sin sy : \sin xy$ und $\sin xs : \sin xy$, d. i. mit $b : \lambda \sin xy$ und $-a : \lambda \sin xy$. Also ist

$$x - x_1 = \frac{bu}{\lambda^2 \sin xy} \qquad y - y_1 = \frac{-au}{\lambda^2 \sin xy}$$

zur Berechnung der x_1, y_1.

4. Die lineare Function des Punctes $x|y$ (3)

$$u : \lambda = x \cos xn + y \cos yn + NO$$

ist von Plücker, Salmon, Hesse gebraucht und von Letzterem die Normalform der u genannt worden. Sie bedeutet die Distanz des Punctes P von der Geraden $s\,(u = 0)$, welche die

Normale n der s in N schneidet. Sie wechselt das Zeichen, wenn die positive Richtung der Geraden s (mithin auch die der Normale n) mit der conträren vertauscht wird. Die positive Richtung jeder Geraden wird durch Signirung ihres linken Ufers festgesetzt, so dass Puncte des signirten Ufers positive Distanzen von der Geraden haben. Vergl. §. 10, 1.

Wenn $u_i = a_i x + b_i y + c_i$, s_i die Gerade $u_i = 0$, n_i die Normale der s_i, und wenn die Gerade l_i des P mit der Geraden s_i den Punct T_i gemein hat, so ist $T_i P \cos n_i l_i = R_i P = u_i : \lambda_i$. Wenn z. B. l_1 mit s_2, l_2 mit s_1 parallel sind, so sind $T_1 P$, $T_2 P$ die von dem Punct ($u_1 = 0$, $u_2 = 0$) anfangenden mit s_2, s_1 parallelen Coordinaten des $P(x|y)$, und zwar bei $xy = \frac{1}{2}\pi$ (vergl. §. 18)

$$T_1 P = u_1 : \lambda_1 \sin s_1 s_2 \qquad T_2 P = u_2 : \lambda_2 \sin s_2 s_1$$

Wenn die Geraden s und die Winkel nl gegeben sind, und wenn eine gegebene Function $n$ten Grades der Strecken $T_1 P$, $T_2 P$, .. null ist, so liegt P auf einer bestimmten Linie $n$ter Ordnung. Wenn z. B. das Verhältniss $T_1 P . T_2 P : T_3 P . T_4 P$ gegeben ist, so liegt P auf dem Kegelschnitt $u_1 u_2 + \alpha u_3 u_4 = 0$. Derselbe enthält die Puncte ($u_1 = 0$, $u_3 = 0$), ($u_1 = 0$, $u_4 = 0$), ($u_2 = 0$, $u_3 = 0$), ($u_2 = 0$, $u_4 = 0$) und ($u_1 + \mu u_3 = 0$, $\mu u_2 - \alpha u_4 = 0$) bei allen μ. Durch diesen Satz wird das von Euclides und von Apollonius behandelte Problem »ad quattuor lineas« (Pappus VII praef. p. 677) gelöst, von welchem Fermat opp. p. 7, Descartes Géom. II analytische Lösungen, Newton Princ. I lemma 19 eine Construction gegeben haben.

5. Die Fläche des dem Polygramm $s_1 s_2 s_3$ .. eingeschriebenen Polygons $T_1 T_2 T_3$ .. ist die Summe der Dreiecke $PT_1 T_2 + PT_2 T_3 + ..$ (§. 10) und zwar

$$2 PT_1 T_2 = PT_1 . PT_2 \sin l_1 l_2 = \frac{\sin l_1 l_2}{\cos n_1 l_1 \cos n_2 l_2} \frac{u_1 u_2}{\lambda_1 \lambda_2}$$

u. s. w. Wenn die Fläche des eingeschriebenen Polygons gegeben ist, so liegt P auf einem bestimmten Kegelschnitt. Steiner Crelle J. 1 p. 51 und 2 p. 263.

Bei rechtwinkeligen Coordinaten ($\cos ny = \sin xn$) ist der Kegelschnitt ein Kreis, wenn der Coefficient von xy und die Differenz der Coefficienten von x^2 und y^2 null sind (§. 21, 7). Dabei werden im Allgemeinen zwei unter den Winkeln nl durch die übrigen bestimmt. Wenn aber die Winkel nl null sind, so werden die obigen Bedingungen ohne Weiteres erfüllt: das Product xy hat den Coefficienten

$$\begin{aligned}&(\cos xn_1 \sin xn_2 + \sin xn_1 \cos xn_2) \sin n_1 n_2 + \ldots \\ &= \sin(xn_2 + xn_1) \sin(xn_2 - xn_1) + \ldots \\ &= (\sin^2 xn_2 - \sin^2 xn_1) + \ldots = 0\end{aligned}$$

und die Differenz der Coefficienten von x^2 und y^2 ist

$$\begin{aligned}&(\cos xn_1 \cos xn_2 - \sin xn_1 \sin xn_2) \sin n_1 n_2 + \ldots \\ &= \cos(xn_2 + xn_1) \sin(xn_2 - xn_1) + \ldots \\ &= (\tfrac{1}{2} \sin 2xn_2 - \tfrac{1}{2} \sin 2xn_1) + \ldots = 0\end{aligned}$$

Der Kreis, auf welchem dabei P liegt, ist §. 21, 10 beschrieben worden.

6. Wenn $a_i = \cos xn_i$, $b_i = \sin xn_i$, $c_i = N_i O$, so ist (§. 28, 9)

$$(123) = \begin{vmatrix} \cos xn_1 & \sin xn_1 & N_1 O \\ \cos xn_2 & \sin xn_2 & N_2 O \\ \cos xn_3 & \sin xn_3 & N_3 O \end{vmatrix} = u_{11} \begin{vmatrix} \cos xn_2 & \sin xn_2 \\ \cos xn_3 & \sin xn_3 \end{vmatrix} = u_{11} \sin n_2 n_3$$

Nun ist u_{11} die Distanz des Punctes A ($u_2 = 0$, $u_3 = 0$) von der Geraden s_1, welche von den Geraden s_2, s_3 in C, B geschnitten wird, also

$$\begin{aligned}u_{11} &= BA \cos s_3 n_1 = BA \sin n_1 n_3 \\ (123) &= AB \sin n_2 n_3 \sin n_3 n_1 = AB \sin A \sin B\end{aligned}$$

Wenn der Punct $x|y$ von den Geraden s_1, s_2, s_3, s_4 gleiche Distanzen hat, mithin die Geraden einen Kreis berühren, der auf ihren gleichnamigen Ufern liegt, so ist

$$\begin{array}{l} x \cos xn_1 + y \sin xn_1 + N_1 O = r \\ \cdot \quad \cdot \quad \cdot \quad \cdot \\ \cdot \quad \cdot \quad \cdot \quad \cdot \\ x \cos xn_4 + y \sin xn_4 + N_4 O = r \end{array} \qquad \begin{vmatrix} \cos xn_1 & \sin xn_1 & N_1 O & 1 \\ \cdot & \cdot & \cdot & \cdot \\ \cdot & \cdot & \cdot & \cdot \\ \cos xn_4 & \sin xn_4 & N_4 O & 1 \end{vmatrix} = 0$$

$$(123) + (341) = (234) + (412)$$

$$BC \sin B \sin C + DA \sin D \sin A = CD \sin C \sin D + AB \sin A \sin B$$

indem die Schnitte $s_1 s_2$, $s_2 s_3$, $s_3 s_4$, $s_4 s_1$ durch A, B, C, D bezeichnet werden. Salmon Con. IV, 76.

7. Wenn die Distanzen des P von den Geraden s_1 und s_2 das Verhältniss $-\alpha$ haben, so liegt P auf der Geraden $t(u_1 : \lambda_1 + \alpha u_2 : \lambda_2 = 0)$, welche den Schnitt C der s_1 und s_2 enthält, und den Winkel $s_1 s_2$ (und den Scheitelwinkel) nach dem Sinus-Verhältniss $-\alpha$ theilt (§. 13). Denn

$$u_1 : \lambda_1 = CP \cos tn_1 = CP \sin s_1 t, \qquad u_2 : \lambda_2 = CP \sin s_2 t$$

folglich $\sin s_1 t : \sin s_2 t = -\alpha$.

Wenn die Geraden s_1 und s_2 parallel sind $(xn_1 = xn_2 = xn)$, so ist

$$\lambda_1 : \lambda_2 = a_1 : a_2 = b_1 : b_2$$

$$N_1 N_2 = N_1 O - N_2 O = \frac{c_1}{\lambda_1} - \frac{c_2}{\lambda_2}$$

$$\frac{u_1}{\lambda_1} + \alpha \frac{u_2}{\lambda_2} = (1 + \alpha) \left\{ x \cos xn + y \cos yn + \frac{N_1 O + \alpha \,.\, N_2 O}{1 + \alpha} \right\}$$

folglich liegt P auf der Geraden t, welche mit s_1 und s_2 parallel ist, und den Streifen derselben nach dem Verhältniss $-\alpha$ theilt.

8. Das Paar der Geraden $s_1(u_1 = 0)$, $s_2(u_2 = 0)$ wird von dem Paar $t(u_1 + \alpha u_2 = 0)$, $t'(u_1 + \alpha' u_2 = 0)$ nach dem Doppelverhältniss $\alpha : \alpha'$ getheilt. Denn $u_1 + \alpha u_2 = CP(\lambda_1 \sin s_1 t + \alpha \lambda_2 \sin s_2 t)$, folglich

$$\frac{\sin s_1 t}{\sin s_2 t} = \frac{-\lambda_2 \alpha}{\lambda_1} \qquad \frac{\sin s_1 t'}{\sin s_2 t'} = \frac{-\lambda_2 \alpha'}{\lambda_1}$$

$$(s_1 s_2 t t') = \frac{\sin s_1 t}{\sin s_2 t} : \frac{\sin s_1 t'}{\sin s_2 t'} = \alpha : \alpha'$$

Daher ist mit dem Paar $u_1 u_2 = 0$ d. i. $u_1 = 0$, $u_2 = 0$ das Paar $u_1{}^2 - \alpha^2 u_2{}^2 = 0$ d. i. $u_1 + \alpha u_2 = 0$, $u_1 - \alpha u_2 = 0$ in Harmonie (§. 3), auch wenn die Geraden parallel sind. Ein besondrer Fall dieses Satzes ist §. 28, 5 angegeben worden.

9. Das Paar der Geraden $u_1 + \alpha u_2 = 0$, $u_1 + \beta u_2 = 0$ wird von dem Paar $u_1 + \gamma u_2 = 0$, $u_1 + \delta u_2 = 0$ nach dem Doppelverhältniss der Zahlen α, β, γ, δ getheilt. Wenn $u_1 + \alpha u_2 = v_1$ und $u_1 + \beta u_2 = v_2$, so ist

$$(\alpha - \beta) u_1 = -\beta v_1 + \alpha v_2 \qquad (\alpha - \beta) u_2 = v_1 - v_2$$
$$(\alpha - \beta)(u_1 + \gamma u_2) = (\gamma - \beta) v_1 + (\alpha - \gamma) v_2 \quad \text{u. s. w.}$$

Das Paar $v_1 = 0$, $v_2 = 0$ wird von dem Paar

$$v_1 + \frac{\alpha - \gamma}{\gamma - \beta} v_2 = 0, \qquad v_1 + \frac{\alpha - \delta}{\delta - \beta} v_2 = 0$$

nach dem Doppelverhältniss

$$\frac{\alpha - \gamma}{\beta - \gamma} : \frac{\alpha - \delta}{\beta - \delta}$$

getheilt (8). Vergl. §. 2, 6 ff. Salmon Kegelschn. c. IV.

10. Wenn der Punct $i(x_i : t_i | y_i : t_i)$ die homogenen Coordinaten x_i, y_i, t_i hat, und $u_i = ax_i + by_i + ct_i$ definirt wird, so enthält die Gerade $a|b|c$ den Punct i unter der Bedingung $u_i = 0$. Nach §. 28, 2 sind dann $u_1 = 0$, $u_2 = 0$ die Gleichungen der Puncte 1, 2. Der Punct $u_1 + \alpha u_2 = 0$ liegt auf der Geraden der Puncte $u_1 = 0$ und $u_2 = 0$, und theilt die Strecke 12 nach dem Verhältniss $-\alpha t_2 : t_1$. Denn

$$\frac{u_1 + \alpha u_2}{t_1} = a\left(\frac{x_1}{t_1} + \frac{\alpha t_2}{t_1}\frac{x_2}{t_2}\right) + b\left(\frac{y_1}{t_1} + \frac{\alpha t_2}{t_1}\frac{y_2}{t_2}\right) + c\left(1 + \frac{\alpha t_2}{t_1}\right)$$

Bei $u_1 + \alpha u_2 = 0$ enthält jede Gerade $a|b|c$ den Punct

$$x_1 + \alpha x_2 \,|\, y_1 + \alpha y_2 \,|\, t_1 + \alpha t_2$$

der auf der Geraden 12 liegt, und die Strecke 12 nach dem Verhältniss $-\alpha t_2 : t_1$ theilt (§. 16, 2).

Der Punct $u_1 + \beta u_2 = 0$ theilt die Strecke 12 nach dem Verhältniss $-\beta t_2 : t_1$. Also haben die Puncte $u_1 = 0$, $u_2 = 0$, $u_1 + \alpha u_2 = 0$, $u_1 + \beta u_2 = 0$ der Geraden $(u_1 = 0, u_2 = 0)$ das Doppelverhältniss $\alpha : \beta$. Und das Doppelverhältniss der Puncte $u_1 + \alpha u_2 = 0$, $u_1 + \beta u_2 = 0$, $u_1 + \gamma u_2 = 0$, $u_1 + \delta u_2 = 0$ ist das Doppelverhältniss der Zahlen α, β, γ, δ (9).

11. Wenn die Gerade i die Gleichung $u_i = 0$ hat (4), so ist der Punct 12, welchen die Geraden 1 und 2 enthalten, durch das System $(u_1 = 0, u_2 = 0)$ bestimmt. Die Gerade $12 \cdot 34$, welche die Puncte 12 und 34 enthält, hat nach §. 28, 7 die Gleichung $(234) u_1 - (134) u_2 = 0$.

Unter dem Doppelverhältniss (1, 2, 34, 56) der Geraden 1, 2 und der Puncte 34, 56 wird das Doppelverhältniss der Geraden 1, 2, $12 \cdot 34$, $12 \cdot 56$ verstanden. Nach (8) findet man

$$(1, 2, 34, 56) = \frac{(134)}{(234)} : \frac{(156)}{(246)}$$

aus den Coordinaten der 6 Geraden. Dieses Doppelverhältniss ist dasselbe, nach welchem die von 34 bis 56 reichende Strecke durch die Geraden 1, 2 getheilt wird.

Wenn der Punct i die Gleichung $u_i = 0$ hat (10), so ist die Gerade 12 durch das System $(u_1 = 0, u_2 = 0)$ bestimmt, und der Punct $12 \cdot 34$, welchen die Geraden 12 und 34 enthalten, hat die entsprechende Gleichung $(234) u_1 - (134) u_2 = 0$. Daher findet man das Doppelverhältniss der Puncte 1, 2 und der Geraden 34, 56 d. i. das Doppelverhältniss der Puncte 1, 2, $12 \cdot 34$, $12 \cdot 56$

$$(1, 2, 34, 56) = \frac{(134)}{(234)} : \frac{(156)}{(256)}$$

aus den Coordinaten der 6 Puncte.

§. 30. Trilineare Coordinaten eines Punctes.

1. Wenn u_1, u_2, u_3 von einander unabhängig gegebene lineare Formen der x, y, t sind, so wird durch die Proportion

$u_1 : u_2 : u_3$ der Punct $x : t \mid y : t$ eindeutig bestimmt. Denn unter den Voraussetzungen

$$\begin{aligned} u_1 &= a_1 x + b_1 y + c_1 t \\ u_2 &= a_2 x + b_2 y + c_2 t \\ u_3 &= a_3 x + b_3 y + c_3 t \end{aligned} \qquad (abc) = \begin{vmatrix} a_1 & b_1 & c_1 \\ a_2 & b_2 & c_2 \\ a_3 & b_3 & c_3 \end{vmatrix}$$

findet man

$$(abc)x = (ubc), \quad (abc)y = (auc), \quad (abc)t = (abu)$$
$$x : y : t = (ubc) : (auc) : (abu)$$

Wenn (abc) null ist, so sind u_1, u_2, u_3 nicht unabhängig von einander, sondern durch eine homogene lineare Gleichung z. B. $(ubc) = 0$ verbunden bei allen x, y, t, und die Geraden $u_1 = 0$, $u_2 = 0$, $u_3 = 0$ haben einen Punct gemein (§. 28, 8).

2. Daher sind u_1, u_2, u_3 homogene Coordinaten des Punctes $x : t \mid y : t$ (§. 16, 9). Die Geraden $BC(u_1 = 0)$, $CA(u_2 = 0)$, $AB(u_3 = 0)$ heissen die Fundamentallinien der trilinearen Coordinaten des Punctes u (auch trimetrische oder Dreieck-Coordinaten). Plücker Entw. 1828, I. System 1835. Der Punct $(u_1 : u_2 = -\alpha,\ u_1 : u_3 = -\beta)$ ist der gemeinschaftliche Punct von zwei bestimmten Geraden (§. 29, 7).

Die Coordinaten u_1, u_2, u_3 des Punctes u sind verbunden durch die (nicht homogene) lineare Gleichung

$$(abu) \text{ d. i. } \gamma_1 u_1 + \gamma_2 u_2 + \gamma_3 u_3 = (abc)t$$

Wenn u auf A, B, C fällt, so hat man wie §. 28, 9

$$\gamma_1 u_{11} = (abc)t, \quad \gamma_2 u_{22} = (abc)t, \quad \gamma_3 u_{33} = (abc)t$$

folglich

$$\frac{u_1}{u_{11}} + \frac{u_2}{u_{22}} + \frac{u_3}{u_{33}} = 1 \quad (\text{§. } 16, 9)$$

Die Distanz des A von BC (§. 29, 3) ist

$$u_{11} : \lambda_1 = 2ABC : BC$$

u. s. w., folglich

$$\frac{BC}{\lambda_1} u_1 + \frac{CA}{\lambda_2} u_2 + \frac{AB}{\lambda_3} u_3 = 2ABC \quad (\text{§. } 10, 2)$$

Wenn a_3, b_3 null sind, so ist $u_3 = 0$ die unendlichferne Gerade, und

$$\frac{u_1}{u_3} = \frac{a_1 x + b_1 y + c_1 t}{c_3 t} = \frac{a_1}{c_3}\frac{x}{t} + \frac{b_1}{c_3}\frac{y}{t} + \frac{c_1}{c_3}$$

$$\frac{u_2}{u_3} = \ldots$$

sind gemeine Coordinaten des Punctes, welchen bestimmte Parallelen der Geraden $u_1 = 0$ und $u_2 = 0$ gemein haben. Vergl. §. 18, 2.

3. Eine gegebene Form $n$ten Grades der u_1, u_2, u_3 ist eine bestimmte Form desselben Grades der x, y, t. Wenn dieselbe null ist, so liegt der Punct u auf einer bestimmten Linie $n$ter Ordnung.

Wenn $f = \alpha_1 u_1 + \alpha_2 u_2 + \alpha_3 u_3$, so ist $f = 0$ die Gleichung der Geraden α. Sie ist die Gleichung der unendlichfernen Geraden, wenn

$$\alpha_1 : \alpha_2 : \alpha_3 = \gamma_1 : \gamma_2 : \gamma_3 = \frac{BC}{\lambda_1} : \frac{CA}{\lambda_2} : \frac{AB}{\lambda_3}$$

also f constant, t null ist (2).

Die gemeinschaftlichen Puncte der Linien $f = 0$ und $f = gu^2$ sind nicht alle von einander verschieden, sondern auf die Puncte ($f = 0$, $u = 0$) fallen je 2 derselben. Daher wird die Linie $f = 0$ von der Linie $f = gu^2$ berührt, die Contacte liegen auf der Linie $u = 0$. Z. B. die Linie 2ter Ordnung $u_2 u_3 = k u_1{}^2$ hat die Tangenten $u_2 = 0$ und $u_3 = 0$ mit der Chorde der Contacte $u_1 = 0$, so dass sie dem Winkel A eingeschrieben ist und dessen Schenkel in B und C berührt.

4. Die Gerade α schneidet BC in $A'(f = 0,\ u_1 = 0)$. Die Gerade

$$f - \alpha_1 u_1 = \alpha_2 u_2 + \alpha_3 u_3 = 0$$

enthält den Punct A' und den Punct $A\,(u_2 = 0,\ u_3 = 0)$. Ebenso enthält die Gerade $\alpha_3 u_3 + \alpha_1 u_1 = 0$ den gemeinschaftlichen Punct B' der α und CA, sowie den Punct B. Und die

Gerade $\alpha_1 u_1 + \alpha_2 u_2 = 0$ enthält den gemeinschaftlichen Punct C' der α und AB, sowie den Punct C.

Die Gerade $\alpha_2 u_2 - \alpha_3 u_3 = (\alpha_1 u_1 + \alpha_2 u_2) - (\alpha_3 u_3 + \alpha_1 u_1) = 0$ enthält den gemeinschaftlichen Punct A'' der CC' und BB', sowie den Punct A. Die Geraden $AC\,(u_2 = 0)$, $AB\,(u_3 = 0)$, $AA'(\alpha_2 u_2 + \alpha_3 u_3 = 0)$, $AA''(\alpha_2 u_2 - \alpha_3 u_3 = 0)$ sind in Harmonie (§. 29, 8). Daraus folgt, dass von den beiden Diagonalen $B'C$, BC' des Vierecks $BCC'B'$ die sogenannte dritte Diagonale $A'A''$ harmonisch getheilt wird. Trigon. §. 7, 11.

Die Geraden AA'', BB'', CC''

$$\alpha_2 u_2 - \alpha_3 u_3 = 0, \quad \alpha_3 u_3 - \alpha_1 u_1 = 0, \quad \alpha_1 u_1 - \alpha_2 u_2 = 0$$

haben einen Punct gemein (§. 28, 8), nämlich den Punct

$$u_1 : u_2 : u_3 = \frac{1}{\alpha_1} : \frac{1}{\alpha_2} : \frac{1}{\alpha_3}$$

Ueberhaupt haben die Geraden α, β, γ einen gemeinschaftlichen Punct u, wenn

$$\begin{array}{l} \alpha_1 u_1 + \alpha_2 u_2 + \alpha_3 u_3 = 0 \\ \beta_1 u_1 + \beta_2 u_2 + \beta_3 u_3 = 0 \\ \gamma_1 u_1 + \gamma_2 u_2 + \gamma_3 u_3 = 0 \end{array} \qquad \begin{vmatrix} \alpha_1 & \alpha_2 & \alpha_3 \\ \beta_1 & \beta_2 & \beta_3 \\ \gamma_1 & \gamma_2 & \gamma_3 \end{vmatrix} = 0$$

Dabei ist

$$(\alpha_1 u_1 + \ldots)\,\mathrm{adj}\,\alpha_1 + (\beta_1 u_1 + \ldots)\,\mathrm{adj}\,\beta_1 + (\gamma_1 u_1 + \ldots)\,\mathrm{adj}\,\gamma_1 = 0$$
$$u_1 : u_2 : u_3 = \mathrm{adj}\,\alpha_1 : \mathrm{adj}\,\alpha_2 : \mathrm{adj}\,\alpha_3$$

5. Wenn auf der Geraden α die Puncte u, v, w liegen, so ist

$$\begin{array}{l} \alpha_1 u_1 + \alpha_2 u_2 + \alpha_3 u_3 = 0 \\ \alpha_1 v_1 + \alpha_2 v_2 + \alpha_3 v_3 = 0 \\ \alpha_1 w_1 + \alpha_2 w_2 + \alpha_3 w_3 = 0 \end{array} \qquad \begin{vmatrix} u_1 & u_2 & u_3 \\ v_1 & v_2 & v_3 \\ w_1 & w_2 & w_3 \end{vmatrix} = 0$$

Dieser Bedingung genügt

$$w_1 : w_2 : w_3 = u_1 + \vartheta v_1 : u_2 + \vartheta v_2 : u_3 + \vartheta v_3$$

d. h. der Punct $u + \vartheta v$ liegt auf der Geraden uv.

Wenn der Punct v auf den Punct $x' : t' \mid y' : t'$ fällt, so ist

$$u_i + \vartheta v_i = a_i(x + \vartheta x') + b_i(y + \vartheta y') + c_i(t + \vartheta t')$$

bei $i = 1, 2, 3$, d. h. der Punct $u + \vartheta v$ fällt auf den Punct

$$\frac{x + \vartheta x'}{t + \vartheta t'} \,\Big|\, \frac{y + \vartheta y'}{t + \vartheta t'}$$

Nun ist $\dfrac{x + \vartheta x'}{t + \vartheta t'} = \dfrac{\dfrac{x}{t} + \dfrac{\vartheta t'}{t}\dfrac{x'}{t'}}{1 + \dfrac{\vartheta t'}{t}}$

also wird in dem Punct $u + \vartheta v$ die Strecke uv nach dem Verhältniss $-\vartheta t' : t$ getheilt (§. 16, 2).

6. Weil die Strecke uv in dem Punct $u + \vartheta v$ nach dem Verhältniss $-\vartheta t' : t$ getheilt wird (5), so haben die Puncte u, v, $u + \vartheta v$, $u + \eta v$ das Doppelverhältniss $\vartheta : \eta$.

Um das Doppelverhältniss der Puncte $u + \alpha v$, $u + \beta v$, $u + \gamma v$, $u + \delta v$ zu finden, setzt man wie §. 29, 9 ($i = 1, 2, 3$)

$$u_i + \alpha v_i = u_i', \qquad u_i + \beta v_i = v_i'$$

und erhält $(\alpha - \beta)(u_i + \gamma v_i) = (\gamma - \beta) u_i' + (\alpha - \gamma) v_i'$ u. s. w. Das gesuchte Doppelverhältniss ist das Doppelverhältniss der Puncte

$$u' \qquad v' \qquad u' + \frac{\alpha - \gamma}{\gamma - \beta} v' \qquad u' + \frac{\alpha - \delta}{\delta - \beta} v'$$

also $\dfrac{\alpha - \gamma}{\beta - \gamma} : \dfrac{\alpha - \delta}{\beta - \delta}$ d. i. das Doppelverhältniss der Zahlen α, β, γ, δ.

7. Wenn u_1', u_2', u_3' unabhängig von einander gegebene lineare Formen der u_1, u_2, u_3 sind, so sind die Puncte u und u' entsprechende Puncte collinearer Planfiguren (§. 4 und §. 18, 4). Möbius Baryc. Calc. 217 ff. Crelle J. 4 p. 101. Magnus Aufgaben I p. 31. Plücker System 1835, I §. 3. Chasles Géom. sup. 1852 c. 25. Fiedler-Salmon Kegelschn. 1873 art. 375.

Die linearen Formen der u_1, u_2, u_3 enthalten 9 Coefficienten, deren Proportion durch das System der 8 linearen Gleichungen bestimmt wird, welche ausdrücken, dass 4 gegebenen Puncten u der einen Figur, unter denen nicht 3 auf einer Geraden liegen, 4 gegebene Puncte u' der andern Figur in der gleichen Beschränkung entsprechen. Daher können alle Vierecke (in der angegebenen Beschränkung) als collineare Figuren betrachtet werden, während zwei Fünfecke nicht unbedingt collinear sind.

Wenn der Punct u eine gegebene Linie $n$ter Ordnung beschreibt, so beschreibt der entsprechende Punct u' eine bestimmte Linie derselben Ordnung. Dem gemeinschaftlichen Punct von zwei Linien der einen Figur entspricht der gemeinschaftliche Punct der entsprechenden Linien der andern Figur. Drei Puncten einer Geraden entsprechen drei Puncte der entsprechenden Geraden, worauf die Benennungen Collineation und Collinearität sich beziehen.

Vier Puncten einer Geraden der einen Figur entsprechen vier Puncte der entsprechenden Geraden der andern Figur von demselben Doppelverhältniss. Den Puncten u, v, $u + \vartheta v$ entsprechen die Puncte u', v', $u' + \vartheta v'$, weil $(i = 1, 2, 3)$

$$u_i' = a_{i1}u_1 + a_{i2}u_2 + a_{i3}u_3, \quad v_i' = a_{i1}v_1 + a_{i2}v_2 + a_{i3}v_3$$

folglich

$$u_i' + \vartheta v_i' = a_{i1}(u_1 + \vartheta v_1) + a_{i2}(u_2 + \vartheta v_2) + a_{i3}(u_3 + \vartheta v_3)$$

u. s. w. (6).

Wenn daher die Fünfecke $ABCDE$ und $A'B'C'D'E'$ collinear sind, so werden $A'B'$ von $C'D'$, $D'E'$ und $B'C'$ von $D'A'$, $A'E'$ nach denselben Doppelverhältnissen getheilt, wie die entsprechenden Strecken von den entsprechenden Geraden. Die Geraden $D'E'$ und $A'E'$ sind diesen Bedingungen gemäss lineal-constructibel, und haben den Punct E' gemein, welcher dem gegebenen Punct E entspricht.

Die Chorden entsprechender Puncte von 2 entsprechenden Geraden berühren einen Kegelschnitt. Die Schnittpuncte entsprechender Geraden von 2 entsprechenden Puncten liegen auf einem Kegelschnitt. §. 22, 12.

8. Der unendlichfernen Geraden der zweiten Figur

$$\alpha_1 u_1' + \alpha_2 u_2' + \alpha_3 u_3' = 0 \quad (3)$$

entspricht die Gerade r der ersten Figur

$$(a_{11}\alpha_1 + a_{21}\alpha_2 + a_{31}\alpha_3)u_1 + (a_{12}\alpha_1 + a_{22}\alpha_2 + a_{32}\alpha_3)u_2 \\ + (a_{13}\alpha_1 + a_{23}\alpha_2 + a_{33}\alpha_3)u_3 = 0$$

welche nicht unendlichfern ist; einem unendlichfernen Punct der zweiten Figur entspricht ein Punct der Geraden r der ersten Figur. Ebenso giebt es in der zweiten Figur eine Gerade q', welche der unendlichfernen Geraden der ersten Figur entspricht, so dass einem Punct der q' ein unendlichferner Punct der ersten Figur entspricht. Dem gemeinschaftlichen Punct der unendlichfernen Geraden der ersten Figur und der r entspricht der gemeinschaftliche Punct der q' und der unendlichfernen Geraden der zweiten Figur, d. h. dem unendlichfernen Punct der r entspricht der unendlichferne Punct der q'.

Puncten der Geraden l entsprechen Puncte der entsprechenden Geraden l', so dass die entsprechenden Figuren auf den entsprechenden Geraden collinear sind (§. 4). Wenn insbesondere l mit r parallel ist, so ist l' mit q' parallel, dem unendlichfernen Punct der l entspricht der unendlichferne Punct der l': also sind die auf den Geraden l und l' von entsprechenden Puncten gebildeten Figuren ähnlich. Das Verhältniss entsprechender Strecken dieser ähnlichen Figuren ist von der Distanz der Parallelen l und r abhängig. Folglich giebt es eine bestimmte Parallele s der r, welcher die Parallele s' der q' so entspricht, dass die auf s und s' von entsprechenden Puncten gebildeten Figuren gleich und ähnlich sind.

Wenn die entsprechenden Puncte dieser gleichen und ähnlichen Figuren vereinigt werden, so erhalten die beiden collinearen Planfiguren bei jedem Winkel ihrer Ebenen perspectivische Lage (Stereom. §. 5, 7 ff.). Dabei sind alle Puncte der Geraden s (der Collineationsaxe) und der gemeinschaftliche

Punct aller Chorden von entsprechenden Puncten (das Collineationscentrum) tautologe Puncte der beiden Figuren (§. 2, 2). Die Geraden r, q' sind die Gegenaxen der Figuren von Magnus genannt worden.

9. Wenn die collinearen Figuren beide auf derselben Ebene liegen, so wird ein tautologer Punct u derselben durch die Gleichungen (7)

$$\begin{aligned} \varrho u_1 &= a_{11} u_1 + a_{12} u_2 + a_{13} u_3 \\ \varrho u_2 &= a_{21} u_1 + a_{22} u_2 + a_{23} u_3 \\ \varrho u_3 &= a_{31} u_1 + a_{32} u_2 + a_{33} u_3 \end{aligned}$$

bestimmt. Vermöge derselben ist

$$\begin{vmatrix} a_{11} - \varrho & a_{12} & a_{13} \\ a_{21} & a_{22} - \varrho & a_{23} \\ a_{31} & a_{32} & a_{33} - \varrho \end{vmatrix} = 0$$

Entsprechend den Wurzeln dieser cubischen Gleichung für ϱ findet man

$$u_1 : u_2 : u_3 = \operatorname{adj}(a_{11} - \varrho) : \operatorname{adj} a_{12} : \operatorname{adj} a_{13}$$

mithin ein tautologes Dreieck, von welchem ein Eckpunct und die gegenüberliegende Seite ohne Ausnahme real sind. Plücker, Chasles, Fiedler-Salmon a. a. O. Die tautologen Puncte liegen auf den Kegelschnitten

$$u_1(a_{31} u_1 + \ldots) = u_3(a_{11} u_1 + \ldots), \quad u_2(a_{31} u_1 + \ldots) = u_3(a_{21} u_1 + \ldots)$$

welche den Punct $(a_{31} u_1 + \ldots = 0,\ u_3 = 0)$ gemein haben.

10. Als trilineare Coordinaten eines Punctes $P(u)$, dessen Lage gegen das Dreieck ABC der Fundamentallinien durch Theilung von Seiten und Winkeln nach gegebenen Verhältnissen bestimmt ist, werden die Distanzen u_1, u_2, u_3 des Punctes von den Fundamentallinien gebraucht. Vergl. Salmon Con. c. 4.

Wenn die Gerade CP den Winkel C halbirt oder den Aussenwinkel, so sind u_1 und u_2 gleich und eines Zeichens oder nicht eines Zeichens. Daher sind $u_1 - u_2 = 0$ und $u_1 + u_2 = 0$

die Gleichungen der Halbirenden des Winkels C und des Aussenwinkels; $u_2 - u_3 = 0$ und $u_2 + u_3 = 0$ die Halbirenden des Winkels A und des Aussenwinkels; $u_3 - u_1 = 0$ und $u_3 + u_1 = 0$ die Halbirenden des Winkels B und des Aussenwinkels.

Es giebt 4 Puncte P

$$(u_1 = \varepsilon u_2 = \varepsilon' u_3), \quad \varepsilon^2 = \varepsilon'^2 = 1$$

deren Distanzen von den Fundamentallinien gleich und eines Zeichens oder nicht eines Zeichens sind, und welche je 3 unter jenen Halbirenden gemein haben. Z. B. $(u_1 = u_2 = u_3)$ liegt auf den Geraden $u_1 - u_2 = 0$, $u_2 - u_3 = 0$, $u_3 - u_1 = 0$, in Betracht dass

$$(u_1 - u_2) + (u_2 - u_3) + (u_3 - u_1) = 0$$

Dabei ist $(BC + \varepsilon \,.\, CA + \varepsilon' \,.\, AB) u_1 = 2ABC$.

Auf der Geraden $u_1 + \varepsilon u_2 + \varepsilon' u_3 = 0$ liegen die bei der obigen Construction sich ergebenden Puncte

$$(u_1 + \varepsilon u_2 = 0,\ u_3 = 0), \quad (\varepsilon u_2 + \varepsilon' u_3 = 0,\ u_1 = 0),$$
$$(\varepsilon' u_3 + u_1 = 0,\ u_2 = 0)$$

Plücker Entw. 1 p. 15 ff. Der hierin enthaltene Satz war auf anderem Wege in Gergonne Ann. 1819 t. 10 p. 202 bewiesen worden.

11. Wenn die Gerade CP die Seite AB und die Fläche ABC halbirt, so sind die Dreiecke CPB und CPA gleich und conträr, $CPB + CPA = 0$, $BCP - CAP = 0$, $BC \,.\, u_1 - CA \,.\, u_2 = 0$. Die Diameter des Dreiecks ABC

$$BC \,.\, u_1 - CA \,.\, u_2 = 0, \quad CA \,.\, u_2 - AB \,.\, u_3 = 0,$$
$$AB \,.\, u_3 - BC \,.\, u_1 = 0$$

haben den Punct

$$u_1 : u_2 : u_3 = \frac{1}{BC} : \frac{1}{CA} : \frac{1}{AB}$$

gemein, den Schwerpunct der Puncte A, B, C und der Fläche ABC. Dabei ist $BCP = CAP = ABP = \frac{1}{3} ABC$.

Wenn die Gerade CP mit AB parallel ist, so ist $ACP = BCB$,

$$BC \,.\, u_1 + CA \,.\, u_2 = 0$$

Die Geraden $u_1 = 0$, $u_2 = 0$, $BC \,.\, u_1 - CA \,.\, u_2 = 0$, $BC \,.\, u_1 + CA \,.\, u_2 = 0$ sind in Harmonie (4).

12. Wenn die Gerade CP auf der Normale n_3 der AB liegt, so ist

$$u_1 = CP \cos n_3 n_1 = -CP \cos B, \quad u_2 = CP \cos n_2 n_3 = -CP \cos A$$

$$u_1 : u_2 = \frac{1}{\cos A} : \frac{1}{\cos B}$$

Die Höhen des Dreiecks haben den gemeinschaftlichen Punct

$$u_1 : u_2 : u_3 = \frac{1}{\cos A} : \frac{1}{\cos B} : \frac{1}{\cos C}$$

Wenn die Gerade CP normal zu CA ist, so ist

$$u_1 = CP \cos n_1 n_2, \quad u_2 = CP, \quad u_1 + u_2 \cos C = 0$$

und für die Normale CP zu BC ist $u_1 \cos C + u_2 = 0$. Wenn aber P von dem Paar $u_1 + u_2 \cos C = 0$, $u_1 \cos C + u_2 = 0$ gleiche Distanzen hat, so ist ($\varepsilon^2 = 1$)

$$u_1 + u_2 \cos C + \varepsilon(u_1 \cos C + u_2) = 0$$

d. i. $(u_1 + \varepsilon u_2)(1 + \varepsilon \cos C) = 0$. Die Halbirenden des Winkels und des Nebenwinkels der Geraden $u_1 + u_2 \cos C = 0$, $u_1 \cos C + u_2 = 0$ halbiren die Winkel des Paares $u_1 = 0$, $u_2 = 0$.

13. Das Centrum P des Kreises ABC hat von BC die Distanz $u_1 = BP \cos tn_1$, wenn BP auf der Geraden t liegt. Auf dem Kreis seien T der Gegenpunct des B, und N die Spitze des gleichschenkeligen Dreiecks BCN, welches mit BCA eines Sinnes und Zeichens ist. Dann ist $tn_1 = TPN = 2BNP = BNC = BAC$ (§. 9, 4), $u_1 = BP \cos A$, folglich

$$u_1 : u_2 : u_3 = \cos A : \cos B : \cos C$$

Die Mitten der Seiten BC, CA, AB werden durch A, B', C' bezeichnet. Das Centrum P' des Kreises $A'B'C'$ hat von CA die Distanz $v_2 = B'P' \cos t'n_2$. Wenn die positive Normale der $B'C'$ durch n_1' bezeichnet wird, so ist

$$t'n_2 = t'n_1' + n_1'n_1 + n_1n_2$$

$$t'n_1' = tn_1 = A, \; n_1'n_1 = \pi, \; n_1n_2 = \pi - C, \; v_2 = B'P'\cos(C - A),$$

also

$$v_1 : v_2 : v_3 = \cos(B - C) : \cos(C - A) : \cos(A - B)$$

14. Auf der Geraden, welche den Höhenpunct und den Schwerpunct des Dreiecks ABC enthält (5),

$$\begin{vmatrix} u_1 & u_2 & u_3 \\ \frac{1}{\cos A} & \frac{1}{\cos B} & \frac{1}{\cos C} \\ \frac{1}{\sin A} & \frac{1}{\sin B} & \frac{1}{\sin C} \end{vmatrix} = 0 \quad \text{oder} \quad \begin{vmatrix} u_1 & \cos B \cos C & \sin B \sin C \\ u_2 & \cos C \cos A & \sin C \sin A \\ u_3 & \cos A \cos B & \sin A \sin B \end{vmatrix} = 0$$

liegt das Centrum des Kreises ABC, weil $\cos A = -\cos(B + C)$ u. s. w., und das Centrum des Feuerbach'schen Kreises $A'B'C'$, weil $\cos(B - C) = \cos B \cos C + \sin B \sin C$ u. s. w. Diese Gerade, von der die Gauss'sche Gerade (§. 21, 4) nicht verschieden ist, erscheint demnach als Mittellinie des Dreiecks ABC.

15. Für eine Parallele der durch C normal zu BC gezogenen Geraden $u_1 \cos C + u_2 = 0$ (12) ist

$$k(u_1 \cos C + u_2) - u_1 \sin A - u_2 \sin B - u_3 \sin C = 0$$

weil $u_1 \sin A + u_2 \sin B + u_3 \sin C$ constant (2). Diese Gerade enthält die Mitte der BC (11)

$$(u_1 = 0, \; u_2 \sin B - u_3 \sin C = 0)$$

unter der Bedingung $k - 2 \sin B = 0$. Dann ist

$$k \cos C - \sin A = 2 \sin B \cos C - \sin(B + C) = \sin(B - C)$$

also $u_1 \sin(B - C) + u_2 \sin B - u_3 \sin C = 0$ die Gleichung der die BC normal-halbirenden Geraden. Wenn

$$\begin{aligned} f &= u_1 \sin(B - C) + u_2 \sin B - u_3 \sin C \\ g &= -u_1 \sin A + u_2 \sin(C - A) + u_3 \sin C \\ h &= u_1 \sin A - u_2 \sin B + u_3 \sin(A - B) \end{aligned}$$

so sind in der Determinante der f, g, h die Adjuncten der ersten Colonne

$$2 \sin^2 A \cos A\,, \quad 2 \sin^2 B \cos A\,, \quad 2 \sin^2 C \cos A$$

und die Adjuncten der ersten Zeile

$$2 \sin^2 A \cos A\,, \quad 2 \sin^2 A \cos B\,, \quad 2 \sin^2 A \cos C$$

Daraus findet man die Determinante null,

$$f \sin^2 A + g \sin^2 B + h \sin^2 C = 0$$

und ($u_1 : u_2 : u_3 = \cos A : \cos B : \cos C$) als den gemeinschaftlichen Punct der Normal-Halbirenden $f = 0$, $g = 0$, $h = 0$ der Seiten BC, CA, AB (13). Vergl. Salmon a. a. O.

16. Weil $BC \,.\, u_1 + CA \,.\, u_2 + AB \,.\, u_3 = 2ABC$ für alle u, so sind die Geraden $BC \,.\, u_1 + CA \,.\, u_2 = 0$ und $u_3 = 0$ parallel (§. 28, 5). Die Halbirende ihres Streifens (CC', AB)

$$BC \,.\, u_1 + CA \,.\, u_2 - AB \,.\, u_3 = 0$$

enthält die Mitten der BC und CA (11)

$$(u_1 = 0,\ CA \,.\, u_2 - AB \,.\, u_3 = 0) \text{ und } (u_2 = 0,\ AB \,.\, u_3 - BC \,.\, u_1 = 0)$$

Wenn AB, BC, CD, DA auf den Geraden $u_1 = 0$, $u_2 = 0$, $u_3 = 0$, $u_4 = 0$ liegen, so ist $AB \,.\, u_1 + BC \,.\, u_2 + CD \,.\, u_3 + DA \,.\, u_4 = 2ABCD$ für alle u. Daher sind die Geraden $AB \,.\, u_1 + CD \,.\, u_3 = 0$ und $BC \,.\, u_2 + DA \,.\, u_4 = 0$ parallel. Jene enthält den gemeinschaftlichen Punct E der AB und CD, diese den gemeinschaftlichen Punct F der BC und DA. Die Halbirende ihres Streifens (EE', FF')

$$AB \,.\, u_1 - BC \,.\, u_2 + CD \,.\, u_3 - DA \,.\, u_4 = 0$$

enthält die Mitte der Diagonale AC, welche sowohl der Geraden $AB \,.\, u_1 - BC \,.\, u_2 = 0$, als auch der Geraden $CD \,.\, u_3 - DA \,.\, u_4 = 0$ angehört; ebenso die Mitte der Diagonale BD($AB \,.\, u_1 - DA \,.\, u_4 = 0$,

$-BC \,.\, u_2 + CD \,.\, u_3 = 0$), und die Mitte der dritten Diagonale EF, einer Chorde des Streifens EE', FF'. SALMON a. a. O. Diese Gerade, welche als Mittellinie des Vierecks $ABCD$ erscheint, enthält die Centren der dem Viereck eingeschriebenen Kegelschnitte: NEWTON Princ. I lemma 25 und prop. 27. Vergl. GAUSS 1810 Werke 4 p. 387. Ebenso haben die Vierecke $ACDB$, $ADBC$ je eine Mittellinie; die 3 Mittellinien haben einen Punct gemein. Planim. §. 8, 5.

Die Gerade $EE'(AB \,.\, u_1 + CD \,.\, u_3 = 0)$ wird construirt, indem man $A'E = AB$ auf $u_1 = 0$, und $D'E = DC$ auf $u_3 = 0$ macht. Wenn nun EE' mit $A'D'$ parallel, so ist $A'EE' = D'EE'$, $AB \,.\, u_1 = DC \,.\, u_3$, $AB \,.\, u_1 + DC \,.\, u_3 = 0$. Bei unendlichfernem E benutzt man den Punct F der Geraden BC, DA, und macht $E'B = CF$ auf der Geraden BC, und EE' parallel mit AB. Dann ist $AB : DC = BF : CF = CE' : BE'$, $AB \,.\, u_1 + CD \,.\, u_3 = 0$.

§. 31. Trigonale Coordinaten einer Geraden.

1. Wenn u_1, u_2, u_3 von einander unabhängige lineare Formen der homogenen Coordinaten a, b, c einer Geraden (§. 28, 1) sind,

$$\begin{aligned} u_1 &= ax_1 + by_1 + c \\ u_2 &= ax_2 + by_2 + c \\ u_3 &= ax_3 + by_3 + c \end{aligned}$$

so wird durch die Proportion $u_1 : u_2 : u_3$ die Proportion $a : b : c$, mithin die Gerade $ax + by + c = 0$ eindeutig bestimmt. Vergl. §. 30, 1. Wenn die Determinante $(x\ y\ 1)$ null ist, so liegen die Puncte $A(x_1|y_1)$, $B(x_2|y_2)$, $C(x_3|y_3)$ auf einer Geraden (§. 16, 2).

Daher sind u_1, u_2, u_3 homogene Coordinaten der Geraden $a|b|c$ d. i. $ax + by + c = 0$. Die Puncte A, B, C, deren Gleichungen $u_1 = 0$, $u_2 = 0$, $u_3 = 0$ sind (§. 28, 2), heissen die Fundamentalpuncte der trigonalen Coordinaten der Geraden u. PLÜCKER a. a. O. SALMON Plane curves 1852 c. 1.

Die Fundamentalpuncte A, B, C haben von der Geraden u die Distanzen $u_1 : \lambda$, $u_2 : \lambda$, $u_3 : \lambda$, welche durch die §. 16, 10 gegebene quadratische Gleichung verbunden sind. Die Strecken AB, BC, CA werden von der Geraden u getheilt nach den Verhältnissen $u_1 : u_2$, $u_2 : u_3$, $u_3 : u_1$, deren Product 1 ist. Vergl. §. 28, 6 und Trigon. §. 7, 6. Daher findet man aus den trigonalen Coordinaten der Geraden 3 Puncte derselben.

2. Eine gegebene Form $m$ten Grades der Coordinaten u_1, u_2, u_3 des Elementes u ist eine bestimmte Form desselben Grades der a, b, c (der Geraden $a|b|c$). Wenn dieselbe null ist, so berühren die Geraden u eine bestimmte Linie $m$ter Classe, bei $m = 1$ einen Punct (§. 28, 2).

Wenn $f = \alpha_1 u_1 + \alpha_2 u_2 + \alpha_3 u_3$, so ist

$$f = a(\alpha_1 x_1 + \alpha_2 x_2 + \alpha_3 x_3) + b(\alpha_1 y_1 + \alpha_2 y_2 + \alpha_3 y_3) + c(\alpha_1 + \alpha_2 + \alpha_3)$$

und $f = 0$ die Gleichung des Punctes α, des Schwerpunctes der $\alpha_1 . A$, $\alpha_2 . B$, $\alpha_3 . C$, der Fundamentalpuncte A, B, C mit den Coefficienten α_1, α_2, α_3 (§. 16, 5 ff.). Der Punct α ist unendlichfern in bestimmter Richtung, wenn $\alpha_1 + \alpha_2 + \alpha_3 = 0$.

Die Puncte $f = 0$ und $u_1 = 0$ liegen auf der Geraden αA ($f = u_1 = 0$), welche die Serien $f = 0$ und $u_1 = 0$ gemein haben (§. 28, 2). Die Gerade αA enthält den Punct A' der Gleichung $f - \alpha_1 u_1 = 0$ d. h. $\alpha_2 u_2 + \alpha_3 u_3 = 0$, der auf der Geraden $BC(u_2 = u_3 = 0)$ liegt und als Schwerpunct der Puncte $\alpha_2 . B$, $\alpha_3 . C$ die Strecke BC nach dem Verhältniss $-\alpha_3 : \alpha_2$ theilt. Ebenso enthält die Gerade αB den Punct $B'(\alpha_3 u_3 + \alpha_1 u_1 = 0)$, und die Gerade αC den Punct $C'(\alpha_1 u_1 + \alpha_2 u_2 = 0)$, so dass

$$\frac{BA'}{CA'}\,\frac{CB'}{AB'}\,\frac{AC'}{BC'} = \frac{-\alpha_3}{\alpha_2}\,\frac{-\alpha_1}{\alpha_3}\,\frac{-\alpha_2}{\alpha_1} = -1$$

Trigon. §. 7, 5. Daher findet man aus den Coefficienten α_1, α_2, α_3 der Gleichung des Punctes 3 Gerade desselben.

3. Die Strecke AB wird nach dem Verhältniss ϑ in dem Punct $u_1 - \vartheta u_2 = 0$ getheilt. Daher ist $u_1 + u_2 = 0$ die Mitte der AB, u. s. w., $u_1 + u_2 + u_3 = 0$ der Schwerpunct der Fundamentalpuncte. Die unendlichfernen Puncte der Geraden AB, BC, CA sind $u_1 - u_2 = 0$, $u_2 - u_3 = 0$, $u_3 - u_1 = 0$. Sie liegen auf der unendlichfernen Geraden $u_1 = u_2 = u_3$.

Von der Halbirenden des Winkels C und des Aussenwinkels wird AB getheilt nach den Verhältnissen $\mp \sin B : \sin A$ in den Puncten $u_1 \sin A \pm u_2 \sin B = 0$, u. s. w. Daher ist $(\varepsilon^2 = \varepsilon'^2 = 1)$

$$u_1 \sin A + \varepsilon u_2 \sin B + \varepsilon' u_3 \sin C = 0$$

das Centrum eines von den Geraden AB, BC, CA berührten Kreises.

Von der Höhe des C wird AB getheilt nach dem Verhältniss $-\operatorname{tang} B : \operatorname{tang} A$ in dem Punct $u_1 \operatorname{tang} A + u_2 \operatorname{tang} B = 0$, u. s. w. Daher ist $u_1 \operatorname{tang} A + u_2 \operatorname{tang} B + u_3 \operatorname{tang} C = 0$ der Höhenpunct des Fundamentaldreiecks ABC.

Wenn α das Centrum des Kreises ABC, so wird AB von der Geraden αC nach dem Verhältniss

$$-\sin A\alpha C' : \sin C'\alpha B = -\sin C\alpha A : \sin B\alpha C = -\sin 2B : \sin 2A$$

in $C'(u_1 \sin 2A + u_2 \sin 2B = 0)$ getheilt, u. s. w. Daher ist

$$u_1 \sin 2A + u_2 \sin 2B + u_3 \sin 2C = 0$$

das Centrum des Kreises ABC.

4. Aus den Puncten $\alpha(\alpha_1 u_1 + \alpha_2 u_2 + \alpha_3 u_3 = 0)$ und $\beta(\beta_1 u_1 + \beta_2 u_2 + \beta_3 u_3 = 0)$ bildet man das System von Gleichungen der Geraden $\alpha\beta$

$$(\alpha_1 u_1 + \ldots = 0,\ \beta_1 u_1 + \ldots = 0)$$

$$\text{d. i.}\quad u_1 : u_2 : u_3 = \begin{vmatrix} \alpha_2 & \alpha_3 \\ \beta_2 & \beta_3 \end{vmatrix} : \begin{vmatrix} \alpha_3 & \alpha_1 \\ \beta_3 & \beta_1 \end{vmatrix} : \begin{vmatrix} \alpha_1 & \alpha_2 \\ \beta_1 & \beta_2 \end{vmatrix}$$

der Geraden, welche die Serien $\alpha_1 u_1 + \ldots = 0$ und $\beta_1 u_1 + \ldots = 0$ gemein haben (§. 28, 2).

Die Puncte α, β, γ liegen auf der Geraden u, wenn

$$\alpha_1 u_1 + \ldots = 0,\quad \beta_1 u_1 + \ldots = 0,\quad \gamma_1 u_1 + \ldots = 0$$

Dann ist (wie §. 30, 3 ff.) die Determinante $(\alpha\beta\gamma) = 0$ und

$$u_1 : u_2 : u_3 = \operatorname{adj}\alpha_1 : \operatorname{adj}\alpha_2 : \operatorname{adj}\alpha_3$$

Auf der Geraden $\alpha\beta$ liegt der Punct $\alpha + \vartheta\beta$ der Gleichung

$$\alpha_1 u_1 + \ldots + \vartheta(\beta_1 u_1 + \ldots) = 0$$

der Schwerpunct der Puncte $(\alpha_1 + \vartheta\beta_1)A$, $(\alpha_2 + \vartheta\beta_2)B$, $(\alpha_3 + \vartheta\beta_3)C$, d. i. der Puncte $(\alpha_1 + \alpha_2 + \alpha_3)\alpha$ und $\vartheta(\beta_1 + \beta_2 + \beta_3)\beta$. Derselbe theilt die Strecke $\alpha\beta$ nach dem Verhältniss $-\vartheta(\beta_1 + \beta_2 + \beta_3) : (\alpha_1 + \alpha_2 + \alpha_3)$. Daher hat der Punct, welcher $\alpha\beta$ nach dem gegebenen Verhältniss ε theilt, die Gleichung

$$\frac{\alpha_1 u_1 + \ldots}{\alpha_1 + \ldots} - \varepsilon\frac{\beta_1 u_1 + \ldots}{\beta_1 + \ldots} = 0$$

wie im barycentrischen Calcul c. 4.

5. Aus den Fundamentalpuncten und den oben (2) bestimmten Puncten $A'(\alpha_2 u_2 + \alpha_3 u_3 = 0)$, $B'(\alpha_3 u_3 + \alpha_1 u_1 = 0)$, $C'(\alpha_1 u_1 + \alpha_2 u_2 = 0)$ findet man die Mitte der $BC(u_2 + u_3 = 0)$, die Mitte der $B'C'$

$$\frac{\alpha_3 u_3 + \alpha_1 u_2}{\alpha_3 + \alpha_1} + \frac{\alpha_1 u_1 + \alpha_2 u_2}{\alpha_1 + \alpha_2} = 0$$

d. i. $(2\alpha_1 + \alpha_2 + \alpha_3)\alpha_1 u_1 + (\alpha_3 + \alpha_1)\alpha_2 u_2 + (\alpha_1 + \alpha_2)\alpha_3 u_3 = 0$

und die Mitte der αA

$$\frac{\alpha_1 u_1 + \alpha_2 u_2 + \alpha_3 u_3}{\alpha_1 + \alpha_2 + \alpha_3} + u_1 = 0 \quad \text{d. i.} \quad (2\alpha_1 + \alpha_2 + \alpha_3)u_1 + \alpha_2 u_2 + \alpha_3 u_3 = 0$$

Nun ist

$$\begin{vmatrix} 0 & (2\alpha_1 + \alpha_2 + \alpha_3)\alpha_1 & 2\alpha_1 + \alpha_2 + \alpha_3 \\ 1 & (\alpha_3 + \alpha_1)\alpha_2 & \alpha_2 \\ 1 & (\alpha_1 + \alpha_2)\alpha_3 & \alpha_3 \end{vmatrix} = \begin{vmatrix} 0 & 0 & 2\alpha_1 + \alpha_2 + \alpha_3 \\ 1 & \alpha_2\alpha_3 & \alpha_2 \\ 1 & \alpha_2\alpha_3 & \alpha_3 \end{vmatrix} = 0$$

Also liegen die Mitten der 3 Diagonalen des Vierecks $BC'CB'$ (§. 30, 16) auf der Geraden

$$u_1 : u_2 : u_3 = \frac{\alpha_2 - \alpha_3}{2\alpha_1 + \alpha_2 + \alpha_3} : -1 : 1$$

6. Die gemeinschaftlichen Geraden der Serien $f = 0$ und $f = gu^2$ sind nicht alle von einander verschieden, sondern auf jeder Geraden $s\,(f = 0,\ u = 0)$ liegen 2 derselben. Wenn s den Punct M der Enveloppe $f = 0$ enthält, so gehn durch M zwei vereinte Gerade der $f = gu^2$, mithin liegt M auf der Enveloppe $f = gu^2$, d. h. die Enveloppen $f = 0$ und $f = gu^2$ berühren einander in Puncten mit Tangenten, welche die Linie $u = 0$ berühren.

Die Linie 2ter Classe $u_2 u_3 = k u_1{}^2$ enthält die Puncte $B\,(u_2 = 0)$ und $C\,(u_3 = 0)$ mit Tangenten, die durch $A\,(u_1 = 0)$ gehn. Denn der Punct $u_2 = 0$ enthält 2 vereinte Gerade $(u_2 = 0,\ u_1 = 0)$ der Serie, und der Punct $u_3 = 0$ enthält 2 vereinte Gerade $(u_3 = 0,\ u_1 = 0)$ der Serie. Vergl. Salmon Plane curves 1852 c. 1.

Wenn von der Geraden u der Punct $\alpha\,(\alpha_1 u_1 + \alpha_2 u_2 + \alpha_3 u_3 = 0)$ die Distanz c hat, mithin von der Geraden ein gegebener Kreis berührt wird, so sind $u_1 : \lambda,\ u_2 : \lambda,\ u_3 : \lambda$ die Distanzen der Puncte A, B, C von der Geraden u. Nun ist α der Schwerpunct der $\alpha_1 \,.\, A,\ \alpha_2 \,.\, B,\ \alpha_3 \,.\, C$ (2), folglich hat man

$$(\alpha_1 + \alpha_2 + \alpha_3) c\lambda = \alpha_1 u_1 + \alpha_2 u_2 + \alpha_3 u_3$$

und nach §. 16, 10

$$\frac{u_1{}^2}{h_1{}^2} + \frac{u_2{}^2}{h_2{}^2} + \frac{u_3{}^2}{h_3{}^2} - 2\frac{u_2 u_3}{h_2 h_3}\cos A - 2\frac{u_1 u_3}{h_1 h_3}\cos B - 2\frac{u_1 u_2}{h_1 h_2}\cos C = \lambda^2$$

Die linke Seite ist $p^2 + q^2$, und zwar sind p, q lineare Formen der u_1, u_2, u_3 der Art, dass die Summe der Coefficienten jeder von beiden null ist, dass also $p = 0$ und $q = 0$ unendlichferne Puncte sind. Die Gleichung des von der Geraden u berührten Kreises

$$(p^2 + q^2)(\alpha_1 + \alpha_2 + \alpha_3)^2 c^2 = (\alpha_1 u_1 + \alpha_2 u_2 + \alpha_3 u_3)^2$$

giebt nach dem Obigen zu erkennen, dass die Puncte $p^2 + q^2 = 0$ d. i. $p + iq = 0$ und $p - iq = 0$ die unendlichfernen Puncte des Kreises sind (§. 21, 7) mit Tangenten, die das Centrum $\alpha\,(\alpha_1 u_1 + \ldots = 0)$ enthalten. Salmon a. a. O.

7. Wenn unter den Voraussetzungen §. 30, 7 dem Punct u die Gerade u', der Geraden u der Punct u' entspricht, so ist eine der beiden Figuren die Reciproke der andern (§. 19, 4 und 5). Die Gerade u' heisst die Polare des entsprechenden Punctes u, der Punct u der Pol der entsprechenden Geraden u'. Der unendlichfernen Geraden der einen Figur entspricht ein endlichferner Punct der andern Figur. Auf der gemeinschaftlichen Ebene der beiden Figuren giebt es 3 Puncte der Art, dass ihnen als Puncten sowohl der einen als der andern Figur dieselben 3 Geraden entsprechen. Die Puncte der einen Figur, welche ihren Polaren angehören, liegen auf einem bestimmten Kegelschnitt; die Geraden der einen Figur, welche ihre Pole enthalten, berühren einen bestimmten Kegelschnitt.

§. 32. Gruppen von Geraden eines Punctes.

1. Eine Form $n$ten Grades f der $x-p$, $y-q$ ist das Product von n linearen Formen derselben Grössen, entsprechend den Wurzeln der Gleichung $f : (y-q)^n = 0$ für den Quotienten $x-p : y-q$. Zufolge der Gleichung $f = 0$ liegt der Punct, dessen gemeine Coordinaten x, y sind, auf einer bestimmten Linie $n$ter Ordnung, die aus n Geraden des Punctes $p|q$ besteht. Vergl. §. 20, 4. Z. B.

$$Ax^2 + 2A'xy + A''y^2 = A(x+\alpha y)(x+\alpha' y)$$

wenn $\alpha + \alpha' = 2A' : A$, $\alpha\alpha' = A'' : A$, folglich

$$\alpha' - \alpha = 2\sqrt{A'^2 - AA''} : A$$

Die Linie $Ax^2 + 2A'xy + A''y^2 = 0$ besteht aus den Geraden $a(x + \alpha y = 0)$ und $a'(x + \alpha' y = 0)$, welche den Punct $0|0$ gemein haben, und getrennt (real oder nicht) oder vereint sind.

2. Bei rechtwinkeligen Coordinaten ist $\tan g\, xa = -1 : \alpha$ (§. 29, 2), $\cot ax = \alpha$, $\cot a'x = \alpha'$, folglich

$$\cot aa' = \cot(ax - a'x) = \frac{\alpha\alpha' + 1}{\alpha' - \alpha} = \frac{A + A''}{2\sqrt{A'^2 - AA''}}$$

Salmon Con. 70. Die Geraden $Ax^2 + 2A'xy + A''y^2 = 0$ sind parallel (vereint), wenn $A'^2 - AA'' = 0$; sie sind normal zu einander, wenn $A + A'' = 0$. Insbesondere sind die Geraden $x^2 + 2A'xy - y^2 = 0$ normal zu einander bei allen A'.

Bei schiefwinkeligen Coordinaten sind die Geraden normal zu einander unter der Bedingung $A - 2A'\cos xy + A'' = 0$.

3. Die den Winkel aa' der Geraden $Ax^2 + 2A'xy + A''y^2 = 0$ Halbirende $b(x + \beta y = 0)$ wird nach §. 29, 7 berechnet, oder unmittelbar aus der Gleichung $\cot 2bx = \cot(ax + a'x)$ d. i.

$$\frac{\beta^2 - 1}{2\beta} = \frac{\alpha\alpha' - 1}{\alpha + \alpha'} = \frac{A'' - A}{2A'}$$

$$\frac{x^2 - y^2}{-xy} = \frac{A'' - A}{A'} \quad \text{oder} \quad A'x^2 + (A'' - A)xy - A'y^2 = 0$$

Salmon a. a. O. Die den Winkel und den Nebenwinkel der Geraden $Ax^2 + ..$ Halbirenden $A'x^2 + ..$ sind real und normal zu einander (2), auch in dem Fall dass die Geraden $Ax^2 + ..$ nicht real sind. Z. B. Die Geraden $Ax^2 + A''y^2 = 0$ haben die Winkelhalbirenden $xy = 0$. Die Geraden $xy \tang\delta - y^2 = 0$ haben die Winkelhalbirenden $x^2 - 2xy\cot\delta - y^2 = 0$.

Die Winkelhalbirenden bleiben unverändert, während A und A'' um μ verändert werden. Daher haben bei allen μ die Geraden

$$Ax^2 + 2A'xy + A''y^2 + \mu(x^2 + y^2) = 0$$

dieselben Winkelhalbirenden

$$A'x^2 + (A'' - A)xy - A'y^2 = 0$$

insbesondere auch ($\mu = \infty$) die Geraden $x^2 + y^2 = 0$, welche die unendlichfernen Puncte der Kreise enthalten §. 21, 7.

4. Mit den Geraden aa'

$$Ax^2 + 2A'xy + A''y^2 = A(x + \alpha y)(x + \alpha' y) = 0$$

bilden die Geraden bb'

$$Bx^2 + 2B'xy + B''y^2 = B(x + \beta y)(x + \beta' y) = 0$$

das Doppelverhältniss (§. 29, 9)

$$\frac{\alpha - \beta}{\alpha' - \beta} : \frac{\alpha - \beta'}{\alpha' - \beta'}$$

welches durch die gegebenen Coefficienten A, A', A'', B, B', B'' nach §. 6, 5 ausgedrückt werden kann, unabhängig von dem Winkel xy.

Wenn z. B. der Winkel $xy = \varphi$, und $x^2 + 2xy\cos\varphi + y^2 = c^2$, so liegt der Punct $x|y$ auf dem Kreis mit dem Centrum $0|0$ und dem Radius c. Die unendlichfernen Puncte des Kreises liegen auf den Geraden $aa'(x^2 + 2xy\cos\varphi + y^2 = 0)$, bei welchen

$$\alpha = \cos\varphi + i\sin\varphi, \quad \alpha' = \cos\varphi - i\sin\varphi$$

Bei den Geraden $bb'(xy = 0)$ ist $\beta = 0$, $\beta' = \infty$, mithin das Doppelverhältniss

$$(aa'bb') = \alpha : \alpha' = \alpha^2 = \cos 2\varphi + i\sin 2\varphi$$

d. h. mit je 2 Geraden, deren Winkel φ ist, bilden die Geraden, welche die unendlichfernen Puncte der Kreise enthalten, dasselbe Doppelverhältniss. Mit je 2 Geraden, deren Winkel recht ist, sind die Geraden, welche die unendlichfernen Puncte der Kreise enthalten, in Harmonie. Salmon Con. 1855 n° 377.

5. Mit den Geraden $Ax^2 + 2A'xy + A''y^2 = 0$ sind die Geraden $Bx^2 + 2B'xy + B''y^2 = 0$ in Harmonie unter der Bedingung (wie §. 6)

$$AB'' - 2A'B' + A''B = 0$$

Daher sind mit den Geraden $Ax^2 + ..$ in Harmonie die Geraden

$$x^2 + \frac{A'' + \lambda A}{A'} xy + \lambda y^2 = 0$$

bei allen λ, z. B. die Winkelhalbirenden (3) bei $\lambda = -1$, oder die Geraden $A\,x^2 - A''y^2 = 0$. Die rechtwinkeligen Geraden $x^2 + 2A'xy - y^2 = 0$ sind mit den Geraden $x^2 + y^2 = 0$ in Harmonie.

Mit den Geraden $Ax^2 + .. + \lambda(Bx^2 + ..) = 0$ sind die Geraden $Cx^2 + ..$ in Harmonie unter der Bedingung

$$(A + \lambda B)C' - 2(A' + \lambda B')C + (A'' + \lambda B'')C = 0$$

und zwar bei allen λ, wenn

$$\begin{aligned} AC'' - 2A'C' + A''C &= 0 \\ BC'' - 2B'C' + B''C &= 0 \\ y^2C'' + 2xyC' + x^2C &= 0 \end{aligned} \quad \text{folglich} \quad \begin{vmatrix} A & A' & A \\ B & B' & B'' \\ y^2 & -xy & x^2 \end{vmatrix} = 0$$

Dieses Paar von Geraden ist in Harmonie mit allen Paaren

$$Ax^2 + .. + \lambda(Bx^2 + ..) = 0$$

welche in Involution sind (§. 7).

Capitel VI.

Die Linien 2ter Ordnung.

§. 33. Formation der Gleichung.

1. Eine quadratische Form u der x, y, t hat 6 Glieder

$$u = ax^2 + by^2 + ct^2 + 2fyt + 2gxt + 2hxy$$

und ist durch die Coefficienten a, b, c, f, g, h bestimmt. Nach Formen der x, y geordnet ist

$$u = ax^2 + 2hxy + by^2 + 2t(gx + fy) + ct^2$$

Nach linearen Formen der x, y, t geordnet ist

$$u = px + qy + rt$$

$$\begin{aligned} p &= ax + hy + gt \\ q &= hx + by + ft \\ r &= gx + fy + ct \end{aligned} \qquad \det u = \det(p, q, r) = \begin{vmatrix} a & h & g \\ h & b & f \\ g & f & c \end{vmatrix}$$

$$t \det u = \begin{vmatrix} a & h & p \\ h & b & q \\ g & f & r \end{vmatrix} \qquad t^2 \det u = \begin{vmatrix} a & h & p \\ h & b & q \\ p & q & u \end{vmatrix}$$

Die linearen Formen p, q, r sind nach dem Satz von den homogenen Functionen die halben Fluxionen (Ableitungen) der u nach x, y, t. Die Determinante der Form u giebt

$$\begin{aligned} & abc - af^2 - bg^2 - ch^2 + 2fgh \\ & = aa' + hh' + gg' = \ldots \end{aligned}$$

indem durch a' h', .. die Adjuncten der a, h, .. bezeichnet werden.

Zufolge der aufgestellten Definitionen ist

$$\begin{vmatrix} u & p & q & r \\ p & a & h & g \\ q & h & b & f \\ r & g & f & c \end{vmatrix} = 0$$

oder entwickelt (Det. §. 5, 5)

$$u \det u = a'p^2 + b'q^2 + c'r^2 + 2f'qr + 2g'pr + 2h'pq$$

Die Form $a'p^2 + \ldots$ der p, q, r heisst die Adjuncte der Form $ax^2 + \ldots$ der x, y, t (Det. §. 13, 9).

Umgekehrt ist

$$x \det u = \begin{vmatrix} ax & h & g \\ hx & b & f \\ gx & f & c \end{vmatrix} = \begin{vmatrix} p & h & g \\ q & b & f \\ r & f & c \end{vmatrix} = a'p + h'q + g'r$$

u. s. w. Folglich

$$\begin{aligned} a'p + h'q + g'r &= x \det u \\ h'p + b'q + f'r &= y \det u \\ g'p + f'q + c'r &= t \det u \\ xp + yq + tr &= u \end{aligned} \qquad \begin{vmatrix} a' & h' & g' & x \\ h' & b' & f' & y \\ g' & f' & c' & t \\ x & y & t & u : \det u \end{vmatrix} = 0$$

Durch Entwickelung dieser Determinante findet man in der That

$$u = ax^2 + by^2 + \ldots$$

2. Wenn die Determinante der Form u null ist, so ist die Form singulär, durch weniger Variable ausdrückbar. Denn unter der Bedingung $\det u = 0$ sind p, q, r durch die homogene Gleichung (1) verbunden

$$a'p + h'q + g'r = 0$$

so dass bei dem System $(p = 0,\ q = 0)$ auch r und u null sind.

Zufolge der Gleichung $aa' + hh' + gg' = 0$ werden nun durch eine der Substitutionen für x, y, t

$$\begin{array}{llll} x - a'\frac{x}{a'}, & y - h'\frac{x}{a'}, & t - g'\frac{x}{a'} & a' \text{ nicht null} \\ x - a'\frac{y}{h'}, & y - h'\frac{y}{h'}, & t - g'\frac{y}{h'} & h' \text{ nicht null} \\ x - a'\frac{t}{g'}, & y - h'\frac{t}{g'}, & t - g'\frac{t}{g'} & g' \text{ nicht null} \end{array}$$

die Formen p, q, r und u nicht verändert, während sie in Formen von nur 2 Grössen übergehn. Det. §. 13, 10.

Wenn demnach die ternäre quadratische Form u singulär ist ($\det u = 0$), so ist sie binär, und als solche das Product von 2 linearen Formen, also reducibel: die Linie $u = 0$ besteht aus 2 Geraden des Punctes

$$x : y : 1 = a' : h' : g'$$

welchen die Geraden $p = 0$, $q = 0$, $r = 0$ gemein haben.

Z. B. $u = x^2 + 4y^2 - 2t^2 + 2yt + xt - 5xy$ hat die Determinante

$$\begin{vmatrix} 1 & -2\frac{1}{2} & \frac{1}{2} \\ -2\frac{1}{2} & 4 & 1 \\ \frac{1}{2} & 1 & -2 \end{vmatrix} = 0, \qquad a' : h' : g' = 2 : 1 : 1$$

Daher wird die singuläre Form u durch die Substitutionen

$$\begin{array}{lll} & y - x & t - \frac{1}{2}x \\ x - 2y & 0 & t - y \\ x - 2t & y - t & 0 \end{array}$$

als Form von 2 linearen Formen ausgedrückt durch

$$\begin{gathered} 4(y - \tfrac{1}{2}x)^2 - 2(t - \tfrac{1}{2}x)^2 + 2(y - \tfrac{1}{2}x)(t - \tfrac{1}{2}x) \\ (x - 2y)^2 - 2(t - y)^2 + (x - 2y)(t - y) \\ (x - 2t)^2 + 4(y - t)^2 - 5(x - 2t)(y - t) \\ (x - y - t)(x - 4y + 2t) \end{gathered}$$

3. Wenn die Form u singulär ist ($\det u = 0$), so ist ihre Adjuncte u' das Quadrat einer linearen Form. Det. §. 5, 7. Denn nach (1) ist

$$-u' = \begin{vmatrix} 0 & p & q & r \\ p & a & h & g \\ q & h & b & f \\ r & g & f & c \end{vmatrix}$$

Wenn durch a_{ik} das $k$te Element der $i$ten Zeile bezeichnet wird, so ist nach dem Lehrsatz Det. §. 7, 2

$$\begin{vmatrix} \operatorname{adj} a_{11} & \operatorname{adj} a_{12} \\ \operatorname{adj} a_{21} & \operatorname{adj} a_{22} \end{vmatrix} = -u' \operatorname{adj} \begin{vmatrix} a_{11} & a_{12} \\ a_{21} & a_{22} \end{vmatrix} = -a'u'$$

Nun ist $\operatorname{adj} a_{11} = \det u = 0$, und wegen der Symmetrie $\operatorname{adj} a_{21} = \operatorname{adj} a_{12}$ (Det. §. 3, 5), folglich

$$a'u' = \begin{vmatrix} p & h & g \\ q & b & f \\ r & f & c \end{vmatrix}^2 = (a'p + h'q + g'r)^2$$

$$b'u' = (h'p + b'q + f'r)^2$$

$$c'u' = (g'p + f'q + c'r)^2$$

Nach dem angewendeten Lehrsatz ist

$$\begin{vmatrix} b' & f' \\ f' & c' \end{vmatrix} = \operatorname{adj} \begin{vmatrix} b & f \\ f & c \end{vmatrix} \det u = a \det u$$

u. s. w., folglich sind unter der Voraussetzung $\det u = 0$

$$\begin{vmatrix} b' & f' \\ f' & c' \end{vmatrix} \qquad \begin{vmatrix} a' & g' \\ g' & c' \end{vmatrix} \qquad \begin{vmatrix} a' & h' \\ h' & b' \end{vmatrix}$$

null. Wenn demgemäss $\sqrt{b'} = h' : \sqrt{a'}$, $\sqrt{c'} = g' : \sqrt{a'}$ gesetzt wird, so ist eindeutig $u' = (p\sqrt{a'} + q\sqrt{b'} + r\sqrt{c'})^2$, und wird null, wenn keine der Grössen a', b', c' von 0 verschieden ist.

4. Wenn durch die lineare Substitution

$$x = b_{11}x' + b_{12}y' + b_{13}t'$$

$$y = b_{21}x' + b_{22}y' + b_{23}t'$$

$$t = b_{31}x' + b_{32}y' + b_{33}t'$$

deren Determinante

$$\det(x, y, t) = \begin{vmatrix} b_{11} & b_{12} & b_{13} \\ b_{21} & b_{22} & b_{23} \\ b_{31} & b_{32} & b_{33} \end{vmatrix} = B$$

ist, die quadratische Form u in die Form v der x', y', t' transformirt wird, so ist

$$\det v = B^2 \det u$$

also mit $\det u$ eines Zeichens. Det. §. 6, 4 und §. 14, 3.

5. Die ternäre quadratische Form u kann auf verschiedene Arten durch 3 Quadrate linearer Formen dargestellt werden. Det. §. 13, 11.

Wenn a nicht null ist, so ist $u = ax^2 + 2xp + v$, p und v von x unabhängig, $au = (ax + p)^2 + av - p^2$, $av - p^2$ eine binäre quadratische Form, folglich u. s. w. Man findet z. B.

$$\begin{aligned} u &= ax^2 + by^2 + ct^2 + 2fyt + 2gxt + 2hxy \\ au &= (ax + hy + gt)^2 + c'y^2 - 2f'yt + b't^2 \\ ac'u &= c'(ax + hy + gt)^2 + (c'y - f't)^2 + (b'c' - f'^2)t^2 \\ &= c'(ax + hy + gt)^2 + (c'y - f't)^2 + at^2 \det u \quad (3) \end{aligned}$$

Wenn a, b, c null sind, h nicht null, so ist

$$\begin{aligned} u &= 2hxy + 2t(gx + fy) \\ 2hu &= 4(hx + ft)(hy + gt) - 4fgt^2 \end{aligned}$$

Nun ist $4PQ = (P + Q)^2 - (P - Q)^2$, folglich u. s. w.

Wenn die Form singulär ist, so kann sie durch weniger Quadrate dargestellt werden (2).

Beispiel.
$$\begin{aligned} u &= 3x^2 + y^2 - 3t^2 - 6yt - 5xt + 4xy \\ &= y^2 + 2y(2x - 3t) + 3x^2 - 5xt - 3t^2 \\ &= (y + 2x - 3t)^2 - (x - \tfrac{7}{2}t)^2 + \tfrac{1}{4}t^2 \\ &= x'^2 - y'^2 + \tfrac{1}{4}t^2 \end{aligned}$$

Oder auch

$$\begin{aligned} u &= 3x^2 + x(4y - 5t) + y^2 - 6yt - 3t^2 \\ &= 3[x + \tfrac{1}{6}(4y - 5t)]^2 - \tfrac{1}{3}(y + 4t)^2 + \tfrac{1}{4}t^2 \\ &= 3x''^2 - \tfrac{1}{3}y''^2 + \tfrac{1}{4}t^2 \end{aligned}$$

Dabei ist (4)

$$\det(3x^2 + ..) = \det(x'^2 - ..)\det^2(x', y', t)$$
$$= \det(3x''^2 - ..)\det^2(x'', y'', t) = -\tfrac{1}{4}$$

6. Bei allen Darstellungen einer gegebenen quadratischen Form durch Quadrate von einander unabhängiger linearer Formen findet man d i e s e l b e M e n g e Q u a d r a t e e i n e s Z e i c h e n s. Det. §. 13, 12. Wenn die Form der x_1, x_2, x_3 sowohl durch $\alpha_1 y_1{}^2 + \alpha_2 y_2{}^2 + \alpha_3 y_3{}^2$ als auch durch $\beta_1 z_1{}^2 + \beta_2 z_2{}^2 + \beta_3 z_3{}^2$ dargestellt wird, indem die linearen Formen y_1, y_2, y_3 und z_1, z_2, z_3 der x_1, x_2, x_3 je von einander unabhängig sind; und wenn bei der einen Darstellung nur ein α z. B. α_3 negativ ist, so können nicht bei der zweiten Darstellung zwei β z. B. β_2 und β_3 negativ sein. Unter der Voraussetzung negativer α_3, β_2, β_3 hat die Form der x_1, x_2, x_3

$$v = \alpha_1 y_1{}^2 + \alpha_2 y_2{}^2 + \alpha_3 y_3{}^2 - \beta_1 z_1{}^2 - \beta_2 z_2{}^2 - \beta_3 z_3{}^2$$

mehr als 3 positive und weniger als 3 negative Glieder. Nun giebt es x_1, x_2, x_3, die nicht alle null sind, und dem System $(y_3 = 0,\ z_1 = 0)$ genügen. Die entsprechenden y_1, y_2 sind nicht alle null; denn dem System $(y_1 = 0,\ y_2 = 0,\ y_3 = 0)$, dessen Determinante nicht null ist, genügen nur x_1, x_2, x_3, die alle null sind. Ebenso sind die entsprechenden z_2, z_3 nicht alle null. Daher ist die entsprechende v positiv, und $\alpha_1 y_1{}^2 + ..$ verschieden von $\beta_1 z_1{}^2 + ..$, gegen die Voraussetzung.

7. Wenn die ternäre quadratische Form singulär ist (bei verschwindender Determinante), so ist sie durch weniger als 3 Quadrate darstellbar, also ein Product linearer Formen, die entweder real verschieden, oder conjugirt complex, oder einander gleich sind.

Eine ordinäre ternäre quadratische Form (mit nicht verschwindender Determinante) ist darstellbar entweder durch kein Quadrat eines Zeichens (3 Quadrate des conträren Zeichens), oder durch 1 Quadrat eines Zeichens und 2 Quadrate des conträren Zeichens.

Wenn die Form durch Quadrate eines Zeichens darstellbar ist, so ist sie nur null, während alle Variablen null sind. Realen Werthen der Variablen, die nicht alle null sind, entsprechen Werthe eines Zeichens der Form, positive bei positiver Determinante, negative bei negativer Determinante. Die Form ist definit, positiv mit dem Minimum 0, oder negativ mit dem Maximum 0.

Wenn die Form durch 1 Quadrat eines Zeichens und 2 Quadrate conträren Zeichens darstellbar ist bei negativer Determinante, so kann sie null werden und das Zeichen wechseln, ohne dass alle Variablen null sind.

Wenn die ordinäre Form u null wird bei realen Werthen der Variablen, die nicht alle null sind, so ist sie nicht definit. Wenn insbesondere die Coefficienten a, b, c derselben nicht alle eines Zeichens oder nicht alle von 0 verschieden sind, so ist die Form nicht definit. Det. §. 13, 12 und 13.

8. Wenn die gemeinen Coordinaten $x : t$, $y : t$ eines Punctes (die homogenen Coordinaten x, y, t desselben) der Gleichung $u = 0$ genügen, so liegt der Punct auf einer bestimmten Linie zweiter Ordnung. Vergl. §. 28, 1. Die Linie ist durch die Proportion der Coefficienten a, b, c, f, g, h bestimmt, und hat 5 Coordinaten (6 homogene Coordinaten). Alle Linien zweiter Ordnung (Kegelschnitte §. 22 ff.) bilden eine 5fache Serie. Eine Linie zweiter Ordnung ist (7) entweder singulär (reducibel), oder ordinär (imaginär oder ein gemeiner Kegelschnitt).

9. Wenn $\det u = 0$, so ist die Linie $u = 0$ singulär und reducibel. Sie besteht aus 2 Geraden eines realen Punctes, der endlich- oder unendlichfern ist, während die Geraden real oder nichtreal verschieden, oder vereint sind.

Wenn bei $t = 1$ z. B. $u = 4(4x - y + 3)^2 + (4x - 7)^2$ wird, so besteht die Linie $u = 0$ aus 2 verschiedenen imaginären Geraden des realen Punctes ($4x - y + 3 = 0$, $4x - 7 = 0$). Wenn $u = (x - \frac{1}{2}y - \frac{1}{2})^2 + \frac{1}{4}$, so besteht die Linie

$u = 0$ aus 2 verschiedenen imaginären Geraden, die mit der Geraden $x - \frac{1}{2}y = 0$ parallel sind. U. s. w. Vergl. §. 32.

10. Wenn die Form u nicht singulär ist, so findet man (5) bei $t = 1$ im Allgemeinen

$$u = \alpha x'^2 + \beta y'^2 + \gamma$$

wobei x', y' von einander unabhängige lineare Formen der x, y, und mx', ny' die von dem Punct $(x' = 0,\ y' = 0)$ anfangenden mit den Geraden $y' = 0$, $x' = 0$ parallelen Coordinaten des Punctes $x|y$ sind (§. 29, 4). Der ordinäre Kegelschnitt $u = 0$ ist nicht real oder real, je nachdem α, β, γ eines Zeichens sind oder nicht eines Zeichens.

Auf der Linie $\alpha x'^2 + \beta y'^2 + \gamma = 0$ entspricht dem Punct $(x' = f,\ y' = g)$ der Gegenpunct $(x' = -f,\ y' = -g)$, so dass der Punct $(x' = 0,\ y' = 0)$ ein Centrum der Linie ist. Ferner entsprechen dem Punct $(x' = f,\ y' = g)$ der Punct $(x' = -f,\ y' = g)$ und der Punct $(x' = f,\ y' = -g)$, so dass die Chorde der Puncte $(x' = f,\ y' = g)$ und $(x' = -f,\ y' = g)$ von der Geraden $x' = 0$, und die Chorde der Puncte $(x' = f,\ y' = g)$ und $(x' = f,\ y' = -g)$ von der Geraden $y' = 0$ halbirt wird. Daher sind die Geraden $x' = 0$ und $y' = 0$ conjugirte Diameter der Linie, der Art dass die Chorden der Linie, welche mit dem einen parallel sind, von dem andern halbirt werden. §. 20, 8 und 9. Z. B.

$$\begin{aligned} u &= 4x^2 + 12xy + 12y^2 - 16x + 6y + 92 \\ &= (2x + 3y - 4)^2 + 3(y + 5)^2 + 1 \end{aligned}$$

hat das Minimum 1 bei $(2x + 3y - 4 = 0,\ y + 5 = 0)$. Die Linie $u = 0$ hat keinen realen Punct; die Geraden $2x + 3y - 4 = 0$ und $y + 5 = 0$ sind reale conjugirte Diameter derselben, welche das Centrum $9\frac{1}{2}|-5$ gemein haben.

Wenn man insbesondere $u = \alpha x'^2 + \beta y'$ findet, so hat die Linie $u = 0$ bei allen $\beta y'$, welche mit α nicht eines Zeichens sind, reale Puncte. Dem Punct $(x' = f,\ y' = g)$ der Linie entspricht der Punct $(x' = -f,\ y' = g)$, so dass die Chorde der beiden Puncte von der Geraden $x' = 0$ halbirt wird. Der

Diameter $x' = 0$ halbirt die mit der Geraden $y' = 0$ parallelen Chorden. Die Parallelen des Diameter $x' = 0$ haben mit der Linie je einen endlichfernen und einen unendlichfernen Punct gemein; auf dem Diameter $x' = 0$ ist das Centrum der Linie unendlichfern.

11. Wenn die ordinäre quadratische Form

$$u = ax^2 + by^2 + ct^2 + 2fyt + 2gxt + 2hxy$$

durch $\alpha x'^2 + \beta y'^2 + \gamma t^2$ ausgedrückt wird, so hat die Linie $u = 0$ zwei unendlichferne Puncte $(t = 0)$ welche auf der Linie $ax^2 + 2hxy + by^2 = 0$ und auf der Linie $\alpha x'^2 + \beta y'^2 = 0$ liegen.

Die Linie $ax^2 + 2hxy + by^2 = 0$ besteht aus 2 Geraden des Punctes $0|0$ (§. 32, 1), die nicht real oder real verschieden, oder vereint sind, je nachdem die Subdeterminante

$$c' = ab - h^2$$

positiv oder negativ oder null ist. Die Geraden $\alpha x'^2 + \beta y'^2 = 0$ des Punctes $(x' = 0,\ y' = 0)$, parallel mit den Geraden $ax^2 + 2hxy + by^2 = 0$, sind Diameter der Linie $u = 0$, und zwar die Asymptoten der Linie. Wenn die unendlichfernen Puncte der realen Linie nicht real sind, so ist die Linie geschlossen (Ellipse); wenn dieselben real verschieden sind, so ist die Linie nach zwei Richtungen offen (Hyperbel); wenn dieselben vereint sind, so ist die Linie nach einer Richtung offen (Parabel). Die Gleichung $u = 0$ wird in die Gleichung des entsprechenden Kegelschnittes unten §. 35 transformirt.

12. Wenn x_1, x_2, x_3 von einander unabhängige lineare Formen der x_1', x_2', x_3' sind, so sind die Figuren der entsprechenden Puncte x und x' collinear (§. 30, 7). Eine quadratische Form u der x_1, x_2, x_3 ist dann eine bestimmte quadratische Form u' der x_1', x_2', x_3'. Jene kann durch $\alpha_1 y_1^2 + \alpha_2 y_2^2 + \alpha_3 y_3^2$, diese durch $\beta_1 z_1^2 + \beta_2 z_2^2 + \beta_3 z_3^2$ ausgedrückt werden, so dass y_1, y_2, y_3 von einander unabhängige lineare Formen der x_1, x_2, x_3 sind, und z_1, z_2, z_3 eben solche Formen der x_1', x_2', x_3', also auch der x_1, x_2, x_3. Dabei giebt es unter den β ebensoviel eines Zeichens, als unter den α (5). Zugleich sind z_1, z_2, z_3 von einander unabhängige lineare Formen der y_1, y_2, y_3, d. h. y und z entprechende Puncte der collinearen Figuren

$$\alpha_1 y_1^2 + \alpha_2 y_2^2 + \alpha_3 y_3^2 = 0 \quad \text{und} \quad \beta_1 z_1^2 + \beta_2 z_2^2 + \beta_3 z_3^2 = 0$$

Die collinearen Kegelschnitte sind demnach beide real, oder beide nicht real (10).

Je zwei reale Kegelschnitte sind collinear; die Unterscheidung ihrer unendlichfernen Puncte kommt dabei nicht in Betracht. Je zwei nicht reale Kegelschnitte sind collinear; ein realer und ein nicht realer Kegelschnitt sind nicht collinear. Det. §. 18, 12.

§. 34. Polaren und Pole.

1. Wenn die Strecke 12 der Puncte $x_1|y_1$ und $x_2|y_2$ von der realen oder nicht realen Linie zweiter Ordnung $u = 0$ (§. 33, 1) in dem Punct $x|y$ nach dem Verhältniss $-\varepsilon$ getheilt wird, so hat man (§. 16, 2)

$$(1 + \varepsilon)x = x_1 + \varepsilon x_2 \qquad (1 + \varepsilon)y = y_1 + \varepsilon y_2$$

folglich $(1 + \varepsilon)p = p_1 + \varepsilon p_2$, indem man $p_1 = ax_1 + hy_1 + g$ u. s. w. setzt; ferner

$$\begin{aligned} p_1 x_2 + q_1 y_2 + r_1 = p_2 x_1 + q_2 y_1 + r_2 \\ = a x_1 x_2 + b y_1 y_2 + c + f(y_1 + y_2) + g(x_1 + x_2) \\ + h(x_1 y_2 + x_2 y_1) = v \end{aligned}$$

$$(1 + \varepsilon)^2 u = u_1 + 2v\varepsilon + u_2\varepsilon^2$$

als Taylor'sche Entwickelung der u nach steigenden Potenzen der ε, und demnach

$$u_1 + 2v\varepsilon + u_2\varepsilon^2 = 0 \quad \text{d. i.} \quad u_1 u_2 - v^2 + (v + u_2\varepsilon)^2 = 0$$

zur Berechnung von ε. Den beiden Wurzeln ε' und ε'' der Gleichung entsprechen die Puncte P', P'', welche die Gerade AB d. i. 12 mit $u = 0$ gemein hat, so dass

$$\frac{AP'}{BP'} + \frac{AP''}{BP''} = \frac{-2v}{u_2} \qquad \frac{AP'}{BP'}\frac{AP''}{BP''} = \frac{u_1}{u_2}$$

Joachimsthal Crelle J. 33 p. 373 und dessen analyt. Geom. der Ebene §§. 89. 101.

2. Die beiden Werthe ε und die beiden Schnittpuncte sind real oder nicht, je nachdem $u_1 u_2 - v^2$ negativ ist oder positiv. Der Ausdruck $u_1 u_2 - v^2$ ist eine quadratische Form der beiden Differenzen $\xi = x_2 - x_1$, $\eta = y_2 - y_1$. Denn

$$\begin{vmatrix} u_1 & v \\ v & u_2 \end{vmatrix} = \begin{vmatrix} p_1 x_1 + \ldots & p_2 x_1 + \ldots \\ p_1 x_2 + \ldots & p_2 x_2 + \ldots \end{vmatrix} = \begin{vmatrix} p_1 & q_1 & r_1 \\ p_2 & q_2 & r_2 \end{vmatrix}\begin{vmatrix} x_1 & y_1 & 1 \\ x_2 & y_2 & 1 \end{vmatrix}$$

(Det. §. 6, 1) und nach Subtraction der ersten Zeile von der zweiten

$$= \begin{vmatrix} p_1 & q_1 & r_1 \\ p_2 - p_1 & q_2 - q_1 & r_2 - r_1 \end{vmatrix}\begin{vmatrix} x_1 & y_1 & 1 \\ x_2 - x_1 & y_2 - y_1 & 0 \end{vmatrix}$$

worin $p_2 - p_1, \ldots$ lineare Formen der $x_2 - x_1$, $y_2 - y_1$ sind.

Zu demselben Resultat gelangt man auf folgendem Wege. Durch Entwickelung nach Subdeterminanten der beiden ersten Zeilen (Det. §. 4, 1) ergiebt sich

$$\begin{vmatrix} p_1 & q_1 & r_1 \\ p_2 & q_2 & r_2 \end{vmatrix}\begin{vmatrix} x_1 & y_1 & 1 \\ x_2 & y_2 & 1 \end{vmatrix} = \begin{vmatrix} 0 & 0 & p_1 & q_1 & r_1 \\ 0 & 0 & p_2 & q_2 & r_2 \\ x_1 & x_2 & 1 & 0 & 0 \\ y_1 & y_2 & 0 & 1 & 0 \\ 1 & 1 & 0 & 0 & 1 \end{vmatrix}$$

Nun ist

$$\begin{vmatrix} 0 & 0 & p_1 & q_1 & r_1 \\ 0 & 0 & p_2 & q_2 & r_2 \\ x_1 & x_2 & 1 & 0 & 0 \\ y_1 & y_2 & 0 & 1 & 0 \\ 1 & 1 & 0 & 0 & 1 \end{vmatrix} d = \begin{vmatrix} 0 & 0 & p_1 & q_1 & r_1 \\ 0 & 0 & p_2 & q_2 & r_2 \\ x_1 & x_2 & d & 0 & 0 \\ y_1 & y_2 & 0 & d & 0 \\ 1 & 1 & 0 & 0 & d \end{vmatrix}$$

$$= \begin{vmatrix} 0 & 0 & x_1 & y_1 & 1 \\ 0 & 0 & x_2 & y_2 & 1 \\ x_1 & x_2 & a' & h' & g' \\ y_1 & y_2 & h' & b' & f' \\ 1 & 1 & g' & f' & c' \end{vmatrix}\begin{vmatrix} 1 & 0 & 0 & 0 & 0 \\ 0 & 1 & 0 & 0 & 0 \\ 0 & 0 & a & h & g \\ 0 & 0 & h & b & f \\ 0 & 0 & g & f & c \end{vmatrix}$$

wenn $d = \det u = aa' + hh' + gg'$, u. s. w. Also

$$\begin{vmatrix} u_1 & v \\ v & u_2 \end{vmatrix} = \begin{vmatrix} 0 & 0 & x_1 & y_1 & 1 \\ 0 & 0 & x_2 & y_2 & 1 \\ x_1 & x_2 & a' & h' & g' \\ y_1 & y_2 & h' & b' & f' \\ 1 & 1 & g' & f' & c' \end{vmatrix} = \begin{vmatrix} 0 & 0 & x_1 & y_1 & 1 \\ 0 & 0 & \xi & \eta & 0 \\ x_1 & \xi & a' & h' & g' \\ y_1 & \eta & h' & b' & f' \\ 1 & 0 & g' & f' & c' \end{vmatrix}$$

eine quadratische Form der ξ, η.

3. Wenn $u_1 u_2 - v^2$ durch

$$A\xi^2 + 2B\xi\eta + C\eta^2$$

bezeichnet wird, so ist

$$A(u_1 u_2 - v^2) = (A\xi + B\eta)^2 + (AC - B^2)\eta^2$$

positiv bei realen ξ, η, wenn $AC - B^2$ positiv ist.

Die A, B, C sind die Coefficienten der $x_2{}^2$, $2x_2 y_2$, $y_2{}^2$ in

$$u_1(ax_2{}^2 + \ldots) - (p_1 x_2 + \ldots)^2$$

Man findet daher

$$A = u_1 a - p_1{}^2 \qquad B = u_1 h - p_1 q_1 \qquad C = u_1 b - q_1{}^2$$

$$A + C = c'(x_1{}^2 + y_1{}^2) + 2f'y_1 + 2g'x_1 - a' - b'$$

$$AC - B^2 = \begin{vmatrix} A & B & p_1 \\ B & C & q_1 \\ 0 & 0 & u_1 \end{vmatrix} : u_1 = \begin{vmatrix} a & h & p_1 \\ h & b & q_1 \\ p_1 & q_1 & u_1 \end{vmatrix} u_1 = u_1 \det u$$

Z. B. $u = x^2 + y^2 - \varepsilon^2(x + c)^2$ giebt

$$p = (1 - \varepsilon^2)x - \varepsilon^2 c, \qquad q = y, \qquad r = -\varepsilon^2 c(x + c)$$

$$a' = -\varepsilon^2 c^2 \qquad b' = -\varepsilon^2 c^2 \qquad c' = 1 - \varepsilon^2$$

$$f' = 0 \qquad g' = \varepsilon^2 c \qquad \det u = -\varepsilon^2 c^2$$

$$A + C = (1 - \varepsilon^2)(x^2 + y^2) + 2\varepsilon^2 c(x + c)$$

In der That ist $u_1 u_2 - v^2$ eine quadratische Function der x_2, y_2 (Form der x_2, y_2, t_2), deren Determinante

$$\begin{vmatrix} u_1 a - p_1 p_1 & u_1 h - p_1 q_1 & u_1 g - p_1 r_1 \\ u_1 h - p_1 q_1 & u_1 b - q_1 q_1 & u_1 f - q_1 r_1 \\ u_1 g - p_1 r_1 & u_1 f - q_1 r_1 & u_1 c - r_1 r_1 \end{vmatrix}$$

$$= \begin{vmatrix} u_1 & 0 & 0 & 0 \\ p_1 & u_1 a - p_1 p_1 & u_1 h - p_1 q_1 & u_1 g - p_1 r_1 \\ q_1 & u_1 h - p_1 q_1 & u_1 b - q_1 q_1 & u_1 f - q_1 r_1 \\ r_1 & u_1 g - p_1 r_1 & u_1 f - q_1 r_1 & u_1 c - r_1 r_1 \end{vmatrix} : u_1$$

$$= \begin{vmatrix} u_1 & p_1 & q_1 & r_1 \\ p_1 & a & h & g \\ q_1 & h & b & f \\ r_1 & g & f & c \end{vmatrix} u_1^2$$

null ist zufolge der Definitionen von u_1, p_1, q_1, r_1.

4. I. Unter der Bedingung $v = 0$ hat die Gleichung für ε conträr gleiche Wurzeln, so dass die Schnittpuncte (real oder nicht) der Geraden 12 und der Linie $u = 0$ mit 12 in Harmonie sind (§. 3). Die Puncte 1 und 2, welche mit der Linie $u = 0$ (mit ihren auf der Geraden 12 liegenden Puncten) in Harmonie sind, heissen harmonische Puncte an dem Kegelschnitt (conjugirte harmonische Pole, reciproke Puncte). Poncelet propr. proj. 196. Steiner Syst. Entw. p. 165. Hesse Crelle J. 18 p. 102, 20 p. 291, 36 p. 146. Chasles Géom. sup. 687.

Vermöge der Bedingung $v = 0$ liegt von den harmonischen Puncten 1 und 2 einer auf einer durch u und den andern Punct bestimmten Geraden, welche real ist auch wenn $u = 0$ keine realen Puncte hat. Die Gerade heisst die Polare des Punctes, der Punct heisst der Pol der Geraden. Stereom. §. 1, 9 Anm. und Trigon. §. 7, 21. Mit der Linie $u = 0$ sind ein Punct und seine Polare in Harmonie, d. h. jede Gerade des Punctes A hat mit der Polare des A den Punct B und mit der $u = 0$ die Puncte C und D gemein, so dass die Paare AB und CD in Harmonie sind. Wenn der Punct 2 auf der Polare des 1 liegt d. h. $p_1 x_2 + q_1 y_2 + r_1 = 0$, so ist $p_2 x_1 + q_2 y_1 + r_2 = 0$ d. h. die Polare des Punctes 2 enthält den Punct 1.

Wenn 2 und 3 harmonische Puncte sind auf der Polare des 1, so sind 1 und 2, 1 und 3 harmonische Puncte, also 1, 2, 3 drei harmonische Puncte (ein harmonisches Dreieck, Tripel) der Art, dass die Polare je eines die beiden andern enthält. Wenn z. B. der Linie $u = 0$ das Viereck $ABCD$ eingeschrieben ist, und BC, CA, AB von AD, BD, CD in 1, 2, 3 geschnitten werden, so ist mit der Chorde AD der Punct 1 und seine Polare in Harmonie; daher fällt die Polare des 1 auf die Gerade 23 (§. 13, 10), u. s. w. Die Puncte 1, 2, 3 sind drei harmonische Puncte an dem Kegelschnitt, die Polare des 1 wird durch Linealconstruction erhalten.

Wenn die Linie $u = 0$ aus zwei Geraden des Punctes P besteht, so hat der Punct 1 eine bestimmte den P enthaltende Polare; die Polare des P ist unbestimmt. Der Pol einer Geraden des P ist unbestimmt auf einer bestimmten Geraden des P; für andre Gerade existiren keine Pole.

II. Wenn in der zu Grunde gelegten Rechnung (1) die durch Coordinaten bestimmten Elemente nicht Puncte sind, sondern Gerade, so ergeben sich entsprechende Sätze. Den gemeinschaftlichen Punct der Geraden $x_1|y_1|1$ und $x_2|y_2|1$ enthält die Gerade $x|y|1$, wenn

$$(1+\varepsilon)x = x_1 + \varepsilon x_2 \qquad (1+\varepsilon)y = y_1 + \varepsilon y_2$$

bei beliebigem ε, weil der Gleichung $f + \varepsilon g = 0$ das System ($f = 0$, $g = 0$) genügt. Die Gerade $x|y|1$ gehört zu den Tangenten eines gegebenen Kegelschnittes, wenn ε durch die Gleichung $u = 0$ bestimmt wird. Die Geraden 1 und 2 sind mit $u = 0$ (mit den beiden den Punct 12 enthaltenden Geraden der Serie, Tangenten der Enveloppe) in Harmonie unter der Bedingung $v = 0$ (§. 29, 8). Die so bestimmten Geraden sind harmonische Gerade an dem Kegelschnitt; wenn die eine gegeben ist, so enthält die andre den Punct $v = 0$, den Pol der gegebenen Geraden. U. s. w.

5. I. Der Punct k (dessen Coordinaten x_k, y_k sind) hat die Polare $p_k x + q_k y + r_k = 0$ d. i. $p x_k + q y_k + r = 0$.

Wenn x_k und y_k durch eine Gleichung $n$ten Grades verbunden sind, so liegt der Punct auf einer Linie $n$ter Ordnung, und seine Polare ist eine Gerade, deren homogene Coordinaten p_k, q_k, r_k lineare Functionen der x_k, y_k sind. Also ist die Polare eine von den Geraden einer Serie $n$ter Classe, eine von den Tangenten einer Linie $n$ter Classe (§. 28, 2). Diese Linie $n$ter Classe ist die Reciproke jener Linie $n$ter Ordnung (§. 31, 7).

II. Wenn die Geraden 23, 31, 12 die Pole 1', 2', 3' haben, mithin die Polaren der Puncte 2, 3 den Punct 1' gemein haben, u. s. w., so haben die Chorden 11', 22' 33' einen Punct gemein. Denn unter den Voraussetzungen

$$v_k = p_k x + q_k y + r_k, \qquad v_{kl} = p_k x_l + q_k y_l + r_k = v_{lk}$$

hat 1 die Polare $v_1 = 0$, u. s. w. Die Gerade $v_2 + \lambda v_3 = 0$ des Punctes 1' ($v_2 = 0$, $v_3 = 0$) enthält den Punct 1, wenn $v_{21} + \lambda v_{31} = 0$. Daher hat

die Chorde	11'	die Gleichung	$v_{31} v_2 - v_{21} v_3 = 0$
„	„	22'	„	„	$v_{12} v_3 - v_{32} v_1 = 0$
„	„	33'	„	„	$v_{23} v_1 - v_{13} v_2 = 0$

Durch Addition der 3 Gleichungen erhält man $0 = 0$, folglich haben die Chorden einen Punct gemein. Plücker Crelle J. 5 p. 11. Fiedler-Salmon Kegelschn. 1873 p. 163. Die Dreiecke 123 und 1'2'3' sind perspectivisch (Stereom. §. 5, 7), so dass die Schnitte der Geraden 23 und 2'3', 31 und 3'1, 12 und 1'2' auf einer Geraden liegen. Vergl. Chasles sect. con. 135. Schröter-Steiner Kegelschn. p. 155.

III. Der Punct, in welchem die Strecke 12 nach dem Verhältniss $-\lambda$ getheilt wird, hat die Polare

$$(p_1 + \lambda p_2)x + (q_1 + \lambda q_2)y + r_1 + \lambda r_2 = 0$$
$$\text{d. i.}\quad p_1 x + q_1 y + r_1 + \lambda(p_2 x + q_2 y + r_2) = 0$$

Dieselbe enthält den Punct, welchen die Polaren der 1 und 2 gemein haben und der der Pol der Geraden 12 ist, und man schliesst nach §. 29, 8:

Wenn 4 Puncte auf einer Geraden liegen, so enthalten ihre Polaren den Pol der Geraden, und das Doppelverhältniss der 4 Puncte ist dem Doppelverhältniss ihrer Polaren gleich.

IV. Wenn pp', qq', rr' die Diagonalen eines Vierecks sind (§. 28, 10), so sind p und p' harmonische Puncte an dem Kegelschnitt $u = 0$, unter der Bedingung

$$P = ap_1 p_1' + bp_2 p_2' + cp_3 p_3'$$
$$+ f(p_2 p_3' + p_2' p_3) + g(p_3 p_1' + p_3' p_1) + h(p_1 p_2' + p_1' p_2) = 0$$

Ebenso sind q und q' harmonische Puncte unter der Bedingung $Q = 0$. Aus $P = 0$ und $Q = 0$ folgt (a. a. O.) $R = 0$.

Wenn von Geraden 1, 2, 3, 4 die Schnitte 23 und 14, sowie die Schnitte 31 und 24 mit dem Kegelschnitt in Harmonie sind, so sind es auch die Schnitte 12 und 34. Hesse Crelle J. 20 p. 301 und 36 p. 146. Fiedler-Salmon Kegelschn. art. 236, 9. Denselben Satz haben Cremona Curve piane 109, Chasles Sect. con. 133, Schröter-Steiner Kegelschn. §. 31 synthetisch, Rosanes Schlömilch Zeitschrift 17 p. 174 analytisch bewiesen. Umgekehrt:

Drei Paare von Puncten, in welchen die 3 Diagonalen eines Vierecks harmonisch getheilt werden, liegen auf einem Kegelschnitt. Wenn 3 dieser Theilpuncte auf einer Geraden liegen, so liegen die andern 3 auf einer andern Geraden; der Kegelschnitt besteht in diesem Fall aus den beiden Geraden. Steiner Crelle J. 3 p. 212. Eine der beiden Geraden kann die unendlichferne Gerade sein: die Mitten der 3 Diagonalen liegen auf einer Geraden. §. 16, 4. §. 30, 16.

6. Unter der Bedingung $u_1 u_2 - v^2 = 0$ hat die Gleichung für ε gleiche Wurzeln entsprechend den congruenten Gleichungen $u_1 + v\varepsilon = 0$ oder $v + u_2\varepsilon = 0$. Die Schnittpuncte der Geraden 12 und der Linie $u = 0$ fallen zusammen, die Gerade ist eine Tangente der $u = 0$, deren Contact durch $u_1 + v\varepsilon = 0$ oder $v + u_2\varepsilon = 0$ bestimmt wird.

Wenn der Punct 1 gegeben und die Gerade 12 eine Tangente der $u = 0$, so ist $u_1 u_2 - v^2 = 0$ d. h. (2) der Punct 2 liegt auf einer reduciblen Linie 2ter Ordnung, bestehend aus 2 Geraden des Punctes 1, den diesen Punct enthaltenden Tangenten der $u = 0$: die Linie 2ter Ordnung $u = 0$ ist 2ter Classe (§. 28, 2). Wenn der Punct 2 ein Contact auf $u = 0$ d. h. $u_2 = 0$, so ist $v = 0$: die Contacte liegen auf der Polare des Punctes 1, die Chorde der Contacte ist die Polare. Die beiden Contacte und die beiden Tangenten sind nicht real, wenn (8) $AC - B^2$ d. i. $u_1 \det u$ positiv ist (so dass der Punct 1 auf der concaven Seite der Linie $u = 0$ liegt).

Wenn der Punct 1 auf der Linie $u = 0$ liegt, d. h. $u_1 = 0$, so fallen die beiden Tangenten $u_1 u_2 - v^2 = 0$ auf die Polare $v = 0$ des Punctes 1: die Polare eines Punctes der Linie $u = 0$ ist die Tangente der Linie an dem Punct.

7. Der Winkel δ der beiden den Punct 1 enthaltenden Tangenten der $u = 0$ wird nach §. 32, 2 bei rechtwinkeligen Coordinaten unter Anwendung der Bezeichnungen (3) bestimmt durch die Gleichung

$$(A + C)^2 + 4(AC - B^2)\cot^2\delta = 0$$

Wenn der Linie $u = 0$ ein gegebener Winkel umgeschrieben wird, so liegt der Scheitel des Winkels (der Punct 1) auf einer gegebenen Linie 4ter Ordnung. Magnus Aufgaben 1 p. 172. Die Linie $A + C = 0$ ist ein mit der Linie $u = 0$ concentrischer Kreis (bei $c' = 0$, d. h. wenn $u = 0$ eine Parabel ist, eine Gerade und zwar die Polare des Brennpunctes); die Linie $AC - B^2 = 0$ ist von der Linie $u = 0$ nicht verschieden. Die Linie 4ter Ordnung wird von der Linie $u = 0$ auf dem Kreis $A + C = 0$ berührt; ihre unendlichfernen Puncte sind die eines Kreises.

Wenn insbesondere der umgeschriebene Winkel recht ist, so liegt sein Scheitel auf dem Kreis $A + C = 0$. Den Scheitel eines der Parabel umgeschriebenen constanten Winkels hatte Poncelet propr. proj. 481 näher bestimmt.

Wenn $\cot^2\delta = -1$, so liegt der Scheitel des umgeschriebenen Winkels (mit nicht realen Schenkeln) auf der Linie $(A - C)^2 + 4B^2 = 0$. Die Scheitel ($A - C = 0$, $B = 0$)

sind die Brennpuncte der Linie $u = 0$, wie aus Plücker's Bemerkung (s. unten §. 35, 9) erkannt wird.

8. Mit den Tangenten der Linie $u = 0$, welche den Punct 1 gemein haben, sind eine Gerade desselben Punctes 1 und ihr Pol P in Harmonie. Denn die Contacte T, T' und der Pol P liegen auf der Polare des Punctes 1, und diese wird von der Geraden in P' geschnitten, so dass das Paar PP' mit TT' in Harmonie ist, u. s. w.

Die Puncte einer Geraden und die Polaren derselben (die Geraden eines Punctes und die Pole derselben) sind reciproke Figuren: dem Doppelverhältniss von 4 Puncten der Geraden ist das Doppelverhältniss der entsprechenden Geraden gleich (5 und §. 31, 7). Die Puncte der Geraden und die Puncte, in welchen die Gerade von den Polaren der Puncte geschnitten wird, sind in Involution; die auf $u = 0$ liegenden Puncte sind tautolog (§. 5, 2). Die Geraden des Punctes und die die Pole dieser Geraden enthaltenden Geraden des Punctes sind in Involution; die den Punct enthaltenden Tangenten der $u = 0$ sind tautolog. Chasles Géom. sup. 679. In den von Schröter herausgegebenen Vorlesungen Steiner's §. 30 sind jene Puncte einer Geraden ein Punctsystem, diese Geraden eines Punctes ein Strahlsystem genannt worden.

9. Der Punct 1, welchen zwei gegebene Gerade gemein haben,

$$Dx_1 + Ey_1 + F = 0, \qquad D'x_1 + E'y_1 + F' = 0$$

hat die Polare $px_1 + qy_1 + r = 0$ d. i.

$$\begin{vmatrix} D & E & F \\ D' & E' & F' \\ p & q & r \end{vmatrix} = 0$$

Insbesondere hat der Punct ($p_1 = 0$, $q_1 = 0$) d. i. ($c'x_1 = g'$, $c'y_1 = f'$) die Polare $\det u = 0$. Wenn $\det u = 0$, so ist die Gleichung der Polare nicht vorhanden, die Polare unbestimmt (4); wenn aber $\det u$ nicht null, so ist die Polare die unendlichferne Gerade. Dieser ausgezeichnete Punct, der zur Polare die unendlichferne Gerade hat, ist das Centrum der Linie $u = 0$. Bei der Parabel ($c' = 0$) ist das Centrum unendlichfern auf der Parabel und auf der unendlichfernen Geraden: die Parabel wird von der unendlichfernen Geraden berührt, für alle Parabeln ist die unendlichferne Gerade eine gemeinschaftliche Tangente.

Für die Tangenten der $u = 0$, welche das Centrum gemein haben, ist (3) $A : B : C = a : h : b$ d. h. diese Tangenten (Diameter) enthalten die unendlichfernen Puncte der Linie $u = 0$ und sind die Asymptoten der Linie (§. 33, 11).

10. Der unendlichferne Punct der Geraden $y = \alpha x$ hat die Polare $p + \alpha q = 0$, welche den Punct ($p = 0$, $q = 0$), das Centrum der Linie $u = 0$ enthält, mithin ein Diameter derselben ist. Denn unter der Voraussetzung $y_1 = \alpha x_1$ ist

$$px_1 + qy_1 + r = x_1\left(p + \alpha q + \frac{r}{x_1}\right)$$

null bei unendlicher x_1, wenn $p + \alpha q = 0$.

Mit diesem Diameter ist die Gerade $y = \alpha' x$ parallel, wenn

$$\alpha' = -\frac{a + \alpha h}{h + \alpha b} \quad \text{d. i.} \quad a + h(\alpha + \alpha') + b\alpha\alpha' = 0$$

Diese von c, f, g unabhängige Gleichung zeigt an, dass mit den Geraden $ax^2 + 2hxy + by^2 = 0$ die Geraden

$$(y - \alpha x)(y - \alpha' x) = \alpha\alpha' x^2 - (\alpha + \alpha')xy + y^2 = 0$$

in Harmonie sind (§. 32, 5). Z. B. $\alpha' = -\alpha$, $\alpha\alpha' = -\alpha^2 = -a : b$.

In der That sind der unendlichferne Punct der Geraden $y = \alpha x$ und seine Polare $p + \alpha q = 0$ in Harmonie mit der Linie $u = 0$ (4), sowie mit den das Centrum enthaltenden Tangenten der $u = 0$ (8). Zwei Diameter, welche mit den Geraden $y = \alpha x$, $y = \alpha' x$ parallel sind, sind mit den Asymptoten in Harmonie. Vergl. Salmon Conics 326.

11. Wenn die Linie $u = 0$ von Parallelen der Geraden $y = \alpha x$ geschnitten (berührt) wird, so liegen die Mitten der Chorden (Contacte) auf der Polare des unendlichfernen Punctes der Geraden $y = \alpha x$, also auf dem Diameter $p + \alpha q = 0$, welcher mit der Geraden $y = \alpha' x$ parallel ist. Und wenn die Linie $u = 0$ von Parallelen der Geraden $y = \alpha' x$ geschnitten wird, so liegen die Mitten der Chorden auf dem Diameter $p + \alpha' q = 0$, welcher mit der Geraden $y = \alpha x$ parallel ist. Zwei Diameter der Art, dass die mit dem einen parallelen Chorden der $u = 0$ von dem andern halbirt werden, sind conjugirte Diameter der $u = 0$ (§. 20, 9) und mit den Asymptoten in Harmonie.

Ein Diameter, der mit einer Chorde parallel ist, und der Diameter, welcher die Mitte der Chorde enthält, sind conjugirt. Ein Diameter, der mit einer Tangente parallel ist, und der Diameter des Contacts sind conjugirt. Die Endpuncte conjugirter Diameter AA', BB' haben, wenn P ein Punct des Kegelschnittes ist, das Doppelverhältniss (§. 22, 11)

$$(PA, PA', PB, PB') = (B'A, B'A', B'B, B'B')$$

Die Strecke AA' wird von $B'B$ in der Mitte, von der Tangente $B'B'$ in dem unendlichfernen Punct getheilt. Also sind die Endpuncte conjugirter Diameter 4 harmonische Puncte des Kegelschnittes. Steiner syst. Entw. p. 162.

Die Chorden, welche Gegenpuncte der $u = 0$ mit einem andern Punct der Linie verbinden, werden supplementär genannt. Zwei Diameter, welche mit supplementären Chorden parallel sind, sind conjugirt.

Zwei Diameter, welche mit den Asymptoten in Harmonie sind, sind conjugirt; insbesondere die Axen der $u = 0$, welche die Winkel der Asymptoten halbiren und desshalb normal zu einander stehn. Alle Paare conjugirter Diameter sind in Involution.

12. Durch die Substitution $x = x_1 + \xi$, $y = y_1 + \eta$ wird

$$u = u_1 + 2p_1 \xi + 2q_1 \eta + a\xi^2 + 2h\xi\eta + b\eta^2$$

und durch $\eta = \alpha\xi$ erhält man

$$u = u_1 + 2\xi(p_1 + \alpha q_1) + \xi^2(a + 2h\alpha + b\alpha^2)$$

Wenn nun ξ', ξ'' die Wurzeln der Gleichung $u = 0$ sind, und $\eta' = \alpha\xi'$, $\eta'' = \alpha\xi''$, so hat die Linie $u = 0$ mit der Geraden $y - y_1 = \alpha(x - x_1)$ die Puncte $x_1 + \xi' \mid y_1 + \eta'$ und $x_1 + \xi'' \mid y_1 + \eta''$ gemein.

Die Chorde der gemeinschaftlichen Puncte wird von dem Punct 1 halbirt, wenn $\xi' + \xi'' = 0$ d. i. $p_1 + \alpha q_1 = 0$. Wenn bei gegebenem α die Chorde eine gegebene Richtung hat, so liegt ihre Mitte 1 auf der Geraden $p_1 + \alpha q_1 = 0$ (11).

Wenn der Punct 1 gegeben ist, so genügt die Mitte $x \mid y$ einer den Punct 1 enthaltenden Chorde dem System

$$y - y_1 = \alpha(x - x_1), \qquad p + \alpha q = 0$$

mithin der Gleichung $p(x - x_1) + q(y - y_1) = 0$ d. i.

$$u = px_1 + qy_1 + r = p_1 x + q_1 y + r_1$$

d. h. die Mitte einer Chorde des Punctes 1 liegt auf einer bestimmten Linie zweiter Ordnung, welche mit $u = 0$ die unendlichfernen Puncte gemein hat, also mit ihr (wenn nicht $\det u$ null ist) ähnlich ist und perspectivisch liegt; der Punct 1 ist das Aehnlichkeitscentrum. Dieser Satz ist von Newton Princ. I pr. 27 extr. gegeben und mehrfach reproducirt worden: Gerg. Ann. 10 p. 100, 11 p. 122. Plücker Entw. 1 p. 155 u. A.

Mit den gemeinschaftlichen Puncten $x' \mid y'$, $x'' \mid y''$ sind die Puncte 1, 2 in Harmonie, wenn (§. 3, 1)

$$\frac{2}{x_2 - x_1} = \frac{1}{\xi'} + \frac{1}{\xi''}$$

$$\frac{1}{x_2 - x_1} = \frac{\xi' + \xi''}{2\xi'\xi''} = -\frac{p_1 + \alpha q_1}{u_1}$$

d. i. $p_1(x_2 - x_1) + q_1(y_2 - y_1) + u_1 = p_1 x_2 + q_1 y_2 + r_1 = 0$

wie oben (4).

13. In Bezug auf die Linie $u = 0$, welche zufolge der Schluss-Bemerkung (4. I) als irreducibel vorausgesetzt wird, hat die Gerade $Ax + By + C = 0$ den Pol $x_1 | y_1$, bestimmt durch das System

$$p_1 : q_1 : r_1 = A : B : C$$

Nun ist

$$\begin{vmatrix} a & h & g \\ h & b & f \\ g & f & c \end{vmatrix} = \begin{vmatrix} a & h & p_1 \\ h & b & q_1 \\ g & f & r_1 \end{vmatrix}$$

abgekürzt $(ahg) = (ahp_1)$, $(ahg)x_1 = (p_1hg)$, folglich

$$(ahA)x_1 = (Ahg) \qquad (ahA)y_1 = (aAg)$$

Wenn $A = 0$ und $B = 0$, so ist

$$(Ahg) = Cg' \qquad (aAg) = Cf' \qquad (ahA) = Cc'$$

d. h. die unendlichferne Gerade hat den Pol

$$(p_1 = 0,\ q_1 = 0) \text{ d. i. } (c'x_1 = g',\ c'y_1 = f')$$

das Centrum der Linie $u = 0$ (9).

Wenn die Gerade $Ax + By + C = 0$ ein Diameter der $u = 0$ ist, also das Centrum enthält d. h. $Ag' + Bf' + Cc' = 0$ oder $(ahA) = 0$, so sind x_1 und y_1 nicht beide endlich, mithin

$$p_1 : q_1 = ax_1 + hy_1 : hx_1 + by_1 = A : B$$
$$(aB - hA)x_1 + (hB - bA)y_1 = 0$$

d. h. der Pol ist unendlichfern in bestimmter Richtung.

Wenn insbesondere $u = 0$ eine Parabel ist ($c' = 0$, folglich $ag' + hf' = 0$, u. s. w.), so ist das Centrum der unendlichferne Punct der Parabel auf der Geraden $ax + hy = 0$. Der mit dieser Geraden parallele Diameter $ax + hy + C = 0$ hat seinen unendlichfernen Pol auf der Geraden

$$ax_1 + hy_1 : gx_1 + fy_1 = a : C$$
$$\text{d. i. } (g - C)x_1 + \left(f - \frac{h}{a}C\right)y_1 = 0$$

In der That ist $(ahA) = 0$, und

$$(Ahg) = Cg' + ff' = f'\left(f - \frac{h}{a}C\right)$$

$$(aAg) = f'(C - g)$$

14. I. Wenn die Gerade $Ax + By + C = 0$ eine Tangente der $u = 0$ ist, so ist sie die Polare des Contactes 1 mit $u = 0$ und enthält denselben (6). Zufolge dieser Bedingungen ist

$$p_1 + \lambda A = 0 \qquad q_1 + \lambda B = 0 \qquad r_1 + \lambda C = 0$$
$$Ax_1 + By_1 + C = 0$$

mithin

$$\begin{vmatrix} a & h & g & A \\ h & b & f & B \\ g & f & c & C \\ A & B & C & 0 \end{vmatrix} = 0$$

Die Determinante ist eine Form 2ten Grades der A, B, C (§. 33, 1)

$$a'A^2 + b'B^2 + c'C^2 + 2f'BC + 2g'AC + 2h'AB$$
$$= AP + BQ + CR$$

Die Tangenten der $u = 0$ bilden demnach eine Serie 2ter Classe, deren Enveloppe $u = 0$ ist (§. 28, 2).

II. Wenn $U = aA^2 + bB^2 + \ldots = pA + qB + rC$ dieselbe Form 2ten Grades der A, B, C ist, wie u der x, y, 1, so hat die Gerade $A_1 | B_1 | C_1$ an der Serie $U = 0$ den Pol (4. II)

$$p_1 A + q_1 B + r_1 C = 0$$

Für die Coordinaten x, y des Pols hat man

$$x : y : 1 = p_1 : q_1 : r_1$$
$$p_1 + \lambda x = 0, \quad q_1 + \lambda y = 0, \quad r_1 + \lambda = 0$$

Wenn der Pol der Geraden 1 auf der Geraden liegt d. h.

$$A_1 x + B_1 y + C_1 = 0$$

so ist er ein Punct der Enveloppe, welche die Serie $U \doteq 0$ berührt, und man hat

$$\begin{aligned} aA_1 + hB_1 + gC_1 + \lambda x &= 0 \\ hA_1 + bB_1 + fC_1 + \lambda y &= 0 \\ gA_1 + fB_1 + cC_1 + \lambda &= 0 \\ xA_1 + yB_1 + C_1 &= 0 \end{aligned} \qquad \begin{vmatrix} a & h & g & x \\ h & b & f & y \\ g & f & c & 1 \\ x & y & 1 & 0 \end{vmatrix} = 0$$

$$\text{d. i.} \quad a'x^2 + b'y^2 + c' + 2f'y + 2g'x + 2h'xy = 0$$

für die Enveloppe der Serie $U = 0$.

Als Enveloppe der Serie $a'A^2 + b'B^2 + .. = 0$ findet man ebenso $u = ax^2 + by^2 + .. = 0$. Denn

$$\begin{vmatrix} a' & h' & g' & x \\ h' & b' & f' & y \\ g' & f' & c' & 1 \\ x & y & 1 & 0 \end{vmatrix} = -u \det u$$

weil adj $a' = a \det u$ (§. 33, 3), u. s. w. Vergl. Brioschi Determ. p. 15. Hesse Raumgeometrie 10. Vorl. Fiedler-Salmon Kegelschn. p. 396.

15. Wenn die Gerade $Ax + By + C = 0$ eine Tangente der $u = 0$ ist, d. h. $AP + BQ + CR = 0$ (14. I), und wenn sie den Punct 1 enthält d. h. $Ax_1 + By_1 + C = 0$, so ist

$$\begin{vmatrix} P & Q & R \\ x_1 & y_1 & 1 \\ x & y & 1 \end{vmatrix} = 0 \qquad \begin{aligned} P + \lambda x_1 + \mu x &= 0 \\ Q + \lambda y_1 + \mu y &= 0 \\ R + \lambda + \mu &= 0 \end{aligned}$$

indem $1 : \lambda : \mu$ wie die Adjuncten einer Colonne sich verhalten. Zufolge dieser 3 linearen Gleichungen für A, B, C, λ, μ und der obigen 2 linearen Gleichungen für A, B, C ist

$$\begin{vmatrix} a' & h' & g' & x_1 & x \\ h' & b' & f' & y_1 & y \\ g' & f' & c' & 1 & 1 \\ x_1 & y_1 & 1 & 0 & 0 \\ x & y & 1 & 0 & 0 \end{vmatrix} = 0$$

für einen Punct $x|y$ der durch den Punct 1 gehenden Tangenten der $u = 0$ (2 und 6). Brioschi a. a. O. Hesse Schlömilch Zeitschrift 1876 p. 12.

16. Die Gerade $Ax + By + C + \mu(A'x + B'y + C') = 0$, welche den Punct $(Ax + .. = 0,\ A'x + .. = 0)$ enthält, ist eine Tangente der $u = 0$, wenn (14)

$$\begin{vmatrix} a & h & g & A+\mu A' \\ h & b & f & B+\mu B' \\ g & f & c & C+\mu C' \\ A+\mu A' & B+\mu B' & C+\mu C' & 0 \end{vmatrix} = 0$$

$$\text{d. i.}\quad \alpha' + 2\beta'\mu + \gamma'\mu^2 = 0$$

$$\alpha' = \begin{vmatrix} a & h & g & A \\ h & b & f & B \\ g & f & c & C \\ A & B & C & 0 \end{vmatrix} \qquad \gamma' = \begin{vmatrix} a & h & g & A' \\ h & b & f & B' \\ g & f & c & C' \\ A' & B' & C' & 0 \end{vmatrix}$$

$$\beta' = \begin{vmatrix} a & h & g & A \\ h & b & f & B \\ g & f & c & C \\ A' & B' & C' & 0 \end{vmatrix} = \begin{vmatrix} a & h & g & A' \\ h & b & f & B' \\ g & f & c & C' \\ A & B & C & 0 \end{vmatrix}$$

Den Wurzeln μ', μ'' der quadratischen Gleichung für μ entsprechen die beiden den gegebenen Punct enthaltenden Tangenten der $u = 0$

$$Ax + .. + \mu'(A'x + ..) = 0, \qquad Ax + .. + \mu''(A'x + ..) = 0$$

Wenn α' oder γ' null, so fällt eine der beiden Tangenten auf eine der beiden gegebenen Geraden (14. I); wenn β' null $(\mu' + \mu'' = 0)$, so sind die beiden Tangenten mit den beiden Geraden in Harmonie. Wenn $\alpha'\gamma' - \beta'^2 = 0$, so fallen die beiden Tangenten zusammen, und der Schnittpunct der gegebenen Geraden ist der Contact auf $u = 0$. Nur bei $\det u = 0$ geht von dem Schnittpunct der beliebig gegebenen Geraden nach dem Schnittpunct der Geraden, aus welchen $u = 0$ besteht, eine Gerade, die mit $u = 0$ zwei vereinte Puncte gemein hat.

In dem System

$$\begin{matrix} a & h & g & A & A' \\ h & b & f & B & B' \\ g & f & c & C & C' \\ A & B & C & \gamma & \beta \\ A' & B' & C' & \beta & \alpha \end{matrix}$$

dessen Determinante S, fallen adjα, adjγ, adjβ mit α', γ', $-\beta'$ zusammen, wenn α, β, γ null sind. Nun ist (§. 33, 3)

$$\begin{vmatrix} \text{adj}\gamma & \text{adj}\beta \\ \text{adj}\beta & \text{adj}\alpha \end{vmatrix} = S \,\text{adj} \begin{vmatrix} \gamma & \beta \\ \beta & \alpha \end{vmatrix}$$

folglich

$$\begin{vmatrix} \gamma' & \beta' \\ \beta' & \alpha' \end{vmatrix} = \begin{vmatrix} a & h & g & A & A' \\ h & b & f & B & B' \\ g & f & c & C & C' \\ A & B & C & 0 & 0 \\ A' & B' & C' & 0 & 0 \end{vmatrix} \det u$$

Wenn die Determinante 5ten Grades null ist, so schneiden sich die Geraden $A|B|C$ und $A'|B'|C'$ auf dem Kegelschnitt $u = 0$.

17. Wenn der Kegelschnitt $u = 0$ die Puncte 1, 2 enthält, und der Punct $x|y$ auf der Chorde 12 liegt, so ist

$$u - a(x-x_1)(x-x_2) - b(y-y_1)(y-y_2) - 2h(x-x_1)(y-y_2) = 0$$

eine Gleichung ersten Grades für x, y, welcher dadurch genügt wird, dass der Punct $x|y$ auf 1 und auf 2 fällt; also die Gleichung der Chorde.

Man erhält die Gleichung der Tangente mit dem Contact 1, wenn der Punct 2 auf 1 fällt:

$$u - a(x - x_1)^2 - b(y - y_1)^2 - 2h(x - x_1)(y - y_1) = 0$$

d. i. $$2axx_1 + 2byy_1 + 2c + 2f(y + y_1) + 2g(x + x_1) + 2h(xy_1 + x_1 y)$$
$$- ax_1^2 - by_1^2 - c - 2fy_1 - 2gx_1 - 2hx_1y_1 = 0$$

mithin

$$axx_1 + byy_1 + c + f(y + y_1) + g(x + x_1) + h(xy_1 + x_1 y) = 0$$

Wenn der Punct $x|y$ gegeben ist, so wird für eine denselben enthaltende Tangente der Contact 1 durch das System $(u_1 = 0,\ axx_1 + \,.\,. = 0)$ bestimmt. Der Contact liegt also auf der Geraden $axx_1 + \,.\,. = 0$, der Polare des Punctes $x|y$, wie oben (4). Magnus Aufgaben I p. 161. Fiedler-Salmon Kegelschn. 105.

18. I. Wenn u die obige quadratische Form der trilinearen Coordinaten z_1, z_2, z_3 des Punctes z ist (§. 30), und wenn der Punct $x + \varepsilon y$ auf der Linie $u = 0$ liegt, so erhält man wie oben (1) für ε

$$u_{xx} + 2u_{xy}\varepsilon + u_{yy}\varepsilon^2 = 0$$

indem man componirt

$$p_x = ax_1 + hx_2 + gx_3 \qquad q_x = hx_1 + bx_2 + fx_3$$
$$r_x = gx_1 + fx_2 + cx_3$$
$$u_{xy} = p_x y_1 + q_x y_2 + r_x y_3 = p_y x_1 + q_y x_2 + r_y x_3 = u_{yx}$$
$$u_{xx} = p_x x_1 + q_x x_2 + r_x x_3 = u$$

Hier sind p_x, q_x, r_x die Werthe, welche die halben Fluxionen der u nach den Coordinaten z_1, z_2, z_3 in dem Punct x haben.

Unter der Bedingung $u_{xy} = 0$ sind die Puncte x, y mit dem Kegelschnitt in Harmonie, y liegt auf der Polare des x, u. s. w.

Unter der Bedingung $u_{xx}u_{yy} - u_{xy}^2 = 0$ liegt y auf einer den Punct x enthaltenden Tangente der $u = 0$.

II. Wenn α, β, .. gegebene lineare Formen der homogenen Coordinaten x, y, t. und A, B, .. constant sind, so hat die aus α^2, β^2, .. componirte quadratische Form $u = A\alpha^2 + B\beta^2 + ..$ die halben Fluxionen

$$\tfrac{1}{2}\frac{\partial u}{\partial x} = A\alpha\frac{\partial \alpha}{\partial x} + B\beta\frac{\partial \beta}{\partial x} + ..$$

$$\tfrac{1}{2}\frac{\partial u}{\partial y} = A\alpha\frac{\partial \alpha}{\partial y} + B\beta\frac{\partial \beta}{\partial y} + ..$$

$$\tfrac{1}{2}\frac{\partial u}{\partial t} = A\alpha\frac{\partial \alpha}{\partial t} + B\beta\frac{\partial \beta}{\partial t} + ..$$

Durch Composition derselben mit den Coordinaten des Punctes 1 erhält man

$$\tfrac{1}{2}\frac{\partial u}{\partial x}x_1 + \tfrac{1}{2}\frac{\partial u}{\partial y}y_1 + \tfrac{1}{2}\frac{\partial u}{\partial t}t_1 = A\alpha\alpha_1 + B\beta\beta_1 + ..$$

Hier ist α_1 der Werth, welchen α im Punct 1 hat, u. s. w.

Daher hat an dem Kegelschnitt $A\alpha^2 + B\beta^2 + C\gamma^2 = 0$ der Punct 1 die Polare $A\alpha_1\alpha + B\beta_1\beta + C\gamma_1\gamma = 0$. Der Punct $\beta\gamma$ ($\beta = 0$, $\gamma = 0$) hat die Polare $\alpha = 0$, u. s. w. Die Geraden $\alpha = 0$, $\beta = 0$, $\gamma = 0$ bilden harmonisches Tripel an dem Kegelschnitt, ihre Schnitte sind drei harmonische Puncte (4).

An dem Kegelschnitt $A\alpha^2 + B\beta^2 + C\gamma^2 + D\delta^2 = 0$ hat der Punct 1 die Polare $A\alpha_1\alpha + B\beta_1\beta + C\gamma_1\gamma + D\delta_1\delta = 0$. Der Punct $\alpha\beta$ ($\alpha = 0$, $\beta = 0$) hat die Polare $C\gamma_1\gamma + D\delta_1\delta = 0$, welche den Punct $\gamma\delta$ ($\gamma = 0$, $\delta = 0$) enthält, so dass $\alpha\beta$ und $\gamma\delta$ mit dem Kegelschnitt in Harmonie sind. Der Kegelschnitt ist mit jedem der Paare $\alpha\beta$ und $\gamma\delta$, $\beta\gamma$ und $\alpha\delta$, $\gamma\alpha$ und $\beta\delta$ in Harmonie (5. IV).

§. 35. Veränderung der Coordinaten.

1. Wenn man den Punct 1 zum Anfang der mit x, y parallelen Coordinaten ξ, η des Punctes $x|y$ wählt (§. 18), so wird u durch die Substitution $x = x_1 + \xi$, $y = y_1 + \eta$ transformirt in (§. 34, 12)

$$a\xi^2 + 2h\xi\eta + b\eta^2 + 2p_1\xi + 2q_1\eta + u_1$$

Unter der Bedingung dass die Linie $u = 0$ keine Parabel, c' nicht null ist, wird dieser Ausdruck vereinfacht, indem man den Punct 1 in das Centrum der Linie $u = 0$ legt. Dann ist $p_1 = 0$, $q_1 = 0$, $c'r_1 = \det u$, und für die Linie $u = 0$ bleibt die Gleichung

$$a\xi^2 + 2h\xi\eta + b\eta^2 + \det u : c' = 0$$

In der That entspricht dem Punct $\xi|\eta$ der Linie der Gegenpunct $-\xi|-\eta$, u. s. w. (§. 33, 10).

Die Linie $ax^2 + 2hxy + by^2 + C = 0$ hat das Centrum $0|0$ und die Asymptoten (§. 34, 9)

$$ax^2 + 2hxy + by^2 = 0 \quad \text{d. i.} \quad (ax + hy)^2 + c'y^2 = 0$$

Die Axen, welche die Winkel der Asymptoten halbiren und unbedingt real sind, haben die Gleichung (§. 32, 3)

$$\sin xy = 1, \qquad x^2 + \frac{b-a}{h} xy - y^2 = 0$$

Allen C entsprechen alle Linien zweiter Ordnung, welche die Asymptoten (das Centrum, die Axen) gemein haben. Wenn die Linie

$$ax^2 + 2hxy + by^2 + C = 0$$

nicht real ist, so ist die Linie

$$ax^2 + 2hxy + by^2 - C = 0$$

eine Ellipse; wenn jene eine Hyperbel, so ist diese die conjugirte Hyperbel (§. 23, 8).

2. Wenn man $\sin xy = 1$ voraussetzt, und den Punct $x|y$ durch die concentrischen Coordinaten x', y' bestimmt, bei welchen zwei der Winkel $xx' = \alpha$, $xy' = \beta$, $x'y' = \beta - \alpha$ zur Verfügung stehn, so wird $ax^2 + 2hxy + by^2$ durch die Substitution

$$x = x'\cos\alpha + y'\cos\beta \qquad y = x'\sin\alpha + y'\sin\beta$$

transformirt in $Ax'^2 + 2Hx'y' + By'^2$. Die Coefficienten

$$A = a\cos^2\alpha + 2h\cos\alpha\sin\alpha + b\sin^2\alpha$$
$$B = a\cos^2\beta + 2h\cos\beta\sin\beta + b\sin^2\beta$$
$$H = a\cos\alpha\cos\beta + h(\cos\alpha\sin\beta + \sin\alpha\cos\beta) + b\sin\alpha\sin\beta$$
$$= \cos\alpha\cos\beta[a + h(\operatorname{tang}\alpha + \operatorname{tang}\beta) + b\operatorname{tang}\alpha\operatorname{tang}\beta]$$

ergeben

$$(A - B) : \sin(\beta - \alpha) = (a - b)\sin(\alpha + \beta) - 2h\cos(\alpha + \beta)$$
$$2H = (a - b)\cos(\alpha + \beta) + 2h\sin(\alpha + \beta) + (a + b)\cos(\beta - \alpha)$$

und haben die Eigenschaften (§. 18, 3)

$$A + B - 2H\cos x'y' = (a + b)\sin^2 x'y'$$
$$AB - H^2 = (ab - h^2)\sin^2 x'y'$$

wie man durch Ausrechnung direct bestätigt findet.

3. Wenn die neuen Coordinaten gleichfalls rechtwinkelig sind, so ist (2) $A + B = a + b$, und die Linie $ax^2 + ..$ oder $Ax'^2 + ..$ hat auf den Schenkeln des concentrischen rechten Winkels $x'y'$ die Puncte (real oder nicht)

$$(y' = 0,\ Ax'^2_0 + C = 0) \quad \text{und} \quad (x' = 0,\ By'^2_0 + C = 0)$$

dergestalt dass

$$\frac{1}{x'^2_0} + \frac{1}{y'^2_0} = \frac{A + B}{-C} = \frac{a + b}{-C} = \frac{-(a + b)c'}{\det u}$$

d. h. die Reciproken normaler Quadrat-Halbmesser eines Kegelschnitts haben eine constante Summe. Plücker Entw. 2 (1831) p. 84.

4. Wenn die Geraden $x'(y = x \tang\alpha)$ und $y'(y = x \tang\beta)$ conjugirte Diameter sind (§. 34, 10), so ist $H = 0$, $Ax'^2 + By'^2 + C = 0$, und

$$AB = (ab - h^2)\sin^2 x'y', \qquad A + B = (a + b)\sin^2 x'y'$$

$$\frac{\sin^2 x'y'}{AB} = \frac{1}{c'} \qquad \frac{1}{A} + \frac{1}{B} = \frac{a + b}{c'}$$

$$x'^2_0 y'^2_0 \sin^2 x'y' = \frac{(\det u)^2}{c'^3} \qquad x'^2_0 + y'^2_0 = -(a + b)\frac{\det u}{c'}$$

Bei der Ellipse $(c' > 0)$ sind A und B, sowie die conjugirten Quadrat-Halbmesser eines Zeichens: die beiden Halbmesser bilden mit der Chorde ihrer Endpuncte ein Dreieck von constanter Fläche, den 4ten Theil eines der Ellipse eingeschriebenen Parallelogramms, den 8ten Theil eines der Ellipse umgeschriebenen Parallelogramms; und die Quadrat-Halbmesser haben eine constante Summe.

Bei der Hyperbel $(c' < 0)$ sind A und B, sowie die conjugirten Quadrat-Halbmesser nicht eines Zeichens, für $Ax'^2 + By'^2 + C = 0$ findet man

$$\frac{x'^2}{x'^2_0} - \frac{y'^2}{y'^2_0} - \varepsilon = 0, \qquad \varepsilon^2 = 1$$

Wenn $\varepsilon = 1$, so hat die Gerade x' mit der Hyperbel den Punct $M(x' = x'_0 = OM,\ y' = 0)$ gemein; die Gerade y' hat mit der Hyperbel einen realen Punct nicht gemein, aber mit der conjugirten Hyperbel den Punct $L\,(x' = 0,\ y' = y'_0)$. Die Gerade $x' = x'_0$ ist Tangente der Hyperbel in M, und schneidet die Asymptoten

$$\frac{x'}{x'_0} - \frac{y'}{y'_0} = 0, \qquad \frac{x'}{x'_0} + \frac{y'}{y'_0} = 0$$

in den Puncten $N\,(x' = x'_0,\ y' = y'_0)$ und $N'(x' = x'_0,\ y' = -y'_0)$, so dass die Flächen der Dreiecke OMN, $ON'N$ und des Parallelogramms $OMNL$, sowie die Differenz $OM^2 - MN^2$ von gegebener Grösse sind. Die Tangente $N'N$ der Hyperbel schneidet von den Asymptoten derselben ein Dreieck von constanter Fläche ab, der Contact ist die Mitte der $N'N$.

Wenn eine mit der Geraden y' parallele Gerade die Hyperbel und ihre Asymptoten in den Puncten P, P' und Q, Q' schneidet, so werden die Chorden PP' und QQ' beide von der Geraden x' halbirt, weil der unendlichferne Punct der y' und seine Polare x' in Harmonie sind sowohl mit der Hyperbel als auch mit deren Asymptoten (§. 34, 10).

Bei der Ellipse giebt es ein Paar conjugirte Halbmesser von gleicher Grösse ($A - B = 0$, u. s. w). Wenn die Ellipse ein Kreis ist ($b = a$, $h = 0$), so ist $\cos(\beta - \alpha) = 0$: alle conjugirten Halbmesser sind normal zu einander und von gleicher Grösse. Bei der Hyperbel ist $x'^2_0 - y'^2_0$ von gegebener Grösse, und nur null bei der gleichseitigen Hyperbel ($a + b = 0$).

Diese Sätze waren den griechischen Mathematikern bekannt: Apollonius Con. II, 3 ff. VII, 12 ff. Die Eigenschaften der conjugirten Halbmesser einer Ellipse werden auch dadurch erkannt, dass man die Ellipse als Normalprojection eines Kreises betrachtet. Vergl. z. B. Briot-Bouquet Leçons de géom. analyt. 164.

5. Wenn die conjugirten Diameter x', y' die Axen der Linie 2ter Ordnung sind, so ist $H = 0$ und $1 + \tang\alpha \tang\beta = 0$, und zwar unter der besondern Voraussetzung $\beta - \alpha = \frac{1}{2}\pi$

$$\sin(\alpha + \beta) = \cos 2\alpha, \qquad \cos(\alpha + \beta) = -\sin 2\alpha$$

$$-(a - b)\sin 2\alpha + 2h\cos 2\alpha = 0, \qquad \text{d. i.} \qquad 2h\cot 2\alpha = a - b$$

Nachdem man zwischen $-\frac{1}{2}\pi$ und $\frac{1}{2}\pi$ den Winkel 2α und damit die positive Richtung der x' bestimmt hat, findet man A und B eindeutig aus dem System

$$A + B = a + b, \qquad A - B = (a - b)\cos 2\alpha$$

Man kann auch aus $H = 0$ die Gleichung

$$\frac{a + h \operatorname{tang}\alpha}{h + b \operatorname{tang}\alpha} = \frac{1}{\operatorname{tang}\alpha}$$

ableiten und ersetzen durch das System

$$\begin{matrix} a + h \operatorname{tang}\alpha = v \\ h + b \operatorname{tang}\alpha = v \operatorname{tang}\alpha \end{matrix} \qquad \begin{vmatrix} a - v & h \\ h & b - v \end{vmatrix} = 0$$

Die quadratische Gleichung für v hat die Wurzeln A, B, weil

$$A + B = a + b, \qquad AB = ab - h^2 = c'$$

Diesen Wurzeln entsprechen α, β durch das System

$$a + h \operatorname{tang}\alpha = A, \qquad a + h \operatorname{tang}\beta = B$$

6. Wenn bei der Hyperbel x', y' auf die Asymptoten fallen, mithin $(y - x \operatorname{tang}\alpha)(y - x \operatorname{tang}\beta) = 0$ und $ax^2 + 2hxy + by^2 = 0$ congruiren, d. h.

$$\operatorname{tang}\alpha + \operatorname{tang}\beta = \frac{-2h}{b} \qquad \operatorname{tang}\alpha \operatorname{tang}\beta = \frac{a}{b}$$

so ist (2) $A = 0$, $B = 0$, $H = \frac{2c'}{a + b}\cos x'y'$, $2Hx'y' + C = 0$: das Parallelogramm, dessen folgende Seiten die im Centrum anfangenden und mit den Asymptoten parallelen Coordinaten x', y' eines Punctes der Hyperbel sind, hat eine gegebene Fläche (§. 23, 10 ff.).

Z. B. $2x^2 - 5xy + 5y - 1 = 0$ d. i. $(x - 1)(5y - 2x - 2) - 1 = 0$ ist die Gleichung einer Hyperbel mit den Asymptoten $x - 1 = 0$ und $5y - 2x - 2 = 0$, mit dem Centrum $1 | \frac{4}{5}$ und dem Punct $0 | \frac{1}{5}$.

7. Wenn $u = 0$ eine Parabel ist, also $c' = ab - h^2 = 0$, aber a und h nicht null, so wird

$$u = \frac{1}{a}(ax + hy)^2 + 2fy + 2gx + c$$

durch die Substitution (2) transformirt in

$$Ax'^2 + 2Hx'y' + By'^2 + 2Fy' + 2Gx' + c$$

wobei

$$Aa = (a\cos\alpha + \sin\alpha)^2 \qquad Ha = (a\cos\alpha + h\sin\alpha)(a\cos\beta + h\sin\beta)$$
$$Ba = (a\cos\beta + h\sin\beta)^2 \qquad G = f\sin\alpha + g\cos\alpha$$
$$F = f\sin\beta + g\cos\beta$$

Indem man α durch die Gleichung $a + h\,\mathrm{tang}\,\alpha = 0$ bestimmt, erhält man $A = 0$, $H = 0$, $G = f'\cos\alpha : h$, und bei beliebigem β die Gleichung der Parabel

$$By'^2 + 2Fy' + 2Gx' + c = 0$$

Diese Gleichung wird durch die Substitution $x' = x_1' + x''$, $y' = y_1' + y''$ in

$$By''^2 + 2Gx'' = 0$$

transformirt, indem man den Coordinaten-Anfang $x_1' | y_1'$ auf den bestimmten Punct der Parabel

$$By_1'^2 + 2Fy_1' + 2Gx_1' + c = 0, \qquad By_1' + F = 0$$

verlegt. Wenn insbesondere $\beta = \alpha + \frac{1}{2}\pi$, $\sin\beta = \cos\alpha$, $\cos\beta = -\sin\alpha$, so ist der Anfang der rechtwinkeligen Coordinaten der Scheitel der Parabel.

8. I. Wenn man u bei beliebiger c' durch die Substitution (2) transformirt in $Ax'^2 + 2Hx'y' + By'^2 + 2Fy' + 2Gx' + c'$, und x', y' mit den Axen parallel sind, so ist (5) $H = 0$, u. s. w.

Diese Formel wird durch die Substitution $x' = x_1' + x''$, $y' = y_1' + y''$ in

$$Ax''^2 + By''^2 + 2(Ax_1' + G)x''$$

transformirt, indem man den Coordinaten-Anfang $x_1'|y_1'$ auf einen bestimmten Punct der $u = 0$ (einen Scheitel derselben)

$$Ax_1'^2 + By_1'^2 + 2Fy_1' + 2Gx_1' + c = 0, \qquad By_1' + F = 0$$

verlegt. Indem man $B - A = B\varepsilon^2$ setzt, und den Anfang der Abscissen auf der Axe um eine durch ε bestimmte Strecke verlegt, findet man die Gleichung der Linie, welche den Anfang als Brennpunct der Linie zeigt (§. 23, 14). Jedem Scheitel entspricht ein Brennpunct mit seiner Directrix; bei einem Scheitel der kleinen Axe einer Ellipse ist ε^2 negativ, der Brennpunct nicht real.

II. Wenn x, y rechtwinkelige Coordinaten eines Punctes sind, und

$$u = x^2 + y^2 - \varepsilon^2(x + c)^2$$

so ist $u = 0$ ein Kegelschnitt (§. 23, 14), dessen Excentricität ε ist, und von welchem $F(0|0)$ ein Brennpunct ist mit der Directrix $x + c = 0$. Der Kegelschnitt hat auf der Geraden $y = 0$ die Axe $2\varepsilon c : (1 - \varepsilon^2)$, also den andern Brennpunct F' mit der Abscisse $2e = 2\varepsilon^2 c : (1 - \varepsilon^2)$. Indem man (§. 34, 3)

$$p = x - \varepsilon^2(x + c) \qquad q = y \qquad r = -\varepsilon^2 c(x + c)$$
$$v = px_1 + qy_1 + r$$

bildet, findet man die Polare $v = 0$ des Punctes $x_1|y_1$ und die denselben Punct enthaltenden Tangenten $u_1 u - v^2 = 0$ des Kegelschnittes.

Die Polare des Brennpunctes F ist daher $x + c = 0$, die Directrix. Für die den Brennpunct enthaltenden Tangenten des Kegelschnittes findet man

$$-\varepsilon^2 c^2 u - \varepsilon^4 c^2 (x + c)^2 = 0 \quad \text{d. i.} \quad x^2 + y^2 = 0$$

also die Asymptoten eines Kreises, dessen Centrum der Brennpunct ist. In der That haben die beiden Geraden $x^2 + y^2 = 0$ mit $u = 0$ je zwei vereinte Puncte J, J' gemein, die unendlichfernen Puncte der Kreise. Ersetzt man x durch $2e - x$, so erhält man als Polare des andern Brennpunctes F' dessen Directrix

$$2e - x + c = 0 \quad \text{d. i.} \quad c(1 + \varepsilon^2) - (1 - \varepsilon^2)x = 0$$

und als die den Brennpunct F' enthaltenden Tangenten

$$(2e - x)^2 + y^2 = 0$$

die Asymptoten eines Kreises, dessen Centrum F' ist.

Von den nicht realen Tangenten des Kegelschnittes FJ, FJ', $F'J$, $F'J'$ haben FJ und $F'J'$ den Punct G

$$(x + iy = 0,\ 2e - x + iy = 0) \quad \text{d. i.} \quad e \,|\, ie$$

gemein, während FJ' und $F'J$ den conjugirten Punct $G'(e\,|\,-ie)$ gemein haben. Die Geraden FF' und GG' sind normal zu einander, die Strecken concentrisch. Die nicht realen Brennpuncte G, G' des Kegelschnittes sind von Poncelet propr. proj. 470 entdeckt worden. Nach Plücker Entw. 1831, II §. 1, Crelle J. 10 p. 84 ist ein Brennpunct einer Linie ein Punct der Art, dass die Asymptoten eines Kreises, dessen Centrum der Punct ist, Tangenten der Linie sind.

Kegelschnitte, welche einen Brennpunct gemein haben, haben die denselben enthaltenden Tangenten der Kegelschnitte gemein. Kegelschnitte mit gemeinschaftlichen Brennpuncten (confocal §. 24, 3) haben die die Brennpuncte enthaltenden Tangenten gemein.

III. Die Polare des Punctes $-c\,|\,y_1$ der Directrix ist $-cx + yy_1 = 0$: sie enthält den Brennpunct und ist normal zu dem im Brennpunct anfangenden Vector des Punctes (§. 17, 1). Daher bilden die Schenkel jedes rechten Winkels, dessen Scheitel der Brennpunct ist, mit der Directrix ein harmonisches Tripel an dem Kegelschnitt; die Schenkel des rechten Winkels sind in Harmonie mit den den Brennpunct enthaltenden Tangenten des Kegelschnittes (§. 34, 4 und 6), d. h. mit den Asymptoten eines Kreises, dessen Centrum der Brennpunct ist (§. 32, 5).

In der That, wenn man die rechtwinkeligen coordinirten Geraden um den Winkel α dreht (2), also durch die Substitution

$$x = k\cos\alpha - l\sin\alpha, \quad y = k\sin\alpha + l\cos\alpha, \quad x + c = m$$

u in $k^2 + l^2 - \varepsilon^2 m^2$ transformirt, so bilden die Geraden $k = 0$, $l = 0$, $m = 0$ ein harmonisches Tripel an dem Kegelschnitt $u = 0$ (§. 34, 18).

9. Bei der Ellipse

$$\frac{x^2}{a^2} + \frac{y^2}{b^2} - 1 = 0$$

hat der Punct 1 die Polare (§. 34, 4)

$$\frac{x_1 x}{a^2} + \frac{y_1 y}{b^2} - 1 = 0$$

welche die Ellipse in 1 berührt, wenn dieser Punct auf der Ellipse liegt. Wenn durch xs, xn, xr, xr' die Winkel bezeichnet werden, welche mit der Geraden x die Tangente und die Normale an 1, und die in den Brennpuncten $\varepsilon a | 0$, $-\varepsilon a | 0$ anfangenden Vectoren des 1 bilden, so ist ($\sin xy = 1$)

$$\operatorname{tang} xs = \frac{-b^2 x_1}{a^2 y_1} \qquad \operatorname{tang} xr = \frac{y_1}{x_1 - \varepsilon a}$$

$$\operatorname{tang} rs = \operatorname{tang}(xs - xr) = \frac{b^2}{\varepsilon a y_1} \qquad \operatorname{tang} r's = \frac{-b^2}{\varepsilon a y_1}$$

$$\operatorname{tang} rs = \operatorname{tang} sr'$$

Daher werden die Winkel rr' der beiden Vectoren von der Tangente und der Normale halbirt (§. 22, 7). Ferner ist $\operatorname{tang} xn = -\cot xs$, also auf der Normale

$$\frac{y - y_1}{x - x_1} = \frac{a^2 y_1}{b^2 x_1}$$

Die Tangente und die Normale schneiden die Axe $y = 0$ in S und N so dass

$$x_1 . OS = a^2 \qquad ON = \varepsilon^2 x_1 \qquad OS . ON = a^2 - b^2$$

d. h. (§. 5) alle Paare S und N sind in Involution, das Centrum O bildet mit dem unendlichfernen Punct der Axe ein Paar, die Brennpuncte sind tautolog. Ebenso auf der Axe $x = 0$, aber die Brennpuncte sind nicht real. Chasles Apercu note 31.

10. Wenn die Halbmesser OA und OB, OP_1 und OP_2 conjugirt sind, so ist OP_2 mit der in P_1 gezogenen Tangente parallel,

$$\text{d. h.} \quad \frac{y_2}{x_2} = \frac{-b^2 x_1}{a^2 y_1} \quad \text{oder} \quad \frac{x_1 x_2}{a^2} + \frac{y_1 y_2}{b^2} = 0$$

Dieser Forderung genügt das System

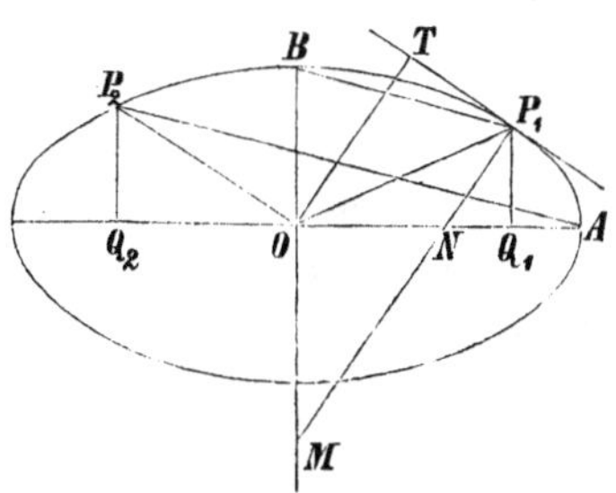

$$\frac{x_2}{a} = \frac{-y_1}{b} \qquad \frac{y_2}{b} = \frac{x_1}{a}$$

mit der Bedingung

$$\frac{x_2^2}{a^2} + \frac{y_2^2}{b^2} = \frac{x_1^2}{a^2} + \frac{y_1^2}{b^2} = 1$$

I. Daher hat man

$$OP_1^2 = x_1^2 + y_1^2 = x_1^2 + \frac{b^2}{a^2}(a^2 - x_1^2) = b^2 + \varepsilon^2 x_1^2$$

$$OP_2^2 = x_2^2 + y_2^2 = \frac{a^2 y_1^2}{b^2} + \frac{b^2 x_1^2}{a^2} = a^2 - \varepsilon^2 x_1^2$$

$$OP_1^2 + OP_2^2 = a^2 + b^2 \quad (4)$$

$$-OP_1^2 + OP_2^2 = \varepsilon^2(a^2 - 2x_1^2)$$

II. Ferner hat man, wenn OQ_1, Q_1P_1 die Coordinaten des P_1 sind,

$$x_1 y_1 + x_2 y_2 = 0, \qquad OQ_1P_1 + OQ_2P_2 = 0$$

$$b^2 x_1 x_2 + a^2 y_1 y_2 = 0, \qquad \operatorname{tang} AOP_1 \,.\, \operatorname{tang} AOP_2 = -b^2 : a^2$$

$$ay_1 + bx_2 = 0, \qquad OAP_1 + OQ_2B = 0, \qquad OAP_1 = OBQ_2 = OBP_2$$

$$bx_1 = ay_2, \qquad OP_1B = OAP_2$$

$$x_1 y_2 - x_2 y_1 = ab\left(\frac{x_1^2}{a^2} + \frac{y_1^2}{b^2}\right) = ab, \qquad OP_1P_2 = OAB \quad (4)$$

also auch durch Addition $OAP_1P_2 = OABP_2$, und durch Subtraction

$$AP_1P_2 = ABP_2$$

so dass AP_2 und BP_1 parallel sind. Euler Introd. II, 117.

Dabei ist

$$\sin P_1OP_2 = \frac{ab}{OP_1 \, . \, OP_2}$$

$$= \frac{2ab}{OP_1^2 + OP_2^2 - (OP_1 - OP_2)^2} = \frac{2ab}{a^2 + b^2 - (OP_1 - OP_2)^2}$$

ein Minimum, wenn $OP_1 = OP_2$; und

$$(OP_1 - OP_2)^2 = a^2 + b^2 - 2OP_1 \, . \, OP_2 < (a-b)^2$$

III. Die Tangente des P_1 hat die Richtung s, ihre Normale die Richtung n, so dass $sy + yn = \frac{1}{2}\pi$, $\cos yn = \sin sy$ (9). Wenn nun OA, OB von der Normale des P_1 in N, M geschnitten werden, und das Centrum O von der Tangente die Distanz TO hat, so ist

$$OAP_1 = OBP_2, \quad a \, . \, NP_1 \cos yn = b \, . \, OP_2 \sin ys$$
$$a \, . \, P_1N = b \, . \, OP_2$$
$$OP_1B = OAP_2, \quad b \, . \, MP_1 \cos xn = a \, . \, OP_2 \sin xs$$
$$b \, . \, P_1M = a \, . \, OP_2$$

folglich $P_1N \, . \, P_1M = OP_2{}^2$, und

$$OP_1P_2 = OAB, \quad TO \, . \, OP_2 = ab$$
$$TO \, . \, P_1N = b^2, \quad TO \, . \, P_1M = a^2$$

Bestimmt man noch L, R auf PN durch rechte Winkel so, dass $OP_1{}^2 = TO \, . \, P_1L$ und $OP_2{}^2 = TO \, . \, P_1R$, so ist

$$OP_1^2 + OP_2^2 = a^2 + b^2, \quad P_1R + P_1L = P_1N + P_1M$$

also $NR = LM$, RL und MN concentrisch.

Wenn dem Kegelschnitt das Dreieck ABC umgeschrieben ist, und wenn die Halbmesser α, β, γ mit den Seiten AB, BC, CA parallel sind, so ist

$$2ABC = 2ABO + 2BCO + 2CAO$$
$$= ab\left(\frac{AB}{\alpha} + \frac{BC}{\beta} + \frac{CA}{\gamma}\right)$$

wie Planim. §. 9, 4. Vergl. GRUNERT Archiv 30 p. 45.

IV. Für den Winkel rn der Normale mit dem von dem Brennpunct F anfangenden Vector FP_1 hat man (9)

$$\tang rn = \cot sr = -\varepsilon a y_1 : b^2, \qquad \varepsilon^2 a^2 = a^2 - b^2$$
$$\frac{1}{\cos^2 rn} = \frac{x_1^2}{a^2} + \frac{y_1^2}{b^2} + \frac{\varepsilon^2 a^2 y_1^2}{b^4}$$
$$= \frac{x_1^2}{a^2} + \frac{y_1^2}{b^2} + \frac{(a^2 - b^2)y_1^2}{b^4} = \frac{x_1^2}{a^2} + \frac{a^2 y_1^2}{b^4}$$
$$\frac{b^2}{\cos^2 rn} = \frac{b^2 x_1^2}{a^2} + \frac{a^2 y_1^2}{b^2} = OP_2^2$$
$$OP_2 \cos rn = OP_2 \sin sr = b$$

wenn OP_2 und $\sin sr$ eines Zeichens sind. SALMON Con. 192.

Daher ist (III)

$$P_1 N \cos rn = \frac{b}{a} OP_2 \cos rn = \frac{b^2}{a}$$

Ferner ist (§. 23, 4 und 18)

$$FP_1 \,.\, F'P_1 = (a + \varepsilon x_1)(a - \varepsilon x_1) = OP_2^2$$

Und wenn die Brennpuncte von der Tangente des P_1 die Distanzen KF, $K'F'$ haben, so ist

$$KF = P_1 F \cos rn = b\frac{P_1 F}{OP_2} \qquad K'F' = b\frac{P_1 F'}{OP_2}$$
$$KF \,.\, K'F' = b^2 \quad (\text{§. } 22, 9)$$

11. Wenn die Tangente des Punctes 1 mit den Scheiteltangenten die Puncte M, M' gemein hat, so enthält der Kreis von dem Diameter MM' die Brennpuncte. APOLLONIUS Con. III, 45. Die Tangente (9) schneidet zunächst die beiden Geraden $x = a$, $x = -a$ in M, M' so dass

$$\frac{AM \,.\, y_1}{b^2} = 1 - \frac{x_1}{a} \qquad \frac{A'M' \,.\, y_1}{b^2} = 1 + \frac{x_1}{a}$$

$$\frac{AM \,.\, A'M' \,.\, y_1^2}{b^4} = 1 - \frac{x_1^2}{a^2} = \frac{y_1^2}{b^2}$$

$$AM \,.\, A'M' = b^2$$

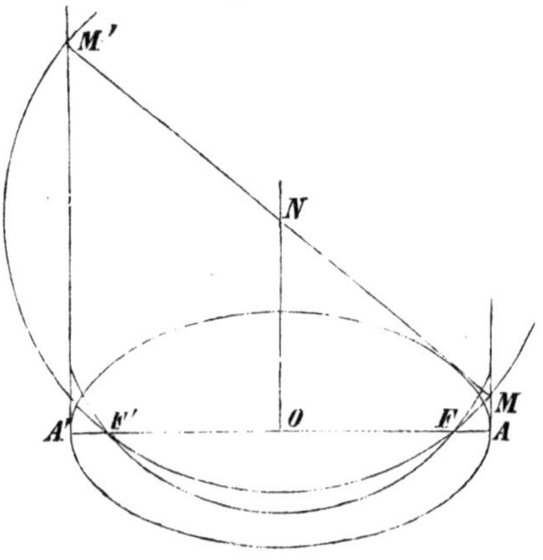

Apollonius Con. III, 42. Die Tangente schneidet ferner die Axe $x = 0$ in N, so dass

$$\frac{y_1 \,.\, ON}{b^2} = 1 \qquad NM = \frac{OA}{\cos xs}$$

Daher ist für den Kreis MM' mit dem Centrum N

$$x^2 + (y - ON)^2 = a^2(1 + \operatorname{tang}^2 xs)$$

und auf der Geraden $y = 0$

$$OF^2 = a^2 - ON^2 + a^2 \operatorname{tang}^2 xs$$
$$= a^2 - \frac{b^4}{y_1^2} + \frac{b^4 x_1^2}{a^2 y_1^2} = a^2 - \frac{b^4}{y_1^2}\left(1 - \frac{x_1^2}{a^2}\right)$$
$$= a^2 - b^2$$

unabhängig von dem Contact 1. Für die Hyperbel ($b^2 < 0$) findet man dieselben Eigenschaften. Umgekehrt schliesst man: Ein die Brennpuncte enthaltender Kreis bestimmt auf den Scheiteltangenten ein Rectangel, dessen Diagonalen den Kegelschnitt berühren.

Bei der Parabel ist eine Scheiteltangente die unendlichferne Gerade, und der Kreis MM', welcher den Brennpunct enthält, gerad und normal zu MM'. Vergl. §. 22, 8.

12. I. Wenn die von $A(p|q)$ anfangende Strecke AP die rechtwinkeligen Coordinaten $x - p = r\cos\vartheta$, $y - q = r\sin\vartheta$ hat, und wenn P auf dem Kegelschnitt $u = 0$ liegt, so erhält man durch die Substitution

$$x = r\cos\vartheta + p, \qquad y = r\sin\vartheta + q$$

die Gleichung $mr^2 + 2nr + u(p, q) = 0$ zur Berechnung von r. Auf der durch den Punct $p|q$ und den Winkel ϑ bestimmten Geraden liegen zwei Puncte P_1, P_2 des Kegelschnittes, entsprechend den beiden Wurzeln AP_1, AP_2 der Gleichung für r. Unter der Bedingung, dass der Coefficient

$$m = a\cos^2\vartheta + b\sin^2\vartheta + 2h\cos\vartheta\sin\vartheta$$

nicht null ist, sind die beiden Wurzeln endlich, so dass

$$AP_1 . AP_2 = u(p, q) : m$$

Wenn $u = 0$ ein Kreis ist ($a = b$, $h = 0$, $m = a$), so ist die durch a dividirte Function $u(p, q)$ des Punctes A die sogenannte Potenz des Kreises $u = 0$ in dem Punct A (§. 21, 5).

II. Ebenso erhält man, wenn die von $B(p'|q')$ anfangende Gerade BQ, welche mit x den Winkel ϑ' bildet, auf $u = 0$ die Puncte Q_1, Q_2 hat, und $m' = a\cos^2\vartheta' + b\sin^2\vartheta' + 2h\cos\vartheta'\sin\vartheta'$ nicht null ist,

$$BQ_1 . BQ_2 = u(p', q') : m'$$

Daher wird $u = 0$ von den parallelen Geraden AP, BQ ($m' = m$) so geschnitten, dass

$$AP_1 . AP_2 : BQ_1 . BQ_2 = u(p, q) : u(p', q')$$

Wenn insbesondere B das Centrum des Kegelschnitts ist, $Q_1B = BQ_2$, wenn P_1, P_2 auf P fallen, so dass AP eine Tangente ist, und wenn mit den Tangenten AP, AP' die Halbmesser BQ, BQ' parallel sind, so ist

$$AP^2 : BQ^2 = AP'^2 : BQ'^2$$

Wenn z. B. mit den Seiten AB, BC, CD, DA des dem Kegelschnitt umgeschriebenen Vierecks $ABCD$ die Halbmesser α, β, γ, δ parallel sind, so findet man

$$\frac{BC}{\beta} + \frac{DA}{\delta} = \frac{AB}{\alpha} + \frac{CD}{\gamma}$$

wie Planim. §. 4, 9. Vergl. Grunert Archiv 30 p. 113.

III. Die Strecke AP und der parallele Halbmesser BQ des Kegelschnitts

$$\frac{x^2}{a^2} + \frac{y^2}{b^2} = 1$$

verhalten sich wie ihre Coordinaten:

$$AP : BQ = x - p : x' = y - q : y' = \lambda$$

Daher ist

$$\frac{AP^2}{BQ^2} = \lambda^2\left(\frac{x'^2}{a^2} + \frac{y'^2}{b^2}\right) = \left(\frac{x-p}{a}\right)^2 + \left(\frac{y-q}{b}\right)^2$$

Auf der Tangente AP ist $\frac{x^2}{a^2} + \frac{y^2}{b^2} = 1$, $\frac{xp}{a^2} + \frac{yq}{b^2} = 1$, folglich wie oben (II)

$$\frac{AP^2}{BQ^2} = \frac{p^2}{a^2} + \frac{q^2}{b^2} - 1$$

13. Wenn die parallelen Chorden Q_1Q_2, S_1S_2 mit den parallelen Chorden P_1P_2, R_1R_2 die Puncte A, B gemein haben, so ist (12)

$$AP_1 \,.\, AP_2 = u(p, q) : m \qquad BR_1 \,.\, BR_2 = u(p', q') : m$$
$$AQ_1 \,.\, AQ_2 = u(p, q) : m' \qquad BS_1 \,.\, BS_2 = u(p', q') : m'$$

folglich

$$\frac{AQ_1 \,.\, AQ_2}{AP_1 \,.\, AP_2} = \frac{BS_1 \,.\, BS_2}{BR_1 \,.\, BR_2} = m : m'$$

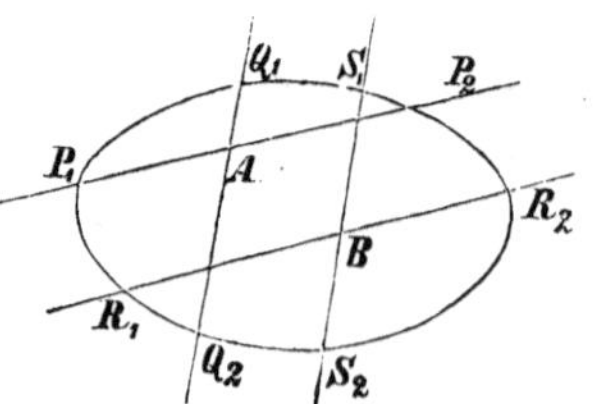

Apollonius Con. III, 16 ff. Wenn insbesondere R_1R_2 und S_1S_2 Diameter sind, welche das Centrum B gemein haben, so ist

$$\frac{AQ_1 \,.\, AQ_2}{AP_1 \,.\, AP_2} = \frac{BS_1^2}{BR_1^2}$$

Und wenn z. B. diese Diameter gleich sind, so liegen die Puncte P_1, P_2, Q_1, Q_2 auf einem Kreis.

Wenn P_1P_2 der Diameter der parallelen Chorden ist (§. 34, 11), welcher sie in A, B halbirt, so erhält man

$$\frac{AQ_1^2}{AP_1 \,.\, AP_2} = \frac{BS_1^2}{BP_1 \,.\, BP_2}$$

positiv bei der Hyperbel, weil P_1P_2 von den parallelen Chorden aussen getheilt wird, negativ bei der Ellipse. Vergl. §. 22, 3. Bei der Parabel ist $AP_2 : BP_2 = 1$, weil P_2 unendlichfern, also

$$\frac{AQ_1^2}{AP_1} = \frac{BS_1^2}{BP_1}$$

Ueberhaupt werden die parallelen Chorden Q_1Q_2, S_1S_2 von der Chorde P_1P_2 in A, B, wenn P_2 unendlichfern, $AP_2 : BP_2 = 1$, so geschnitten, dass

$$\frac{AQ_1 \,.\, AQ_2}{AP_1} = \frac{BS_1 \,.\, BS_2}{BP_1}$$

Und wenn auch P_1 unendlichfern, so werden die parallelen Chorden Q_1Q_2, S_1S_2 der Hyperbel von einer Asymptote derselben in A, B so geschnitten dass

$$AQ_1 \,.\, AQ_2 = BS_1 \,.\, BS_2$$

Denselben Werth hat die parallele Quadrat-Tangente zwischen dem Contact und der Asymptote, oder der parallele Quadrat-Halbmesser der conjugirten Hyperbel (4).

14. Das Product der Verhältnisse, nach welchen die Seiten eines Polygons von dem Kegelschnitt $u = 0$ getheilt werden, ist 1. Carnot Géom. de pos. 235. 378. Transvers. 9. Vergl. Poncelet Propr. proj. 34. Trigon. §. 7, 7.

Werden die Seiten AB, BC, .. von $u = 0$ in P_1, P_2, Q_1, Q_2, .. getheilt, so ist (12)

$$AP_1 \,.\, AP_2 : BP_1 \,.\, BP_2 = u(A) : u(B)$$
$$BQ_1 \,.\, BQ_2 : CQ_1 \,.\, CQ_2 = u(B) : u(C)$$

u. s. w., folglich

$$\frac{AP_1 \,.\, AP_2}{BP_1 \,.\, BP_2} \, \frac{BQ_1 \,.\, BQ_2}{CQ_1 \,.\, CQ_2} \, \frac{CR_1 \,.\, CR_2}{AR_1 \,.\, AR_2} = 1$$

bei realen oder nicht realen, getrennten oder vereinten Schnittpuncten. Wenn $u = 0$ ein Kreis ist, so folgt die Gleichung aus $AP_1 . AP_2 = AR_1 . AR_2$, u. s. w. Für jede Centralprojection der Figur gilt dieselbe Gleichung (§. 13, 10).

Auf Grund der Gleichung enthält der Kegelschnitt der 5 Puncte P_1, P_2, Q_1, Q_2, R_1 den 6ten Punct R_2.

Wenn dem Dreieck ABC der Kegelschnitt eingeschrieben ist mit den Contacten P, Q, R, so ist

$$\frac{AP^2}{BP^2} \frac{BQ^2}{CQ^2} \frac{CR^2}{AR_2} = 1$$

und zwar

$$\frac{AP}{BP} \frac{BQ}{CQ} \frac{CR}{AR} = -1$$

so dass die Geraden CP, AQ, BR einen Punct gemein haben (§. 13, 10). Wäre

$$\frac{AP}{BP} \frac{BQ}{CQ} \frac{CR}{AR} = 1$$

so lägen die Puncte P, Q, R des Kegelschnitts auf einer Geraden.

15. I. Wenn der Punct x in Bezug auf die coordinirten Geraden $x_1 = 0$, $x_2 = 0$, $x_3 = 0$ die homogenen (trilinearen) Coordinaten x_1, x_2, x_3 hat, und wenn unter Einführung der Puncte α, β, γ, die nicht auf einer Geraden liegen,

$$x_i = \alpha_i k + \beta_i l + \gamma_i m, \qquad i = 1, 2, 3$$

gesetzt wird, so sind k, l, m von einander unabhängige lineare Formen der x_1, x_2, x_3, mithin homogene Coordinaten des Punctes x in Bezug auf die coordinirten Geraden $k = 0$, $l = 0$, $m = 0$. Die Ecken des neuen Fundamentaldreiecks sind die Puncte α, β, γ, denn bei $(l = 0, m = 0)$ ist $x_1 : x_2 : x_3 = \alpha_1 : \alpha_2 : \alpha_3$, u. s. w. Diese Veränderung der homogenen Coordinaten war in Möbius baryc. Calc. 35 vorgezeichnet.

Ebenso wird verfahren, wenn nicht Puncte, sondern Gerade die durch die homogenen Coordinaten bestimmten Elemente sind.

II. Durch die angegebene Substitution wird die quadratische Form u der x_1, x_2, x_3 transformirt in eine Form der k, l, m. Nach den Bezeichnungen §. 34, 18 ist

$$p_x = ax_1 + hx_2 + gx_3 = p_\alpha k + p_\beta l + p_\gamma m$$
$$q_x = hx_1 + bx_2 + fx_3 = q_\alpha k + q_\beta l + q_\gamma m$$
$$r_x = gx_1 + fx_2 + cx_3 = r_\alpha k + r_\beta l + r_\gamma m$$

$$u_{xy} = p_x y_1 + q_x y_2 + r_x y_3$$
$$= p_y x_1 + q_y x_2 + r_y x_3 = u_{yx}$$

$$u_{x\alpha} = p_x \alpha_1 + q_x \alpha_2 + r_x \alpha_3 = u_{\alpha\alpha} k + u_{\beta\alpha} l + u_{\gamma\alpha} m$$
$$u_{x\beta} = p_x \beta_1 + q_x \beta_2 + r_x \beta_3 = u_{\alpha\beta} k + u_{\beta\beta} l + u_{\gamma\beta} m$$
$$u_{x\gamma} = p_x \gamma_1 + q_x \gamma_2 + r_x \gamma_3 = u_{\alpha\gamma} k + u_{\beta\gamma} l + u_{\gamma\gamma} m$$

und daher

$$u = p_x x_1 + q_x x_2 + r_x x_3 = u_{x\alpha} k + u_{x\beta} l + u_{x\gamma} m$$
$$= u_{\alpha\alpha} k^2 + u_{\beta\beta} l^2 + u_{\gamma\gamma} m^2 + 2u_{\beta\gamma} lm + 2u_{\alpha\gamma} km + 2u_{\alpha\beta} kl$$

Wenn $u_{\beta\gamma}$, $u_{\alpha\gamma}$, $u_{\alpha\beta}$ null, d. h. die Puncte α, β, γ mit $u = 0$ in Harmonie sind (§. 34, 4), so ist

$$u = u_{\alpha\alpha} k^2 + u_{\beta\beta} l^2 + u_{\gamma\gamma} m^2 = \frac{u_{x\alpha}{}^2}{u_{\alpha\alpha}} + \frac{u_{x\beta}{}^2}{u_{\beta\beta}} + \frac{u_{x\gamma}{}^2}{u_{\gamma\gamma}}$$

An dem Kegelschnitt $u = 0$ hat der Punct α die Polare $u_{x\alpha} = 0$ und die beiden Tangenten $u_{\alpha\alpha} u_{xx} - u_{x\alpha}{}^2 = 0$. Die quadratische Form $u_{\alpha\alpha} u_{xx} - u_{x\alpha}{}^2$ der x_1, x_2, x_3 ist durch weniger als 3 Quadrate ausdrückbar (§. 34, 2).

Wenn $u_{\alpha\alpha}$, $u_{\beta\beta}$, $u_{\gamma\gamma}$ null sind, so liegen die Puncte α, β, γ auf dem Kegelschnitt $u = 0$, u. s. w.

16. Wenn $u = alm + bkm + ckl$, und k, l, m lineare Formen der x_1, x_2, x_3, ferner a, b, c Constanten sind, so ist

$$u = 0 \quad \text{d. i.} \quad \frac{a}{k} + \frac{b}{l} + \frac{c}{m} = 0$$

ein Kegelschnitt der 3 Puncte

$$(l = 0,\ m = 0),\quad (m = 0,\ k = 0),\quad (k = 0,\ l = 0)$$

Die Gerade $bm + cl = 0$ ist eine Tangente des Kegelschnittes mit dem Contact $(l = 0,\ m = 0)$, denn sie hat mit ihm die Puncte

$$bm + cl = 0,\quad lm = 0$$

gemein. Die 3 Tangenten

$$\frac{l}{b} + \frac{m}{c} = 0,\quad \frac{m}{c} + \frac{k}{a} = 0,\quad \frac{k}{a} + \frac{l}{b} = 0$$

schneiden der Reihe nach die Geraden $k = 0$, $l = 0$, $m = 0$ in 3 Puncten der Geraden

$$\frac{k}{a} + \frac{l}{b} + \frac{m}{c} = 0$$

Die Gerade des Punctes $(l = 0,\ m = 0)$

$$\frac{l}{b} - \frac{m}{c} = 0$$

enthält den Schnitt der beiden Tangenten

$$\frac{m}{c} + \frac{k}{a} = 0,\quad \frac{k}{a} + \frac{l}{b} = 0$$

und bildet mit der Tangente $\frac{l}{b} + \frac{m}{c} = 0$ ein Paar, welches mit dem Paar $l = 0$, $m = 0$ in Harmonie ist. Die 3 Geraden

$$\frac{l}{b} - \frac{m}{c} = 0,\quad \frac{m}{c} - \frac{k}{a} = 0,\quad \frac{k}{a} - \frac{l}{b} = 0$$

haben einen Punct gemein $(k : l : m = a : b : c)$. Möbius baryc. Calc. §. 260. Bobillier Gerg. Ann. 1828 t. 18 p. 320. Salmon Con. 293.

Wenn die Puncte $k_1 | l_1 | m_1$ und $k_2 | l_2 | m_2$ auf dem Kegelschnitt liegen, d. h.

$$\frac{a}{k_1} + \frac{b}{l_1} + \frac{c}{m_1} = 0,\quad \frac{a}{k_2} + \frac{b}{l_2} + \frac{c}{m_2} = 0$$

und der Punct $k|l|m$ auf der Chorde 12, so ist

$$\begin{vmatrix} k & l & m \\ k_1 & l_1 & m_1 \\ k_2 & l_2 & m_2 \end{vmatrix} = 0$$

Durch Composition der Colonnen mit

$$a : k_1 k_2 \qquad b : l_1 l_2 \qquad c : m_1 m_2$$

findet man für die Chorde 12

$$\frac{ak}{k_1 k_2} + \frac{bl}{l_1 l_2} + \frac{cm}{m_1 m_2} = 0$$

und für die Tangente mit dem Contact 1

$$\frac{ak}{k_1^2} + \frac{bl}{l_1^2} + \frac{cm}{m_1^2} = 0$$

Die Bedingung, unter welcher die Puncte 1, 2 in Harmonie sind mit dem Kegelschnitt, erhält man nach der Substitution (§. 34, 1 ff.)

$$k = k_1 + \varepsilon k_2 \qquad l = l_1 + \varepsilon l_2 \qquad m = m_1 + \varepsilon m_2$$

indem man den Coefficienten von ε null setzt:

$$(bm_1 + cl_1)k_2 + (ck_1 + am_1)l_2 + (al_1 + bk_1)m_2 = 0$$

Vergl. Hermes Progr. des Cöln. Realgymn. Berlin 1860 p. 11.

Wenn $u = a^2k + b^2l^2 + c^2m^2 - 2bclm - 2camk - 2abkl$, die Norm der irrationalen Function $\sqrt{ak} + \sqrt{bl} + \sqrt{cm}$, so ist

$$u = 0 \quad \text{d. i.} \quad \sqrt{ak} + \sqrt{bl} + \sqrt{cm} = 0$$

ein Kegelschnitt der 3 Tangenten $k = 0$, $l = 0$, $m = 0$. Die Gerade $k = 0$ ist eine Tangente des Kegelschnittes, mit dem sie die vereinten Puncte $[k = 0, (bl - cm)^2 = 0]$ gemein hat. U. s. w. Vergl. Salmon a. a. O.

17. Für die gemeinschaftlichen Puncte des Kegelschnittes

$$\frac{a}{k} + \frac{b}{l} + \frac{c}{m} = 0$$

und der Geraden $fk + gl + hm = 0$ findet man durch Elimination von k aus dem System

$$\frac{b}{l} + \frac{c}{m} = -\frac{a}{k} \qquad gl + hm = -fk$$

die quadratische Gleichung

$$cgl^2 + bhm^2 + (bg + ch - af)lm = 0$$

Den beiden $l : m$ entsprechen je ein $k : m$. Wenn die beiden Schnittpuncte zusammenfallen, so ist die Gerade eine Tangente des Kegelschnittes, mithin unter der Bedingung

$$(bg + ch - af)^2 - 4bcgh = 0, \quad \text{d. i.} \quad \sqrt{af} + \sqrt{bg} + \sqrt{ch} = 0$$

und der Kegelschnitt

$$\frac{(\sqrt{bg} + \sqrt{ch})^2}{fk} + \frac{b}{l} + \frac{c}{m} = 0$$

geht durch die 3 Schnittpuncte der Fundamentallinien und berührt die Gerade $f|g|h$. Durch einen gegebenen Punct $k_1|l_1|m_1$ ist dieser Kegelschnitt 2deutig bestimmt; eindeutig wenn die Gleichung

$$b\left(\frac{1}{l_1} + \frac{g}{fk_1}\right) + \frac{2\sqrt{bcgh}}{fk_1} + c\left(\frac{1}{m_1} + \frac{h}{fk_1}\right) = 0$$

für $b : c$ gleiche Wurzeln hat, d. h. in dem Fall dass

$$\left(\frac{1}{l_1} + \frac{g}{fk_1}\right)\left(\frac{1}{m_1} + \frac{h}{fk_1}\right) - \frac{gh}{f^2k_1^2} = 0$$

$$\text{d. i.} \quad fk_1 + gl_1 + hm_1 = 0$$

der gegebene Punct auf der Tangente liegt.

Wenn der Kegelschnitt der Fundamentalpuncte die beiden Geraden $f|g|h$ und $f'|g'|h'$ berührt, so ist

$$\sqrt{af} + \sqrt{bg} + \sqrt{ch} = 0$$

$$\sqrt{af'} + \sqrt{bg'} + \sqrt{ch'} = 0$$

folglich

$$\sqrt{a} : \sqrt{b} : \sqrt{c} = \sqrt{gh'} - \sqrt{g'h} : \sqrt{hf'} - \sqrt{h'f} : \sqrt{fg'} - \sqrt{f'g}$$

$$a : b : c$$

$$= gh\left(\sqrt{\frac{g'}{g}} - \sqrt{\frac{h'}{h}}\right)^2 : hf\left(\sqrt{\frac{h'}{h}} - \sqrt{\frac{f'}{f}}\right)^2 : fg\left(\sqrt{\frac{f'}{f}} - \sqrt{\frac{g'}{g}}\right)^2$$

und der gesuchte Kegelschnitt

$$\left(\sqrt{\frac{g'}{g}} - \sqrt{\frac{h'}{h}}\right)^2 : fk + \left(\sqrt{\frac{h'}{h}} - \sqrt{\frac{f'}{f}}\right)^2 : gl$$
$$+ \left(\sqrt{\frac{f'}{f}} - \sqrt{\frac{g'}{g}}\right)^2 : hm = 0$$

4deutig, denn von den 3 Quadratwurzeln ist eine eindeutig.

§. 36. Puncte und Tangenten eines Kegelschnittes.

1. Wenn die ganze Function u des Punctes $x|y$ m Glieder mit unbestimmten Coefficienten hat, so wird die Forderung, dass die Linie $u = 0$ einen gegebenen Punct enthält, durch eine die Coefficienten verbindende lineare Gleichung ausgedrückt. Das System von $m - 1$ solchen Gleichungen bestimmt eindeutig die Proportion der Coefficienten, ausser in dem Fall dass die Gleichungen nicht unabhängig von einander sind. Zur Bestimmung der Linie $u = 0$ sind daher $m - 1$ Puncte der Linie erforderlich, aber nicht unbedingt hinreichend. Unter m Puncten der Linie besteht eine durch die resultirende Gleichung angezeigte Relation. Wenn nur $m - 2$ Puncte, welche die Linie enthalten soll, gegeben sind, so ist die Linie 1fach unbestimmt: es giebt eine Serie Linien $u = 0$, welche die gegebenen Puncte enthalten. U. s. w.

Indem man unter u dieselbe Function (der Coordinaten) einer Geraden versteht, findet man die entsprechende Relation unter m Tangenten der Enveloppe $u = 0$.

Z. B. $u = ax^2 + by^2 + c + 2fy + 2gx + 2hxy$. Wenn die Linie $u = 0$ die Puncte 1, 2, 3, 4, 5 enthält, so ist $ax_1{}^2 + by_1{}^2 + \ldots = 0$, u. s. w. Daher ist die Determinante 6ten Grades

$$R = \begin{vmatrix} x^2 & y^2 & 1 & y & x & xy \\ x_1{}^2 & y_1{}^2 & 1 & y_1 & x_1 & x_1y_1 \\ . & . & . & . & . & . \\ x_5{}^2 & y_5{}^2 & 1 & y_5 & x_5 & x_5y_5 \end{vmatrix}$$

null, und $R = 0$ der Kegelschnitt der gegebenen 5 Puncte. Die Gleichung giebt eine Relation unter 6 Puncten eines Kegelschnitts. Ueber die Construction des Kegelschnitts der 5 Puncte vergl. die Schlussbemerkung §. 22, über die Art des Kegelschnitts Möbius baryc. Calc. §. 255. Hunyady Borchardt J. 89 p. 70.

Die Coefficienten der Gleichung für x, y sind auch dann real, wenn die gegebenen Puncte conjugirt complexe Coordinaten haben. Denn bei Vertauschung conjugirt complexer Zeilen geht der Werth der Determinante über in den conjugirt complexen Werth, indem er einen oder mehr Zeichenwechsel erleidet. Daher ist dieser Werth entweder imaginär ohne realen Theil oder real. In der That ist

$$\begin{vmatrix} a & b & c \\ a' & b' & c' \\ a'' & b'' & c'' \end{vmatrix} = \tfrac{1}{2} \begin{vmatrix} 2a & 2b & 2c \\ a + a' & b + b' & c + c' \\ a'' & b'' & c'' \end{vmatrix}$$

$$= \tfrac{1}{2} \begin{vmatrix} a - a' & b - b' & c - c' \\ a + a' & b + b' & c + c' \\ a'' & b'' & c'' \end{vmatrix}$$

Wenn a und a' conjugirt complex sind, so ist $a - a'$ imaginär, $a + a'$ real, u. s. w.

2. Indem man die ersten 3 Colonnen mit a, b, c multiplicirt, mit ihnen je 2 andre Colonnen verbindet, und

$$ax + by + c = p, \qquad ax_1 + by_1 + c = p_1$$

u. s. w. setzt, findet man

$$abcR = \begin{vmatrix} xp & yp & p & y & x & xy \\ x_1p_1 & y_1p_1 & p_1 & y_1 & x_1 & x_1y_1 \\ . & . & . & . & . & . \\ x_5p_5 & y_5p_5 & p_5 & y_5 & x_5 & x_5y_5 \end{vmatrix}$$

Wenn die Puncte 3, 4, 5 auf der Geraden $p = 0$ liegen, so ist die Determinante das Product von 2 Determinanten 3ten Grades, und

$$abcR \quad = pp_1p_2 \begin{vmatrix} x & y & 1 \\ x_1 & y_1 & 1 \\ x_2 & y_2 & 1 \end{vmatrix} \begin{vmatrix} y_3 & x_3 & x_3y_3 \\ y_4 & x_4 & x_4y_4 \\ y_5 & x_5 & x_5y \end{vmatrix} = 0$$

eine reducible Linie 2ter Ordnung bestehend aus den Geraden 345 und 12. Wenn die Puncte 2, 3, 4, 5 auf der Geraden $p = 0$ liegen, so ist die Determinante unbedingt null, der Kegelschnitt der 5 Puncte unbestimmt (bestehend aus der Geraden 2345 und einer Geraden des Punctes 1).

3. Der Kegelschnitt, welcher 4 gegebene Puncte enthält, ist einfach unbestimmt. Z. B.

$$\begin{vmatrix} ax^2 + by^2 & 1 & y & x & xy \\ ax_1^2 + by_1^2 & 1 & y_1 & x_1 & x_1y_1 \\ . & . & . & . & . \\ ax_4^2 + by_4^2 & 1 & y_4 & x_4 & x_4y_4 \end{vmatrix} = 0$$

wo $a : b$ beliebig ist. Allen $a : b$ entsprechen Kegelschnitte 1234, welche eine Serie bilden, einen Büschel mit der Basis 1234.

Man kann die Geraden 12, 34, welche einen gegebenen Winkel bilden, als coordinirte Axen annehmen. Dann enthält der Kegelschnitt $u = 0$ die Puncte 1, 2 $(u = 0,\ y = 0)$ mit den Abscissen α, α', und die Puncte 3, 4 $(u = 0,\ x = 0)$ mit den Ordinaten β, β' unter den Bedingungen

$$2g = -a(\alpha + \alpha') \qquad 2f = -b(\beta + \beta')$$
$$c = a\alpha\alpha' = b\beta\beta'$$

so dass $a : g : c$ und $b : f : c$ gegeben sind. Nur h bleibt unbestimmt: allen h entsprechen Kegelschnitte 1234.

Wenn von den Puncten 1, 2, 3, 4 einer in dem Dreieck der andern liegt, so ist $ab = c^2 : \alpha\alpha'\beta\beta'$ negativ, $ab - h^2$ negativ: unter den Kegelschnitten 1234 ist weder eine Ellipse, noch eine Parabel. Möbius baryc. Calc. §. 254. Wenn $\alpha\alpha'\beta\beta'$ positiv ist, so entsprechen den beiden $h = c : \sqrt{\alpha\alpha'\beta\beta'}$ Parabeln.

4. Das Centrum eines Kegelschnittes 1234 ist (§. 34, 9)

$$(ax + hy + g = 0, \quad hx + by + f = 0)$$

so dass $ax^2 - by^2 - fy + gx = 0$. Daher liegt das Centrum auf einem bestimmten Kegelschnitt, dessen Asymptoten mit den Geraden $ax^2 - by^2 = 0$ parallel sind, welche für jeden Kegelschnitt 1234 conjugirte Richtungen haben (§. 34, 10). Das Centrum dieses Kegelschnittes

$$(ax + \tfrac{1}{2}g = 0, \; by + \tfrac{1}{2}f = 0) \quad \text{d. i.} \quad \tfrac{1}{4}(\alpha + \alpha') \mid \tfrac{1}{4}(\beta + \beta')$$

ist das Centrum der Parallelogramme, welche durch die Mitten der Seiten der Vierecke 1234, 1243, 1324 bestimmt werden. Der Kegelschnitt der Centren enthält ausser diesen Mitten die gemeinschaftlichen Puncte der Geraden 12 und 34, 13 und 24, 14 und 23. Diess erkennt man aus der Gleichung, welcher man die Gestalten

$$\frac{x}{\alpha\alpha'}\left(x - \frac{\alpha + \alpha'}{2}\right) - \frac{y}{\beta\beta'}\left(y - \frac{\beta + \beta'}{2}\right) = 0$$

$$\left(\frac{x}{\alpha} + \frac{y}{\beta} - 1\right)\left(\frac{x}{\alpha'} - \frac{y}{\beta'}\right) + \left(\frac{x}{\alpha'} + \frac{y}{\beta'} - 1\right)\left(\frac{x}{\alpha} - \frac{y}{\beta}\right) = 0$$

geben kann, wobei α und α', β und β' vertauschbar sind. Der Kegelschnitt enthält auch den Punct, welcher mit der Mitte von 12, dem Schnitt von 12 und 34, und der Mitte von 34 ein Parallelogramm bildet, sowie zwei durch die Vierecke 1324 und 1423 entsprechend bestimmte Puncte. Vergl. Pfaff Zach monatl. Corresp. 1810 Bd. 22 p. 226. Gergonne Ann. 11 p. 396, 12 p. 109. Steiner Crelle J. 2 p. 64. Magnus Aufgaben I p. 154. Salmon Conics 339.

Der Punct $x|y$ hat bei dem Kegelschnitt 1234 die Polare (§. 34, 4) $px' + qy' + r = 0$, welche mit einer gegebenen Geraden congruirt, wenn $p : q : r = A : B : 1$ d. h.

$$ax + hy + g = A(gx + fy + c)$$
$$hx + by + f = B(gx + fy + c)$$

Daher liegt der Punct, der bei dem Kegelschnitt 1234 die Polare $Ax + By + 1 = 0$ hat, auf dem Kegelschnitt

$$ax^2 - by^2 + gx - fy = (Ax - By)(gx + fy + c)$$

Der letztere ist eine Parabel unter der Bedingung

$$(fA - gB)^2 - 4(a - gA)(fB - b) = 0$$
$$\tfrac{1}{4}(fA + gB)^2 - bgA - afB + ab = 0$$

5. Bei schiefwinkeligen Coordinaten wird der Kegelschnitt $u = 0$ als ein Kreis oder als eine gleichseitige Hyperbel erkannt, indem man $Ax'^2 + By'^2$ unter der Voraussetzung $\sin x'y' = 1$ durch die Substitution (§. 35, 2)

$$x' = x\cos\alpha + y\cos\beta \qquad y' = x\sin\alpha + y\sin\beta$$

transformirt in $ax^2 + by^2 + 2hxy$. Dann erhält man

$$a = A\cos^2\alpha + B\sin^2\alpha \qquad b = A\cos^2\beta + B\sin^2\beta$$
$$h = A\cos\alpha\cos\beta + B\sin\alpha\sin\beta$$
$$a - b = (A - B)\sin(\alpha + \beta)\sin(\beta - \alpha)$$
$$a + b - 2h\cos(\beta - \alpha) = A + B$$

Also ist $u = 0$ ein Kreis ($B = A$) unter den Bedingungen

$$b = a, \qquad h = a\cos xy$$

eine gleichseitige Hyperbel ($B = -A$) unter der Bedingung

$$a + b - 2h\cos xy = 0$$

In der That sind die Geraden $ax^2 + by^2 + 2hxy = 0$, mit welchen die Asymptoten des Kegelschnittes $u = 0$ parallel sind, in dem ersten Fall $x^2 + y^2 + 2xy\cos xy = 0$, die Asymptoten eines Kreises um den Nullpunct, in dem zweiten Fall normal zu einander (§. 32, 2). Daher ist ein Kreis durch 3 gegebene Puncte, eine gleichseitige Hyperbel durch 4 gegebene Puncte eindeutig bestimmt.

6. Der Kegelschnitt $u = 0$ enthält die 3 gegebenen Puncte $0|0$, $\alpha|0$, $0|\beta$ und ist eine gleichseitige Hyperbel unter den Bedingungen

$$c = 0 \qquad a\alpha + 2g = 0 \qquad b\beta + 2f = 0$$
$$a + b - 2h\cos xy = 0$$

welche nur $a : b$ unbestimmt lassen. Daher giebt es eine Serie von gleichseitigen Hyperbeln der 3 Puncte. Jede derselben

$$a\alpha x\left(\frac{x}{\alpha} + \frac{y}{\alpha\cos xy} - 1\right) + b\beta y\left(\frac{x}{\beta\cos xy} + \frac{y}{\beta} - 1\right) = 0$$

enthält den Höhenpunct des gegebenen Dreiecks

$$\left(\frac{x}{\alpha} + \frac{y}{\alpha\cos xy} = 1, \quad \frac{x}{\beta\cos xy} + \frac{y}{\beta} = 1\right)$$

Das Centrum dieser Hyperbel ist

$$(ax + hy + g = 0, \quad hx + by + f = 0)$$

mithin $a(x - \frac{1}{2}\alpha) + hy = 0$ und $b(y - \frac{1}{2}\beta) + hx = 0$, folglich bei allen $a : b$

$$\frac{y}{x - \frac{1}{2}\alpha} + \frac{x}{y - \frac{1}{2}\beta} + 2\cos xy = 0$$
$$x(x - \tfrac{1}{2}\alpha) + y(y - \tfrac{1}{2}\beta) + 2(x - \tfrac{1}{2}\alpha)(y - \tfrac{1}{2}\beta)\cos xy = 0$$

Daher liegt das Centrum einer gleichseitigen Hyperbel der 3 Puncte auf dem Kreis, der die Mitten der Seiten des gegebenen Dreiecks $\frac{1}{2}\alpha\,|\,0$, $0\,|\,\frac{1}{2}\beta$, $\frac{1}{2}\alpha\,|\,\frac{1}{2}\beta$ enthält und der Feuerbachsche Kreis dieses Dreiecks ist. Magnus Aufgaben I p. 155.

7. Der Kegelschnitt $u = 0$ wird von den 4 Geraden

$$x = 0, \quad y = 0, \quad Ax + By - 1 = 0, \quad A'x + B'y - 1 = 0$$

berührt unter den Bedingungen (§. 34, 14) $a' = 0$, $b' = 0$,

$$c' - 2f'B - 2g'A + 2h'AB = 0$$
$$c' - 2f'B' - 2g'A' + 2h'A'B' = 0$$

Eine der beiden letzten Bedingungen kann ersetzt werden durch

$$f'(B' - B) + g'(A' - A) + h'(AB - A'B') = 0$$

$$\text{d. i.} \quad \begin{vmatrix} f' & g' & h' \\ A & B' & 1 \\ A' & B & 1 \end{vmatrix} = 0$$

oder durch $2g'AA'(B' - B) + 2f'BB'(A' - A) + c'(AB - A'B') = 0$ d. i.

$$\begin{vmatrix} 2g'AA' & 2f'BB' & c' \\ A & B' & 1 \\ A' & B & 1 \end{vmatrix} = 0 \quad \text{oder} \quad \begin{vmatrix} g' & f' & c' \\ \frac{1}{2A'} & \frac{1}{2B} & 1 \\ \frac{1}{2A} & \frac{1}{2B'} & 1 \end{vmatrix} = 0$$

von denen jene die Proportion $g' : h'$, diese $g' : c'$ unbestimmt lässt.

Das Centrum eines Kegelschnitts der 4 Tangenten (§. 34, 9)

$$(c'x = g', \; c'y = f')$$

liegt auf der Geraden

$$\begin{vmatrix} x & y & 1 \\ \frac{1}{2A'} & \frac{1}{2B} & 1 \\ \frac{1}{2A} & \frac{1}{2B'} & 1 \end{vmatrix} = 0$$

der Puncte $\frac{1}{2A'} \Big| \frac{1}{2B}$ und $\frac{1}{2A} \Big| \frac{1}{2B'}$, d. i. der Mitten von $M'N$ und MN', wenn die beiden ersten Tangenten den Punct O gemein haben und von den beiden andern in M, N und M', N' so geschnitten werden, dass $OM = 1 : A$, $ON = 1 : B$, $OM' = 1 : A'$, $ON' = 1 : B'$ ist. Daher liegen die Centren der die Seiten eines Vierecks berührenden Kegelschnitte auf der Mittellinie des Vierecks (§. 30, 16). Vergl. Magnus Aufg. p. 183.

8. Der Kegelschnitt $u = 0$ wird von den 3 Geraden

$$x = 0, \quad y = 0, \quad Ax + By - 1 = 0$$

berührt unter den Bedingungen

$$a' = 0, \quad b' = 0, \quad c' - 2f'B - 2g'A + 2h'AB = 0$$

und ist eine gleichseitige Hyperbel, wenn $a + b - 2h \cos xy = 0$ (5). Nun ist (§. 34, 3)

$$\begin{vmatrix} b' & f' \\ f' & c' \end{vmatrix} = \operatorname{adj}\begin{vmatrix} b & f \\ f & c \end{vmatrix} \det u = a \det u$$

$$\begin{vmatrix} a' & g' \\ g' & c' \end{vmatrix} = b \det u \qquad \begin{vmatrix} f' & h' \\ c' & g' \end{vmatrix} = h \det u$$

folglich der Kegelschnitt eine gleichseitige Hyperbel, wenn

$$f'^2 + g'^2 + 2(f'g' - c'h') \cos xy = 0$$

Dieser Bedingung kann nur bei positiven $c'h' \cos xy$ genügt werden, weil $f'^2 + g'^2 + 2f'g' \cos xy$ positiv ist. Indem man h' durch f', g', c' ausdrückt, erhält man die Bedingung

$$f'^2 + g'^2 + \frac{\cos xy}{AB} c'^2 - \frac{2 \cos xy}{B} g'c' - \frac{2 \cos xy}{A} f'c' + 2f'g' \cos xy = 0$$

welche $g' : c'$ unbestimmt lässt. Die quadratische Form der f', g', c', welche null sein soll, hat die Determinante

$$\left(\frac{1}{A} - \frac{\cos xy}{B}\right)\left(\frac{1}{B} - \frac{\cos xy}{A}\right) \cos xy$$

und die Subdeterminante $1 - \cos^2 xy$; daher besteht sie bei positiver Determinante aus 3 positiven Quadraten (§. 33, 5). Wenn die 3 Tangenten x, y, l das Dreieck OMN bilden ($OM = 1 : A$, $ON = 1 : B$), so ist

$$OM - ON \cos xy = NM \cos xl, \quad ON - OM \cos xy = MN \cos yl$$

also die Determinante $= -MN^2 \cos xy \cos xl \cos yl$ positiv bei spitzen Winkeln des Dreiecks OMN: einem spitzwinkeligen Dreieck kann eine gleichseitige Hyperbel nicht eingeschrieben werden.

Das Centrum $(c'x = g', \; c'y = f')$ einer dem Dreieck OMN eingeschriebenen gleichseitigen Hyperbel, für welches

$$x^2 + y^2 + \frac{\cos xy}{AB} - \frac{2\cos xy}{A} y - \frac{2\cos xy}{B} x + 2xy\cos xy = 0$$

sich ergiebt, liegt auf einem bestimmten Kreis. Das Centrum dieses Kreises

$$\left(x + y\cos xy - \frac{\cos xy}{B} = 0, \quad x\cos xy + y - \frac{\cos xy}{A} = 0\right)$$

ist der gemeinschaftliche Punct H der Höhen von N und M des Dreiecks OMN, der Höhenpunct des Tangenten-Dreiecks. In Bezug auf den Kreis hat (§. 34, 4) der Punct $M(1 : A \,|\, 0)$ die Polare $x = 0$, der Punct $N(0 \,|\, 1 : B)$ die Polare $y = 0$, der Punct $O(0 \,|\, 0)$ die Polare $Ax + By - 1 = 0$, und die Polaren NO, OM, MN werden von den Diametern HM, HN, HO in M', N', O' so geschnitten, dass M und M', N und N', O und O' harmonisch conjugirte Puncte sind. Daher ist (Trigon. §. 7, 10)

$$HM \,.\, HM' = HN \,.\, HN' = HO \,.\, HO'$$

der Quadrat-Radius des Kreises. Der Quadrat-Radius ist negativ, der Radius imaginär, der Kreis und die Serie der gleichseitigen Hyperbeln des Tangenten-Dreiecks nicht real, wenn der Höhenpunct H des Tangenten-Dreiecks in dem Perimeter dieses Dreiecks liegt, so dass das Dreieck spitzwinkelig ist. Magnus Aufg. p. 185.

9. Wenn der Punct i die homogenen Coordinaten x_i, y_i, t_i hat, und aus 6 Puncten $i = 0, 1, 2, 3, 4, 5$ die Determinante R (1) gebildet wird, deren erste Colonne die von je 5 Puncten abhängigen Adjuncten α_0, α_1, .. hat, so ist

$$\begin{aligned}
\alpha_0 x_0^2 &+ \alpha_1 x_1^2 + \ldots + \alpha_5 x_5^2 = R \\
\alpha_0 y_0^2 &+ \alpha_1 y_1^2 + \ldots + \alpha_5 y_5^2 = 0 \\
\alpha_0 t_0^2 &+ \alpha_1 t_1^2 + \ldots + \alpha_5 t_5^2 = 0 \\
\alpha_0 y_0 t_0 &+ \alpha_1 y_1 t_1 + \ldots + \alpha_5 y_5 t_5 = 0 \\
\alpha_0 t_0 x_0 &+ \alpha_1 t_1 x_1 + \ldots + \alpha_5 t_5 x_5 = 0 \\
\alpha_0 x_0 y_0 &+ \alpha_1 x_1 y_1 + \ldots + \alpha_5 x_5 y_5 = 0
\end{aligned}$$

Durch Composition dieser Gleichungen mit den 6 Gliedern von $(A + B + C)^2$ findet man, indem man $p_i = Ax_i + By_i + Ct_i$ definirt (proportional der Distanz des Punctes i von der Geraden $A|B|C$),

$$\alpha_0 p_0^2 + \alpha_1 p_1^2 + \ldots + \alpha_5 p_5^2 = A^2 R$$

Wenn die 6 Puncte, deren Gleichungen (§. 28, 2) $p_0 = 0$, $p_1 = 0$, .. sind, auf einem Kegelschnitt liegen, so ist $R = 0$, mithin bei allen A, B, C

$$\alpha_0 p_0^2 + \alpha_1 p_1^2 + \ldots + \alpha_5 p_5^2 = 0$$

Und umgekehrt: Wenn $\alpha_0 p_0^2 + \ldots + \alpha_5 p_5^2 = 0$ bei allen A, B, C, so findet man $R = 0$, d. h. die 6 Puncte $p_0 = 0$, .. liegen auf einem Kegelschnitt.

Dieselbe Betrachtung gilt, wenn x_i, y_i, t_i die homogenen Coordinaten der Geraden i bedeuten. Wenn daher die 6 Geraden $p_0 = 0$, $p_1 = 0$, .. einen Kegelschnitt (eine Linie 2ter Classe nach §. 34, 14) berühren, so giebt es Coefficienten α von bestimmter Proportion der Art dass $\alpha_0 p_0^2 + \ldots + \alpha_5 p_5^2 = 0$ bei allen A, B, C, und umgekehrt. Paul Serret Géom. de direction 1869 p. 132. Fiedler-Salmon Kegelschn. 1873 p. 460 citirt Burnside.

Bei Puncten einer Linie $n$ter Ordnung und Tangenten einer Linie $n$ter Classe ergeben sich auf dieselbe Weise analoge Sätze über die $n$ten Potenzen linearer Formen p_0, p_1, .., wie Serret bemerkt hat. Vergl. Rosanes Borchardt J. 76 p. 318.

10. I. Wenn die Elemente (Puncte, Gerade) $p_0 = 0$, $p_1 = 0$, $p_2 = 0$ und $p_3 = 0$, $p_4 = 0$, $p_5 = 0$ je ein harmonisches Tripel an dem Kegelschnitt $u = 0$ bilden, wenn demnach (§. 34, 18) u sowohl durch $\alpha_0 p_0^2 + \alpha_1 p_1^2 + \alpha_2 p_2^2$, als auch durch $\alpha_3 p_3^2 + \alpha_4 p_4^2 + \alpha_5 p_5^2$ ausgedrückt werden kann, so ist

$$\alpha_0 p_0^2 + \alpha_1 p_1^2 + \alpha_2 p_2^2 - \alpha_3 p_3^2 - \alpha_4 p_4^2 \quad \alpha_5 p_5^2 = 0$$

bei allen A, B, C. Demnach (9) sind die Puncte 0, 1, 2 und 3, 4, 5 der beiden Tripel 6 Puncte eines Kegelschnittes S, während die Geraden 12, 20, 01 und 45, 53, 34 der beiden Tripel 6 Tangenten eines Kegelschnittes T sind. Hesse Crelle J. 20 p. 292.

II. Umgekehrt: Von 6 Elementen (Puncten, Tangenten) eines Kegelschnittes M bilden beliebige 3 und die übrigen 3 je ein harmonisches Tripel an einem bestimmten Kegelschnitt N. Denn nach der Voraussetzung ist

$$\alpha_0 p_0^2 + \alpha_1 p_1^2 + \alpha_2 p_2^2 + \alpha_3 p_3^2 + \alpha_4 p_4^2 + \alpha_5 p_5^2 = 0$$

bei allen A, B, C. Also ist der Kegelschnitt $\alpha_0 p_0^2 + \alpha_1 p_1^2 + \alpha_2 p_2^2 = 0$, an welchem $p_0 = 0$, $p_1 = 0$, $p_2 = 0$ ein Tripel bilden, congruent mit dem Kegelschnitt $\alpha_3 p_3^2 + \alpha_4 p_4^2 + \alpha_5 p_5^2 = 0$, an welchem $p_3 = 0$, $p_4 = 0$, $p_5 = 0$ ein Tripel bilden. Hesse a. a. O.

III. Wenn also die Puncte 0, 1, 2 und 3, 4, 5 auf einem Kegelschnitt M liegen (mithin 2 harmonische Tripel bilden an einem Kegelschnitt N), so sind die 6 Geraden 12, 20, 01, 45, 53, 34 Tangenten eines Kegelschnittes. Und wenn die Geraden 0, 1, 2 und 3, 4, 5 Tangenten eines Kegelschnittes M sind (mithin 2 harmonische Tripel bilden an einem Kegelschnitt N), so liegen die 6 Puncte 12, 20, 01, 45 53, 34 auf einem Kegelschnitt. Möbius baryc. Calc. 283. Steiner syst. Entw. 46, II.

11. Auf einem von 2 gegebenen Kegelschnitten giebt es nicht unbedingt 3 Puncte, welche ein harmonisches Tripel an dem andern Kegelschnitt bilden. Wenn der eine Kegelschnitt den Punct 0 enthält, und von der Geraden, welche die Polare des 0 an dem andern Kegelschnitt ist, in den Puncten 2, 3 geschnitten wird, so sind zwar 0 und 2, sowie 0 und 3, aber im Allgemeinen nicht auch 2 und 3 mit dem andern Kegelschnitt in Harmonie.

Wenn aber die Puncte 0, 1, 2 des Kegelschnittes M ein harmonisches Tripel an dem Kegelschnitt N bilden, wenn 3 ein beliebiger Punct des M ist, und M von der Geraden, welche die Polare des 3 an N ist, in den Puncten 4, 5 geschnitten wird, so bilden 3, 4, 5 ein harmonisches Tripel an N. Wäre 6 der Punct der Geraden 45, welcher mit 3, 4 ein harmonisches Tripel bildete, so läge 6 auf dem Kegelschnitt 01234 (10. I) d. i. auf M, und 5 läge nicht auf M, gegen die Voraussetzung. Die Seiten der dem M eingeschriebenen Dreiecke 012 und 345 sind Tangenten eines Kegelschnittes S (10. III). Es giebt also eine Serie von Dreiecken (Polygonen), welche einem Kegelschnitt M eingeschrieben und einem andern Kegelschnitt S umgeschrieben sind, unter der Bedingung dass eines derselben existirt. Poncelet propr. proj. 565. Vergl. Jacobi Crelle J. 3 p. 376. Chasles sect. con. 215 ff. Schröter-Steiner Kegelschn. §§. 30 und 31. Fiedler-Salmon Kegelschn. 1873 p. 465.

12. Wenn M, N, P, Q lineare Formen der homogenen Coordinaten x, y, t eines Elementes (Punct, Gerade) sind, so ist $M = 0$ eine Serie 1ten Grades (Gerade, Punct), und $MN + \lambda PQ = 0$ bei gegebenem λ eine Serie 2ten Grades (Linie 2ter Ordnung, 2ter Classe, Kegelschnitt). Vergl. §. 29, 2. Der Kegelschnitt $MN + \lambda PQ = 0$ hat die Puncte (Tangenten)

$$(M = 0,\ P = 0),\quad (M = 0,\ Q = 0)$$
$$(N = 0,\ P = 0),\quad (N = 0,\ Q = 0)$$

welche der Reihe nach durch 0, 1, 3, 4 bezeichnet werden; dann ist $M = 0$ die Gerade (der Punct) 01 der Puncte (Geraden) 0 und 1, $N = 0$ ist die Gerade (der Punct) 34, $P = 0$ die Gerade (der Punct) 03, $Q = 0$ die Gerade (der Punct) 14. Demnach ist (§. 29, 4)

$$M = \alpha \begin{vmatrix} x & y & t \\ x_0 & y_0 & t_0 \\ x_1 & y_1 & t_1 \end{vmatrix} \qquad N = \alpha \begin{vmatrix} x & y & t \\ x_3 & y_3 & t_3 \\ x_4 & y_4 & t_4 \end{vmatrix} \quad \text{u. s. w.}$$

$$M_i = \alpha \begin{vmatrix} x_i & y_i & t_i \\ x_0 & y_0 & t_0 \\ x_1 & y_1 & t_1 \end{vmatrix} = \alpha(i01) \quad \text{u. s. w.}$$

I. Wenn der Kegelschnitt die Elemente 2, 5 enthält, so ist

$$M_2 N_2 + \lambda P_2 Q_2 = 0, \quad M_5 N_5 + \lambda P_5 Q_5 = 0$$

und man erhält als Relation der 6 Elemente eines Kegelschnittes

$$\begin{vmatrix} M_2 N_2 & P_2 Q_2 \\ M_5 N_5 & P_5 Q_5 \end{vmatrix} = 0 \quad \text{d. i.} \quad \begin{vmatrix} (201)(234) & (203)(214) \\ (501)(534) & (503)(514) \end{vmatrix} = 0$$

oder

$$\frac{M_2}{M_5} : \frac{P_2}{P_5} = \frac{Q_2}{Q_5} : \frac{N_2}{N_5} \quad \text{d. i.} \quad \frac{(201)}{(501)} : \frac{(203)}{(503)} = \frac{(214)}{(514)} : \frac{(234)}{(534)}$$

also nach §. 29, 11

$$(2, 5, 01, 03) = (2, 5, 14, 34)$$

d. h. die Puncte 2, 5, 1, 3 des Kegelschnittes bestimmen mit zwei andern Puncten 0, 4 desselben je vier Gerade von demselben Doppelverhältniss. Die Tangenten 2, 5, 1, 3 des Kegelschnittes bestimmen auf zwei andern Tangenten 0, 4 desselben je vier Puncte von demselben Doppelverhältniss (§. 22, 11). Vergl. Magnus Aufgaben I p. 147 ff. Salmon Con. cap. 14 und Fiedler-Salmon Kegelschn. cap. 16.

II. Der Kegelschnitt $MN + \lambda PQ = 0$ der Puncte 0, 1, 3, 4 hat den Punct

$$(N - \mu P = 0, \; \mu M + \lambda Q = 0)$$

den Schnitt einer beliebigen Geraden des Punctes 3 und der entsprechenden Geraden des Punctes 1. Vier Gerade des 3 und die entsprechenden Geraden des 1 haben dasselbe Doppelverhältniss (§. 29, 9 u. 10); die Serie der Geraden des 3 und die Serie der entsprechenden Geraden des 1 sind collinear (§. 13, 5); die Schnitte der entsprechenden Geraden sind Puncte des Kegelschnittes (§. 22, 12).

Oder: Der Kegelschnitt $MN + \lambda PQ = 0$ der Tangenten 0, 1, 3, 4 hat die Tangente $(N - \mu P = 0, \; \mu M + \lambda Q = 0)$, die Chorde eines beliebigen Punctes der Geraden 3 und des entsprechenden Punctes der Geraden 1. Die Serie der Puncte der 3 und die Serie der entsprechenden Puncte der 1 sind collinear; die Chorden der entsprechenden Puncte sind Tangenten des Kegelschnittes. Chasles sect. con. 24. Fiedler-Salmon 1873 p. 323.

13. Der Kegelschnitt $MN + \lambda PQ = 0$ hat das durch μ bestimmte Element 2

$$(N = \mu P,\ \mu M + \lambda Q = 0)$$

den Punct der Geraden 32, 12 oder die Gerade der Puncte 32, 12; und das durch ν bestimmte Element 5

$$(N = \nu Q,\ \nu M + \lambda P = 0)$$

den Punct der Geraden 45, 05 oder die Gerade der Puncte 45, 05. Nun ist unbedingt

$$\nu(\mu M + \lambda Q) + \lambda(N - \nu Q) = \lambda(N - \mu P) + \mu(\nu M + \lambda P) = \mu\nu M + \lambda N$$

Also hat die Gerade $\mu\nu M + \lambda N = 0$ ausser dem Punct $(M = 0,\ N = 0)$ d. i. $01 \cdot 34$, dem Punct der Geraden 01 und 34, sowohl den Punct $(\mu M + \lambda Q = 0,\ N - \nu Q = 0)$ d. i. $12 \cdot 45$, als auch den Punct $(N - \mu P = 0,\ \nu M + \lambda P = 0)$ d. i. $23 \cdot 50$. Ebenso, wenn die Elemente Tangenten sind. D. h.

Bei 6 Puncten eines Kegelschnittes 012345 liegen die Puncte $01 \cdot 34$, $12 \cdot 45$, $23 \cdot 50$ auf einer Geraden, einer PASCAL'schen Geraden der 6 Puncte des Kegelschnittes. Und bei 6 Tangenten eines Kegelschnittes gehn die Geraden $01 \cdot 34$, $12 \cdot 45$, $23 \cdot 50$ durch einen Punct, einen BRIANCHON'schen Punct der 6 Tangenten des Kegelschnittes. Trigon. §. 7, 17. MAGNUS Aufgaben I p. 152. SCHRÖTER-STEINER Kegelschn. §. 20 ff. und p. 217. FIEDLER-SALMON Kegelschn. 1873 p. 309 ff. BAUER Münchener Acad. 1874 über das Pascal'sche Theorem.

Umgekehrt: 6 Puncte der Art, dass die Puncte $01 \cdot 34$, $12 \cdot 45$, $23 \cdot 50$ auf einer Geraden liegen, sind Puncte eines Kegelschnittes; 6 Gerade der Art, dass die Geraden $01 \cdot 34$, $12 \cdot 45$, $23 \cdot 50$ durch einen Punct gehn, sind Tangenten eines Kegelschnittes. Wenn die Gerade 45 den Kegelschnitt 01234 in 6 schneidet, so liegen die Puncte $01 \cdot 34$, $12 \cdot 45$, $23 \cdot 60$ auf einer Geraden, die den Punct $23 \cdot 50$ nicht enthält, gegen die Voraussetzung. U. s. w.

14. Wenn das Element i die Coordinaten x_i, y_i, t_i hat, so hat 01 die Coordinaten x_{01}, y_{01}, t_{01}, die Adjuncten der x, y, t in dem System

$$\begin{matrix} x & y & t \\ x_0 & y_0 & t_0 \\ x_1 & y_1 & t_1 \end{matrix}$$

Vergl. 12. Ebenso hat $01 \cdot 34$ die Coordinaten $x_{01 \cdot 34}$, $y_{01 \cdot 34}$, $t_{01 \cdot 34}$, die Adjuncten der x, y, t in dem System

$$\begin{matrix} x & y & t \\ x_{01} & y_{01} & t_{01} \\ x_{34} & y_{34} & t_{34} \end{matrix}$$

Die Puncte $01 \cdot 34$, $12 \cdot 45$, $23 \cdot 50$ liegen auf einer Geraden, und die gleichbenannten Geraden gehn durch einen Punct unter der Bedingung

$$\varDelta = \begin{vmatrix} x_{01 \cdot 34} & y_{01 \cdot 34} & t_{01 \cdot 34} \\ x_{12 \cdot 45} & y_{12 \cdot 45} & t_{12 \cdot 45} \\ x_{23 \cdot 50} & y_{23 \cdot 50} & t_{23 \cdot 50} \end{vmatrix} = 0$$

Die Determinante $\varDelta$ ist von Hunyady Borchardt J. 83 p. 81 durch die in (12) gegebene Determinante 2ten Grades ausgedrückt worden. Wenn man in dieser Absicht $\varDelta$ mit

$$\begin{vmatrix} x_{01} & y_{01} & t_{01} \\ x_{12} & y_{12} & t_{12} \\ x_{23} & y_{23} & t_{23} \end{vmatrix} = (01,\ 12,\ 23)$$

multiplicirt, so erhält man bei der Composition von Zeilen mit Zeilen

$$x_{01 \cdot 34} x_{01} + y_{01 \cdot 34} y_{01} + t_{01 \cdot 34} t_{01} = \begin{vmatrix} x_{01} & y_{01} & t_{01} \\ x_{01} & y_{01} & t_{01} \\ x_{34} & y_{34} & t_{34} \end{vmatrix} = (01,\ 01,\ 34)$$

u. s. w., folglich

$$(01,\ 12,\ 23)\varDelta = \begin{vmatrix} (01,\ 01,\ 34) & (01,\ 12,\ 45) & (01,\ 23,\ 50) \\ (12,\ 01,\ 34) & (12,\ 12,\ 45) & (12,\ 23,\ 50) \\ (23,\ 01,\ 34) & (23,\ 12,\ 45) & (23,\ 23,\ 50) \end{vmatrix}$$

Nun ist

$$(ik,\ mn,\ rs)(imr) = \begin{vmatrix} (iik) & (imn) & (irs) \\ (mik) & (mmn) & (mrs) \\ (rik) & (rmn) & (rrs) \end{vmatrix}$$

$$= (imn)(mrs)(rik) + (irs)(mik)(rmn)$$

also z. B.

$$(01,\ 12,\ 23)(012) = (012)(123)(201), \quad (01,\ 12,\ 23) = (012)(123)$$
$$(12,\ 01,\ 34)(103) = (134)(012)(301), \quad (12,\ 01,\ 34) = -(134)(012)$$

u. s. w. Daher erhält man

$$(012)(123)\varDelta = \begin{vmatrix} * & (012)(145) & (230)(150) \\ -(134)(012) & * & (123)(250) \\ -(234)(130) & -(245)(123) & * \end{vmatrix}$$

$$\varDelta = (134)(245)(230)(150) - (234)(130)(145)(250)$$

$$= \begin{vmatrix} (134)(150) & (145)(130) \\ (234)(250) & (245)(230) \end{vmatrix}$$

wie oben (12).

15. Eine quadratische Form φ eines jeden unter den Elementen 0, 1, 2, 3, 4, 5, welche jedesmal null wird, wenn zwei dieser Elemente zusammenfallen, hat zu der Determinante

$$R = \begin{vmatrix} x_0^2 & y_0^2 & t_0^2 & y_0 t_0 & t_0 x_0 & x_0 y_0 \\ . & . & . & . & . & . \\ x_5^2 & y_5^2 & t_5^2 & y_5 t_5 & t_5 x_5 & x_5 y_5 \end{vmatrix}$$

ein von den Elementen unabhängiges Verhältniss. Denn die Voraussetzungen

$$\begin{aligned} \varphi &= a x_0^2 + b y_0^2 + c t_0^2 + 2 f y_0 t_0 + 2 g t_0 x_0 + 2 h x_0 y_0 \\ 0 &= a x_1^2 + \ldots \\ . \quad . & \quad . \quad . \quad . \quad . \\ 0 &= a x_5^2 + \ldots \end{aligned}$$

ergeben die Identität

$$\begin{vmatrix} ax_0{}^2 - \varphi & y_0{}^2 & . & . \\ ax_1{}^2 & y_1{}^2 & . & . \\ . & . & . & . \\ ax_5{}^2 & y_5{}^2 & . & . \end{vmatrix} = 0, \quad aR - \alpha_0\varphi = 0$$

d. h. $\varphi : R$ ist unabhängig von dem Element 0. Ebenso wird erkannt, dass $\varphi : R$ von jedem andern Element unabhängig ist. Mertens Borchardt J. 84 p. 355 hat diesen Satz auf bemerkenswerthe Beispiele angewandt.

I. Die Determinante (12)

$$D = \begin{vmatrix} (201)(234) & (203)(214) \\ (501)(534) & (503)(514) \end{vmatrix}$$

ist eine quadratische Form des Elementes 0, weil (201), (203), (501), (503) lineare Formen desselben sind; ebenso jedes andern Elementes. Jedesmal wenn zwei dieser Elemente zusammenfallen, ist D null. Bei den Elementen

$$\begin{array}{c||ccc} 0 & 1 & 0 & 0 \\ 1 & 0 & 1 & 0 \\ 2 & 0 & 0 & 1 \end{array} \qquad \begin{array}{c||ccc} 3 & 0 & 1 & 1 \\ 4 & 1 & 0 & 1 \\ 5 & 1 & 1 & 0 \end{array}$$

findet man $R = 1$, und

$$D = \begin{vmatrix} -1 & -1 \\ 0 & -1 \end{vmatrix} = 1$$

mithin $D : R = 1$.

II. Die Determinante (14)

$$\Delta = \begin{vmatrix} x_{01 \cdot 34} & y_{01 \cdot 34} & t_{01 \cdot 34} \\ x_{12 \cdot 45} & y_{12 \cdot 45} & t_{12 \cdot 45} \\ x_{23 \cdot 50} & y_{23 \cdot 50} & t_{23 \cdot 50} \end{vmatrix}$$

ist eine quadratische Form des Elementes 0, welches in 2 Zeilen vorkommt; ebenso jedes andern Elementes. Bei einer cyclischen Permutation der Elemente wechselt Δ das Zeichen; also genügt es zu untersuchen, ob Δ dadurch null wird, dass eines der Elemente z. B. das Element 0 auf jedes der übrigen fällt.

Wenn 0 auf 1 oder auf 5 fällt, so wird die erste oder die letzte Zeile null, also $\Delta = 0$. Wenn 0 auf 3 fällt, so ist

$$x_{31\cdot 34} = \begin{vmatrix} 0 & 0 & t_3 \\ t_3 x_1 - t_1 x_3 & x_3 y_1 - x_1 y_3 & t_1 \\ t_3 x_4 - t_4 x_3 & x_3 y_4 - x_4 y_3 & t_4 \end{vmatrix} : t_3$$

$$= \begin{vmatrix} x_3 & 0 & t_3 \\ x_1 & x_3 y_1 - x_1 y_3 & t_1 \\ x_4 & x_3 y_4 - x_4 y_3 & t_4 \end{vmatrix} = \begin{vmatrix} x_3 & x_3 y_3 & t_3 \\ x_1 & x_3 y_1 & t_1 \\ x_4 & x_3 y_4 & t_4 \end{vmatrix} = (314) x_3$$

u. s. w. Daher verhalten sich die Glieder der ersten Zeile wie die der dritten Zeile, also ist $\Delta = 0$.

Wenn 0 auf 2 fällt, so erhält man wie vorher

$$x_{23\cdot 52} = -(235) x_2$$

und die Adjuncte derselben

$$-\begin{vmatrix} y_{12\cdot 34} & t_{12\cdot 34} \\ y_{12\cdot 45} & t_{12\cdot 45} \end{vmatrix} = -\begin{vmatrix} x_{12} & x_{12} y_{12} & t_{12} \\ x_{34} & x_{12} y_{34} & t_{34} \\ x_{45} & x_{12} y_{45} & t_{45} \end{vmatrix} = -(12,\ 34,\ 45) x_{12}$$

u. s. w. Daher ist Δ

$$(235)(12,\ 34,\ 45) \begin{vmatrix} x_2 & y_2 & t_2 \\ x_1 & y_1 & t_1 \\ x_2 & y_2 & t_2 \end{vmatrix} = 0$$

Wenn 0 auf 4 fällt, so erhält man wie im vorigen Fall $\Delta = 0$. Bei den (I) gewählten Elementen findet man $\Delta = -1$, also ist überhaupt $\Delta = -R$.

III. Die Determinante

$$T = \begin{vmatrix} x_0 x_1 & y_0 y_1 & t_0 t_1 & y_0 t_1 + y_1 t_0 & t_0 x_1 + t_1 x_0 & x_0 y_1 + x_1 y_0 \\ x_1 x_2 & . & . & . & . & . \\ x_2 x_0 & . & . & . & . & . \\ x_3 x_4 & y_3 y_4 & t_3 t_4 & y_3 t_4 + y_4 t_3 & t_3 x_4 + t_4 x_3 & x_3 y_4 + x_4 y_3 \\ x_4 x_5 & . & . & . & . & . \\ x_5 x_3 & . & . & . & . & . \end{vmatrix}$$

welche null ist, wenn 012 und 345 je ein harmonisches Tripel an einem Kegelschnitt bilden (§. 34, 1 und 4), ist eine quadratische Form des Elementes 0, welches in zwei Zeilen vorkommt; ebenso jedes andern Elementes. Wenn zwei Elemente des ersten oder des zweiten Tripels zusammenfallen, so werden zwei Zeilen congruent, also $T = 0$. Wenn aber ein Element des einen Tripels auf ein Element des andern Tripels fällt, z. B. 0 auf 3, so componirt man die vier Zeilen, welche nun 3 enthalten, mit den Adjuncten der ersten Zeile des Systems

$$\begin{matrix} u_1 & u_2 & u_3 & u_5 \\ x_1 & x_2 & x_3 & x_5 \\ y_1 & y_2 & y_3 & y_5 \\ t_1 & t_2 & t_3 & t_5 \end{matrix}$$

dessen Determinante durch $(u x y t)$ bezeichnet wird. Dadurch erhält man eine Zeile

$$(xxyt)x_3 \quad (yxyt)y_3 \quad (txyt)t_3 \quad (txyt)y_3 + (yxyt)t_3 \quad \ldots$$

deren Glieder null sind, also $T = 0$ in diesem wie in den folgenden Fällen. Bei den (I) gewählten Elementen findet man $T = -1$, also ist überhaupt $T = -R$.

Ueber den directen Nachweis der Identitäten $D = R$, $\Delta = -R$, $T = -R$ vergl. Pasch Borchardt Journ. Bd. 89 und Mertens Wiener Sitzb. 1880 Febr. 19.

16. Eine binäre Form kann durch zwei Quadrate oder durch ein Product linearer Formen ausgedrückt werden; ebenso eine ternäre Form durch drei Quadrate oder durch ein Quadrat und ein Product linearer Formen M, N, P. Der Kegelschnitt $MN = P^2$ hat mit der Geraden $M = 0$ zwei vereinte Puncte $(M = 0,\ P^2 = 0)$ gemein: die Gerade $M = 0$ ist eine Tangente des Kegelschnittes mit dem Contact $(M = 0,\ P = 0)$. Ebenso ist $N = 0$ eine Tangente des Kegelschnittes mit dem Contact $(N = 0,\ P = 0)$. Die Gerade $P = 0$ ist die Chorde der Contacte.

Wenn $P = \alpha$ constant, so ist die Chorde der Contacte die unendlichferne Gerade, und $M = 0$, $N = 0$ sind die Asymptoten der Hyperbel $MN = \alpha^2$. Wenn $M = \beta$ constant, so ist $N = 0$ eine Tangente der Parabel $\beta N = P^2$ mit dem Contact $(M = 0, P = 0)$; und die unendlichferne Gerade ist eine Tangente der Parabel mit unendlichfernem Contact auf dem Diameter $P = 0$.

I. Der Kegelschnitt $MN = P^2$ enthält den durch die Zahl α bestimmten und durch α bezeichneten Punct

$$\frac{M}{P} = \frac{P}{N} = \frac{1}{\alpha} \quad \text{d. i.} \quad M : P : N = 1 : \alpha : \alpha^2$$

$$(N - \alpha P = 0, \ \alpha M - P = 0)$$

sowie den Punct β

$$(N - \beta P = 0, \ \beta M - P = 0)$$

Nun ist

$$\begin{aligned} N - \alpha P + \beta(\alpha M - P) &= N - \beta P + \alpha(\beta M - P) \\ &= \alpha\beta M - (\alpha + \beta)P + N \end{aligned}$$

also die Gleichung der Chorde $\alpha\beta$ des Kegelschnittes

$$\alpha\beta M - (\alpha + \beta)P + N = 0$$

und wenn β auf α fällt, die Tangente des Kegelschnittes mit dem Contact α

$$\alpha^2 M - 2\alpha P + N = 0$$

II. Wenn auf der Tangente mit dem Contact $M|P|N$ der Punct $M'|P'|N'$ gegeben wird, d. h.

$$\alpha^2 M' - 2\alpha P' + N' = 0$$

so ist α zweideutig bestimmt. Für den Contact einer den Punct $M'|P'|N'$ enthaltenden Tangente hat man dann

$$M : P : N = 1 : \alpha : \alpha^2$$

folglich

$$NM' - 2PP' + MN' = 0$$

d. h. die beiden Contacte liegen auf einer bestimmten Geraden, der Polare des Punctes $M'|P'|N'$ an dem Kegelschnitt $MN = P^2$ (§. 34, 6). Ueberhaupt sind die Puncte $M|P|N$

und $M'|P'|N'$ in Harmonie mit dem Kegelschnitt, wenn $NM' - 2PP' + MN' = 0$. Vergl. §. 32, 5.

III. Aus den Chorden $\mu\alpha$, $\mu\beta$, ..

$$N - \mu P + \alpha(\mu M - P) = 0, \quad N - \mu P + \beta(\mu M - P) = 0, \, ..$$

findet man das Doppelverhältniss von 4 Chorden des Punctes μ nach §. 29, 9 unabhängig von μ. Demnach ist das Doppelverhältniss der Puncte α, β, γ, δ des Kegelschnittes (12) das Doppelverhältniss der Zahlen α, β, γ, δ.

IV. Aus den Tangenten mit den Contacten μ, α, ..

$$\mu^2 M - 2\mu P + N = 0, \quad \alpha^2 M - 2\alpha P + N = 0, \, ..$$

findet man die Gerade

$$\mu(\alpha^2 M - 2\alpha P + N) - \alpha(\mu^2 M - 2\mu P + N) = (\mu - \alpha)(N - \mu\alpha M) = 0$$

welche den Schnitt der beiden Tangenten und den Punct $(M = 0, N = 0)$ enthält. Das Doppelverhältniss der Geraden $N - \mu\alpha M = 0$, $N - \mu\beta M = 0$, .., welche aus dem Punct $(M = 0, N = 0)$ die Puncte projiciren, in den die Tangenten an den Puncten α, β, .. von der Tangente an dem Punct μ geschnitten werden, ist das Doppelverhältniss der Zahlen $\mu\alpha$, $\mu\beta$, .. und nicht verschieden von dem Doppelverhältniss der Zahlen α, β, ... Demnach ist das Doppelverhältniss der Tangenten an den Puncten α, β, γ, δ dem Doppelverhältniss der Contacte und dem der Zahlen α, β, γ, δ gleich. Trigon. §. 7, 15.

Diese Betrachtungen sind von Salmon Conics cap. 14 gegeben worden.

17. Ein Kegelschnitt ist durch 5 Puncte oder durch 5 Tangenten eindeutig bestimmt; durch 4 Puncte und 1 Tangente oder durch 4 Tangenten und 1 Punct 2deutig; durch 3 Puncte und 2 Tangenten oder durch 3 Tangenten und 2 Puncte 4deutig. Aus diesen Daten kann der Kegelschnitt berechnet und construirt werden. Die Mehrdeutigkeit wird dadurch gemindert, dass ein gegebener Punct auf einer gegebenen Tangente liegt.

NEWTON Princ. I prop. 22 ff. Vergl. BRIANCHON lignes du 2. ordre 45 ff. PONCELET propr. proj. 341. STEINER geom. Constr. §. 20. JOACHIMSTHAL analyt. Geom. p. 199. MEYER Programm Königsberg 1862.

Nicht unabhängig von einander sind 5 Puncte einer Parabel oder einer gleichseitigen Hyperbel, 4 Puncte eines Kreises (Det. §. 17, 5); ein Brennpunct und 4 Puncte eines Kegelschnittes (Det. §. 17, 7). Aus der Relation derselben ergiebt sich die Bestimmung des Brennpunctes für einen Kegelschnitt der 4 Puncte. Vergl. FIEDLER-SALMON 1873 p. 266 und p. 410.

§. 37. Zwei Kegelschnitte.

1. Wenn $u = ax^2 + by^2 + c + 2fy + 2gx + 2hxy$ und $v = a_1x^2 + b_1y^2 + ..$ nach den Potenzen von y geordnet werden,

$$u = A_2 + A_1 y + A_0 y^2 \qquad v = B_2 + B_1 y + B_0 y^2$$

so findet man

$$\begin{vmatrix} u & A_1 + A_0 y \\ v & B_1 + B_0 y \end{vmatrix} = \begin{vmatrix} A_2 & A_1 + A_0 y \\ B_2 & B_1 + B_0 y \end{vmatrix} = 21 + 20y = R_{31}$$

$$\begin{vmatrix} u & A_0 \\ v & B_0 \end{vmatrix} = \begin{vmatrix} A_2 + A_1 y & A_0 \\ B_2 + B_1 y & B_0 \end{vmatrix} = 20 + 10y = R_{21}$$

und durch Composition dieser beiden Gleichungen

$$\begin{vmatrix} u & M \\ v & N \end{vmatrix} = \begin{vmatrix} 21 & 20 \\ 20 & 10 \end{vmatrix} = R_{40}$$

Hier ist R_{ik} eine Function $i$ten Grades von x und $k$ten Grades von y. Ebenso werden aus den nach x geordneten Functionen u und v die Functionen R_{13}, R_{12}, R_{04} componirt.

In einem gemeinschaftlichen Punct $x|y$ der Kegelschnitte $u = 0$, $v = 0$ ist jede der componirten Functionen null. Daher sind die Abscissen der gemeinschaftlichen Puncte die Wurzeln der Gleichung $R_{40} = 0$, und die Ordinaten sind die Wurzeln der Gleichung $R_{04} = 0$.

Wenn bei der Wurzel x_i der $R_{40} = 0$ die lineare Function R_{31} der y nicht unbedingt null ist, so ist sie null in einem gemeinschaftlichen Punct der beiden Kegelschnitte. Daher wird die der Abscisse x_i entsprechende Ordinate des gemeinschaftlichen Punctes durch die Gleichung $R_{31} = 0$ oder durch die congruente Gleichung $R_{21} = 0$ bestimmt.

Wenn aber bei der Wurzel x_i die Grössen 01, 02, 12 alle null sind, mithin eine Gleichung ersten Grades für y nicht existirt, so ist x_i keine 1fache Wurzel der $R_{40} = 0$, in Betracht dass

$$dR_{40} = \begin{vmatrix} d01 & 02 \\ d02 & 12 \end{vmatrix} + \begin{vmatrix} 01 & d02 \\ 02 & d12 \end{vmatrix} = 0$$

Der 2fachen Abscisse x_i entsprechen 2 Ordinaten, bestimmt durch die Gleichung $u = 0$ oder durch die in diesem Fall $(B_2 : B_1 : B_0 = A_2 : A_1 : A_0)$ congruente Gleichung $v = 0$.

Der 3fachen Abscisse x_i entsprechen die 3 Ordinaten $R_{13} = 0$, der 4fachen Abscisse x_i entsprechen die 4 Ordinaten $R_{04} = 0$, welche aber von den 2 Ordinaten $u = 0$ nicht verschieden sind. Man hat in dem ersten Fall einen Punct $x_i|y_i$ und 2 Puncte $x_i|y_i'$, oder 3 Puncte $x_i|y_i$; in dem andern Fall 2 Puncte $x_i|y_i$ und 2 Puncte $x_i|y_i'$, oder einen Punct $x_i|y_i$ und 3 Puncte $x_i|y_i'$, oder 4 Puncte $x_i|y_i$.

2. Demnach haben die beiden Kegelschnitte 4 gemeinschaftliche Puncte, die getrennt sein können, auch wenn 2 unter ihnen dieselbe Abscisse haben. Wenn mit einem gemeinschaftlichen Punct 1, 2, 3 andre zusammenfallen, so haben die Kegelschnitte daselbst einen 2, 3, 4punctigen Contact (Berührung 1ter, 2ter, 3ter Ordnung). Der 3punctige (und mehrpunctige) Contact heisst eine Osculation. Wenn mit dem ersten gemeinschaftlichen Punct der zweite, mit dem dritten der vierte zusammenfällt, so haben die Kegelschnitte 2 zweipunctige Contacte (doppelte Berührung).

Wenn zwei gemeinschaftliche Puncte A, A' nicht real sind bei conjugirt-complexen Coordinaten, so liegen sie auf einer realen Geraden (§. 28, 3) und haben eine reale Mitte. Diese reale Gerade nach Poncelet propr. proj. 50 eine corde idéale zu nennen, ist seit der Aufnahme von Elementen mit complexen Coordinaten überflüssig. Wenn die andern beiden gemeinschaftlichen Puncte B, B' nicht real sind und mit den beiden ersten zusammenfallen, so haben die Kegelschnitte 2 nicht reale Contacte auf der realen Geraden AA' (Chorde der Contacte).

Wenn R_{40} unbedingt null ist, mithin die Gleichung für die Abscissen der gemeinschaftlichen Puncte nicht existirt, so haben die Kegelschnitte alle Puncte, oder im Fall dass einer aus 2 Geraden besteht, alle Puncte einer Geraden gemein. Wenn R_{40} nicht 4ten, sondern 3ten, 2ten, 1ten, 0ten Grades ist, so sind 1, 2, 3, 4 Wurzeln der Gleichung $R_{40} = 0$ unendlich, also 1, 2, 3, 4 gemeinschaftliche Puncte unendlichfern. Wenn eine Asymptote der $u = 0$ mit einer Asymptote der $v = 0$ parallel ist, so ist ein gemeinschaftlicher Punct unendlichfern; wenn die Kegelschnitte eine Asymptote gemein haben, so haben sie auf derselben einen unendlichfernen Contact. Zwei Ellipsen, welche ähnlich, concentrisch, perspectivisch sind, haben 2 Contacte, unendlichfern und nicht real. Zwei Parabeln, welche gleich und ähnlich und deren Axen vereint sind, haben einen 4punctigen Contact; die gemeinschaftliche Tangente ist die unendlichferne Gerade (R_{40} ist nicht 4ten Grades für x, sondern constant, wenn $v - u$ constant).

Ein Kreis ist durch 3 Puncte bestimmt, auch wenn dieselben auf einer gegebenen Linie einander unendlichnah liegen. Ein Kreis kann daher einen Kegelschnitt im Allgemeinen nicht mehr als 3punctig berühren; wenn er in einem Scheitel den Kegelschnitt 3punctig berührt, so berührt er ihn auch 4punctig, wie in der Differentialgeometrie bewiesen wird.

3. Zwei Kreise haben 2 unendlichferne Puncte gemein (parallele Asymptoten); die 2 endlichfernen gemeinschaftlichen Puncte werden durch eine quadratische Gleichung bestimmt. Zwei concentrische Kreise haben 2 Contacte, auf der unendlichfernen Geraden und nicht real.

Es giebt eine Tripelserie von Kegelschnitten, welche 2 gegebene Puncte enthalten. Wenn k, l, m lineare Functionen des

Punctes $x|y$ sind, so sind $u + kl = 0$, $u + km = 0$ zwei Kegelschnitte, welche die Puncte $(u = 0,\ k = 0)$ enthalten. Diese Kegelschnitte haben 2 andre Puncte gemein, die auf der Linie $u + kl - (u + km) = 0$ d. i. $k(l - m) = 0$ liegen, mithin auf einer Geraden des Punctes $(l = 0,\ m = 0)$.

Es giebt eine Doppelserie von Kegelschnitten, welche 3 gegebene Puncte enthalten. Die Kegelschnitte (§. 35, 17)

$$\frac{a}{k} + \frac{b}{l} + \frac{c}{m} = 0 \qquad \frac{a'}{k} + \frac{b'}{l} + \frac{c'}{m} = 0$$

haben noch einen Punct gemein, nämlich

$$\frac{1}{k} : \frac{1}{l} : \frac{1}{m} = (bc) : (ca) : (ab)$$

wobei $(bc) = bc' - b'c$, u. s. w.

4. Der Beweis, dass zwei Kegelschnitte 4 Puncte gemein haben, war bisher nur in dem Fall geführt worden, dass die Wurzeln der Gleichung $R_{40} = 0$ von einander verschieden sind. Einen in allen Fällen genügenden Beweis hatte Hesse analyt. Geom. des Raumes p. 111 und in Schlömilch Zeitschrift 1874 p. 6 auf ganz andre Grundlagen gestellt. Durch den gemeinschaftlichen Punct $x|y$ der Linien $u = 0$ und $v = 0$ wird eine Gerade $Ax + By + C = 0$ gezogen; nach Elimination der x, y aus dem System der 3 Gleichungen bleibt die Gleichung $\varphi = 0$. Hier ist φ eine Form 4ten Grades der A, B, C von der besondern Art, dass sie durch 4 lineare Formen der A, B, C theilbar ist: in den linearen Formen haben A, B, C bestimmte Coefficienten, die homogenen Coordinaten der gemeinschaftlichen Puncte $(u = 0,\ v = 0)$.

5. Auf anderm Wege gelangt man zu den gemeinschaftlichen Puncten $(u = 0,\ v = 0)$, wenn man sie auf der Linie $u + \lambda v = 0$ sucht, und die Constante λ so bestimmt, dass $u + \lambda v$ singulär d. h. durch weniger als 3 Quadrate, mithin durch ein Product ausdrückbar wird. Z. B. für

$$u = ax^2 + 2hxy + by^2 + 2gx\,, \qquad v = a_1x^2 + 2h_1xy + b_1y^2 + 2g_1x$$

findet man $u + \lambda v$ bei $g + \lambda g_1 = 0$

$$(ag)x^2 + 2(hg)xy + (bg)y^2, \quad ag = ag_1 - a_1 g, \ldots$$

oder bei $b + \lambda b_1 = 0$

$$(ab)x^2 + 2(hb)xy + 2(gb)x$$

In beiden Fällen besteht $u + \lambda v = 0$ aus 2 Geraden, deren jede 2 gemeinschaftliche Puncte $(u = 0,\ v = 0)$ enthält. Das erste Paar von Geraden sei AA', BB', das andere AB, $A'B'$: dann sind die gemeinschaftlichen Puncte A, A', B, B' bestimmt. Im vorliegenden Fall liegt B auf A, in welchem die Kegelschnitte einen 2punctigen Contact haben. Ihre gemeinschaftliche Tangente daselbst $x = 0$ ist unmittelbar zu erkennen.

6. Auf dem angezeigten Wege ist die Resolvente 3ten Grades, aus deren Wurzeln die Wurzeln der Gleichung 4ten Grades $R_{40} = 0$ berechnet werden, unmittelbar erreichbar. Lamé Examen 1818 p. 70. Jacobi Crelle J. 14 p. 286. Salmon Conics 296. Hesse Schlömilch Zeitschrift 1876 p. 14. Nach §. 33, 1 ist

$$\det(u + \lambda v) = \begin{vmatrix} a + \lambda a_1 & h + \lambda h_1 & g + \lambda g_1 \\ h + \lambda h_1 & b + \lambda b_1 & f + \lambda f_1 \\ g + \lambda g_1 & f + \lambda f_1 & c + \lambda c_1 \end{vmatrix}$$

$$= d_0 + d_1\lambda + d_2\lambda^2 + d_3\lambda^3$$

$$d_0 = \begin{vmatrix} a & h & g \\ h & b & f \\ g & f & c \end{vmatrix} = \det u \qquad d_3 = \begin{vmatrix} a_1 & h_1 & g_1 \\ h_1 & b_1 & f_1 \\ g_1 & f_1 & c_1 \end{vmatrix} = \det v$$

$$d_1 = \begin{vmatrix} a_1 & h & g \\ h_1 & b & f \\ g_1 & f & c \end{vmatrix} + \begin{vmatrix} a & h_1 & g \\ h & b_1 & f \\ g & f_1 & c \end{vmatrix} + \begin{vmatrix} a & h & g_1 \\ h & b & f_1 \\ g & f & c_1 \end{vmatrix}$$

$$= a'a_1 + b'b_1 + c'c_1 + 2f'f_1 + 2g'g_1 + 2h'h_1$$

$$d_2 = a_1'a + b_1'b + c_1'c + 2f_1'f + 2g_1'g + 2h_1'h$$

Da $\det(u + \lambda v)$ eine Function 3ten Grades von λ ist, welche 3mal null wird, so giebt es unter den Kegelschnitten $u + \lambda v = 0$ der 4 Puncte $(u = 0,\ v = 0)$ 3 singuläre (und reducible). Die übrigen Kegelschnitte sind ordinär, und zwar Ellipsen und Hyperbeln getrennt durch 2 Parabeln, je nach dem Werth der Subdeterminante

$$\begin{vmatrix} a + \lambda a_1 & h + \lambda h_1 \\ h + \lambda h_1 & b + \lambda b_1 \end{vmatrix} = c' + (ab_1 - 2hh_1 + ba_1)\lambda + c_1'\lambda^2$$

Wenn durch eine lineare Substitution, deren Determinante ε ist, die Formen u, v der x, y, t übergehn in

$$U = Ax'^2 + By'^2 + Ct'^2 + \ldots, \quad V = A_1 x'^2 + \ldots$$

so ist bei allen λ (§. 33, 4)

$$\det(U + \lambda V) = \varepsilon^2 \det(u + \lambda v)$$
$$D_0 + D_1\lambda + D_2\lambda^2 + D_3\lambda^3 = \varepsilon^2(d_0 + d_1\lambda + d_2\lambda^2 + d_3\lambda^3)$$

folglich

$$\frac{D_0}{d_0} = \frac{D_1}{d_1} = \frac{D_2}{d_2} = \frac{D_3}{d_3} = \varepsilon^2$$

d. h. nicht nur d_0 und d_3, sondern auch d_1 und d_2 sind invariant.

7. Die Wurzeln der Gleichung $\det(u + \lambda v) = 0$ werden durch λ_1, λ_2, λ_3, die Puncte $(u = 0,\ v = 0)$ durch A, A', B, B' bezeichnet. Dann ist $u + \lambda_1 v = kk'$, d. h. $u + \lambda_1 v = 0$ besteht aus den Geraden $k = 0$ und $k' = 0$, auf welchen die Puncte $(u = 0,\ v = 0)$ liegen, z. B. AA' und BB'. Für die von λ_1 verschiedenen λ_2 und λ_3 erhält man $u + \lambda_2 v = ll'$ und $u + \lambda_3 v = mm'$, so dass $u + \lambda_2 v = 0$ aus den Geraden $l = 0$, $l' = 0$ z. B. AB, $A'B'$ besteht, und $u + \lambda_3 v = 0$ aus den Geraden $m = 0$, $m' = 0$, d. i. AB', $A'B$. Dann sind die Puncte $(u = 0,\ v = 0)$ nicht verschieden von den Puncten $(kk' = 0,\ ll' = 0)$: A liegt auf AA', AB, AB'; A' liegt auf AA', $A'B'$, $A'B$, u. s. w.

Wenn $u = px + qy + r$, $v = p'x + q'y + r'$, so liegt der Schnittpunct $AA' \cdot BB' (k = 0,\ k' = 0)$ auf den Geraden (§. 33, 2)

$$p + \lambda_1 p' = 0, \quad q + \lambda_1 q' = 0, \quad r + \lambda_1 r' = 0$$

Bezeichnet man die Schnittpuncte $AA'\cdot BB'$, $AB\cdot A'B'$, $AB'\cdot AB$ durch 1, 2, 3, so dass p in dem Punct 1 den Werth p_1 hat, u. s. w., so hat man

$$\begin{array}{lll} p_1 + \lambda_1 p_1' = 0 & q_1 + \lambda_1 q_1' = 0 & r_1 + \lambda_1 r_1' = 0 \\ p_2 + \lambda_2 p_2' = 0 & q_2 + \lambda_2 q_2' = 0 & r_2 + \lambda_2 r_2' = 0 \\ p_3 + \lambda_3 p_3' = 0 & q_3 + \lambda_3 q_3' = 0 & r_3 + \lambda_3 r_3' = 0 \end{array}$$

und durch Composition

$$\begin{array}{l} p_1 x_2 + q_1 y_2 + r_1 + \lambda_1 (p_1' x_2 + q_1' y_2 + r_1') = 0 \\ p_2 x_1 + q_2 y_1 + r_2 + \lambda_2 (p_2' x_1 + q_2' y_1 + r_2') = 0 \end{array}$$

Nun ist $p_1 x_2 + \ldots = p_2 x_1 + \ldots$, folglich

$$(\lambda_1 - \lambda_2)(p_1' x_2 + q_1' y_2 + r_1') = 0$$

und da $\lambda_1 - \lambda_2$ nach der Voraussetzung nicht null ist,

$$p_1' x_2 + q_1' y_2 + r_1' = 0, \quad p_1 x_2 + q_1 y_2 + r_1 = 0$$

$$(p_1 + \lambda p_1') x_2 + (q_1 + \lambda q_1') y_2 + r_1 + \lambda r_1' = 0$$

d. h. die Schnittpuncte $AA'\cdot BB'$, $AB\cdot A'B'$, $AB'\cdot A'B$ bilden ein harmonisches Tripel an den Kegelschnitten $u + \lambda v = 0$. Hesse Raumgeometrie p. 182 und a. a. O. Dieser Satz ist unmittelbar zu erkennen, wenn die Puncte $(u = 0,\ v = 0)$ real sind (§. 34, 4).

8. Sowohl wenn die Puncte A, A', B, B' real sind, als auch wenn A und A', B und B' conjugirt-complexe Coordinaten haben, so sind die Schnittpuncte

$$AA'\cdot BB', \quad AB\cdot A'B', \quad AB'\cdot A'B$$

real, mithin λ_1, λ_2, λ_3 real.

Wenn A und A' real sind, und B und B' conjugirt-complexe Coordinaten haben, so sind die Gerade BB', der Schnittpunct $AA'\cdot BB'$ und λ_1 real. Die Coordinaten der Schnittpuncte

$$AB\cdot A'B', \quad AB'\cdot A'B$$

sind conjugirt-complex, also sind auch ll' und mm', λ_2 und λ_3 conjugirt-complex, und die beiden Schnittpuncte liegen auf der realen Geraden

$$(p_1 + \lambda p_1')x + (q_1 + \lambda q_1')y + r_1 + \lambda r_1' = 0$$

der Polare des Schnittpunctes $AA' \cdot BB'$ an den Kegelschnitten $u + \lambda v = 0$.

Wenn B auf A fällt, so haben die Kegelschnitte $u + \lambda v = 0$ einen 2punctigen Contact in A, und AB ist eine gemeinschaftliche Tangente. Die beiden Schnittpuncte $AA' \cdot BB'$, $AB' \cdot A'B$ fallen auf A, also ist $\lambda_1 = \lambda_3$. Wenn zugleich B' auf A' fällt, so fällt die Gerade BB' auf AA', und $u + \lambda_1 v$ ist ein Quadrat. Umgekehrt: wenn die Gleichung $\det(u + \lambda v) = 0$ 2 Wurzeln λ_1 hat, so haben die Kegelschnitte $u + \lambda v = 0$ einen oder zwei Contacte, je nachdem $u + \lambda_1 v$ durch zwei Quadrate oder durch eines ausdrückbar ist.

Wenn A' und B auf A fallen, so haben die Kegelschnitte $u + \lambda v = 0$ einen 3punctigen Contact in A; die Schnittpuncte $AA' \cdot BB'$, $AB \cdot A'B'$, $AB' \cdot A'B$ fallen auf A, also ist $\lambda_1 = \lambda_2 = \lambda_3$. Wenn zugleich B' auf A fällt, so fällt die Gerade BB' auf die Tangente AA', und $u + \lambda_1 v$ ist ein Quadrat. Umgekehrt: Wenn die Gleichung $\det(u + \lambda v) = 0$ 3 Wurzeln λ_1 hat, so haben die Kegelschnitte $u + \lambda v = 0$ einen 3punctigen oder einen 4punctigen Contact, je nachdem $u + \lambda_1 v$ durch zwei Quadrate oder durch eines ausdrückbar ist.

In dem Fall dass die Kegelschnitte $u + \lambda v = 0$ 2 Contacte haben, bilden mit der Chorde der Contacte nicht nur die beiden gemeinschaftlichen Tangenten, sondern auch je 2 Gerade, die mit den beiden Tangenten in Harmonie sind, ein harmonisches Tripel an den Kegelschnitten. Denn man hat

$$u + \lambda_1 v = k^2 \qquad u + \lambda_2 v = ll'$$
$$(\lambda_1 - \lambda_2)(u + \lambda v) = (\lambda - \lambda_2)k^2 - (\lambda - \lambda_1)ll'$$

Also hat $u + \lambda v = 0$ die Tangenten $l = 0$, $l' = 0$ und die Chorde der Contacte $k = 0$. Die Gleichung $u + \lambda v = 0$ kann durch

$$4\varrho\frac{\lambda-\lambda_2}{\lambda-\lambda_1}k^2-(l+\varrho l')^2+(l-\varrho l')^2=0$$

ersetzt werden bei allen ϱ, d. h. (§. 34, 18): die Geraden $l+\varrho l'=0$, $l-\varrho l'=0$, welche mit $l=0$, $l'=0$ in Harmonie sind, bilden mit $k=0$ ein harmonisches Tripel an den Kegelschnitten.

Demnach giebt es an den Kegelschnitten $u+\lambda v=0$ ein bestimmtes harmonisches Tripel 123, wenn λ_1, λ_2, λ_3 ungleich sind; davon sind 2, 3 auf der Polare des 1 nicht real, wenn λ_2, λ_3 conjugirt complex. Dagegen giebt es auf der Polare des 1 eine Serie Paare 23, wenn $\lambda_2=\lambda_3$ und $u+\lambda_2 v$ ein Quadrat, so dass die Kegelschnitte 2 Contacte haben. Vergl. Joachimsthal analyt. Geom. d. Ebene p. 196. Fiedler-Salmon Kegelschnitte p. 370 und 478. Lindemann-Clebsch Vorlesungen p. 135. Schröter-Steiner Kegelschnitte §. 54.

9. I. Der Kegelschnitt $u+\lambda v=0$ wird von der Geraden $Ax+By+C=0$ berührt unter der Bedingung (§. 34, 14)

$$\begin{vmatrix} a+\lambda a_1 & h+\lambda h_1 & g+\lambda g_1 & A \\ h+\lambda h_1 & b+\lambda b_1 & f+\lambda f_1 & B \\ g+\lambda g_1 & f+\lambda f_1 & c+\lambda c_1 & C \\ A & B & C & 0 \end{vmatrix}=0$$

d. i. $t_0+2t_1\lambda+t_2\lambda^2=0$, wobei

$$t_0=\begin{vmatrix} a & h & g & A \\ h & b & f & B \\ g & f & c & C \\ A & B & C & 0 \end{vmatrix} \qquad t_2=\begin{vmatrix} a_1 & h_1 & g_1 & A \\ h_1 & b_1 & f_1 & B \\ g_1 & f_1 & c_1 & C \\ A & B & C & 0 \end{vmatrix}$$

$$2t_1=\begin{vmatrix} a_1 & h & g & A \\ h_1 & b & f & B \\ g_1 & f & c & C \\ 0 & B & C & 0 \end{vmatrix}+\begin{vmatrix} a & h_1 & g & A \\ h & b_1 & f & B \\ g & f_1 & c & C \\ A & 0 & C & 0 \end{vmatrix}+\begin{vmatrix} a & h & g_1 & A \\ h & b & f_1 & B \\ g & f & c_1 & C \\ A & B & 0 & 0 \end{vmatrix}$$

Denn man erhält durch Theilung der binomischen Colonnen 8 Determinanten: die erste ist von λ unabhängig, die folgenden

3 sind durch λ theilbar, die folgenden 3 sind die Theile einer durch λ^2 theilbaren Determinante, die letzte ist null.

Wenn die beiden Kegelschnitte $u = 0$, $v = 0$ und die Gerade gegeben sind, so ist die Gleichung für λ quadratisch mit den Wurzeln λ', λ'': es giebt zwei Kegelschnitte $u + \lambda' v = 0$ und $u + \lambda'' v = 0$ der 4 Puncte $(u = 0, v = 0)$, welche die gegebene Gerade berühren. Diese beiden Kegelschnitte fallen auf einen bestimmten Kegelschnitt $(u + \lambda v = 0, t_0 + t_1 \lambda = 0)$, wenn die Gleichungen $t_0 + t_1 \lambda = 0$ und $t_1 + t_2 \lambda = 0$ congruiren, d. h. wenn die Gerade der Gleichung $t_0 t_2 - t_1^2 = 0$ genügt.

Durch 4 Puncte und eine Tangente wird ein Kegelschnitt eindeutig bestimmt, wenn die Tangente einen der Puncte enthält (§. 35, 17). Also ist $t_0 t_2 - t_1^2 = 0$ die Serie der Geraden, welche die Puncte $(u = 0, v = 0)$ enthalten, die Gleichung dieser Puncte. Fiedler-Salmon Kegelschn. p. 467. Dieselbe Gleichung hatte Hesse auf anderem Wege und in anderer Gestalt gefunden (4).

II. Wenn $U = a'A^2 + b'B^2 + \ldots$, $V = a_1'A^2 + b_1'B^2 + \ldots$, so ist $U + \lambda V = 0$ eine Serie von Geraden, welche die Geraden $(U = 0, V = 0)$ enthält, d. h. die gemeinschaftlichen Tangenten ihrer Enveloppen, der Kegelschnitte $u = 0$, $v = 0$ (§. 34, 14). Für den Punct $x|y$ der Enveloppe von $U + \lambda V = 0$ hat man

$$\begin{vmatrix} a' + \lambda a_1' & h' + \lambda h_1' & g' + \lambda g_1' & x \\ h' + \lambda h_1' & b' + \lambda b_1' & f' + \lambda f_1' & y \\ g' + \lambda g_1' & f' + \lambda f_1' & c' + \lambda c_1' & 1 \\ x & y & 1 & 0 \end{vmatrix} = 0$$

d. i. $T_0 + 2 T_1 \lambda + T_2 \lambda^2 = 0$, wobei

$$T_0 = \begin{vmatrix} a' & h' & g' & x \\ h' & b' & f' & y \\ g' & f' & c' & 1 \\ x & y & 1 & 0 \end{vmatrix} = - u \det u$$

u. s. w. Es giebt zwei Kegelschnitte $U + \lambda' V = 0$, $U + \lambda'' V = 0$ der 4 Tangenten $(U = 0, V = 0)$, welche beide einen gegebenen Punct enthalten. Durch 4 Tangenten und einen Punct wird ein Kegelschnitt eindeutig bestimmt, wenn der Punct auf einer-der Tangenten liegt. Also ist $T_0 T_2 - T_1{}^2 = uv \det u \det v - T_1{}^2 = 0$ für einen Punct einer gemeinschaftlichen Tangente der Kegelschnitte $u = 0$, $v = 0$, die Gleichung dieser Tangenten. FIEDLER-SALMON a. a. O.

10. I. An dem Kegelschnitt $u + \lambda v = 0$ der 4 Puncte $(u = 0,\ v = 0)$ hat unter den Voraussetzungen

$$p = ax + hy + g \qquad p' = a_1 x + h_1 y + g_1$$

u. s. w. der beliebige Punct 1 die Polare (§. 34, 4)

$$px_1 + qy_1 + r + \lambda(p'x_1 + q'y_1 + r') = 0$$

Dieselbe enthält bei allen λ den dem Punct 1 entsprechenden Punct 2

$$(px_1 + qy_1 + r = 0,\ p'x_1 + q'y_1 + r' = 0)$$

so dass die Puncte 1 und 2 in Harmonie sind mit allen Kegelschnitten der 4 Puncte. PONCELET propr. proj. 81 u. 370. Einen besondern Fall hatte LAMÉ Examen p. 34 gegeben. CHASLES Con. 300 ff. Vergl. FIEDLER-SALMON Kegelschn. p. 145 u. 405.

Wenn der Punct 1 unendlichfern in gegebener Richtung, so ist der entsprechende Punct 2 das Centrum eines Kegelschnittes der 4 Puncte. Für den Punct 2 hat man

$$p + \mu q = 0, \qquad p' + \mu q' = 0$$

$$\begin{vmatrix} p & q \\ p' & q' \end{vmatrix} = 0$$

d. h. das Centrum eines Kegelschnittes der 4 Puncte liegt auf einem bestimmten Kegelschnitt (§. 36, 4).

Wenn der Punct 1 auf der Geraden $A|B|C$ liegt, so hat man für den Punct 2

$$\begin{aligned} px_1 + qy_1 + r &= 0 \\ p'x_1 + q'y_1 + r' &= 0 \\ Ax_1 + By_1 + C &= 0 \end{aligned} \qquad \begin{vmatrix} p & q & r \\ p' & q' & r' \\ A & B & C \end{vmatrix} = 0$$

Den Puncten 1 der Geraden entsprechen die Puncte 2 eines bestimmten Kegelschnittes, insbesondere die 3 Puncte, von welchen je zwei in Harmonie sind mit den Kegelschnitten der 4 Puncte (7). Für die Puncte, welche den Puncten der unendlichfernen Geraden ($A = 0$, $B = 0$) entsprechen, erhält man den vorigen Satz.

II. Dieselben Bemerkungen gelten, wenn das Element $x|y|1$ nicht ein Punct, sondern eine Gerade ist. An dem Kegelschnitt $u + \lambda v = 0$ der 4 Tangenten ($u = 0$, $v = 0$) hat die Gerade 1 den Pol

$$px_1 + .. + \lambda(p'x_1 + ..) = 0$$

Derselbe enthält bei allen λ die Gerade 2

$$(px_1 + .. = 0, \ p'x_1 + .. = 0)$$

so dass die Geraden 1 und 2 in Harmonie sind mit allen Kegelschnitten der 4 Tangenten.

Wenn die Gerade 1 die unendlichferne Gerade ($x_1 = 0$, $y_1 = 0$) ist, so liegt ihr Pol $r + \lambda r' = 0$ auf der Geraden ($r = 0$, $r' = 0$). Dieser Pol ist das Centrum des Kegelschnittes, welcher von den Geraden $u + \lambda v = 0$ berührt wird: das Centrum eines Kegelschnittes der 4 Tangenten liegt auf einer bestimmten Geraden, der Mittellinie des Vierecks der Tangenten. Newton. Vergl. §. 30, 16 und §. 36, 7. Plücker Crelle J. 6 p. 122. Salmon Conics p. 241.

Den Geraden 1 eines gegebenen Punctes entsprechen die Geraden 2, die einen bestimmten Kegelschnitt berühren, insbesondere die 3 Geraden, von welchen je zwei in Harmonie sind mit den Kegelschnitten der 4 Tangenten.

11. Die Paare von Puncten einer Geraden, welche auf den Kegelschnitten von 4 Puncten liegen, sind in Involution. Und die Paare von Geraden eines Punctes, welche die Kegelschnitte von 4 Tangenten berühren, sind in Involution (§§. 5. 7. 13, 9). Dieser umfassende Satz ist in einem Satz von Desargues (Trigon. §. 7, 19 und 20) enthalten, wenn man §. 5, 2 beachtet. Vergl. Chasles Con. 300 ff.

Denn die Kegelschnitte $u = 0$, $v = 0$, $u + \lambda v = 0$ der 4 Puncte $(u = 0, v = 0)$ haben mit einer Geraden die Puncte A und A', B und B', C und C' gemein. Werden die beiden letztern durch 1 und 2 bezeichnet, so ist

$$\begin{array}{ll} u_1 + \lambda v_1 = 0 & \\ & \dfrac{u_1}{u_2} = \dfrac{v_1}{v_2} \\ u_2 + \lambda v_2 = 0 & \end{array}$$

Nach §. 34, 1 hat man

$$\frac{CA}{C'A}\,\frac{CA'}{C'A'} = \frac{u_1}{u_2} \qquad \frac{CB}{C'B}\,\frac{CB'}{C'B'} = \frac{v_1}{v_2}$$

folglich $(CC'AB) = (CC'B'A')$ oder

$$(ABCC') = (B'A'CC') = (A'B'C'C)$$

Ebenso bei zweiter Interpretation der Gleichungen mit Rücksicht auf §. 34, 4. II und §. 29, 10.

Der bewiesene Satz erstreckt sich auch auf die Kegelschnitte der 4 Puncte (Tangenten), welche aus Paaren von Geraden (Puncten) bestehn.

Capitel VII.

Die Linien $n$ter Ordnung.

§. 38. Die mehrfachen Puncte singulärer Linien.

1. Die Function f $n$ten Grades der x, y (§. 20) wird durch die Substitution $x = a + x'$, $y = b + y'$ transformirt in eine Function der x', y', d. h. in die Summe

$$\Sigma C_{rs}(x - a)^r (y - b)^s$$
$$r, s = 0, 1, 2, \ldots \qquad r + s \leqq n$$

und nach Formen der $x - a$, $y - b$ geordnet

$$f = u_0 + u_1 + \ldots + u_n$$

so dass u_k eine Form $k$ten Grades von $k + 1$ Gliedern ist, und $u_k = 0$ eine Linie $k$ter Ordnung bestehend aus k Geraden des Punctes $a|b$.

Es wird vorausgesetzt, dass bei $x = a$ die Gleichung $f = 0$ für y die Wurzel b hat, so dass der Punct $a|b$ auf der Linie $f = 0$ liegt, $u_0 = 0$ ist. Um die Linie $f = 0$ in ihrem Punct $a|b$ zu untersuchen, zieht man die Gerade $y - b = \lambda(x - a)$ des Punctes $a|b$. Diese hat bei allen λ auf der Linie den Punct $a|b$ und $n - 1$ andre Puncte, weil nach der Substitution $y - b = \lambda(x - a)$ die Function f durch $x - a$ theilbar ist.

2. Unter den Geraden des Punctes $a|b$ ist die Gerade $u_1 = 0$ (mit bestimmtem λ) dadurch ausgezeichnet, dass sie 2 vereinte Puncte $a|b$ und $n - 2$ andre Puncte der $f = 0$ enthält, weil nach der Substitution f durch $(x - a)^2$ theilbar ist.

Diese Gerade ist die Tangente der $f = 0$ mit dem Contact $a|b$. Sie berührt daselbst die Linie im Allgemeinen 2punctig; ausnahmsweise 3punctig, wenn nach der Substitution f durch $(x - a)^3$ theilbar, u_2 durch u_1 theilbar ist. U. s. w. Es giebt auf der Linie eine bestimmte Menge Puncte mit osculirenden Tangenten. Da eine Tangente mit der Linie $n - 2$ andre Puncte gemein hat, die im Allgemeinen von einander verschieden sind, so giebt es auf der Linie eine bestimmte Menge Puncte, deren Tangenten die Linie nochmals berühren (Puncte mit Doppeltangenten, Newton meth. flux. V p. 104).

Wenn die Gerade $u_1 = 0$ die Linie in dem Punct $a|b$ mehr als $n$punctig berührt, so ist u_1 Divisor der $u_1, u_2, \ldots, u_n$, also der f; die Gerade $u_1 = 0$ hat alle Puncte mit der Linie $f = 0$ gemein, weil die resultirende Gleichung nicht existirt. Die Linie $n$ter Ordnung ist in diesem Fall reducibel, sie besteht aus der Geraden $u_1 = 0$ und einer Linie $(n - 1)$ter Ordnung. Und wenn die Linie $n$ter Ordnung mit der Linie $m$ter Ordnung $g = 0$ mehr als mn Puncte gemein hat, so existirt die resultirende Gleichung nicht; f und g haben einen gemeinschaftlichen Divisor (Determ. §. 11, 8); die beiden Linien haben eine Linie gemein.

3. Wenn p, q lineare Functionen der x, y, und wenn u_k, v_k Formen $k$ten Grades der x, y, also auch der p, q sind, so ist

$$f = u_0 + u_1 + \ldots \qquad g = v_0 + v_1 + \ldots$$
$$pf + qg = pu_0 + qv_0 + (pu_1 + qv_1) + \ldots$$

nach Formen der p, q geordnet.

Demnach hat die Linie $pf + qg = 0$ den Punct $(p = 0, q = 0)$ mit der Tangente $pu_0 + qv_0 = 0$.

Weil $pf + q^2g = pu_0 + (pu_1 + q^2v_0) + \ldots$, so hat die Linie $pf + q^2g = 0$ den Punct $(p = 0, q = 0)$ mit der Tangente $p = 0$.

Wenn $p_1\, p_2, \ldots$ lineare Functionen der x, y sind, so hat die Linie $p_1 p_2 \ldots + q^2g = 0$ den Punct $(p_1 = 0, q = 0)$ mit der Tangente $p_1 = 0$, den Punct $(p_2 = 0, q = 0)$ mit der Tangente $p_2 = 0$, u. s. w. Die Tangenten $p_1 = 0$,

$p_2 = 0, \ldots$, deren Contacte auf der Geraden $q = 0$ liegen, haben mit der Linie $p_1 p_2 \ldots + q^2 g = 0$ andre Puncte gemein, die auf der Linie $g = 0$ liegen. Poncelet Crelle J. 8 p. 387. Salmon Plane curves 1852, 42.

Insbesondere wird die Linie 3ter Ordnung $p_1 p_2 p_3 + q^2 p = 0$ von der Geraden $q = 0$ (auch von der unendlichfernen Geraden) in den Puncten A, B, C und von den Tangenten AA, BB, CC in den Puncten A', B', C' geschnitten, die auf einer Geraden liegen. Wenn zugleich A' auf A liegt, und B' auf B, so fällt C' auf C, weil die Gerade AB mit der Linie 3ter Ordnung nicht mehr als 3 Puncte gemein hat. Daher liegen 3 Puncte einer Linie 3ter Ordnung, welche osculirende Tangenten haben (Inflexionen), auf einer Geraden; mehr als 3 solche Puncte können nicht real sein. Maclaurin lin. geom. 58 und 68.

4. Wenn u_1 unbedingt null ist, mithin die Gleichung $u_1 = 0$ nicht existirt, so ist nach der Substitution f durch $(x - a)^2$ theilbar; alle Geraden des Punctes $a|b$ haben 2 Puncte $a|b$ und $n - 2$ andre Puncte der $f = 0$, ohne im Allgemeinen Tangenten der Linie zu sein. Unter diesen Geraden sind die beiden Geraden $u_2 = 0$ (mit 2 bestimmten λ) dadurch ausgezeichnet, dass sie je 3 Puncte $a|b$ und $n - 3$ andre Puncte der $f = 0$ enthalten. Jede dieser beiden Geraden berührt im Allgemeinen 2punctig die Linie in dem Punct $a|b$; ausnahmsweise mehrpunctig, wenn bei ihrem λ zugleich $u_3, \ldots$ null sind.

Der Punct $a|b$ mit 2 Tangenten $u_2 = 0$ heisst ein 2facher Punct (Doppelpunct, p. duplex) der Linie $f = 0$: ein Knoten (nodus, decussatio), wenn seine Tangenten real, ein conjugirter Punct (p. conjugatum, isolatum), wenn seine Tangenten nicht real sind, eine Spitze (cuspis, rebroussement, Rückkehrpunct), wenn seine Tangenten vereint sind. In dem Doppelpunct sind 2 Zweige der Linie zu unterscheiden, reale im Knoten, nicht reale im conjugirten Punct. In einer Spitze berühren sich 2 Zweige, die entweder getrennt sind durch die gemeinschaftliche Tangente (Spitze erster Art), oder nicht getrennt (Spitze zweiter Art, Schnabel).

Die mehrfachen Puncte von Linien sind erkannt und beschrieben worden von NEWTON Enumeratio 1704, IV und V, die Spitzen werden von JOH. BERNOULLI Brief an Leibniz 1695 Juni 8 und L'HOSPITAL Analyse des infin. petits 109 erwähnt. Vergl. MACLAURIN Geom. organica 1720. EULER Introd. II c. 13. CRAMER Courbes algébr. p. 409, u. A.

5. Beispiele. Die Linie $x^3 + y^3 - 3axy = 0$ enthält den Punct $0|0$ mit den Tangenten $xy = 0$, der ein Doppelpunct (Knoten) der Linie ist. Von diesen Tangenten wird die Linie je 2punctig berührt.

Die Linie $xy^2 - (x-9)(x-2)^2 = 0$ oder nach Einführung von $x - 2$

$$2y^2 + 7(x-2)^2 - (x-2)^3 = 0$$

enthält den Punct $2|0$ mit den Tangenten $2y^2 + 7(x-2)^2 = 0$, der ein conjugirter Punct der Linie ist.

Die Linie $(2y + x + a)^2 + 2(x-a)^5 = 0$ hat die Spitze $a|-a$ mit der Innen-Tangente $2y + x + a = 0$, von der sie 4punctig berührt wird. Wenn $2QP + OQ + a = \sqrt{}$, $2QP' + OQ + a = 0$, so ist $2P'P = \sqrt{}$ von conträr gleichen Werthen.

Die Linie $ay^2 - x(x+b)^2 = 0$ d. i. $ay^2 + b(x+b)^2 - (x+b)^3 = 0$ enthält den Punct $-b|0$ mit den Tangenten $ay^2 + b(x+b)^2 = 0$, und der ein Knoten, ein conjugirter Punct, eine Spitze der Linie ist, je nachdem ab negativ, positiv, null ist.

Die Linie $(x^2 - a^2)^2 = ay^2(2y + 3a)$ hat

den	Punct	$a\|0$	mit den	Tangenten		$4(x-a)^2 - 3y^2 = 0$
„	„	$-a\|0$	„	„	„	$4(x+a)^2 - 3y^2 = 0$
„	„	$0\|-a$	„	„	„	$2x^2 - 3(y+a)^2 = 0$

Die Linie $y = x(1 + \sqrt{x})$ d. i. $(y-x)^2 - x^3 = 0$ hat die Spitze $0|0$ mit der Innen-Tangente $y - x = 0$; die Spitze einer Linie 3ter Ordnung kann eine Aussen-Tangente nicht haben. Die Linie $y = x^2(1 + \sqrt{x})$ d. i. $(y - x^2)^2 - x^5 = 0$ hat die Spitze $0|0$ mit der Aussen-Tangente $y = 0$; auf dieser Tangente liegen 4 Puncte $0|0$ und der Punct $1|0$ der Linie.

Wenn p, q lineare Functionen der x, y sind, und wenn die Functionen f, g, h der x, y in dem Punct $(p = 0,\ q = 0)$ die Werthe f_0, g_0, h_0 haben, so enthält die Linie

$$p^2 f + pqg + q^2 h = 0$$

den Doppelpunct $(p = 0,\ q = 0)$ mit den Tangenten

$$p^2 f_0 + pqg_0 + q^2 h_0 = 0$$

Wenn p, q, r lineare Functionen der x, y, so wird die Linie

$$p^{\frac{2}{3}} + q^{\frac{2}{3}} + r^{\frac{2}{3}} = 0$$

$$\text{d. i.}\quad (p^2 + q^2 + r^2)^3 - 27p^2q^2r^2 = 0$$

von den Geraden $p^2 + q^2 = 0$ berührt auf der Geraden $r = 0$, u. s. w. Die Linie hat keinen realen Punct ausser den 4 Puncten $(p^2 = q^2 = r^2)$. Durch Entwickelung nach steigenden Formen der $q - p$, $r - p$ findet man die Gleichung

$$36p^4[(q-p)^2 - (q-p)(r-p) + (r-p)^2] + \ldots = 0$$

Also ist der Punct $(p = q = r)$ ein Doppelpunct der Linie mit den nicht realen Tangenten

$$(q-p)^2 - (q-p)(r-p) + (r-p)^2 = 0$$

Von derselben Art ist der Punct $(p = q = -r)$, u. s. w.

6. Wenn u_1 und u_2 unbedingt null sind, mithin auch die Gleichung $u_2 = 0$ nicht existirt, so ist nach der Substitution f durch $(x - a)^3$ theilbar, alle Geraden des Punctes $a|b$ haben 3 Puncte $a|b$ und $n - 3$ andre Puncte der Linie $f = 0$. Unter diesen Geraden sind die 3 Geraden $u_3 = 0$ (mit 3 bestimmten λ) dadurch ausgezeichnet, dass sie je 4 Puncte $a|b$ und $n - 4$ andre Puncte der $f = 0$ enthalten. Jede dieser 3 Geraden berührt im Allgemeinen 2punctig die Linie in dem Punct $a|b$; ausnahmsweise mehrpunctig, wenn bei ihrem λ zugleich u_4, .. null sind. Der Punct $a|b$ ist demnach ein 3facher Punct der Linie $f = 0$ mit den 3 Tangenten $u_3 = 0$, von denen eine unbedingt real ist. Wenn z. B. p, q, r, s

Functionen der x, y sind, die in dem Punct $a|b$ die Werthe p_0, q_0, r_0, s_0 haben, so ist der Punct $a|b$ auf der Linie

$$p(x-a)^3 + q(x-a)^2(y-b) + r(x-a)(y-b)^2 + s(y-b)^3 = 0$$

ein 3facher Punct mit den Tangenten

$$p_0(x-a)^3 + q_0(x-a)^2(y-b) + r_0(x-a)(y-b)^2 + s_0(y-b)^3 = 0$$

d. i. $y-b = \lambda(x-a)$, $p_0 + q_0\lambda + r_0\lambda^2 + s_0\lambda^3 = 0$.

Wenn alle Geraden des Punctes $a|b$ k Punkte $a|b$ und $n-k$ andre Puncte der Linie $f=0$ enthalten, d. h. wenn u_1, u_2, .., u_{k-1} unbedingt null sind, so ist der Punct $a|b$ ein $k$facher Punct der Linie mit den k Tangenten $u_k = 0$, die ausnahmsweise nicht alle von einander verschieden sein können. In dem $k$fachen Punct der Linie sind k Zweige derselben zu unterscheiden; wenn diese real getrennt sind, so kann ein bewegter Punct die ganze Linie nicht durchlaufen, ohne den $k$fachen Punct $k$mal zu überschreiten. Bei einem $k$fachen Punct kann man $\binom{k}{2}$ Paare von Tangenten und ebensoviel 2fache Puncte unterscheiden, ferner $\binom{k}{3}$ 3fache Puncte, u. s. w.

Bei transscendenten Linien kann es sich ereignen, dass ein Punct derselben weder eine Mehrzahl von Tangenten, noch überhaupt eine bestimmte Tangente hat. Auf der Linie $y = x \sin\frac{1}{x}$ ist der Punct $0|0$ von solcher Beschaffenheit. Cauchy Applic. du calc. infin. à la géom. 1826. Leç. 4. Es können auf transscendenten Linien mehr Puncte, sogar alle Puncte diese Eigenschaft haben.

7. Wenn f_k eine Form $k$ten Grades der x, y, so hat die Linie $f_n + f_{n-1} + f_{n-2} + .. = 0$ mit der Geraden $y = \lambda x$ des Nullpunctes (eines gegebenen Punctes) n Puncte gemein. Durch die Substitution $y = \lambda x$ wird $f_k = l_k x^k$ und l_k eine Function $k$ten Grades von λ; daher sind die Abscissen der Schnittpuncte die Wurzeln der Gleichung $l_n x^n + l_{n-1} x^{n-1} + .. = 0$. Die Summe der Wurzeln ist $-l_{n-1} : l_n$. Also hat die Mitte der Schnittpuncte die Coordinaten

$$x = \frac{-l_{n-1}}{nl_n} \qquad y = \lambda x$$

Dabei ist $l_k x^k = f_k$, folglich bei allen λ

$$nf_n + f_{n-1} = 0$$

d. h. die Geraden eines Punctes schneiden eine gegebene Linie $n$ter Ordnung in je n Puncten, deren Mitten auf einer Linie derselben Ordnung liegen. Der gegebene Punct ist ein $(n-1)$-facher Punct auf der Linie der Mitten mit den Tangenten $f_{n-1} = 0$. Die Linie der Mitten hat mit der gegebenen Linie die unendlichfernen Puncte gemein auf den Geraden $f_n = 0$. Vergl. §. 34, 12. Magnus Aufg. p. 275.

8. Wenn die Function f $n$ten Grades der x, y nach Formen der $x - a$, $y - b$ in $u_0 + u_1 + ..$ entwickelt wird, so sind die Coefficienten $C_{rs}(1)$ bestimmte Functionen des Punctes $a|b$, ausdrückbar nach dem Taylor'schen Satz durch die Werthe, welche f und deren Fluxionen (Differentialquotienten) in dem Punct $a|b$ haben. Nun ist der Punct $a|b$ ein einfacher Punct der Linie $f = 0$, wenn u_0 null und u_1 nicht unbedingt null ist; er ist ein 2facher Punct, wenn u_0 und die beiden Coefficienten der u_1 null sind und u_2 nicht unbedingt null; er ist eine Spitze, wenn zugleich u_2 ein Quadrat ist; er ist ein 3facher Punct, wenn u_0, die 2 Coefficienten der u_1 und die 3 Coefficienten der u_2 null sind und u_3 nicht unbedingt null. U. s. w. Daher haben die Grössen a, b, wenn der Punct $a|b$ ein 2facher Punct sein soll, 3 Gleichungen, wenn er eine Spitze sein soll, 4 Gleichungen zu genügen. Wenn der Punct ein 3facher Punct sein soll, so haben seine Coordinaten $1 + 2 + 3 = \binom{4}{2}$ Gleichungen zu genügen; wenn der Punct ein $k$facher Punct sein soll, so haben seine Coordinaten $1 + 2 + .. + k = \binom{k+1}{2}$ Gleichungen zu genügen.

Ein System von mehr als 2 Gleichungen für 2 Grössen ist nicht unbedingt möglich; die Function $n$ten Grades muss von besondrer Art (singulär) sein, um den erwähnten Mehrforderungen zu entsprechen: eine Linie $n$ter Ordnung $f = 0$ hat nicht unbedingt einen mehrfachen Punct. Die Function f ist singulär, wenn die Linie $f = 0$ singulär ist d. h. einen mehrfachen Punct besitzt; die Function ist ordinär, wenn die Linie ordinär ist d. h. nur einfache Puncte hat.

9. Wenn f eine Form $n$ten Grades der x, y, t mit den ersten Fluxionen f_x, f_y, f_t, so ist $xf_x + yf_y + tf_t = nf$ nach Euler's Satz. Der Punct $x : t \mid y : t$ kann ein 2facher Punct der Linie $f = 0$ nicht sein, ohne dass in ihm f, f_x, f_y null sind, also auch f_t null ist. Die Puncte $(f_x = 0, f_y = 0)$ können nur dann mehrfache Puncte der $f = 0$ sein, wenn ihre Coordinaten der Gleichung $f_t = 0$, also auch der Gleichung $f = 0$ genügen. Aus dem System $(f = 0, f_x = 0, f_y = 0)$ oder dem congruenten einfacheren System $(f_x = 0, f_y = 0, f_t = 0)$ folgt durch Elimination der $x : t$, $y : t$ die Gleichung $S = 0$, so dass S eine bestimmte Function der Coefficienten von f ist, die von Sylvester Philos. Mag. 1851, II p. 406 sogenannte Discriminante der Form f. Daher ist die Form f wie die Linie $f = 0$ singulär, wenn die Discriminante der f null ist, oder (was dasselbe ist) wenn für einen Punct der Linie die erste Differentialgleichung derselben nicht existirt. Eine reducible Linie $fg = 0$ ist nicht ordinär, weil die Puncte $(f = 0, g = 0)$ der Linie nicht einfache Puncte sind.

Die Singularität einer Linie ist unabhängig davon, ob ein mehrfacher Punct der Linie reale Tangenten hat oder nicht reale; die Singularität wird aber dadurch verstärkt, dass es unter den Tangenten eines mehrfachen Punctes mehrere giebt von einer Richtung, mehrere von einer andern Richtung, u. s. w. Die Untersuchung einer ordinären Linie ist schwieriger als die einer singulären Linie derselben Ordnung; stärkere Singularität der Linie erleichtert die Untersuchung. Vergl. Newton Enumeratio VI.

10. Dieselben Unterscheidungen sind auch bei den unendlichfernen Puncten einer Linie zu machen. Wenn f_k eine Form $k$ten Grades der x, y und

$$f = f_n + f_{n-1} + \dots + f_0$$

so liegen die unendlichfernen Puncte der Linie $f = 0$ auf der Linie $f_n = 0$, d. h. auf n Geraden des Nullpunctes (§. 20, 4). Ein Divisor der f_n sei $y - ax$; dann ist $y = ax$ eine jener n Geraden, und $y = ax + \mu$ eine Parallele derselben. Durch die Substitution $y = ax + \mu$ wird

$$f = A_0 x^n + A_1 x^{n-1} + A_2 x^{n-2} + \dots$$

so dass A_i eine Function $i$ten Grades von μ ist. Nun ist A_0 der Werth, welchen f_n bei $y = ax$ hat, also null bei allen μ, und die Gleichung für x

$$A_0 x^n + A_1 x^{n-1} + \dots = 0$$

hat eine unendliche Wurzel. Daher haben alle Parallelen der $y = ax$ mit der Linie $f = 0$ n Puncte gemein, unter welchen einer unendlichfern ist.

Unter den Parallelen ist eine, deren μ der Gleichung $A_1 = 0$ genügt, dadurch ausgezeichnet, dass sie n Puncte der Linie enthält, unter welchen 2 unendlichfern sind. Diese Gerade ist in dem unendlichfernen Punct der Linie die Tangente derselben (eine Asymptote der Linie), im Allgemeinen 2punctig berührend, ausnahmsweise 3punctig, wenn ihr μ auch der Gleichung $A_2 = 0$ genügt, u. s. w. Die Asymptote kann die unendlichferne Gerade sein.

11. Wenn A_1 unbedingt null ist, so enthalten alle Parallelen n Puncte der Linie, unter welchen 2 unendlichfern sind. Unter den Parallelen giebt es aber 2, deren μ der Gleichung $A_2 = 0$ genügen, dadurch ausgezeichnet, dass sie n Puncte der Linie enthalten, deren 3 unendlichfern sind. Der unendlichferne Punct der Geraden $y = ax$ ist in diesem Fall ein 2facher unendlichferner Punct der Linie mit 2 Tangenten (Asymptoten), die real sind oder nicht real, ausnahmsweise vereint. Bei realer Tangente der unendlichfernen Spitze kann es sich ereignen, dass die Spitze selbst nicht real ist.

Wenn A_1 und A_2 unbedingt null sind, so enthalten alle Parallelen n Puncte der Linie, deren 3 unendlichfern sind. Unter den Parallelen haben 3, deren μ der Gleichung $A_3 = 0$ genügen, je 4 unendlichferne Puncte der Linie, und berühren die Linie im Allgemeinen je 2punctig. Der unendlichferne Punct der Geraden $y = ax$ ist in diesem Fall ein 3facher unendlichferner Punct der Linie mit 3 Tangenten (Asymptoten), von welchen wenigstens eine real ist. U. s. w.

Die mehrfachen unendlichfernen Puncte von Linien sind zuerst von Newton Enum. V, neuerlich von Poncelet Crelle J. 4 p. 16 beachtet worden. Vergl. Salmon Plane curves 43 f. Painvin Nouv. Ann. 1864 p. 145. 193. 241.

12. Durch die Substitution $y = ax + \mu$ geht die Function f nach dem Taylor'schen Satz über in

$$f + f'\mu + \tfrac{1}{2}f''\mu^2 + \tfrac{1}{6}f'''\mu^3 + \ldots$$

so dass f', f'', .. die Fluxionen der f nach y sind, und f, f', f'', .. die Werthe bedeuten, welche die Function und ihre Fluxionen bei $y = ax$ haben. Unter den einzelnen Gliedern dieser Reihe sind f_n durch x^n theilbar, f_{n-1}, f_n' durch x^{n-1} theilbar, f_{n-2}, f_{n-1}', f_n'' durch x^{n-2} theilbar, u. s. w. Also ist

$$A_0 = f_n : x^n$$

$$A_1 = (f_{n-1} + f_n'\mu) : x^{n-1}$$

$$A_2 = (f_{n-2} + f_{n-1}'\mu + \tfrac{1}{2}f_n''\mu^2) : x^{n-2}$$

$$A_3 = (f_{n-3} + f_{n-2}'\mu + \tfrac{1}{2}f_{n-1}''\mu^2 + \tfrac{1}{6}f_n'''\mu^3) : x^{n-3}$$

u. s. w. Bei $y = ax$ ist $f_n = 0$, $A_0 = 0$: der unendlichferne Punct der Geraden $y = ax$ ist ein einfacher Punct der Linie mit der Tangente (Asymptote)

$$A_1 = 0 \quad \text{oder} \quad f_{n-1} + f_n'\mu = 0$$

$$\text{d. i.} \quad f_{n-1} + f_n'(y - ax) = 0$$

wo f_n' nicht null unter der Voraussetzung, dass $y - ax$ ein einfacher Divisor der Form f_n war.

Wenn f_n' null und f_{n-1} nicht null, so ist die gesuchte Asymptote keine endlichferne Parallele der $y = ax$, sondern die unendlichferne Gerade: die Linie $f = 0$ hat mit der unendlichfernen Geraden 2 oder mehr vereinte Puncte gemein, einen 2punctigen oder mehrpunctigen Contact in unbestimmbarer Richtung.

Wenn f_{n-1} und f_n' beide null sind, so hat man für μ keine Gleichung ersten Grades. Dagegen hat man für μ, wenn f_{n-2}, f_{n-1}', f_n'' nicht alle null sind, die Gleichung zweiten Grades ($A_2 = 0$)

$$f_{n-2} + f_{n-1}'\mu + \tfrac{1}{2}f_n''\mu^2 = 0$$

d. h. der unendlichferne Punct der Geraden $y - ax = 0$ ist kein einfacher Punct der Linie $f = 0$, sondern ein 2facher Punct mit 2 parallelen Asymptoten $y - ax = \mu$, von welchen die Linie daselbst je 2punctig oder mehrpunctig berührt wird. Von diesen Asymptoten fällt bei $f_n'' = 0$ die eine, bei $f_n'' = 0$, $f_{n-1}' = 0$ auch die andre auf die unendlichferne Gerade. Wenn die beiden Asymptoten nicht real, oder real, oder vereint sind, so ist der unendlichferne Punct ein conjugirter Punct, oder ein Knoten, oder eine Spitze der Linie $f = 0$.

Wenn die Gleichung zweiten Grades für μ nicht existirt, so hat man eine Gleichung dritten oder höhern Grades für μ, und die entsprechende Menge Asymptoten $y - ax = \mu$.

13. I. Wenn $y - ax$ ein einfacher Divisor der f_n ist, und demnach $f_n = (y - ax)g_{n-1}$, so wird durch die Substitution $y = ax + \mu$ die Form f_k eine Function $k$ten Grades von x, in der x^k den Coefficienten $f_k(1, a)$ hat, d. i. f_k bei $x = 1$, $y = a$. Also erhält man durch dieselbe Substitution in $f = 0$ die Gleichung für x

$$[\mu g_{n-1}(1, a) + f_{n-1}(1, a)]\, x^{n-1} + \,.\,. = 0$$

welche niederen Grades ist unter der Bedingung

$$\mu g_{n-1}(1, a) + f_{n-1}(1, a) = 0$$

d. h. die Linie $(y - ax)g_{n-1}(1, a) + f_{n-1}(1, a) = 0$ hat mit $f = 0$ mehr als einen unendlichfernen Punct gemein, und ist eine Asymptote der $f = 0$.

II. Wenn bei allen x, y

$$\frac{-f_{n-1}}{(y-ax)g_{n-1}} = \frac{B}{y-ax} + \frac{C}{g_{n-1}}$$

d. h. $-f_{n-1} = Bg_{n-1} + C(y - ax)$, so ist

$$Bg_{n-1}(1, a) + f_{n-1}(1, a) = 0$$

Von dem Bruch $-f_{n-1} : (y - ax)g_{n-1}$ kann ein Partialbruch des Nenners $y - ax$ abgelöst werden (Algebra §. 10, 6): die Constante μ erscheint als Zähler B des Partialbruches mit dem Nenner $y - ax$. Dieser Zähler wird nach Euler Calc. diff. II, 407 durch $-f_{n-1} : f_n'$ bei $x = 1$, $y = a$ ausgedrückt, wenn $f_n' = \dfrac{\partial f_n}{\partial y}$, wie oben (12).

III. Wenn demnach $f_n = C(y - a_1 x)(y - a_2 x) \ldots (y - a_n x)$ das Product von n verschiedenen linearen Formen ist, so hat die Linie $f = 0$ ebensoviel Asymptoten verschiedener Richtungen

$$y - a_1 x - \mu_1 = 0, \; \ldots, \; y - a_n x - \mu_n = 0$$

die nur von f_n und f_{n-1} abhängen, der Art dass

$$\frac{\mu_1}{y - a_1 x} + \ldots + \frac{\mu_n}{y - a_n x} = \frac{f_{n-1}}{f_n}$$

$$\frac{(y - a_1 x - \mu_1)(y - a_2 x - \mu_2) \ldots}{(y - a_1 x)(y - a_2 x) \ldots} = \left(1 - \frac{\mu_1}{y - a_1 x}\right)\left(1 - \frac{\mu_2}{y - a_2 x}\right) \ldots$$

$$= 1 - \frac{\mu_1}{y - a_1 x} - \frac{\mu_2}{y - a_2 x} - \ldots + \frac{\mu_1 \mu_2}{(y - a_1 x)(y - a_2 x)} + \ldots$$

folglich

$$C(y - a_1 x - \mu_1)(y - a_2 x - \mu_2) \ldots = f_n + f_{n-1} + g$$

wo g eine bestimmte Function $(n-2)$ten Grades der x, y ist. Unter der Voraussetzung, dass die Gleichung $f_n = 0$ für y gleiche Wurzeln nicht hat, und dass u, v Functionen der x, y sind, deren Grad $n - 2$ nicht übersteigt, haben die Linien

$f_n + f_{n-1} + u = 0$ und $f_n + f_{n-1} + v = 0$ dieselben Asymptoten. Vergl. NEWTON Enum. II, 2. EULER Introd. II. §. 248. SALMON Plane curves 43.

14. Beispiele. I. Die Linie 3ter Ordnung

$$y^3 - (7x - 7)y^2 + (14x^2 - 30x + 7)y \\ - 8x^3 + 20x^2 + 13x - 5 = 0$$

hat die unendlichfernen Puncte der Geraden

$$y^3 - 7xy^2 + 14x^2y - 8x^3 = (y-x)(y-2x)(y-4x) = 0$$

$$\frac{-7y^2 + 30xy - 20x^2}{(y-2x)(y-4x)} \text{ bei } y = x \text{ giebt } \mu = 1$$

$$\frac{-7y^2 + 30xy - 20x^2}{(y-x)(y-4x)} \text{ bei } y = 2x \text{ giebt } \mu = -6$$

$$\frac{-7y^2 + 30xy - 20x^2}{(y-x)(y-2x)} \text{ bei } y = 4x \text{ giebt } \mu = -2$$

Also hat die Linie die Asymptoten

$$y - x = 1, \quad y - 2x = -6, \quad y - 4x = -2$$

In der That ist

$$\frac{-7y^2 + 30xy - 20x^2}{(y-x)(y-2x)(y-4x)} = \frac{1}{y-x} - \frac{6}{y-2x} - \frac{2}{y-4x}$$

Die erste Asymptote hat alle Puncte mit der Linie gemein, und ist ein Theil der Linie. Die gegebene Gleichung ist in der That

$$(y - x - 1)[y^2 - (6x - 8)y + 8x^2 - 28x + 15] = 0$$

Der Kegelschnitt $[y^2 - ..] = 0$ oder $(y - 2x + 6)(y - 4x + 2) + 3 = 0$ hat die beiden andern Asymptoten.

Der Kegelschnitt $y^2 - 6xy + 8x^2 + 4y - 12x + 5 = 0$ d. i.

$$(y - 2x + 2)(y - 4x + 2) + 1 = 0$$

hat die unendlichfernen Puncte jenes Kegelschnittes, seine Asymptoten sind parallel mit den Asymptoten desselben. Ueberhaupt seien $p_1, .., p_n$ lineare Functionen der x, y, und r eine Function $(n-2)$ten oder niedern Grades: die Linie $p_1 .. p_n + r = 0$ hat die Asymptoten $p_1 = 0$, $p_2 = 0$, ..(3), von welchen sie, wenn r niedern Grades, mehrpunctig berührt wird.

19*

II. Die Parabel $y^2 = x$ hat den Punct $0|0$ mit der Tangente $x = 0$, und den unendlichfernen Punct des Diameters $y = 0$. Die Gleichung für x hat eine unendliche Wurzel, mehr bei unendlichem y: die unendlichfernen Puncte der Parabel sind vereint auf der unendlichfernen Geraden, von der die Parabel berührt wird.

Die Linie 6ter Ordnung $x^4(y - bx - c)^2 = a^2 - x^2$ wird von den Geraden $a^2 - x^2 = 0$ berührt auf der Geraden $y = bx + c$. Wenn x nicht zwischen $-a$ und a, so ist y nicht real. Die unendlichfernen Puncte liegen auf Parallelen der Geraden $x^4(y - bx)^2 = 0$. Der unendlichferne Punct der Geraden $y = bx$ ist kein einfacher Punct der Linie, sondern ein 2facher Punct mit der einen Tangente $y - bx - c = 0$; aber die unendlichferne Spitze selbst ist nicht real. Die Gleichung für y hat im Allgemeinen 4 unendliche Wurzeln, bei $x = 0$ mehr: der unendlichferne Punct der $x = 0$ ist ein 4facher Punct der Linie mit der einen Tangente $x = 0$.

III. Die Linie $x^3 - xy + 1 = 0$ hat ihre unendlichfernen Puncte auf Parallelen der Geraden $x = 0$. Die Gleichung für y hat 2 unendliche Wurzeln, mehr bei $x = 0$ und bei $x = \infty$: der unendlichferne Punct der $x = 0$ ist ein 2facher Punct der Linie, seine Tangenten sind $x = 0$ und die unendlichferne Gerade.

Die Linie $xy^2 - y^2 - 3xy + 2x = 0$ hat ihre unendlichfernen Puncte auf Parallelen der Geraden $xy^2 = 0$. Der unendlichferne Punct der $x = 0$ ist ein 1facher Punct der Linie mit der Tangente $x - 1 = 0$, der unendlichferne Punct der $y = 0$ ist ein 2facher Punct der Linie mit den Tangenten $y^2 - 3y + 2 = 0$.

Auf der Linie $x^4 - ax^2y + by^3 = 0$ ist der Nullpunct ein 3facher Punct mit den Tangenten $(by^2 - ax^2)y = 0$, der unendlichferne Punct der $x = 0$ ein einfacher mit unendlichferner Tangente.

Auf der Linie $(x^2 + y^2)^2 - 2ax^2y + ay^3 = 0$ ist der Nullpunct ein 3facher Punct mit den Tangenten $(y^2 - 2x^2)y = 0$, die unendlichfernen Kreispuncte sind einfache Puncte der Linie mit unendlichferner Tangente.

Auf der Linie $2x^3y - y^2 - x = 0$ ist der unendlichferne Punct der Geraden $y = 0$ ein einfacher Punct mit der Tangente $y = 0$, und der unendlichferne Punct der $x = 0$ ein 2facher Punct mit unendlichferner Tangente.

IV. Die Linie $y^2(x-1)^2(x-3) = 1$ hat die unendlichfernen Puncte der Geraden $xy = 0$. Die Gleichung für x hat 2 unendliche Wurzeln, mehr bei $y = 0$; die Gleichung für y hat 3 unendliche Wurzeln, mehr bei $(x-1)^2(x-3) = 0$. Daher ist der unendlichferne Punct der $y = 0$ ein 2facher Punct der Linie mit der Tangente $y = 0$, und der unendlichferne Punct der $x = 0$ ein 3facher Punct der Linie mit den Tangenten $(x-1)^2(x-3) = 0$.

Die Linie $x^2y^3(y-x) - xy(x^2+y^2) + 1 = 0$ hat die unendlichfernen Puncte der Geraden $xy(y-x) = 0$. Der unendlichferne Punct der $y = x$ ist ein einfacher Punct der Linie mit der Tangente $y = x$. Der unendlichferne Punct der $y = 0$ ist ein 3facher Punct der Linie mit den Tangenten $y(y^2+1) = 0$. Der unendlichferne Punct der $x = 0$ ist ein 2facher Punct der Linie mit der Tangente $x = 0$.

Die Linie $x^2y^2 - 2bx^2y - b^2y^2 - 2a^2xy + b^2x^2 + 2b^3y + 2a^2bx + 2a^4 - b^4 = 0$ oder

$$y^2(x^2-b^2)^2 - 2y(x^2-b^2)(bx^2+a^2x-b^3) + (bx^2+a^2x-b^3)^2 = a^4(2b^2-x^2)$$

hat reale Puncte, wenn x zwischen $-b\sqrt{2}$ und $b\sqrt{2}$. Ihre unendlichfernen Puncte liegen auf den Geraden $xy = 0$. Der unendlichferne Punct der $x = 0$ ist ein 2facher Punct der Linie mit den Tangenten $x^2 - b^2 = 0$. Der unendlichferne Punct der $y = 0$ ist ein 2facher Punct der Linie mit der Tangente $y - b = 0$. Aber auf der realen Tangente ist die Spitze nicht real. CRAMER p. 269.

15. Wenn das durch die Coordinaten bestimmte Element der Ebene nicht ein Punct, sondern eine Gerade ist, wenn demnach f eine Function $n$ten Grades einer Geraden (ihrer Coordinaten) ist, so ist $f = 0$ eine Serie $n$ter Classe von Geraden, die Serie der Tangenten einer Linie, der Enveloppe der Serie

(§. 28, 2). Diese Serie $n$ter Classe von Geraden ist die Reciproke der oben betrachteten Serie $n$ter Ordnung von Puncten (§. 31, 7).

Unter den Puncten einer Geraden der Serie ist ein Punct dadurch ausgezeichnet, dass er 2mal diese Gerade und $n-2$ andre Gerade der Serie enthält. Dieser Punct ist ein Punct der Enveloppe, in welchem dieselbe von der Geraden der Serie berührt wird. Es giebt eine bestimmte Menge Gerade der Serie mit je einem Punct, der 3mal die Gerade und $n-3$ andre Gerade der Serie enthält. Ein Punct A der Enveloppe enthält $n-2$ Gerade der Serie, auf welchen die Puncte B, C, .. der Enveloppe liegen. Wenn B auf A fällt, so ist A ein Punct der Enveloppe mit 2 Tangenten: die Enveloppe hat eine bestimmte Menge Doppelpuncte.

Wenn alle Puncte einer Geraden der Serie je 2mal diese Gerade und $n-2$ andre Gerade der Serie enthalten, so sind 2 Puncte dieser Geraden dadurch ausgezeichnet, dass sie je 3mal diese Gerade und $n-3$ andre Gerade der Serie enthalten. Diese beiden Puncte sind Puncte der Enveloppe, in welchen dieselbe von der Geraden berührt wird: diese Gerade der Serie ist eine Doppeltangente der Enveloppe mit 2 realen oder nicht realen Contacten, insbesondere eine osculirende Tangente, wenn die beiden Contacte vereint sind. U. s. w.

Wenn demnach die Serie von Geraden ordinär ist, so ist die Reciproke singulär. Die Serie von Geraden muss singulär sein, um eine Gerade mit 2 Puncten, eine Doppeltangente der Enveloppe zu enthalten; sie muss singulärer sein, um eine osculirende Tangente der Enveloppe zu enthalten. Der Grund zu diesen Bemerkungen ist von Poncelet 1828 Crelle J. 4 p. 13 und von Plücker 1834 Crelle J. 12 p. 107 gelegt worden. Vergl. dessen System 1835 p. 290 und Theorie 1839 p. 207. Salmon plane curves 37 u. 38. Lindemann-Clebsch Vorles. p. 342.

§. 39. Zweige einer Linie.

1. Bei der Untersuchung des Verlaufs einer Linie in der Nähe eines ihrer Puncte, von einem endlichfernen Punct aus oder nach einem unendlichfernen Punct hin, hat man zu unterscheiden, ob der Punct ein einfacher Punct der Linie ist, durch den ein Zweig der Linie an einer Tangente geht, oder ein mehrfacher Punct mit mehr Zweigen und Tangenten; für jeden Zweig ist eine besondre Näherungs-Gleichung aufzusuchen. Dazu dienen folgende Bestimmungen, welche die Grundlage der Newtonschen und der Leibnizschen Infinitesimalrechnung bilden.

Wenn x nicht endlich ist, sondern verschwindend (evanescens, unendlich klein, infinite parva), und α real, so ist x^{α} verschwindend αter Ordnung, bei $\alpha = 0$ endlich, bei negativem α unendlich $(-\alpha)$ter Ordnung. Zwei von einander abhängige Verschwindende y und x^{α} haben dieselbe Ordnung, wenn ihr Verhältniss $y : x^{\alpha}$ endlich ist und nicht null. Wenn demnach verschwindende oder unendliche x, y die Ordnungen 1, α haben, so hat $x^p y^q$ die Ordnung $p + \alpha q$; oder wenn x, y die Ordnungen β, 1 haben, so hat $x^p y^q$ die Ordnung $\beta p + q$.

Wenn bei nicht endlichen x, y die Glieder $x^p y^q$, $x^r y^s$ dieselbe Ordnung c haben, d. h.

$$p + \alpha q = r + \alpha s = c \quad \text{oder} \quad \beta p + q = \beta r + s = c$$

so werden α, c oder β, c durch die gegebenen Exponenten p, q und r, s bestimmt. Dabei hat ein drittes Glied $x^t y^u$ die Ordnung $t + \alpha u$ oder $\beta t + u$, die im Allgemeinen von c verschieden ist.

2. Die Glieder der Function f von x, y erhalten ihre (durch * bezeichneten) Plätze auf der Ebene xy, das durch $x^p y^q$ theilbare Glied auf dem Punct $p|q$. Die Puncte der Glieder bilden das Polygon der Function. Z. B. $a + bxy^3 + cx^3y + dx^2y^4 + ex^3y^3$ hat das Polygon

```
                    .
                    . .
. . * .             . . *
. * . *             . * . *
. . . .             . . . . .
. . . *             . . . * . .
* . . .             * . . . . . .
```

Wenn in $f = f_0 + f_1 + \ldots + f_n$ keine Glieder fehlen, so ist das

Polygon der f ein volles gleichschenkeliges Dreieck mit der Spitze f_0 und der Basis f_n.

Wenn bei nicht endlichen x, y die Glieder $x^p y^q$, $x^r y^s$ beide die Ordnung c haben, d. h. $p + \alpha q = r + \alpha s = c$, so liegen die Puncte der Glieder auf der Geraden $x + \alpha y = c$. Die gemeinschaftliche Ordnungszahl c der beiden Glieder wird nun mit Hülfe des Lineals erkannt: sie ist die Abscisse des Punctes, in welchem von der Geraden $p|q \cdot r|s \, (x + \alpha y = c)$ die Gerade $y = 0$ geschnitten wird, abgekürzt »die Abscisse der Geraden $p|q \cdot r|s$.« Oder sie ist die Ordinate des Punctes, in welchem von der Geraden $\beta x + y = c$ die Gerade $x = 0$ geschnitten wird, abgekürzt »die Ordinate der Geraden $p|q \cdot r|s$.«

Wenn der Punct $t|u$ auf der Geraden $p|q \cdot r|s$ liegt, so ist $t + \alpha u = c$: das Glied $t|u$ hat dieselbe Ordnung, wie die Glieder $p|q$, $r|s$. Wenn aber der Punct $t|u$ neben der Geraden $p|q \cdot r|s$ liegt, so ist $t + \alpha u = c'$, d. h. der Punct $t|u$ liegt auf der Geraden $x + \alpha y = c'$, die mit der Geraden $p|q \cdot r|s$ parallel ist. Die Ordnungszahl des Gliedes $t|u$ ist die Abscisse dieser Parallele. Folglich:

Wenn die Glieder $x^p y^q$, $x^r y^s$ beide dieselbe Ordnung haben, so hat das Glied $x^t y^u$ höhere oder niedere Ordnung, je nachdem die Gerade, welche den Punct $t|u$ enthält und mit der Geraden $p|q \cdot r|s$ parallel ist, eine grössere oder eine kleinere Abscisse (Ordinate) hat als die Gerade $p|q \cdot r|s$.

Z. B. bei verschwindenden x seien $0|0$ und $3|3$ Glieder einer Ordnung. Ihre Gerade hat die Abscisse 0; die Parallele, auf der die Glieder $1|3$, $2|4$ liegen, hat eine kleinere Abscisse; die Parallele des Gliedes $3|1$ hat eine grössere Abscisse. Also sind $1|3$, $2|4$ Verschwindende negativer Ordnung (Unendliche positiver Ordnung), $3|1$ verschwindend positiver Ordnung neben den endlichen $0|0$, $3|3$. Oder: bei unendlichen y seien $0|0$ und $2|4$ Glieder einer Ordnung. Ihre Gerade hat die Ordinate 0; die Parallele des Gliedes $1|3$ hat eine grössere Ordinate; die Parallelen der andern Glieder haben kleinere Ordinaten. Also ist 1|3 unendlich positiver Ordnung, 3|3, 1|3 sind Unendliche negativer Ordnungen (Verschwindende positiver Ordnungen) neben den endlichen 0|0, 2|4. U. s. w.

3. Daher werden statt der Gleichung $f = 0$ für x, y, die nicht beide endlich sind, Näherungs-Gleichungen dadurch erhalten, dass man von dem Polygon der f durch das an zwei Polygonpuncte angelegte Lineal einen Theil wegschneidet. Bei kleinen x kann man z. B. durch die Gerade 0|0 · 2|4 die Glieder 3|3, 3|1 wegschneiden, welche höherer Ordnungen sind, in Betracht dass die Geraden, welche durch diese Puncte parallel mit der Geraden 0|0 · 2|4 gezogen werden, grössre Abscissen haben, als die Gerade 0|0 · 2|4; man behält die bei kleinen x brauchbare Näherung

$$a + bxy^3 + dx^2y^4 = 0$$

Bei grossen y kann man durch die Gerade 3|1 · 2|4 die Glieder 0|0, 1|3 wegschneiden, welche niederer Ordnungen sind, in Betracht dass die Geraden, welche durch diese Puncte parallel mit der Geraden 3|1 · 2|4 gezogen werden, kleinere Ordinaten haben, als die Gerade 3|1 · 2|4; man behält die bei grossen y brauchbare Näherung $cx^3y + dx^2y^4 + ex^3y^3 = 0$

d. i. $cx + dy^3 + exy^2 = 0$. U. s. w.

Insbesondere behält man als erste Näherungen je eine Polygonseite (mit 2 oder mehr Gliedern besetzt), auf deren einem Ufer das ganze Polygon liegt, und zwar

bei grossen x die Seiten 0|0 · 3|1, 3|1 · 3|3
bei grossen x, y die Seite 3|3 · 2|4 d. i. f_6
bei grossen y die Seiten 2|4 · 1|3, 1|3 · 0|0

Zu den Gliedern der Polygonseite werden dann nach Bedürfniss die Glieder hinzugesetzt, deren Puncte der Seite zunächst liegen.

4. Wenn x oder y oder beide unendlich sind, so ist die erste Näherung an $f = 0$ die Gleichung $f_6 = 0$, deren Glieder auf der Seite 3|3 · 2|4 liegen,

$$(ex + dy)x^2y^3 = 0$$

für die Geraden, mit welchen die Asymptoten der $f = 0$ parallel sind.

I. Bei grossen x hat man die Näherung an $f = 0$ auf der Polygonseite $0|0 \cdot 3|1$

$$a + cx^3y = 0$$

für einen hyperbolischen Zweig an der Asymptote $y = 0$, und auf der Seite $3|1 \cdot 3|3$

$$cx^3y + ex^3y^3 = 0 \quad \text{d. i.} \quad c + ey^2 = e(y - \alpha)(y + \alpha) = 0$$

für die Asymptoten $y - \alpha = 0$ und $y + \alpha = 0$. Die dazugehörigen hyperbolischen Zweige der $f = 0$ werden durch Hinzunahme derjenigen Parallele gefunden, welche der Seite $3|1 \cdot 3|3$ zunächst liegt: die Gleichung

$$cx^3y + ex^3y^3 + dx^2y^4 = 0 \quad \text{d. i.} \quad ex(y + \alpha)(y - \alpha) + dy^3 = 0$$

giebt bei kleinen $y - \alpha$ den einen, bei kleinen $y + \alpha$ den andern Zweig. Bei kleinen $y - \alpha$ ist $y + \alpha$ nahe 2α, also erhält man

$$2\alpha ex(y - \alpha) + d\alpha^3 = 0 \quad \text{d. i.} \quad 2ex(y - \alpha) + d\alpha^2 = 0$$

für den hyperbolischen Zweig an der Asymptote $y - \alpha = 0$. Und ebenso

$$2ex(y + \alpha) + d\alpha^2 = 0$$

für den Zweig an der andern Asymptote.

Der Divisor y^3 der f_6 zeigt 3 ins Unendliche sich erstreckende Zweige der $f = 0$ an, und die Anzahl 3 ist in der That die Summe der Ordinatendifferenzen bei den in Betracht gezogenen Gliedern $0|0$, $3|1$, $3|3$.

II. Bei grossen x, y giebt die Seite $3|3 \cdot 2|4$ die Näherung $ex^3y^3 + dx^2y^4 = 0$. Die nächste Parallele dieser Seite enthält die Glieder f_4. Als grössere Näherung an $f = 0$ hat man demnach bei grossen x, y, aber kleinen $ex + dy$, die Gleichung

$$(ex + dy)x^2y^2 + \left(b + c\frac{x^2}{y^2}\right)xy^3 = 0$$

$$\text{d. i.} \quad (ex + dy)x + b + c\frac{d^2}{e^2} = 0$$

oder auch nach Multiplication mit $\frac{y}{x} = \frac{-e}{d}$

$$(ex + dy)y - \frac{be}{d} - \frac{d}{e} = 0$$

für den hyperbolischen Zweig an der Asymptote $ex + dy = 0$.

III. Bei grossen y hat man die Näherung an $f = 0$ auf der Seite $2|4 \cdot 1|3$

$$dx^2y^4 + bxy^3 = 0 \quad \text{d. i.} \quad dxy + b = 0$$

und auf der Seite $1|3 \cdot 0|0$

$$bxy^3 + a = 0$$

für 2 hyperbolische Zweige an der einen Asymptote $x = 0$. Die Anzahl der durch x^2 in f_6 angezeigten Zweige ist die Summe der Abscissendifferenzen bei den Gliedern $2|4$, $1|3$, $0|0$.

Demnach hat die Linie $f = 0$ die 6 unendlichen Zweige:

1) bei grossen x

$$a + cx^3y = 0 \quad \text{und} \quad (y \pm \alpha)x + B = 0 \quad \text{statt} \quad y^3 = 0$$

2) bei grossen x

$$(dy + ex)x + A = 0 \quad \text{statt} \quad dy + ex = 0$$

oder bei grossen y

$$(dy + ex)y + A' = 0 \quad \text{statt} \quad dy + ex = 0$$

3) bei grossen y

$$dxy + b = 0 \quad \text{und} \quad bxy^3 + a = 0 \quad \text{statt} \quad x^2 = 0.$$

5. Beispiele. Vergl. §. 38, 14.

I. $x^4(y - bx - c)^2 + x^2 - a^2 = 0$ hat die Näherungen bei grossen x

$$x^4(y - bx - c)^2 + x^2 = 0 \quad \text{d. i.} \quad x(y - bx - c) \pm i = 0$$

bei grossen y

$$x^4y^2 - a^2 = 0$$

also 2 nicht reale hyperbolische Zweige an der einen realen Asymptote $y - bx - c = 0$, und 4 hyperbolische Zweige (davon 2 nicht reale) an der einen Asymptote $x = 0$.

II. $x^3 - xy + 1 = 0$ hat die Näherungen bei grossen y

$$x^3 - xy = 0 \quad \text{d. i.} \quad x^2 - y = 0$$
$$\text{und} \quad -xy + 1 = 0$$

also 2 parabolische Zweige (mit unendlichferner Asymptote) und einen hyperbolischen Zweig an der Asymptote $x = 0$. Der unendlichferne Punct der $x = 0$ ist ein Knoten der Linie.

III. $xy^2 - y^2 - 3xy + 2x = 0$ hat die Näherungen bei grossen y

$$xy^2 - y^2 = 0 \quad \text{d. i.} \quad x - 1 = 0$$

genauer $xy^2 - y^2 - 3xy = 0$ d. i. $(x-1)y - 3 = 0$, weil $x - 1$ verschwindend; und bei grossen x

$$xy^2 - 3xy + 2x = 0 \quad \text{d. i.} \quad (y-1)(y-2) = 0$$

genauer $x(y-1)(y-2) - y^2 = 0$ d. i.

$$x(y-1) + 1 = 0 \quad \text{und} \quad x(y-2) - 4 = 0$$

indem man $y^2 : (y-2)$ bei $y = 1$ und $y^2 : (y-1)$ bei $y = 2$ berechnet. Also hat die Linie 3 hyperbolische Zweige, einen an der Asymptote $x = 1$, die andern an den Asymptoten $y = 1$, $y = 2$. Der unendlichferne Punct der letztern ist ein Doppelpunct der Linie.

6. Ein endlichferner Punct der Linie, durch welchen ein Zweig oder mehr Zweige der Linie gehn, wird durch Translation des Coordinatenwinkels zum Nullpunct gemacht, so dass die Function f kein constantes Glied hat. Wenn nun z. B.

$$\begin{aligned} f = Ax^5y + Bx^7 &+ Dx^8 + Gx^4y^5 + Jy^{10} \\ + Cx^2y^5 &+ Ex^4y^4 + Hy^9 \\ &+ Fxy^7 \end{aligned}$$

so ist der Nullpunct ein 6facher Punct der Linie $f = 0$ mit den Tangenten $x^5y = 0$. Wenn die Glieder der Polygonseiten $0\,7 \cdot 5\,1$, $5\,1 \cdot 2\,5$, $2\,5 \cdot 4\,7 \cdot 0\,9$ je einer Ordnung sind, so sind bei verschwindenden x, y die jedesmal übrigen Glieder Verschwindende höherer Ordnungen (3). Also hat man im Nullpunct die Näherungen an $f = 0$

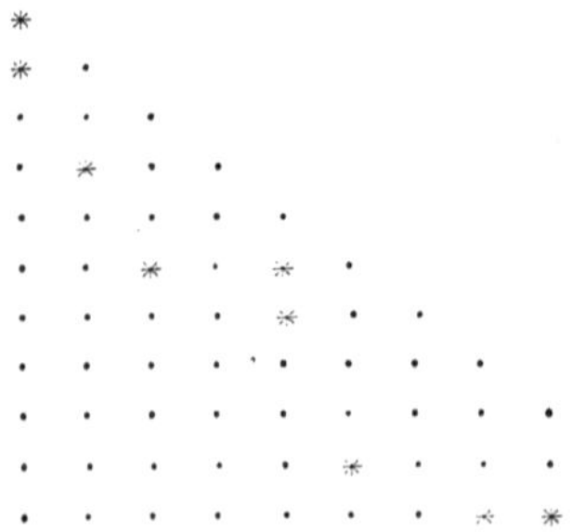

$$Ax^5y + Bx^7 = 0 \quad \text{d. i.} \quad Ay + Bx^2 = 0$$

$$Ax^5y + Cx^2y^5 = 0 \quad \text{d. i.} \quad Ax^3 + Cy^4 = 0$$

$$Cx^2y^5 + Fxy^7 + Hy^9 = 0 \quad \text{d. i.} \quad x = \lambda y^2,\ C\lambda^2 + F\lambda + H = 0$$

Die erste Gleichung giebt den durch den Nullpunct gehenden Zweig an der Tangente $y = 0$. Die zweite Gleichung giebt 3 Zweige (davon 2 nicht real) an der Tangente $x = 0$. Die dritte Gleichung giebt 2 Zweige an der Tangente $x = 0$ entsprechend den beiden durch die quadratische Gleichung bestimmten λ.

Wenn die beiden λ einander gleich sind, bei $CH - \frac{1}{4}F^2 = 0$, so nimmt man zu der Geraden $2|5 \cdot 1|7 \cdot 0|9$ die nächste Parallele hinzu, deren Glieder Verschwindende der nächsthöhern Ordnung sind, und erhält

$$Cy^5(x - \lambda y^2)^2 + Jy^{10} = 0 \quad \text{d. i.} \quad x = \lambda y^2 + \sqrt{\frac{-Jy^5}{C}}$$

(nachdem man im Radicandus nöthigenfalls x durch λy^2 ersetzt hat). Die beiden Zweige an der Tangente $x = 0$ bilden in diesem Fall eine Spitze, weil nur den y eines Zeichens reale x entsprechen.

Die unendlichen Zweige der Linie $f = 0$ werden durch die Polygonseite $0|10 \cdot 4|5 \cdot 8|0$ angezeigt. Die Näherung bei grossen x

$$Jy^{10} + Gx^4y^5 + Dx^8 = 0 \quad \text{d. i.} \quad y^5 = \lambda x^4,\ J\lambda^2 + G\lambda + D = 0$$

giebt 10 parabolische Zweige. In dem Fall $JD - \frac{1}{4}G^2 = 0$ hat man die Näherung $J(y^5 - \lambda x^4)^2 + Ex^4y^4 = 0$, $(y^5 - \lambda x^4)^2 + \mu x^{7,2} = 0$, u. s. w.

7. Beispiele. I. $x^3 + y^3 - 3axy = 0$ (Folium Cartesii. Vergl. Klügel math. Wört. 2 p. 268) hat im Nullpunct die Zweige

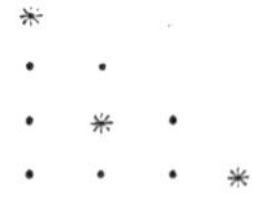

$$x^3 - 3axy = 0 \quad \text{d. i.} \quad 3ay - x^2 = 0 \text{ an der Tg. } y = 0$$

$$-3axy + y^3 = 0 \quad \text{d. i.} \quad 3ax - y^2 = 0 \text{ an der Tg. } x = 0$$

Bei grossen x, y ist $x^3 + y^3 = 0$ für 3 Gerade, mit welchen die Asymptoten parallel sind. Aus

$$(x^2 - xy + y^2)(x + y) - 3axy = 0$$

findet man bei kleinen $x+y$ d. h. $x=-y$ die reale Asymptote

$$x+y+a=0$$

Nun ist $x^3+y^3-3axy = (x+y+a)(x^2-xy+y^2) - a(x+y)^2$, also bei kleinen $x+y+a$

$$3y^2(x+y+a)-a^3=0$$

für den hyperbolischen Zweig an der Asymptote $x+y+a=0$. Die beiden andern Zweige sind nicht real an Asymptoten, welche mit den Asymptoten der Ellipse $x^2-xy+y^2=1$ parallel sind, und einen realen Punct haben.

II. $y^6-5xy^5+x^3y^4-7x^2y^2+6x^3+ax^4=0$ (Newton Opusc. ed. Castillon p. 41) hat im Nullpunct die Zweige (3|0 · 2|2 · 0 6)

```
*  .
.  *  .
.  .  .  *
.  .  .  .  .
.  .  *  .  .
.  .  .  .  .
.  .  .  *  *
```

$$6x^3-7x^2y^2+y^6=0$$

$$\text{d. i. } x=\lambda y^2,\ 6\lambda^3-7\lambda^2+1=0$$

also 3 Zweige entsprechend den Werthen $\lambda=1$, $\frac{1}{2}$, $-\frac{1}{3}$, an der einen Tangente $x=0$.

Bei grossen x hat man $ax^4+x^3y^4=0$ d. i.

$$ax+y^4=0 \text{ für 4 parabolische Zweige,}$$

und bei grossen y ist $x^3y^4+y^6=0$ d. i.

$$x^3+y^2=0 \text{ für 3 parabolische Zweige.}$$

III. $y^6-5xy^5+x^2y^4-xy^4-8x^2y^2+2x^3y+12x^3=0$ hat im Nullpunct die Zweige (3|0 · 2|2 · 1|4 · 0 6)

```
*  .
.  *  .
.  *  *  .
.  .  .  .
.  .  *  .
.  .  .  *
.  .  .  *
```

$$12x^3-8x^2y^2-xy^4+y^6=0$$

$$\text{d. i. } (3x+y^2)(2x-y^2)^2=0$$

an der einen Tangente $x=0$. Zur Unterscheidung der beiden letztern Zweige hat man von der nächsten Parallele der Polygonseite hinzuzusetzen

$$(3x+y^2)(2x-y^2)^2+2x^3y-5xy^5=0$$

Bei kleinen $2x-y^2$ d. h. $x=\frac{1}{2}y^2$ ist $(2x-y^2)^2=\frac{9}{10}y^5$.

Bei grossen x findet man $12x^3 + 2x^3y = 0$ d. i. die Asymptote $y + 6 = 0$ eines hyperbolischen Zweiges $x(y+6) + 504 = 0$, ferner $2x^3y + x^2y^4 = 0$ d. i. $2x + y^3 = 0$ für 3 parabolische Zweige, und

$$x^2y^4 - 5xy^5 + y^6 = 0 \quad \text{d. i.} \quad x^2 - 5xy + y^2 = 0$$

für 2 Gerade, mit welchen die Asymptoten von 2 hyperbolischen Zweigen parallel sind.

IV. Vergl. §. 38, 14. $2x^3y - y^2 - x = 0$ hat im Nullpunct den Zweig $x + y^2 = 0$ an der Tangente $x = 0$; die Linie hat den hyperbolischen Zweig $2x^2y - 1 = 0$ an der Asymptote $y = 0$ und 3 parabolische Zweige $2x^3 - y = 0$.

$x^4 - ax^2y + by^3 = 0$ hat im Nullpunct den Zweig $ay - x^2 = 0$ an der Tangente $y = 0$ und die beiden Zweige ($\beta^2 = b$, $\alpha^2 = a$)

$$\beta y \pm \alpha x + \frac{\beta x^2}{2\alpha^2} = 0 \text{ an den Tangenten } \beta y \pm \alpha x = 0$$

Die Linie hat 4 parabolische Zweige $x^4 + by^3 = 0$.

$$x^3y^2 - 2a^2x^2y + a^4x - b^5 = 0 \quad \text{oder} \quad xy - a^2 = \sqrt{\frac{b^5}{x}}$$

giebt bei grossen x zwei hyperbolische Zweige $xy - a^2 = 0$ an der Asymptote $y = 0$; bei grossen y drei hyperbolische Zweige $x^3y^2 - b^5 = 0$ an der Asymptote $x = 0$.

V. $x^4 + 2x^2y^2 + y^4 - 4ax^2y + ay^3 = 0$. Am Nullpunct ist $x^4 - 4ax^2y = 0$ d. i. $4ay - x^2 = 0$ für den Zweig an der Tangente $y = 0$; ferner $-4ax^2y + ay^3 = 0$ d. i. $y^2 - 4x^2 = 0$, genau

$$ay(y+2x)(y-2x) + (x^2+y^2)^2 = 0$$

Bei kleinen $y - 2x$ und bei kleinen $y + 2x$ findet man

$$8a(y \mp 2x) + 25x^2 = 0$$

für die Zweige an den Tangenten $y \mp 2x = 0$.

Bei grossen x, y ist $(x^2 + y^2)^2 = 0$, genau

$$(x+iy)^2(x-iy)^2 + ay(y^2 - 4x^2) = 0$$

bei kleinen $x - iy$ und bei kleinen $x + iy$

$$4(x \mp iy)^2 - 5ay = 0$$

für 4 parabolische Zweige.

VI. $x^4y^4 + (x^2 - 4)(y - x)^4 = 0$. Am Nullpunct ist $(y - x)^4 = 0$. Die Gleichung $(4 - x^2)(y - x)^4 - x^4y^4 = 0$ giebt bei kleinen $y - x$

```
*  .  *  .  *  .  .
.  *  .  *  .  .  .
.  .  *  .  *  .  .
.  .  .  *  .  *  .
.  .  .  .  *  .  *
```

$$4(y - x)^4 - x^8 = 0$$

für 4 Zweige an der einen Tangente $y = x$.

Bei grossen x ist

$$x^6 + x^4y^4 = 0 \quad \text{d. i.} \quad x^2 + y^4 = 0$$

für 4 parabolische Zweige. Bei grossen y ist

$$x^4y^4 + x^2y^4 - 4y^4 = 0, \text{ genauer}$$

$$y^4(x^4 + x^2 - 4) - 4y^3x(x^2 - 4) = 0$$

$$y(x + i\alpha)(x - i\alpha)(x + \beta)(x - \beta) - 4x(x + 2)(x - 2) = 0$$

$$\alpha^2 = \tfrac{1}{2}\sqrt{17} + \tfrac{1}{2} \qquad \beta^2 = \tfrac{1}{2}\sqrt{17} - \tfrac{1}{2}$$

für 4 hyperbolische Zweige an den Asymptoten $x^4 + x^2 = 4$.

VII. $y^4 - y^3x + x^3 - 2x^2y = 0$. Am Nullpunct ist

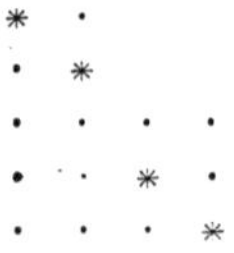

```
*  .
.  *
.  .  .  .
.  .  *  .
.  .  .  *
```

$$y^4 - 2x^2y = 0 \quad \text{d. i.} \quad 2x^2 - y^3 = 0$$

für 2 Zweige an der Tangente $x = 0$; ferner

$$-2x^2y + x^3 = 0 \quad \text{d. i.} \quad x - 2y = 0$$

Aus $(x - 2y)x^2 - (x - y)y^3 = 0$ erhält man bei kleinen $x - 2y$

$$4(x - 2y) - y^2 = 0$$

für den dritten Zweig des Nullpunctes an der Tangente $x = 2y$.

Bei grossen x ist $x^3 - y^3x = 0$ d. i. $y^3 - x^2 = 0$ für 3 parabolische Zweige, und $-y^3x + y^4 = 0$ d. i. $y - x = 0$. Die Gleichung

$$y^3(y - x) - x^2(2y - x) = 0$$

giebt bei kleinen $y - x$

$$y - x - 1 = 0$$

und bei kleinen $y - x - 1$

$$(y - x - 1)y - 1 = 0$$

für den hyperbolischen Zweig an der Asymptote $y = x + 1$.

8. Das Polygon der Function f ist von Newton construirt worden, um, wenn $a|b$ und $x|y$ Puncte der Linie $f = 0$ in begrenzter Distanz sind, $y - b$ in eine Potenzreihe von $x - a$, die Gleichung des Zweiges $a|b \cdot x|y$, zu entwickeln. S. die Briefe an Oldenburg 1676 Juni 13 und Oct. 24. Opusc. ed. Castillon p. 39 und p. 12. Der Winkel xy mit dem eingezeichneten Polygon der Function (2) wurde ein Newton'sches Parallelogramm (ein analytisches Dreieck) genannt. Unter den Mathematikern des 18ten Jahrhunderts haben mehrere sich bemüht, die von Newton gegebenen Regeln zu begründen und anzuwenden: Taylor Meth. incrementorum 1715, I pr. 9, Stirling Lineae 3. ordinis 1717 p. 10 und Maclaurin Algebra II, 10, De Gua Usages de l'analyse de Descartes 1740 p. 25, besonders Cramer Analyse des lignes courbes 1750 c. 7. Vergl. Klügel math. Wört. 2 p. 293, 3 p. 676. Lindemann-Clebsch Vorlesungen über Geometrie p. 331.

Die ins Unendliche verlaufenden Zweige einer Linie sind in hyperbolische an endlichfernen Asymptoten und in parabolische, welche die unendlichferne Gerade berühren, von Newton Enumeratio II, 5 unterschieden, und ihre Gleichungen durch das Polygon der Function bestimmt worden. Newton Opusc. p. 50. Cramer c. 8. Wenn α positiv ganz, $x^{\alpha}y + 1 = 0$ bei grossen x, so besteht der hyperbolische Zweig aus 2 Theilen, entsprechend den positiven und den negativen x, die bei ungeradem α durch die Asymptote $y = 0$ getrennt sind, und die bei geradem α einerseits der Asymptote $y = 0$ liegen.

Die Benutzung von Polygonseiten an dem Polygon der Function, sowie der oben gezeigte Gebrauch von Parallelen der Polygonseiten konnte auch durch algebraische Abwägung der Glieder der Function (1) ersetzt werden. Newton Opusc. p. 367. Lagrange Mém. de Berlin 1776 p. 238. Lacroix Traité I p. 102. Serret Alg. supér. I n⁰ 268. Man verzichtet dabei auf die Anschaulichkeit und Einfachheit des Verfahrens.

9. Wenn die Linie $f = 0$ einen Zweig oder mehr Zweige besitzt, die in dem Punct $a|b$ anfangen, so kann für jeden solchen Zweig $y - b$ durch eine Potenzreihe von $x - a$ oder von einer Wurzel der $x - a$ eindeutig ausgedrückt werden, so lange $x - a$ eine bestimmte Grenze nicht übersteigt. Newton a. a. O. Z. B. die Linie $y^3 - x^3 + xy + y - 2 = 0$ hat den Punct $0|1$. Man ordnet nach Formen der x, $y - 1$

$$\begin{aligned} 0 = 4(y-1) &+ 3(y-1)^2 + (y-1)^3 \\ + x \qquad &+ x(y-1) - x^3 \end{aligned}$$

und findet (§. 38, 2) die Tangente $y - 1 + \frac{1}{4}x = 0$ als erste Näherung an den von dem Punct $0|1$ ausgehenden Zweig der Linie, brauchbar bei kleinen x.

Wenn aber $x|y$ nicht auf der Tangente, sondern auf dem Zweig liegt, so ist $y - 1 + \frac{1}{4}x = p$ verschwindend höherer als erster Ordnung, und durch die Substitution $y - 1 = -\frac{1}{4}x + p$ erhält man die Gleichung, welche p an x bindet:

$$\begin{aligned} 0 = 4(-\tfrac{1}{4}x + p) &+ 3(-\tfrac{1}{4}x + p)^2 + (-\tfrac{1}{4}x + p)^3 \\ + x \qquad &+ x(-\tfrac{1}{4}x + p) - x^3 \end{aligned}$$

Es bleiben nur die Verschwindenden 2ter Ordnung

$$4p + \tfrac{3}{16}x^2 - \tfrac{1}{4}x^2$$

und Verschwindende höherer Ordnungen. Also erhält man

$$0 = 4p - \tfrac{1}{16}x^2, \quad y - 1 + \tfrac{1}{4}x - \tfrac{1}{64}x^2 = 0$$

als zweite Näherung an den von dem Punct $0|1$ ausgehenden Zweig, brauchbar bei kleinen x^2.

Durch die Substitution $y - 1 = -\frac{1}{4}x + \frac{1}{64}x^2 + q$ findet man ferner

$$\begin{aligned} 0 = 4(-\tfrac{1}{4}x + \tfrac{1}{64}x^2 + q) + 3(-\tfrac{1}{4}x + \ldots)^2 + (-\tfrac{1}{4}x + \ldots)^3 \\ + x + x(-\tfrac{1}{4}x + \ldots) - x^3 \end{aligned}$$

Es bleiben nur übrig die Verschwindenden 3ter Ordnung

$$4q - 6\frac{x}{4}\frac{x^2}{64} - \frac{x^3}{64} + x\frac{x^2}{64} - x^3$$

und Verschwindende höherer Ordnungen. Also erhält man

$$0 = 4q - \frac{131}{128}x^3, \quad y - 1 + \tfrac{1}{4}x - \tfrac{1}{64}x^2 - \frac{131}{512}x^3 = 0$$

als dritte Näherung an den Zweig, brauchbar bei kleinen x^3. U. s. w.

10. Man entwickelt demnach für diesen Zweig $y - 1$ in eine Reihe steigender Potenzen von x. Durch die Substitution

$$y = 1 + Ax + Bx^2 + ..$$

in f würde man die Identität

$$0 = -2 - x^3 + (1 + x)(1 + Ax + ..) + (1 + Ax + ..)^3$$

erhalten. Indem man die Coefficienten der x, x^2, .. null setzt, hat man die im Allgemeinen hinreichenden Gleichungen für A, B, ... Vergl. MACLAURIN Algebra §. 109 ff.

Da die Werthe y'; y'', .., welche die successiven Fluxionen der y in dem Punct $x|y$ haben, durch die successiven Differentialgleichungen der $f = 0$ bestimmt werden, so können die Coefficienten A, B, .. der Potenzreihe nach dem TAYLOR'schen Satz ausgedrückt werden durch die Werthe, welche jene Fluxionen in dem Punct $0|1$ haben.

11. Wenn aber die Linie $f = 0$ in dem Punct $a|b$ von der Geraden $x = a$ berührt wird, so ist f bei $x = a$ durch eine Potenz der $y - b$ theilbar. Dann wird $y - b$ durch eine Potenzreihe nicht von $x - a$, sondern von einer Wurzel der $x - a$ dargestellt, und hiermit der Zweig der Linie in der Nähe des Punctes $a|b$ bestimmt. Z. B.

$$f = y^3 - 5y^2 + (4x^2 + 7)y + 24x - 3$$

Die Linie $f = 0$ wird von der Geraden $x = 0$ in dem Punct $0|1$ 2punctig berührt. Nach Formen der x, $y - 1$ geordnet ist

$$\begin{aligned} f = & -2(y-1)^2 + (y-1)^3 \\ & + 24x + 4x^2 + 4x^2(y-1) \end{aligned}$$

und bei $x = 0$ durch $(y - 1)^2$ theilbar. Die erste Näherung an $f = 0$ in der Nähe des Punctes $0|1$ ist (6)

$$-2(y-1)^2 + 24x = 0, \quad y - 1 = \sqrt{12x}$$

Durch die Substitution $y - 1 = \sqrt{12x} + p$ erhält man (9) die zweite Näherung

$$4p - 12x = 0, \quad y - 1 = \sqrt{12x} + 3x$$

u. s. w. Also ist in diesem Fall $y - 1$ eine Potenzreihe von $\sqrt{x}$ für den Zweig der Linie, welcher den Punct $0|1$ enthält; die positiven $\sqrt{x}$ geben den einen Theil, die negativen $\sqrt{x}$ geben den andern Theil des Zweiges. U. s. w. Dagegen ist x eine Potenzreihe von $y-1$, nämlich $\frac{1}{12}(y-1)^2 - \frac{1}{24}(y-1)^3 + \ldots$

12. Wenn der Punct $a|b$ ein mehrfacher Punct der singulären Linie $f = 0$ ist, so gehn durch ihn verschiedene Zweige, deren erste Näherungen nach (6) gefunden werden. Aus den ersten Näherungen werden dann die folgenden Näherungen in der angezeigten Weise abgeleitet.

In einem $k$fachen Punct sind die ersten $k - 1$ Differentialgleichungen der $f = 0$ nicht vorhanden, sondern y' wird erst durch die $k$te Differentialgleichung $k$deutig bestimmt. Jedem y' entsprechen eindeutig y'', y''', . . vermöge der folgenden Differentialgleichungen. Also können die Gleichungen der einzelnen Zweige nach dem Taylor'schen Satz berechnet werden.

Für den vorher (11) betrachteten Fall geben die Differentialgleichungen in dem Punct $0|1$ unendliche Fluxionen y', y'', . . Also ist $y - 1$ durch eine Potenzreihe von x nicht darstellbar. Dagegen findet man für $y - 1$ nach der Substitution $x = z^2$ eine Potenzreihe von $z = \sqrt{x}$, wie oben.

13. Zur nähern Bestimmung der hyperbolischen und der parabolischen Zweige einer Linie werden nach dem angezeigten Verfahren bei grossen x Potenzreihen von $1 : x$ formirt. Newton Opusc. p. 50. Cramer a. a. O. Z. B.

$$f = y^3 - x^3 + xy - y$$

Die Linie $f = 0$ hat einen hyperbolischen Zweig, der nach dem unendlichfernen Punct der Geraden $y - \varepsilon x = 0$, $\varepsilon^3 = 1$ verläuft. Wenn der Punct $x|y$ (unendlicher Coordinaten) auf dem Zweig liegt, so ist y nicht εx, sondern $\varepsilon x + p$, wo p ein

Unendliches niederer als erster Ordnung. Nach der Substitution $y = \varepsilon x + p$ wird

$$f = (\varepsilon x + p)^3 - x^3 + (\varepsilon x + p)(x - 1)$$

ausgedrückt durch die Unendlichen 2ter Ordnung

$$3\varepsilon^2 x^2 p + \varepsilon x^2$$

und durch Unendliche niederer Ordnungen. Also erhält man statt $f = 0$ die erste Näherung

$$3\varepsilon p + 1 = 0, \quad y = \varepsilon x - \frac{1}{3\varepsilon}$$

für die Asymptote des Zweiges.

Nach der Substitution $y = \varepsilon x + p + q$, in der q ein Unendliches niederer als 0ter Ordnung, wird

$$f = (\varepsilon x + p + q)^3 - x^3 + (\varepsilon x + p + q)(x - 1)$$

ausgedrückt durch die Unendlichen 1ter Ordnung

$$3\varepsilon^2 x^2 q + 3\varepsilon x p^2 + xp - \varepsilon x \quad \text{d. i.} \quad 3\varepsilon^2 x^2 q - \varepsilon x$$

und durch Unendliche niederer Ordnungen. Also erhält man statt $f = 0$ die zweite Näherung

$$3\varepsilon x q - 1 = 0, \quad y = \varepsilon x - \frac{1}{3\varepsilon} + \frac{1}{3\varepsilon x}$$

für den Zweig an der Asymptote $y = \varepsilon x - \frac{1}{3\varepsilon}$.

Nach der weitern Substitution $y = \varepsilon x + p + q + r$, in der r ein Unendliches niederer als (-1)ter Ordnung, wird

$$f = (\varepsilon x + p + q + r)^3 - x^3 + (\varepsilon x + p + q + r)(x - 1)$$

ausgedrückt durch die Unendlichen 0ter Ordnung

$$3\varepsilon^2 x^2 r + 6\varepsilon x p q + p^3 + xq - p \quad \text{d. i.} \quad 3\varepsilon^2 x^2 r + p^3$$

und durch Unendliche niederer Ordnungen. Also erhält man statt $f = 0$ die dritte Näherung

$$3\varepsilon^2 x^2 r - \frac{1}{27} = 0, \quad y = \varepsilon x - \frac{1}{3\varepsilon} + \frac{1}{3\varepsilon x} + \frac{1}{81\varepsilon^2 x^2}$$

für den hyperbolischen Zweig. U. s. w.

Man entwickelt demnach $y:x$ bei grossen x in eine Potenzreihe von $1:x$. Durch die Substitution

$$x = \frac{1}{t} \qquad y = \frac{u}{t}$$

erhält man statt $f = 0$ die Gleichung

$$\frac{u^3}{t^3} + \frac{u}{t}\left(\frac{1}{t} - 1\right) - \frac{1}{t^3} = 0 \quad \text{d. i.} \quad u^3 + u(t - t^2) - 1 = 0$$

welcher $t = 0$, $u = \varepsilon$ genügt. Daher ist $u - \varepsilon$ eine Potenzreihe von t. U. s. w.

14. Beispiele. I. $y^3 - 3y + x = 0$ enthält die Puncte $0|0$ und $0|\sqrt{3}$. In der Nähe dieser Puncte findet man y als Potenzreihe von $t = \frac{1}{3}x$, und $y - \sqrt{3}$ als Potenzreihe von x

$$y = t + \tfrac{1}{3}t^3 + \tfrac{1}{3}t^5 + \ldots$$

$$y = \sqrt{3} - \tfrac{1}{6}x - \frac{\sqrt{3}}{81}x^2 - \ldots$$

für die entsprechenden Zweige. Bei grossen x ist $y^3 + x = 0$ die erste Näherung an den parabolischen Zweig der Linie. Durch die Substitution

$$\sqrt[3]{x} = \frac{1}{t} \qquad y = \frac{u}{t}$$

erhält man die Gleichung der Linie

$$\frac{u^3}{t^3} - \frac{3u}{t} + \frac{1}{t^3} = 0 \quad \text{d. i.} \quad u^3 - 3ut^2 + 1 = 0$$

welcher $t = 0$, $u = -1$ genügt. Daher ist $u + 1$ eine Potenzreihe von $t = 1 : \sqrt[3]{x}$ und zwar $u = -1 - t^2 + \ldots$

$$\frac{u}{t} = \frac{-1}{t} - t + \ldots, \quad y = -\sqrt[3]{x} - \frac{1}{\sqrt[3]{x}} + \ldots$$

für den parabolischen Zweig der Linie.

II. $my^3 - x^3y - mx^3 = 0$ wird $y^3 - x^3y - x^3 = 0$, nachdem $y:m$, $x:m$ durch y, x ersetzt worden. Die Linie hat im

Nullpunct die 3 Zweige, deren Näherung $y^3 - x^3 = 0$; zur nähern Bestimmung entwickelt man y als Potenzreihe von x

$$y = x + \tfrac{1}{3}x^2 - \tfrac{1}{81}x^4 + ..$$

Bei grossen x ist $-x^3y - x^3 = 0$, also $y + 1 = 0$ die Asymptote eines hyperbolischen Zweiges. Durch die Substitution $x^3 = 1 : t$ erhält man die Gleichung

$$y^3 - \frac{y+1}{t} = 0 \quad \text{d. i.} \quad y^3t - y - 1 = 0$$

welcher $t = 0$, $y = -1$ genügt. Daher ist $y + 1$ eine Potenzreihe von $t = x^{-3}$

$$y = -1 - t - 3t^2 - 12t^3 - ..$$

für diesen hyperbolischen Zweig.

Bei grossen y ist $y^3 - x^3y = 0$, also $y^2 - x^3 = 0$ die erste Näherung eines parabolischen Zweiges. Durch die Substitution

$$x^{\frac{3}{2}} = \frac{1}{t} \qquad\qquad y = \frac{u}{}$$

erhält man die Gleichung

$$\frac{u^3}{t^3} - \frac{u}{t^3} - \frac{1}{t^2} = 0 \quad \text{d. i.} \quad u^3 - u - t = 0$$

welcher $t = 0$, $u = 1$ genügt. Daher ist $u - 1$ eine Potenzreihe von $t = x^{-\frac{3}{2}}$

$$u = 1 + \tfrac{1}{2}t - \tfrac{3}{8}t^2 + \tfrac{1}{2}t^3 + ..$$

für den parabolischen Zweig.

III. Die Linie $y^3 - 2y^2x + yx^2 - a^3 = 0$ hat die hyperbolischen Zweige

$$x - y = \sqrt{\frac{a^3}{y}}$$

an der Asymptote $x - y = 0$, und bei grossen x den hyperbolischen Zweig $xy^2 - a^3 = 0$ an der Asymptote $y = 0$. Zur nähern Bestimmung der letztern dient die Substitution

$$y = \frac{x^3}{x^2} + p$$

Die Unendlichen höchster Ordnung von

$$\left(-x+\frac{a^3}{x^2}+p\right)^2\left(\frac{a^3}{x^2}+p\right)-a^3$$

sind $x^2p - 2x\frac{a^3}{x^2}\frac{a^3}{x^2}$. Also erhält man die Näherung

$$x^2p - 2\frac{a^6}{x^3} = 0, \quad y = \frac{a^3}{x^2} + \frac{2a^6}{x^5}$$

Nach der Substitution $x = a : t$, $y = au$ hat man die Gleichung

$$u(1-tu)^2 - t^2 = 0$$

welcher $t = 0$, $u = 0$ genügt, zur Entwickelung der u als Potenzreihe von t, mithin der $y : a$ als Potenzreihe von $a : x$.

§. 40. Die gemeinschaftlichen Puncte von Linien.

1. Wenn f, g Functionen von x, y der Grade m, n sind, und nach Potenzen von y geordnet

$$f = a_0 + a_1 y + .. + a_m y^m \qquad g = b_0 + b_1 y + .. + b_n y^n$$

wobei a_0, a_1, .. Functionen von x der Grade m, $m-1$, .., und b_0, b_1, .. Functionen von x der Grade n, $n-1$, .., oder niederer Grade bedeuten, so ist $f = 0$ eine Linie $m$ter Ordnung, $g = 0$ eine Linie $n$ter Ordnung. Ein gemeinschaftlicher Punct $x|y$ beider Linien wird durch das System $(f = 0,\ g = 0)$ bestimmt.

Bei $x = x_1$ habe die Gleichung $f = 0$ für y die Wurzeln $y_1, y_2, .., y_m$. Wenn nun bei $x = x_1$, $y = y_1$ zugleich $g = 0$, so sind $f(x_1, y)$ und $g(x_1, y)$ beide theilbar durch $y - y_1$, und der Punct $x_1|y_1$ ist ein gemeinschaftlicher Punct der Linien $f = 0$, $g = 0$. Die Wurzeln $y_1, y_2, ..$ sind von 0 verschieden, wenn a_0 und b_0 nicht beide durch $x - x_1$ theilbar sind.

2. Während in den Puncten $x|y_1, .., x|y_m$ die Function f null ist, hat daselbst g die conjugirten Werthe $g(x, y_1), ..,$ $g(x, y_m)$. Die Norm von g d. i. das Product dieser conjugirten

Werthe ist eine ganze Function von x, die durch Multiplication mit $b_n{}^m$ den Werth

$$X = \begin{vmatrix} a_0 & a_1 & a_2 & . & & \\ & a_0 & a_1 & a_2 & . & \\ & & . & . & . & . \\ b_0 & b_1 & b_2 & . & & \\ & b_0 & b_1 & b_2 & . & \\ & & . & . & . & . \end{vmatrix}$$

erhält, die Determinante $(n+m)$ten Grades von n Zeilen a und m Zeilen b. Die Functionen $f, yf, .., y^{n-1}f, g, yg, .., y^{m-1}g$ sind lineare Formen der $y^0, y^1, y^2, .., y^{n+m-1}$: ihre Determinante ist

$$X = Mf + Ng$$

wo M, N gegebene Functionen von y sind der Grade $n-1$, $m-1$. Determ. §. 11, 4 ff.

Wenn nun X nicht null ist, so ist keiner der conjugirten Werthe $g(x, y_1), ..$ null, keiner unter den Puncten $x|y_1, ..$ der Linie $f = 0$ ein Punct der Linie $g = 0$. Wenn X null ist, so ist von den conjugirten Werthen wenigstens einer null, von den Puncten $x|y_1, ..$ der $f = 0$ liegt wenigstens einer auf $g = 0$: die Functionen f, g haben bei einem der Gleichung $X = 0$ genügenden x einen von y abhängigen gemeinschaftlichen Divisor h.

Wenn X unbedingt null ist, so haben f, g bei allen x einen von y abhängigen gemeinschaftlichen Divisor h. Die Linien $f = 0$ und $g = 0$ sind reducibel; sie haben die Linie $h = 0$ gemein, sowie die Puncte $(f : h = 0, g : h = 0)$.

3. Wenn die Determinante X des linearen Systems $f = 0$, $yf = 0, ..$ für $y^0, y^1, y^2, ..$ null ist, und a_0, b_0 nicht beide null sind, wie vorausgesetzt wird, so ist y von 0 verschieden. Die Adjuncten einer Zeile des linearen Systems werden durch $\gamma_0, \gamma_1, \gamma_2, ..$ bezeichnet. Wenn nun γ_0 nicht null, so hat das lineare System die Lösung

$$1 : y : y^2 : .. = \gamma_0 : \gamma_1 : \gamma_2 : ..$$

Also sind γ_1, γ_2, .. nicht null; die Adjuncten γ_0, γ_1, .. bilden eine geometrische Progression, deren Verhältniss die gemeinschaftliche Wurzel y der Gleichungen $f = 0$, $g = 0$ ist. Der grösste gemeinschaftliche Divisor der f, g ist ersten Grades $\gamma_0 y - \gamma_1$.

Wenn alle Subdeterminanten $(n + m - 1)$ten Grades null sind, und eine Subdeterminante $(n + m - 2)$ten Grades nicht null ist, so lässt man von 2 bestimmten Gleichungen des Systems eine weg, und vereint in den übrigen $n + m - 1$ Gleichungen die Glieder, welche y^0 und y^1 enthalten, zu je einem Glied. Die Determinante dieses Systems ist null; von den Adjuncten der ersten Zeile δ, δ_2, δ_3, .. sind δ_2, δ_3, .. lineare Functionen von y, und δ unabhängig von y. Wenn δ nicht null, so hat das System die Lösung

$$1 : y^2 : y^3 : \ldots = \delta : \delta_2 : \delta_3 : \ldots$$

Also sind δ_2, δ_3, .. nicht null. Die Wurzeln y_1, y_2 der Gleichung $\delta y^2 - \delta_2 = 0$ sind die gemeinschaftlichen Wurzeln der $f = 0$, $g = 0$. Der grösste gemeinschaftliche Divisor der f, g ist zweiten Grades $\delta y^2 - \delta_2$. Bei $y = y_1$ bilden δ_2, δ_3, .. eine geometrische Progression, deren Verhältniss y_1 ist, ebenso bei $y = y_2$. U. s. w.

4. Wenn X nicht unbedingt null, und $dX = X'dx$, so ist X' componirt aus den Adjuncten aller $(n + m)^2$ Elemente (Determ. §. 3, 15). Wenn nun x_1 eine einfache Wurzel der Gleichung $X = 0$, so ist X' bei $x = x_1$ nicht null. Also sind die Subdeterminanten $(n + m - 1)$ten Grades nicht alle null, d. h. f und g haben bei $x = x_1$ einen Divisor h gemein, der eine lineare Function von y ist. Die Wurzel y_1 der Gleichung $h = 0$ ist die Ordinate eines Punctes, welchen die Linien $f = 0$ und $g = 0$ gemein haben. Die einfache Wurzel x_1 der $X = 0$ bestimmt einen gemeinschaftlichen Punct $x_1 y_1$ der beiden Linien.

Wenn $dX' = X''dx$, so ist X'' componirt aus den Adjuncten aller Elemente und aller Subdeterminanten 2ten Grades. Wenn nun x_1 eine zweifache Wurzel der Gleichung $X = 0$, so ist bei $x = x_1$ auch $X' = 0$, aber X'' nicht null. Also sind die Subdeterminanten $(n+m-1)$ten und $(n+m-2)$ten Grades nicht alle null, d. h. f und g haben bei $x = x_1$ einen Divisor h gemein, der eine lineare oder eine quadratische Function von y ist. Wenn $h = 0$ ersten Grades mit der Wurzel y_1, so haben die Linien 2 vereinte Puncte $x_1|y_1$ gemein, einen 2punctigen Contact an einer Tangente, die von der Geraden $x = x_1$ verschieden ist. Wenn $h = 0$ zweiten Grades mit den Wurzeln y_1, y_2, so haben die Linien die Puncte $x_1|y_1$, $x_1|y_2$ gemein, insbesondere bei $y_2 = y_1$ den 2punctigen Contact an der Tangente $x = x_1$. Dabei ist (8) zu beachten.

Wenn x_1 eine dreifache Wurzel der Gleichung $X = 0$ ist, so haben f und g bei $x = x_1$ einen Divisor h gemein, der eine Function von y des Grades 1 oder 2 oder 3 ist. Wenn $h = 0$ ersten Grades mit der Wurzel y_1, so haben die Linien 3 Puncte $x_1|y_1$ gemein, und berühren sich daselbst 3punctig. Wenn $h = 0$ zweiten Grades mit den Wurzeln y_1, y_2, so haben die Linien 2 Puncte $x_1|y_1$ und den Punct $x_1|y_2$ gemein, oder den Punct $x_1|y_1$ und 2 Puncte $x_1|y_2$. Bei $y_2 = y_1$ haben die Linien in dem Punct $x_1|y_1$ einen Schnitt und einen 2punctigen Contact. Wenn $h = 0$ dritten Grades mit den Wurzeln y_1, y_2, y_3, so haben die Linien die Puncte $x_1|y_1$, $x_1|y_2$, $x_1|y_3$ gemein. Bei $y_3 = y_2$ haben die Linien in dem Punct $x_1|y_2$ einen 2punctigen Contact an der Tangente $x = x_1$, bei $y_3 = y_2 = y_1$ haben sie in $x_1|y_1$ einen 3punctigen Contact an der Tangente $x = x_1$. U. s. w.

5. Die Function X von x ist mnten Grades, für besondre f, g niedern Grades. Determ. a. a. O. Eine Linie $m$ter Ordnung und eine Linie $n$ter Ordnung, welche eine Linie niederer Ordnung nicht gemein haben, haben demnach mn Puncte gemein, real oder nicht, getrennt oder nicht. Wenn X nur $(mn-k)$ten Grades ist, so haben (abgesehn von Fällen, die sogleich betrachtet werden sollen) k gemeinschaftliche Puncte der Linien unendliche Abscissen.

Wenn die beiden Linien mehr als mn gemeinschaftliche Puncte haben, so hat die Gleichung $X = 0$ mehr als mn Wurzeln. Also ist X unbedingt null, die beiden Linien haben eine Linie niederer Ordnung gemein.

Die Gerade $A|B|C$ enthält den Punct $x|y$ des Polygons $(f=0,\ g=0)$ unter der Bedingung $Ax+By+C=0$. Durch Elimination der x, y aus dem System der 3 Gleichungen findet man nach HESSE die Gleichung $\varphi=0$ für A, B, C, d. i. die Gleichung der Puncte $(f=0,\ g=0)$. Vergl. §. 37, 4.

6. Wenn f, g Functionen von y^2 sind, so hat X den Grad $\frac{1}{2}mn$. Denn in diesem Fall sind a_1, a_3, .., b_1, b_3, .. null, $m=2\mu$, $n=2\nu$, und X ist die Determinante $(\nu+\mu)$ten Grades

$$\begin{vmatrix} a_0 & a_2 & a_4 & . & & \\ & a_0 & a_2 & a_4 & . & \\ & & . & . & . & . \\ b_0 & b_2 & b_4 & . & & \\ & b_0 & b_2 & b_4 & . & \\ & & . & . & . & . \end{vmatrix}$$

Man multiplicire die Zeilen mit

$$x^{n-2},\ x^{n-4},\ \ldots,\ x^2,\ 1,\ x^{m-2},\ \ldots\ x^2,\ 1$$

also X mit x^p, und dividire darnach die Colonnen durch

$$x^{n+m-2},\ x^{n+m-4},\ \ldots,\ x^2,\ 1$$

also Xx^p durch x^q. Nun ist

$$p = 2\binom{\nu}{2} + 2\binom{\mu}{2} \qquad q = 2\binom{\nu+\mu}{2} = p + 2\mu\nu$$

folglich ist $X : x^{2\mu\nu}$ eine Determinante von Elementen, deren Grade 0 nicht übersteigen, d. h. X hat den Grad $\frac{1}{2}mn$. Aber die Linien und ihre gemeinschaftlichen Puncte liegen symmetrisch zu der Geraden $y=0$, jeder Abscisse entsprechen 2 conträrgleiche Ordinaten; die Gleichung für y ersten Grades existirt überhaupt nicht. Z. B. $x^2+y^2=1$ und $y^2=1-x$ geben $x(x-1)=0$: die gemeinschaftlichen Puncte der beiden Linien sind $0|1$, $0|-1$ und 2 Puncte $1|0$.

Wenn f, g Functionen von y^3 sind, so hat X den Grad $\frac{1}{3}mn$. U. s. w.

7. Wenn $a|b$ ein einfacher Punct A auf jeder der beiden Linien $f = 0$ und $g = 0$ ist, wenn $x|y$ auf dem Zweig $B'AB$ der $f = 0$ liegt, $x|z$ auf dem Zweig $C'AC$ der $g = 0$, und wenn die Tangenten der Zweige in A von $x = a$ verschieden sind, so hat man (§. 39, 9—11)

$$y - b = A_1(x - a) + A_2(x - a)^2 + \ldots$$
$$z - b = B_1(x - a) + B_2(x - a)^2 + \ldots$$

folglich

$$z - y = (B_1 - A_1)(x - a) + (B_2 - A_2)(x - a)^2 + \ldots$$

In einem gemeinschaftlichen Punct der beiden Zweige ist $z - y = 0$. Diese Gleichung für x hat die Wurzel a, wenn $B_1 - A_1$ nicht null; sie hat 2 Wurzeln a, wenn $B_1 - A_1 = 0$, $B_2 - A_2$ nicht null; sie hat 3 Wurzeln a, wenn $B_1 - A_1 = 0$, $B_2 - A_2 = 0$, $B_3 - A_3$ nicht null, u. s. w. Wenn die Gleichung k Wurzeln a hat, so haben die beiden Zweige k Puncte A gemein, d. h. die Zweige berühren sich daselbst $k$punctig.

Wenn $B_1 - A_1$ nicht null, so ist bei verschwindenden $x - a$

$$z - y = (B_1 - A_1)(x - a)$$

also wechselt mit $x - a$ zugleich $z - y$ das Zeichen, d. h. der Zweig $B'AB$ schneidet den Zweig $C'AC$ in A, indem er von dem einen Ufer des Zweiges $C'AC$ auf das andre übergeht.

Wenn $B_1 - A_1 = 0$, $B_2 - A_2$ nicht null, so ist bei verschwindenden $x - a$

$$z - y = (B_2 - A_2)(x - a)^2$$

also wechselt mit $x - a$ nicht zugleich $z - y$ das Zeichen, d. h. der Zweig $B'AB$ berührt den Zweig $C'AC$ in A 2punctig, ohne das eine Ufer dieses Zweiges zu verlassen.

Wenn $B_1 - A_1 = 0$, $B_2 - A_2 = 0$, $B_3 - A_3$ nicht null, so ist bei verschwindenden $x - a$

$$z - y = (B_3 - A_3)(x - a)^3$$

Also berührt der Zweig $B'AB$ den Zweig $C'AC$ in A 3punctig, indem er ihn zugleich schneidet. U. s. w.

Demnach findet bei ungeradpunctiger Berührung eine Durchschneidung statt, bei geradpunctiger Berührung nicht. Eine Linie wird von einer osculirenden Geraden (Inflexionstangente), von einem osculirenden Kreis (Krümmungskreis) zugleich berührt und geschnitten.

Diese Bemerkungen sind von Newton, sowie von Leibniz und Jac. Bernoulli gemacht worden. Vergl. Planim. §. 13, 10. Der Ausdruck »$k$punctiger Contact« stammt von Plücker 1831 Entw. 2 p. 142, und wird von Steiner, Hesse u. A. gebraucht. Lagrange Mém. de Berlin 1779 p. 138 hatte den $k$punctigen Contact einen Contact $(k-1)$ter Ordnung genannt. Die Contacte der Linien sind von Cauchy 1826 Applic. Leçon 9 und von Möbius baryc. Calcul p. 87 ff., neuerlich von Hermite 1873 Cours p. 104 untersucht worden.

8. In einem gemeinschaftlichen Punct der Linien $f = 0$ und $g = 0$, welcher ein $k$facher Punct der Linie $f = 0$ und ein $l$facher Punct der Linie $g = 0$ ist, sind kl oder mehr Puncte des Polygons $(f = 0,\ g = 0)$ vereint. Denn von den k durch den gemeinschaftlichen Punct gehenden Zweigen der $f = 0$ enthält jeder daselbst l Puncte der $g = 0$, oder mehr, wenn er daselbst von einem Zweig der $g = 0$ berührt wird.

In der That ist die Abscisse des gemeinschaftlichen Punctes eine klfache oder mehrfache Wurzel der Gleichung für diese Abscisse. Der gemeinschaftliche Punct sei durch Translation der coordinirten Geraden zum Nullpunct gemacht, und u_i, v_i seien Formen $i$ten Grades der neuen Coordinaten x, y eines gemeinschaftlichen Punctes der Linien. Dann ist (§. 38, 7)

$$\begin{aligned} f &= u_k + u_{k+1} + \ldots & g &= v_l + v_{l+1} + \ldots \\ &= A_0 + A_1 y + \ldots & &= B_0 + B_1 y + \ldots \end{aligned}$$

wo die Glieder von A_0 die $k$te und höhere Potenzen von x enthalten, u. s. w. Daher sind theilbar A_0 durch x^k, A_1 durch

x^{k-1}, .., B_0 durch x^l, B_1 durch x^{l-1}, ... Wenn man nun in der Determinante $(n+m)$ten Grades

$$X = \begin{vmatrix} A_0 & A_1 & . & . & \\ & A_0 & A_1 & . & \\ & & . & . & . \\ B_0 & B_1 & . & & \\ & B_0 & B_1 & . & \\ & & . & . & . \end{vmatrix}$$

unter den Zeilen A die ersten $l-1$ der Reihe nach mit x^{l-1}, x^{l-2}, .., x, und unter den Zeilen B die ersten $k-1$ der Reihe nach mit x^{k-1}, x^{k-2}, .., x multiplicirt, so erhält man $x^q X$, $q = \binom{k}{2} + \binom{l}{2}$. Nach der Multiplication ist die erste Colonne theilbar durch x^{k+l-1}, die zweite durch x^{k+l-2}, ... Also ist $x^q X$ theilbar durch x mit dem Exponenten

$$\binom{k+l}{2} = \binom{k}{2} + kl + \binom{l}{2}$$

folglich X theilbar durch x^{kl}.

9. Wenn bei unendlichen x unter den oben (2) betrachteten conjugirten Werthen $g(x, y_1)$, $g(x, y_2)$, .. einer nicht unendlich $n$ter Ordnung wird, sondern $(n-\alpha)$ter Ordnung, und wenn ein andrer $(n-\beta)$ter Ordnung wird, so vermindert sich der Grad von X um $\alpha+\beta$, d. h. von den mn gemeinschaftlichen Puncten der Linien $f=0$, $g=0$ liegen α auf dem einen Zweig der $f=0$, β auf dem andern Zweig derselben, und auf der unendlichfernen Geraden. Z. B.

$$f = x^2 - y^2 + 3$$
$$g = (x^2 - y^2 + 3)xy + x + y$$

Die Linie $f=0$ hat bei unendlichen x die hyperbolischen Zweige (§. 39, 13)

$$y_1 = x + \frac{3}{2x} + ..$$
$$y_2 = -x - \frac{3}{2x} + \frac{9}{8x^3} + ..$$

Die Entwickelung ist in jedem Fall soweit fortzusetzen, dass die Ordnung der $g(x, y_1)$, $g(x, y_2)$ erkennbar wird. Auf dem ersten Zweig an der Asymptote $y - x = 0$ ist $g(x, y_1) = 2x + \ldots$, unendlich nicht 4ter sondern 1ter Ordnung: also liegen auf diesem Zweig 3 gemeinschaftliche Puncte der beiden Linien. Auf dem zweiten Zweig an der Asymptote $y + x = 0$ ist $g(x, y_2) = \frac{-3}{2x} + \ldots$, unendlich nicht 4ter sondern (-1)ter Ordnung: also liegen auf diesem Zweig 5 gemeinschaftliche Puncte der beiden Linien. Die beiden Linien haben 8 unendlichferne gemeinschaftliche Puncte auf 2 hyperbolischen Zweigen an gemeinschaftlichen Asymptoten, 3 auf dem einen, 5 auf dem andern. Sie haben keinen endlichfernen gemeinschaftlichen Punct; in der That ist X constant.

Der angezeigte Weg wurde von Minding 1841 eingeschlagen, um den Grad der Gleichung $X = 0$ zu bestimmen. Crelle J. 22 p. 178. Vergl. Band 26 p. 366 und 27 p. 379. Serret Alg. sup. I p. 632.

10. Die Linien $f = 0$, $g = 0$, wenn

$$f = (x^6+1)y - a(y^2+1)x^3$$
$$g = (y^6+1)x - a(x^2+1)y^3$$

haben 49 Puncte gemein. Zu denselben gehört der Punct $0|0$, ein einfacher Schnittpunct, weil er ein einfacher Punct sowohl der $f = 0$ an der Tangente $y = 0$, als auch der $g = 0$ an der Tangente $x = 0$ ist. In der That hat man in seiner Nähe

$$y - ax^3 = 0, \qquad x - ay^3 = 0$$

folglich $x(1 - a^4x^8) = 0$, so dass 0 eine einfache Wurzel der Gleichung für die Abscissen ist.

Bei endlichen x, y macht man in $f : x^3y$ und in $g : xy^3$ die Substitution

$$x + \frac{1}{x} = u \qquad y + \frac{1}{y} = v$$

und findet aus dem System der Gleichungen 9 Paare $u|v$, und zu jedem derselben 4 Paare $x|y$, also 36 gemeinschaftliche Puncte der beiden Linien in endlicher Ferne.

Bei unendlichen x hat $f = 0$ den Zweig

$$-ax^3 + x^6y = 0, \qquad y = ax^{-3}$$

Auf diesem Zweig ist $g = x + \ldots$, unendlich nicht 7ter sondern 1ter Ordnung: also liegen auf demselben 6 unendlichferne gemeinschaftliche Puncte der beiden Linien. Bei unendlichen y hat $f = 0$ die Näherungen $x^6y - ax^3y^2 = 0$ und $-ax^3y^2 + y = 0$, also 3 Zweige $x = (ay)^{\frac{1}{3}}$ und 3 Zweige $x = (ay)^{-\frac{1}{3}}$. Auf jedem der erstern 3 Zweige ist g unendlich der Ordnung $6\frac{1}{3}$, also liegen auf denselben $\frac{2}{3} \cdot 3$ gemeinschaftliche Puncte der Linien; auf jedem der andern 3 Zweige ist g unendlich der Ordnung $5\frac{2}{3}$, also liegen auf denselben $\frac{4}{3} \cdot 3$ gemeinschaftliche Puncte der Linien. Demnach haben die beiden Linien je 6 unendlichferne gemeinschaftliche Puncte auf den Zweigen an den Asymptoten $y = 0$, $x = 0$. In der That ist $1 + 36 + 12 = 49$.

11. Wievielmal ein gemeinschaftlicher Punct der beiden Linien zu zählen ist, der auf jeder von beiden ein mehrfacher Punct ist, erkennt man durch Zählung der Puncte, welche die einzelnen den Punct enthaltenden Zweige der einen Linie mit den Zweigen der andern gemein haben (8). Z. B. die Linie $y^5 = x^4$ hat in dem Punct $0|0$ die 4 Zweige $x = y^{\frac{5}{4}}$ an der Tangente $x = 0$, von welchen 2 ausser dem Punct $0|0$ reale Puncte nicht enthalten. Die Linie $y^4 = x^3$ hat in dem Punct $0|0$ die 3 Zweige $x = y^{\frac{4}{3}}$ an derselben Tangente. Der gemeinschaftliche Punct $x|y$ des ersten Zweiges der ersten Linie und des ersten Zweiges der andern Linie genügt der Gleichung

$$0 = y^{\frac{5}{4}} - y^{\frac{4}{3}} = y^{\frac{5}{4}}(1 - y^{\frac{1}{12}})$$

Daher haben diese Zweige, wie Cauchy und Möbius (7) sich ausdrücken, $\frac{5}{4}$ Puncte $0|0$ gemein. Aber jeder Zweig der ersten Linie ist gegenüber jedem Zweig der andern Linie in demselben Fall. Also haben die beiden Linien $\frac{5}{4} \cdot 4 \cdot 3 = 15 = 4 \cdot 3 + 3$ Puncte $0|0$ gemein, und berühren sich daselbst $(1 + 3)$punctig, während jede von beiden mit der Tangente $x = 0$ einen $(1+1)$punctigen Contact hat.

In der That folgt aus dem System $(y^5 = x^4,\ y^4 = x^3)$ die Gleichung $x^{16} - x^{15} = 0$. Dieselbe giebt als gemeinschaftliche Puncte der beiden Linien 15 Puncte $0|0$ und den Punct $1|1$. Die übrigen $20-16$ gemeinschaftlichen Puncte liegen vereint auf der unendlichfernen Geraden in unbestimmbarer Richtung. Diese Zählung wird dadurch bestätigt, dass bei unendlichen x die Linie $y^5 = x^4$ die 5 parabolischen Zweige $y = x^{\frac{4}{5}}$ hat. Auf jedem dieser Zweige ist $y^4 - x^3$ unendlich der Ordnung $\frac{16}{5}$ statt 4, d. h. ein Zweig enthält $\frac{4}{5}$, und die Linie enthält $\frac{4}{5} \cdot 5$ unendlichferne Puncte der andern Linie.

12. Wenn z. B.

$$f = (x^4 - y^4)(x^2 - y^2) - a x^2 y^2$$
$$g = (x^2 + y^2)(x + y) - b x y$$

so haben die Linien $f = 0$ und $g = 0$ $6 \cdot 3$ Puncte gemein. Die Linie $f = 0$ hat 4 Zweige des Punctes $0|0$

A und $A'(y\sqrt{a} = x^2)$ an der Tangente $y = 0$

B und $B'(x\sqrt{a} = y^2)$ an der Tangente $x = 0$

Die Linie $g = 0$ hat 2 Zweige des Punctes $0|0$

$A''(by = x^2)$ an der Tangente $y = 0$

$B''(bx = y^2)$ an der Tangente $x = 0$

Für den gemeinschaftlichen Punct $x|y$ der Zweige A und A'' hat man $0 = x^2(b - \sqrt{a})$, d. h. die Zweige A und A'' haben 2 Puncte $0|0$ gemein (mehr bei $b = \sqrt{a}$). Ebenso die Zweige A' und A'', B und B'', B' und B''. Für den gemeinschaftlichen Punct der Zweige B und A'' hat man $0 = y(ab - y^3)$, d. h. die Zweige haben einen Punct $0|0$ gemein, in welchem sie sich schneiden; ebenso die Zweige B' und A'', A und B'', A' und B''. Daher haben die beiden Linien $4 \cdot 2 + 4$ Puncte $0|0$ gemein; sie haben daselbst einen $(1+2)$punctigen Contact an der Tangente $y = 0$ und einen ebensolchen an der Tangente $x = 0$.

Dieses Ergebniss erhält durch die Betrachtung der Resultante X seine Bestätigung. Die Linie $g = 0$ hat im Punct $0|0$ die Zweige $by = x^2$ und $bx = y^2$. Für verschwindende x hat daher y die 3 conjugirten Werthe $x^2 : b$, $\sqrt{bx}$. Bei dem ersten Werth ist $f = \left(1 - \frac{a}{b^2}\right)x^6 + ..$ verschwindend 6ter Ordnung; bei jedem der beiden andern Werthe ist $f = (b^3 - b)x^3 + ..$ verschwindend 3ter Ordnung. Also ist X verschwindend $(6 + 3 + 3)$ter Ordnung, theilbar durch x^{12}, d. h. 0 eine 12fache Wurzel der Gleichung $X = 0$.

Wenn x, y nicht null sind, so kann man in dem System die Gleichung $f = 0$ ersetzen durch

$$bf - axyg = 0 \quad \text{d. i.} \quad b(x + y)(x - y)^2 - axy = 0$$

Durch die Substitution $x + y = u$, $xy = v$ erhält man das System

$$bu(u^2 - 4v) - av = 0, \ (u^2 - 2v)u - bv = 0$$

für 1 Paar $u|v$, in Betracht dass u nicht null, und entsprechend 2 Paare $x|y$. Also haben die beiden Linien ausser dem gemeinschaftlichen Punct $0|0$ noch 2 endlichferne gemeinschaftliche Puncte.

Die Linie $g = 0$ hat bei unendlichen x die Zweige

$$y = \lambda x + \mu, \qquad \lambda = i, \ -i, \ -1$$

Nun ist $x^4 - y^4$ auf den 3 Zweigen unendlich 3ter Ordnung, $x^2 - y^2$ auf den beiden ersten unendlich 2ter Ordnung, auf dem dritten 1ter Ordnung. Daher ist f auf den beiden ersten Zweigen unendlich 5ter Ordnung, auf dem dritten unendlich 4ter Ordnung, so dass auf den beiden ersten Zweigen je ein gemeinschaftlicher Punct der beiden Linien, auf dem dritten 2 solche liegen.

Das Polygon $(f = 0,\ g = 0)$ umfasst demnach 12 Puncte $0|0$, 2 endlichferne Puncte, die unendlichfernen Kreispuncte, und 2mal den unendlichfernen Punct der Geraden $x + y = 0$. In der That ist $12 + 2 + 4 = 6 \cdot 3$.

§. 41. Relation von Puncten einer Linie.

1. Eine Function von m Gliedern wird durch die Werthe, welche sie in m gegebenen Puncten hat, bestimmt; bei besonderer Lage der m Puncte bleibt sie unbestimmt. Wenn z. B.

$$f = a + bx + cy, \quad f_i = a + bx_i + cy_i$$

so ist

$$\begin{vmatrix} f & 1 & x & y \\ f_1 & 1 & x_1 & y_1 \\ f_2 & 1 & x_2 & y_2 \\ f_3 & 1 & x_3 & y_3 \end{vmatrix} = 0, \quad (123)f = -\begin{vmatrix} 0 & 1 & x & y \\ f_1 & 1 & x_1 & y_1 \\ f_2 & 1 & x_2 & y_2 \\ f_3 & 1 & x_3 & y_3 \end{vmatrix}$$

Bei $(123) = 0$ wird f durch die Puncte 1, 2, 3 nicht bestimmt.

Eine Function $n$ten Grades der x, y (nach Formen der x, y geordnet) hat

$$1 + 2 + \ldots + (n+1) = \binom{n+2}{2}$$

Glieder, welche im Allgemeinen nicht null sind (Allg. Arithm. §. 25, 6. Algebra §. 2, 9). Man schliesst wie §. 36, 1, dass zur Bestimmung einer allgemeinen Linie $n$ter Ordnung

$$n' = \binom{n+2}{2} - 1 = \tfrac{1}{2}n(n+3)$$

Puncte der Linie erforderlich, aber nicht unbedingt hinreichend sind. Unter $1 + n'$ Puncten der Linie besteht eine bestimmte Relation, weil die aus den Coordinaten der Puncte zu bildende Determinante ebensovielten Grades null ist. Für $n = 1, 2, 3, 4, 5$ ist $n' = 2, 5, 9, 14, 20$.

Bei besondern Lagen der n' Puncte ist die zu bildende Determinante ein Product oder unbedingt null: die Linie $n$ter Ordnung der n' Puncte ist dann reducibel oder unbestimmt. Die Linie $n$ter Ordnung, welche $n' - 1$ gegebene Puncte enthält, ist 1fach unbestimmt, bei besondrer Lage der Puncte mehrfach unbestimmt. U. s. w.

2. Wenn die Linie $n$ter Ordnung $f = 0$ aus n Geraden besteht, und $f(0, 0) = 1$, so ist bei allen x, y

$$f = (\alpha_1 x + \beta_1 y + 1)(\alpha_2 x + \beta_2 y + 1) \ldots (\alpha_n x + \beta_n y + 1)$$

Daher müssen nach der Entwickelung des Productes n' ganze Functionen der Coefficienten α, β ebensoviel Coefficienten der f gleich sein. Nun werden die $2n$ Coefficienten α, β durch $2n$ von einander unabhängige Gleichungen dieses Systems bestimmt. Also bleiben

$$n' - 2n = \binom{n}{2}$$

Gleichungen für die Coefficienten der f übrig. Wenn die Coefficienten der f diesen Gleichungen nicht genügen, so besteht die Linie $n$ter Ordnung nicht aus n Geraden. Bei $n = 2, 3, 4, \ldots$ ist die Anzahl der übrigen Bedingungsgleichungen $1, 3, 6, \ldots$

3. Wenn der Punct $a | b$ ein $k$facher Punct der Linie $n$ter Ordnung $f = 0$ ist (§. 38, 6), so sind in der nach Formen der $x - a$, $y - b$ geordneten f

$$1 + 2 + \ldots + k = \binom{k+1}{2}$$

Coefficienten null, so dass f durch ein Polynomium von $\binom{n+2}{2} - \binom{k+1}{2}$ Gliedern ausgedrückt wird. Zur Bestimmung einer singulären Linie $n$ter Ordnung mit einem gegebenen $k$fachen Punct sind ausser diesem Punct $n' - \binom{k+1}{2}$ Puncte erforderlich, aber nicht unbedingt hinreichend.

Insbesondere ($k = n - 1$) sind zur Bestimmung einer Linie $n$ter Ordnung mit einem gegebenen $(n-1)$fachen Punct noch $\frac{1}{2}n(n+3) - \frac{1}{2}n(n-1) = 2n$ gegebene Puncte erforderlich. Newton Enumeratio VI. Maclaurin Geom. organica p. 137. Zur Bestimmung einer Linie 3ter Ordnung sind 7 Puncte der Linie erforderlich, wenn einer derselben ein Doppelpunct der Linie sein soll. In der That, wenn zwei irreducible Linien 3ter Ordnung 6 Puncte und einen Doppelpunct gemein haben, so haben sie $2.2+6$ gemeinschaftliche Puncte (§. 40, 8), und congruiren desshalb.

4. Wenn $k < n$, und wenn von den n' Puncten mehr als nk auf einer Linie $k$ter Ordnung liegen, so hat die Linie $n$ter Ordnung der n' Puncte mit der Linie $k$ter Ordnung mehr als nk Puncte, mithin eine Linie niederer Ordnung gemein (§. 40, 5). Also ist sie reducibel. Z. B. die Linie 3ter Ordnung der 9 Puncte, von welchen mehr als 3 auf einer Geraden liegen, oder mehr als 6 auf einem Kegelschnitt, ist reducibel. Die Linie 4ter Ordnung der 14 Puncte, von welchen mehr als 4 auf einer Geraden liegen, oder mehr als 8 auf einem Kegelschnitt, oder mehr als 12 auf einer Linie 3ter Ordnung, ist reducibel.

Aber auch dann ist die Linie $n$ter Ordnung der n' Puncte nicht irreducibel, wenn von den n' Puncten mehr als

$$p = nk - \binom{k-1}{2}$$

auf einer Linie $k$ter Ordnung liegen. Es ist nämlich

$$\begin{aligned} n' &= \tfrac{1}{2}n(n+3) = \tfrac{1}{2}(\overline{n-k}+k)(\overline{n-k+3}+k) \\ &= \tfrac{1}{2}(n-k)(n-k+3) + \tfrac{1}{2}k(2n-k+3) \\ \tfrac{1}{2}k(2n-k+3) &= nk - \tfrac{1}{2}(k^2-3k+2-2) \\ &= nk - \tfrac{1}{2}(k-1)(k-2) + 1 \end{aligned}$$

also nach der angenommenen Bezeichnung

$$n' = (n-k)' + p + 1$$

Wenn nun von den n' Puncten mehr als p auf der Linie $k$ter Ordnung $u = 0$ liegen, so liegen die übrigen, deren Anzahl $(n-k)'$ nicht übersteigt, auf einer Linie $(n-k)$ter Ordnung $v = 0$, mithin liegen alle n' auf der Linie $n$ter Ordnung $uv = 0$.

Z. B. die Linie 4ter Ordnung der 14 Puncte, von welchen mehr als 11 auf einer Linie 3ter Ordnung liegen, ist reducibel.

5. Eine allgemeine Linie $n$ter Ordnung wird durch $n'-1$ ihrer Puncte nicht bestimmt (1). Wenn $u = 0$ und $v = 0$ Linien $n$ter Ordnung der $n'-1$ Puncte sind, so ist $u + \lambda v = 0$

bei allen λ eine Linie $n$ter Ordnung derselben Puncte. Und da $u + \alpha v = 0$ und $u + \beta v = 0$ solche Linien sind, so ist auch

$$u + \alpha v + \mu(u + \beta v) = 0$$

bei allen μ eine Linie $n$ter Ordnung der $n' - 1$ Puncte.

Es giebt also eine Serie von Linien $n$ter Ordnung der $n' - 1$ Puncte (§. 19, 3), die ein **Büschel** (faisceau) von Linien $n$ter Ordnung genannt wird. Durch einen Punct, den die beiden Linien $u = 0$ und $v = 0$ nicht gemein haben, geht eine bestimmte Linie $u + \lambda v = 0$ der Serie. Denn diese Linie enthält den Punct, in welchem u, v die Werthe u_i, v_i haben, unter der Bedingung $u_i + \lambda v_i = 0$; dabei hat λ einen bestimmten Werth, wenn nicht u_i, v_i beide null sind.

6. Die Linien der Serie haben aber nicht nur die gegebenen $n' - 1$ Puncte gemein, sondern alle n^2 Puncte ($u = 0$, $v = 0$), die sogenannte **Basis des Büschels**. Nun ist

$$n^2 - \tfrac{1}{2}n(n+3) + 1 = \tfrac{1}{2}(n-1)(n-2)$$

$$n^2 = n' - 1 + \binom{n-1}{2}$$

Also sind unter den n^2 gemeinschaftlichen Puncten von 2 allgemeinen Linien $n$ter Ordnung $n' - 1$ **unabhängig von einander**, und $\binom{n-1}{2}$ derselben **durch die übrigen bestimmt**. Maclaurin Geom. organ. 1720 p. 137. Euler Mém. de Berlin 1748 p. 219.

Die Relationen unter den gemeinschaftlichen Puncten von 2 Linien sind weiter untersucht worden von Gergonne 1826 Ann. de Math. 17 p. 214, besonders von Jacobi und Plücker 1836 Crelle J. 15 p. 285 und 16 p. 47, Plücker algebr. Curven 1839. Die Büschel wurden eingeführt durch Steiner syst. Entw. 1832. Crelle J. 47 p. 1 (1848). Linien $n$ter Ordnung bezeichnet man durch A^n, B^n, .. nach Plücker (seit 1839) und Steiner (seit 1848).

Die Linie $n$ter Ordnung solcher n' Puncte, die zu den gemeinschaftlichen Puncten von zwei Linien $n$ter Ordnung gehören, ist unbestimmt. Zwei Linien 3ter Ordnung haben

9 Puncte gemein, deren einer durch die übrigen bestimmt ist. Zwei Linien 4ter Ordnung haben 16 Puncte gemein, deren 3 durch die übrigen bestimmt sind. U. s. w.

Diese Anzahlen verändern sich, wenn die Linien $n$ter Ordnung specielle werden, die durch weniger als n' Puncte bestimmt sind.

7. Wenn $u = 0$, $v = 0$, $w = 0$ Linien $n$ter Ordnung derselben $n' - 2$ Puncte sind dergestalt, dass die Linie $w = 0$ mit keiner Linie der Serie $u + \lambda v = 0$ congruirt, so ist $u + \lambda v + \mu w = 0$ bei allen λ, μ eine Linie $n$ter Ordnung derselben $n' - 2$ Puncte. Es giebt also eine Doppelserie von Linien $n$ter Ordnung der $n' - 2$ Puncte. Durch einen Punct, in welchem u, v, w die Werthe u_i, v_i, w_i haben, die nicht alle null sind, geht eine Serie von Linien der Doppelserie

$$\begin{array}{l} u + \lambda v + \mu w = 0 \\ u_i + \lambda v_i + \mu w_i = 0 \end{array} \qquad \begin{vmatrix} u + \lambda v & w \\ u_i + \lambda v_i & w_i \end{vmatrix} = 0$$

Durch diesen Punct und zugleich durch einen Punct, in welchem u, v, w die Werthe u_k, v_k, w_k haben, die ebenfalls nicht alle null sind, geht eine Linie der Doppelserie

$$\begin{array}{l} u + \lambda v + \mu w = 0 \\ u_i + \lambda v_i + \mu w_i = 0 \\ u_k + \lambda v_k + \mu w_k = 0 \end{array} \qquad \begin{vmatrix} u & v & w \\ u_i & v_i & w_i \\ u_k & v_k & w_k \end{vmatrix} = 0$$

Diese Doppelserie von Linien ist ein Netz (réseau) genannt worden. Steiner Crelle J. 47 p. 5. Cremona Curve piane art. 15. Smith London math. Society n° 14 p. 90. Als »Netz von 4 Puncten einer Ebene« hatte Möbius die Doppelserie der Puncte bezeichnet, welche aus den 4 Puncten durch fortgesetzte Collineation (Ziehung von Verbindungslinien) gewonnen werden. Baryc. Calcul II c. 6.

8. Wenn von den gemeinschaftlichen Puncten zweier Linien $n$ter Ordnung nk auf einer Linie $k$ter Ordnung liegen $(k < n)$, so liegen die übrigen auf einer Linie $(n - k)$ter Ordnung. Die Linie $k$ter Ordnung der nk gemeinschaftlichen Puncte sei $u = 0$, die Linie $(n - k)$ter Ordnung andrer $(n - k)'$ gemeinschaftlicher Puncte sei $v = 0$, so dass $uv = 0$ eine Linie $n$ter Ordnung ist, welche $nk + (n-k)'$ gemeinschaftliche Puncte enthält. Diese Anzahl beträgt $n' - 1$ oder mehr (4). Also enthält die Linie $n$ter Ordnung $uv = 0$ alle gemeinschaftlichen Puncte (6), und diejenigen gemeinschaftlichen Puncte, welche nicht auf $u = 0$ liegen, liegen auf $v = 0$. GERGONNE (6).

Z. B. Wenn von den gemeinschaftlichen Puncten zweier Linien 3ter Ordnung 3 auf einer Geraden liegen, so liegen die übrigen auf einem Kegelschnitt. Und wenn von denselben Puncten 2mal 3 auf je einer Geraden liegen, so liegen die übrigen auf einer Geraden.

Bei einem $2n$Seit (Polygramm) bilden die Seiten 1, 3, 5, .. eine Linie $n$ter Ordnung, die Seiten 2, 4, 6, .. desgleichen. Wenn die Ecken des $2n$Seits 12, 23, 34, .. d. i. $2n$ gemeinschaftliche Puncte der beiden Linien $n$ter Ordnung auf einer Linie 2ter Ordnung liegen ($k = 2$), so liegen die übrigen gemeinschaftlichen Puncte auf einer Linie $(n-2)$ter Ordnung. Wenn insbesondere ($n = 3$) die Puncte 12, 23, 34, 45, 56, 61 auf einer Linie 2ter Ordnung liegen, so liegen die Puncte 14, 25, 36 auf einer Geraden (einer Pascalschen Geraden §. 36, 13).

9. Unter den gemeinschaftlichen Puncten einer Linie $n$ter Ordnung $f = 0$ und einer Linie $k$ter Ordnung $u = 0$ $(2 < k < n)$ sind

$$p = nk - \binom{k-1}{2}$$

von einander unabhängig, und $\binom{k-1}{2}$ derselben durch die übrigen bestimmt. PLÜCKER und JACOBI (6).

Wenn nämlich p Puncte der $f = 0$ auf der Linie $k$ter Ordnung $u = 0$ liegen, und wenn durch $(n-k)'$ andre Puncte der $f = 0$ die Linie $(n-k)$ter Ordnung $v = 0$ gelegt wird, so haben die Linien $n$ter Ordnung $f = 0$ und $uv = 0$

$$p + (n-k)' = n' - 1 \quad (4)$$

gemeinschaftliche Puncte. Dieselben Linien haben noch andre $\binom{n-1}{2}$ bestimmte Puncte gemein (6), unter welchen sich die übrigen gemeinschaftlichen Puncte der $f = 0$ und $u = 0$ befinden. Z. B. Unter den 24 gemeinschaftlichen Puncten einer Linie 6ter Ordnung und einer Linie 4ter Ordnung sind 3 durch die übrigen bestimmt; weniger, wenn unter den übrigen ein mehrfacher Punct der singulären $f = 0$ sich befindet.

10. Wenn bei positiven $n - k$, $n - l$ und $k + l - n - 2$ die Linie $n$ter Ordnung $f = 0$ von den gemeinschaftlichen Puncten der Linien $k$ter Ordnung $u = 0$ und $l$ter Ordnung $v = 0$ die bestimmte Anzahl

$$q = kl - \binom{k + l - n - 1}{2}$$

enthält, so enthält sie auch die übrigen. Cayley 1843 Cambridge math. J. 3 p. 211. Dieser Satz beruht auf einer Relation, welche aus der oben (4) gezeigten

$$n' = (n - k)' + nk - \binom{k - 1}{2} + 1$$

dadurch entspringt, dass man k durch $k + l - n$ ersetzt. Man erhält

$$n' = (n - k + n - l)' + n(k + l - n) - \binom{k + l - n - 1}{2} + 1$$

$$n' = (n - k)' + (n - l)' + kl - \binom{k + l - n - 1}{2} + 1$$

$$n' = (n - k)' + (n - l)' + q + 1$$

für positive $n - k$, $n - l$, $k + l - n - 2$. Dabei ist

$$nl - q - (n - k)' = nl + (n - l)' - n' + 1 = \binom{l - 1}{2}$$

$$nk - q - (n - l)' = nk + (n - k)' - n' + 1 = \binom{k - 1}{2}$$

Ausser den q Puncten der Gruppe $(u = 0,\ v = 0)$, welche nach der Voraussetzung auf der Linie $f = 0$ liegen, giebt es $(n - k)'$ andre Puncte der Gruppe $(f = 0,\ v = 0)$, weil $nl - q - (n - k)'$ nicht negativ ist, und $(n - l)'$ andre Puncte der Gruppe $(f = 0,\ u = 0)$, weil $nk - q - (n - l)'$ nicht negativ ist. Durch jene Puncte geht die Linie $(n - k)$ter Ordnung $u' = 0$, durch diese geht die Linie $(n-l)$ter Ordnung $v' = 0$. Nun enthalten die beiden Linien $n$ter Ordnung $uu' = 0$ und $vv' = 0$ dieselben Puncte der $f = 0$, deren Anzahl

$$q + (n-k)' + (n-l)' = n' - 1$$

Also ist $f = 0$ eine Linie der Serie $uu' + \lambda vv' = 0$, und enthält alle Puncte der Gruppe $(uu' = 0,\ vv' = 0)$, insbesondere alle Puncte $(u = 0,\ v = 0)$.

Der Beweis wird hinfällig, wenn die $n' - 1$ Puncte solche Lage haben, dass eine die $n' - 1$ Puncte enthaltende Linie $n$ter Ordnung mehrfach unbestimmt ist. Vergl. (1) und (6).

§. 42. Linien von verschiedener Singularität.

1. Eine irreducible Linie $n$ter Ordnung kann einen $(n-1)$-fachen Punct haben (§. 38, 6). Wenn sie einen $(n-k)$fachen Punct A hat, so kann sie keinen andern $(k+1)$fachen Punct B haben. Wäre B ein $(k+1)$facher Punct der Linie, so hätte die Gerade AB mit der Linie $n$ter Ordnung $(n-k) + (k+1)$ Puncte gemein, und wäre ein Theil der Linie. Z. B. Eine Linie 5ter Ordnung mit einem 3fachen Punct kann keinen andern 3fachen Punct haben.

Wenn eine irreducible Linie $n$ter Ordnung $\binom{n-1}{2}$ 2fache Puncte $A_1, A_2, ..$ hat, so kann sie keinen andern 2fachen Punct B haben. Maclaurin Geom. organica p. 137. Dieser Satz beruht auf der Relation

$$(n-1)' = \tfrac{1}{2}(n-1)(n-2+4) = \binom{n-1}{2} + 1 + 2n - 3$$

Wäre B ein 2facher Punct der Linie $n$ter Ordnung, so hätten die Linie $(n-1)$ter Ordnung der Puncte $A_1, A_2, .., B$ und andrer $2n-3$ Puncte der Linie $n$ter Ordnung, deren Gesammtzahl $(n-1)'$ ist, und die Linie $n$ter Ordnung

$$2\binom{n-1}{2} + 2 + 2n - 3 = (n-1)n + 1$$

gemeinschaftliche Puncte (§. 40, 8), also eine gemeinschaftliche Linie.

Demnach hat eine irreducible Linie

3ter	Ordnung	nicht	mehr	als	1	Doppelpunct
4 »	»	»	»	»	3	Doppelpuncte
5 »	»	»	»	»	6	»
n »	»	»	»	»	$\binom{n-1}{2}$	»

Wenn eine Linie $n$ter Ordnung einen $(n-2)$fachen Punct hat, so hat sie keinen 3fachen Punct. Da in dem $(n-2)$fachen Punct $\binom{n-2}{2}$ Doppelpuncte unterschieden werden können (§. 38, 6), so kann die Linie $n$ter Ordnung ausser dem $(n-2)$-fachen Punct nicht mehr als

$$\binom{n-1}{2} - \binom{n-2}{2} = n-2$$

Doppelpuncte haben. Fiedler-Salmon Plancurven p. 34.

2. Jede reducible Linie besitzt mehrfache Puncte und gehört desshalb nicht zu den ordinären Linien ihrer Ordnung (§. 38, 8). Wenn $u = 0$, $v = 0$ irreducible Linien $m$ter, $n$ter Ordnung sind, so ist $uv = 0$ eine reducible Linie $(m+n)$ter Ordnung, von welcher die mn Puncte $(u = 0,\ v = 0)$ nicht einfache Puncte sind. Denn die Gerade eines solchen Punctes A hat mit $u = 0$ und mit $v = 0$ je einen Punct A oder mehr Puncte A, also mit $uv = 0$ 2 Puncte A oder mehr gemein. Vergl. §. 38, 1. In der That existirt für jeden Punct der Gruppe $(u = 0,\ v = 0)$ die erste Differentialgleichung der $uv = 0$ nicht, weil daselbst die Fluxionen

$$\frac{\partial}{\partial x} uv = v \frac{\partial u}{\partial x} + u \frac{\partial v}{\partial x} \qquad \frac{\partial}{\partial y} uv = v \frac{\partial u}{\partial y} + u \frac{\partial v}{\partial y}$$

beide null sind. Vergl. §. 38, 9.

Die grösste Menge von Doppelpuncten, welche eine irreducible Linie $(m+n)$ter Ordnung besitzen kann, ist im Allgemeinen grösser als mn. Denn

$$\begin{aligned}(m-1+n)(m-2+n) &= (m-1)(m-2) + n(2m+n-3)\\ &= (m-1)(m-2) + 2mn + n^2 - 3n + 2 - 2\end{aligned}$$

folglich

$$\binom{m+n-1}{2} - mn = \binom{m-1}{2} + \binom{n-1}{2} - 1$$

Eine reducible Linie $k$ter Ordnung besteht mindestens aus 2 Linien, höchstens aus k Geraden, und hat mindestens $k - 1$ Doppelpuncte, höchstens $\binom{k}{2}$. Die reducible Linie 3ter Ordnung hat 2, 3 Doppelpuncte, die irreducible kann deren 1 haben. Die reducible Linie 4ter Ordnung hat 3, 4, 5, 6 Doppelpuncte, die irreducible kann deren 3 haben. Die reducible Linie 5ter Ordnung hat 4, 6, 7, 8, 9, 10 Doppelpuncte, die irreducible kann deren 6 haben. U. s. w.

3. Um die algebraischen Planlinien zu classificiren, hat Newton dieselben zunächst nach der Anzahl der Puncte, welche sie mit einer Geraden gemein haben, in Ordnungen vertheilt, und die reduciblen Linien ausgeschieden. Vergl. §. 20, 7. Die Eintheilung der irreduciblen Linien einer Ordnung nach ihren realen unendlichfernen Puncten und dahin sich erstreckenden Zweigen genügte zwar bei der zweiten Ordnung, führte aber bereits bei der dritten Ordnung zu einer unübersichtlichen Menge besondrer Linien. Newton Enumeratio III, Euler Introd. II c. 9—11, Cramer c. 9, Plücker System 1835 (3. Abschnitt), Liouv. J. 1 p. 229, Algebr. Curven 1839.

Lehrreich war Newton's Bemerkung Enum. V, dass alle Linien 3ter Ordnung collinear sind mit der speciellen (parabolischen) Linie 3ter Ordnung

$$y^2 = ax + bx^2 + cx + d = a(x-\alpha)(x-\beta)(x-\gamma)$$

welche 5 Gestalten haben kann: 3 versehn mit einem Doppelpunct (Spitze, Knoten, conjugirter Punct), 2 ohne Doppelpunct (mit abgesonderter Ovale und ohne eine solche). Vergl. Chasles Aperçu hist. Note 20. Möbius Grundformen der Linien 3ter Ordnung 1849. Salmon Plane curves 1852 c. III. Demgemäss sind von Salmon a. a. O. die Linien 3ter Ordnung zunächst in Linien der 3ten, 4ten, 6ten Classe (§. 28, 2) vertheilt worden, nach dem Doppelpunct, den sie haben oder nicht haben.

4. Die irreduciblen Linien einer Ordnung sind entweder singuläre mit mehrfachen Puncten oder ordinäre ohne mehrfache Puncte. Die singulärsten Linien einer Ordnung sind diejenigen, welche soviel und solche mehrfache Puncte besitzen, dass von ihren andern Puncten keiner ein mehrfacher sein kann. Die singulärsten Linien $n$ter Ordnung sind also die, welche einen $(n-1)$fachen Punct haben oder $\binom{n-1}{2}$ Doppelpuncte, die zum Theil oder ganz gesondert liegen (1).

Weniger singulär ist eine Linie $n$ter Ordnung mit $\binom{n-1}{2}-p$ Doppelpuncten oder mit soviel und solchen mehrfachen Puncten, dass unter ihren andern Puncten nicht mehr als p unterscheidbare Doppelpuncte zulässig sind. Die irreduciblen Linien 2ter Ordnung haben keinen Doppelpunct; die 3ter Ordnung haben einen oder keinen Doppelpunct; unter den Linien 4ter Ordnung sind in Betracht zu ziehn die singulärsten mit 3 Doppelpuncten, weniger singuläre mit 2, 1 Doppelpuncten, und die ordinären ohne einen Doppelpunct. U. s. w.

Verstärkt wird in allen Fällen die Singularität einer Linie, wenn die Coefficienten ihrer Gleichung so verändert werden, dass durch einen Punct der Linie mehr Zweige derselben gehn, und dass daselbst zwei Zweige einen 2punctigen Contact oder eine Osculation erhalten.

5. Alle Linien, welche p Doppelpuncte weniger haben als die singulärsten ihrer Ordnungen, sind für die Zwecke der Analysis als »Linien $p$ten Geschlechts« (mit der deficiency p) zusammengefasst worden von Clebsch 1864 Crelle J. 63 p. 192, 64 p. 43 u. 98, und Cayley London math. Soc. 1865 Oct. Zum 0ten Geschlecht gehören nach dieser Zählung die Linien 2ter Ordnung und alle singulärsten Linien; zum 1ten Geschlecht die ordinären Linien 3ter Ordnung, die singulären 4ter Ordnung mit 2 Doppelpuncten, 5ter Ordnung mit 5 Doppelpuncten, u. s. w.; zum 2ten Geschlecht die Linien 4ter Ordnung mit 1 Doppelpunct, 5ter Ordnung mit 4 Doppelpuncten, u. s. w.

Für dieselben Zwecke hatte Riemann »algebraische Gleichungen einer Classe« Crelle J. 54 p. 133 (1857) und Weier-

STRASS den »Rang einer Gleichung« in den Vorlesungen über die Abelschen Functionen definirt. Die Abzählung des Geschlechts einer Linie nach den Doppelpuncten derselben giebt aber nicht ohne Weiteres den Rang ihrer Gleichung. Eine Linie 4ter Ordnung mit 1 Doppelpunct ist niedern als 2ten Ranges, wenn in dem Doppelpunct die Zweige sich osculiren. Z. B. die Linie

$$y^2 = ax^4 + bx^3 + cx^2 + dx + e$$

hat einen unendlichfernen Doppelpunct mit einer Tangente (der unendlichfernen Geraden), von der die Linie 3punctig berührt wird; denn die Parallelen der $x = 0$ enthalten je 2 unendlichferne Puncte der Linie, nur die $x = \infty$ enthält deren 4. In der That ist diese Linie nicht 2ten sondern 1ten Ranges.

6. Die singulärsten Linien $n$ter Ordnung, die elementarsten ihrer Ordnung, 0ten Ranges und Geschlechts, »Unicursalen« bei CAYLEY a. a. O., sind durch mehrere Eigenschaften ausgezeichnet. Zu ihrer Bestimmung sind weniger als n' gegebene Puncte erforderlich. Wenn $f = 0$ die Gleichung einer allgemeinen Linie $n$ter Ordnung ist mit der Differentialgleichung $f_x dx + f_y dy = 0$, so muss ein mehrfacher Punct der Linie ein Punct der Gruppe $(f_x = 0, f_y = 0)$ sein, der der Gleichung $f = 0$ genügt (§. 38, 9), d. h. die Coefficienten der f müssen durch eine bestimmte Gleichung verbunden sein. Also hat die Gleichung einer Linie $n$ter Ordnung mit $\binom{n-1}{2}$ gesonderten Doppelpuncten nicht mehr als

$$n' - \binom{n-1}{2} = 3n - 1$$

disponible Coefficienten. Vergl. §. 41, 3.

7. Die homogenen Coordinaten eines Punctes einer singulärsten Linie $n$ter Ordnung sind Functionen $n$ten Grades eines Parameters (einer freien Variablen), d. h. die Gleichung $f = 0$ für den Punct $x|y$ einer singulärsten Linie $n$ter Ordnung kann ersetzt werden durch das System

$$1 : x : y = P : Q : R$$

so dass P, Q, R bestimmte Functionen $n$ten Grades der Unbestimmten λ sind. Clebsch 1865 Crelle J. 64 p. 44. Vergl. Chasles Comptes rendus 1866 t. 62 p. 584 und Hermite Cours d'Anal. 1873 p. 250.

I. Zur Bestimmung einer Linie $k$ter Ordnung werden k' Puncte der $f = 0$ ausgewählt, verschieden von den $\binom{n-1}{2}$ Doppelpuncten der $f = 0$. Diese Linie $k$ter Ordnung enthält zugleich die Doppelpuncte der $f = 0$ und nur diese, wenn

$$k' + \binom{n-1}{2} = nk$$

Dieser für k quadratischen Gleichung genügen $k = n - 1$, $n - 2$. Dabei ist

$$(n-1)' - \binom{n-1}{2} = 2n - 2$$

$$(n-2)' - \binom{n-1}{2} = n - 2$$

II. Wenn nun $u = 0$, $v = 0$ Linien $(n - 1)$ter Ordnung sind, welche die Doppelpuncte und $2n - 3$ andre Puncte der $f = 0$ enthalten, so ist $u + \lambda v = 0$ von derselben Art. Daher enthält die Gruppe $(u + \lambda v = 0, f = 0)$ nach §. 40, 8

$$2\binom{n-1}{2} + 2n - 3 = (n-1)n - 1$$

bekannte Puncte und einen von λ abhängigen Punct.

Oder wenn $u = 0$, $v = 0$ Linien $(n - 2)$ter Ordnung sind, welche die Doppelpuncte und $n - 3$ andre Puncte der $f = 0$ enthalten, so ist $u + \lambda v = 0$ von derselben Art. Daher enthält die Gruppe $(u + \lambda v = 0, f = 0)$

$$2\binom{n-1}{2} + n - 3 = (n-2)n - 1$$

bekannte Puncte und einen von λ abhängigen Punct.

III. In beiden Fällen ist die von y unabhängige Resultante X der Functionen $u + \lambda v$ und f (§. 40, 2) eine Function $n$ten Grades von λ, und die Wurzeln der Gleichung $X = 0$ für x

sind bis auf eine, die von λ abhängt. Also findet man, indem man X durch eine bekannte Function von x dividirt, $Px - Q = 0$, so dass P, Q gegebene Functionen $n$ten Grades der λ sind. Ebenso findet man $P'y - Q' = 0$, so dass P', Q' gegebene Functionen $n$ten Grades der λ sind.

Hiernach entspricht jedem λ ein Punct $x|y$. Aber zur Congruenz des Systems ($Px = Q$, $P'y = Q'$) mit der Gleichung $f = 0$ ist es nothwendig, dass n Puncte der Linie auf der Geraden $A + Bx + Cy = 0$ liegen, dass also die Gleichung

$$A + B\frac{Q}{P} + C\frac{Q'}{P'} = 0$$

für λ den Grad n hat, folglich $P : P'$ von λ unabhängig ist. Daher genügt der Gleichung $f = 0$ das System

$$1 : x : y = P : Q : R$$

wenn P, Q, R bestimmte Functionen $n$ten Grades von λ sind.

IV. Man kann auch $A + Bx + Cy = 0$ als Gleichung des Punctes $x|y$ betrachten, und aus dem System

$$u + \lambda v = 0, \quad f = 0, \quad A + Bx + Cy = 0$$

durch Elimination von x und y die Gleichung $\varphi = 0$ für A, B, C componiren (§. 37, 4), d. i. die Gleichung der Puncte ($u + \lambda v = 0$, $f = 0$), deren einer von λ abhängt, während die übrigen bekannt sind. Aus $\varphi = 0$ findet man dann durch Division die Gleichung des von λ abhängigen Punctes

$$AP + BQ + CR = 0$$

für welchen

$$1 : x : y = P : Q : R$$

ist, wo P, Q, R bestimmte Functionen $n$ten Grades von λ sind. Clebsch-Gordan Abelsche Functionen p. 67.

8. Wenn f_k eine Form $k$ten Grades der x, y ist, so ist $f_n + f_{n-1} = 0$ eine Linie $n$ter Ordnung mit dem $(n-1)$fachen Punct $0|0$, und es genügt, $y = tx$ zu setzen, um x und y

durch t rational auszudrücken. Durch die Substitution $y = tx$ wird f_k theilbar durch x^k; der Quotient T_k ist der Werth, welchen f_k bei $x = 1$, $y = t$ hat, eine Function $k$ten Grades der t. Man erhält $x^n T_n + x^{n-1} T_{n-1} = 0$, also das System

$$xT_n + T_{n-1} = 0, \qquad yT_n + tT_{n-1} = 0$$

Z. B $x^3 + y^3 - 3axy = 0$ kann ersetzt werden durch

$$x = \frac{3at}{1+t^3} \qquad y = \frac{3at^2}{1+t^3}$$

Wenn man einen Punct einer Linie 2ter Ordnung zum Nullpunct nimmt, so erhält man die Gleichung der Linie $f_2 + f_1 = 0$, also $xT_2 + T_1 = 0$, u. s. w.

Wenn dagegen $f_n + f_{n-2} = 0$, also $x^2 T_n + T_{n-2} = 0$, so werden x und y durch t irrational ausgedrückt. Ebenso bei

$$f_n + f_{n-\alpha} + f_{n-2\alpha} = 0, \qquad x^{2\alpha} T_n + x^\alpha T_{n-\alpha} + T_{n-2\alpha} = 0$$

Diese einfachsten Fälle, in denen einer Gleichung $f = 0$ entsprechend die Variablen x und y als rationale oder irrationale Functionen einer Unbestimmten t dargestellt werden, sind von Euler Introd. I c. 3 erledigt worden.

9. Wenn die homogenen Coordinaten P, Q, R des Punctes $x|y$ Functionen $n$ten Grades des Parameters λ sind und demnach

$$1 : x : y = P : Q : R$$

so entsprechen allen λ alle Puncte $x\ y$ einer »barycentrischen Linie $n$ter Ordnung«. Möbius baryc. Calc. §. 66 ff.

I. Die Gerade

$$A + Bx + Cy = 0$$

hat mit der barycentrischen Linie $n$ter Ordnung den Punct

$$AP + BQ + CR = 0$$

gemein, der durch diese Gleichung für λ vom $n$ten Grad $n$deutig bestimmt wird. Auf der unendlichfernen Geraden liegen die Puncte $P = 0$.

II. Der einem Parameter λ entsprechende Punct der barycentrischen Linie kann durch Linealconstruction gefunden werden. Bar. Calc. §. 71.

III. Nach der Substitution

$$\lambda = \frac{\alpha + \beta t}{1 + \gamma t}$$

verhalten sich $P : Q : R$ wie Functionen desselben Grades von t. Die Coefficienten dieser Functionen sind von α, β, γ abhängig; also können 3 derselben bei bestimmten α, β, γ null werden. Die Proportion der Functionen von t enthält demnach statt $3n + 2$ nur $3n - 1$ disponible Coefficienten, so dass zur Bestimmung einer barycentrischen Linie $n$ter Ordnung $3n - 1$ Puncte erforderlich sind. Bar. Calc. §. 69. Vergl. oben (6).

IV. Eine Linie $n$ter Ordnung $f = 0$ mit n' disponiblen Coefficienten ist nicht unbedingt barycentrisch. Wenn sie es ist, so ist die Gleichung $f = 0$ congruent mit der Gleichung $g = 0$, $n$ten Grades für x, y, welche aus dem System ($Px = Q$, $Py = R$) durch Elimination von t erhalten wird. Die Coefficienten der g sind rationale Functionen der $3n - 1$ Coefficienten, welche in P, Q, R zur Verfügung stehn. Also haben n' Functionen von $3n - 1$ Unbestimmten gegebene Werthe. Nach Bestimmung der $3n - 1$ Unbestimmten durch ebensoviel Gleichungen bleibt ein Ueberschuss von

$$n' - 3n + 1 = \binom{n-1}{2}$$

Gleichungen für die Coefficienten der f. Wenn die Coefficienten der f diesen Gleichungen nicht genügen, so ist die Linie $f = 0$ nicht barycentrisch. Bar. Calc. §. 138.

Demnach sind die singulärsten Linien ihrer Ordnung (0ten Ranges oder Geschlechts, Unicursalen) barycentrische Linien derselben Ordnung.

10. Neben der Linealconstruction der barycentrischen Linien (9, II) sind bekannt die Construction eines Kegelschnittes durch 2 Büschel von Geraden bei NEWTON Princ. I lemma 21, sowie die Constructionen von singulären Linien höherer Ordnungen auf demselben Wege Enumeratio VI, welche MACLAURIN Geom. org. 1720 weiter ausgeführt hat. Besondre Fälle behandeln ein Fragment von EULER (Crelle J. 23), ein Aufsatz von A. JACOBI 1846 Crelle J. 31 p. 108.

Constructionen von Linien durch 2 Büschel von Curven werden erwähnt von STEINER 1848 (Crelle J. 47 p. 2), näher betrachtet von GRASSMANN 1851 Crelle J. 42 p. 193. Specielle Ausführungen verdankt man CHASLES Comptes rendus 1853 t. 37, 1855, 1857. Rapport sur les progrès de la géom. 1870 p. 223 ff. Vergl. CREMONA 1862 Curve piane 46 ff. SCHRÖTER 1872 Math. Ann. 5 p. 51, 6 p. 85.

Die Erzeugung algebraischer Linien durch Bewegung von Geraden ist Gegenstand mehrerer Abhandlungen von GRASSMANN seit 1846 Crelle J. 31 p. 111, 36 p. 177, 42 p. 187.

11. Aus dem System $(Q = Px,\ R = Py)$ wird die Gleichung der barycentrischen Linie durch Elimination des Parameters gefunden. Wenn

$$P = a_0 + a_1 t + \ldots, \quad Q = b_0 + b_1 t + \ldots, \quad R = c_0 + c_1 t + \ldots$$

*n*ten Grades sind, so hat man

$$\begin{aligned} b_0 - a_0 x + (b_1 - a_1 x)t + (b_2 - a_2 x)t^2 + \ldots &= 0 \\ c_0 - a_0 y + (c_1 - a_1 y)t + (c_2 - a_2 y)t^2 + \ldots &= 0 \end{aligned}$$

oder abgekürzt

$$B_0 + B_1 t + \ldots = 0, \quad C_0 + C_1 t + \ldots = 0$$

Aus diesen beiden Gleichungen *n*ten Grades für t kann man durch Bildung einer Determinante 2*n*ten Grades die gesuchte Gleichung erhalten. Einfacher bildet man nach BÉZOUT n Gleichungen $(n-1)$ten Grades

$$\begin{vmatrix} B_0 & B_1 + B_2 t + \ldots \\ C_0 & C_1 + C_2 t + \ldots \end{vmatrix} = 0, \quad \begin{vmatrix} B_0 + B_1 t & B_2 + B_3 t + \ldots \\ C_0 + C_1 t & C_2 + C_3 t + \ldots \end{vmatrix} = 0, \ldots$$

oder entwickelt

$$\begin{array}{llll} 01 + 02\,t & + 03\,t^2 & + \ldots = 0 \\[1ex] 02 + 03 \mid t & + 04 \quad t^2 & + \ldots = 0 \\ + 12 \mid & + 13 \mid & \\[1ex] 03 + 04 \mid t & + 05 \mid t^2 & + \ldots = 0 \\ + 13 \mid & + 14 \mid & \\ & + 23 \mid & \end{array}$$

u. s. w. Zufolge dieses Systems von Gleichungen ist

$$\begin{vmatrix} 01 & 02 & 03 & . \\ 02 & 03 + 12 & 04 + 13 & . \\ 03 & 04 + 13 & 05 + 14 + 23 & . \\ . & . & . & \end{vmatrix} = 0$$

Diese Determinante $n$ten Grades ist symmetrisch; ihre Elemente sind lineare Functionen der x, y, weil

$$01 = \begin{vmatrix} B_0 & B_1 \\ C_0 & C_1 \end{vmatrix} = \begin{vmatrix} b_0 - a_0 x & b_1 - a_1 x \\ c_0 - a_0 y & c_1 - a_1 y \end{vmatrix}$$

$$= \begin{vmatrix} a_0 - a_0 & a_1 - a_1 & 1 \\ b_0 - a_0 x & b_1 - a_1 x & x \\ c_0 - a_0 y & c_1 - a_1 y & y \end{vmatrix} = \begin{vmatrix} a_0 & a_1 & 1 \\ b_0 & b_1 & x \\ c_0 & c_1 & y \end{vmatrix}$$

12. Eine barycentrische Linie höherer als 2ter Ordnung hat unbedingt mehrfache Puncte. Wenn der dem Parameter t entsprechende Punct $P|Q|R$ und der dem Parameter $t\varrho$ entsprechende Punct $P'|Q'|R'$ zusammenfallen, so ist der Punct $P|Q|R$ ein Doppelpunct der barycentrischen Linie. Zur Bestimmung desselben dient das System

$$P' : Q' : R' = P : Q : R$$

für t, ϱ, von denen t nicht 0, ϱ nicht 1. Die Anzahl $\frac{1}{2}(n-1)(n-2)$ der Lösungen $t|\varrho$ wurde von Clebsch 1865 Crelle J. 64 p. 48 bestimmt. Vergl. Hermite Cours d'analyse 1873 p. 249. Die resultirende Gleichung für t ist von Haase 1870 Math. Ann. 2 p. 523 gegeben worden. Vergl. Lindemann-Clebsch Vorles. p. 889.

I. Die Gleichungen

$$\begin{vmatrix} P & P' \\ Q & Q' \end{vmatrix} = 0 \qquad \begin{vmatrix} P & P' \\ R & R' \end{vmatrix} = 0$$

werden ersetzt durch

$$\begin{vmatrix} P'' & P \\ Q'' & Q \end{vmatrix} = 0 \qquad \begin{vmatrix} P'' & P \\ R'' & R \end{vmatrix} = 0$$

wo

$$P'' = \frac{P-P'}{1-\varrho} \qquad Q'' = \frac{Q-Q'}{1-\varrho} \qquad R'' = \frac{R-R'}{1-\varrho}$$

Nun ist $P - P' = a_1 t(1-\varrho) + a_2 t^2(1-\varrho^2) + \ldots$, folglich

$$\begin{aligned} P'' &= a_1 t + a_2 t^2 + \ldots + (a_2 t^2 + a_3 t^3 + \ldots)\varrho + \ldots \\ &= P - P_0 + (P - P_1)\varrho + (P - P_2)\varrho^2 + \ldots \end{aligned}$$

wo $P = a_0$, $P_1 = a_0 + a_1 t$, $P_2 = a_0 + a_1 t + a_2 t^2$, u. s. w. Demnach hat man die erste Gleichung $(n-1)$ten Grades für ϱ

$$\begin{vmatrix} P - P_0 + (P - P_1)\varrho + (P - P_2)\varrho^2 + \ldots & P \\ Q - Q_0 + (Q - Q_1)\varrho + (Q - Q_2)\varrho^2 + \ldots & Q \end{vmatrix} = 0$$

oder entwickelt

$$\begin{vmatrix} P & P_0 \\ Q & Q_0 \end{vmatrix} + \begin{vmatrix} P & P_1 \\ Q & Q_1 \end{vmatrix}\varrho + \begin{vmatrix} P & P_2 \\ Q & Q_2 \end{vmatrix}\varrho^2 + \ldots = 0$$

abgekürzt

$$B_0 + B_1\varrho + B_2\varrho^2 + \ldots = 0$$

und die zweite Gleichung nach Vertauschung von Q mit R

$$C_0 + C_1\varrho + C_2\varrho^2 + \ldots = 0$$

II. Aus den beiden Gleichungen $(n-1)$ten Grades bildet man wie oben (11) $n-1$ Gleichungen $(n-2)$ten Grades für ϱ

$$01 + 02\,\varrho + 03\,\varrho^2 + \ldots = 0$$

$$02 + \left.\begin{matrix}03 \\ +\,12\end{matrix}\right|\varrho + \left.\begin{matrix}04 \\ +\,13\end{matrix}\right|\varrho^2 + \ldots = 0$$

$$03 + \left.\begin{matrix}04 \\ +\,13\end{matrix}\right|\varrho + \left.\begin{matrix}05 \\ +\,14 \\ +\,23\end{matrix}\right|\varrho^2 + \ldots = 0$$

u. s. w.

III. Dabei ist

$$01 = \begin{vmatrix} B_0 & B_1 \\ C_0 & C_1 \end{vmatrix} = \begin{vmatrix} PQ_0 - P_0Q & PQ_1 - P_1Q \\ PR_0 - P_0R & PR_1 - P_1R \end{vmatrix}$$

$$= \begin{vmatrix} PP_0 - P_0P & PP_1 - P_1P & P \\ PQ_0 - P_0Q & PQ_1 - P_1Q & Q \\ PR_0 - P_0R & PR_1 - P_1R & R \end{vmatrix} \frac{1}{P} = \begin{vmatrix} P_0 & P_1 & P \\ Q_0 & Q_1 & Q \\ R_0 & R_1 & R \end{vmatrix} P$$

und überhaupt $ik = D_{ik}P$ bei $k > i$, wo

$$D_{ik} = \begin{vmatrix} P_i & P_k & P \\ Q_i & Q_k & Q \\ R_i & R_k & R \end{vmatrix} = \begin{vmatrix} P_i & P_k - P_i & P - P_k \\ Q_i & Q_k - Q_i & Q - Q_k \\ R_i & R_k - R_i & R - R_k \end{vmatrix}$$

Nun ist P_i vom $i$ten Grad, $P_k - P_i$ vom $k$ten Grad und theilbar durch t^{i+1}, $P - P_k$ vom $n$ten Grad und theilbar durch t^{k+1}; also D_{ik} vom $(i+k+n)$ten Grad und theilbar durch t^{i+k+2}, und

$$d_{ik} = \frac{D_{ik}}{t^{i+k+2}} = \begin{vmatrix} P_i & (P_k - P_i) : t^{i+1} & (P - P_k) : t^{k+1} \\ Q_i & (Q_k - Q_i) : t^{i+1} & (Q - Q_k) : t^{k+1} \\ R_i & (R_k - R_i) : t^{i+1} & (R - R_k) : t^{k+1} \end{vmatrix}$$

vom $(n-2)$ten Grad bei allen i, k.

IV. Vermöge der Gleichungen

$$01 = PD_{01} = Pd_{01}t^3, \quad 02 = Pd_{02}t^4, \ldots, \quad ik = Pd_{ik}t^{i+k+2}$$

bleibt das System

$$d_{01} + d_{02}\,t\varrho + d_{03}\,t^2\varrho^2 + \ldots = 0$$

$$d_{02} + \left.\begin{matrix} d_{03} \\ + d_{12} \end{matrix}\right| t\varrho + \left.\begin{matrix} d_{04} \\ + d_{13} \end{matrix}\right| t^2\varrho^2 + \ldots = 0$$

$$d_{03} + \left.\begin{matrix} d_{04} \\ + d_{13} \end{matrix}\right| t\varrho + \left.\begin{matrix} d_{05} \\ + d_{14} \\ + d_{23} \end{matrix}\right| t^2\varrho^2 + \ldots = 0$$

u. s. w. Zufolge dieses Systems von $n-1$ Gleichungen $(n-2)$ten Grades für $t\varrho$ ist

$$\begin{vmatrix} d_{01} & d_{02} & d_{03} & . \\ d_{02} & d_{03} + d_{12} & d_{04} + d_{13} & . \\ d_{03} & d_{04} + d_{13} & d_{05} + d_{14} + d_{23} & . \\ . & . & . & \end{vmatrix} = 0$$

Die Elemente dieser Determinante $(n - 1)$ten Grades sind Functionen $(n - 2)$ten Grades von t, also ist die gefundene Gleichung für t vom $(n - 1)(n - 2)$ten Grad. Jeder Wurzel t entspricht ein Werth $t\varrho$, einer $k$fachen Wurzel t entpricht $t\varrho$ höchstens $k$deutig, so dass man $(n - 1)(n - 2)$ Lösungen $t | t\varrho$ des Systems erhält.

V. Wenn $t | t\varrho$ eine Lösung des Systems (I) ist, so ist $t\varrho | t$ auch eine Lösung desselben, weil durch Vertauschung von P mit P', u. s. w. das System nicht verändert wird. Beide Lösungen bestimmen denselben Doppelpunct: die barycentrische Linie hat $\frac{1}{2}(n - 1)(n - 2)$ Doppelpuncte.

Die Wurzeln der Gleichung $(n - 1)(n - 2)$ten Grades sind demnach so gepaart, dass durch die Wurzel t eine andre Wurzel $t\varrho$ bestimmt wird, dass durch $\frac{1}{2}(n - 1)(n - 2)$ Wurzeln die übrigen bestimmt werden.

Um die Gleichung $\frac{1}{2}(n - 1)(n - 2)$ten Grades zur Bestimmung der Doppelpuncte zu erhalten, kann man

$$t = u + v \qquad t\varrho = u - v$$

$$\begin{vmatrix} P + P' & P - P' \\ Q + Q' & Q - Q' \end{vmatrix} = 0 \qquad \begin{vmatrix} P + P' & P - P' \\ R + R' & R - R' \end{vmatrix} = 0$$

setzen. Hier ist $P + P'$ eine Function von u, v^2, und $P - P'$ theilbar durch v, der Quotient eine Function von u, v^2. Durch Elimination von v^2 findet man die reducirte Gleichung für u. Jeder Wurzel u entspricht v^2, so dass $t = u + v$.

§. 43. Die Linie und die Geraden eines Punctes.

1. Wenn die Puncte A, B nicht auf der Linie $n$ter Ordnung $f = 0$ liegen, wenn je n Puncte der $f = 0$ auf den parallelen Geraden AP, BQ liegen, $P_1, .., P_n$ auf AP, u. s. w., wenn die Function f in A den Werth $f(A)$ hat, und das Product der n Strecken $AP_1 . AP_2 \ldots$ durch (AP) bezeichnet wird, so ist

$$(AP) : (BQ) = f(A) : f(B)$$

Man nehme für den Punct P die Abscisse x auf der Geraden AB, die Ordinate y parallel mit AP: dann ist

$$f = Cx^n + .. + Dy^n + .. + E = 0$$
$$E = f(0, 0) = f(A)$$

Bei $x = 0$ hat man $Dy^n + .. + E = 0$, folglich

$$(-1)^n (AP) = \frac{E}{D} = \frac{f(A)}{D}$$

Bei $x = AB$ hat man $Dy^n + .. + E' = 0$, $E' = f(AB, 0) = f(B)$, folglich

$$(-1)^n (BQ) = \frac{E'}{D} = \frac{f(B)}{D}$$

mithin $(AP) : (BQ) = f(A) : f(B)$. Wenn auch AR, BS parallel sind, so ist

$$(AP) : (BQ) = f(A) : f(B) = (AR) : (BS)$$

Diese Sätze sind von Newton Enum. II, 4 gegeben worden in Anschluss an die entsprechenden Eigenschaften der Kegelschnitte, welche sich bei Apollonius finden. Vergl. §. 35, 13. Wenn eine der Strecken AP unendlich ist, so ist auch eine der Strecken BQ unendlich mit dem Verhältniss 1.

2. Aus dem Newton'schen Satz entspringt der Satz von Carnot, nach welchem die Seiten eines Polygons von einer Linie $n$ter Ordnung in je n Puncten so getheilt werden, dass das Product aller Schnittverhältnisse 1 ist. Vergl. §. 35, 14.

Wenn die Seiten AB, BC, CA des Dreiecks ABC von der Linie $f = 0$ in je n Puncten P, Q, R getheilt worden sind, und die Gerade BR' mit AC parallel ist, so hat man (1)

$$\frac{(AP)}{(BP)} = \frac{(AR)}{(BR')} \qquad \frac{(BQ)}{(CQ)} = \frac{(BR')}{(CR)}$$

folglich durch Multiplication

$$\frac{(AP)}{(BP)}\frac{(BQ)}{(CQ)} = \frac{(AR)}{(CR)} \quad \text{d. i.} \quad \left(\frac{AP}{BP}\right)\left(\frac{BQ}{CQ}\right)\left(\frac{CR}{AR}\right) = 1$$

Wenn ferner CD, DA von $f = 0$ in je n Puncten S, T getheilt werden, so ist

$$\left(\frac{AR}{CR}\right)\left(\frac{CS}{DS}\right)\left(\frac{DT}{AT}\right) = 1$$

folglich durch Multiplication

$$\left(\frac{AP}{BP}\right)\left(\frac{BQ}{CQ}\right)\left(\frac{CS}{DS}\right)\left(\frac{DT}{AT}\right) = 1$$

u. s. w. Umgekehrt schliesst man: Wenn von je n Puncten P, Q, R der Seiten AB, BC, CA oder von je n Puncten P, Q, S, T der Seiten AB, BC, CD, DA, welche den aufgestellten Gleichungen genügen, alle bis auf einen auf einer Linie $n$ter Ordnung liegen, so liegt auch der letzte Punct auf derselben Linie.

3. Das Product der Schnittverhältnisse (2) ist projectiv (§. 13, 3 und 10), und hat nach dem Carnotschen Satz den Werth 1, wenn die Polygonseiten von einer Linie $n$ter Ordnung geschnitten werden. Für $n = 1$ enthält der Carnotsche Satz den Menelaischen Satz (Trigon. §. 7, 6), nach welchem die Seiten AB, BC, CA des Dreiecks ABC von einer Geraden in P, Q, R so geschnitten werden, dass

$$\frac{AP}{BP}\frac{BQ}{CQ}\frac{CR}{AR} = 1$$

Wenn dagegen

$$\frac{AP}{BP}\frac{BQ}{CQ}\frac{CR'}{AR'} = -1$$

so ist $\frac{CR}{AR} : \frac{CR'}{AR'} = -1$, d. h. R, R' sind mit C, A in Harmonie, die Geraden CP, AQ, BR' haben einen Punct gemein, die Dreiecke CAB und PQR' sind perspectivisch (Trigon. §. 7, 5).

Weitere Anwendungen sind von Plücker System 1835 p. 43 gemacht worden. Vergl. Salmon Plane curves 49. Wenn eine

Linie 3ter Ordnung die Asymptoten AB, BC, CA hat, so sind von den Schnittpuncten P, Q, R je 2 unendlichfern, folglich

$$\frac{AP}{BP}\frac{BQ}{CQ}\frac{CR}{AR} = 1$$

d. h. die Seiten des Asymptotendreiecks werden von der Linie 3ter Ordnung in 3 endlichfernen Puncten geschnitten, die auf einer Geraden liegen. Wenn AB, BC, CA mit Asymptoten einer Linie 3ter Ordnung parallel sind, so ist von den Schnittpuncten P, Q, R je einer unendlichfern, folglich

$$\frac{AP_1 \,.\, AP_2}{BP_1 \,.\, BP_2}\frac{BQ_1 \,.\, BQ_2}{CQ_1 \,.\, CQ_2}\frac{CR_1 \,.\, CR_2}{AR_1 \,.\, AR_2} = 1$$

d. h. P_1, P_2, Q_1, Q_2, R_1, R_2 liegen auf einem Kegelschnitt. Und wenn die Parallelen der Asymptoten von der Linie in P, Q, R berührt werden, so ist

$$\frac{AP}{BP}\frac{BQ}{CQ}\frac{CR}{AR} = \sqrt{1}$$

d. h. die Contacte P, Q, R liegen entweder auf einer Geraden, oder so, dass die Geraden CP, AQ, BR einen Punct gemein haben. Die erste Möglichkeit war von Plücker in Abrede gestellt worden.

Ueberhaupt werden AB, BC, CA von einer Linie 3ter Ordnung in P, Q, R berührt und in P', Q', R' so geschnitten, dass

$$\frac{AP^2 \,.\, AP'}{BP^2 \,.\, BP'}\frac{BQ^2 \,.\, BQ'}{CQ^2 \,.\, CQ'}\frac{CR^2 \,.\, CR'}{AR^2 \,.\, AR'} = 1$$

Wenn nun entweder P, Q, R auf einer Geraden liegen, oder CP, AQ, BR einen Punct gemein haben, so liegen P', Q', R' auf einer Geraden (§. 38, 3).

Wenn die Seiten des Dreiecks ABC von $f = 0$ in den Puncten P, Q, R $n$punctig berührt werden, so ist

$$\frac{AP}{BP}\frac{BQ}{CQ}\frac{CR}{AR} = \sqrt[n]{1}$$

Bei realen Contacten und bei ungeradem n ist das Product 1, d. h. die Contacte P, Q, R liegen auf einer Geraden, z. B. die

Puncte mit osculirenden Tangenten einer Linie 3ter Ordnung (§. 38, 3). Bei $n = 2$ können die 3 Puncte P, Q, R nicht auf einer Geraden liegen, also ist das Product nicht 1, sondern -1 (§. 35, 12) d. h. die Dreiecke PQR und CAB sind perspectivisch. Bei geradem n über 2 ist das Product entweder 1 oder -1.

Wenn von einer Linie 4ter Ordnung die Seite AB in den Puncten P, P', die Seite BC in Q, Q', die Seite CA in R, R' berührt wird, so ist

$$\frac{AP\,.\,AP'}{BP\,.\,BP'}\,\frac{BQ\,.\,BQ'}{CQ\,.\,CQ'}\,\frac{CR\,.\,CR'}{AR\,.\,AR'} = \sqrt{1}$$

d. h. der Kegelschnitt $PP'QQ'R$ enthält entweder den Punct R' oder den Punct R'', der so liegt, dass CA in R' und R'' harmonisch getheilt wird.

4. Wenn x, y, t die homogenen Coordinaten des Punctes Q, und x_0, y_0, t_0 die des Punctes P sind, so sind $x + \lambda x_0$, $y + \lambda y_0$, $t + \lambda t_0$ die Coordinaten des Punctes R, in welchem die Strecke QP nach dem Verhältniss $-\lambda t_0 : t$ getheilt wird (§. 30, 5). Der Punct R ist ein gemeinschaftlicher Punct der Geraden PQ und einer gegebenen Linie $n$ter Ordnung, wenn $f(R)$, eine gegebene ternäre Form $n$ten Grades, in R null ist, d. h. unter der Bedingung

$$f(x + \lambda x_0,\, y + \lambda y_0,\, t + \lambda t_0) = 0$$

Man kann $f(R)$ in eine Potenzreihe von λ entwickeln, und erhält

$$p_0 + p_1\lambda + \frac{p_2}{1\,.\,2}\lambda^2 + \,.\,.\, + \frac{p_{n-1}}{(n-1)!}\lambda^{n-1} + \frac{p_n}{n!}\lambda^n$$

wo nach dem Taylorschen Satz

$$p_0 = f(Q) = f(x, y, t)$$

$$p_1 = \frac{\partial f}{\partial x}x_0 + \frac{\partial f}{\partial y}y_0 + \frac{\partial f}{\partial t}t_0 = \left(\frac{\partial}{\partial x}x_0 + \frac{\partial}{\partial y}y_0 + \frac{\partial}{\partial t}t_0\right)f(x, y, t)$$

$$p_2 = \frac{\partial p_1}{\partial x}x_0 + \frac{\partial p_1}{\partial y}y_0 + \frac{\partial p_1}{\partial t}t_0 = \left(\frac{\partial}{\partial x}x_0 + \,.\,.\right)^2 f(x, y, t)$$

u. s. w. Die Parenthese mit den Exponenten 1, 2, .. bedeutet die Summe der Operationen, welche an der Form f ausgeführt werden sollen. Es werden demnach p_1, p_2, .. aus den Differentialen df, d^2f, .. abgeleitet, indem man dx, dy, dt durch die homogenen Coordinaten des Punctes P ersetzt, also die Fluxionen der f mit diesen Coordinaten componirt; sie sind Formen des Punctes $Q(x|y|t)$ der Grade $n-1$, $n-2$, .., und zugleich Formen des Punctes $P(x_0|y_0|t_0)$ der Grade 1, 2, ...

5. Ebenso kann man

$$\frac{1}{\lambda^n}f(R) = f\left(\frac{x}{\lambda}+x_0,\ \frac{y}{\lambda}+y_0,\ \frac{t}{\lambda}+t_0\right)$$

in eine Potenzreihe von $1:\lambda$

$$q_0 + q_1\frac{1}{\lambda} + \frac{q_2}{1.2}\frac{1}{\lambda^2} + \ldots$$

entwickeln, wo $q_0 = f(P) = f(x_0, y_0, t_0)$, und

$$q_1 = \frac{\partial f}{\partial x_0}x + \frac{\partial f}{\partial y_0}y + \frac{\partial f}{\partial t_0}t$$

u. s. w. Hier sind q_1, q_2, .. Formen des Punctes P der Grade $n-1$, $n-2$, .., und zugleich Formen des Punctes Q der Grade 1, 2, ... Also ist auch

$$f(R) = q_0\lambda^n + q_1\lambda^{n-1} + \frac{q_2}{1.2}\lambda^{n-2} + \ldots$$

Die Vergleichung beider Entwickelungen giebt

$$\frac{p_n}{n!} = q_0,\quad \frac{p_{n-1}}{(n-1)!} = q_1,\ldots,\quad \frac{p_{n-m}}{(n-m)!} = \frac{q_m}{m!}$$

zur leichteren Berechnung von p_{n-m} für den Fall dass $n-m > m$.

Die Gleichung $f(R) = 0$ ist $n$ten Grades für λ. Ihre Wurzeln λ_1, λ_2, .. bestimmen ebensoviel conjugirte Puncte R_1, R_2, .., in welchen die Strecke QP von der Linie $f = 0$ nach den Verhältnissen $-\lambda_1 t_0 : t$, $-\lambda_2 t_0 : t$, .. getheilt wird (4). Wenn nun $(m = 0, 1, .., n-1)$ die Summe der Producte von je $n - m$ unter den Schnitt-Verhältnissen $QR_1 : PR_1$, $QR_2 : PR_2$, .. durch $(QR : PR)_{n-m}$ bezeichnet wird, so ist

$$\left(\frac{QR}{PR}\right)_{n-m} = \left(\frac{-\lambda t_0}{t}\right)_{n-m} = \left(\frac{t_0}{t}\right)^{n-m} \frac{p_m}{m!} : \frac{p_n}{n!}$$

6. Die Geraden des Punctes P schneiden die Linie $f = 0$ in je n conjugirten Puncten R_1, R_2, ... Auf jeder Geraden wird entsprechend den Puncten R der Punct Q durch die Gleichung $(QR : PR)_{n-m} = 0$ bestimmt als ihr harmonisches Centrum $(n - m)$ten Grades für den Punct P (§. 8): dann liegt Q auf der Linie $(n - m)$ten Grades $p_m = 0$ (5), welche die $m$te Polare der gegebenen Linie $f = 0$ für den Punct P genannt wird. In Betracht kommen $n - 1$ successive Polaren einer Linie $n$ter Ordnung für einen gegebenen Punct.

Die erste Polare der Linie $f = 0$ für den Punct P ist die Linie $(n - 1)$ter Ordnung

$$\left(\frac{\partial}{\partial x} x_0 + \frac{\partial}{\partial y} y_0 + \frac{\partial}{\partial t} t_0\right) f(x, y, t) = 0$$

Die zweite Polare

$$\left(\frac{\partial}{\partial x} x_0 + ..\right)^2 f(x, y, t) = 0$$

ist eine Linie $(n - 2)$ter Ordnung, und zugleich die erste Polare der ersten Polare der $f = 0$ für denselben Punct P. U. s. w.

Die $(n - 2)$te Polare (die vorletzte)

$$\left(\frac{\partial}{\partial x} x_0 + ..\right)^{n-2} f(x, y, t) = 0$$

ist ein Kegelschnitt (Polar-Kegelschnitt, conische Polare); die $(n - 1)$te Polare (die letzte)

$$\left(\frac{\partial}{\partial x} x_0 + ..\right)^{n-1} f(x, y, t) = 0$$

ist eine Gerade (Polar-Gerade, gerade Polare).

Bei $n = 2$ giebt es nur eine Polare des Kegelschnittes für den Punct P, die erste ist zugleich die letzte, die Polare des Punctes P an dem Kegelschnitt (§. 34). Bei $n = 3$ giebt es

2 Polaren der Linie 3ter Ordnung für den Punct P, die erste ist die vorletzte, ein Kegelschnitt, und die zweite Polare ist die letzte, eine Gerade. U. s. w.

7. Wenn Q auf der $(n-1)$ten, $(n-2)$ten, .. Polare der $f=0$ für den Punct P liegt, so liegt P auf der 1ten, 2ten, .. Polare der $f=0$ für den Punct Q. In der That congruiren die Gleichungen

$$\left(\frac{QR}{PR}\right)_{n-m} = 0 \quad \text{und} \quad \left(\frac{PR}{QR}\right)_m = 0 \quad (\text{§. } 8, 2)$$

sowie die Gleichungen

$$p_m = 0 \quad \text{und} \quad q_{n-m} = 0 \quad (5)$$

Daher findet man auch als letzte Polare die Linie 1ter Ordnung

$$\left(\frac{\partial}{\partial x_0}x + \frac{\partial}{\partial y_0}y + \frac{\partial}{\partial t_0}t\right)f(x_0, y_0, t_0) = 0$$

als vorletzte Polare die Linie 2ter Ordnung

$$\left(\frac{\partial}{\partial x_0}x + \ldots\right)^2 f(x_0, y_0, t_0) = 0, \quad \text{u. s. w.}$$

Wenn Q, Q' auf der letzten Polare der $f=0$ für den Punct P liegen, so liegt P auf den ersten Polaren der $f=0$ für die Puncte Q, Q'. Aber der Punct P ist durch die Puncte Q, Q' d. h. durch die Gerade QQ' nicht eindeutig sondern $(n-1)^2$deutig bestimmt, in Betracht, dass die beiden ersten Polaren Linien $(n-1)$ter Ordnung sind.

8. Wenn der Punct P nicht auf der Linie $f=0$ liegt, und wenn auf einer Geraden des P die Puncte R nicht alle gesondert liegen, sondern R_2 mit R_1 vereint ist, so ist $(QR:PR)_n$ durch $(QR_1:PR_1)^2$ theilbar, und alle Glieder von $(QR:PR)_{n-1}$ sind durch $QR_1 : PR_1$ theilbar. Also wird der Gleichung $(QR:PR)_{n-1} = 0$ für Q durch $QR_1 = 0$ genügt; d. h. der Punct R_1 der Linie $f=0$, in welchem diese Linie von einer Geraden des Punctes P berührt wird, oder welcher kein einfacher Punct der $f=0$ ist, liegt auf der ersten Polare der $f=0$ für den Punct P. Ebenso liegt der Punct, in welchem die erste Polare von einer Geraden des P berührt wird, oder der kein einfacher Punct dieser Polare ist, auf der zweiten Polare der $f = 0$ für den Punct P. U. s. w.

Und wenn auf der Geraden 3 Puncte R in R_1 vereint sind, so sind auf derselben 2 Puncte Q in R_1 vereint, d. h. wenn $f = 0$ von einer Geraden des P 3punctig berührt wird, so wird die erste Polare der $f = 0$ von derselben Geraden in demselben Punct 2punctig berührt. U. s. w.

9. Die Puncte R der Geraden PQ sind aber nur dann nicht alle gesondert und die Wurzeln λ_1, λ_2, .. nicht alle von einander verschieden, wenn eine bestimmte Form L der $p_0, p_1, ..$ null ist, nämlich die Discriminante derjenigen Function von λ, welche durch $f(R)$ bezeichnet wurde (4). Die Gleichung $L = 0$ bestimmt also bei gegebenem P den Punct Q dergestalt, dass auf der Geraden PQ n Puncte der $f = 0$ liegen, die nicht alle gesondert sind, dass also die Gerade PQ von der Linie $f = 0$ berührt wird, oder einen mehrfachen Punct der $f = 0$ enthält. Hiernach besteht die Linie $L = 0$ aus den Geraden des Punctes P, welche Contacte oder mehrfache Puncte der Linie $f = 0$ enthalten. Man schliesst hieraus, dass die Discriminante L eine binäre Form der Differenzen $x - x_0$, $y - y_0$ ist. Vergl. §. 34, 2 und 3.

10. I. Wenn Q ein harmonisches Centrum $(n - m)$ten Grades der Puncte R_1, .., R_n für den Punct R_1 ist, so hat man (§. 8, 3)

$$QR_1\left(\frac{QR_2}{R_1R_2}, ..\right)_{n-m-1} = 0$$

d. h. die $m$te Polare der Linie $f = 0$ für einen einfachen Punct R_1 der $f = 0$ enthält den Punct R_1, und schneidet jede Gerade des R_1, die mit $f = 0$ die Puncte R_1, .., R_n gemein hat, in einem harmonischen Centrum $(n - m - 1)$ten Grades der Puncte R_2, .., R_n für den Punct R_1. Z. B. die erste Polare einer Linie 3ter Ordnung für einen einfachen Punct derselben enthält den Punct R_1, und schneidet jede Gerade des

R_1, die mit der Linie die Puncte R_1, R_2, R_3 gemein hat, in Q, dem harmonischen Centrum ersten Grades der R_2, R_3 für R_1, so dass $(QR_1R_2R_3) = -1$.

Auf der Geraden des R_1, von welcher $f = 0$ berührt wird, ist R_2 mit R_1 vereint, also hat man

$$QR_1{}^2\left(\frac{QR_3}{R_1R_3}, \ldots\right)_{n-m-2} = 0$$

d. h. die $m$te Polare der $f = 0$ für R_1 enthält 2 Puncte R_1, und hat daselbst mit $f = 0$ einen 2punctigen Contact. Die letzte Polare der $f = 0$ für den einfachen Punct R_1 der $f = 0$ ist die Gerade, von der die Linie $f = 0$ in R_1 berührt wird; eine Asymptote der $f = 0$, wenn R_1 ein unendlichferner Punct der Linie ist.

II. Wenn der Punct P auf der Linie $f = 0$ liegt, und ein einfacher Punct derselben mit einer $k$punctigen Tangente ist, so ist er auch ein einfacher Punct mit derselben $k$punctigen Tangente auf den Polaren der $f = 0$ für den Punct P. Die Linie und ihre Polaren haben dann in P einen $k$punctigen oder mehrpunctigen Contact, die letzte Polare ist die gemeinschaftliche Tangente. Man beweist dies wie oben, oder nachdem die Fundamentallinien so gelegt worden, dass P die Coordinaten $0, 0, t_0$, und die Linie $n$ter Ordnung in P die $k$punctige Tangente $y = 0$ hat. Wenn nun φ eine Form $(n - k)$ten Grades der x, y, t, und $f = yt^{n-1} + x^k\varphi$, so enthält die Linie $f = 0$ den Punct $0|0|t_0$ mit der $k$punctigen Tangente $y = 0$. Die erste Polare der $f = 0$ für diesen Punct ist

$$\frac{\partial f}{\partial t} = 0 \quad \text{d. i.} \quad (n-1)yt^{n-2} + x^k\frac{\partial\varphi}{\partial t} = 0$$

eine Linie $(n - 1)$ter Ordnung, welche den Punct $0|0|t_0$ mit der $k$punctigen Tangente $y = 0$ enthält. U. s. w. Die $(n - k + 1)$te Polare $yt^{k-2} = 0$ und jede folgende Polare enthält die Gerade $y = 0$.

III. Wenn der Punct P ein $k$facher Punct der $f = 0$ ist, so ist er auch ein $k$facher Punct mit denselben Tangenten auf den successiven Polaren der $f = 0$ für den Punct P. Denn man hat in diesem Fall

$$f = u_k t^{n-k} + u_{k+1} t^{n-k-1} + \ldots$$

$$\frac{\partial f}{\partial t} = (n-k) u_k t^{n-k-1} + \ldots$$

u. s. w. Die $(n-k)$te Polare der $f = 0$ für den Punct P ist $u_k = 0$, die folgenden Polaren existiren nicht: die $(n-k)$te Polare ist die letzte, und besteht aus den Tangenten, welche die Linie $f = 0$ in dem Punct P hat.

11. Wenn die Linie $f = 0$ singulär ist, und ihre Polaren für einen beliebigen Punct P formirt werden, so geht die erste Polare durch die mehrfachen Puncte der singulären Linie (8).

I. Es sei A ein 2facher Punct der $f = 0$ mit den Tangenten AB, AC, so ist A ein 1facher Punct der ersten Polare mit der Tangente AD von solcher Lage, dass AD, AP mit AB, AC in Harmonie sind. Wenn

$$f = u_2 t^{n-2} + u_3 t^{n-3} + \ldots$$

$$u_2 = gh = (ax + by)(a'x + b'y)$$

so hat $f = 0$ den Punct $A(0|0|t)$ mit den Tangenten $gh = 0$. Die erste Polare der $f = 0$ für den Punct $P(x_0|y_0|t_0)$ ist

$$[(ga' + ha)x_0 + (gb' + hb)y_0] t^{n-2} + \ldots = 0$$

und hat denselben Punct A mit der Tangente

$$(a'x_0 + b'y_0)g + (ax_0 + by_0)h = 0$$

während die Gerade $(a'x_0 + b'y_0)g - (ax_0 + by_0)h = 0$ die Puncte A, P enthält. Mit den Geraden $g = 0$, $h = 0$, sind aber die Geraden

$$(a'x_0 + b'y_0)g - (ax_0 + by_0)h = 0, \quad (a'x_0 + b'y_0)g + (ax_0 + by_0)h = 0$$

in Harmonie (§. 29, 8).

Wenn die Tangente AC auf die Tangente AB fällt, so fällt die Tangente AD der ersten Polare auf die Tangente AB der Spitze A.

11. Ein $k$facher Punct A der $f = 0$ ist ein $(k - 1)$facher Punct der ersten Polare, ein $(k - 2)$facher Punct der zweiten Polare, u. s. w. Wenn

$$f = u_k t^{n-k} + u_{k+1} t^{n-k-1} + \dots$$

so ist

$$\left(\frac{\partial}{\partial x} x_0 + \frac{\partial}{\partial y} y_0 + \frac{\partial}{\partial t} t_0\right) f = v_{k-1} t^{n-k} + v_k t^{n-k-1} + \dots$$

d. h. die Linie $f = 0$ enthält den Punct A mit den k Tangenten $u_k = 0$, die erste Polare derselben enthält den Punct A mit den $k - 1$ Tangenten $v_{k-1} = 0$, die zweite Polare enthält den Punct A mit $k - 2$ Tangenten, u. s. w.

Wenn nun unter den k Tangenten, welche die Linie $f = 0$ in dem Punct A hat, α auf die Gerade AB fallen, so fallen unter den $k - 1$ Tangenten, welche die erste Polare in A hat, $\alpha - 1$ auf dieselbe Gerade AB. Denn es sei $u_k = g^\alpha l$, so ist $\left(\frac{\partial}{\partial x} x_0 + \frac{\partial}{\partial y} y_0\right) u_k$ theilbar durch $g^{\alpha - 1}$, u. s. w.

12. Die Linie $n$ter Ordnung $f = 0$ und ihre erste Polare für den Punct P haben als Linien $n$ter und $(n - 1)$ter Ordnung $n(n - 1)$ Puncte R gemein, welche entweder Contacte der $f = 0$ mit Geraden des Punctes P, oder mehrfache Puncte der $f = 0$ sind (8). Wenn die Linie $f = 0$ mehrfache Puncte nicht hat, so hat sie $n(n - 1)$ Tangenten, welche den Punct P enthalten: die Tangenten einer ordinären Linie $n$ter Ordnung bilden eine Serie $n(n - 1)$ter Classe (§. 28, 2), die ordinäre Linie $n$ter Ordnung ist $n(n - 1)$ter Classe. Eine ordinäre Linie 3ter Ordnung ist 6ter Classe, eine ordinäre Linie 4ter Ordnung ist 12ter Classe, u. s. w.

Wenn der Punct P ein Punct der Linie $f = 0$ mit einer $k$punctigen Tangente ist, so wird die Linie $f = 0$ von ihrer ersten Polare für diesen Punct daselbst $k$punctig berührt (10. II), und hat mit der ersten Polare $n(n - 1) - k$ (oder weniger) andere Puncte gemein. Durch einen Punct einer ordinären Linie 3ter Ordnung gehn 4 oder 3 andere Tangenten der Linie, je nachdem die Tangente des Punctes eine 2punctige oder eine osculirende ist.

13. Wenn A ein $k$facher Punct der singulären Linie $f = 0$ ist, so ist er auf der für einen beliebigen Punct P formirten ersten Polare der $f = 0$ ein $(k-1)$facher Punct (11. III), und enthält eine Mehrzahl gemeinschaftlicher Puncte der Linie und ihrer ersten Polare der Art, dass die Geraden PA nicht zu den Tangenten der $f = 0$ gehören. Eine singuläre Linie $n$ter Ordnung ist desshalb niederer Classe als eine ordinäre Linie derselben Ordnung.

Wenn die Linie $f = 0$ in A k Tangenten hat, so hat ihre erste Polare daselbst $k-1$ Tangenten; also sind $k(k-1)$ gemeinschaftliche Puncte der beiden Linien in A vereint. Wenn die Linie ebendaselbst α Tangenten AB hat, so hat die erste Polare $\alpha - 1$ Tangenten AB; also sind mit den bereits gezählten noch $\alpha - 1$ gemeinschaftliche Puncte der beiden Linien in A vereint (§. 40, 8 ff.), mehr bei osculirenden Zweigen. U. s. w. Folglich vermindert der vorausgesetzte Punct A der singulären Linie $f = 0$ ihre Classe um mindestens $k(k-1) + \alpha - 1$. Ein Doppelpunct vermindert die Classe um mindestens 2, eine Spitze vermindert die Classe um mindestens 3. Eine Linie 3ter Ordnung mit einem Doppelpunct ist 4ter Classe, eine Linie 3ter Ordnung mit einer Spitze ist 3ter Classe.

14. Wenn der Punct $P(x_0 | y_0 | t_0)$ auf der Linie $f = 0$ liegt, so ist die Tangente der Linie in P die letzte Polare der Linie für den Punct P (10. I)

$$\left(\frac{\partial}{\partial x_0} x + \frac{\partial}{\partial y_0} y + \frac{\partial}{\partial t_0}\right) f\left(x_0, y_0, t_0\right) = 0 \quad \text{d. i.} \quad u_0 x + v_0 y + w_0 t = 0$$

wo u_0, v_0, w_0 die Werthe der ersten Fluxionen von f nach x, y, t im Punct P sind. Zugleich hat man $u_0 x_0 + v_0 y_0 + w_0 t_0 = 0$.

Demnach ist die Gerade $Ax + By + Ct = 0$ die Tangente der $f = 0$ in P, wenn

$$\frac{A}{C} = \frac{u_0}{w_0} \qquad \frac{B}{C} = \frac{v_0}{w_0}$$

gegebene Formen des Punctes P sind. Aus diesem System resultirt eine homogene Gleichung für A, B, C, d. h. für die Serie der Geraden, welche die Linie $f = 0$ berühren.

Diese Serie enthält auch die Geraden der Puncte, welche mehrfache Puncte der $f = 0$ sind. Nach Absonderung der Gleichungen solcher Puncte bleibt eine Gleichung niedern Grades: der Grad dieser Gleichung ist die Classe der Linie $f = 0$.

Dieselbe Gleichung wird bei $t = 1$ unmittelbar dadurch erhalten, dass man die Linie $f = 0$ mit der Geraden $ax + by + 1 = 0$ durchschneidet, und der Gleichung $X = 0$ für die Abscissen x der gemeinschaftlichen Puncte die Bedingung zusetzt, dass diese Abscissen nicht alle von einander verschieden sein sollen. Dann hat man ein System von 2 Gleichungen für x, aus welchen eine Gleichung für a, b resultirt.

15. Die letzte (und erste) Polare eines Kegelschnittes für einen unendlichfernen und für einen endlichfernen Punct P kommt bei den Griechen vor, jene als Diameter des Kegelschnittes, der den parallelen Geraden, welche den Punct P enthalten, conjugirt ist (§. 20, 9. §. 34, 11. Archimedes über Conoide und Sphäroide pr. 4. Apollonius Conica I, def. 16); diese als Chorde der Puncte des Kegelschnittes, deren Tangenten den Punct P enthalten. Conica III, 37.

Die letzte Polare einer Linie $n$ter Ordnung für einen unendlichfernen Punct P, welcher nicht auf der Linie liegt, erscheint zuerst bei Newton Enum. II, 1 als der Diameter der Linie $n$ter Ordnung, welcher den parallelen Geraden des P conjugirt ist. Dieser Diameter schneidet nämlich jede Gerade des P, welche mit der Linie die endlichfernen Puncte R_1, R_2, .. gemein hat, in ihrer Mitte (Schwerpunct) Q so, dass $QR_1 + QR_2 + .. = 0$ (§. 8). Wenn P ein unendlichferner Punct der Linie ist, so ist die letzte Polare die gerade Asymptote der Linie, welche den Punct P enthält, und mit den Geraden des P parallel.

Newton hat seinem Satz folgenden Zusatz gegeben Enum. II, 2. Die Linie $n$ter Ordnung sei der Art, dass sie von der unendlichfernen Geraden in n gesonderten Puncten geschnitten wird, dass sie also n gerade Asymptoten verschiedener Richtungen hat: wenn von einer Geraden die Linie in n endlichfernen Puncten $R_1, R_2, ..$, und die Asymptoten in $S_1, S_2, ..$ geschnitten werden, so ist $R_1 S_1 + R_2 S_2 + .. = 0$. Es sei $f = u_n + u_{n-1}t +$

$u_{n-2}t^2 + ..$, und u_n habe n verschiedene lineare Divisoren: dann hat die Linie $f = 0$ in n verschiedenen Richtungen ebensoviel Asymptoten, und die Linie *n*ter Ordnung, welche aus den Asymptoten besteht, hat die Gleichung $h = 0$, wo $h = u_n + u_{n-1}t + gt^2$, und g eine bestimmte Form $(n-2)$ten Grades der x, y, t (§. 38, 13. II). Die letzte Polare der $f = 0$ und die letzte Polare der $h = 0$ für den unendlichfernen Punct $P(x_0 | y_0 | 0)$ der schneidenden Geraden sind beide nur von den Gliedern u_n und $u_{n-1}t$ abhängig, also von einander nicht verschieden. Daher werden von der Geraden die Linie $f = 0$ in $R_1, R_2, ..$, die Asymptoten in $S_1, S_2, ..$, und die letzte Polare in Q so geschnitten, dass $QR_1 + QR_2 + .. = 0$ und $QS_1 + QS_2 + .. = 0$, folglich $R_1S_1 + R_2S_2 + .. = 0$; die Gruppen $R_1, R_2, ..$ und $S_1, S_2, ..$ haben denselben Schwerpunct. Insbesondere sind bei der Hyperbel $(n = 2)$ R_1R_2 und S_1S_2 concentrisch (§. 35, 4), wie von Apollonius Con. II, 8 angegeben wird.

Die letzte Polare einer Linie *n*ter Ordnung für einen endlichfernen Punct P ist von Cotes gefunden worden: wenn die Linie mit einer Geraden des P die Puncte $R_1, R_2, ..$ gemein hat, so liegt das harmonische Centrum Q der Puncte R für den Punct P (§. 8, 2) auf einer bestimmten Geraden. Maclaurin hat diesen Satz bewiesen und veröffentlicht mit der Anmerkung, dass ihm der Satz ohne Beweis durch den Herausgeber R. Smith der von Cotes nachgelassenen Harmonia mensurarum bekannt geworden. Tractatus Einleitung und §§. 27, 28.

16. Zur Bestimmung der Puncte R, in welchen eine Linie *n*ter Ordnung von Geraden eines gegebenen Punctes P berührt wird, hatte Waring 1762 Misc. analyt. p. 100 eine Gleichung *n*ten Grades gebraucht. Diese Gleichung gab n^2 Puncte R; unter ihnen sind aber n der Art, dass PR nicht zu den Tangenten der Linie gehört. Monge 1795 Applic. de l'analyse §. 3, 4 hat zuerst zur ausschliesslichen Bestimmung der Puncte, in welchen eine Fläche *n*ter Ordnung von Geraden des Punctes P berührt wird, die Gleichung $(n-1)$ten Grades angegeben, welche die erste Polare der Fläche für den Punct P ist. Auf diesem Weg erkannte man, dass es nicht mehr als $n(n-1)$ Tangenten einer Linie $n$ter Ordnung giebt, welche den Punct P enthalten. Poncelet 1818 Gergonne Ann. 8 p. 213. Die Linie $(n-1)$ter Ordnung, deren Gleichung die Puncte genügen, in welchen die Linie $n$ter Ordnung von Geraden des Punctes P berührt wird, wurde von Bobillier 1827 die erste Polare der Linie für den Punct P genannt; die erste Polare der ersten Polare wurde von ihm als die zweite Polare definirt, u. s. w. Die geometrische Definition der $m$ten Polare (6) ist im Anschluss an die Definition der letzten Polare, welche Cotes zu Grunde gelegt hatte, von Grassmann 1842 aufgestellt worden. Die Entwickelung von $f(R)$ in eine Potenzreihe von λ (4), aus deren Coefficienten die successiven Polaren ohne Weiteres erhalten werden, so wie die Gleichung (9) der Geraden, welche einen gegebenen Punct enthalten, und eine gegebene Linie berühren, verdankt man Joachimsthal 1846. Vergl. §. 8.

Wenn die Classe einer Linie $n$ter Ordnung geringer ist als $n(n-1)$, so hat zuerst Poncelet 1828 Crelle J. 4 p. 12—14 den Grund der Verminderung darin gefunden, dass die Linie einen mehrfachen Punct besitzt. Aber die Verminderung der Classenzahl einer Linie $n$ter Ordnung durch einen $k$fachen Punct derselben ist von Poncelet noch nicht richtig beurtheilt, sondern erst von Plücker 1834 bestimmt worden. Crelle J. 12 p. 107. System 1835 p. 245 ff. Theorie der algebr. Curven 1839 p. 208. Vergl. Salmon Plane curves 73. Diese Verminderung ist in der sogenannten »ersten Plückerschen Regel« (13) ausgesprochen.

17. Die obigen Betrachtungen (4 ff.) behalten ihre Geltung, wenn man in den Voraussetzungen die Puncte durch Gerade, die Linie $n$ter Ordnung durch eine Serie von Geraden $n$ter Classe ersetzt. Die Gerade $u_1 + \alpha u_2 = 0$ enthält den gemeinschaftlichen Punct der Geraden $u_1 = 0$, $u_2 = 0$, und theilt den Winkel derselben nach dem Sinusverhältniss $-\alpha\lambda_2 : \lambda_1$, wo λ_1, λ_2 durch die Coordinaten der beiden Geraden bestimmt sind (§. 29, 8). Daher enthält die Gerade $R(x+\lambda x_0 | y+\lambda y_0 | t+\lambda t_0)$ den gemeinschaftlichen Punct der beiden Geraden $Q(x|y|t)$ und $P(x_0|y_0|t_0)$, und theilt den Winkel QP nach dem Sinusverhältniss $-\lambda\gamma$, wo γ von den Coordinaten der beiden Geraden, aber nicht von λ abhängt. Die Gerade R gehört nun zu der Serie von Geraden $n$ter Classe $f = 0$ unter der Bedingung $f(R) = 0$, u. s. w., so dass

$$\left(\frac{\sin QR}{\sin PR}\right)_{n-m} = \gamma^{n-m} \frac{p_m}{m!} : \frac{p_n}{n!}$$

Die Puncte der Geraden P enthalten je n conjugirte Gerade $R_1, .., R_n$ der Serie $f = 0$. Zu den Geraden eines Punctes der P wird die Gerade Q hinzugefügt entsprechend der Gleichung $(\sin QR : \sin PR)_{n-m} = 0$, durch welche die Gerade Q als Harmonicale $(n-m)$ten Grades der Geraden $R_1, .., R_n$ für die Gerade P definirt wird: dann gehört die Gerade Q zu der Serie $(n-m)$ter Classe $p_m = 0$, welche die $m$te Polare der Serie $f = 0$ für die Gerade P genannt wird. U. s. w. Vergl. §. 34, 4. II und §. 38, 15, sowie die hierzu gehörenden Bemerkungen, welche Grassmann Crelle J. 25 p. 57 auf andre Grundlagen gestellt hat.

Cap. VIII.

Puncte, Strecken, Polygone, Tetraeder.

Geometrie des Raumes von drei Dimensionen.

---

§. 44. Coordinaten eines Punctes im Raum.

1. Durch 3 Gerade x, y, z, die einen gemeinschaftlichen Nullpunct O und gegebene positive Richtungen haben, aber nicht auf einer Ebene liegen, werden 3 Ebenen yz, zx, xy bestimmt, welche den Punct O, aber nicht eine Gerade gemein haben, und den Raum in 8 Ecken (Trieder) theilen. Ein Punct P des Raumes wird auf die Geraden x, y, z nach Q, R, S projicirt durch Ebenen, die mit den Ebenen des Trieders yz, zx, xy parallel sind, und mit denselben ein Parallelepiped bilden, von welchem O und P Gegenpuncte sind. Die Abscissen der Projectionen Q, R, S, die Strecken $OQ = x$, $OR = y$, $OS = z$ sind Coordinaten des Punctes $P(x|y|z)$, durch welche derselbe in Bezug auf das gegebene Trieder xyz eindeutig bestimmt wird.

Wenn P durch die Parallele der z auf die Ebene xy nach P' projicirt wird, so sind $OQ = x$, $QP' = OR = y$ die Coordinaten der Projection P', und $OQ = x$, $QP' = y$, $P'P = OS = z$ die Coordinaten des Punctes P. Je nach den Zeichen seiner Coordinaten liegt der Punct $x|y|z$ in einer der 8 Ecken. Bei gegebenem x liegt der Punct auf einer Ebene, die mit der Ebene yz parallel ist, u. s. w.

2. Allen x, y, z entsprechen alle Puncte des Raumes: es giebt eine Tripelserie von Puncten des Raumes (§. 19, 1).

Wenn u, v, w gegebene Functionen des Punctes $x|y|z$ (der Variablen x, y, z) sind, wenn x, y, z durch die Gleichung $u = 0$ verbunden, also zwei derselben frei sind, so giebt es eine Doppelserie von Puncten, welche der Gleichung genügen: die Puncte einer Fläche, deren Gleichung $u = 0$ ist.

Wenn x, y, z durch das System $(u = 0,\ v = 0)$ verbunden, und nur eine derselben frei ist, so giebt es eine Serie von Puncten, welche dem System genügen: die Puncte einer Linie, deren Gleichungen $u = 0$, $v = 0$ sind. Die Linie $(u = 0,\ v = 0)$ enthält die gemeinschaftlichen Puncte der beiden Flächen $u = 0$ und $v = 0$, und liegt auf der Fläche $u + \lambda v = 0$ bei allen λ. Dass ein Punct auf einer Fläche liegt, wird durch eine Gleichung ausgedrückt; dass er auf einer Linie liegt, wird durch 2 Gleichungen ausgedrückt.

3. Wenn x, y, z von 1 oder 2 freien Variablen p, q (Parametern, unbestimmten Constanten) abhängen, so liegt der Punct $x|y|z$ auf einer Linie oder auf einer Fläche. Gauss Disquisitiones generales 1827 und Möbius baryc. Calcul. Jedem p entspricht ein Punct der Linie, eine Linie der Fläche. Wenn insbesondere $x : y : z : 1$ sich verhalten wie ganze Functionen von 1 oder 2 Parametern, so liegt der Punct $x|y|z$ auf einer barycentrischen Linie oder Fläche (§. 42). Aber nicht bei jeder Linie oder Fläche können die Coordinaten eines Punctes durch 1 oder 2 Parameter rational ausgedrückt werden.

4. Wenn x, y, z durch das System $(u = 0,\ v = 0,\ w = 0)$ verbunden sind, und keine derselben frei ist, so giebt es einen durch das System ein- oder mehrdeutig bestimmten Punct, eine Gruppe von Puncten, ein Polygon. Der Punct $(u = 0,\ v = 0,\ w = 0)$ ist ein gemeinschaftlicher Punct der Flächen $u = 0$, $v = 0$, $w = 0$, ein gemeinschaftlicher Punct der Linie $(u = 0,\ v = 0)$ und der Fläche $w = 0$, ein gemeinschaftlicher der beiden Linien $(u = 0,\ v = 0)$ und $(u = 0,\ w = 0)$.

Eine Linie und eine Fläche, oder 3 Flächen haben einen gemeinschaftlichen Punct oder eine Gruppe von gemeinschaftlichen Puncten, entsprechend den Lösungen des Systems der 3 Gleichungen. Wenn es sich ereignet, dass die 3 Gleichungen

$u = 0$, $v = 0$, $w = 0$ nicht unabhängig von einander sind, sondern bei allen x, y, z

$$\lambda u + \mu v + \nu w = 0$$

gefunden wird, so ist die Fläche $\lambda u + \mu v = 0$ congruent mit der Fläche $-\nu w = 0$: die Linie $(u = 0, v = 0)$, welche der Fläche $\lambda u + \mu v = 0$ angehört, liegt auf der Fläche $-\nu w = 0$, die 3 Flächen haben eine gemeinschaftliche Linie.

5. Zwei Linien haben nicht unbedingt einen gemeinschaftlichen Punct. Die 3 Coordinaten des gemeinschaftlichen Punctes sind durch 4 Gleichungen bestimmt, und der gemeinschaftliche Punct existirt nur, wenn das System nicht unmöglich ist, d. h. wenn eine Lösung des Systems von 3 jener Gleichungen der 4ten Gleichung genügt, wenn also die Coefficienten der Gleichungen selbst durch eine bestimmte Gleichung verbunden sind.

Die Linien, welche zwei Flächen mit einer dritten Fläche gemein haben, haben einen Punct gemein. Z. B. zwei Linien einer Ebene, zwei Kreise einer Kugel haben einen Punct (eine Gruppe von Puncten) gemein.

§. 45. Coordinaten einer Strecke.

1. Eine Strecke wird auf eine Gerade projicirt durch parallele Ebenen, welche die Endpuncte der Strecke projiciren. Wenn die Puncte R_1, R_2 die Coordinaten

$$OP_1 = x_1, \quad P_1Q_1 = y_1, \quad Q_1R_1 = z_1$$
$$OP_2 = x_2, \quad P_2Q_2 = y_2, \quad Q_2R_2 = z_2$$

haben, und wenn man Q_1L und R_1M mit P_1P_2, und MN mit LQ_2 parallel und gleich macht, so sind R_1M, MN, NR_2 coordinirte Projectionen der Strecke R_1R_2 auf Parallelen der x, y, z durch Ebenen, die mit den Ebenen yz, zx, xy parallel sind. Die Strecken R_1M, MN, NR_2

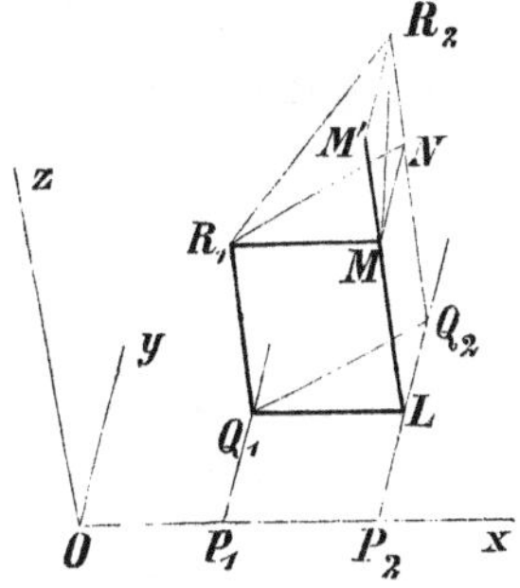

sind die Differenzen der Coordinaten der Puncte R_1 und R_2, nämlich

$$R_1M = P_1P_2 = OP_2 - OP_1 = x_2 - x_1$$
$$MN = LQ_2 = P_2Q_2 - P_1Q_1 = y_2 - y_1$$
$$NR_2 = Q_2R_2 - Q_1R_1 = z_2 - z_1$$

und heissen die Coordinaten der Strecke R_1R_2 (§. 15. Vergl. meine Abhandlung Crelle J. 46 p. 145). Die Strecke ist die geometrische Summe ihrer Coordinaten, mithin bei gegebenem Anfang R_1 durch ihre Coordinaten eindeutig bestimmt. Man macht $R_1M = x_2 - x_1$ auf der Parallele der x, dann $MN = y_2 - y_1$ auf der Parallele der y, endlich $NR_2 = z_2 - z_1$ auf der Parallele der z: die Chorde R_1R_2 ist die Strecke der gegebenen Coordinaten.

2. Wenn zwei Strecken parallel und gleich sind in einer Richtung oder in conträren Richtungen, so sind die Coordinaten der einen den Coordinaten der andern der Reihe nach gleich oder conträr-gleich; parallele Strecken haben Coordinaten derselben Proportion (vermöge der ähnlichen Vierecke wie R_1MNR_2 in perspectivischer Lage). Und wenn zwei Strecken dieselbe Proportion ihrer Coordinaten haben, so sind sie parallel; die positiven Richtungen ihrer Geraden bleiben unbestimmt, also auch die Zeichen der Strecken. Wenn die Coordinaten einer Strecke sich verhalten wie $f : g : h$, so hat die Strecke eine bestimmte Richtung; daher sind f, g, h die homogenen Coordinaten einer Richtung, eines unendlichfernen Punctes, welchen parallele Gerade gemein haben, deren eine die Strecke $f|g|h$ enthält. §. 15, 3.

Wenn der Punct R_3 die Coordinaten $OP_3 = x_3$, $P_3Q_3 = y_3$, $Q_3R_3 = z_3$ hat, und auf der Geraden R_1R_2 liegt, so ist

$$P_1P_3 : P_2P_3 = R_1R_3 : R_2R_3$$

zwischen den parallelen Ebenen $P_1Q_1R_1$, $P_2Q_2R_2$, $P_3Q_3R_3$. Wenn nun die Strecke R_1R_2 in R_3 nach dem Verhältniss λ getheilt wird, so ist

$$x_3 - x_1 : x_3 - x_2 = y_3 - y_1 : y_3 - y_2 = z_3 - z_1 : z_3 - z_2 = \lambda$$

d. h. der Punct, in welchem die Strecke $R_1 R_2$ nach dem Verhältniss λ getheilt wird, hat die Coordinaten (§. 16, 2)

$$x_3 = \frac{x_1 - \lambda x_2}{1 - \lambda} \qquad y_3 = \frac{y_1 - \lambda y_2}{1 - \lambda} \qquad z_3 = \frac{z_1 - \lambda z_2}{1 - \lambda}$$

3. Die Strecke $R_1 R_2$ wird auch auf Ebenen, die mit den coordinirten Ebenen yz, zx, xy parallel sind, projicirt durch Gerade, die mit den coordinirten Geraden x, y, z parallel sind. Die erste Projection ist parallel und gleich mit MR_2, und hat die Coordinaten 0, $y_2 - y_1$, $z_2 - z_1$; die zweite Projection ist parallel und gleich mit $R_1 M'$, wenn MM' parallel und gleich mit NR_2, und hat die Coordinaten $x_2 - x_1$, 0, $z_2 - z_1$; die dritte Projection ist parallel und gleich mit $R_1 N$, und hat die Coordinaten $x_2 - x_1$, $y_2 - y_1$, 0. Die Strecke $R_1 R_2$ ist die geometrische Summe der $R_1 M$ und MR_2, u. s. w.

4. Die Strecke $R_1 R_2$ der Geraden s wird auf die Gerade x normal projicirt durch die Ebenen $P_1 Q_1 R_1$, $P_2 Q_2 R_2$, wenn diese zu der Geraden x normal gestellt sind, also auch durch die zu x normalen Geraden $P_1 R_1$, $P_2 R_2$. Die Normalprojection $P_1 P_2$ ist dann die Distanz der projicirenden Ebenen, und gleich $R_1 M = R_1 R_2 \cos xs$, wie §. 12. Vergl. Trigon. §. 6, 1 und §. 5, 1. Ebenso haben die Normalprojectionen der Strecke $R_1 R_2$ auf die Geraden y, z die Werthe $R_1 R_2 \cos ys$, $R_1 R_2 \cos zs$.

Die Strecke $R_1 R_2$ der Geraden s und $\cos xs$ haben bestimmte Zeichen, nachdem die positive Richtung der Geraden festgesetzt worden; sie haben beide die conträren Zeichen bei conträrer positiver Richtung der Geraden. Und wenn das Zeichen der Strecke gegeben ist, so ist die positive Richtung ihrer Geraden s und $\cos xs$ unzweideutig bestimmt. Das Product $R_1 R_2 \cos xs$ ist unabhängig von der Wahl der positiven Richtung für die Gerade s.

Wenn die Winkel yz, zx, xy recht sind, so ist das Trieder xyz orthogonal, und die Strecke $R_1 R_2$ hat in Bezug auf dieses Trieder die rechtwinkeligen Coordinaten

$$R_1 R_2 \cos xs, \qquad R_1 R_2 \cos ys, \qquad R_1 R_2 \cos zs$$

Wenn $R_1 R_2$ auf die Geraden f, g, h des Punctes R_1 normal projicirt wird nach $R_1F = R_1R_2 \cos fs$, $R_1G = R_1R_2 \cos gs$, $R_1H = R_1R_2 \cos hs$, so ist R_1R_2 ein Diameter der Kugel R_1FGH, und R_2 der gemeinschaftliche Punct der Ebenen, welche die Geraden f, g, h in F, G, H normal schneiden. Durch die 3 Normalprojectionen ist die Strecke eindeutig bestimmt, aber nicht die positive Richtung ihrer Geraden.

5. Wenn das Trieder xyz nicht orthogonal ist, sondern die coordinirten Ebenen yz, zx, xy in O die Normalen x', y', z' haben, so sind die Ebenen $P_1Q_1R_1$, $P_2Q_2R_2$, welche die Strecke R_1R_2 auf die Gerade x nach P_1P_2 projiciren, parallel mit yz und normal zu x'. Ihre Distanz wird durch die Normalprojection sowohl von P_1P_2 als auch von R_1R_2 auf x' ausgedrückt. Daher ist (4)

$$P_1P_2 \cos xx' = R_1R_2 \cos sx'$$

bei beliebig festgesetzter positiver Richtung der Geraden x', u. s. w. Also hat die Strecke R_1R_2 die Coordinaten

$$\frac{R_1R_2 \cos sx'}{\cos xx'} \qquad \frac{R_1R_2 \cos sy'}{\cos yy'} \qquad \frac{R_1R_2 \cos sz'}{\cos zz'}$$

Bei dem orthogonalen Trieder xyz fällt x' auf x, u. s. w., und man erhält die obigen Ausdrücke rechtwinkeliger Coordinaten (4).

6. Die Projection einer geschlossenen Linie auf eine Gerade durch parallele Ebenen ist null (§. 12, 1). Die Projection einer Strecke auf eine Gerade ist die Summe der Projectionen ihrer Coordinaten. Wenn man die Strecke R_1R_2 der Geraden s und ihre Coordinaten R_1M, MN, NR_2 auf die Gerade s normal projicirt, so erhält man (1)

$$R_1R_2 = R_1M \cos xs + MN \cos ys + NR_2 \cos zs$$

Beim orthogonalen Trieder xyz hat R_1R_2 die Coordinaten

$$R_1M = R_1R_2 \cos xs, \quad MN = R_1R_2 \cos ys, \quad NR_2 = R_1R_2 \cos zs$$

folglich ist durch Multiplication mit R_1R_2

$$R_1R_2^2 = R_1M^2 + MN^2 + NR_2^2$$

zur Berechnung der Strecke aus ihren rechtwinkeligen Coordinaten, und

$$\cos^2 xs + \cos^2 ys + \cos^2 zs = 1$$

für den Zusammenhang der Winkel, welche eine Gerade mit 3 zu einander normalen Geraden bildet. Wenn die Gerade s auf der Ebene xy liegt, so ist $\cos zs = 0$, $\cos^2 xs = \sin^2 sy$.

7. I. Die Differenz $MP^2 - n^2$ heisst die Potenz, welche die Kugel, deren Centrum M und deren Radius n ist, in dem Punct P hat (§. 21, 5). Insbesondere ist $MO^2 - n^2 = -2p$ die Potenz dieser Kugel in dem Nullpunct O.

Bei einem orthogonalen Trieder xyz habe M die Coordinaten f, g, h, und P die Coordinaten x, y, z, also MP die Coordinaten $x - f$, $y - g$, $z - h$. Dann liegt P auf der Kugel unter der Bedingung

$$(x-f)^2 + (y-g)^2 + (z-h)^2 - n^2 = 0 \quad \text{d. i.}$$
$$x^2 + y^2 + z^2 - 2fx - 2gy - 2hz + f^2 + g^2 + h^2 - n^2 = 0$$
$$OP^2 - 2fx - 2gy - 2hz - 2p = 0$$

Diese Gleichung für P ist die Gleichung der Kugel bei rechtwinkeligen Coordinaten.

Die Kugel $OP^2 - 2f'x - 2g'y - 2h'z - 2p' = 0$ mit dem Centrum $M'(f'|g'|h')$ und dem Radius n' ist normal zu jener Kugel, wenn $n^2 + n'^2 = MM'^2$, d. i.

$$MO^2 + 2p + M'O^2 + 2p' = (f-f')^2 + (g-g')^2 + (h-h')^2$$
$$ff' + gg' + hh' + p + p' = 0$$

II. Wenn $v = a \,.\, OP^2 + bx + cy + dz + e$, so ist $v = 0$ die Gleichung der Kugel, welche das Centrum $\frac{-b}{2a} \Big| \frac{-c}{2a} \Big| \frac{-d}{2a}$ und in O die Potenz $\frac{e}{a}$, in $x|y|z$ die Potenz $\frac{v}{a}$ hat. Der Quadrat-Radius ist

$$MO^2 - \frac{e}{a} = \frac{b^2 + c^2 + d^2 - 4ae}{4a^2}$$

Die Gleichung der Kugel ist durch die Proportion der Coefficienten a, b, c, d, e bestimmt: die Kugel hat 4 Coordinaten, 5 homogene Coordinaten. Wie §. 28, 1 und §. 33, 8. Alle Kugeln bilden eine Quadrupelserie. Wenn φ, χ, ψ, ω Formen der $a, .., e$ sind, so genügt der Geichung $\varphi = 0$ eine Tripelserie Kugeln, linear, quadratisch, u. s. w., dem System $(\varphi = 0,\ \chi = 0)$ eine Doppelserie Kugeln, dem System $(\varphi = 0,\ \chi = 0,\ \psi = 0)$ eine Serie Kugeln, dem System $(\varphi = 0,\ \chi = 0,\ \psi = 0,\ \omega = 0)$ eine bestimmte Kugel. Vergl. Reye Geom. der Kugeln 1879 p. 75.

III. Wenn $u = OP^2 - 2fx - 2gy - 2hz - 2p$ in dem Punct $P_i(x_i | y_i | z_i)$ den Werth u_i hat, so enthält die Kugel $u = 0$ die gegebenen Puncte P_1, P_2, P_3, P_4 unter den Bedingungen $u_1 = 0$, $u_2 = 0$, $u_3 = 0$, $u_4 = 0$ d. i.

$$\begin{array}{c} fx_1 + gy_1 + hz_1 + p = \tfrac{1}{2} OP_1^2 \\ \cdot\ \cdot\ \cdot\ \quad \cdot\ \cdot\ \cdot\ \cdot\ \cdot\ \quad \cdot\ \cdot \\ fx_4 + gy_4 + hz_4 + p = \tfrac{1}{2} OP_4^2 \end{array}$$

Aus diesem linearen System folgt in üblicher Abkürzung

$$\begin{array}{l} (x\ y\ z\ 1)f = \tfrac{1}{2}(r^2\ y\ z\ 1) \\ (x\ y\ z\ 1)g = \tfrac{1}{2}(x\ r^2\ z\ 1) \\ (x\ y\ z\ 1)h = \tfrac{1}{2}(x\ y\ r^2\ 1) \\ (x\ y\ z\ 1)p = \tfrac{1}{2}(x\ y\ z\ r^2) \end{array}$$

für das Centrum $f | g | h$ der Kugel der 4 Puncte und für deren Potenz im Nullpunct. Die 5 Gleichungen geben

$$\begin{vmatrix} r^2 & x & y & z & 1 \\ r_1^2 & x_1 & y_1 & z_1 & 1 \\ \cdot & \cdot & \cdot & \cdot & \cdot \\ r_4^2 & x_4 & y_4 & z_4 & 1 \end{vmatrix} = 0$$

für 5 Puncte einer Kugel. Determ. §. 17, 5. Den Sätzen über Kreise §. 21, 7 ff. entsprechen ebensoviel Sätze über Kugeln.

8. Wenn bei einem beliebigen Trieder xyz die Strecke AB der Geraden s die Coordinaten X, Y, Z hat, so findet man durch Normalprojection auf die Geraden s, x, y, z das lineare System (6)

$$\begin{aligned}
AB &= X\cos xs + Y\cos ys + Z\cos zs \\
AB\cos xs &= X\cos xx + Y\cos xy + Z\cos zx \\
AB\cos ys &= X\cos xy + Y\cos yy + Z\cos yz \\
AB\cos zs &= X\cos zx + Y\cos yz + Z\cos zz
\end{aligned}$$

wo $\cos xx = 1$, $\cos xy = \cos yx$, u. s. w., und durch Composition der Zeilen mit AB, X, Y, Z

$$AB^2 = X^2 + Y^2 + Z^2 + 2YZ\cos yz + 2ZX\cos zx + 2XY\cos xy$$

Demnach ist das Quadrat der Strecke eine positive quadratische Form ihrer Coordinaten mit den Coefficienten $\cos xx$, $\cos xy$, ...

Aus den Coordinaten der Strecke AB findet man unzweideutig die Normalprojectionen der Strecke auf x, y, z, und die Strecke selbst; aber nicht die positive Richtung der Geraden s, auf der die Strecke liegt, also auch nicht die Zeichen der Strecke und der $\cos xs$, $\cos ys$, $\cos zs$. Wenn man die Strecke willkürlich durch eine der beiden Quadratwurzeln von $X^2 + ..$ ausdrückt, so sind die positive Richtung der Geraden s und die Zeichen der Cosinus bestimmt. Wenn man die positive Richtung der Geraden s willkürlich festsetzt, so sind die Zeichen der Strecke und der Cosinus bestimmt.

Diese Cosinus sind nicht unabhängig von einander, sondern vermöge des obigen Systems verbunden durch die Gleichung

$$\begin{vmatrix} 1 & \cos xs & \cos ys & \cos zs \\ \cos xs & \cos xx & \cos xy & \cos zx \\ \cos ys & \cos xy & \cos yy & \cos yz \\ \cos zs & \cos zx & \cos yz & \cos zz \end{vmatrix} = 0$$

Diese Gleichung ist 2ten Grades für $\cos zs$; in der That wird durch die Winkel xs, ys die Gerade s des Punctes O zweideutig bestimmt.

9. Umgekehrt werden durch die Normalprojectionen der Strecke auf x, y, z die Coordinaten der Strecke bestimmt; durch die Proportion der Normalprojectionen wird die Proportion der Coordinaten, die Richtung der Strecke (2) bestimmt. Die 3 letzten Gleichungen des Systems (8) geben nämlich

$$\frac{X}{(\cos xs,\,2,\,3)} = \frac{Y}{(1,\,\cos xs,\,3)} = \frac{Z}{(1,\,2,\,\cos xs)} = \frac{AB}{(1,\,2,\,3)}$$

wo

$$(1,\,2,\,3) = \begin{vmatrix} \cos xx & \cos xy & \cos zx \\ \cos xy & \cos yy & \cos yz \\ \cos zx & \cos yz & \cos zz \end{vmatrix}$$

und $(\cos xs,\,2,\,3)$ aus $(1,\,2,\,3)$ formirt wird, indem man die erste Colonne durch die Colonne $\cos xs$, $\cos ys$, $\cos zs$ ersetzt. U. s. w. Auch hat man (5)

$$X : Y : Z : AB = \frac{\cos sx'}{\cos xx'} : \frac{\cos sy'}{\cos yy'} : \frac{\cos sx'}{\cos zz'} : 1$$

Vergl. unten §. 46, 13.

10. Durch Normalprojection auf die Gerade s' findet man statt der ersten Gleichung (8)

$$AB \cos ss' = X \cos xs' + Y \cos ys' + Z \cos zs'$$

und vermöge des Systems ist

$$\begin{vmatrix} \cos ss' & \cos xs' & \cos ys' & \cos zs' \\ \cos xs & \cos xx & \cos xy & \cos zx \\ \cos ys & \cos xy & \cos yy & \cos yz \\ \cos zs & \cos zx & \cos yz & \cos zz \end{vmatrix} = 0$$

zur Berechnung des Winkels ss' aus den Winkeln yz, zx, xy und den Winkeln, welche s und s' mit x, y, z bilden.

Wenn ferner die Strecke $A'B'$ der Geraden s' die Coordinaten X', Y', Z' hat, so findet man

$$AB\,.\,A'B' \cos ss' = X\,.\,A'B' \cos xs' + Y\,.\,A'B' \cos ys' + Z\,.\,A'B' \cos zs'$$
$$= X(X' \cos xx + Y' \cos xy + Z' \cos zx) + Y(X' \cos xy + ..) + Z(X' \cos zx + ..)$$

wie §. 17, 1, eine bilineare Form der X, Y, Z und der X', Y', Z' mit den Coefficienten $\cos xx$, $\cos yx$, ...

11. Bei rechtwinkeligen Coordinaten erhält man das Product von zwei Strecken mit dem Cosinus des Winkels ihrer Geraden

$$AB\,.\,A'B' \cos ss' = XX' + YY' + ZZ'$$

indem man die Coordinaten der beiden Strecken componirt, also auch

$$\cos ss' = \cos xs \cos xs' + \cos ys \cos ys' + \cos zs \cos zs'$$

Die Strecken sind normal zu einander, wenn $\cos ss' = 0$.

Wenn die Strecke AB' auf der Geraden s' liegt, so hat der Punct B' von der Geraden s die Distanz $AB' \sin ss'$. Hierzu ist (Determ. §. 6, 3)

$$\sin^2 ss' = \begin{vmatrix} 1 & \cos ss' \\ \cos ss' & 1 \end{vmatrix}$$

$$= \begin{vmatrix} \cos^2 xs + .. & \cos xs \cos xs' + .. \\ \cos xs \cos xs' + .. & \cos^2 xs' + .. \end{vmatrix} = \begin{vmatrix} \cos xs & \cos ys & \cos zs \\ \cos xs' & \cos ys' & \cos zs' \end{vmatrix}^2$$

$$= \begin{vmatrix} \cos xs & \cos ys \\ \cos xs' & \cos ys' \end{vmatrix}^2 + \begin{vmatrix} \cos xs & \cos zs \\ \cos xs' & \cos zs' \end{vmatrix}^2 + \begin{vmatrix} \cos ys & \cos zs \\ \cos ys' & \cos zs' \end{vmatrix}^2$$

12. Wenn die Strecken AB, AB' der Geraden s, s' die rechtwinkeligen Coordinaten $x - a$, $y - b$, $z - c$ und $\xi - \alpha$, $\eta - \beta$, $\zeta - \gamma$ haben, so ist

$$2(x-a)(\xi-\alpha) = (\xi - a)^2 + (x-\alpha)^2 - (x-\xi)^2 - (a-\alpha)^2$$

u. s. w., folglich durch Addition der 3 coordinirten Gleichungen

$$2AB\,.\,A'B' \cos ss' = AB'^2 + BA'^2 - AA'^2 - BB'^2$$

$$= \begin{vmatrix} 0 & 1 & 1 \\ 1 & AA'^2 & AB'^2 \\ 1 & BA'^2 & BB'^2 \end{vmatrix}$$

wie §. 17, 2. Ebenso findet man

$$AB\,.\,A'B' \cos ss' = FG^2 - F'G'^2$$

wo F, G die Mitten der Chorden AA', BB', und F', G' die Mitten der AB', BA' sind.

§. 46. Coordinaten einer Planfigur und das Tetraeder.

1. In jeder Ebene wird ihr positiver Sinn beliebig festgesetzt (§. 9 und 10). Wenn dann ein Betrachter so auf die Ebene gestellt ist, dass ihm die Drehung, durch welche positive Winkel der Ebene beschrieben werden, als linksum gehend erscheint, so wird die Distanz seines Kopfes von der Ebene als positiv angenommen, und demgemäss für die Normalen der Ebene die positive Richtung festgesetzt. In gleicher Weise wird der positive Sinn einer Ebene, die zu einer gegebenen Geraden normal steht, gemäss der positiven Richtung der Geraden bestimmt. Stereom. §. 4, 7. Trigon. §. 6, 3 und 5.

Eine Kugel von beliebigem Centrum und von beliebigem Radius, z. B. deren Centrum der Nullpunct O, und deren Radius 1, wird von den das Centrum enthaltenden Geraden, die mit gegebenen Geraden parallel und gleichgerichtet sind, in je einem entsprechenden Punct geschnitten, dessen Distanz vom Centrum positiv ist. Wenn die Geraden auf einer Ebene von gegebenem positiven Sinn liegen, so liegen die ihnen auf der Kugel entsprechenden Puncte auf einem Hauptkreis von gegebenem positiven Sinn. Einer Normale der Ebene entspricht nach dem Vorstehenden der linke Pol des Hauptkreises. Der Winkel von zwei Ebenen ist nun von dem Winkel ihrer Normalen nicht verschieden.

Wenn den Geraden x, y, z des Punctes O auf einer Kugel, deren Centrum O ist, die Puncte X, Y, Z entsprechen, wenn den Normalen x', y', z' der Ebenen yz, zx, xy die Puncte X', Y', Z' entsprechen, so ist X' der linke Pol des Hauptkreises YZ, u. s. w. Die sphärischen Dreiecke XYZ und $X'Y'Z'$, die Kugelschnitte der Ecken xyz und $x'y'z'$, sind supplementär (polar).

Die Hülfskugel ist von Gauss 1827 eingeführt worden. Disq. generales circa superficies curvas (Werke 4 p. 219 und 342).

2. Das Volum eines Tetraeders, dessen Eckpuncte A, B, C, D sind, wird durch $ABCD$ ausgedrückt. Wenn in dem

Ausdruck $ABCD$ zwei Puncte vertauscht werden, so wechselt das Volum nicht den Werth, sondern das Zeichen, so dass

$$ABCD + BACD = 0, \quad ABCD + ACBD = 0, \quad ABCD + ABDC = 0$$

Möbius baryc. Calcul §. 19 und Statik §. 63. Denn es sind conträr-gleich die Dreiecke ABC und BAC einer Ebene, von der die Spitze D eine bestimmte Distanz $D'D$ hat, eine Höhe des Tetraeders; ebenso die Dreiecke ABC und ACB; ebenso die Dreiecke BCD und BDC einer Ebene, von der die Spitze A eine bestimmte Distanz $A'A$ hat, eine Höhe des Tetraeders. Tetraeder von derselben Höhe verhalten sich wie ihre Basen.

Um das Zeichen des Tetraeders $ABCD$ zu bestimmen, hat der Beurtheiler den Kopf in den ersten Punct A, die Füsse auf die Ebene der folgenden Puncte zu stellen: je nachdem ihm dann die Umdrehung BCD linksum gehend oder rechtsum gehend erscheint, wird dem Tetraeder das eine oder das andre Zeichen ertheilt. Wenn der Beurtheiler den Kopf in den ersten Punct A, die Füsse in den zweiten Punct B stellt, so erscheint ihm die Strecke CD der folgenden Puncte in dem einen Fall nach links gehend, in dem andern Fall nach rechts gehend.

3. Durch die Strecken OA, OB, OC der coordinirten Geraden x, y, z werden die Dreiecke OBC, OCA, OAB der coordinirten Ebenen yz, zx, xy, und das Tetraeder $OABC$ bestimmt. Die Distanzen $A'A$, $B'B$, $C'C$ der Puncte A, B, C von den coordinirten Ebenen, Höhen des Tetraeders, sind die Normalprojectionen der Strecken OA, OB, OC auf die Normalen x', y', z' der Ebenen yz, zx, xy. Nach §. 12, 4 hat man

$$2OBC = OB \,.\, OC \sin yz$$

$$2OCA = OC \,.\, OA \sin zx, \quad 2OAB = OA \,.\, OB \sin xy$$

$$A'A = OA \cos xx', \quad B'B = O'B \cos yy', \quad C'C = OC \cos zz'$$

also

$$\begin{aligned} 6OBCA &= 2OBC \,.\, A'A &= OA \,.\, OB \,.\, OC \sin yz \cos xx' \\ 6OCAB &= 2OCA \,.\, B'B &= OA \,.\, OB \,.\, OC \sin zx \cos yy' \\ 6OABC &= 2OAB \,.\, C'C &= OA \,.\, OB \,.\, OC \sin xy \cos zz' \end{aligned}$$

Nun sind $OBCA$, $OCAB$, $OABC$ gleich und eines Zeichens nach der Voraussetzung (2), also sind $\sin yz \cos xx'$, $\sin zx \cos yy'$, $\sin xy \cos zz'$ gleich und eines Zeichens, aber nicht ohne die Voraussetzung (1), dass die positiven Richtungen der Normalen gleichmässig nach den positiven Sinnen der coordinirten Ebenen festgesetzt worden sind.

Der trigonometrische Multiplicator, welchen man dem Product der Kanten $OA \,.\, OB \,.\, OC$ zu ertheilen hat, um das Volum $6\,OABC$ auszudrücken, wird nach Staudt 1842 der Sinus der Ecke xyz (des Trieders xyz und seines Kugelschnittes, des sphärischen Dreiecks XYZ) genannt und durch $\sin xyz$ bezeichnet. Die Zahl $\sin xyz$ liegt zwischen -1 und 1, und wechselt das Zeichen, wenn 2 der 3 Geraden vertauscht werden. Die Sinus von Gegenecken sind conträr-gleich. Determ. §. 15, 2. Trigon. §. 6, 14.

4. Wenn x', y', z' die Normalen der Ebenen yz, zx, xy sind, so sind x, y, z die Normalen der Ebenen $y'z'$, $z'x'$, $x'y'$, und die Ecken xyz, $x'y'z'$ sind supplementär (Stereom. §. 4, 8). Daher folgt

$$\frac{\sin x'y'z'}{\sin xyz} = \frac{\sin y'z' \cos xx'}{\sin yz \cos xx'} = \frac{\sin y'z'}{\sin yz} = \frac{\sin z'x'}{\sin zx} = \frac{\sin x'y'}{\sin xy}$$

der Sinus-Satz für das sphärische Dreieck.

Wenn die Ebene zz' mit der Ebene xy die Gerade p gemein hat, und zu der Geraden p' normal steht, wenn demnach die Ecken pzx, $y'z'p'$ supplementär sind, so ist nach dem Vorstehenden

$$\frac{\sin pz}{\sin y'z'} = \frac{\sin zx}{\sin z'p'} \quad \text{d. i.} \quad \frac{\cos zz'}{\sin y'z'} = \sin zx$$

unter der Voraussetzung, dass die Winkel pz' und $z'p'$ beide recht sind, folglich

$$\begin{aligned} \sin xyz &= \sin zx \sin xy \sin y'z' = \dots \\ \sin x'y'z' &= \sin z'x' \sin x'y' \sin yz = \dots \end{aligned}$$

Trigon. §. 5, 11. Dabei ist noch bemerkenswerth

$$\sin y'z' \sin zx = \sin yz \sin z'x' = \cos zz'$$

$$\sin x'y'z' \sin xyz = \sin y'z' \cos xx' \sin zx \cos yy' = \cos xx' \cos yy' \cos zz'$$

$$\sin x'y' \sin xy = \frac{\cos xx' \cos yy'}{\cos zz'}$$

5. Das Dreieck ABC einer Ebene, deren Normale n ist, wird auf eine Ebene, deren Normale l ist, normal projicirt nach $A_1B_1C_1$; die Projicirenden bilden ein Prisma, dessen Normalschnitt $A_1B_1C_1$ ist. Das Prisma, dessen Basis $A_1B_1C_1$, und dessen Längenkante A_1D auf der Geraden A_1A ist, hat das Volum $A_1B_1C_1 . A_1D$; das Prisma, dessen Basis ABC, und dessen Längenkante $AE = A_1D$ auf derselben Geraden ist, hat die Höhe $AE \cos ln = A_1D \cos ln$, und das Volum $ABC . A_1D \cos ln$. Die Volume der beiden Prismen sind gleich und eines Zeichens (Stereom. §. 8, 1). Also ist

$$A_1B_1C_1 . A_1D = ABC . A_1D \cos ln, \quad A_1B_1C_1 = ABC \cos ln$$

Der Winkel der beiden Normalen ist dem Winkel der beiden Ebenen gleich.

Dieses trigonometrische Lemma wird sonst durch Normalschnitte des Winkels der beiden Ebenen erreicht. Dasselbe war vorbereitet durch die vor Archimedes vollbrachte Quadratur der Ellipse (vergl. auch Euler Introd. App. §. 64), und durch das Aenigma Florentinum 1692 (Klügel math. W. 2 p. 254). Den obigen Ausdruck findet man bei Lacroix 1796 Compl. des élém. de géom. §. 60.

6. Das Dreieck ABC wird durch Prismen, deren Längenkanten mit den coordinirten Geraden x, y, z parallel sind, auf die coordinirten Ebenen yz, zx, xy nach $A_1B_1C_1$, $A_2B_2C_2$, $A_3B_3C_3$ projicirt. Diese Projectionen können aus den Coordinaten der Puncte

$$A(x_1|y_1|z_1), \quad B(x_2|y_2|z_2), \quad C(x_3|y_3|z_3)$$

insbesondere aus den Coordinaten der folgenden Strecken AB, BC berechnet werden. Da A_1B_1 auf der Ebene yz die Coordinaten $y_2 - y_1$, $z_2 - z_1$ hat (§. 45, 3) u. s. w., so ist nach §. 17, 4

$$2A_1B_1C_1 = \begin{vmatrix} y_2 - y_1 & z_2 - z_1 \\ y_3 - y_2 & z_3 - z_2 \end{vmatrix} \sin yz = \begin{vmatrix} 1 & y_1 & z_1 \\ 1 & y_2 & z_2 \\ 1 & y_3 & z_3 \end{vmatrix} \sin yz$$

abgekürzt $2A_1B_1C_1 = (1\ y\ z)\sin yz$, und ebenso

$$2A_2B_2C_2 = (1\ z\ x)\sin zx, \quad 2A_3B_3C_3 = (1\ x\ y)\sin xy$$

Die Flächen der coordinirten Projectionen $A_1B_1C_1$, $A_2B_2C_2$, $A_3B_3C_3$ mögen die Coordinaten des Dreiecks ABC heissen. In gleicher Weise hat eine beliebige geschlossene Planfigur, deren Fläche (area) $p \sin xyz$ ist, drei coordinirte Projectionen von bestimmten Flächen, welche die Coordinaten der Planfigur $p\sin xyz$ heissen, und durch $p_x \sin yz$, $p_y \sin zx$, $p_z \sin xy$ bezeichnet werden sollen. Vergl. die §. 45, 1 citirte Abhandlung.

7. Wenn die coordinirten Ebenen yz, zx, xy und die Ebene der Planfigur die Normalen x', y', z', n haben, so wird der Normalschnitt des ersten projicirenden Prisma (Cylinder) aus der Fläche der Planfigur durch Multiplication mit $\cos xn$, aus der ersten Coordinate durch Multiplication mit $\cos xx'$ erhalten (5). Also ist

$$p \sin xyz \cos xn = p_x \sin yz \cos xx' = p_x \sin xyx \quad (3)$$

$$p \cos xn = p_x, \quad p \cos yn = p_y, \quad p \cos zn = p_z$$

d. h. die Strecke p der Geraden n hat auf den coordinirten Geraden x, y, z die Normalprojectionen p_x, p_y, p_z. Aus diesen Normalprojectionen werden die Coordinaten der Strecke und die Strecke selbst gefunden (§. 45, 9). Durch das willkürlich gewählte Zeichen der Strecke wird die positive Richtung ihrer Geraden n, das Zeichen der Fläche, welche die Planfigur auf der normalen Ebene hat, und der positive Sinn dieser Ebene bestimmt (1). Demnach wird durch die Coordinaten einer Planfigur die Stellung und die Fläche der Planfigur eindeutig bestimmt. Die so bestimmte Planfigur kann durch eine Figur ersetzt werden, die auf einer parallelen Ebene desselben positiven Sinnes dieselbe Fläche hat.

8. Indem man die Werthe $\cos xn$, $\cos yn$, $\cos zn$ in der sie verbindenden Gleichung (§. 45, 8) substituirt, erhält man

$$\begin{vmatrix} p^2 & p_x & p_y & p_z \\ p_x & \cos xx & \cos xy & \cos zx \\ p_y & \cos xy & \cos yy & \cos yz \\ p_z & \cos zx & \cos yz & \cos zz \end{vmatrix} = 0$$

mithin p^2 als quadratische Form der p_x, p_y, p_z. Vergl. unten (15).

Wenn nun p z. B. die positive Quadratwurzel der quadratischen Form ist, mithin die zu der Geraden n normal gestellte Planfigur eine positive Fläche hat, so ist der positive Sinn ihrer Ebene und die positive Richtung ihrer Normale bestimmt, u. s. w.

Bei rechtwinkeligen Coordinaten ist

$$1 = \cos^2 xn + \cos^2 yn + \cos^2 zn$$
$$p^2 = p_x{}^2 + p_y{}^2 + p_z{}^2$$

wie §. 45, 6. Die Strecke $AB = 1$ der Geraden s hat die Coordinaten $\cos xs$, $\cos ys$, $\cos zs$; die Strecke $AB' = 1$ der Geraden s' hat die Coordinaten $\cos xs'$, $\cos ys'$, $\cos zs'$; also hat $2ABB' = \sin ss'$ die Coordinaten

$$p_x = \begin{vmatrix} \cos ys & \cos zs \\ \cos ys' & \cos zs' \end{vmatrix}, \; p_y = \begin{vmatrix} \cos zs & \cos xs \\ \cos zs' & \cos xs' \end{vmatrix}, \; p_z = \begin{vmatrix} \cos xs & \cos ys \\ \cos xs' & \cos ys' \end{vmatrix}$$

und man findet $\sin^2 ss'$ wie oben §. 45, 9.

9. Das Prisma der Basis $p_x \sin yz \,|\, p_y \sin zx \,|\, p_z \sin xy$ und der Längenkante $f|g|h$ hat das aus den Coordinaten componirte Volum

$$(p_x f + p_y g + p_z h) \sin xyz$$

Denn man erhält die Höhe des Prisma durch Normalprojection der Strecke $f|g|h$ auf die Normale n der Ebene, auf welcher die Basis $p \sin xyz$ liegt, also nach §. 45, 8

$$f \cos xn + g \cos yn + h \cos zn$$

Nun ist $p \cos xn = p_x$ (7), . ., folglich u. s. w.

Diesen Satz habe ich in den Leipziger Berichten 1873 und Determ. 1875 §. 15, 4 mitgetheilt.

10. Das Tetraeder $ABCD$ ist der dritte Theil des Prisma, welches die Basis ABC und die Längenkante AD hat. Wenn nun A die Coordinaten x_1, y_1, z_1 hat, u. s. w., so hat AD die Coordinaten $x_4 - x_1, y_4 - y_1, z_4 - z_1$, und $2ABC$ die Coordinaten $p_x \sin yz$, $p_y \sin zx$, $p_z \sin xy$, wo (6)

$$p_x = \begin{vmatrix} y_2 - y_1 & z_2 - z_1 \\ y_3 - y_1 & z_3 - z_1 \end{vmatrix}$$

$$p_y = \begin{vmatrix} z_2 - z_1 & x_2 - x_1 \\ z_3 - z_1 & x_3 - x_1 \end{vmatrix}, \quad p_z = \begin{vmatrix} x_2 - x_1 & y_2 - y_1 \\ x_3 - x_1 & y_3 - y_1 \end{vmatrix}$$

Also ist (9)

$$\frac{6ABCD}{\sin xyz} = \begin{vmatrix} x_2 - x_1 & y_2 - y_1 & z_2 - z_1 \\ x_3 - x_1 & y_3 - y_1 & z_3 - z_1 \\ x_4 - x_1 & y_4 - y_1 & z_4 - z_1 \end{vmatrix}$$

$$= \begin{vmatrix} 1 & x_1 - x_1 & y_1 - y_1 & z_1 - z_1 \\ 1 & x_2 - x_1 & y_2 - y_1 & z_2 - z_1 \\ 1 & x_3 - x_1 & y_3 - y_1 & z_3 - z_1 \\ 1 & x_4 - x_1 & y_4 - y_1 & z_4 - z_1 \end{vmatrix} = \begin{vmatrix} 1 & x_1 & y_1 & z_1 \\ 1 & x_2 & y_2 & z_2 \\ 1 & x_3 & y_3 & z_3 \\ 1 & x_4 & y_4 & z_4 \end{vmatrix}$$

Die Geschichte dieses Satzes habe ich in den Leipziger Berichten 1870 (Crelle J. 73 p. 94) gegeben.

11. Die Determinante (§. 17, 5. Determ. §. 15, 7)

$$\begin{vmatrix} l & 1 & x & y & z \\ l_1 & 1 & x_1 & y_1 & z_1 \\ . & . & . & . & . \\ l_4 & 1 & x_4 & y_4 & z_4 \end{vmatrix} = \alpha l + \alpha_1 l_1 + .. + \alpha_4 l_4$$

ist null, wenn die erste Colonne einer der folgenden Colonnen gleich ist oder aus ihnen componirt. Daher hat man

$$\begin{aligned} \alpha + \alpha_1 + .. + \alpha_4 &= 0 \\ \alpha x + \alpha_1 x_1 + .. + \alpha_4 x_4 &= 0 \\ \alpha y + \alpha_1 y_1 + .. + \alpha_4 y_4 &= 0 \\ \alpha z + \alpha_1 z_1 + .. + \alpha_4 z_4 &= 0 \\ \alpha u + \alpha_1 u_1 + .. + \alpha_4 u_4 &= 0 \end{aligned}$$

wo $u = ax + by + cz + d$, $u_1 = ax_1 + by_1 + cz_1 + d, \ldots$

Die ersten 4 Gleichungen kennzeichnen den Punct $x|y|z$ als Schwerpunct der andern 4 Puncte, denen die Coefficienten $\alpha_1, \alpha_2, ..$ beigegeben sind (§. 16, 5). Durch die 4 Puncte und die Proportion ihrer Coefficienten ist jeder 5te Punct $x|y|z$ eindeutig bestimmt: die Coefficienten sind die (homogenen) barycentrischen Coordinaten des Punctes $x|y|z$ in Bezug auf die 4 Fundamentalpuncte. Die letzte Gleichung ist die barycentrische Fundamentalgleichung. S. unten §. 51, 6.

Durch die erste Gleichung sind 5 Puncte des Raumes verbunden, und zwar nach (10) die Volume der durch die 5 Puncte bestimmten Tetraeder (Determ. §. 17, 8.):

$$1234 + 2345 + 3451 + 4512 + 5123 = 0$$

oder (2)

$$1235 + 3245 + 2145 + 1345 = 1234$$

entsprechend den nach dem Gesetz der Kanten (Stereom. §. 8, 16) geschriebenen Flächen 123, 324, 214, 134 des Tetraeders 1234.

Wenn das Tetraeder 1234 die Flächen $g_1, g_2, ..,$ die Höhen $h_1, h_2, ..,$ und das Volum v hat, so ist

$$g_1 h_1 = g_2 h_2 = .. = 3v$$

Und wenn der Punct 5 von den Ebenen der Tetraederflächen die Distanzen $p_1, p_2, ..$ hat, so ist

$$g_1 p_1 + g_2 p_2 + .. = 3v, \quad \frac{p_1}{h_1} + \frac{p_2}{h_2} + .. = 1$$

für die Distanzen eines Punctes von 4 Ebenen (§. 10, 2).

12. Den Sätzen §. 17, 8 f. entsprechen analoge Sätze für den Raum von 3 Dimensionen, welche Determ. §. 16 im Zusammenhang entwickelt worden sind. Dazu gehört namentlich der Satz für 2mal 3 Gerade (Staudt 1842)

$$\begin{vmatrix} \cos xf & \cos xg & \cos xh \\ \cos yf & \cos yg & \cos yh \\ \cos zf & \cos zg & \cos zh \end{vmatrix} = \sin xyz \sin fgh$$

insbesondere, wenn x', y', z' zu den Ebenen yz, zx, xy normal stehn,

$$\sin xyz \sin x'y'z' = \begin{vmatrix} \cos xx' & \cos xy' & \cos xz' \\ \cos yx' & \cos yy' & \cos yz' \\ \cos zx' & \cos zy' & \cos zz' \end{vmatrix}$$

$$= \cos xx' \cos yy' \cos zz' \quad (4)$$

und wenn fgh auf xyz fällt,

$$\sin^2 xyz = \begin{vmatrix} \cos xx & \cos xy & \cos zx \\ \cos xy & \cos yy & \cos yz \\ \cos zx & \cos yz & \cos zz \end{vmatrix}$$

$$= 1 - \cos^2 yz - \cos^2 zx - \cos^2 xy + 2 \cos yz \cos zx \cos xy$$

positiv zwischen 0 und 1. Determ. §. 15, 3.

13. Hiernach geht die Proportion §. 45, 8. I über in

$$\frac{X}{\sin yzs} = \frac{Y}{\sin zxs} = \frac{Z}{\sin xys} = \frac{AB}{\sin xyz}$$

Nun ist $\sin yzs = \sin yz \cos sx'$, also

$$\sin yzs : \sin xyz = \cos sx' : \cos xx'$$

wie §. 45, 5. Ferner hat man durch Normalprojection auf die Gerade p

$$X \cos xp + Y \cos yp + Z \cos zp = AB \cos sp$$

folglich für 5 Gerade (Determ. §. 17, 3)

$$\sin yzs \cos xp + \sin zxs \cos yp + \sin xys \cos zp = \sin xyz \cos sp$$

Ersetzt man hier s durch f, g, h, und p durch x, y, z, und formirt die Determinante

$$\begin{vmatrix} \sin yzf & \sin zxf & \sin xyf \\ \sin yzg & \sin zxg & \sin xyg \\ . & . & . \end{vmatrix} \begin{vmatrix} \cos xx & \cos xy & \cos zx \\ \cos xy & \cos yy & \cos yz \\ . & . & . \end{vmatrix}$$

so erhält man z. B.

$$\begin{vmatrix} \sin yzf & \sin zxf & \sin xyf \\ \sin yzg & \sin zxg & \sin xyg \\ \sin yzh & \sin zxh & \sin xyh \end{vmatrix} = \sin^2 xyz \sin fgh$$

14. In dieselbe Reihe gehört der Satz für 2mal 2 Gerade (GAUSS 1827)

$$\begin{vmatrix} \cos xf & \cos xg \\ \cos yf & \cos yg \end{vmatrix} = \sin xy \sin fg \cos z'n$$

wo z', n die Normalen der Ebenen bedeuten, mit welchen x, y und f, g parallel sind. Aus diesem Satz, den GAUSS auf sphärisch-trigonometrische Grundlagen gestellt hatte, und der auf dem angezeigten Weg (Determ. §. 16) ohne solche Grundlagen gewonnen wird, kann die sphärische Trigonometrie selbst abgeleitet werden.

Wenn den Geraden x, y, f, g, z', n auf der Hülfskugel die Puncte A, B, B, C, C', A' entsprechen, so ist

$$\begin{vmatrix} \cos AB & \cos CA \\ \cos BB & \cos BC \end{vmatrix} = \sin AB \sin BC \cos C'A'$$

Nun sind C', A' die linken Pole der Bogen AB, BC; der Bogen $C'A'$ und der Winkel B des sphärischen Dreiecks ABC sind supplementär, folglich hat man

$$\cos AB \cos BC - \cos CA = -\sin AB \sin BC \cos B$$

den Cosinussatz der sphärischen Trigonometrie.

Ueber verschiedene Begründungen der sphärischen Trigonometrie vergl. Trigon. §. 5, 6. §. 6, 1. §. 5, 1 ff.

15. Hiernach findet man für die Determinante

$$\sin^2 xyz = \begin{vmatrix} \cos xx & \cos xy & \cos zx \\ \cos xy & \cos yy & \cos yz \\ \cos zx & \cos yz & \cos zz \end{vmatrix}$$

die Adjuncten der Elemente

$$\text{adj} \cos xx = \sin^2 yz, \quad \text{adj} \cos yy = \sin^2 zx, \quad \text{adj} \cos zz = \sin^2 xy$$

$$\text{adj} \cos yz = \begin{vmatrix} \cos zx & \cos xx \\ \cos yz & \cos xy \end{vmatrix} = \sin zx \sin xy \cos y'z'$$

$$\text{adj} \cos zx = \sin xy \sin yz \cos z'x', \quad \text{adj} \cos xy = \sin yz \sin zx \cos x'y'$$

oder auch $\operatorname{adj} \cos yz = \sin xyz \cot y'z'$, u. s. w. Wenn man daher die Gleichung

$$\begin{vmatrix} D & A' & B' & C' \\ A & \cos xx & \cos xy & \cos zx \\ B & \cos xy & \cos yy & \cos yz \\ C & \cos zx & \cos yz & \cos zz \end{vmatrix} = 0$$

nach Determ. §. 5, 5 entwickelt, so ist

$$\begin{aligned} D \sin^2 xyz = {} & AA' \sin^2 yz + BB' \sin^2 zx + CC' \sin^2 xy \\ & + (BC' + B'C) \sin zx \sin xy \cos y'z' \\ & + (CA' + C'A) \sin xy \sin yz \cos z'x' \\ & + (AB' + A'B) \sin yz \sin zx \cos x'y' \end{aligned}$$

eine bilineare Form der $A \sin yz$, $B \sin zx$, $C \sin xy$ und der $A' \sin yz$, $B' \sin zx$, $C' \sin xy$ mit den Coefficienten $\cos x'x'$, $\cos x'y'$, ...

Insbesondere ist (§. 45, 10) $\cos ss' \sin^2 xyz$ eine bilineare Form der $\cos xs \sin yz$, $\cos ys \sin zx$, $\cos zs \sin xy$, und der $\cos xs' \sin yz$, $\cos ys' \sin zx$, $\cos zs' \sin xy$ mit denselben Coefficienten; ferner $\sin^2 xyz$ eine quadratische Form der $\cos xs \sin yz$, $\cos ys \sin zx$, $\cos zs \sin xy$ mit denselben Coefficienten, und (§. 46, 8) $p^2 \sin^2 xyz$ eine quadratische Form der Coordinaten $p_x \sin yz$, $p_y \sin zx$, $p_z \sin xy$ mit denselben Coefficienten.

Dieser Ausdruck der Quadrat-Fläche, welcher dem Ausdruck der Quadrat-Strecke (§. 45, 8) zur Seite steht, wird unmittelbar aus den Grundlagen der Polyedrometrie gefunden, indem man die Winkel $y'z'$, $z'x'$, $x'y'$ der coordinirten Ebenen einführt. Trigon. §. 6, 5 ff.

16. Nach demselben Satz transformirt man die quadratische Form

$$\begin{aligned} & x^2 + y^2 + z^2 + 2yz \cos yz + 2zx \cos zx + 2xy \cos xy \\ = {} & (x + y \cos xy + z \cos zx)^2 + y^2 \sin^2 xy + z^2 \sin^2 zx \\ & - 2yz(\cos zx \cos xy - \cos yz) \\ = {} & (x + ..)^2 + (y \sin xy - z \sin zx \cos y'z')^2 + z^2 \sin^2 zx \sin^2 y'z' \end{aligned}$$

und ihre Determinante

$$\begin{aligned} & 1 - \cos^2 yz - \cos^2 zx - \cos^2 xy + 2\cos yz \cos zx \cos xy \\ & = (1 - \cos^2 yz)(1 - \cos^2 zx) - \cos^2 yz \cos^2 zx - \,.. \\ & = \sin^2 yz \sin^2 zx - (\cos yz \cos zx - \cos xy)^2 \\ & = \sin^2 yz \sin^2 zx \sin^2 x'y' \end{aligned}$$

Diese Transformationen lassen unmittelbar erkennen, dass die quadratische Form und ihre Determinante beide positiv sind.

§. 47. Andere Coordinaten eines Punctes.

1. Der Punct $O'(a|b|c)$ wird durch Translation des Trieders xyz Anfang der neuen Coordinaten des Punctes R

$$O'P' = x', \quad P'Q' = y', \quad Q'R = z'$$

die mit $OP = x$, $PQ = y$, $QR = z$ parallel sind. Dabei hat man wie §. 18, 1

$$x = a + x', \quad y = b + y', \quad z = c + z'$$

Eine gegebene Function der x, y, z wird durch diese Substitution transformirt in eine bestimmte Function der x', y', z', d. i. der $x - a$, $y - b$, $z - c$.

2. Wenn statt des Trieders xyz das concentrische Trieder $\xi\eta\zeta$ von gegebener Lage in Bezug auf xyz gebraucht werden soll, so genügt es, die gebrochene Linie $OPQR$ der Coordinaten x, y, z und die gebrochene Linie $OP'Q'R$ der Coordinaten ξ, η, ζ auf die Normalen x', y', z' der coordinirten Ebenen yz, zx, xy normal zu projiciren. Man erhält wie §. 18, 2

$$\begin{aligned} x \cos xx' &= \xi \cos\xi x' + \eta \cos\eta x' + \zeta \cos\zeta x' \\ y \cos yy' &= \xi \cos\xi y' + \eta \cos\eta y' + \zeta \cos\xi y' \\ z \cos zz' &= \xi \cos\xi z' + \eta \cos\eta z' + \zeta \cos\zeta z' \end{aligned}$$

nebst den Ausdrücken für den Quadrat-Vector OR^2 (§. 45, 8)

$$\begin{aligned} & x^2 + y^2 + z^2 + 2yz \cos yz + 2zx \cos zx + 2xy \cos xy \\ & = \xi^2 + \eta^2 + \zeta^2 + 2\eta\zeta \cos\eta\zeta + 2\zeta\xi \cos\zeta\xi + 2\xi\eta \cos\xi\eta \end{aligned}$$

3. Eine ganze Function der x, y, z wird durch die angezeigte lineare Substitution in eine Function desselben Grades der ξ, η, ζ transformirt. Die linearen Formen $x \cos xx'$, $y \cos yy'$ $z \cos zz'$ haben nach §. 46, 12 die Determinante

$$\begin{vmatrix} \cos\xi x' & \cos\eta x' & \cos\zeta x' \\ \cos\xi y' & \cos\eta y' & \cos\zeta y' \\ \cos\xi z' & \cos\eta z' & \cos\zeta z' \end{vmatrix} = \sin\xi\eta\zeta \sin x'y'z'$$

folglich ist die Determinante der linearen Substitution

$$\det(x, y, z) = \frac{\sin\xi\eta\zeta \sin x'y'z'}{\cos xx' \cos yy' \cos zz'} = \frac{\sin\xi\eta\zeta}{\sin xyz}$$

positiv oder negativ, je nachdem die Ecken $\xi\eta\zeta$ und xyz eines Sinnes sind oder conträren Sinnes. Nach §. 46, 15 findet man weiter

$$\operatorname{adj} \cos\xi x' = \begin{vmatrix} \cos\eta y' & \cos\zeta y' \\ \cos\eta z' & \cos\zeta z' \end{vmatrix} = \sin y'z' \sin\eta\zeta \cos x\xi'$$

wo ξ' die Normale der Ebene $\eta\zeta$, u. s. w.

4. Die 9 Coefficienten der linearen Substitution (1) sind nicht unabhängig von einander: je 3 Coefficienten, welche einer Colonne angehören, sind durch eine Gleichung (§. 45, 8) verbunden. Demnach sind die Coefficienten einer Colonne durch 2 Parameter, alle Coefficienten durch 6 Parameter ausdrückbar.

Wenn die Ecke $\xi\eta\zeta$ einer gegebenen Ecke gleich und ähnlich ist, so wird ihre Lage zu der Ecke xyz durch 3 willkürliche Elemente bestimmt. Denn in dem Kugelschnitt der beiden Ecken ist durch die beiden Winkel, welche die Bogen $x\xi$ und $y\xi$ mit xy bilden, der Punct ξ eindeutig bestimmt. Alsdann ist durch den Winkel, welchen der Bogen $\xi\eta$ mit $x\xi$ bildet, der Bogen $\xi\eta$, und endlich durch die Voraussetzung das Dreieck $\xi\eta\zeta$ eindeutig bestimmt.

Wenn demnach die Ecken $\xi\eta\zeta$ und xyz gleich und ähnlich sind, so sind die Coefficienten der linearen Substitution durch 3 Parameter ausdrückbar. Wenn insbesondere die Coordinaten x, y, z und die Coordinaten ξ, η, ζ rechtwinkelig sind, mithin

$$x^2 + y^2 + z^2 = \xi^2 + \eta^2 + \zeta^2$$

so sind die Coefficienten der Substitution, die dann eine orthogonale Substitution heisst, von EULER 1771 und 1776 durch 3 Parameter rational ausgedrückt worden. Die Theorie der orthogonalen Substitution, welche von CAUCHY, JACOBI, CAYLEY u. A. weiter ausgebildet wurde, und auch ausserhalb der Geometrie ihre Bedeutung hat, ist zusammenhängend von mir vorgetragen worden Determ. §. 14, 5 ff. Vergl. MAGNUS Aufg. II p. 50. HESSE Anal. Geom. des Raumes Vorl. 18. BRIOT-BOUQUET Géom. analyt. n° 423.

5. Die quadratische Form der x, y, z

$$v = x^2 + y^2 + z^2 + 2yz\cos yz + 2zx\cos zx + 2xy\cos xy$$

hat die Determinante

$$\begin{vmatrix} \cos xx & \cos xy & \cos zx \\ \cos xy & \cos yy & \cos yz \\ \cos zx & \cos yz & \cos zz \end{vmatrix} = \sin^2 xyz$$

Dabei ist $\operatorname{adj}\cos xx = \sin^2 yz$, $\operatorname{adj}\cos xy = \sin yz \sin zx \cos x'y'$, u. s. w. (§. 46, 15). Ferner hat die quadratische Form

$$u = ax^2 + by^2 + cz^2 + 2fyz + 2gzx + 2hxy$$

die Determinante

$$\begin{vmatrix} a & h & g \\ h & b & f \\ g & f & c \end{vmatrix} = aa' + hh' + gg'$$

u. s. w. Daher ist wie §. 37, 6, wenn λ von x, y, z unabhängig,

$$\det(u + \lambda v) = d_0 + d_1\lambda + d_2\lambda^2 + d_3\lambda^3$$

wo $d_0 = \det u$, $d_3 = \det v = \sin^2 xyz$,

$$d_1 = a' + b' + c' + 2f'\cos yz + 2g'\cos zx + 2h'\cos xy$$

$$d_2 = a\sin^2 yz + b\sin^2 zx + c\sin^2 xy$$
$$+ 2f\sin zx\sin xy\cos y'z' + 2g\sin xy\sin yz\cos z'x' + 2h\sin yz\sin zx\cos x'y'$$

Wenn durch die lineare Substitution (2), deren Determinante $\varepsilon = \sin\xi\eta\zeta : \sin xyz$, die Formen u und v in die

Formen U und V der ξ, η, ζ transformirt werden, so ist bei allen λ

$$\det(U+\lambda V) = \varepsilon^2 \det(u+\lambda v)$$
$$D_0 + D_1\lambda + D_2\lambda^2 + D_3\lambda^3 = \varepsilon^2(d_0 + d_1\lambda + d_2\lambda^2 + d_3\lambda^3)$$

d. h. d_0, d_1, d_2, d_3 sind invariant, und zwar wie §. 18, 3

$$\frac{D_0}{\sin^2\xi\eta\zeta} = \frac{d_0}{\sin^2 xyz}, \quad \frac{D_1}{\sin^2\xi\eta\zeta} = \frac{d_1}{\sin^2 xyz}, \quad \text{u. s. w.}$$

6. Anstatt der rechtwinkeligen Coordinaten $OP = x$, $PQ = y$, $QR = z$ des Punctes R kann man polare Coordinaten zur Bestimmung dieses Punctes gebrauchen. Wenn die Strecke OQ auf der Geraden, die mit der Geraden x den Winkel ϑ bildet, den Werth ϱ hat, so ist

$$x = \varrho\cos\vartheta, \quad y = \varrho\sin\vartheta$$

und der Punct Q der Ebene xy durch seine polaren Coordinaten ϑ, ϱ eindeutig bestimmt (§. 15, 4). Durch diese Substitution wird eine gegebene Function der x, y, z (des Punctes R) in eine bestimmte Function der polaren Coordinaten ϑ, ϱ, z transformirt.

Wenn ϑ gegeben ist, so liegt der Punct R auf einer bestimmten Ebene, welche die Gerade z enthält und eine gegebene Anomalie (Azimuth) hat. Wenn ϱ gegeben ist, so liegt R auf einem bestimmten Rotationscylinder, dessen Axe die Gerade z ist, und der einen gegebenen Radius hat. Wenn z gegeben ist, so liegt R auf einer bestimmten Ebene, die mit xy parallel ist. Demnach ist der Punct $\vartheta|\varrho|z$ ein gemeinschaftlicher Punct von 3 bestimmten Flächen, die einander paarweise normal schneiden. Der Cylinder hat mit den beiden Ebenen noch den Punct $\vartheta|-\varrho|z$ gemein. Die polaren Coordinaten ϑ, ϱ, z werden auch cylindrische Coordinaten des Punctes genannt.

Anwendungen. Wenn ϱ eine gegebene Function von ϑ, so liegt Q auf einer Spirale der Ebene xy, und R auf einem Cylinder, dessen Normalschnitt jene Spirale ist.

Wenn z eine gegebene Function von ϱ, so hat auf der Ebene $\vartheta = \text{const}$ der Punct R die rechtwinkeligen Coordinaten

$OQ = \varrho$, $QR = z$, und liegt auf dem Meridian einer Rotationsfläche um die Axe z. Bei $\varrho = bz + c$ ist die Rotationsfläche ein Kegel.

Wenn z eine gegebene Function von ϑ, so liegt R auf einer Geraden, die mit OQ parallel ist und z in einem bestimmten Punct schneidet. Man findet eine Schraubenfläche, deren Gerade die Axe z normal schneiden. Insbesondere hat man $z = a\vartheta$ für die Archimedeische Schraubenfläche, also

$(z = a\vartheta,\ \varrho = b)$ für die cylindrische Schraubenlinie,

$(z = a\vartheta,\ \varrho = bz + c)$ für die conische Schraubenlinie,

$z = a\vartheta$ und ϱ eine gegebene Function von z für andere Schraubenlinien. Chasles Ap. histor. note 8. Vergl. unten §. 53. Magnus Aufgaben II §. 97.

7. Wenn den Geraden OP, OQ, OR auf der um das Centrum O gelegten Hülfskugel (§. 46, 1) die Puncte P', Q', R' entsprechen, so ist durch die Bogen $P'Q' = \vartheta$ und $Q'R' = \eta$ der Punct R' eindeutig bestimmt; daher sind ϑ, η rechtwinkelige sphärische Coordinaten des Kugelpunctes R'. Wenn z. B. der Hauptkreis $P'Q'$ der Horizont der Himmelskugel, P' der Südpunct ist, so ist der Bogen $P'Q'$ das Azimuth, $Q'R'$ die Höhe des Punctes R' der Himmelskugel, und das Complement der Höhe die Zenithdistanz des R'. Wenn der Hauptkreis $P'Q'$ der Aequator der Himmelskugel und P' der Frühlingspunct, so ist der Bogen $P'Q'$ die Rectascension, $Q'R'$ die Declination des Punctes R'. Wenn der Hauptkreis $P'Q'$ die Ecliptik und P' der Frühlingspunct, so ist der Bogen $P'Q'$ die Länge, $Q'R'$ die Breite des Punctes R'.

Ebenso wird durch den Winkel φ, welchen mit dem Hauptkreis der Puncte P', Q' der Hauptkreis der Puncte P', R' bildet, und durch den Bogen des letztern $P'R' = \chi$ der Punct R' eindeutig bestimmt, so dass φ, χ polare sphärische Coordinaten des Kugelpunctes R' sind.

Functionen des Kugelpunctes $\vartheta|\eta$ oder $\varphi|\chi$ (Functionen der Variablen ϑ, η oder φ, χ) sind es, welche von Gauss 1828 »Kugelfunctionen« genannt wurden. Werke 6 p. 648. 5 p. 630.

8. Mit Hülfe des Kugelpunctes R' wird der Punct $R(x|y|z)$ gefunden, indem man auf der Geraden, von welcher OR' eine positive Strecke ist, den Vector $OR = r$ abschneidet. Daher ist der Punct R durch seine polaren Coordinaten ϑ, η, r oder φ, χ, r eindeutig bestimmt. Diese Coordinaten werden auch Kugelcoordinaten des Punctes genannt.

In dem einen Fall hat die Strecke OR die rechtwinkeligen Coordinaten $OQ = r\cos\eta$ und $QR = r\sin\eta$, die Strecke OQ hat die rechtwinkeligen Coordinaten $OP = OQ\cos\vartheta$ und $PQ = OQ\sin\vartheta$, also ist

$$x = r\cos\eta\cos\vartheta, \quad y = r\cos\eta\sin\vartheta, \quad z = r\sin\eta$$

In dem andern Fall hat OR die rechtwinkeligen Coordinaten $OP = r\cos\chi$ und $PR = r\sin\chi$, die Strecke PR hat die rechtwinkeligen Coordinaten $PQ = PR\cos\varphi$ und $QR = PR\sin\varphi$, also ist

$$x = r\cos\chi, \quad y = r\sin\chi\cos\varphi, \quad z = r\sin\chi\sin\varphi$$

Durch diese von Euler u. A. gebrauchten Substitutionen wird eine Function der x, y, z in eine Function der ϑ, η, r oder der φ, χ, r transformirt.

Bei gegebenem ϑ liegt der Punct R auf einer Ebene der z, bei gegebenem η auf einem Rotationskegel der Axe z, bei gegebenem r auf einer Kugel um das Centrum O: der Punct $\vartheta|\eta|r$ ist ein gemeinschaftlicher Punct von 3 Flächen, die einander paarweise normal schneiden. Und bei gegebenem φ liegt R auf einer Ebene der x, bei gegebenem χ auf einem Rotationskegel der Axe x, bei gegebenem r auf einer Kugel um das Centrum O: der Punct $\varphi|\chi|r$ ist ein gemeinschaftlicher Punct von 3 Flächen, die einander paarweise normal schneiden. Die übrigen gemeinschaftlichen Puncte der 3 Flächen haben andre Coordinaten.

Man erhält besondere Flächen entsprechend einer Gleichung zwischen ϑ und η, zwischen φ und χ, u. s. w.

9. Ueberhaupt können die Werthe p, q, r, welche 3 gegebene Functionen der x, y, z in dem Punct $R(x|y|z)$ haben, als Coordinaten dieses Punctes gebraucht werden. Bei gegebenen

p, q, r liegt R auf 3 bestimmten Flächen (§. 44, 3), welche alle den Punct R, und paarweise je eine Linie gemein haben. Daher sind die Werthe p, q, r von 3 gegebenen Functionen eines Punctes brauchbare Coordinaten dieses Punctes, insoweit die Mehrdeutigkeit des Punctes $p|q|r$ sich ausschliessen lässt. Solche Coordinaten eines Punctes, die krummlinig von Lamé 1840 genannt wurden, empfehlen sich besonders, wenn je 3 Flächen, welche einen Punct bestimmen, orthotomisch (orthogonal) sind, d. h. einander paarweise normal schneiden.

Orthotomische Flächenserien sind von Dupin 1813 Dével. p. 236 ff. bemerkt worden. Die krummlinigen Coordinaten eines Punctes, welche zuerst benutzt worden sind, waren die auf Dupin's Betrachtungen gegründeten elliptischen Coordinaten (§. 24, 6). Vergl. Lamé 1834 im Journ. de l'Ec. polyt. Cah. 23 und dessen Leçons sur les coord. curvilignes 1859.

Ebenso dienen die Werthe von 4 gegebenen Functionen eines Punctes als homogene Coordinaten desselben. Vergl. unten §. 52.

Capitel IX.

Die Gerade und die Ebene.

§. 48. System von Gleichungen der Geraden.

1. Wenn der Punct $P(x|y|z)$ auf der Geraden liegt, welche die gegebenen Puncte $P_1(x_1|y_1|z_1)$ und $P_2(x_2|y_2|z_2)$ enthält, so sind die Strecken P_1P und P_1P_2 parallel, und man hat (§. 45, 2)

$$x - x_1 : y - y_1 : z - z_1 = x_2 - x_1 : y_2 - y_1 : z_2 - z_1$$

ein System von linearen Gleichungen für die Gerade der 2 Puncte. Jedem x entspricht ein bestimmtes y und ein bestimmtes z, also ein bestimmter Punct der Geraden.

Wenn der Punct P die Strecke P_1P_2 nach dem Verhältniss λ theilt, so liegt er auf der Geraden P_1P_2, und man hat für ihn

$$x = \frac{x_1 - \lambda x_2}{1 - \lambda} \qquad y = \frac{y_1 - \lambda y_2}{1 - \lambda} \qquad z = \frac{z_1 - \lambda z_2}{1 - \lambda}$$

Die Coordinaten sind gebrochne Functionen des Parameters λ. Ihre Zähler sind lineare Functionen von λ, wie der gemeinschaftliche Nenner $1 - \lambda$. Vermöge des Systems der 3 Gleichungen werden alle Puncte der Geraden entsprechend allen λ gefunden, P_1 bei $\lambda = 0$, P_2 bei $\lambda = \infty$, der unendlichferne Punct bei $\lambda = 1$, u. s. w. Nach Elimination von λ bleiben 2 lineare Gleichungen für x, y, z.

2. Wenn die Strecke P_1P mit einer gegebenen Geraden parallel ist, so haben ihre Coordinaten eine gegebene Proportion

$f : g : h$. Dann sind f, g, h homogene Coordinaten einer Richtung (§. 45, 2), und

$$x - x_1 : y - y_1 : z - z_1 = f : g : h$$

ein System von Gleichungen der Geraden s, welche einen gegebenen Punct $x_1|y_1|z_1$ und eine gegebene Richtung $f|g|h$ hat, wo f, g, h nicht alle null sind.

Die Zahlen f, g, h sind die Coordinaten einer Strecke AB, deren Gerade mit der Geraden s parallel ist, so dass (§. 45, 8)

$$AB^2 = f^2 + g^2 + h^2 + 2gh \cos yz + 2hf \cos zx + 2fg \cos xy$$
$$AB \cos xs = f \cos xx + g \cos xy + h \cos zx$$

u. s. w. Wenn nun $AB = \varrho$ gesetzt wird, mithin ϱ eine der beiden Quadratwurzeln von $f^2 + \ldots$, so ist die positive Richtung von s festgesetzt, also $\cos xs$, $\cos ys$, $\cos zs$ eindeutig bestimmt.

3. Aus dem System (2) folgt

$$hy - gz = hy_1 - gz_1 = -F$$
$$fz - hx = fz_1 - hx_1 = -G$$
$$gx - fy = gx_1 - fy_1 = -H$$

wo F, G, H durch den gegebenen Punct und die gegebene Richtung der Geraden s bestimmt sind, aber nicht unabhängig von einander, sondern durch die Gleichung

$$fF + gG + hH = 0$$

verbunden. Setzt man nun

$$p = F \quad + hy - gz$$
$$q = -hx + G \quad + fz$$
$$r = gx \quad - fy + H$$

so ist bei allen x, y, z

$$px + qy + rz = Fx + Gy + Hz$$
$$fp + gq + hr = fF + gG + hH = 0$$

Demnach liegt der Punct $x|y|z$ auf einer bestimmten Geraden der Richtung $f|g|h$ zufolge des Systems

$$p = 0, \quad q = 0$$

oder zufolge des erweiterten Systems

$$p = 0, \quad q = 0, \quad r = 0, \quad fF + gG + hH = 0$$

Vergl. die §. 45, 1 citirte Abhandlung.

Wenn man die Gerade durch Ebenen, die der Reihe nach mit den Geraden x, y, z parallel sind, auf die coordinirten Ebenen projicirt, so erhält man für die coordinirten Projectionen der Geraden die Systeme

$$(x = 0, p = 0), \quad (y = 0, q = 0), \quad (z = 0, r = 0)$$

Die Gerade hat auf den coordinirten Ebenen die Puncte

$$(x = 0, q = 0, r = 0) \text{ d. i. } 0 \left| \frac{H}{f} \right| \frac{-G}{f}$$

$$(r = 0, y = 0, p = 0) \text{ d. i. } \frac{-H}{g} \left| 0 \right| \frac{F}{g}$$

$$(q = 0, p = 0, z = 0) \text{ d. i. } \frac{G}{h} \left| \frac{-F}{h} \right| 0$$

4. Das System von Gleichungen $(p = 0, \ q = 0)$ der Geraden hat 4 von einander unabhängige Coefficienten z. B. wenn h nicht null,

$$\frac{f}{h}, \quad \frac{g}{h}, \quad \frac{F}{h}, \quad \frac{G}{h}$$

durch welche das System bestimmt ist: die Gerade hat 4 Coordinaten, wie die Kugel §. 45, 7, also 5 homogene Coordinaten f, g, h, F, G, oder auch 6 homogene Coordinaten f, g, h, F, G, H, die durch die Gleichung $fF + gG + hH = 0$ verbunden sind. Die Gerade als ein durch Coordinaten bestimmtes Raumelement wurde eingeführt von Plücker Philos. Trans. 1865 p. 725 (Liouville Journal 1866 p. 337). Neue Geometrie des Raumes 1868 und 69. Vergl. Fiedler-Salmon Raumgeom. 1874, I p. 63.

Die Geraden des Raumes bilden eine Quadrupelserie. Wenn die Gerade einen gegebenen Punct enthält, so sind ihre Coordinaten durch 2 Gleichungen verbunden, und 2 derselben frei. Wenn die Gerade eine gegebene Linie schneidet, so sind ihre Coordinaten durch eine Gleichung verbunden (§. 44, 5), und 3 derselben frei. Wenn φ, χ, ψ, ω Functionen der Geraden sind d. h. ihrer Coordinaten, so genügt der Gleichung $\varphi = 0$ eine Tripelserie von Geraden (ein Complex bei Plücker), linear, quadratisch, u. s. w. Dem irreducibeln System ($\varphi = 0$, $\chi = 0$) genügt eine Doppelserie von Geraden (eine Congruenz bei Plücker), die gemeinschaftlichen Geraden von 2 Complexen. Dem System ($\varphi = 0$, $\chi = 0$, $\psi = 0$) genügt eine Serie von Geraden, die Geraden einer Regelfläche. Dem System ($\varphi = 0$, $\chi = 0$, $\psi = 0$, $\omega = 0$) genügt eine bestimmte Gerade, eine Gruppe von Geraden (Polygramm).

Der Name Regelfläche (surface réglée, ruled, geradlinig) rührt von Monge her. Applications 1795 §. V. Doppelserien von Geraden waren unter dem Namen Strahlensysteme von Malus, Dupin, Hamilton 1831 (Irish Acad. t. 16), besonders von Kummer 1859 Crelle J. 57 p. 189, Berl. Monatsbericht 1864 und 65, Abh. d. Berl. Acad. 1866, und Möbius Leipz. Berichte 1862 untersucht worden.

5. Es giebt eine Serie von Puncten einer Linie, eine Doppelserie von Puncten einer Fläche. Daher bilden die Geraden eines Punctes eine Doppelserie entsprechend den Puncten einer Fläche. Die Geraden eines Punctes, welche eine Fläche berühren, bilden eine Serie (Kegel, Ebene). Es giebt also eine Tripelserie von Geraden, welche eine Linie schneiden, oder eine Fläche berühren.

Eine Doppelserie bilden ferner die Normalen einer Fläche oder einer Linie; die Geraden, welche 2 Linien schneiden; die Chorden einer Linie; die Geraden, welche eine Linie schneiden und eine Fläche berühren; die Geraden, welche 2 Flächen berühren; die Geraden, welche eine Fläche 2mal berühren;

6. Es giebt eine Serie von Geraden, welche 3 Linien schneiden. Denn jeder Punct der ersten Linie enthält je eine

Serie von Geraden, welche die zweite und die dritte Linie projiciren; diese beiden Serien (Kegel) haben eine bestimmte Gerade gemein, welche die 3 Linien schneidet. Die Geraden, welche die 3 Linien schneiden, erfüllen eine Regelfläche. In der That, wenn die Gerade eine gegebene Linie schneidet, so giebt es eine Gleichung, welche die Coordinaten der Geraden verbindet. Also bleibt nur eine Coordinate der Geraden frei; wenn man dieselbe aus dem System der Geraden eliminirt, so erhält man die Gleichung für einen Punct der Regelfläche.

Die Geraden, welche 3 gegebene Gerade schneiden, liegen auf einem »hyperbolischen Hyperboloid«. Wenn eine der 3 Geraden unendlichfern ist, so liegen die Geraden, welche 2 Gerade schneiden und mit einer gegebenen Ebene parallel sind, auf einem »hyperbolischen Paraboloid«. Stereom. §. 1, 8. Wenn überhaupt von den 3 Linien, welche eine Regelfläche bestimmen, eine unendlichfern ist, so sind die Geraden der Regelfläche mit den Geraden einer Ebene oder eines Kegels parallel, und die Regelfläche wird in der descriptiven Geometrie (Stereotomie) ein Conoid genannt, entgegen dem ältern Wortgebrauch. Vergl. unten §. 53, 1.

7. Zwei Gerade haben nicht unbedingt einen Punct gemein (§. 44, 5). Man setze

$$u = a + \alpha x - y \qquad u_1 = a_1 + \alpha_1 x - y$$
$$v = b + \beta x - z \qquad v_1 = b_1 + \beta_1 x - z$$

so ist bei allen x, y, z

$$u_1 - u = a_1 - a + (\alpha_1 - \alpha)x$$
$$v_1 - v = b_1 - b + (\beta_1 - \beta)x$$

$$\begin{vmatrix} u_1 - u - (a_1 - a) & \alpha_1 - \alpha \\ v_1 - v - (b_1 - b) & \beta_1 - \beta \end{vmatrix} = 0$$

Unter der Bedingung

$$\begin{vmatrix} a_1 - a & \alpha_1 - \alpha \\ b_1 - b & \beta_1 - \beta \end{vmatrix} = 0 \quad \text{d. i.} \quad \begin{vmatrix} a & \alpha & 1 & 0 \\ b & \beta & 0 & 1 \\ a_1 & \alpha_1 & 1 & 0 \\ b_1 & \beta_1 & 0 & 1 \end{vmatrix} = 0$$

hat man demnach

$$\begin{vmatrix} u_1 - u & \alpha_1 - \alpha \\ v_1 - v & \beta_1 - \beta \end{vmatrix} = 0$$

so dass u, v, u_1, v_1 durch eine Gleichung verbunden sind, und dass die beiden Flächen (Ebenen)

$$\begin{vmatrix} u & \alpha_1 - \alpha \\ v & \beta_1 - \beta \end{vmatrix} = 0 \quad \text{und} \quad \begin{vmatrix} u_1 & \alpha_1 - \alpha \\ v_1 & \beta_1 - \beta \end{vmatrix} = 0$$

congruiren. Auf der ersten Fläche liegt die Gerade ($u = 0$, $v = 0$) nach §. 44, 2; auf der andern Fläche liegt die Gerade ($u_1 = 0$, $v_1 = 0$). Also liegen unter der angegebenen Bedingung die beiden Geraden auf der Fläche

$$\begin{vmatrix} u & \alpha_1 - \alpha \\ v & \beta_1 - \beta \end{vmatrix} = 0$$

und haben den Punct ($u = 0$, $v = 0$, $u_1 = 0$) gemein d. i.

$$(\alpha_1 - \alpha)x = -(a_1 - a)$$

$$(\alpha_1 - \alpha)y = \begin{vmatrix} a & a_1 \\ \alpha & \alpha_1 \end{vmatrix} \qquad (\alpha_1 - \alpha)z = \begin{vmatrix} b & a_1 - a \\ \beta & \alpha_1 - \alpha \end{vmatrix}$$

Setzt man oben (3) $p_1 = F_1 + h_1 y - g_1 z$, u. s. w., so ist unbedingt

$$\begin{aligned} & f_1 p + g_1 q + h_1 r + f p_1 + g q_1 + h r_1 \\ = & f_1 F + g_1 G + h_1 H + f F_1 + g G_1 + h H_1 \end{aligned}$$

mithin $f_1 F + \ldots = 0$, wenn die Geraden ($p = 0$, $q = 0$, ..) und ($p_1 = 0$, $q_1 = 0$, ..) einen Punct gemein haben.

8. Wenn die Coordinaten a, α, b, β der Geraden ($u = 0$, $v = 0$) gegebene Functionen des Parameters t sind, so entsprechen allen Werthen des Parameters alle Geraden einer Serie, welche eine Regelfläche erfüllen. Jede Gerade der Serie wird von den andern im Allgemeinen nicht geschnitten (7). Die Gerade ($u = 0$, $v = 0$) des Parameters t wird jedoch von der Geraden ($u_1 = 0$, $v_1 = 0$) des Parameters t_1 geschnitten unter der Bedingung

$$\begin{vmatrix} a_1 - a & \alpha_1 - \alpha \\ b_1 - b & \beta_1 - \beta \end{vmatrix} = 0$$

insbesondere bei verschwindender Differenz $t_1 - t$ unter der Bedingung

$$\begin{vmatrix} da & d\alpha \\ db & d\beta \end{vmatrix} = 0$$

in dem Punct

$$x d\alpha = -da, \quad y d\alpha = a d\alpha - \alpha da, \quad z d\alpha = b d\alpha - \beta db$$

Wenn demnach die gegebenen Functionen a, α, b, β der Gleichung $da\, d\beta = db\, d\alpha$ genügen, so wird jede Gerade der Serie von der in verschwindender Distanz folgenden Geraden geschnitten: die Schnittpuncte liegen auf einer Linie, welche der Regelfläche angehört, und deren Tangenten die Geraden der Serie sind.

In diesem Fall hat die Regelfläche die Eigenschaft, dass sie, als starr vorausgesetzt, mit einer biegsamen Ebene ohne Ausdehnungen und ohne Verdichtungen der letztern (ohne Risse und ohne Falten) bedeckt werden kann; oder dass sie, als biegsam vorausgesetzt, ohne Ausdehnungen und ohne Verdichtungen auf eine starre Ebene ausgebreitet werden kann. Diese besondre Regelfläche heisst deshalb eine Developpable (in planum explicabilis, surface développable). Ihre Geraden, die Geraden einer besondern Serie, sind die Tangenten einer Linie, welche die arête de rebroussement, cuspidal edge, Rückkehrkante der Developpablen genannt worden ist, obgleich Kante sonst eine Gerade bedeutet.

Wenn die Geraden der Regelfläche einen Punct gemein haben, so ist sie eine Developpable, ein Kegel oder Cylinder; ihre Rückkehrkante ist auf einen Punct reducirt. Dass es andre Developpable giebt, und zwar unter der angezeigten Bedingung, wurde von Euler 1771 entdeckt. Nov. Comm. Petrop. t. 16: De solidis, quorum superficiem in planum explicare licet. Vergl. Monge Mém. prés. 1780 t. 9 und 10, von dem die obigen Benennungen herrühren, sowie das Criterium dafür, dass eine durch ihre Gleichung gegebene Fläche eine Developpable ist. In den angeführten Memoiren wird von Monge, Meusnier, Tinseau die Regelfläche, wenn sie nicht zur Species der Developpablen gehört, eine surface gauche (skew, gobba, windschief) genannt.

Die Geraden a, b, c einer Regelfläche haben auf den gemeinschaftlichen Normalen der a und b, der b und c die Distanzen AA', BB'. Bei verschwindenden Distanzen sind A, B bestimmte Puncte der Geraden a, b. Dieselben liegen auf einer von den Normalen AA', BB' berührten Linie, auf der von Monge so genannten Strictionslinie der Regelfläche. Anstatt dieser Linie erscheint auf einer Developpablen die Rückkehrlinie derselben, deren Tangenten die Developpable erfüllen.

§. 49. Die Gleichung der Ebene.

1. Die Geraden eines gegebenen Punctes, welche eine gegebene Gerade schneiden, erfüllen die einfachste Regelfläche, eine Ebene. Der gegebene Punct sei $x_1|y_1|z_1$, ein Punct der gegebenen Geraden ($p = 0$, $q = 0$, .. §. 48, 3) sei $x_2|y_2|z_2$, ein Punct der Geraden 12, mithin ein Punct der Ebene sei $x|y|z$. Dann ist

$$x - x_1 : y - y_1 : z - z_1 = x_2 - x_1 : y_2 - y_1 : z_2 - z_1$$

$$F + hy_2 - gz_2 = 0 \quad \text{d. i.} \quad a + h(y_2 - y_1) - g(z_2 - z_1) = 0$$

wo $a = F + hy_1 - gz_1$, der Werth, welchen p in dem Punct 1 hat, u. s. w. Aus dem System

$$\begin{array}{rrrr} a & + h(y_2 - y_1) & - g(z_2 - z_1) & = 0 \\ - h(x_2 - x_1) + b & & + f(z_2 - z_1) & = 0 \\ g(x_2 - x_1) - f(y_2 - y_1) + c & & & = 0 \end{array}$$

folgt $a(x_2 - x_1) + b(y_2 - y_1) + c(z_2 - z_1) = 0$, also

$$a(x - x_1) + b(y - y_1) + c(z - z_1) = 0$$

für den Punct $x|y|z$ der Ebene. Wenn demnach eine lineare Form der $x - x_1$, $y - y_1$, $z - z_1$ null ist, so liegt der Punct $x|y|z$ auf einer Ebene des Punctes $x_1|y_1|z_1$. Und wenn

$$u = ax + by + cz + d$$

eine lineare Function der x, y, z, so ist die Gleichung ersten Grades $u = 0$ die Gleichung (des Punctes $x|y|z$) einer Ebene.

2. Die Gerade, welche 2 Puncte der Ebene enthält, liegt auf der Ebene. Dieser unabänderlichen Voraussetzung der Geometrie (dem Axiom von der Ebene, Planim. §. 1, 4) genügt die Gleichung der Ebene $u = 0$. Wenn u in den Puncten 1, 2 die Werthe $u_1 = ax_1 + \ldots$, $u_2 = ax_2 + \ldots$ hat, und wenn der Punct $x|y|z$ auf der Geraden 12 liegt, so ist (auf Grund des Axioms nach §. 45, 2)

$$x = \frac{x_1 - \lambda x_2}{1 - \lambda} \qquad y = \frac{y_1 - \lambda y_2}{1 - \lambda} \qquad z = \frac{z_1 - \lambda z_2}{1 - \lambda}$$

$$u = \frac{u_1 - \lambda u_2}{1 - \lambda}$$

Unter der Voraussetzung, das 1, 2 Puncte der Ebene $u = 0$ sind, hat man $u_1 = 0$, $u_2 = 0$, also $u = 0$ d. h. $x|y|z$ ist ein Punct derselben Ebene.

3. Die Gleichung der Ebene, welche die coordinirten Geraden x, y, z in A, B, C schneidet, wird unmittelbar wie folgt erhalten. S. die §. 45, 1 citirte Abhandlung. Der Punct R der Ebene ABC habe die Coordinaten $OP = x$, $PQ = y$, $QR = z$. Die Gerade BC wird von der Geraden AR in S so geschnitten, dass $OP : OA = SR : SA$ zwischen den parallelen Ebenen OBC und PQR. Nun ist

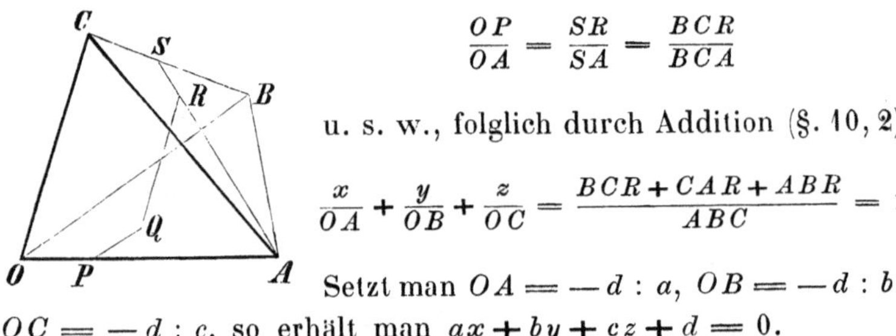

$$\frac{OP}{OA} = \frac{SR}{SA} = \frac{BCR}{BCA}$$

u. s. w., folglich durch Addition (§. 10, 2)

$$\frac{x}{OA} + \frac{y}{OB} + \frac{z}{OC} = \frac{BCR + CAR + ABR}{ABC} = 1$$

Setzt man $OA = -d : a$, $OB = -d : b$, $OC = -d : c$, so erhält man $ax + by + cz + d = 0$.

4. Eine Gerade des Nullpunctes O von bestimmter positiver Richtung wird durch n bezeichnet; von der Ebene, welche die Gerade n in N normal schneidet, habe der Punct $P(x|y|z)$ die Distanz RP. Dann ist $ON + RP$ die Normalprojection des Vector OP auf die Gerade n, mithin (§. 45, 6)

$$ON + RP = x \cos xn + y \cos yn + z \cos zn$$

$$RP = x \cos xn + y \cos yn + z \cos zn + NO$$

wo NO die Distanz des Nullpunctes O von der Ebene ist. Der Punct P liegt auf der Ebene, wenn $RP = 0$. Also ist

$$x \cos xn + y \cos yn + z \cos zn + NO = 0$$

die Gleichung der Ebene, welche in dem Punct N der Geraden n normal zu dieser Geraden gestellt ist, und

$$x \cos xn + y \cos yn + z \cos zn + N'O = 0$$

die Gleichung einer parallelen Ebene. Vergl. §. 29, 3.

5. Die Ebene $x \cos xn + y \cos yn + z \cos zn + NO = 0$ congruirt mit der Ebene $ax + by + cz + d = 0$ unter den Bedingungen

$$\lambda \cos xn = a, \quad \lambda \cos yn = b, \quad \lambda \cos zn = c, \quad \lambda \,.\, NO = d$$

Indem man in der Gleichung (§. 45, 8), durch welche $\cos xn$, $\cos yn$, $\cos zn$ verbunden sind, deren Werthe substituirt, erhält man

$$\begin{vmatrix} \lambda^2 & a & b & c \\ a & \cos xx & \cos xy & \cos zx \\ b & \cos xy & \cos yy & \cos yz \\ c & \cos zx & \cos yz & \cos zz \end{vmatrix} = 0$$

zur Berechnung von λ aus a, b, c. Nach §. 46, 8 und 15 ist $\lambda^2 \sin^2 xyz$ eine quadratische Form der $a \sin yz$, $b \sin zx$, $c \sin xy$ mit den Coefficienten $\cos x'x'$, $\cos x'y'$, . ., d. h. $a \sin yz$, $b \sin zx$, $c \sin xy$ sind die Coordinaten einer Planfigur der Ebene $ax + by + cz + d = 0$ oder einer parallelen Ebene. Die Fläche der Planfigur ist $\lambda \sin xyz$, eine der beiden Quadratwurzeln von $a^2 \sin^2 yz + \ldots$ Durch das Zeichen der Fläche sind der positive Sinn der Ebene, die positive Richtung ihrer Normale n, also $\cos xn$, $\cos yn$, $\cos zn$ bestimmt.

In der That, wenn $P(x|y|z)$ ein Punct der Ebene, so ist das Prisma, dessen Basis auf der Ebene liegt, und dessen Längenkante OP ist, gleich dem Prisma derselben Basis mit der Höhe ON. Das Prisma der Basis $a \sin yz | b \sin zx | c \sin xy$ und der Längenkante $x|y|z$ hat nach §. 46, 9 das Volum

$$(ax + by + cz) \sin xyz$$

Das andre Prisma hat das Volum

$$\lambda \sin xyz \,.\, ON = -d \sin xyz$$

Also ist $ax + by + cz + d = 0$, wie oben.

6. Zufolge der Gleichungen (5) sind a, b, c die Normalprojectionen auf x, y, z von einer Strecke der Geraden n. Durch die Proportion derselben wird die Proportion der Coordinaten der Strecke bestimmt, die Richtung (§. 45, 9), zu welcher die Ebene $ax + \ldots = 0$ normal gestellt ist. Ebenen, die zu derselben Richtung normal gestellt sind, sind parallel, haben ihre unendlichfernen Geraden gemein, haben gleiche Stellung. Also sind a, b, c die homogenen Coordinaten einer Stellung, einer unendlichfernen Geraden, welche Ebenen gleicher Stellung gemein haben. Die Stellung $a|b|c$ ist die Stellung der Ebene $ax + by + cz + d = 0$ und der Planfigur $a \sin yz | b \sin zx | c \sin xy$.

Wenn $u' = a'x + b'y + c'z + d'$, und

$$\frac{a}{a'} = \frac{b}{b'} = \frac{c}{c'} = -k$$

gegeben ist, so hat man

$$a + ka' = 0, \quad b + kb' = 0, \quad c + kc' = 0, \quad u + ku' = d + kd'$$

Dabei unterscheiden sich die Functionen

$$u, \quad -ku', \quad \tfrac{1}{2}(u - ku')$$

nur durch die constanten Glieder

$$d, \quad -kd', \quad \tfrac{1}{2}(d - kd')$$

Folglich haben die Ebenen $u = 0$, $u' = 0$, $u - ku' = 0$ dieselbe Normale, gleiche Stellung. Der Nullpunct O hat von diesen Ebenen die Distanzen NO, $N'O$, $N''O$, so dass (4)

$$\lambda \,.\, NO = d, \quad \lambda \,.\, N'O = -kd', \quad \lambda \,.\, N''O = \tfrac{1}{2}(d - kd')$$
$$N''O = \tfrac{1}{2}(NO + N'O)$$

Also: Bei constantem $u + ku'$ sind die Ebenen $u = 0$, $u' = 0$, $u - ku' = 0$ parallel; die Schicht der beiden ersten wird von der dritten Ebene halbirt.

7. Die Ebene $ax + by + cz = 0$ der Stellung $a|b|c$ enthält den Nullpunct O und den Punct $P(x|y|z)$. Wenn der Vector OP die Richtung $f|g|h$ hat, d. h. $x : y : z = f : g : h$, so ist

$$af + bg + ch = 0$$

die Bedingung, unter welcher die Richtung $f|g|h$ in der Stellung $a|b|c$ enthalten, eine Gerade jener Richtung mit einer Ebene dieser Stellung parallel ist. Wenn auch die Richtung $f'|g'|h'$ in der Stellung $a|b|c$ enthalten ist, d. h. $af' + bg' + ch' = 0$, so ist

$$a : b : c = \begin{vmatrix} g & h \\ g' & h' \end{vmatrix} : \begin{vmatrix} h & f \\ h' & f' \end{vmatrix} : \begin{vmatrix} f & g \\ f' & g' \end{vmatrix}$$

Durch zwei Richtungen ist eine Stellung bestimmt.

Die Strecke $f|g|h$ der Geraden n sei ϱ, eine Quadratwurzel von $f^2 + ..$ (§. 45, 8); dann ist die positive Richtung der Geraden n bestimmt, und man hat

$$\varrho = f \cos xn + g \cos yn + h \cos zn$$

$$\varrho \cos xn = f \cos xx + .., \quad \varrho \cos yn = f \cos xy + ..$$

$$\varrho \cos zn = f \cos zx + ..$$

Wenn nun die Richtung $f|g|h$ normal ist zu der Stellung $a|b|c$, so ist $\lambda \cos xn = a$, .., folglich sind a, b, c mit f, g, h durch das System verbunden

$$\frac{\varrho}{\lambda} a = f \cos xx + .., \quad \frac{\varrho}{\lambda} b = f \cos xy + .., \quad \frac{\varrho}{\lambda} c = f \cos zx + ..$$

$$af + bg + ch = \lambda\varrho$$

Bei einem rechtwinkeligen Trieder xyz ist

$$a : b : c = f : g : h$$

die Bedingung, unter welcher die Richtung $f|g|h$ normal ist zu der Stellung $a|b|c$.

8. Wenn $u = ax + by + cz + d$, so ist $u = 0$ die Gleichung einer Ebene, welche die Geraden (traces)

$$(u = 0,\ x = 0),\quad (u = 0,\ y = 0),\quad (u = 0,\ z = 0)$$

auf den coordinirten Ebenen enthält, und die Puncte

$$(u = 0,\ y = 0,\ z = 0),\quad (u = 0,\ z = 0,\ x = 0)$$
$$(u = 0,\ x = 0,\ y = 0)$$

auf den coordinirten Geraden. Die Ebene enthält den Punct $x_1 | y_1 | z_1$ unter der Bedingung $ax_1 + by_1 + cz_1 + d = 0$, u. s. w.

Wenn $d = 0$, so enthält die Ebene den Nullpunct; wenn $a = 0$, so enthält die Ebene den unendlichfernen Punct der Geraden x, und ist mit derselben parallel; wenn $a = 0$, $b = 0$, so enthält die Ebene die unendlichfernen Puncte der Geraden x, y, also die unendlichferne Gerade der Ebene xy; wenn $a = 0$, $b = 0$, $c = 0$, so sind alle Puncte der Ebene unendlichfern, die Ebene ist die unendlichferne Ebene des Raumes, unabhängig von dem Trieder xyz. Stereom. §. 1, 4. Z. B. bei constantem $u + ku'$ ist die Ebene $u + ku' = 0$ (6) unendlichfern. Die Ebene $by + cz + d = 0$ ist mit der Geraden x parallel. U. s. w.

Jeder Wahl der Coefficienten a, b, c, d entspricht eine bestimmte Ebene. Da die Gleichung der Ebene durch die Proportion ihrer Coefficienten bestimmt ist, so ist die Ebene ein durch (3 freie) 4 homogene Coordinaten bestimmtes Raumelement, wie der Punct. Die Ebene $a|b|c|d$ ist diejenige, deren Punct $x|y|z$ der Gleichung $ax + by + cz + d = 0$ genügt. Plücker 1830 Crelle J. 6 p. 107. 9 p. 124.

9. Es giebt eine Tripelserie von Ebenen entsprechend allen Werthen der 3 freien Coordinaten der Ebene. Wenn K, L, M Functionen der Ebene (ihrer 3 freien Coordinaten) oder Formen ihrer homogenen Coordinaten a, b, c, d sind, so genügt der Gleichung $K = 0$ eine Doppelserie von Ebenen. Diese Ebenen berühren eine Fläche, die Enveloppe der Doppelserie. Wenn K linear ist, z. B. $ax_1 + by_1 + cz_1 + dt_1$, so genügen der Gleichung $K = 0$ alle Ebenen, welche den Punct $x_1 : t_1 | y_1 : t_1 | z_1 : t_1$ enthalten. Als Enveloppe der Doppelserie erscheint dieser Punct, daher heisst $K = 0$ die Gleichung des Punctes (der Ebenen des Punctes). Vergl. §. 28, 2.

Dem System $(K = 0, L = 0)$ genügt eine Serie von Ebenen. Dieselben sind die gemeinschaftlichen Ebenen von 2 Doppelserien, und berühren 2 bestimmte Flächen. Jede Ebene der Serie hat mit der in verschwindender Distanz folgenden Ebene eine bestimmte Gerade gemein: die Geraden erfüllen eine Developpable, und berühren eine Linie, die Rückkehrkante der Developpablen (§. 48, 8. S. unten §. 54, 11).

Wenn K und L linear sind, so enthalten die Ebenen der Serie $(K = 0, L = 0)$ die Puncte $K = 0$, $L = 0$, mithin die Gerade der beiden Puncte. Als Rückkehrkante erscheint diese Gerade, daher ist $(K = 0, L = 0)$ ein System von Gleichungen der Geraden d. i. der Ebenen der Geraden. Aus dem System

$$(ax_1 + by_1 + cz_1 + dt_1 = 0,\ ax_2 + by_2 + cz_2 + dt_2 = 0)$$

folgt das System von 3 Gleichungen (Puncten)

$$\begin{aligned} (xt)d + (xy)b - (zx)c &= 0 \\ -(xy)a + (yt)d + (yz)c &= 0 \\ (zx)a - (yz)b + (zt)d &= 0 \end{aligned}$$

dessen Coefficienten $(xt) = x_1 t_2 - x_2 t_1$, u. s. w. durch die Gleichung

$$(yz)(xt) + (zx)(yt) + (xy)(zt) = 0$$

verbunden sind. Vergl. §. 50, 1. Die Coefficienten des Systems der drei Puncte sind homogene Coordinaten der Geraden (§. 48, 3 und 4), auf der die Puncte $x_1 | y_1 | z_1 | t_1$ und $x_2 | y_2 | z_2 | t_2$ liegen.

Dem System $(K = 0, L = 0, M = 0)$ genügt eine bestimmte Ebene, eine Gruppe von Ebenen, ein Polyeder.

10. Wenn die Ebene $a | b | c | d$ d. i. $ax + by + cz + d = 0$ den Punct 1 enthält, dessen Coordinaten x_1, y_1, z_1 sind, so hat man $ax_1 + by_1 + cz_1 + d = 0$, folglich

$$a(x - x_1) + b(y - y_1) + c(z - z_1) = 0$$

für die Ebene des Punctes 1. Dabei bleibt die Stellung $a : b : c$ unbestimmt: es giebt eine Doppelserie von Ebenen eines Punctes.

Wenn die Ebene die Puncte 1, 2 enthält, so hat man ein System von 3 Gleichungen, vermöge deren z. B.

$$\begin{vmatrix} ax + by & z & 1 \\ ax_1 + by_1 & z_1 & 1 \\ ax_2 + by_2 & z_2 & 1 \end{vmatrix} = 0$$

d. i. $$\begin{vmatrix} a(x-x_1) + b(y-y_1) & z-z_1 \\ a(x_1-x_2) + b(y_1-y_2) & z_1-z_2 \end{vmatrix} = 0$$

für die Ebene der Puncte 1, 2. Dabei bleibt $a : b$ unbestimmt: es giebt eine Serie von Ebenen zweier Puncte.

Wenn die Ebene die Puncte 1, 2, 3 enthält, so hat man ein System von 4 Gleichungen, also

$$\begin{vmatrix} x & y & z & 1 \\ x_1 & y_1 & z_1 & 1 \\ x_2 & y_2 & z_2 & 1 \\ x_3 & y_3 & z_3 & 1 \end{vmatrix} = 0$$

In der That ist das Tetraeder der Puncte 1, 2, 3, $x|y|z$ null (§. 46, 10). Durch Entwickelung der Determinante nach der letzten Colonne erhält man die Gleichung, durch welche 5 Puncte des Raumes verbunden sind (§. 46, 11), nämlich der Nullpunct und die 4 Puncte 1, 2, 3, $x|y|z$.

Wenn die Puncte 1, 2, 3 auf einer Geraden liegen, so ist die Ebene derselben unbestimmt. In der That ist dann die Determinante unbedingt null, weil nach Subtraction der zweiten Zeile von der dritten und vierten Zeile die Elemente der beiden letzten Zeilen dieselbe Proportion haben.

Wenn der Punct 3 unendlichfern ist in der Richtung $f|g|h$, so hat man $af + bg + ch = 0$ (6) als vierte Gleichung, folglich

$$\begin{vmatrix} x & y & z & 1 \\ x_1 & y_1 & z_1 & 1 \\ x_2 & y_2 & z_2 & 1 \\ f & g & h & 0 \end{vmatrix} = 0$$

für die Ebene der Puncte 1, 2 und der Richtung $f|g|h$.

11. Die §. 48, 3 betrachtete Gerade ($p = 0$, $q = 0$) liegt auf der Ebene $p + kq = 0$ bei allen k. Wenn $p + kq$ in dem Punct 1 den Werth $p_1 + kq_1$ hat, so enthält die Ebene $p + kq = 0$ den Punct 1 unter der Bedingung $p_1 + kq_1 = 0$. Also ist

$$pq_1 - p_1 q = 0$$

die Ebene der Geraden ($p = 0$, $q = 0$) und des Punctes 1.

Da unbedingt $fp + gq + hr = 0$, mithin r eine lineare Form der p, q, so ist

$$\alpha p + \beta q + \gamma r = 0$$

die Gleichung einer die Gerade ($p = 0$, $q = 0$) enthaltenden Ebene. Ihre Stellung

$$\begin{vmatrix} \beta & \gamma \\ g & h \end{vmatrix} : \begin{vmatrix} \gamma & \alpha \\ h & f \end{vmatrix} : \begin{vmatrix} \alpha & \beta \\ f & g \end{vmatrix}$$

enthält die Richtung $f' | g' | h'$ unter der Bedingung

$$\begin{vmatrix} \alpha & \beta & \gamma \\ f & g & h \\ f' & g' & h' \end{vmatrix} = 0$$

Nun ist $\alpha p + \beta q + \gamma r = 0$, $fp + gq + hr = 0$, folglich

$$f'p + g'q + h'r = 0$$

oder, wenn $(gh) = gh' - g'h$, u. s. w.

$$(gh)x + (hf)y + (fg)z + f'F + g'G + h'H = 0$$

die Ebene der Geraden ($p = 0$, $q = 0$) und der Richtung $f' | g' | h'$.

Wenn ferner $p' = F' + h'y - g'z$, u. s. w., so ist

$$-(gh)x - (hf)y - (fg)z + fF' + gG' + hH' = 0$$

die Ebene der Geraden ($p' = 0$, $q' = 0$) und der Richtung $f | g | h$. Unter der Bedingung

$$fF' + gG' + hH' + f'F + g'G + h'H = 0$$

congruirt diese Ebene mit jener, die beiden Geraden liegen auf der Ebene $f'p + g'q + h'r = 0$, und haben einen Punct gemein. Vergl. §. 48, 7.

Wenn aber $p' = F' + hy - gz$, u. s. w., so sind die Geraden $(p = 0,\ q = 0)$ und $(p' = 0,\ q' = 0)$ parallel. Die Ebene $p + \alpha q = 0$ ist die Ebene der parallelen Geraden, wenn sie mit der Ebene $p' + \beta q' = 0$ congruirt. Dazu ist erforderlich, dass

$$\beta = \alpha \quad \text{und} \quad F + \alpha G = F' + \alpha G'$$

Also ist

$$\frac{p}{F - F'} = \frac{q}{G - G'}$$

die Ebene der parallelen Geraden. Weil auch $fF' + gG' + hH' = 0$, so ist

$$p : q : r = F - F' : G - G' : H - H'$$

§. 50. Zwei und mehr Ebenen.

1. Wenn $u, u', ..$ lineare Functionen des Punctes $x|y|z$ sind,

$$u = ax + by + cz + d$$
$$u' = a'x + b'y + c'z + d'$$

so haben die Ebenen $u = 0$ und $u' = 0$ die Linie $(u = 0,\ u' = 0)$ gemein. Zufolge dieses Systems ist

$$\begin{vmatrix} a & d + by + cz \\ a' & d' + b'y + c'z \end{vmatrix} = 0, \text{ abgekürzt } |\, a,\ d + by + cz \,| = 0$$

$$|\, b,\ ax + d + cz \,| = 0, \quad |\, c,\ ax + by + d \,| = 0$$

oder entwickelt, wenn $(ad) = ad' - a'd$, u. s. w.

$$\begin{aligned} (ad) + (ab)y - (ca)z &= 0 \\ -(ab)x + (bd) + (bc)z &= 0 \\ (ca)x - (bc)y + (cd) &= 0 \end{aligned}$$

Dabei ist $(ad)(bc) + (bd)(ca) + (cd)(ab)$

$$= \begin{vmatrix} ad' - a'd & a & a' \\ bd' - b'd & b & b' \\ cd' - c'd & c & c' \end{vmatrix} = 0$$

Also ist die Linie ($u = 0$, $u' = 0$) eine Gerade, und (bc), (ca), (ab), (ad), (bd), (cd) sind homogene Coordinaten der Geraden (§. 48, 3 und 4), welche die Ebenen $a|b|c|d$ und $a'|b'|c'|d'$ gemein haben. Ihre Richtung $(bc)|(ca)|(ab)$ ist die gemeinschaftliche Richtung der beiden Stellungen $a|b|c$ und $a'|b'|c'$ (§. 49, 6).

Wenn die beiden Ebenen gleiche Stellung haben, d. h.

$$\frac{a}{a'} = \frac{b}{b'} = \frac{c}{c'} = -k$$

so sind (bc), (ca), (ab) null, die gemeinschaftliche Richtung der parallelen Ebenen ist unbestimmt. Die gemeinschaftliche Linie ($u = 0$, $u' = 0$) ist die unendlichferne Gerade der Ebene $u = 0$ und der parallelen Ebene $u' = 0$. Denn sie liegt auf der Ebene $k + ku' = 0$, d. i. auf der unendlichfernen Ebene (§. 49, 8), weil $u + ku' = d + kd'$.

2. Drei verschiedene Ebenen $u = 0$, $u' = 0$, $u'' = 0$ haben entweder einen Punct gemein, oder eine Richtung (einen unendlichfernen Punct), oder eine Gerade, oder die Stellung (ihre unendlichferne Gerade). Das System giebt

$$| ax + d, b, c | = 0, \quad | a, by + d, c | = 0, \quad | a, b, cz + d | = 0$$
$$(abc)x + (dbc) = 0, \quad (abc)y + (adc) = 0, \quad (abc)z + (abd) = 0$$

und hat, wenn nicht alle Determinanten 3ten Grades null sind, die Lösung

$$x : y : z : -1 = (dbc) : (adc) : (abd) : (abc)$$

für einen bestimmten gemeinschaftlichen Punct der Ebenen.

Wenn (abc) nicht null, so ist der gemeinschaftliche Punct endlichfern. Wenn $(abc) = 0$, (dbc) nicht null, so ist x unendlich, $d : x$, $d' : x$, $d'' : x$ verschwindend, folglich x, y, z durch das System bestimmt

$$\begin{aligned} ax + by + cz &= 0 \\ a'x + b'y + c'z &= 0 \\ a''x + b''y + c''z &= 0 \end{aligned}$$

dessen Determinante null ist. Unter der Voraussetzung, dass eine der Subdeterminanten 2ten Grades z. B. (bc) nicht null ist, ist die dritte Gleichung dieses Systems überflüssig, und das System hat die Lösung

$$x : y : z = (bc) : (ca) : (ab)$$

für den gemeinschaftlichen unendlichfernen Punct, die gemeinschaftliche Richtung der 3 Ebenen.

Wenn aber alle Determinanten 3ten Grades null sind, und (bc) nicht null, so ist in allen Puncten

$$\begin{vmatrix} u & b & c \\ u' & b' & c' \\ u'' & b'' & c'' \end{vmatrix} = 0 \quad \text{d. i.} \quad \begin{vmatrix} b' & c \\ b'' & c'' \end{vmatrix} u + \begin{vmatrix} b'' & c' \\ b & c \end{vmatrix} u' + \begin{vmatrix} b & c \\ b' & c' \end{vmatrix} u'' = 0$$

mithin die Gleichung $u'' = 0$ neben dem System $(u = 0, u' = 0)$ überflüssig. Die 3 Ebenen haben die Gerade $(u = 0, u' = 0)$ gemein, welche endlichfern ist oder unendlichfern.

3. Beispiel. Es sind 3 Gerade gegeben; eine Ebene der ersten schneidet die zweite in dem Punct F, die dritte in dem Punct G; gesucht wird die Mitte H der Chorde FG. Die erste Gerade sei $z (x = 0, y = 0)$, die zweite sei mit y parallel $(x = 2a, z = 0)$, die dritte sei mit x parallel $(y = 2b, z = 2c)$. Eine Ebene der ersten Geraden $x + \mu y = 0$ enthält den Punct F

$$(x = 2a, x + \mu y, z = 0) \quad \text{d. i.} \quad 2a \left| \frac{-2a}{\mu} \right| 0$$

und den Punct G

$$(x + \mu y = 0, y = 2b, z = 2c) \quad \text{d. i.} \quad -2b\mu | 2b | 2c$$

Daher hat man die Mitte $x|y|z$ der FG

$$x = a - b\mu, \quad y = -\frac{a}{\mu}, \quad z = c$$

folglich $(x - a)(y - b) = ab$. Die Mitten aller Chorden FG liegen auf der Ebene $z = c$ und zwar auf der Hyperbel, deren Asymptoten die Geraden $x = a$ und $y = b$ sind.

4. Vier Ebenen haben, wie die Geraden, welche durch 2 Paare Ebenen bestimmt werden, nicht unbedingt einen Punct gemein (§. 48, 7). Es sei $u_i = a_i x + b_i y + c_i z + d_i$. Wenn die Ebenen $u_1 = 0$, $u_2 = 0$, $u_3 = 0$, $u_4 = 0$, also auch die Geraden $(u_1 = 0,\ u_2 = 0)$ und $(u_3 = 0,\ u_4 = 0)$ den Punct $x|y|z$ gemein haben, so ist

$$(a\,b\,c\,d) = \begin{vmatrix} a_1 & b_1 & c_1 & d_1 \\ a_2 & b_2 & c_2 & d_2 \\ a_3 & b_3 & c_3 & d_3 \\ a_4 & b_4 & c_4 & d_4 \end{vmatrix} = 0$$

also eine der 4 Gleichungen überflüssig. Die 4 Ebenen haben keinen gemeinschaftlichen Punct, wenn die Determinante ihrer Coordinaten nicht null ist. Durch Entwickelung nach den beiden ersten Zeilen hat man

$$\begin{aligned}(a\,b\,c\,d) = (b_1 c_1)(a_3 d_3) + (c_1 a_1)(b_3 d_3) + (a_1 b_1)(c_3 d_3) \\ + (a_1 d_1)(b_3 c_3) + (b_1 d_1)(c_3 a_3) + (c_1 d_1)(a_3 b_3)\end{aligned}$$

ausgedrückt durch die homogenen Coordinaten (1) der beiden Geraden $(u_1 = 0,\ u_2 = 0)$ und $(u_3 = 0,\ u_4 = 0)$. Vergl. §. 48, 7 und §. 49, 11.

5. In allen Puncten ist

$$(a\,b\,c\,d) = (a\,b\,c\,u) = u_1 \delta_1 + u_2 \delta_2 + u_3 \delta_3 + u_4 \delta_4$$

wo δ_i die Adjuncte des Elements d_i bedeutet. Daher sind (§. 49, 6)

$$u_1 \delta_1 + u_2 \delta_2 = 0 \quad \text{und} \quad u_3 \delta_3 + u_3 \delta_4 = 0$$

die parallelen Ebenen, von denen die eine die Gerade $(u_1 = 0,\ u_2 = 0)$, die andre die Gerade $(u_3 = 0,\ u_4 = 0)$ enthält, und deren Schicht von der Ebene

$$u_1 \delta_1 + u_2 \delta_2 - u_3 \delta_3 - u_4 \delta_4 = 0$$

halbirt wird.

In der That ist

$$\begin{aligned} u_1 \delta_1 + u_2 \delta_2 &= Ax + By + Cz + D \\ u_3 \delta_3 + u_4 \delta_4 &= A'x + B'y + C'z + D' \end{aligned}$$

wo

$$A = \begin{vmatrix} a_1 & b_1 & c_1 & a_1 \\ a_2 & b_2 & c_2 & a_2 \\ a_3 & b_3 & c_3 & 0 \\ a_4 & b_4 & c_4 & 0 \end{vmatrix} \qquad A' = \begin{vmatrix} a_1 & b_1 & c_1 & 0 \\ a_2 & b_2 & c_2 & 0 \\ a_3 & b_3 & c_3 & a_3 \\ a_4 & b_4 & c_4 & a_4 \end{vmatrix}$$

u. s. w., folglich ist

$$A + A' = 0, \quad B + B' = 0, \quad C + C' = 0, \quad D + D' = (abcd)$$

Wenn nun der Nullpunct O von den Ebenen $u_1\delta_1 + u_2\delta_2 = 0$ und $u_3\delta_3 + u_4\delta_4 = 0$ die Distanzen NO und $N'O$ hat, und wenn λ aus den Coefficienten A, B, C berechnet wird, so ist

$$\lambda . NO = D, \quad \lambda . N'O = -D', \quad \lambda(NO - N'O) = D + D'$$
$$\lambda . NN' = (abcd)$$

für die Distanz der beiden Ebenen so wie der auf ihnen liegenden Geraden.

Unter der Bedingung $(abcd) = 0$ ist in allen Puncten

$$u_1\delta_1 + u_2\delta_2 + u_3\delta_3 + u_4\delta_4 = 0$$

also congruirt $u_1\delta_1 + u_2\delta_2 + u_3\delta_3 = 0$ mit $u_4\delta_4 = 0$, und $u_1\delta_1 + u_2\delta_2 = 0$ mit $u_3\delta_3 + u_4\delta_4 = 0$; der Punct $(u_1 = 0, u_2 = 0, u_3 = 0)$ liegt auf der Ebene $u_4 = 0$; die Gerade $(u_1 = 0, u_2 = 0)$ liegt auf der Ebene $u_1\delta_1 + u_2\delta_2 = 0$, welche die Gerade $(u_3 = 0, u_4 = 0)$ enthält.

6. Wenn $u_{ik} = a_i x_k + b_i y_k + c_i z_k + d_i$, so ist

$$(d\,a\,b\,c)(1\,x\,y\,z) = \Sigma \pm u_{11}u_{22}u_{33}u_{44}$$
$$(a\,b\,c\,d) = (a\,b\,c\,u) = u_1\delta_1 + u_2\delta_2 + u_3\delta_3 + u_4\delta_4$$

Wenn der Punct 1 auf den Ebenen $u_{2k} = 0$, $u_{3k} = 0$, $u_{4k} = 0$ liegt, u. s. w., so ist, wenn k von i verschieden, u_{ik} null, mithin

$$\Sigma \pm u_{11}u_{22}u_{33}u_{44} = u_{11}u_{22}u_{33}u_{44}$$
$$(a\,b\,c\,d) = u_{11}\delta_1 = u_{22}\delta_2 = u_{33}\delta_3 = u_{44}\delta_4$$
$$(1\,x\,y\,z) = \frac{-(abcd)^3}{\delta_1\delta_2\delta_3\delta_4}$$

Nach §. 46, 10 ist also

$$\frac{-(abcd)^3}{\delta_1\delta_2\delta_3\delta_4}\sin xyz$$

der Ausdruck des 6fachen Tetraeders durch die Coordinaten seiner Ebenen. Vergl. §. 28, 9. Wenn man 2 Ebenen vertauscht, so bleibt der Nenner des Ausdrucks unverändert, und der Zähler wechselt das Zeichen, also erfährt das Tetraeder einen Zeichenwechsel.

Da das System

$$\begin{aligned} a_1x_1 + b_1y_1 + c_1z_1 + d_1 &= u_{11} \\ a_2x_1 + b_2y_1 + c_2z_1 + d_2 &= 0 \\ a_3x_1 + b_3y_1 + c_3z_1 + d_3 &= 0 \\ a_4x_1 + b_4y_1 + c_4z_1 + d_4 &= 0 \end{aligned}$$

bei $(abcd) = a_1\alpha_1 + b_1\beta_1 + c_1\gamma_1 + d_1\delta_1$ die Lösung hat

$$x_1 : y_1 : z_1 : 1 = \alpha_1 : \beta_1 : \gamma_1 : \delta_1$$

u. s. w., so erhält man auch unmittelbar

$$(xyz1)\delta_1\delta_2\delta_3\delta_4 = \begin{vmatrix} \alpha_1 & \beta_1 & \gamma_1 & \delta_1 \\ . & . & . & . \\ \alpha_4 & \beta_4 & \gamma_4 & \delta_4 \end{vmatrix} = (abcd)^3$$

7. Fünf Ebenen sind nicht unabhängig von einander, wie 5 Puncte des Raumes (§. 46, 11). Man bilde aus ihren Coordinaten die Determinante

$$\begin{vmatrix} l & a & b & c & d \\ l_1 & a_1 & b_1 & c_1 & d_1 \\ . & . & . & . & . \\ l_4 & a_4 & b_4 & c_4 & d_4 \end{vmatrix} = l\varepsilon + l_1\varepsilon_1 + .. + l_4\varepsilon_4$$

Daher hat man

$$\begin{aligned} a\varepsilon + a_1\varepsilon_1 + .. + a_4\varepsilon_4 &= 0 \\ b\varepsilon + b_1\varepsilon_1 + .. + b_4\varepsilon_4 &= 0 \\ c\varepsilon + c_1\varepsilon_1 + .. + c_4\varepsilon_4 &= 0 \\ d\varepsilon + d_1\varepsilon_1 + .. + d_4\varepsilon_4 &= 0 \\ u\varepsilon + u_1\varepsilon_1 + .. + u_4\varepsilon_4 &= 0 \end{aligned}$$

wo $u = ax + by + cz + d$, $u_1 = a_1x + b_1y + c_1z + d_1, \ldots$

Diese Gleichungen, welche die Coordinaten von irgend welchen 5 Ebenen verbinden, sind nach den von MÖBIUS Leipz. Berichte 1865 p. 62 ff. gemachten Bemerkungen zu verwerthen. Die letzte derselben giebt ohne Weiteres zu erkennen, dass die Ebene $u\varepsilon + .. + u_3 \varepsilon_3 = 0$ congruirt mit der Ebene $u_3\varepsilon_3 + u_4\varepsilon_4 = 0$, dass also der Punct $(u = 0,\ u_1 = 0,\ u_2 = 0)$ auf der Geraden $(u_3 = 0,\ u_4 = 0)$ liegt. U. s. w.

§. 51. Winkel und Distanzen.

1. Durch die homogenen Coordinaten f, g, h und f', g', h' der Richtungen von zwei Geraden s und s' ist der Winkel ss' bestimmt.

Die mit der Geraden s parallele Strecke $f|g|h$ ist eine Quadratwurzel der Form (§. 45, 8)

$$f^2 + g^2 + h^2 + 2gh\cos yz + 2hf\cos zx + 2fg\cos xy$$

Wenn diese Wurzel den Werth ϱ hat, so ist die positive Richtung der Geraden s bestimmt, und $f : \varrho$, $g : \varrho$, $h : \varrho$ sind nur von der Proportion $f : g : h$ abhängig. In derselben Weise wird ϱ' aus f', g', h' berechnet, und die positive Richtung der Geraden s' bestimmt. Dann hat man (§. 45, 10)

$$\varrho\varrho'\cos ss' = f(f'\cos xx + ..) + g(f'\cos xy + ..) + h(f'\cos zx + ..)$$

zur Berechnung von $\cos ss'$ aus den homogenen Coordinaten der beiden Richtungen.

2. Das Parallelogramm, dessen folgende Seiten ϱ und ϱ' sind, hat die Fläche $\varrho\varrho'\sin ss'$ auf einer Ebene, welche die beiden Richtungen $f|g|h$ und $f'|g'|h'$ enthält, und deren Stellung die homogenen Coordinaten (gh), (hf), (fg) hat (§. 49, 7). Wenn die Function λ der (gh), (hf), (fg) nach §. 49, 5 berechnet wird, so ist $\lambda \sin xyz$ eine Fläche, deren Coordinaten $(gh)\sin yz$, $(hf)\sin zx$, $(fg)\sin xy$ sind (§. 49, 5). Dieselben Coordinaten hat das angegebene Parallelogramm (§. 46, 6). Also ist

$$\varrho\varrho'\sin ss' = \lambda \sin xyz$$

zur Berechnung von $\sin ss'$ aus den homogenen Coordinaten der beiden Richtungen. Der Quotient $\lambda : \varrho\varrho'$ ist nur von den Proportionen $f : g : h$ und $f' : g' : h'$ abhängig.

3. Der Winkel der Richtung $f|g|h$ mit der Stellung $a|b|c$ ist der Winkel, den die Richtung mit der Normale n der Stellung bildet. Nun hat man

$$\varrho \cos ns = f \cos xn + g \cos yn + h \cos zn$$

folglich (§. 49, 4)

$$\lambda\varrho \cos ns = af + bg + ch$$

zur Berechnung von $\cos ns$.

Wenn die Richtung $f|g|h$ in der Stellung $a|b|c$ enthalten ist, so ist $\cos ns = 0$, $af + bg + ch = 0$. Wenn die Richtung $f|g|h$ und die Stellung $a|b|c$ normal zu einander sind, so ist $\cos ns = 1$. Vergl. §. 49, 7.

4. Der Winkel der Stellungen $a|b|c$ und $a'|b'|c'$ ist der Winkel nn' ihrer Normalen (§. 46, 1). Wenn $\lambda \cos xn = a, \ldots, \lambda' \cos xn' = a', \ldots$, so hat man (§. 45, 10)

$$\begin{vmatrix} \lambda\lambda' \cos nn' & a' & b' & c' \\ a & \cos xx & \cos xy & \cos zx \\ b & \cos xy & \cos yy & \cos yz \\ c & \cos zx & \cos yz & \cos zz \end{vmatrix} = 0$$

zur Berechnung von $\cos nn'$ aus den homogenen Coordinaten der beiden Stellungen. Vergl. §. 46, 15.

Bei dem rechtwinkeligen Trieder xyz ist

$$\lambda\lambda' \cos nn' = aa' + bb' + cc'$$

und die Stellungen sind normal zu einander unter der Bedingung $aa' + bb' + cc' = 0$.

5. Wenn $u = ax + by + cz + d$ in dem Punct $P(x_1|y_1|z_1)$ den Werth u_1 hat, und wenn der Punct P von der Ebene $u = 0$ die Distanz RP hat, so ist nach §. 49, 4

$$RP = x_1 \cos xn + y_1 \cos yn + z_1 \cos zn + NO$$
$$\lambda . RP = ax_1 + by_1 + cz_1 + d = u_1$$

Um den Fusspunct $R(x_2|y_2|z_2)$ zu finden, benutzt man die Coordinaten der Strecke RP

$$f = x_1 - x_2, \quad g = y_1 - y_2, \quad h = z_1 - z_2$$

welche durch das lineare System bestimmt werden

$$\begin{aligned} f\cos xx + g\cos xy + h\cos zx &= RP\cos xn = au_1 : \lambda^2 \\ f\cos xy + g\cos yy + h\cos yz &= RP\cos yn = bu_1 : \lambda^2 \\ f\cos zx + g\cos yz + h\cos zz &= RP\cos zn = cu_1 : \lambda^2 \end{aligned}$$

Dieses System hat die Lösung $(1, 2, 3)f = (a, 2, 3)u_1 : \lambda^2$, u. s. w. (§. 45, 9). Also hat man

$$\frac{f}{(a, 2, 3)} = \frac{g}{(1, a, 3)} = \frac{h}{(1, 2, a)} = \frac{u_1 : \lambda^2}{(1, 2, 3)}$$

zur Berechnung des Punctes $x_2|y_2|z_2$, in welchem die Ebene $u = 0$ von der Normale des Punctes $x_1|y_1|z_1$ getroffen wird.

6. Die Strecke 12 wird in dem Punct $x|y|z$ nach dem Verhältniss α getheilt, wenn (§. 45, 2)

$$x = \frac{x_1 - \alpha x_2}{1 - \alpha} \qquad y = \frac{y_1 - \alpha y_2}{1 - \alpha} \qquad z = \frac{z_1 - \alpha z_2}{1 - \alpha}$$

$$(1 - \alpha)u = u_1 - \alpha u_2$$

Wenn der Punct $x|y|z$ auf der Ebene $u = 0$ liegt, so ist $u_1 - \alpha u_2 = 0$. Also wird die Strecke der Puncte $x_1|y_1|z_1$, $x_2|y_2|z_2$ von der Ebene $u = 0$ nach dem Verhältniss $u_1 : u_2$ getheilt. Vergl. §. 28, 6.

Wenn die Puncte $\alpha_1 . A$, $\alpha_2 . B$, $\alpha_3 . C$, $\alpha_4 . D$ den Schwerpunct P haben, wenn diese Puncte durch Parallelen von beliebiger Richtung auf eine beliebige Ebene nach A', B', C', D', P' projicirt werden, so ist unter der Bedingung $\alpha + \alpha_1 + .. = 0$ (§. 46, 11)

$$\alpha . P'P + \alpha_1 . A'A + \alpha_2 . B'B + \alpha_3 . C'C + \alpha_4 . D'D = 0$$

Die Puncte haben von der Ebene $u = 0$ die Distanzen RP, R_1A, .., eine der Parallelen sei t, die Normale der Ebene sei n. Dann hat man

$$P'P\cos tn = RP, \quad P'P\lambda\cos tn = \lambda\,.\,RP = u$$
$$A'A\,\lambda\cos tn = u_1, \ldots$$

Nun ist $\alpha u + \alpha_1 u_1 + \ldots = 0$, folglich u. s. w.

7. Es sei $u = ax + by + cz + d$, $u' = a'x + b'y + c'z + d'$, und λ' aus a', b', c' berechnet, wie λ aus a, b, c. Der Winkel der Ebenen $u = 0$, $u' = 0$ wird von der Ebene $u + \alpha u' = 0$ nach dem Sinus-Verhältniss $-\alpha\lambda' : \lambda$ getheilt.

Die Ebene $u + \alpha u' = 0$ enthält die Gerade $(u = 0, u' = 0)$. Der Punct $P(x|y|z)$ hat von den Ebenen $u = 0$, $u' = 0$ die Distanzen RP, $R'P$ auf den Normalen n, n' der beiden Ebenen. Die Ebene $RR'P$ ist ein Normalschnitt des von den Ebenen $u = 0$, $u' = 0$ gebildeten Winkels. Sie schneidet die Kante $(u = 0, u' = 0)$ in dem Punct S, und die beiden Ebenen in den Geraden s, s', deren positive Richtungen so festgesetzt werden, dass sn, $s'n'$ je einen rechten Winkel betragen. Die Strecke SP liegt auf der Geraden t. Dann ist

$$u = \lambda\,.\,RP = \lambda\,.\,SP\cos tn = \lambda\,.\,SP\sin st$$
$$u' = \lambda'.\,SP\sin s't, \quad u + \alpha u' = (\lambda\sin st + \alpha\lambda'\sin st)SP$$

Wenn nun $x|y|z$ auf der Ebene $u + \alpha u' = 0$ liegt, so hat man

$$\lambda\sin st + \alpha\lambda'\sin s't = 0, \quad \frac{\sin st}{\sin s't} = \frac{-\alpha\lambda'}{\lambda}$$

Unter der Bedingung $a' = a$, $b' = b$, $c' = c$ ist $\lambda' = \lambda$, $nn' = 0$, $u + \alpha u' = \lambda(RP + \alpha\,.\,R'P)$. Wenn $x|y|z$ auf der Ebene $u + \alpha u' = 0$ liegt, so ist $RP : R'P = -\alpha$. Die Schicht der parallelen Ebenen $u = 0$, $u' = 0$ wird von der parallelen Ebene $u + \alpha u' = 0$ nach dem Verhältniss $-\alpha$ getheilt.

Ueberhaupt werden die Ebenen $u = 0$, $u' = 0$ (der Winkel derselben) von den Ebenen $u + \alpha u' = 0$, $u + \beta u' = 0$ nach dem Doppelverhältniss $\alpha : \beta$ getheilt. U. s. w. Vergl. §. 29, 7 ff.

8. Die Distanzen $A'A$, $B'B$, $C'C$, $D'D$, welche 4 Puncte A, B, C, D von einer Ebene haben, sind nicht unabhängig von einander, sondern durch eine Gleichung verbunden. Wenn der Nullpunct O von der Ebene die Distanz NO auf der Normale n, und A die Coordinaten x_1, y_1, z_1 hat, u. s. w., so ist (5)

$$NO + x_1 \cos xn + y_1 \cos yn + z_1 \cos zn = A'A$$
$$\cdot \quad \cdot \quad \cdot \quad \cdot \quad \cdot \quad \cdot \quad \cdot \quad \cdot \quad \cdot$$
$$NO + x_4 \cos xn + y_4 \cos yn + z_4 \cos zn = D'D$$

folglich abgekürzt wie §. 45

$$\begin{array}{ll}(1,\, x\cos xn - A'A,\, y,\, z) = 0, & (1\, x\, y\, z) \cos xn + (A'A\; 1\; y\; z) = 0 \\ (1,\, x,\, y\cos yn - A'A,\, z) = 0, & (1\, x\, y\, z) \cos yn + (A'A\; 1\; z\; x) = 0 \\ (1,\, x,\, y,\, z\cos zn - A'A) = 0, & (1\, x\, y\, z) \cos zn + (A'A\; 1\; x\; y) = 0\end{array}$$

Nun sind $\cos xn$, $\cos yn$, $\cos zn$ durch eine Gleichung verbunden, also auch die Distanzen $A'A$, $B'B$, ...

In den 3 Gleichungen werden die Höhen A_1A, B_1B, C_1C, D_1D des Tetraeders $ABCD$ eingeführt, welche auf den Geraden h_1, h_2, h_3, h_4 liegen. In der ersten Gleichung hat $A'A$ die Adjuncte

$$\begin{vmatrix} 1 & y_2 & z_2 \\ 1 & y_3 & z_3 \\ 1 & y_4 & z_4 \end{vmatrix}$$

welche die durch $\sin yz$ dividirte erste Coordinate der Fläche $2BCD$ ist, und nach §. 46, 7 den Werth $2BCD \cos xh_1 : \sin xyz$ hat. U. s. w. Nun ist

$$\begin{aligned}(1\, x\, y\, z) \sin xyz &= 2BCD \,.\, A_1A = 2CAD \,.\, B_1B \\ &= 2ABD \,.\, C_1C = 2CBA \,.\, D_1D\end{aligned}$$

folglich erhält man die erste Gleichung

$$\cos xn + \frac{A'A}{A_1A} \cos xh_1 + \frac{B'B}{B_1B} \cos xh_2 + \frac{C'C}{C_1C} \cos xh_3 + \frac{D'D}{D_1D} \cos xh_4 = 0$$

und 2 andre durch Vertauschung von x mit y, z, wo die Zeichen der Strecken nach festgesetzten positiven Richtungen der Geraden n, h_1, h_2, .. bestimmt sind. Vermöge dieser Gleichungen ist die geometrische Summe der Strecken

$$1 \qquad \frac{A'A}{A_1A} \qquad \frac{B'B}{B_1B} \qquad \frac{C'C}{C_1C} \qquad \frac{D'D}{D_1D}$$

welche auf den Geraden

$$n \qquad h_1 \qquad h_2 \qquad h_3 \qquad h_4$$

liegen, null, d. h. die 5 Strecken sind mit den Seiten eines Fünfecks parallel. Nach Trigon. §. 6, 6 ist die quadratische Form der 4 Quotienten mit den Coefficienten $\cos h_1 h_1$, $\cos h_1 h_2$, .. gleich 1. Vergl. §. 16, 10.

9. Die Distanz des Punctes $A(x_1|y_1|z_1)$ von der Geraden s, auf welcher die Strecke BC liegt, ist die Höhe $A'A$ des Dreiecks ABC, also $2ABC : BC$.

Die Gerade s sei nach §. 48, 3 durch das System $(p = 0, ..)$ gegeben. Ein willkürlicher Punct der Geraden sei $B(x|y|z)$, also hat die Strecke AB die Coordinaten $x - x_1$, $y - y_1$, $z - z_1$. Die Strecke $BC = \varrho$ habe die Coordinaten f, g, h (1). Dann ist die erste Coordinate der Fläche $2ABC$

$$\begin{vmatrix} y - y_1 & g \\ z - z_1 & h \end{vmatrix} \sin yz = -(F + hy_1 - gz_1) \sin yz = -p_1 \sin yz$$

die zweite $-q_1 \sin zx$, die dritte $-r_1 \sin xy$. Aus ihren Coordinaten wird die Fläche $2ABC$ nach §. 46, 8 berechnet, und man hat $\varrho \operatorname{dist} sA = 2ABC$.

10. Die Distanz der Geraden s' von der Geraden s ist die Höhe A_1A' eines Tetraeders $ABB'A'$, dessen Kante AB auf der Geraden s liegt, dessen Kante AB' mit s' parallel ist, und dessen Kante AA' auf der Geraden s' endigt und auf der Geraden t liegt. Aus der Basis $AB \,.\, AB' \sin ss'$ und der Höhe $\operatorname{dist} ss'$ findet man das 6fache Tetraeder, dessen Volum $AB \,.\, AB' \,.\, AA' \sin ss't$ ist (§. 46, 3), also

$$AB \,.\, AB' \sin ss' \operatorname{dist} ss' = AB \,.\, AB' \,.\, AA' \sin ss't$$

und nach §. 46, 12

$$AB \,.\, AB' \sin xyz \sin ss' \operatorname{dist} ss' = \begin{vmatrix} AB \cos xs & AB' \cos xs' & AA' \cos xt \\ AB \cos ys & AB' \cos ys' & AA' \cos yt \\ AB \cos zs & AB' \cos zs' & AA' \cos zt \end{vmatrix}$$

Die Geraden s und s' seien durch die Systeme $(p = 0, \ldots)$ und $(p' = 0, \ldots)$ gegeben (9), so dass $A(x|y|z)$ dem ersten System und $A'(x'|y'|z')$ dem zweiten System genügt. Die Strecke $AB = \varrho$ habe die Coordinaten f, g, h, und die Strecke $AB' = \varrho'$ habe die Coordinaten f', g', h'. Dann ist

$$AB \cos xs = f \cos xx + g \cos xy + h \cos zx, \text{ u. s. w.}$$

$$AA' \cos xt = (x' - x) \cos xx + (y' - y) \cos xy + (z' - z) \cos zx, \text{ u. s. w.}$$

folglich die obige Determinante

$$= \begin{vmatrix} f & f' & x' - x \\ g & g' & y' - y \\ h & h' & z' - z \end{vmatrix} \begin{vmatrix} \cos xx & \cos xy & \cos zx \\ \cos xy & \cos yy & \cos yz \\ \cos zx & \cos yz & \cos zz \end{vmatrix}$$

Der erste Factor dieses Products ist die Summe von

$$\begin{vmatrix} f & f' & x' \\ g & g' & y' \\ h & h' & z' \end{vmatrix} = fF' + gG' + hH', \qquad \begin{vmatrix} f' & f & x \\ g' & g & y \\ h' & h & z \end{vmatrix} = f'F + \ldots$$

Der andre Factor ist $\sin^2 xyz$, daher hat man

$$\frac{\varrho\varrho'}{\sin xyz} \sin ss' \operatorname{dist} ss' = fF' + gG' + hH' + f'F + g'G + h'H$$

zur Berechnung von $\sin ss' \operatorname{dist} ss'$ aus den Coordinaten der beiden Geraden s, s'. Bei rechtwinkeligen Coordinaten erhält man hieraus die Gleichung, welche Brioschi 1855 Crelle J. 50 p. 236 gegeben hatte. Vergl. Determ. §. 16, 9. Cayley Cambr. Philos. Soc. 1869 t. 11, 2. Fiedler-Salmon Raumgeom. 1874, I p. 61.

Wenn die Geraden s und s' nach §. 50, 5 durch die Systeme $(u_1 = 0, u_2 = 0)$ und $(u_3 = 0, u_4 = 0)$ gegeben sind, so werden beiderseits $f, \ldots, F, \ldots, f', \ldots, F', \ldots$ durch $(b_1 c_1), \ldots, (a_1 d_1), \ldots, (b_3 c_3), \ldots, (a_3 d_3), \ldots$ ersetzt, und man findet

$$\frac{\varrho\varrho'}{\sin xyz} \sin ss' \operatorname{dist} ss' = (a\,b\,c\,d)$$

Nun ist $\varrho\varrho' \sin ss' = \lambda \sin xyz$ (2), also

$$\lambda \operatorname{dist} ss' = (a\,b\,c\,d)$$

wie oben (§. 50, 5) gefunden worden.

§. 52. Homogene Coordinaten eines Punctes und einer Ebene. Collineare und reciproke Figuren.

1. Wenn $u_i = a_i x + b_i y + c_i z + d_i t$, und wenn 4 solche lineare Formen u_1, u_2, u_3, u_4 der x, y, z, t eine von 0 verschiedene Determinante

$$(a\,b\,c\,d) = \begin{vmatrix} a_1 & b_1 & c_1 & d_1 \\ a_2 & b_2 & c_2 & d_2 \\ a_3 & b_3 & c_3 & d_3 \\ a_4 & b_4 & c_4 & d_4 \end{vmatrix}$$

haben, also von einander unabhängig sind, so hat man

$$(abcd)x = (ubcd), \quad (abcd)y = (aucd), \ldots$$
$$x : y : z : t = (ubcd) : (aucd) : (abud) : (abcu)$$

Demnach wird durch die Proportion $u_1 : u_2 : u_3 : u_4$ der Punct $x : t \mid y : t \mid z : t$ eindeutig bestimmt unter der Voraussetzung, dass die 4 Ebenen $u_1 = 0, \ldots, u_4 = 0$ keinen Punct gemein haben (§. 50, 4), d. h. u_1, u_2, u_3, u_4 sind homogene Coordinaten des Punctes $x : t \mid y : t \mid z : t$, und werden tetraedrale Coordinaten des Punctes u genannt. Wenn $u_1 = 0$, so liegt der Punct u auf einer der gegebenen Ebenen, u. s. w. Die 4 Ebenen $u_1 = 0, \ldots, u_4 = 0$ heissen die Fundamentalebenen des Tetraeders, an welchem der Punct u durch seine tetraedralen Coordinaten bestimmt wird. Plücker 1830 Crelle J. 5 p. 1. Vergl. oben §. 30. Wenn z. B. $u_1 : u_4 = -\alpha$, $u_2 : u_4 = -\beta$, $u_3 : u_4 = -\gamma$, so liegt der Punct u auf 3 bestimmten Ebenen (§. 51, 7).

Die Grössen u_1, u_2, u_3, u_4, durch deren Proportion der Punct u bestimmt wird, sind durch die (nicht homogene Gleichung $(a\,b\,c\,u) = (a\,b\,c\,d)t$ verbunden. Von den Fundamentalebenen hat der Punct u die Distanzen (§. 51, 5) $\varrho u_1 : \lambda_1$, $\varrho u_2 : \lambda_2, \ldots$, deren Relation §. 46, 11 gegeben worden ist; dabei bleibt ϱ unbestimmt.

Die Puncte u, v, w haben von einer Fundamentalebene die

Distanzen $\varrho_1 \frac{u_1}{\lambda_1}$, $\varrho_2 \frac{v_1}{\lambda_1}$, $\varrho_3 \frac{w_1}{\lambda_1}$. Wenn w auf der Geraden uv liegt, und $uw : vw = -\vartheta$, so ist (§. 16, 2)

$$\varrho_3 w_1 = \frac{\varrho_1 u_1 + \varrho_2 \vartheta v_1}{1+\vartheta} \qquad w_1 : w_2 : .. = u_1 + \varrho \vartheta v_1 : u_2 + \varrho \vartheta v_2 : ..$$

d. h. die Strecke uv wird nach dem Verhältniss $-\vartheta$ in dem Punct $u + \varrho \vartheta v$ getheilt, wo ϱ eine willkürliche Constante. Das Doppelverhältniss der Puncte u, v, $u + \alpha v$, $u + \beta v$ ist $\alpha : \beta$. U. s. w.

2. Die Formen f, g, h der u_1, u_2, u_3, u_4 sind Formen desselben Grades der x, y, z, t. Wenn $f = 0$, so liegt der Punct u auf einer Fläche; zufolge des Systems $(f = 0,\ g = 0)$ liegt er auf einer Linie; durch das System $(f = 0,\ g = 0,\ h = 0)$ wird er bestimmt. Wenn $f = p_1 u_1 + p_2 u_2 + p_3 u_3 + p_4 u_4$, und die Coefficienten p von den u_1, .. unabhängig, so ist $f = 0$ die Bedingung, unter welcher der Punct u auf einer bestimmten Ebene liegt, die G l e i c h u n g e i n e r E b e n e. Auf derselben Ebene liegt der Punct v unter der Bedingung

$$p_1 v_1 + p_2 v_2 + p_3 v_3 + p_4 v_4 = 0$$

welche die Coefficienten p beschränkt. Die Ebene $f = 0$ hat mit der Ebene $q_1 u_1 + q_2 u_2 + q_3 u_3 + q_4 u_4 = 0$ die Gerade $(p_1 u_1 + .. = 0,\ q_1 u_1 + .. = 0)$ gemein. U. s. w.

Die Eckpuncte des Tetraeders, welche nicht auf den einzelnen Fundamentalebenen liegen, werden der Reihe nach durch A, B, C, D bezeichnet. Die Ebene $f = 0$ hat mit der Ebene BCD die Gerade $(u_1 = 0,\ f = 0)$ gemein, d. i. $(u_1 = 0,\ p_2 u_2 + .. = 0)$; mit der Geraden CD den Punct $(u_1 = 0,\ u_2 = 0,\ f = 0)$ d. i. $(u_1 = 0,\ u_2 = 0,\ p_3 u_3 + p_4 u_4 = 0)$, u. s. w. Die Ebene $f = 0$ enthält den Punct A, wenn p_1 null; die Gerade AB, wenn p_1 und p_2 null; die Ebene ABC, wenn p_1, p_2, p_3 null sind.

Die Ebene $(abcu) = 0$, entwickelt $\delta_1 u_1 + .. + \delta_4 u_4 = 0$, ist die unendlichferne Ebene, weil dabei $t = 0$ ist (1). Sie enthält die Gerade $(u_1 = 0,\ \delta_2 u_2 + \delta_3 u_3 + \delta_4 u_4 = 0)$: also ist die Ebene $\delta_2 u_2 + \delta_3 u_3 + \delta_4 u_4 = 0$ des Punctes A parallel mit der Ebene $BCD(u_1 = 0)$. Sie enthält die Gerade $(\delta_1 u_1 + \delta_2 u_2 = 0,\ \delta_3 u_3 + \delta_4 u_4 = 0)$: also ist die Ebene $\delta_3 u_3 + \delta_4 u_4 = 0$ der Geraden AB parallel mit der Ebene $\delta_1 u_1 + \delta_2 u_2 = 0$ der Geraden CD (§. 50, 5).

Die Ebene $f + \mu(abcu) = 0$ ist parallel mit der Ebene $f = 0$, wenn μ von den u nicht abhängt. Allen μ entsprechen alle Ebenen, die mit $f = 0$ parallel sind. Bei der Ebene des Punctes A, die mit $f = 0$ parallel ist, hat man $p_1 + \mu\delta_1 = 0$ für μ, u. s. w.

3. Homogene Coordinaten des Punctes $P(x|y|z)$ sind ferner die tetragonalen Coordinaten desselben, die Coefficienten α_1, α_2, α_3, α_4 von 4 gegebenen Fundamentalpuncten A, B, C, D dergestalt, dass der Punct P an dem Tetragon $ABCD$ als der Schwerpunct der Puncte $\alpha_1 . A$, $\alpha_2 . B$, $\alpha_3 . C$, $\alpha_4 . D$ durch die Proportion der α bestimmt wird. Die Coefficienten der Fundamentalpuncte heissen die barycentrischen Coordinaten des Punctes. Möbius der barycentrische Calcul 1827. Vergl. oben §. 2, 5. §. 14, 5. §. 16, 9. §. 46, 11. §. 51, 6.

Der Punct P, der an dem Tetragon $ABCD$ die barycentrischen Coordinaten α_1, α_2, α_3, α_4 hat, genügt der barycentrischen Gleichung (§. 51, 6)

$$\alpha . PP' + \alpha_1 . AA' + \alpha_2 . BB' + \alpha_3 . CC' + \alpha_4 . DD' = 0$$
$$\alpha + \alpha_1 + \alpha_2 + \alpha_3 + \alpha_4 = 0$$

wenn die Parallelen einer beliebigen Richtung von einer beliebigen Ebene geschnitten werden. Mit Rücksicht auf diese Gleichung erhält der Punct P im barycentrischen Calcul den symbolischen Ausdruck

$$\alpha_1 A + \alpha_2 B + \alpha_3 C + \alpha_4 D$$

Der so bestimmte Punct liegt auf einer Fläche, wenn seine Coordinaten 2fach unbestimmt sind, wenn also z. B. eine gegebene Form der $\alpha_1, ..$ null ist; er liegt auf einer Linie, wenn die Coordinaten 1fach unbestimmt sind, wenn also z. B. 2 gegebene Formen der $\alpha_1, ..$ null sind.

Wenn der durch seine barycentrischen Coordinaten gegebene Punct die mit den Geraden DA, DB, DC parallelen Coordinaten x, y, z hat, so giebt die barycentrische Gleichung

$$\alpha x + \alpha_1 . DA = 0, \quad \alpha y + \alpha_2 . DB, \quad \alpha z + \alpha_3 . DC$$

folglich, wenn $DA = a$, $DB = b$, $DC = c$,

$$\frac{-\alpha_1}{\alpha} = \frac{x}{a} \qquad \frac{-\alpha_2}{\alpha} = \frac{y}{b} \qquad \frac{-\alpha_3}{\alpha} = \frac{z}{c}$$

$$\frac{-\alpha_4}{\alpha} = 1 + \frac{\alpha_1}{\alpha} + \frac{\alpha_2}{\alpha} + \frac{\alpha_3}{\alpha}$$

$$\alpha_1 : \alpha_2 : \alpha_3 : \alpha_4 = \frac{x}{a} : \frac{y}{b} : \frac{z}{c} : 1 - \frac{x}{a} - \frac{y}{b} - \frac{z}{c}$$

Daher entsteht aus einer Form der α_1, .. eine nicht homogene Function desselben Grades der $x : a$, $y : b$, $z : c$. Wenn f eine lineare Form der α_1, .., so ist $f = 0$ die Gleichung einer Ebene. Die Ebene $\alpha_1 + \alpha_2 + \alpha_3 + \alpha_4 = 0$ ist die unendlichferne Ebene, weil $\alpha = 0$; in der That ist nach der Substitution die linke Seite der Gleichung von x, y, z unabhängig.

Wenn α_1, α_2, α_3, α_4 von den Parametern t, u abhängig sind, und der Punct P den barycentrischen Ausdruck

$$A + tB + uC + (ft^2 + gtu + hu^2) D$$

hat, so ist

$$1 : t : u : ft^2 + .. = \frac{x}{a} : \frac{y}{b} : \frac{z}{c} : 1 - \frac{x}{a} - ..$$

$$\text{d. h.} \quad t = \frac{y}{b} : \frac{x}{a} \qquad u = \frac{z}{c} : \frac{x}{a}$$

$$ft^2 + .. = \left(1 - \frac{x}{a} - ..\right) : \frac{x}{a}$$

$$f\frac{y^2}{b^2} + g\frac{yz}{bc} + h\frac{z^2}{c^2} = \left(1 - \frac{x}{a} - \frac{y}{b} - \frac{z}{c}\right)\frac{x}{a}$$

die Fläche, auf welcher P liegt.

4. Wenn $u_i = ax_i + by_i + cz_i + dt_i$, und wenn 4 solche lineare Formen u_1, u_2, u_3, u_4 der a, b, c, d eine von 0 verschiedene Determinante $(x\ y\ z\ t)$ haben, also von einander unabhängig sind, so hat man

$$a : b : c : d = (uyzt) : (xuzt) : (xyut) : (xyzu)$$

Demnach wird durch die Proportion $u_1 : u_2 : u_3 : u_4$ die Ebene $ax + by + cz + d = 0$, deren homogene Coordinaten a, b, c, d sind (§. 49, 8), eindeutig bestimmt unter der Voraussetzung, dass die 4 Fundamentalpuncte (§. 49, 9) $u_1 = 0$, $u_2 = 0$, $u_3 = 0$, $u_4 = 0$ nicht auf einer Ebene liegen (§. 49, 10). Also sind u_1, u_2, u_3, u_4 homogene Coordinaten der Ebene $a|b|c|d$, durch welche diese Ebene an dem Tetragon der Fundamentalpuncte bestimmt wird, und heissen tetragonale Coordinaten der Ebene u. Vergl. §. 31.

Die Coordinaten der Ebene u zeigen durch ihre Verhältnisse sofort die Puncte an, in welchen die Geraden der Fundamentalpuncte von der Ebene geschnitten werden. Denn die Strecke der Fundamentalpuncte 1, 2 wird von der Ebene u nach dem Verhältniss $\frac{u_1}{t_1} : \frac{u_2}{t_2}$ getheilt (§. 51, 6) u. s. w.

Die 4 Coordinaten u_1, u_2, u_3, u_4 sind durch die (nicht homogene) Gleichung $(xyzu) = (xyzt)d$ verbunden. Die Fundamentalpuncte haben von der Ebene u die Distanzen (§. 51, 5) $u_1 : \lambda$, $u_2 : \lambda$, .., deren Relation §. 51, 8 gegeben worden ist.

5. Wenn f, g, h Formen der Ebene u (ihrer Coordinaten u_1, u_2, u_3, u_4) sind, und $f = 0$, so gehört die Ebene u zu einer bestimmten Doppelserie von Ebenen; zufolge des Systems $(f = 0,\ g = 0)$ gehört sie zu einer bestimmten Serie von Ebenen; durch das System $(f = 0,\ g = 0,\ h = 0)$ wird sie bestimmt. Wenn f, g linear sind, so sind $f = 0$, $g = 0$ die Gleichungen von 2 Puncten; $(f = 0,\ g = 0)$ ist ein System von Gleichungen der Geraden, welche die beiden Puncte enthält; $f + \mu g = 0$ ein Punct dieser Geraden.

Z. B. der Punct $u_1 + \alpha u_2 = 0$

d. i. $a(x_1 + \alpha x_2) + \ldots + d(t_1 + \alpha t_2) = 0$

hat die gemeinen Coordinaten

$$\frac{x_1 + \alpha x_2}{t_1 + \alpha t_2} = \frac{t_1 \frac{x_1}{t_1} + \alpha t_2 \frac{x_2}{t_2}}{t_1 + \alpha t_2} = \frac{\frac{x_1}{t_1} + \alpha \frac{t_2}{t_1} \frac{x_2}{t_2}}{1 + \alpha \frac{t_2}{t_1}}$$

u. s. w. Also ist er der Schwerpunct der Fundamentalpuncte 1, 2 mit den Coefficienten t_1, αt_2, und theilt die Strecke 12 nach dem Verhältniss $-\alpha t_2 : t_1$. Das Doppelverhältniss der Puncte $u_1 = 0$, $u_2 = 0$, $u_1 + \alpha u_2 = 0$, $u_1 + \beta u_2 = 0$ ist $\alpha : \beta$.

Der Punct $p_1 u_1 + .. + p_4 u_4 = 0$ hat die gemeinen Coordinaten

$$\frac{p_1 x_1 + ..}{p_1 t_1 + ..} = \frac{p_1 t_1 \frac{x_1}{t_1} + ..}{p_1 t_1 + ..}$$

u. s. w., und ist der Schwerpunct der Fundamentalpuncte mit den Coefficienten $p_1 t_1$, $p_2 t_2$, ... Er ist unendlichfern bei $p_1 t_1 + .. = 0$.

Der Punct $p_1 u_1 + .. + \mu(q_1 u_1 + ..) = 0$ hat die gemeinen Coordinaten

$$\frac{p_1 x_1 + .. + \mu(q_1 x_1 + ..)}{p_1 t_1 + .. + \mu(q_1 t_1 + ..)} = \frac{p_1 t_1 \frac{x_1}{t_1} + .. + \mu\left(q_1 t_1 \frac{x_1}{t_1} + ..\right)}{p_1 t_1 + .. + \mu(q_1 t_1 + ..)}$$

$$= \frac{\frac{p_1 x_1 + ..}{q_1 t_1 + ..} + \mu \frac{q_1 t_1 + ..}{p_1 t_1 + ..} \frac{q_1 x_1 + ..}{q_1 t_1 + ..}}{1 + \mu \frac{q_1 t_1 + ..}{p_1 t_1 + ..}}$$

u. s. w. Er ist der Schwerpunct der Fundamentalpuncte mit den Coefficienten $p_1 t_1 + \mu q_1 t_1$, .., und theilt die Strecke der Puncte $p_1 u_1 + .. = 0$, $q_1 u_1 + .. = 0$ nach dem Verhältniss $-\mu \frac{q_1 t_1 + ..}{p_1 t_1 + ..}$.

Der Punct $(xyzu) = 0$ d. i. $d = 0$ ist der Punct, dessen gemeine Coordinaten null sind.

6. Zwei Figuren F, F', Tripelserien entsprechender Puncte u, u', sind c o l l i n e a r (§. 30, 7 ff.), wenn die entsprechenden

Puncte eine solche Correlation haben, dass die homogenen Coordinaten eines Punctes der einen Figur von einander unabhängige lineare Formen der homogenen Coordinaten des entsprechenden Punctes der andern Figur sind, also

$$u'_1 : u'_2 : u'_3 : u'_4$$
$$= \alpha_1 u_1 + \beta_1 u_2 + \gamma_1 u_3 + \delta_1 u_4 : \alpha_2 u_1 + \ldots : \alpha_3 u_1 + \ldots : \alpha_4 u_1 + \ldots$$

unter der Bedingung, dass die Determinante $(\alpha\, \beta\, \gamma\, \delta)$ der Formen $\alpha_1 u_1 + \ldots$, $\alpha_2 u_1 + \ldots$, $\alpha_3 u_1 + \ldots$, $\alpha_4 u_1 + \ldots$ nicht null ist. Dabei hat man umgekehrt

$$u_1 : u_2 : u_3 : u_4 = (u'\beta\gamma\delta) : (\alpha u'\gamma\delta) : (\alpha\beta u'\delta) : (\alpha\beta\gamma u')$$

Wenn nun der Punct u in F auf einer gegebenen Ebene liegt, so liegt der entsprechende Punct u' in F' auf einer bestimmten Ebene, welche jener Ebene entspricht. Ebenso entspricht einer Geraden in F eine bestimmte Gerade in F', und zwar dergestalt, dass die Figuren entsprechender Puncte auf 2 entsprechenden Ebenen sowie auf 2 entsprechenden Geraden collinear sind. Das Doppelverhältniss von 4 Elementen in F (von Puncten einer Geraden, von Geraden einer Ebene, welche einen Punct der Ebene gemein haben, von Ebenen einer Geraden) ist dem Doppelverhältniss der entsprechenden Elemente in F' gleich.

Es giebt 4 Puncte u', deren Coordinaten sich verhalten, wie die Coordinaten der entsprechenden Puncte u. Man setzt $\varrho u_i = \alpha_i u_1 + \ldots$ bei $i = 1, 2, 3, 4$, und erhält für ϱ eine Gleichung 4ten Grades; also 4 tautologe Puncte der collinearen Figuren F, F'.

7. Wenn 5 gegebenen Puncten in F, von welchen nicht 4 auf einer Ebene, also nicht 3 auf einer Geraden liegen, 5 dergleichen Puncte in F' entsprechen, so hat man für die 16 Coefficienten α, β, γ, δ 5.3 lineare Gleichungen. Durch dieses lineare System wird die Proportion der Coefficienten bestimmt. Also kann ein Fünfeck in F und das entsprechende in F' unter der obigen Beschränkung beliebig festgesetzt werden; einem 6ten Punct in F entspricht dann ein bestimmter 6ter Punct in F'. Das Doppelverhältniss der Ebenen 123, 124, 125, 126

in F' ist dem entsprechenden Doppelverhältniss in F gleich, u. s. w., also liegt in F' der Punct 6 auf 3 bestimmten Ebenen 126, 236, 316.

Der Ebene der unendlichfernen Puncte u in F (1) entspricht eine endlichferne Ebene q' in F'; der Ebene der unendlichfernen Puncte u' in F' entspricht eine endlichferne Ebene r in F. Der Geraden in F, welche die Ebene r mit der unendlichfernen Ebene gemein hat, entspricht die Gerade in F', welche die unendlichferne Ebene mit der Ebene q' gemein hat. Wenn nun in F die Ebene l mit der Ebene r parallel ist (die unendlichferne Gerade der r enthält), so ist in F' die entsprechende Ebene l' mit der Ebene q' parallel. Die Figuren der entsprechenden Puncte auf solchen entsprechenden Ebenen l und l' sind aber nicht bloss collinear, sondern auch affin, in Betracht dass den unendlichfernen Puncten der Ebene l unendlichferne Puncte der Ebene l' entsprechen (§. 24, 2).

In dem besondern Fall, dass auf den entsprechenden Ebenen l, l', welche mit den Ebenen r, q' parallel sind, die Figuren der entsprechenden Puncte nicht nur affin sondern ähnlich sind, giebt es eine mit r parallele Ebene s, welcher eine mit q' parallele Ebene s' entspricht, dergestalt dass die Figuren der entsprechenden Puncte auf den Ebenen s, s' gleich und ähnlich sind, dass also alle Puncte der Ebene s mit den entsprechenden Puncten der Ebene s' vereint werden können. MAGNUS Aufgaben II §. 17.

8. I. Wenn in den collinearen Figuren allen unendlichfernen Puncten der einen unendlichferne Puncte der andern entsprechen, so sind die Figuren affin. Dem Punct $x|y|z$ entspricht dann der Punct $x'|y'|z'$ der Art, dass x', y', z' gegebene lineare Functionen der x, y, z sind. Wenn nun $x_1|y_1|z_1$ und $x'_1|y'_1|z'_1$ entsprechende Puncte sind, so sind auch bei allen ε

$$\frac{x+\varepsilon x_1}{1+\varepsilon}\Big|\frac{y+\varepsilon y_1}{1+\varepsilon}\Big|\frac{z+\varepsilon z_1}{1+\varepsilon} \quad \text{und} \quad \frac{x'+\varepsilon x'_1}{1+\varepsilon}\Big|\frac{y'+\varepsilon y'_1}{1+\varepsilon}\Big|\frac{z'+\varepsilon z'_1}{1+\varepsilon}$$

entsprechende Puncte der affinen Figuren.

Die Coordinaten einer Strecke sind gegebene lineare Formen der Coordinaten der entsprechenden Strecke. Daher verhalten sich Strecken einer Geraden wie die entsprechenden Strecken, und Flächen einer Ebene wie die entsprechenden Flächen. Ein Volum hat zu dem entsprechenden Volum ein constantes Verhältniss. Vergl. §. 24, 2.

Die affinen Figuren haben einen tautologen Punct $x|y|z$, bestimmt durch das lineare System

$$\begin{aligned} 0 &= (a_1 - 1)x + b_1 y + c_1 z + d_1 = 0 \\ 0 &= a_2 x + (b_2 - 1)y + c_2 z + d_2 = 0 \\ 0 &= a_3 x + b_3 y + (c_3 - 1)z + d_3 = 0 \end{aligned}$$

Für die Strecke $f|g|h$, welcher die parallele Strecke $\varrho f|\varrho g|\varrho h$ entspricht, hat man das System

$$\begin{aligned} 0 &= (a_1 - \varrho)f + b_1 g + c_1 h \\ 0 &= a_2 f + (b_2 - \varrho)g + c_2 h \\ 0 &= a_3 f + b_3 g + (c_3 - \varrho)h \end{aligned}$$

Die cubische Gleichung für ϱ giebt 3 unendlichferne tautologe Puncte der affinen Figuren.

Für die Strecke $f|g|h$, welcher die entsprechende Strecke $f'|g'|h'$ gleich ist, hat man bei einem orthogonalen Trieder xyz

$$f'^2 + g'^2 + h'^2 = f^2 + g^2 + h^2$$

d. i. $(a_1 f + b_1 g + c_1 h)^2 + \ldots - f^2 - \ldots = 0$, oder

$$f^2(a_1{}^2 + a_2{}^2 + a_3{}^2 - 1) + \ldots + 2gh(b_1 c_1 + b_2 c_2 + b_3 c_3) + \ldots = 0$$

Also ist diese Strecke parallel mit einer Geraden eines bestimmten Kegels 2ter Ordnung (vergl. §. 53, 3), welcher real ist, oder nicht real, oder reducibel.

II. Den parallelen Strecken GH, MN der einen Figur entsprechen parallele Strecken $G'H'$, $M'N'$ der andern Figur, und zwar von demselben Verhältniss. Denn die Geraden GM und HN haben den Punct O gemein, und die entsprechenden Geraden $G'M'$ und $H'N'$ haben den Punct O' gemein, so dass

$$GH : MN = GO : MO = G'O' : M'O' = G'H' : M'N'$$

Wenn daher eine Strecke GH der einen Figur der entsprechenden Strecke $G'H'$ der andern Figur gleich ist, so sind alle mit GH parallelen Strecken der einen Figur den entsprechenden mit $G'H'$ parallelen Strecken der andern Figur gleich.

Nachdem man durch Bewegung der einen Figur die gleichen Strecken GH und $G'H'$ vereint hat, entspricht jeder die Gerade GH enthaltenden Ebene der einen Figur eine die Gerade GH enthaltende Ebene der affinen Figur; den Puncten der einen Ebene entsprechen die Puncte der andern Ebene dergestalt, dass die Chorden der entsprechenden Puncte parallel sind. Denn den Puncten J, K einer Geraden des Punctes H entsprechen die Puncte J', K' so, dass $HJ : HK = HJ' : HK'$, folglich ist die Chorde JJ' mit der Chorde KK' parallel.

III. Wenn zwei Planfiguren affin sind, so giebt es zwei bestimmte Richtungen der einen, deren Strecken den entsprechenden Strecken der andern gleich sind. Auf der Geraden AB sei $AE = m \,.\, AB$, und $A'E' = m \,.\, A'B'$ auf der entsprechenden Geraden $A'B'$. Dann ist

$$EC^2 = CA^2 + AE^2 - 2CA \,.\, AE \cos A$$
$$BC^2 = CA^2 + AB^2 - 2CA \,.\, AB \cos A$$
$$EC^2 - m \,.\, BC^2 = (1-m)CA^2 + (m^2 - m)AB^2$$
$$EC^2 = m \,.\, BC^2 + (1-m)CA^2 - m(1-m)AB^2$$

positiv bei realen m, und in der affinen Figur

$$E'C'^2 = m \,.\, B'C'^2 + (1-m)C'A'^2 - m(1-m)A'B'^2$$

Unter der Bedingung $EC = E'C'$ hat man

$$0 = ma + (1-m)b - m(1-m)c$$

wo $a = BC^2 - B'C'^2$, $b = CA^2 - C'A'^2$, $c = AB^2 - A'B'^2$. Daher ist die Strecke EC, welche der entsprechenden $E'C'$ gleich ist, real bei realen m, welche der Gleichung

$$m^2c - m(c+b-a) + b = 0$$

genügen. Diese Gleichung hat reale, gleiche, complexe Wurzeln, je nachdem

$$4bc - (b+c-a)^2 = 2bc + 2ca + 2ab - a^2 - b^2 - c^2$$

negativ, null, positiv (Möbius baryc. Calc. §. 230, Anm. Schröter Oberflächen 2ter Ordnung §. 48.), d. h. je nachdem die Fläche des Dreiecks, dessen Seiten $\sqrt{a}$, $\sqrt{b}$, $\sqrt{c}$ sind, imaginär, null, real ist.

9. In affinen Raumfiguren giebt es nicht unbedingt ein Dreieck der einen, welches dem entsprechenden Dreieck der andern gleich und ähnlich ist. Auf den Strecken DA, DB liegen E, F, so dass $DE = m\,.\,DA$, $DF = n\,.\,DB$, folglich (8. III)

$$\begin{aligned} EC^2 &= m\,.\,CA^2 + (1-m)DC^2 - m(1-m)DA^2 \\ FC^2 &= n\,.\,BC^2 + (1-n)DC^2 - n(1-n)DB^2 \\ EF^2 &= m(m-n)DA^2 - n(m-n)DB^2 + mn\,.\,AB^2 \end{aligned}$$

Ebenso in der affinen Figur $A'B'C'D'E'F'$. Unter den Bedingungen

$$EC = E'C', \quad FC = F'C', \quad EF = E'F'$$

erhält man, indem man $BC^2 - B'C'^2 = a$, $DA^2 - D'A'^2 = f$, u. s. w. setzt, 3 Gleichungen für m, n

$$\begin{aligned} 0 &= bm + h(1-m) - fm(1-m) & \qquad 0 &= fm^2 - 2\beta m + h \\ 0 &= an + h(1-n) - gn(1-n) & 0 &= gn^2 - 2\alpha n + h \\ 0 &= fm(m-n) - gn(m-n) + cmn & 0 &= fm^2 - 2\gamma mn + gn^2 \end{aligned}$$

wo $2\alpha = g + h - a$, $2\beta = h + f - b$, $2\gamma = f + g - c$. Die dritte Gleichung wird ersetzt durch $\gamma mn - \beta m - \alpha n + h = 0$. Durch Substitution von n erhält man die zweite Gleichung

$$\frac{g\beta^2 + h\gamma^2 - 2\alpha\beta\gamma}{gh - \alpha^2} m^2 - 2\beta m + h = 0$$

welche mit der ersten Gleichung congruirt unter der Bedingung

$$fgh - f\alpha^2 - g\beta^2 - h\gamma^2 + 2\alpha\beta\gamma = 0 \quad \text{d. i.} \quad \begin{vmatrix} f & \gamma & \beta \\ \gamma & g & \alpha \\ \beta & \alpha & h \end{vmatrix} = 0$$

Die Determinante ist das Quadrat des 6fachen Tetraeders, in welchem den Kanten einer Ecke $\sqrt{f}$, $\sqrt{g}$, $\sqrt{h}$ die Kanten $\sqrt{a}$, $\sqrt{b}$, $\sqrt{c}$ gegenüberliegen (Determ. §. 16, 3 und 11). Wenn dieses

Tetraeder nicht null ist, so giebt es kein Dreieck CEF, welches dem entsprechenden Dreieck $C'E'F'$ gleich und ähnlich ist, und das Tetraeder $A'B'C'D'$ kann nicht so gelegt werden, dass die Chorden AA', BB', CC', DD' parallel sind.

10. Wenn im Raum den Puncten $ABCD$.. die Puncte $A'B'C'D'$.. so entsprechen, dass

$$ABCD..A'B'C'D'.. \text{ und } A'B'C'D'..ABCD..$$

collineare Figuren sind, so sind die Paare AA', BB', .. in Involution (§. 5). Der unendlichfernen Ebene entspricht eine endlichferne Ebene, die Centralebene. Die Paare, welche auf der Geraden AA' eines Paares liegen, sind in Involution; auf derselben Geraden giebt es die tautologen Puncte S, T, mit welchen alle Paare der Geraden in Harmonie sind; wenn auf der Geraden der Punct M der Centralebene liegt, und die Puncte A, A' trennt, so sind die tautologen Puncte nicht real. Tautolog aber und mit allen Paaren in Harmonie sind entweder eine Ebene und ein Punct, oder zwei Gerade (real oder nicht); die Distanz der tautologen Ebene und des tautologen Punctes in dem einen Fall, und die Distanz der beiden tautologen Geraden in dem andern Fall wird von der Centralebene normal halbirt. Möbius Leipz. Berichte 1856 p. 143. Vergl. Staudt Geom. d. Lage 1847 p. 125 und Beiträge 1856 p. 63. Reye Geom. d. Lage II, 17. Schröter Oberflächen 2ter Ordnung §. 46.

11. Wenn dem Punct u in F die Ebene u' in F' entspricht, dergestalt dass die homogenen Coordinaten der Ebene u' von einander unabhängige lineare Formen der Coordinaten des Punctes u sind (6), so heissen die Figur der Puncte und die Figur der entsprechenden Ebenen reciproke Figuren, eine der beiden Figuren eine Reciproke der andern (§. 31, 7). Möbius baryc. Calcul am Schluss und Crelle J. 10 (1833) p. 317. Magnus Aufgaben II p. 120.

Einer Ebene in F entsprechend findet man wie oben einen Punct in F', den Ebenen einer Geraden in F entsprechend die

Puncte einer Geraden in F', der unendlichfernen Ebene in F entsprechend einen endlichfernen Punct Q', einer unendlichfernen Geraden in F entsprechend eine Gerade des Punctes Q', u. s. w. Das Doppelverhältniss von 4 Elementen in F ist dem Doppelverhältniss der entsprechenden Elemente in F' gleich. Dabei wird die einem Punct entsprechende Ebene die Polare des Punctes, der einer Ebene entsprechende Punct der Pol der Ebene genannt; zwei Gerade, wenn den Puncten der einen die Ebenen der andern entsprechen, heissen reciproke Gerade. Den Puncten einer Fläche $n$ter Ordnung entsprechen die Tangentenebenen einer Fläche $n$ter Classe, den Puncten einer Linie die Tangentenebenen einer Developpablen (§. 54, 10).

Als tautolog kommen hier Puncte in Betracht, die auf ihren Polaren liegen, oder Ebenen, die ihre Pole enthalten, sowie reciproke Gerade, die sich decken. Wenn der Punct u auf der ihm entsprechenden Ebene u' liegt, oder die Ebene u' den entsprechenden Punct u enthält, so genügen sie der Gleichung $u_1 u'_1 + u_2 u'_2 + u_3 u'_3 + u_4 u'_4 = 0$

$$\text{d. i.}\quad u_1(\alpha_1 u_1 + ..) + u_2(\alpha_2 u_1 + ..) + u_3(\alpha_3 u_1 + ..) + u_4(\alpha_4 u_1 + ..) = 0$$

$$\text{oder}\quad (u'\beta\gamma\delta)u'_1 + (\alpha u'\gamma\delta)u'_2 + (\alpha\beta u'\delta)u'_3 + (\alpha\beta\gamma u')u'_4 = 0$$

Also giebt es eine Doppelserie solcher Puncte und Ebenen. Diese Elemente sind Puncte und Tangentenebenen einer Fläche zweiter Ordnung, die nach Beschaffenheit der Coefficienten α, β, γ, δ entweder nicht real oder elliptisch oder hyperbolisch ist, und die ein Kegel sein würde in dem ausgeschlossenen Fall $(\alpha\beta\gamma\delta) = 0$. Hierauf gründen sich die von Magnus Aufgaben II §. 25 gemachten Unterscheidungen der Reciprocität. Vergl. Reye Geom. d. Lage II, 4. Schröter Oberflächen 2ter Ordnung §§. 20 und 50.

12. Die Coefficienten, deren Determinante nicht null ist, können insbesondere so bestimmt werden, dass für die Puncte, welche auf ihren Polaren liegen, eine Gleichung nicht existirt, dass also alle Puncte auf ihren Polaren liegen. Dann hat man nicht mehr eine Figur von Puncten und eine reciproke Figur von Ebenen zu unterscheiden, sondern durch eine Figur ist zugleich eine Reciproke derselben bestimmt. Möbius a. a. O. Die erforderlichen Bedingungen sind

$$\alpha_1 = 0, \quad \beta_2 = 0, \quad \gamma_3 = 0, \quad \delta_4 = 0$$

$$\begin{array}{ll} \beta_1 + \alpha_2 = 0 & \delta_1 + \alpha_4 = 0 \\ \gamma_1 + \alpha_3 = 0 & \delta_2 + \beta_4 = 0 \\ \gamma_2 + \beta_3 = 0 & \delta_3 + \gamma_4 = 0 \end{array}$$

so dass

$$\begin{array}{lllll} \alpha_1 u_1 + \ldots = & * & + \beta_1 u_2 & + \gamma_1 u_3 & + \delta_1 u_4 \\ \alpha_2 u_1 + \ldots = & - \beta_1 u_1 & * & + \gamma_2 u_3 & + \delta_2 u_4 \\ \alpha_3 u_1 + \ldots = & - \gamma_1 u_1 & - \gamma_2 u_2 & * & + \delta_3 u_4 \\ \alpha_4 u_1 + \ldots = & - \delta_1 u_1 & - \delta_2 u_2 & - \delta_3 u_3 & * \end{array}$$

Da die Determinante dieses Systems, welche nach Determ. §. 5, 8 den Werth $(\beta_1 \delta_3 - \gamma_1 \delta_2 + \gamma_2 \delta_1)^2$ hat, nicht null ist, so bleiben 6 Coefficienten des Systems frei.

Ein derartiges System ist (vergl. §. 48, 3)

$$p = F + hy - gz, \quad q = -hx + G + fz, \quad r = gx - fy + H$$
$$s = -Fx - Gy - Hz$$

während $fF + gG + hH$ nicht null ist. Denn bei allen x, y, z ist

$$px + qy + rz + s = 0$$

d. h. jeder Punct $x|g|z$ liegt auf seiner Polare $p|q|r|s$. Wenn nun $x'|y'|z'$ ein Punct dieser Ebene ist, so hat man

$$px' + qy' + rz' + s = 0$$

Dabei ist, wenn $p' = F + hy' - gz'$, u. s. w.,

$$p'x + q'y + r'z + s' = -px' - qy' - rz' - s = 0$$

d. h. $x|y|z$ ein Punct der Ebene $p'|q'|r'|s'$, deren Pol $x'|y'|z'$. Die Ebenen $p|q|r|s$ und $p'|q'|r'|s'$ enthalten beide die Puncte $x|y|z$ und $x'|y'|z'$, also liegt die Gerade der Ebenen auf der Geraden ihrer Pole. Es giebt eine Tripelserie von solchen Geraden (Doppellinien), und zwar einen linearen Complex. Denn $px' + qy' + rz' + s$

$$= F(x' - x) + G(y' - y) + H(z' - z) + f(yz) + g(zx) + h(xy)$$

ist eine lineare Form der 6 homogenen Coordinaten der Geraden, auf welcher die Puncte $x|y|z$ und $x'|y'|z'$ liegen (§. 49, 9).

Der unendlichfernen Ebene entspricht der Punct ($p = 0$, $q = 0$, $r = 0$) d. i. der unendlichferne Punct der Hauptrichtung $f|g|h$. Den Ebenen einer unendlichfernen Geraden entsprechen die Puncte einer Geraden, welche die Hauptrichtung hat. Den zur Hauptrichtung normal gestellten Ebenen entsprechen die Puncte einer ausgezeichneten Geraden, welche die Hauptrichtung hat, und die Hauptaxe der Figur heisst.

Die Polare eines Punctes, welche den Punct enthält, war von Möbius a. a. O. die Gegenebene des Punctes genannt worden, und der Punct der Gegenpunct der Ebene, auf der er liegt. Bei statischen Betrachtungen hat Möbius 1837 Statik §. 84 ff. dieselbe Polare eines Punctes seine Nullebene, den Pol einer Ebene ihren Nullpunct, und die Figur nebst einer derartigen Reciproken ein Nullsystem genannt. Vergl. Magnus Aufgaben II §. 27, Staudt Geom. d. Lage §. 24 und Beiträge §. 5, Plücker 1865 art. 15 ff. Reye Geom. d. Lage II, 10. Schröter Oberflächen 2ter Ordnung §. 36.

Capitel X.

Flächen und Linien.

---

§. 53. Kegel, Cylinder, Rotationsfläche.

1. Unter den Flächen sind im Alterthum ausser der Ebene die Kugel, der Cylinder, der Kegel, die Rotationsfläche betrachtet worden. Stereom. §. 3, 1. Zu den Rotationsflächen gehören die von ARCHIMEDES so genannten Sphäroide und Conoide; jene entstanden durch Rotation einer Ellipse um ihre grosse Axe (das lange Sphäroid, *παραμήκες*), oder um ihre kleine Axe (das platte Sphäroid, *ἐπιπλατύ*); diese entstanden durch Rotation einer Parabel oder einer Hyperbel um ihre Hauptaxe (das parabolische und das hyperbolische Conoid). PROCLUS im 5ten Jhdt. n. Chr. berichtet, dass auch die Fläche, welche durch Rotation eines Kreises um eine Gerade seiner Ebene entsteht, und die Namen *σπεῖρα*, *κρίκος*, torus erhalten hat, von dem Alexandrinischen Mathematiker PERSEUS (etwa 130 v. Chr.) nach ihren Planschnitten untersucht worden ist. KLÜGEL math. W. 4 p. 457. CHASLES Ap. histor. note 1.

Unter Benutzung der Buchstabenrechnung wurden im 17ten Jhdt. andre Flächen untersucht. WALLIS 1663 Opp. II p. 683 hat die Planschnitte und die Cubatur einer Regelfläche gegeben, die er Cono-cuneus (Kegel-Keil) nannte. Ihre Geraden sind horizontal, und schneiden einen verticalen Kreis und eine verticale Gerade. KLÜGEL math. W. 3 p. 302. MEIER HIRSCH geom. Aufgaben II §. 178. WREN Phil. Trans. 1669 hat eine Rotationsfläche betrachtet, welche er ein Cylindroid nannte. Dieselbe entsteht durch Rotation einer Hyperbel um ihre zweite Axe, oder durch Rotation eines unebenen Vierecks um eine seiner Seiten, und ist sowohl eine Regelfläche als auch ein hyperbolisches Hyperboloid. Solche Flächen sind ebenfalls Conoide genannt worden (§. 48, 6). Von grösserem Einfluss war die Appendix über die Flächen, welche Euler 1748 seiner Introductio beigegeben hatte. Man findet darin die Unterscheidung der Flächen 2ter Ordnung nach ihren Species.

2. Linien auf Flächen, unebene Linien auf einem Rotationscylinder und auf einer Kugel, sind von den ältern griechischen Mathematikern in Betracht gezogen worden. Dazu gehört die von Archytas erdachte Linie (§. 25, 4), die Schraubenlinie (ἡ περὶ κύλινδρον ἕλιξ Pappus IV, 28), welche mit den Geraden des Cylinders gleiche Winkel bildet, die sphärische Spirale, welche mit der Archimedeischen planen Spirale gleiche Definition hat. Pappus IV, 30. Klügel math. W. 4 p. 447. Chasles Ap. histor. I §. 24 ff.

In der neuern Zeit wurde die Linie, welche mit den Meridianen einer Kugel (einer Rotationsfläche) gleiche Winkel bildet, als uneben erkannt von Nonius 1546, und Loxodromia sphaerica genannt von Snellius 1624. Stereom. §. 5, 6. Klügel math. W. 3 p. 248. Uneben ist im Allgemeinen die Linie einer Fläche, welche zwischen zwei Puncten der Fläche die kürzeste ist. Das Problem der kürzesten Linien wurde von Joh. Bernoulli 1698 in den Acta Erud. gestellt und gefördert. Vergl. dessen Brief an Leibniz 1698 Aug. 16. Eine kürzeste Linie einer Fläche wird seit dem 19ten Jhdt. eine geodätische Linie (géodésique) genannt.

Eine unebene Linie (Raumcurve) wird durch 2 ihrer Projectionen bestimmt, z. B. durch ihre Projection auf die Ebene yz durch Gerade, die mit x parallel sind, und durch ihre Projection auf die Ebene zx durch Gerade, die mit y parallel sind. Mit Rücksicht auf die beiden Planlinien, durch welche die unebene Linie bestimmt werden kann, ist dieselbe eine ligne à double courbure genannt worden von Pitot in der Anmerkung über Linien auf Flächen, welche einer Abhandlung desselben Autors über die Schraubenlinie (Mém. de Paris 1724) angehängt ist. Diese Benennung wurde angenommen und eingeführt von Clairaut Recherches sur les courbes à double courbure 1731. Flexion und Torsion als zwei Krümmungen einer unebenen Linie sind erst später unterschieden worden. Eine unebene Linie wird doppelt-gekrümmt, gewunden, gauche, twisted, gobba genannt.

3. Die Gerade

$$x - a = \alpha(z - c), \quad y - b = \beta(z - c)$$

enthält den Punct $a|b|c$ und die Richtung $\alpha|\beta|1$. Wenn α, β durch eine Gleichung $n$ten Grades verbunden sind, so giebt es eine Serie von Geraden des Punctes $a|b|c$, die Geraden eines Kegels $n$ter Ordnung mit dem Centrum $a|b|c$. Das System der 3 Gleichungen für x, y, z, α, β giebt eine Gleichung für x, y, z, die Gleichung des Kegels. Indem man α, β in der sie verbindenden Gleichung durch $\frac{x-a}{z-c}$, $\frac{y-b}{z-c}$ ersetzt, und mit $(z - c)^n$ multiplicirt, findet man die Gleichung $u = 0$ des Kegels $n$ter Ordnung, wo u eine Form $n$ten Grades der $x - a$, $y - b$, $z - c$. Clairaut 1731 Recherches 31.

Die Gleichung für α, β ergiebt sich, wenn die Geraden des Kegels eine gegebene Linie $(v = 0,\ w = 0)$ aus dem Centrum $a|b|c$ projiciren. Indem man x, y durch z ausdrückt, erhält man 2 Gleichungen für α, β, z, eine Gleichung für α, β.

Ueberhaupt, wenn l_1, l_2, l_3 von einander unabhängige lineare Functionen der x, y, z sind, und wenn u eine Function $n$ten Grades der $\alpha = l_1 : l_3$, $\beta = l_2 : l_3$ ist, mithin $u l_3^n$ eine Form $n$ten Grades der l_1, l_2, l_3: so ist die Fläche $u = 0$ ein Kegel $n$ter Ordnung mit dem Centrum $(l_1 = 0,\ l_2 = 0,\ l_3 = 0)$, eine Gerade desselben ist $(l_1 - \alpha l_3 = 0,\ l_2 - \beta l_3 = 0)$.

Wenn u eine Function $n$ten Grades der x, y, z, so ist die Fläche $u = 0$ ein Kegel mit dem Centrum $a|b|c$ nur unter der Bedingung, dass u eine Form der $x - a$, $y - b$, $z - c$ ist. Durch die Substitution $x = x' + a$, $y = y' + b$, $z = z' + c$ wird $u = v_n + v_{n-1} + \ldots$, wo v_i eine Form $i$ten Grades der x', y', z' und $(n - i)$ten Grades der a, b, c ist. Also wird u

eine Form $n$ten Grades der $x - a$, $y - b$, $z - c$, wenn $v_{n-1} + ..$ null ist bei allen x', y', z'. Nun werden 3 Coefficienten von v_{n-1} null, wenn a, b, c eindeutig bestimmte Werthe erhalten; dabei sind aber die übrigen Coefficienten im Allgemeinen nicht null.

4. Bei einem orthogonalen Trieder xyz sei $x'|y'|z'$ ein Punct des Kreises, dessen Diameter $ON = 2a$ auf der Geraden y liegt, und der von der Geraden x berührt wird; also ist

$$x'^2 + y'(y' - 2a) = 0, \quad z' = 0$$

Auf dem Kegel, welcher den Kreis aus dem Centrum $S(0|b|c)$ projicirt, liegt die Gerade der Puncte $x|y|z$, $x'|y'|0$, $0|b|c$; also ist

$$\frac{x'}{x} = \frac{y' - b}{y - b} = \frac{-c}{z - c} \qquad \begin{array}{l} x'(z-c) = -cx \\ y'(z-c) = bz - cy \end{array}$$

daher für den Kegel

$$c^2x^2 + (bz - cy)(bz - cy - 2az + 2ac) = 0$$

Derselbe ist ein Rotationskegel bei $b = a$.

Die Ebene $x = 0$, gegen welche der Kegel symmetrisch liegt, enthält die beiden extremen Kanten OS, NS des Kegels, in welchen die Ebene $x = 0$ von den Ebenen $bz - cy = 0$, $bz - cy - 2az + 2ac = 0$ geschnitten wird. Die Gleichung des Kegels zeigt an, dass das Product der Distanzen eines Kegelpunctes von den beiden letztern Ebenen zu der Quadrat-Distanz des Kegelpunctes von der erstern Ebene ein constantes Verhältniss hat.

Eine Ebene der Tangente x giebt einen Kegelschnitt, dessen Axe OA auf der Ebene ONS liegt, während die andre Axe mit x parallel ist. Der Kegelschnitt ist eine Hyperbel, wenn $NA > NS$, eine Parabel, wenn NA unendlich, OA mit NS parallel ist, eine Ellipse, wenn $NA \leqq NS$. Die Ellipse ist ein Kreis (τομὴ ὑπεναντία, sectio subcontraria), wenn das Dreieck SOA dem Dreieck SNO ähnlich ist.

5. I. Wenn u eine Function des Punctes $Q(x|y|z)$, und wenn die Fluxionen der u nach x, y, z daselbst die Werthe u_1, u_2, u_3 haben, so hat die Gleichung der Fläche $u = 0$ die Differentialgleichung $u_1 dx + u_2 dy + u_3 dz = 0$. Nach §. 49, 7 ist die Richtung $dx|dy|dz$ in der Stellung $u_1|u_2|u_3$ enthalten, d. h. ein von Q anfangendes Bogendifferential der Fläche $u = 0$ liegt auf derjenigen Ebene des Punctes Q, welche die Stellung $u_1|u_2|u_3$ hat, auf der Tangentenebene der Fläche $u = 0$ an dem Punct $x|y|z$. Wenn die Strecke $QP(x|y|z \cdot \xi|\eta|\zeta)$ die Richtung $dx|dy|dz$ hat, so ist sie eine Tangente der Fläche, und liegt auf der Tangentenebene. Daher hat man

$$u_1(\xi - x) + u_2(\eta - y) + u_3(\zeta - z) = 0$$

für den Punct $\xi|\eta|\zeta$ der Ebene, welche die Fläche $u = 0$ in dem Punct $x|y|z$ berührt. Wenn daselbst u_1, u_2, u_3 null sind, so giebt es nicht unbedingt eine Tangentenebene.

Nach der Eigenschaft der homogenen Functionen wird

$$u_1 x + u_2 y + u_3 z$$

durch $nu - u_4$ ausgedrückt, wenn eine Form $n$ten Grades der x, y, z, t und ihre Fluxionen bei $t = 1$ die Werthe u, u_1, u_2, u_3, u_4 haben. Also ist auch

$$u_1 \xi + u_2 \eta + u_3 \zeta + u_4 = 0$$

II. Die aus dem gegebenen Punct $P(\xi|\eta|\zeta)$ gesehene Fläche $u = 0$ hat einen bestimmten scheinbaren Contour: der Punct Q liegt auf demselben, wenn die Gerade PQ von der Fläche in Q berührt wird, mithin auf der Ebene liegt, von welcher die Fläche in Q berührt wird. Daher hat man für Q

$$u = 0, \quad u_1 \xi + u_2 \eta + u_3 \zeta + u_4 = 0$$

Der scheinbare Contour einer Fläche $n$ter Ordnung liegt auf einer bestimmten Fläche $(n-1)$ter Ordnung. Der scheinbare Contour einer Fläche 2ter Ordnung liegt auf einer bestimmten Ebene, der scheinbare Contour einer Fläche 3ter Ordnung liegt auf einer bestimmten Fläche 2ter Ordnung.

Aus dem scheinbaren Contour der Fläche wird wie oben der der Fläche umgeschriebene Kegel gefunden, welcher den scheinbaren Contour aus dem Punct P projicirt. Der Punct $x'|y'|z'$ liegt nämlich auf dem Kegel, wenn er der Geraden PQ angehört; also hat man

$$\frac{x'-\xi}{x-\xi} = \frac{y'-\eta}{x-\eta} = \frac{z'-\zeta}{z-\zeta}$$

$$u = 0, \quad u_1\xi + u_2\eta + u_3\zeta + u_4 = 0$$

4 Gleichungen für x', y', z', x, y, z, mithin eine Gleichung für x', y', z'. Monge Applications 1795 §. III. Cauchy Applications 1826 Add. 1. Nach Joachimsthal findet man den Kegel direct durch Formation einer Discriminante. Vergl. unten §. 55, 10.

III. Wenn f eine gegebene Function der

$$\alpha = \frac{x-a}{z-c} \qquad \beta = \frac{y-b}{z-c}$$

so ist die Fläche $f = 0$ ein Kegel (3) mit dem Centrum $a|b|c$. Die Differentialgleichung $f_1 d\alpha + f_2 d\beta = 0$ giebt

$$f_1 dx + f_2 dy - (\alpha f_1 + \beta f_2) dz = 0$$

Also hat man für den Punct $\xi|\eta|\zeta$ der Ebene, von welcher der Kegel in $x|y|z$ berührt wird

$$f_1(\xi - x) + f_2(\eta - y) - (\alpha f_1 + \beta f_2)(\zeta - z) = 0$$

folglich ist

$$f_1(\xi - a) + f_2(\eta - b) - (\alpha f_1 + \beta f_2)(\zeta - c)$$
$$= f_1(x - a) + f_2(y - b) - (\alpha f_1 + \beta f_2)(z - c) = 0$$

d. h. die Tangentenebene enthält das Centrum $a|b|c$, mithin die Gerade des Kegels $a|b|c \cdot x|y|z$. Ihre Stellung ist durch die Werthe α, β, f_1, f_2 bestimmt d. h. durch die Richtung $a|b|c \cdot x|y|z$: der Kegel wird in allen Puncten einer seiner Geraden von derselben Ebene berührt, er wird im Centrum von allen seinen Tangentenebenen berührt.

IV. Wenn durch den Punct Q einer Fläche eine Gerade geht, welche der Fläche angehört, so liegt die Gerade auf der Ebene, von welcher die Fläche in Q berührt wird. Wenn

2 Gerade des Q der Fläche angehören, so liegen sie auf der Ebene, von welcher die Fläche in Q berührt wird.

Wenn die Fläche eine Regelfläche der Geraden a, b, c ist, so gehn durch die Puncte A_1, A_2, .. der Geraden a eindeutig bestimmte Gerade der Ebenen $A_1 b$ und $A_1 c$, $A_2 b$ und $A_2 c$, .., welche zugleich b in B_1, B_2, .. und c in C_1, C_2, .. schneiden. Vergl. Trigon. §. 7, 16. Dann ist das Doppelverhältniss der Puncte A_1, A_2, A_3, A_4 gleich dem Doppelverhältniss der Ebenen cA_1, cA_2, cA_3, cA_4, dieses gleich dem Doppelverhältniss der Puncte B_1, B_2, B_3, B_4, und dieses gleich dem Doppelverhältniss der Ebenen aB_1, aB_2, aB_3, aB_4. Bei verschwindenden Distanzen der Geraden a, b, c enthalten die Geraden $A_1 B_1 C_1$, $A_2 B_2 C_2$, .. je 3 mit A_1, A_2, .. vereinte Puncte der Fläche, und liegen mit a auf den Ebenen, von welchen die Fläche in A_1, A_2, .. berührt wird. Wenn dabei die Geraden a und b nicht auf eine Ebene fallen, so liegen $A_1 B_1$ und $A_2 B_2$ nicht auf einer Ebene, und die Tangentenebenen aB_1, aB_2 sind verschieden. Also wird die Regelfläche in verschiedenen Puncten einer ihrer Geraden von verschiedenen Ebenen berührt, so dass das Doppelverhältniss von 4 Tangentenebenen der Geraden dem Doppelverhältniss der Berührungspuncte gleich ist; dagegen wird eine Developpable in allen Puncten einer ihrer Geraden von derselben Ebene berührt. Auf diesen Unterschied hat Meusnier 1780 Mém. présentés t. 10 p. 491 ff. aufmerksam gemacht; die Gleichung der Doppelverhältnisse ist von Chasles 1839 in Quetelet Corresp. t. 11 p. 50 gegeben worden. Vergl. Salmon Geom. of 3 dim. 410 ff.

6. Wie die Serie von Geraden, welche auf einem Kegel liegen, so kann man eine Serie von irgend welchen Linien in Betracht ziehn, welche eine bestimmte Fläche erfüllen. Wenn v, w gegebene Functionen von x, y, z sind, und α, β durch eine Gleichung verbundene Parameter, so giebt es eine Serie von Linien ($v = \alpha$, $w = \beta$), welche eine Fläche erfüllen, deren Gleichung $u = 0$ durch Elimination von α, β erhalten wird. Die Richtung $dx|dy|dz$, enthalten in den Stellungen der Ebenen, welche in dem Punct $x|y|z$ die Flächen $v = \alpha$, $w = \beta$

berühren, ist auch in der Stellung der Ebene enthalten, von welcher die Fläche $u = 0$ daselbst berührt wird. Man findet also

$$\begin{matrix} u_1 dx + u_2 dy + u_3 dz = 0 \\ v_1 dx + v_2 dy + v_3 dz = 0 \\ w_1 dx + w_2 dy + w_3 dz = 0 \end{matrix} \quad \begin{vmatrix} u_1 & u_2 & u_3 \\ v_1 & v_2 & v_3 \\ w_1 & w_2 & w_3 \end{vmatrix} = 0, \quad \frac{\partial(u, v, w)}{\partial(x, y, z)} = 0$$

die partiale Differentialgleichung jeder Fläche, welche durch die Serie $(v = \alpha,\ w = \beta)$ erfüllt wird, wenn α, β durch irgend eine Gleichung verbunden sind. Die Gesammtheit der Flächen, welche derselben partialen Differentialgleichung genügen (eine unendlichfache Serie), ist eine Familie von Flächen genannt werden. Monge Mém. de Turin 1770—73. Mém. de Paris 1784 p. 85. Applications 1795 §. II ff. Cauchy Applications 1826. Add. II, u. A. Z. B. $x - a = \alpha(z - c)$, $y - b = \beta(z - c)$ giebt $dx = \alpha dz$, $dy = \beta dz$, folglich

$$u_1(x - a) + u_2(y - b) + u_3(z - c) = 0$$

die partiale Differentialgleichung der Familie von Kegeln mit dem Centrum $a|b|c$. In der That ist dann u eine Form der $x - a$, $y - b$, $z - c$, folglich u. s. w.

7. Der Kegel $n$ter Ordnung hat mit einer Ebene eine Planlinie $n$ter Ordnung gemein, die aus n Geraden besteht, wenn die Ebene das Centrum des Kegels enthält. Die unendlichfernen Puncte des Kegels liegen auf der unendlichfernen Linie, welche der Kegel mit der unendlichfernen Ebene gemein hat. Wenn der Planschnitt reducibel ist, so besteht der Kegel aus Kegeln niederer Ordnungen. Wenn der Planschnitt singulär ist, so ist der Kegel singulär und hat mehrfache Gerade. Die concentrische Kugel mit dem Radius 1 schneidet den Kegel in einer sphärischen Linie, dem Sphärenschnitt des Kegels, durch welchen der Kegel bestimmt wird. Stereom. §. 5, 2.

Zwei Planschnitte eines Kegels sind perspectivische, also collineare Figuren. Wenn dem Punct $x|y|z$ des Kegels (3) auf der Ebene $x = 0$ der Punct $0|y'|z'$, und auf der Ebene $y = 0$ der Punct $x''|0|z''$ entspricht, so ist

$$-a = \alpha(z'-c) \qquad y'-b = \beta(z'-c)$$
$$x''-a = \alpha(z''-c) \qquad -b = \beta(z''-c)$$

$$\frac{x''-a}{-a} = \frac{z''-c}{z'-c} = \frac{-b}{y'-b}$$

$$x'' = \frac{ay'}{y'-b} \qquad z'' = \frac{cy'-bz'}{y'-b}$$

d. h. $x'' : z'' : 1$ verhalten sich, wie lineare Functionen der y', z'. Vergl. §. 30, 7.

Wenn f_i eine Form $i$ten Grades von x, y, z, so liegt die unendlichferne Linie der Fläche $f_n + f_{n-1} + \ldots = 0$ auf dem Kegel $f_n = 0$. Ebenen, von welchen die Fläche in ihren unendlichfernen Puncten berührt wird, sind mit den Tangentenebenen dieses Kegels parallel. Zwei concentrische Kegel der Ordnungen m, n haben mn Gerade gemein entsprechend den ebensoviel gemeinschaftlichen Puncten der Linien, in welchen die Kegel von einer Ebene geschnitten werden.

8. Der Kegel erster Ordnung ist eine Ebene. Der ordinäre Kegel 2ter Ordnung hat entweder ausser dem Centrum keinen realen Punct, oder er ist real, und wird von einer Ebene je nach deren Stellung in einer Ellipse oder in einer Hyperbel oder in einer Parabel geschnitten. Der singuläre Kegel 2ter Ordnung ist reducibel, und besteht aus 2 Ebenen, welche eine reale Gerade gemein haben, oder ganz zusammenfallen.

Wenn die Geraden f, g den Punct O gemein haben, und wenn eine beliebige Ebene der f von einer Ebene der g normal geschnitten wird in der Geraden s, so sind f, g, s Gerade eines besondern Kegels 2ter Ordnung: dieser Kegel wird von Ebenen, welche normal zu den Geraden f, g gestellt sind, in Kreisen geschnitten. Denn die Ebene, deren Normale f ist, schneidet f in A, g in B, und enthält den rechten Winkel BCA, dergestalt dass die Ebenen fC und gC normal zu einander stehn. U. s. w. Binet Corresp. sur l'éc. polyt. II p. 71, vollständiger Steiner syst. Entw. 53. II, 1 und 16. Dieser Kegel ist von Schröter Crelle J. 85 p. 41 und Oberflächen 2ter Ordnung p. 67 untersucht und ein orthogonaler Kegel genannt worden.

Wenn die Geraden f, g, h des Punctes O normal zu einander sind, so ist ein Kegel 2ter Ordnung der Geraden f, g, h ein besondrer: jede Gerade des Kegels bildet mit 2 andern Geraden desselben ein Tripel von Geraden, die normal zu einander sind, so dass der Kegel von jeder zu einer seiner Geraden normal gestellten Ebene in einer gleichseitigen Hyperbel geschnitten wird. Diese Wahrnehmung wurde von Joachimsthal 1859 Crelle J. 56 p. 284 und Hesse 1861 Anal. Geom. d. R. Vorles. 16 gemacht, einfach bewiesen von Voigt Crelle J. 86 p. 297 und Schröter Oberfl. 2. Or. p. 75. Nach Steiner's »gleichseitigem« hyperbolischen Paraboloid (syst. Entw. 52, II. Magnus Aufgaben II p. 249) ist dieser Kegel ein gleichseitiger Kegel genannt worden.

Der besonderste Kegel 2ter Ordnung ist der Rotationskegel, dessen Gerade mit einer gegebenen Geraden, der Axe des Rotationskegels, gleiche Winkel bilden. Der Rotationskegel wird nur von solchen Ebenen, die normal zur Axe gestellt sind, in Kreisen geschnitten. Der Punct P auf einer Geraden s des Kegels, welche mit der Axe l einen gegebenen Winkel bildet, habe die rechtwinkeligen Coordinaten x, y, z, und das Centrum M sei $a|b|c$. Dann ist durch Normalprojection auf l

$$MP \cos ls = (x-a)\cos xl + (y-b)\cos yl + (z-c)\cos zl$$

$$[(x-a)^2 + (y-b)^2 + (z-c)^2]\cos^2 ls = [(x-a)\cos xl + \,..]^2 = 0$$

Insbesondere, wenn l mit x parallel ist, wenn MP die rechtwinkeligen Coordinaten X, Y, Z hat, $X = MN$, $NP = X \operatorname{tang} xs$, so ist

$$Y^2 + Z^2 - X^2 \operatorname{tang}^2 xs = 0$$

9. Die Gerade $(\xi - a = \alpha\zeta,\ \eta - b = \beta\zeta)$ des Punctes $\xi|\eta|\zeta$ und der Richtung $\alpha|\beta|1$ projicirt den Punct $x|y|z$ der Linie $(v = 0,\ w = 0)$ unter den Bedingungen

$$x - a = \alpha z, \quad y - b = \beta z$$

Dann sind a, b, x, y, z durch 4 Gleichungen, mithin a, b durch eine Gleichung verbunden. Indem man in dieser Gleichung a, b durch $\xi - \alpha\zeta$, $\eta - \beta\zeta$ versetzt, findet man die Gleichung $u = 0$ des Cylinders, welcher die Linie $(v = 0,\ w = 0)$

in der Richtung $\alpha|\beta|1$ projicirt. Hier ist u nur von 2 Variablen $\xi-\alpha\zeta$, $\eta-\beta\zeta$ abhängig.

Man kann a, b eliminiren, und hat 4 Gleichungen

$$\frac{\xi-x}{\alpha}=\frac{\eta-y}{\beta}=\zeta-z, \quad v=0, \quad w=0$$

für ξ, η, ζ, x, y, z, mithin eine Gleichung für ξ, η, ζ, die Gleichung des Cylinders. Z. B. für den Cylinder, welcher die Ellipse

$$\frac{x^2}{m^2}+\frac{y^2}{n^2}=1, \quad z=0$$

projicirt, hat man

$$\frac{\xi-x}{\alpha}=\frac{\eta-y}{\beta}=\zeta, \quad \frac{(\xi-\alpha\zeta)^2}{m^2}+\frac{(\eta-\beta\zeta)^2}{n^2}=1$$

Auf einer Geraden des Cylinders a, b constant, $d\xi=\alpha d\zeta$, $d\eta=\beta d\zeta$, folglich (6) ist

$$u_1\alpha+u_2\beta+u_3=0$$

die partiale Differentialgleichung, welcher alle Cylinder der Richtung $\alpha|\beta|1$ genügen.

Wenn die Ebene, von welcher die Fläche $v=0$ in $x|y|z$ berührt wird, die Richtung $\alpha|\beta|1$ enthält, so hat man

$$v=0, \quad v_1\alpha+v_2\beta+v_3=0$$

für den Punct $x|y|z$ des scheinbaren Contours der in der Richtung $\alpha|\beta|1$ gesehenen Fläche $v=0$, und

$$\frac{\xi-x}{\alpha}=\frac{\eta-y}{\beta}=\zeta-z, \quad v=0, \quad v_1\alpha+v_2\beta+v_3=0$$

für den Punct $\xi|\eta|\zeta$ des der Fläche $v=0$ umgeschriebenen Cylinders der Richtung $\alpha|\beta|1$. Monge a. a. O. Vergl. Cauchy a. a. O. Leroy Anal. appl. à la géom. des 3 dim. c. 14.

10. Wenn man aus den Gleichungen $v=0$, $w=0$ für x, y, z die Gleichungen $X=0$ ohne x, $Y=0$ ohne y, $Z=0$ ohne z componirt, so sind $X=0$, $Y=0$, $Z=0$ Cylinder der Richtungen x, y, z, welche die Linie $(v=0,\ w=0)$

projiciren. Auf den coordinirten Ebenen erhält man die Projectionen der Linie

$$(X = 0,\ x = 0),\quad (Y = 0,\ y = 0),\quad (Z = 0,\ z = 0)$$

deren zwei zur Construction der Linie genügen.

Ein Cylinder ist durch seinen Normalschnitt bestimmt. Die Planschnitte des Cylinders sind affine Figuren. Ein Cylinder 2ter Ordnung ist entweder elliptisch, oder hyperbolisch, oder parabolisch, je nachdem ein Planschnitt desselben eine Ellipse oder eine Hyperbel oder eine Parabel ist. Auf dem elliptischen Cylinder liegen Kreise von 2 verschiedenen Stellungen; auf dem Rotationscylinder liegen nur Kreise einer Stellung.

Aufgabe. Sturm 1824 Gerg. Ann. 14 p. 302. Das Dreieck $AA'A''$ soll aus dem Punct $P(x|y|z)$ auf eine gegebene Ebene nach $BB'B''$ projicirt werden, so dass die Projection $BB'B''$ eine gegebene Fläche hat. Die Ebenen $AA'A''$, $BB'B''$ seien die coordinirten Ebenen xy, yz, und

$$A(a|b|0),\quad A'(a'|b'|0),\ldots,\quad B(0|p|q),\quad B'(0|p'|q'),\ldots$$

Nun sind AB, AP parallel, also

$$\frac{-a}{x-a} = \frac{p-b}{y-b} = \frac{q}{z}$$

$$q = \frac{-az}{x-a} \qquad p-b = \frac{-a(y-b)}{x-a} \qquad p = \frac{bx-ay}{x-a}$$

u. s. w. Daher

$$\frac{2BB'B''}{\sin yz} = \begin{vmatrix} 1 & \frac{az}{x-a} & \frac{bx-ay}{x-a} \\ 1 & \frac{a'z}{x-a'} & \frac{b'x-a'y}{x-a'} \\ 1 & \frac{a''z}{x-a''} & \frac{b''x-a''y}{x-a''} \end{vmatrix}$$

$$\begin{vmatrix} 1 & a & b \\ 1 & a' & b' \\ 1 & a'' & b'' \end{vmatrix} x^2 z = k(x-a)(x-a')(x-a'')$$

d. h. P liegt auf einem Cylinder 3ter Ordnung, dessen Gerade die Richtung y haben, die gemeinschaftliche Richtung der beiden gegebenen Ebenen. Wenn a'' null ist, so ist der Cylinder 2ter Ordnung; wenn a' und a'' null sind, so ist der Cylinder plan.

11. Bei rechtwinkeligen Coordinaten ist

$$(x-a)^2+(y-b)^2+(z-c)^2=\alpha$$

eine Kugel um das Centrum $a|b|c$, und

$$fx+gy+hz=\beta$$

eine zu der Richtung $f|g|h$ normal gestellte Ebene (§. 49, 7), also

$$(x-a)^2+(y-b)^2+(z-c)^2=\alpha, \quad fx+gy+hz=\beta$$

ein Parallelkreis einer Rotationsfläche (surface de révolution) $u=0$, deren Axe die Richtung $f|g|h$ und den Punct $a|b|c$ enthält. Wenn α, β durch eine Gleichung verbunden sind, so giebt es eine Serie von Parallelkreisen, welche die Rotationsfläche erfüllen. Eine solche Gleichung ergiebt sich, wenn der Parallelkreis eine gegebene Linie schneidet. Aus den Differentialgleichungen (6)

$$u_1dx+u_2dy+u_3dz=0$$
$$(x-a)dx+(y-b)dy+(z-c)dz=0$$
$$fdx+gdy+hdz=0$$

folgt

$$\begin{vmatrix} u_1 & x-a & f \\ u_2 & y\quad b & g \\ u_3 & z-c & h \end{vmatrix}=0$$

die gemeinschaftliche partiale Differentialgleichung aller Rotationsflächen, deren Axe den Punct $a|b|c$ und die Richtung $f|g|h$ enthält. Monge a. a. O.

Wenn z. B. $u=x^3+y^3+z^3-3xyz-k$, so ist $u=0$ eine Rotationsfläche mit der Axe $x=y=z$ (Salmon a. a. O.), weil f, g, h, a, b, c sich so bestimmen lassen, dass bei allen x, y, z

$$\begin{vmatrix} f & x-a & x^2-yz \\ g & y-b & y^2-zx \\ h & z-c & z^2-xy \end{vmatrix}=0$$

In der That hat man bei $a = f$, $b = g$, $c = h$ und $f = g = h$

$$\begin{vmatrix} 1 & x & x^2 \\ 1 & y & y^2 \\ 1 & z & z^2 \end{vmatrix} = \begin{vmatrix} x & x^2 & xyz \\ y & y^2 & xyz \\ z & z^2 & xyz \end{vmatrix} : xyz = \begin{vmatrix} 1 & x & yz \\ 1 & y & zx \\ 1 & z & xy \end{vmatrix}$$

12. Insbesondere sei die Gerade z die Axe der Rotationsfläche $u \quad 0$, und

$$x^2 + y^2 = \varrho^2$$

ein Rotationscylinder derselben Axe, welcher von der Ebene $z =$ const in einem Parallelkreis der Rotationsfläche geschnitten wird. Eine Gleichung, welche ϱ und z verbindet (§. 47, 6), ist die Gleichung der Rotationsfläche, nachdem man ϱ durch x, y ausgedrückt hat. Auf einem Parallelkreis hat man $d\varrho = 0$, $dz = 0$, folglich bei allen Gleichungen zwischen ϱ und z in allen Puncten der Rotationsfläche $u = 0$

$$\begin{aligned} u_1 dx + u_2 dy &= 0 \\ x dx + y dy &= 0 \end{aligned} \qquad \begin{vmatrix} u_1 & u_2 \\ x & y \end{vmatrix} = 0$$

wie oben, wenn f, g, a, b, c null sind.

Beispiele. I. Wenn der Kreis ADB' (§. 25, 4), welcher in A von der Geraden z berührt wird, um die Axe z rotirt, so ist

$$D'D^2 = AD' . D'B', \quad z^2 = \varrho(2a - \varrho)$$

$$(x^2 + y^2 + z^2)^2 = 4a^2(x^2 + y^2)$$

Diese Rotationsfläche wird von dem Cylinder $x^2 + y^2 = 2ax$ in der von Archytas benutzten Linie geschnitten (2).

II. Wenn der Meridian der Kreis $(\varrho - c)^2 + z^2 = a^2$ ist, also $\varrho^2 + z^2 + c^2 - a^2 = 2c\varrho$, so hat man die Rotationsfläche

$$(x^2 + y^2 + z^2 + c^2 - a^2)^2 = 4c^2(x^2 + y^2)$$

von verschiedener Gestalt, je nachdem $c - a$ positiv, null, negativ; die Spira (torus), deren Planschnitte Perseus unterschieden hatte (1). Die Ebene $x = a$ giebt den Planschnitt

$$(y^2+z^2+c^2)^2 = 4c^2(a^2+y^2)$$

d. i. $$(y^2-c^2)^2 + 2z^2(y^2+c^2) + z^4 = 4a^2c^2$$

$$[(y-c)^2 + z^2][(y+c)^2 + z^2] = 4a^2c^2$$

eine Cassinische Linie (§. 26, 6).

III. Wenn der Meridian der Kegelschnitt $z^2 = a\varrho^2 + 2b\varrho + c$, d. i. $a\varrho^2 - z^2 + c = -2b\varrho$, so hat man die Rotationsfläche

$$(ax^2+ay^2-z^2+c)^2 = 4b^2(x^2+y^2)$$

welche bei $b = 0$ zweiter Ordnung ist, ein Sphäroid oder ein Conoid (1).

IV. Wenn die Rotationsfläche die Gerade

$$x = mz + n, \quad y = m'z + n'$$

enthält, so ist $\varrho^2 = (mz+n)^2 + (m'z+n')^2$ ein Meridian, und zwar eine Hyperbel. Die Rotationsfläche

$$x^2 + y^2 - (mz+n)^2 - (m'z+n')^2 = 0$$

ist das von Wren betrachtete Cylindroid (1).

V. Wenn die Rotationsfläche den Kegelschnitt

$$y = b, \quad \frac{x^2}{a^2} + \frac{z^2}{c^2} = 1$$

enthält, so ist $\varrho^2 = a^2 - \frac{a^2z^2}{c^2} + b^2$ ein Meridian, und zwar die Ellipse

$$\frac{\varrho^2}{a^2} + \frac{z^2}{c^2} = \frac{a^2+b^2}{a^2}$$

Auf der Rotationsfläche hat man

$$\frac{x^2+y^2}{a^2} + \frac{z^2}{c^2} = \frac{a^2+b^2}{a^2}$$

§. 54. Die Flächen $n$ter Ordnung.

1. Wenn u_i eine Form $i$ten Grades des Punctes $x|y|z$, und

$$f = u_0 + u_1 + .. + u_n$$

so ist $u_i = 0$ ein Kegel $i$ter Ordnung mit dem Centrum $0|0|0$ (§. 53, 3), und $f = 0$ eine Fläche $n$ter Ordnung. Die Fläche ist transscendent, wenn n unendlich, und die Function nicht algebraisch ist.

Wenn in allen Puncten $f + gh = 0$, so ist die Fläche $f = 0$ reducibel: sie besteht aus den Flächen niederer Ordnungen $g = 0$ und $h = 0$, und in allen Puncten der Linie $(g = 0,\ h = 0)$ hat die Fläche mehr als eine Tangentenebene.

Die Fläche erster Ordnung $ax + by + cz + d = 0$ ist plan (§. 49). Die Fläche $n$ter Ordnung hat mit dieser Ebene die Planlinie $n$ter Ordnung

$$f = 0, \quad ax + .. = 0$$

und mit der unendlichfernen Ebene die unendlichferne Linie des Kegels $n$ter Ordnung $u_n = 0$ gemein (§. 20, 4). Mit den Geraden dieses Kegels sind die Geraden parallel, von welchem die Fläche $f = 0$ in unendlichfernen Puncten berührt wird.

2. Die Fläche $n$ter Ordnung $f = 0$ hat mit der Geraden

$$y = \alpha x + a, \quad z = \beta x + b$$

n Puncte gemein. Denn nach der Substitution dieser Werthe von y, z in f hat man eine Gleichung $n$ten Grades für x; durch x werden y, z eindeutig bestimmt. Daher ist die Ordnung der Fläche unabhängig von den 3 Geraden, mit welchen die Coordinaten eines Punctes der Fläche parallel sind (§. 20, 3).

Wie die Ordnung einer Fläche durch die Menge der Puncte bestimmt wird, welche die Fläche mit einer Geraden gemein hat, so wird die Ordnung einer Linie (nicht nur einer Planlinie) durch die Menge der Puncte bestimmt, welche die Linie mit einer Ebene gemein hat. Demnach hat die Fläche $n$ter Ordnung $f = 0$ mit der Fläche $m$ter Ordnung $g = 0$ die

Linie mnter Ordnung $(f = 0,\ g = 0)$ gemein. Denn man setzt für z eine lineare Function der x, y, und erhält 2 Gleichungen für x, y, u. s. w.

Wenn P, Q, R, S gegebene Functionen $k$ten Grades der Parameter t, u sind, und

$$x : y : z : 1 = P : Q : R : S$$

(§. 44, 3), so liegt, $x|y|z$ auf einer barycentrischen Fläche (Baryc. Calc. §. 101 ff.), welche aber im Allgemeinen nicht $k$ter Ordnung ist, sondern höherer Ordnung. Denn auf der Geraden $(x = 0,\ y = 0)$ hat man $(P = 0,\ Q = 0)$ für $t|u$. Nun ist $t|u$ durch dieses System kkdeutig bestimmt, also hat die Fläche die Ordnung k^2. Vergl. die Steinersche Fläche 1863. Clebsch Crelle J. 67 p. 1. Fiedler-Salmon Raumgeom. II p. 464.

Wenn aber z. B. $x : y : z : 1 = ps : qs : rs : S$, d. h.

$$\frac{p}{x} = \frac{q}{y} = \frac{r}{z} = \frac{S}{s} = \lambda$$

wo p, q, r lineare Functionen der t, u sind, s eine lineare Form der p, q, r, und S eine quadratische Form der p, q, r; so gehn s, S durch die Substitution $p = \lambda x$, $q = \lambda y$, $r = \lambda z$ über in λu_1, $\lambda^2 u_2$, wo u_1, u_2 Formen ersten und zweiten Grades der x, y, z. Nun ist $S = \lambda s$, also $u_2 = u_1$, d. h. der Punct $x|y|z$ liegt auf einer Fläche 2ter Ordnung.

3. Die n Puncte, welche die Fläche $n$ter Ordnung mit einer Geraden gemein hat, sind real oder nicht, endlichfern oder nicht, gesondert oder nicht. Wenn zwei vereint sind, so wird die Fläche von der Geraden 2punctig berührt; wenn auch zwei andre vereint sind, so hat die Gerade mit der Fläche 2 Contacte, und ist eine Doppeltangente der Fläche, u. s. w.

Wenn die resultirende Gleichung nicht existirt, so hat die Gerade alle Puncte mit der Fläche gemein, und ist eine Gerade der Fläche (Kante, acies, arête, edge). Und wenn die Gerade mehr als n Puncte mit der Fläche $n$ter Ordnung gemein hat, so ist die resultirende Gleichung nicht vorhanden: die Gerade liegt auf der Fläche. Vergl. §. 20, 3 und §. 40, 5.

Die Ebene enthält eine Doppelserie von Geraden (§. 28, 1). In der That giebt die Substitution $y = \alpha x + a$, $y = \beta x + b$ bei der Fläche erster Ordnung die Resultante $E + Fx = 0$, wo E, F Functionen der α, a, β, b sind. Diese Gleichung existirt nicht, wenn $E = 0$, $F = 0$, so dass von den 4 Coordinaten der Geraden 2 frei bleiben.

Die Fläche zweiter Ordnung enthält 2 Serien von Geraden. Die Resultante $E + Fx + Gx^2 = 0$ existirt nicht, wenn $E = 0$, $F = 0$, $G = 0$, wobei eine Coordinate der Geraden frei bleibt. Die beiden Serien sind real auf den hyperbolischen, nicht real auf den elliptischen Flächen, vereint auf dem Kegel 2ter Ordnung. Sie waren in einem besondern Fall von Wren bemerkt worden (§. 53, 12. IV), und wurden durch Monge bekannt. Vergl. Chasles Aperçu hist. V §. 46.

Die Fläche dritter Ordnung enthält 27 Gerade. Die Resultante $E + Fx + Gx^3 + Hx^3 = 0$ existirt nicht, wenn E, F, G, H null, also bei bestimmten Coordinaten der Geraden. Cayley und Salmon 1849 Cambridge and Dublin math. J. 4 p. 118. 252. Steiner 1856 Crelle J. 53 p. 134. Vergl. Schröter Crelle J. 62 p. 265, Reye Geom. d. Lage II, 26 und Fiedler-Salmon Raumgeom. II n° 284 ff., sowie die daselbst gegebenen Citate.

Eine Fläche *n*ter Ordnung enthält nur bei $n - 3$ bestimmten Relationen ihrer Coefficienten eine Gerade. Eine Regelfläche enthält eine Serie von Geraden.

4. Ein Punct der Fläche, in dessen Nähe die Fläche untersucht werden soll, wird durch Translation des Coordinaten-Trieders (§. 47, 1) zum Nullpunct O der Coordinaten x, y, z eines beliebigen Punctes der Fläche $f = 0$ gemacht. Dann ist nach Formen der x, y, z geordnet

$$f = u_1 + u_2 + \ldots u_n, \quad u_0 = 0$$

Die Gerade ($y = \alpha x$, $z = \beta x$) des Punctes O (vergl. §. 38) hat mit der Fläche $f = 0$ einen Punct O und $n - 1$ andre Puncte gemein, weil f nach der Substitution durch x theilbar ist. Wenn die Gerade auf der Ebene $u_1 = 0$ liegt, so enthält sie 2 Puncte O und $n - 2$ andre Puncte der Fläche, weil f

nach der Substitution durch x^2 theilbar ist. Wenn die Gerade zugleich auf dem Kegel $u_2 = 0$ liegt, so enthält sie 3 Puncte O und $n - 3$ andre Puncte der Fläche.

Daher gehn durch den Punct O der Fläche eine Doppelserie von Geraden, deren jede den Punct O und $n - 1$ andre Puncte der Fläche enthält. Darunter sind ausgezeichnet eine Serie von Geraden, welche die Fläche in O 2punctig berühren: diese Geraden erfüllen die Ebene $u_1 = 0$, die Tangentenebene der Fläche mit dem Contact O. Unter denselben Geraden sind wiederum ausgezeichnet die 2 Geraden $(u_1 = 0,\ u_2 = 0)$, welche die Fläche in O 3punctig berühren und zugleich schneiden, die osculirenden Tangenten (Inflexionstangenten) l, l' der Fläche, welche real sind, oder nicht real, oder vereint.

Die osculirenden Tangenten sind von Dupin 1813 bemerkt worden Développements de géom. p. 52. Durch harmonische Theilung des Winkels ll' findet man Paare von realen Tangenten, welche mit den osculirenden Tangenten in Harmonie sind, conjugirte Tangenten Dupin's (p. 44). Insbesondere findet man durch Halbirung des Winkels ll' und des Nebenwinkels die beiden zu einander normalen realen Principaltangenten, die Tangenten der Linien, welche unter allen durch O gehenden Linien der Fläche die grösste oder die kleinste Krümmung haben, die Tangenten der Krümmungslinien. Die Principaltangenten waren von Euler Mém. de Berlin 1760 p. 119 entdeckt worden; die Krümmungslinien hat Monge hinzugefügt Mém. de Paris 1781. Applic. de l'anal. XV.

5. Eine Ebene der Geraden l hat mit der Fläche $n$ter Ordnung eine Planlinie $n$ter Ordnung gemein, welche in O von der Geraden l 3punctig berührt wird. Die Tangentenebene selbst hat mit der Fläche die Planlinie $(f = 0,\ u_1 = 0)$ gemein, welche unbedingt singulär ist, von welcher der Contact O ein Doppelpunct ist mit den Tangenten l, l'. Plücker 1829 über die Contacte von Flächen Crelle J. 4 p. 359. Denn die Geraden des Punctes O auf der Tangentenebene haben mit der Planlinie je 2 Puncte O gemein, während l, l' mit derselben je 3 Puncte O gemein haben.

Wenn ein Planschnitt der Fläche einen Doppelpunct O hat, so sind dessen Tangenten osculirende Tangenten der Fläche: entweder ist die Ebene des Planschnittes eine Tangentenebene der Fläche, oder der Punct O ist kein einfacher Punct der Fläche (6). Wenn der Planschnitt 2 Doppelpuncte hat, so hat seine Ebene 2 Contacte mit der Fläche. U. s. w.

Allen Puncten der Fläche entsprechend giebt es eine Doppelserie von Tangentenebenen mit einem Contact, darunter eine Serie von Ebenen mit 2 Contacten, und bestimmte Ebenen mit 3 Contacten. SALMON Anal. Geom. of 3 dim. 233.

6. I. Insbesondere kann es sich ereignen, dass u_2 unbedingt null, während u_3 nicht bei allen x, y, z null ist. Dann giebt es 3 Gerade ($u_1 = 0$, $u_3 = 0$) der Tangentenebene, welche 4 Puncte O und $n - 4$ andre Puncte der Fläche enthalten. Diese 3 Geraden, von welchen die Fläche in O 4punctig berührt und nicht zugleich geschnitten wird, theilen die Tangentenebene in 6 Winkel, in welchen Inflexionstangenten liegen, die wiederum Principaltangenten einschliessen.

II. Wenn überhaupt u_1 nicht bei allen x, y, z null ist, so ist der Punct O ein einfacher Flächenpunct, und die Fläche, deren Puncte ohne Ausnahme einfach sind, wird eine ordinäre Fläche genannt. Wenn dagegen u_1 unbedingt null ist, und u_2 nicht unbedingt null, so ist der Punct O ein zweifacher Flächenpunct (Knoten), und die Fläche, deren Puncte nicht alle einfach sind, wird eine singuläre Fläche genannt. Z. B. ein Kegel ist eine singuläre Fläche, weil sein Centrum kein einfacher Punct der Fläche ist. Die Fläche $F = 0$ hat einen Doppelpunct $a|b|c$ nur unter der Bedingung, dass die Discriminante der Function F null ist, d. h. dass die erste Differentialgleichung der $F = 0$, aus welcher die Gleichung der Tangentenebene formirt wird, in dem Punct $a|b|c$ nicht existirt, dass also a, b, c dem System

$$(F_x = 0,\ F_y = 0,\ F_z = 0,\ F_t = 0)$$

genügen (§. 38, 8 und 9).

III. Wenn u_1 unbedingt null, u_2 nicht unbedingt null ist, so ist der Punct O ein Doppelpunct der Fläche. Alle Geraden des Punctes O enthalten je 2 Puncte O und $n - 2$ andre Puncte der Fläche; die Geraden des Kegels $u_2 = 0$ enthalten je 3 Puncte O und $n - 3$ andre Puncte der Fläche; die 6 Geraden $(u_2 = 0, u_3 = 0)$ enthalten je 4 Puncte O und $n - 4$ andre Puncte der Fläche. Alle Geraden des Kegels 2ter Ordnung berühren die Fläche in O 2punctig, 6 derselben sind osculirende Tangenten der Fläche. An die Stelle der letztern treten 8 Gerade des Kegels, welche die Fläche 4punctig berühren, wenn u_3 unbedingt null, u_4 nicht unbedingt null ist. U. s. w.

In ihrem Doppelpunct hat die Fläche einen Tangentenkegel 2ter Ordnung (§. 53, 8), der real ist, oder nicht, oder reducibel, und im letzten Fall aus zwei Tangentenebenen besteht, die eine reale Gerade gemein haben oder zusammenfallen. Doppelpuncte der letztern Arten sind biplanar, uniplanar genannt worden. FIEDLER-SALMON Raumgeom. II p. 321.

Wenn ferner u_1, u_2 unbedingt null sind, u_3 nicht unbedingt null, so ist der Punct O ein dreifacher Punct der Fläche. Die Geraden des O, welche die Fläche berühren, liegen auf dem Kegel 3ter Ordnung $u_3 = 0$, u. s. w.

IV. Es kann sich ereignen, dass nicht nur ein einzelner Punct $a|b|c$ oder eine Mehrzahl solcher Puncte, sondern auch eine Linie solcher Puncte dem angegebenen System von Gleichungen (II) genügen. Dann hat die singuläre Fläche nicht nur eine bestimmte Menge mehrfacher Puncte, sondern auch eine Linie mehrfacher Puncte, eine Doppellinie (Knotenlinie, nodale). Jede reducible Fläche hat eine Doppellinie. Doppelpuncte von Flächen und Doppellinien derselben sind betrachtet worden von BRANDES Höhere Geometrie 1824 II p. 199 ff., MAGNUS Aufgaben II §. 81, GREGORY Solid geom. c. 13, besonders von SALMON Geom. of 3 dim. 239. Vergl. CAYLEY 1852 Cambr. and Dublin math. J. t. 7 p. 171. STEINER 1857 Crelle J. 53 p. 139. Varietäten 1facher Flächenpuncte sind es, welche bei POISSON 1832 Crelle J. 8 p. 280 vorkommen.

7. Eine Gerade a einer **Regelfläche** $n$ter Ordnung wird von bestimmten Geraden b, c, .. derselben Fläche geschnitten (§. 48, 7). Der gemeinschaftliche Punct der Geraden a und b ist ein Doppelpunct der Regelfläche, welche daselbst von einer Ebene der a und von einer Ebene der b berührt wird (§. 53, 5. IV). Jede Regelfläche höherer als 2ter Ordnung, insbesondere eine Developpable, ist eine **singuläre Fläche**: sie hat auf jeder ihrer Geraden Doppelpuncte, mithin eine Doppellinie.

Eine Gerade p, welche der Regelfläche nicht angehört, hat mit der Regelfläche n Puncte A, B, .. gemein. Wenn den Punct A die Gerade a der Regelfläche enthält, so wird die Regelfläche von der Ebene pa in einem bestimmten Punct der Geraden a berührt. Die Gerade p enthält demnach n Tangentenebenen der Regelfläche $n$ter Ordnung, die nicht developpable Regelfläche $n$ter Ordnung ist eine **Fläche $n$ter Classe**. Vergl. unten (10).

Die Regelfläche wird von ihrer Tangentenebene pa in dem Punct A_1 der Geraden a berührt und in einer Planlinie $n$ter Ordnung geschnitten, von welcher A_1 ein Doppelpunct ist (5). Diese Planlinie $n$ter Ordnung enthält die Gerade a, und besteht daher aus dieser Geraden und einer Planlinie $(n-1)$ter Ordnung. Die Gerade hat mit der Planlinie $(n-1)$ter Ordnung ausser dem Punct A_1 noch $n-2$ Puncte A_2, A_3, .. gemein, welche Doppelpuncte der Planlinie $n$ter Ordnung sind. Die Regelfläche wird aber von der Ebene pa in A_1 berührt, mithin in A_2, A_3, .. nicht berührt: also sind A_2, A_3, .. nicht einfache Puncte der Regelfläche (5). Demnach hat die Regelfläche $n$ter Ordnung eine **Doppellinie**, auf jeder ihrer Geraden $n-2$ Doppelpuncte. Cayley 1852 Cambr. and Dublin math. J. t. 7 p. 171. Dass die Doppellinie der Regelfläche $\binom{n-1}{2}$ter Ordnung ist, wurde von Chasles 1866 C. R. t. 62 p. 579 angegeben.

Ueber die Classification der Regelflächen Cayley Philos. Trans. 1863—64. Gournerie Recherches sur les surfaces réglées 1866. Plücker Ann. di Mat. 1867 p. 160. Schwarz Crelle J. 67 p. 23. Ueber die Developpablen Schwarz 1865 Crelle J. 64 p. 1.

8. I. Wenn z eine gegebene Function der x, y, so dass

$$dz = p dx + q dy$$

$$dp = r dx + s dy, \quad dq = s dx + t dy$$

$$\frac{\partial(p, q)}{\partial(x, y)} = \begin{vmatrix} r & s \\ s & t \end{vmatrix}$$

so liegt der Punct $P(x|y|z)$ auf einer gegebenen Fläche. Er sei ein einfacher Punct der Fläche, und $Q(\xi|\eta|\zeta)$ ein Punct der Ebene, von welcher die Fläche in P berührt wird: dann ist (§. 53, 5)

$$\zeta - z = p(\xi - x) + q(\eta - y)$$

und insbesondere für $\xi = x + h$, $\eta = y + k$

$$\zeta - z = ph + qk$$

Wenn der Punct $R(x + h|y + k|Z)$ auf der Fläche liegt, so hat man nach dem Taylorschen Satz

$$Z - z = ph + qk + \tfrac{1}{2}(rh^2 + 2shk + tk^2) + \ldots$$

folglich

$$QR = Z - \zeta = \tfrac{1}{2}(rh^2 + 2shk + tk^2) + \ldots$$

II. Bei gegebenem Verhältniss $k : h$ hat die Ebene PQR eine bestimmte Stellung, und QR ist durch h^2 theilbar. Wenn r, s, t nicht alle null sind, so bestimmt die Gleichung

$$rh^2 + 2shk + tk^2 = 0$$

2 Stellungen der Ebene PQR der Art, dass QR durch h^3 theilbar. Diese Stellungen sind nicht real, vereint, real, je nachdem $rt - s^2$ positiv, null, negativ. In den beiden ersten Fällen ist $rh^2 + 2shk + tk^2$ eine definite Form der h, k, in dem letzten Fall ist sie indefinit.

III. Für den Punct R der Fläche, welchen die Gerade PQ der Tangentenebene enthält, hat man das System

$$Z - z = ph + qk, \quad k = \alpha h, \quad QR = 0$$

Also enthält die Gerade PQ 2 Puncte P unbedingt, und

3 Puncte P unter der Bedingung $rh^2 + 2shk + tk^2 = 0$; die Tangentenebene enthält, wenn r, s, t nicht alle null sind, 2 osculirende Tangenten der Fläche (4)

$$\zeta - z = ph + qk, \quad rh^2 + 2shk + tk^2 = 0$$

nicht real, real, vereint, je nach dem Werth $rt - s^2$.

Für die gemeinschaftlichen Puncte der Fläche und ihrer Tangentenebene hat man das System

$$Z - z = ph + qk, \quad QR = 0$$

Die Projection dieser Planlinie durch Parallelen der z auf die Ebene $z = 0$ ist $QR = 0$. Dieselbe enthält den Punct ($h = 0$, $k = 0$) mit den Tangenten $rh^2 + 2shk + tk^2 = 0$. Also ist auch die Linie, welche die Fläche mit ihrer Tangentenebene gemein hat, eine singuläre Planlinie, von welcher der Berührungspunct P ein Doppelpunct ist mit den Tangenten

$$\zeta - z = ph + qk, \quad rh^2 + 2shk + tk^2 = 0$$

den die Fläche in P osculirenden Tangenten (5), entweder ein conjugirter Punct, oder ein Knoten, oder eine Spitze.

IV. Bei verschwindenden h, k hat man

$$QR = \tfrac{1}{2}(rh^2 + 2shk + tk^2)$$

Wenn nun $rt - s^2$ nicht negativ ist, so ist QR definit und wechselt nicht ihr Zeichen: in der Nähe des Punctes P liegt die Fläche e i n e r s e i t s der Tangentenebene, und erscheint einem auf der Tangentenebene stehenden Betrachter entweder concav oder convex. Wenn aber $rt - s^2$ negativ ist, so ist QR indefinit: in der Nähe des Punctes P liegt die Fläche b e i d e r s e i t s der Tangentenebene, und schneidet die letztere in einer Linie, welche in P von den osculirenden Tangenten der Fläche berührt wird; einem auf der Tangentenebene stehenden Betrachter erscheint die Fläche bei positiven QR concav, bei negativen QR convex. Diese Unterscheidung wurde zuerst gemacht von MEUSNIER (1776) Mém. présentés t. 10 p. 491 ff.

Bei $rt - s^2 = 0$ ist $QR = \frac{1}{2}(rh + sk)^2 : r$. Die Fläche hat in P eine osculirende Tangente, sie liegt in der Nähe von

P einerseits der Tangentenebene, und wird von der letztern in einer Linie geschnitten, von welcher P eine Spitze ist an der osculirenden Tangente der Fläche. Salmon Geom. of 3 dim. 238 hat bemerkt, dass in diesem Fall die Tangentenebene 2 Contacte hat, welche in P vereint sind.

V. Für einen gemeinschaftlichen Punct R der Fläche und einer Ebene, welche mit der die Fläche in P berührenden Ebene parallel ist, hat man

$$Z - z = ph + qk + \tfrac{1}{2}(rh^2 + \ldots) + \ldots$$
$$Z - z - c = ph + qk$$

also auch $c = \frac{1}{2}(rh^2 + \ldots) + \ldots$ für die Projection der Linie R durch Parallelen der z auf die Ebene $z = 0$. Bei verschwindenden h, k ist c verschwindend 2ter Ordnung, und

$$rh^2 + 2shk + tk^2 = 2c$$

Aus ihrer Projection erkennt man die Planlinie: die Fläche hat mit einer Ebene, welche mit der die Fläche in P berührenden Ebene parallel ist in verschwindender Distanz, eine Linie gemein, welche in der Nähe des Punctes P ein Kegelschnitt ist. Die Asymptoten desselben sind mit den die Fläche in P osculirenden Tangenten parallel. Der Kegelschnitt ist daher

eine Ellipse bei positiver $rt - s^2$,

eine Hyperbel bei negativer $rt - s^2$, die conjugirte Hyperbel nach Vertauschung von c mit $-c$,

eine aus 2 parallelen Geraden bestehende Parabel bei $rt - s^2 = 0$.

Dupin 1813 Développements de géom. p. 149 und p. 48 hat diese Linie als Indicatrix des Flächenpunctes P bezeichnet, und die Puncte einer Fläche unterschieden in Puncte mit elliptischer, hyperbolischer, parabolischer Indicatrix. Demnach ist ein einfacher Flächenpunct mit 2 osculirenden Tangenten elliptisch, hyperbolisch, parabolisch, je nachdem die Determinante $rt - s^2$ daselbst positiv, negativ, null ist.

9. I. Linien der Fläche, welche durch den Punct P gehn, haben daselbst verschiedene Krümmungen; die Grenzen, zwischen welchen diese Krümmungen schwanken, sind von dem Werth abhängig, welchen die Determinante $rt - s^2$ in P hat. Euler, Meusnier a. a. O. Von demselben Werth hängt aber auch ab die von Gauss 1827 (Disqu. generales circa superficies curvas) definirte Krümmung, welche die Fläche in P hat. Determ. §. 12, 10. Demnach ist elliptisch ein Punct, in welchem die Fläche positive Krümmung hat, hyperbolisch ein Punct, in welchem die Fläche negative Krümmung hat.

Ein elliptischer Punct der Fläche ist cyclisch (ombilic, Monge Applic. §. XV f.), wenn die osculirenden Tangenten Kreis-Asymptoten sind; die Fläche hat daselbst die Krümmung einer Kugel. Ein hyperbolischer Punct ist gleichseitig-hyperbolisch, wenn die osculirenden Tangenten normal zu einander sind. Die Fläche ist in einem elliptischen (hyperbolischen) Punct ebenso gekrümmt, wie eine bestimmte elliptische (hyperbolische) Fläche 2ter Ordnung in einem Scheitel.

II. Wenn in einem Punct der Fläche die Determinante $rt - s^2$ null ist, so ist die Krümmung der Fläche daselbst verschwindend, und der Punct entweder ein einfacher Punct der Fläche oder ein mehrfacher. In dem ersten Fall ist die Fläche in der Nähe des Punctes plan, und hat 2 vereinte oder mehr als 2 osculirende Tangenten (6). In dem zweiten Fall ist die Fläche in der Nähe des Punctes conisch; die verschwindende Krümmung aber, welche der Kegel an einer seiner Geraden hat, ist verschieden nach der Krümmung, welche der Kugelschnitt des Kegels auf der Geraden hat.

Wenn $rt - s^2$ in allen Puncten der Fläche null ist, so ist die Fläche eine Developpable (11). Wenn $rt - s^2$ constant ist, so hat die Fläche nur elliptische oder nur hyperbolische Puncte.

III. Im Allgemeinen ist nicht z explicite als Function der x, y gegeben, sondern F ist eine gegebene Form $n$ten Grades der x, y, z, w,

$$dF = F_1 dx + F_2 dy + F_3 dz + F_4 dw$$

und der Punct $P\left(\frac{x}{w}\middle|\frac{y}{w}\middle|\frac{z}{w}\right)$ liegt auf der Fläche $n$ter Ordnung

$F = 0$. Die Determinante $rt - s^2$ wird dann ausgedrückt (Determ. §. 12, 12) mit Hülfe der von HESSE eingeführten Determinante

$$\det F = \frac{\partial(F_1, F_2, F_3, F_4)}{\partial(x, y, z, w)}$$

einer Covariante $4(n-2)$ten Grades der x, y, z, w (bei $n = 2$ einer Invariante). Die beiden $rt - s^2$ und $\det F$ sind in demselben Flächenpunct nicht eines Zeichens, oder beide null.

Die Fläche $4(n-2)$ter Ordnung $\det F = 0$ ist die zu der Fläche $n$ter Ordnung $F = 0$ gehörende »Hessesche Fläche«, ihre »Kernfläche« bei STEINER (3). Sie schneidet die gegebene Fläche in der von DUPIN p. 195 erwähnten Demarcationslinie. Vergl. Determ. §. 13, 6. Auf der Demarcationslinie liegen alle Puncte der Fläche, welche weder elliptisch noch hyperbolisch sind: die parabolischen Flächenpuncte, die einfachen Puncte mit 3 oder mehr osculirenden Tangenten, die mehrfachen Flächenpuncte, die Doppellinie. Ein Zweig der Demarcationslinie, der keine Doppellinie ist, trennt ein Feld elliptischer Puncte der Fläche von einem Feld hyperbolischer Puncte. Ein Feld elliptischer (hyperbolischer) Puncte kann cyclische (gleichseitig-hyperbolische) Puncte oder eine Linie solcher Puncte enthalten. Eine Regelfläche hat beiderseits ihrer Doppellinie nur hyperbolische Puncte (§. 53, 5. IV).

10. I. Wenn M eine Form $m$ten Grades der Ebene $a|b|c|d$ (§. 49, 9), so werden durch die Gleichung $M = 0$ die Coordinaten der Ebene von 2 Parametern α, β abhängig. Dem Paar $\alpha|\beta$ entspricht die Ebene $a|b|c|d$ der Doppelserie, und zwar mehrdeutig, wenn a, b, c, d nicht rationale Functionen der α, β sind; dem Paar $\alpha'|\beta'$ entspricht die Ebene $a'|b'|c'|d'$. Für einen gemeinschaftlichen Punct $x|y|z$ dieser beiden Ebenen hat man das System $(u = 0,\ u' = 0)$, wo

$$u = ax + by + cz + d, \quad u' = a'x + b'y + c'z + d'$$

Die zweite Gleichung des Systems kann durch $u' - u = 0$ ersetzt werden, und bei verschwindenden $\alpha' - \alpha$, $\beta' - \beta$ durch $du = 0$ d. i.

$$\frac{\partial u}{\partial \alpha} d\alpha + \frac{\partial u}{\partial \beta} d\beta = 0$$

Also wird die Ebene $u = 0$ von der Ebene $du = 0$ bei bestimmtem Verhältniss $d\alpha : d\beta$ in einer bestimmten Geraden geschnitten; bei allen Verhältnissen $d\alpha : d\beta$ in einer Serie von Geraden, welche den Punct $x|y|z$

$$\left(u = 0, \quad \frac{\partial u}{\partial \alpha} = 0, \quad \frac{\partial u}{\partial \beta} = 0\right)$$

enthalten. Jede Ebene der Doppelserie hat mit den unendlichnahen Ebenen einen bestimmten Punct gemein: diese Puncte erfüllen eine Fläche, die Enveloppe der Doppelserie $M = 0$. Man hat 3 Gleichungen für x, y, z, α, β, also eine Gleichung für x, y, z, die Gleichung der Enveloppe. Nach Wahl von α, β hat man 3 Gleichungen für x, y, z; nach Wahl von x, y hat man 3 Gleichungen für z, α, β.

II. Wenn K, L lineare Formen der Ebene $a|b|c|d$ sind, so hat das System $(K = 0, L = 0, M = 0)$ m Lösungen, d. h. die Gerade $(K = 0, L = 0)$ enthält m Ebenen der Doppelserie $M = 0$, welche die Enveloppe der Doppelserie berühren. Nach der Menge der Tangentenebenen einer Fläche, welche eine Gerade enthalten, wird die Classe der Fläche bestimmt (§. 28, 2), wenn die Fläche nicht eine Developpable ist. Die Enveloppe einer Doppelserie $m$ten Grades ist eine Fläche $m$ter Classe.

Dem System $(L = 0, M = 0)$ genügt eine Serie Ebenen: die Ebenen des Punctes $(L = 0)$, welche die Enveloppe der $M = 0$ berühren, also die Tangentenebenen des Kegels, welcher das Centrum $L = 0$ hat, und der Enveloppe umgeschrieben ist.

III. Eine Ebene $\alpha|\beta$ der Doppelserie $M = 0$ enthält im Allgemeinen nicht mehr als einen Punct der Enveloppe. Wenn aber die Discriminante der Form M null ist (6), d. h. wenn die Doppelserie singulär ist, so giebt es in derselben eine zweifache oder eine mehrfache Ebene $\alpha|\beta$, welche 2 oder mehr Puncte (Contacte) der Enveloppe enthält. Die Reciproke einer ordinären Fläche ist eine singuläre Doppelserie Ebenen. Vergl. §. 38, 15.

Eine reducible Doppelserie Ebenen besteht aus Doppelserien niederer Grade; ihre Enveloppe besteht aus Enveloppen niederer Classen.

11. I. Wenn ferner L eine Form $l$ten Grades der Ebene $a|b|c|d$, so werden durch das System $(L = 0, M = 0)$ die Coordinaten der Ebene von einem Parameter abhängig. Dem Werth α des Parameters entspricht eine Ebene der Serie (mehrdeutig, wenn a, b, c, d nicht rationale Functionen des Parameters sind); dem System genügt eine Serie Ebenen. Die dem Parameter α entsprechende Ebene $u = 0$ wird von der dem Parameter α' entsprechenden Ebene $u' = 0$ bei verschwindender Differenz $\alpha' - \alpha$ in der Geraden $\left(u = 0, \frac{du}{d\alpha} = 0\right)$ geschnitten. Diese Gerade liegt auf einer bestimmten Regelfläche, welche entlang der Geraden von der Ebene $u = 0$ berührt wird.

Die Gerade $\left(u = 0, \frac{du}{d\alpha} = 0\right)$ hat aber mit der in verschwindender Distanz folgenden Geraden einen bestimmten Punct $x|y|z$ gemein, weil das System

$$u = 0, \quad \frac{du}{d\alpha} = 0, \quad u + du = 0, \quad \frac{du}{d\alpha} + d\frac{du}{d\alpha} = 0$$

mit dem System der 3 Gleichungen

$$u = 0, \quad \frac{du}{d\alpha} = 0, \quad \frac{d^2u}{d\alpha^2} = 0$$

congruirt. Also (§. 48, 8) ist die Regelfläche eine Developpable: die Enveloppe der Serie $(L = 0, M = 0)$ ist eine Developpable. Plücker 1832 Crelle J. 9 p. 128. Ihre Geraden $\left(u = 0, \frac{du}{d\alpha} = 0\right)$ berühren die Linie

$$u = 0, \quad \frac{du}{d\alpha} = 0, \quad \frac{d^2u}{d\alpha^2} = 0$$

die Enveloppe der Serie von Geraden, die arête de rebroussement der Developpablen. Für die Developpable hat man das System $\left(u = 0, \frac{du}{d\alpha} = 0\right)$, also nach Elimination von α eine Gleichung für x, y, z. Für die Linie hat man das System der 3 Gleichungen, oder ein System von 2 Gleichungen für x, y, z.

II. Für den Punct $x|y|z$ der Enveloppe hat man

$$ax + by + cz + d = 0$$

also für den auf der Enveloppe liegenden Bogen $dx|dy|dz$

$$adx + bdy + cdz = 0$$

Daher sind

$$p = \frac{\partial z}{\partial x} = \frac{-a}{c}, \quad q = \frac{\partial z}{\partial y} = \frac{-b}{c}$$

gegebene Functionen von α. Mithin ist q von p abhängig, folglich

$$\begin{vmatrix} r & s \\ s & t \end{vmatrix} = \frac{\partial(p, q)}{\partial(x, y)} = 0$$

das von Monge Mém. prés. t. 9 p. 382 gegebene Criterium einer Developpablen. Die Developpable ist ein Theil ihrer Kernfläche; auf der Developpablen giebt es keine eigentliche Demarcationslinie, sondern anstatt derselben die durch den andern Theil der Kernfläche bestimmte Doppellinie.

III. Die Ebenen der Serie $(L = 0, M = 0)$ sind die gemeinschaftlichen Tangentenebenen von 2 bestimmten Flächen, den Enveloppen der beiden Doppelserien; sie sind die Tangentenebenen einer Developpablen; sie sind die osculirenden Ebenen der Linie, deren Tangenten die Developpable erfüllen. Bei linearem K hat das System $(K = 0, L = 0, M = 0)$ lm Lösungen, d. h. durch den Punct $K = 0$ gehn lm Ebenen der Serie $(L = 0, M = 0)$, Tangentenebenen der Developpablen $\left(u = 0, \frac{du}{d\alpha} = 0\right)$, osculirende Ebenen der Linie $\left(u = 0, \frac{du}{d\alpha} = 0, \frac{d^2u}{d\alpha^2} = 0\right)$. Nach der Menge der Tangentenebenen einer Developpablen und nach der Menge der osculirenden Ebenen einer Linie, welche einen Punct enthalten, wird die Classe der Developpablen und der Linie bestimmt. Cayley 1845 Liouv. J. 10 p. 246. Schröter 1859 Crelle J. 56 p. 27. Salmon 1862 Geom. of 3 dim. 294. Also sind die Ebenen der Serie $(L = 0, M = 0)$ die Tangentenebenen einer Developpablen lmter Classe, und die osculirenden Ebenen einer Linie lmter Classe.

§. 55. Relation der Puncte von Flächen und Linien.

1. Wenn die Function f des Punctes $x|y|z$ in dem gegebenen Punct $x_1|y_1|z_1$ einen gegebenen Werth hat, so sind die Coefficienten der f durch eine Gleichung verbunden. Daher sind k Coefficienten der f von den übrigen abhängig, wenn die Fläche $f = 0$ k gegebene Puncte enthält. Wie §. 41. Z. B. Durch 2 Puncte gehn eine Doppelserie Kugeln; durch 3 Puncte, die nicht auf einer Geraden liegen, gehn eine Serie Kugeln; durch 4 Puncte eines Kreises desgleichen; durch 4 Puncte, die nicht auf einem Kreis liegen, geht eine bestimmte Kugel; 5 Puncte einer Kugel sind in bestimmter Relation. Vergl. §. 45, 7.

2. Die Function $n$ten Grades f hat im Allgemeinen $\binom{n+3}{3}$ Glieder. Algebra §. 2, 9. Also sind zur Bestimmung einer allgemeinen Fläche $n$ter Ordnung

$$n' = \binom{n+3}{3} - 1$$

Puncte derselben erforderlich, aber nicht unbedingt hinreichend; $n' + 1$ Puncte der Fläche haben bestimmte Relation. Hierbei ist

$$0' = 0, \quad 1' = 3, \quad 2' = 9, \quad 3' = 19, \quad 4' = 34$$

Durch 3 Puncte einer Geraden wird eine Ebene nicht bestimmt. Zur Bestimmung einer allgemeinen Fläche 2ter Ordnung sind 9 Puncte erforderlich, aber nicht unbedingt hinreichend. Wenn 3 derselben auf einer Geraden liegen, so ist die Gerade eine Linie der Fläche (§. 54, 3); wenn mehr auf einer Geraden liegen, so bleibt die Fläche unbestimmt. Wenn von den 9 Puncten 5 auf einem Kegelschnitt liegen, so ist der Kegelschnitt eine Linie der Fläche; wenn mehr auf einem Kegelschnitt liegen, so bleibt die Fläche unbestimmt. Wenn von den 9 Puncten 6 auf einer Ebene, aber nicht auf einem Kegelschnitt liegen, so ist die Ebene ein Theil der Fläche, weil jede Gerade der Ebene, welche den 6ten Punct enthält, eine Linie der Fläche ist. Die von der Brüsseler Academie 1825 gestellte Aufgabe, aus

9 gegebenen Puncten, welche eine Fläche 2ter Ordnung bestimmen, einen andern Punct der Fläche zu construiren, ist zuerst von Hesse 1842 Crelle J. 24 p. 36 gelöst worden. Vergl. Schröter Oberflächen 2. Or. §. 53.

Wenn f, g Functionen der Grade n, m bedeuten, so ist $f + \lambda g = 0$ eine Fläche der Ordnung n oder m, welche bei allen λ die Linie $(f = 0,\ g = 0)$ enthält, welche aber durch Puncte dieser Linie nicht vollkommen bestimmt werden kann.

3. Von 3 Flächen $f = 0$, $g = 0$, $h = 0$ der Ordnungen k, l, m haben je 2 eine Linie gemein; alle 3 haben im Allgemeinen keine Linie, sondern eine Gruppe von klm Puncten, ein Polygon gemein, entsprechend den Lösungen des Systems der 3 Gleichungen für x, y, z. Ueber die Beweise dieses (auf §. 40 sich stützenden) algebraischen Fundamentalsatzes vergl. Bézout Mém. de Paris 1764 und Équ. algébr. 1779. Poisson 1802 J. de l'éc. polyt. Cah. 11 p. 199. Lacroix Compl. d'algèbre p. 20. Serret Alg. supér. Sect. 2 c. 5. Salmon Lessons IV und Geom. of 3 dim. 299. Hesse Raumgeom. IX.

Wenn die Linie $(f = 0,\ g = 0)$ mit der Fläche $h = 0$ mehr als klm Puncte gemein hat, so haben die 3 Flächen eine Linie gemein (§. 44, 4): die Linie $(f = 0,\ g = 0)$ liegt entweder ganz, oder, wenn sie reducibel ist, wenigstens zum Theil auf der Fläche $h = 0$. Die 3 Flächen können eine Linie und ein Polygon gemein haben.

4. Wenn n' Puncte so gegeben sind, dass sie eine Fläche $n$ter Ordnung bestimmen, so giebt es eine Serie Flächen $n$ter Ordnung, welche $n' - 1$ jener Puncte gemein haben, und eine Doppelserie Flächen $n$ter Ordnung, welche $n' - 2$ jener Puncte gemein haben.

Wenn $f = 0$ und $g = 0$ Flächen $n$ter Ordnung der erwähnten $n' - 1$ Puncte sind, so ist $f + \lambda g = 0$ eine andre Fläche $n$ter Ordnung derselben Puncte, welche die Linie $(f = 0,$ $g = 0)$ enthält. Der Parameter λ kann nicht durch einen Punct dieser Linie bestimmt werden, wohl aber durch jeden Punct, welcher dieser Linie nicht angehört. Alle Flächen $n$ter Ordnung der $n' - 1$ Puncte haben die Linie gemein, welche durch die

$n' - 1$ Puncte bestimmt wird; n' Puncte der Linie sind in bestimmter Relation.

Zur Bestimmung der Linie, welche zwei Flächen 2ter Ordnung gemein haben, sind 8 der Puncte erforderlich, deren 9 eine Fläche 2ter Ordnung bestimmen; alle Flächen 2ter Ordnung der 8 Puncte haben die Linie gemein. Wenn die Linie aus einer Geraden und einer Linie 3ter Ordnung besteht, so sind zur Bestimmung jener 2, zur Bestimmung dieser 6 Puncte erforderlich. Vergl. unten §. 56.

5. Wenn $f = 0$, $g = 0$, $h = 0$ Flächen $n$ter Ordnung derselben $n' - 2$ Puncte (4) sind, und wenn die 3 Flächen eine Linie nicht gemein haben, so ist $f + \lambda g + \mu h = 0$ eine andre Fläche $n$ter Ordnung derselben Puncte, welche das Polygon $(f = 0,\ g = 0,\ h = 0)$ enthält. Die Parameter λ, μ können nicht durch 2 Puncte des Polygons bestimmt werden, wohl aber durch 2 Puncte, welche nicht beide einer der Linien $(f = 0,\ g = 0), \ldots$ angehören. Alle Flächen $n$ter Ordnung der $n' - 2$ Puncte haben n^3 Puncte gemein, ein Polygon, welches durch die $n' - 2$ Puncte bestimmt wird; $n' - 1$ Puncte des Polygons sind in bestimmter Relation.

Die Flächen 2ter Ordnung, welche von 9 eine Fläche 2ter Ordnung bestimmenden Puncten 7 enthalten, enthalten einen bestimmten 8ten Punct. Von den 8 Puncten, welche 3 Flächen 2ter Ordnung gemein haben, wenn sie eine Linie nicht gemein haben, ist einer durch die 7 andern bestimmt. Plücker 1828 Gergonne Ann. 19 p. 133. Einen besondern Fall dieses Satzes hatte kurz zuvor ein Ungenannter gegeben Crelle J. 3 p. 200. Vergl. Steiner daselbst p. 205. Eine Relation der 8 Puncte ist von Hesse 1840 Crelle J. 20 p. 297, 26 p. 147 entdeckt worden. Vergl. unten §. 58 und Schröter Oberflächen 2. Or. §. 72.

6. Wenn die Flächen $f = 0$, $g = 0$, $h = 0$ die Ordnungen n, $n - \alpha$, $n - \alpha - \beta$ und keine gemeinschaftliche Linie haben, so ist die Linie $(f = 0,\ g = 0)$ durch weniger als $n' - 1$ ihrer Puncte bestimmt, und das Polygon $(f = 0,\ g = 0,\ h = 0)$ ist durch weniger als $n' - 2$ seiner Puncte bestimmt.

Die Linie ($f = 0$, $g = 0$) liegt auf der Fläche $f + gp = 0$, wo p eine Function αten Grades des Punctes $x|y|z$ mit $\alpha' + 1$ unbestimmten Coefficienten. Von den $n + 1$ Coefficienten der $f + gp$ können $\alpha' + 1$ durch Bestimmung der Coefficienten von p null werden; zur relativen Bestimmung der übrigen $n' - \alpha'$ Coefficienten von $f + gp$ sind $n' - \alpha' - 1$ Puncte erforderlich. Also sind zur Bestimmung der Linie, welche eine Fläche $n$ter Ordnung und eine Fläche $(n - \alpha)$ter Ordnung gemein haben, $n' - 1 - \alpha'$ Puncte erforderlich; $n' - \alpha'$ Puncte der Linie sind in bestimmter Relation. Z. B. $n - \alpha = 2$, $n' - 1 - \alpha' = n(n + 2)$: Auf einer Fläche 2ter Ordnung können $n(n + 2)$ Puncte auf unendlichviele Arten so gewählt werden, dass alle Flächen $n$ter Ordnung der $n(n + 2)$ Puncte mit der Fläche 2ter Ordnung dieselbe Linie gemein haben.

Das Polygon der $n(n - \alpha)(n - \alpha - \beta)$ Puncte ($f = 0$, $g = 0$, $h = 0$) ist durch weniger als $n' - 2$ seiner Puncte bestimmt. Die Verminderung der Anzahl ist von Plücker nicht richtig angegeben, von Jacobi genauer bestimmt worden. Vergl. die in §. 41, 6 citirten Abhandlungen.

7. Ebenso sind zur Bestimmung einer Fläche $n$ter Classe (§. 54, 10) n' Tangentenebenen erforderlich, aber nicht unbedingt hinreichend. U. s. w. Man wiederholt die oben über Functionen eines Punctes gemachten Bemerkungen in Bezug auf dieselben Functionen einer Ebene.

Der Carnotsche Satz (§. 43, 2) und seine Grundlagen gelten auch bei einem unebenen Polygon, wenn dessen Seiten von einer Fläche $n$ter Ordnung in je n Puncten getheilt werden. Vergl. Carnot Géom. de pos. 380.

Wenn eine Fläche $n$ter Ordnung $f = 0$ und ein Punct P gegeben sind, so werden Polaren der Fläche für den Punct P gebildet, d. h. Flächen fallender Ordnungen, welche von jeder Ebene des P in Planlinien so geschnitten werden, dass die Schnitte der Polaren die Polaren des auf derselben Ebene liegenden Schnittes der gegebenen Fläche für den Punct P sind (§. 43, 4 ff.). Eine Gerade des P enthält dann n Puncte R der gegebenen Fläche, deren harmonisches Centrum $(n - m)$ten

Grades Q, durch die Gleichung $(QR : PR)_{n-m} = 0$ bestimmt, auf der $m$ten Polare der gegebenen Fläche für den Punct P liegt. Man bestimmt durch homogene Coordinaten die Puncte

$$P(x_0|y_0|z_0|t_0), \quad Q(x|y|z|t)$$

und auf der Geraden QP den Punct

$$R(x+\lambda x_0|y+\lambda y_0|z+\lambda z_0|t+\lambda t_0)$$

in welchem die Strecke QP nach dem Verhältniss $-\lambda t_0 : t$ getheilt wird. Die Gerade PQ hat mit der gegebenen Fläche den Punct R gemein unter der Bedingung

$$f(R) = 0 \quad \text{d. i.} \quad p_0 + p_1\lambda + \frac{p_2}{1.2}\lambda^2 + .. = 0$$

$$\text{oder} \quad q_0\lambda^n + q_1\lambda^{n-1} + \frac{q_2}{1.2}\lambda^{n-2} + .. = 0$$

wo $p_0 = f(Q)$, $q_0 = f(P)$,

$$p_1 = \left(\frac{\partial}{\partial x}x_0 + \frac{\partial}{\partial y}y_0 + \frac{\partial}{\partial z}z_0 + \frac{\partial}{\partial t}t_0\right)f(Q)$$

$$p_2 = \left(\frac{\partial}{\partial x}x_0 + ..\right)^2 f(Q), \quad \text{u. s. w.}$$

Dann ist $f(Q) = 0$ die gegebene Fläche $n$ter Ordnung, $p_1 = 0$ die erste Polare derselben für den Punct P, eine bestimmte Fläche $(n-1)$ter Ordnung, u. s. w., $p_{n-2} = 0$ die $(n-2)$te Polare, eine bestimmte Fläche 2ter Ordnung, und p_{n-1} die $(n-1)$te Polare, eine bestimmte Ebene.

8. Wenn der Punct P auf der gegebenen Fläche liegt, so liegt er auch auf den Polaren; die Fläche und ihre Polaren haben in P alle eine gemeinschaftliche Tangentenebene, die letzte Polare (wie §. 43, 10).

Nach der Voraussetzung ist $q_0 = 0$, also hat die für λ aufgestellte Gleichung $n$ten Grades eine unendliche Wurzel, d. h. einer der Puncte R fällt auf P. Wenn nun 1) Q auf der $(n-1)$ten Polare $q_1 = 0$ liegt, so hat die für λ bestehende Gleichung 2 unendliche Wurzeln, d. h. die Gerade PQ der $(n-1)$ten Polare enthält 2 Puncte R, welche in P vereint sind. Wenn 2) Q zugleich auf der $(n-2)$ten Polare $q_2 = 0$ liegt, so enthält die Gerade PQ 3 Puncte R, welche in P vereint sind. Wenn 3) Q auf der $(n-1)$ten Polare liegt, und die übrigbleibende Gleichung $(n-2)$ten Grades für λ

$$\frac{q_2}{1.2}\lambda^{n-2} + \frac{q_3}{3!}\lambda^{n-3} + .. = 0$$

2 gleiche Wurzeln hat, so enthält die Gerade PQ 2 Puncte R der gegebenen Fläche, welche in P vereint sind, und 2 Puncte R, welche in einem andern Punct der Fläche vereint sind.

Der dritte Fall tritt ein, wenn die Discriminante Δ der Function von λ, welche durch ein Quadrat theilbar sein soll, null ist. Nun ist Δ eine Form $(2n-6)$ten Grades der $q_n, .., q_2$ (Determ. §. 11, 19), ihr Anfangsglied ist theilbar durch ${q_{n-1}}^{n-3}{q_3}^{n-3}$. Nach Definition ist $q_{n-1}q_3$ eine Form des Punctes Q des Grades $n-1+3$, also ist Δ eine Form des Q des Grades $(n+2)(n-3)$.

Die Linie $(q_1 = 0,\ q_2 = 0)$, auf der Q im zweiten Fall liegt, und die Linie $(q_1 = 0,\ \Delta = 0)$, auf der Q im dritten Fall liegt, bestehn beide aus Geraden des Punctes P; denn wenn Q ein Punct der Linie, und Q' ein Punct der Geraden PQ, so ist auch Q' ein Punct der Linie. Also besteht jene aus 2, diese aus $(n+2)(n-3)$ Geraden des Punctes P.

Demnach gehn durch einen einfachen Punct P einer Fläche $n$ter Ordnung eine Serie Tangenten der Fläche, welche auf der Ebene $q_1 = 0$ liegen, darunter 2 osculirende Gerade $(q_1 = 0,\ q_2 = 0)$ wie §. 54, 4, und $(n+2)(n-3)$ Doppeltangenten $(q_1 = 0,\ \Delta = 0)$. Dabei sind die uneigentlichen Doppeltangenten mitgezählt, welche die Fläche in dem einfachen Punct berühren und einen Doppelpunct der Fläche enthalten. Salmon Geom. of 3 dim. 244.

9. Wenn der Punct P nicht auf der gegebenen Fläche liegt, so enthält die Gerade PQ

2 Puncte R, welche in Q vereint sind, wenn Q der Linie $(p_0 = 0,\ p_1 = 0)$ angehört, dem scheinbaren Contour der aus P gesehenen Fläche (§. 53, 5);

3 Puncte R, welche in Q vereint sind, wenn Q dem Polygon $(p_0 = 0, p_1 = 0, p_2 = 0)$ angehört;

2 Puncte R, welche in Q vereint sind, und 2 Puncte R, welche in einem andern Punct vereint sind, wenn Q dem Polygon $(p_0 = 0, p_1 = 0, \varDelta' = 0)$ angehört.

Hier ist $\varDelta'$ die Discriminante der Function $(n-2)$ten Grades

$$\frac{p_2}{1.2} + \frac{p_3}{3!}\lambda + \ldots$$

eine Form $(2n-6)$ten Grades der $p_2, \ldots, p_n$. Das Anfangsglied derselben ist theilbar durch $p_3{}^{n-3} p_{n-1}{}^{n-3}$, und $p_3 p_{n-1}$ ist eine Form von Q des Grades $n - 3 + 1$; also ist $\varDelta'$ eine Form von Q des Grades $(n-2)(n-3)$. Folglich:

Die Fläche $n$ter Ordnung aus P gesehn hat einen scheinbaren Contour $(p_0 = 0, p_1 = 0)$ der Ordnung $n(n-1)$. Auf demselben giebt es $n(n-1)(n-2)$ Puncte Q der Art, dass die Geraden PQ die Fläche in Q osculiren, und $n(n-1) \cdot (n-2)(n-3)$ Puncte Q der Art, dass die Geraden PQ Doppeltangenten der Fläche sind. Aber die Gerade PQ, welche die Fläche in Q und in Q' berührt, ist nicht verschieden von der Geraden PQ', welche die Fläche in Q' und in Q berührt: also giebt es

$$\tfrac{1}{2} n(n-1)(n-2)(n-3) = 12\binom{n}{4}$$

Doppeltangenten PQ, und der scheinbare Contour hat

$$12\binom{n}{4} + 6\binom{n}{3} = 2\binom{n}{2}\binom{n-1}{2}$$

scheinbare Doppelpuncte Q, in welchen er von der Geraden PQ nochmals getroffen wird. Dem scheinbaren Contour zugerechnet sind die mehrfachen Puncte der Fläche. Mitgezählt sind als osculirende Gerade diejenigen, welche die Fläche in einem mehrfachen Punct 2punctig berühren; als Doppeltangenten diejenigen, welche die Fläche in einem einfachen Punct 2punctig berühren und einen mehrfachen Punct derselben enthalten, sowie diejenigen, welche 2 mehrfache Puncte der Fläche enthalten. Salmon Geom. of 3 dim. 245 ff.

10. I. Wenn der Punct P nicht auf der gegebenen Fläche liegt, und die Gerade PQ 2 vereinte Puncte R der Fläche enthält, so ist die Gerade PQ eine Gerade des Kegels, welcher aus dem Centrum P der Fläche umgeschrieben ist, und den scheinbaren Contour der aus P gesehenen Fläche enthält. Auf diesem Kegel liegt der Punct Q, wenn er der Gleichung $\Delta'' = 0$ genügt, wo Δ'' die Discriminante der Function $n$ten Grades $p_0 + p_1\lambda + ..$ ist. Das Anfangsglied der Form Δ'' ist theilbar durch $p_1{}^{n-1}p_{n-1}{}^{n-1}$, und $p_1 p_{n-1}$ ist eine Form von Q des Grades $n - 1 + 1$. Also ist Δ'' eine Form von Q des Grades $n(n-1)$, und der der Fläche umgeschriebene Kegel $\Delta'' = 0$ hat die Ordnung $n(n-1)$, die Ordnung des scheinbaren Contours der Fläche. Joachimsthal. Vergl. §. 43, 16.

II. Die Ebene PQS, von welcher die Fläche in Q berührt wird, ist zugleich die Ebene, von welcher der umgeschriebene Kegel längs der Geraden PQ berührt wird. Wenn nun die Fläche von der Geraden PQ in Q und in Q', und daselbst von den Ebenen PQS und $PQ'S'$ berührt wird, so wird der Kegel längs der Geraden PQ von den beiden Ebenen PQS und $PQ'S'$ berührt. Also ist die Gerade PQ eine Doppellinie des Kegels; die Puncte der Doppellinie sind biplanare Doppelpuncte des Kegels, uniplanare bei vereinten Q und Q' (§. 54, 7). Daher ist der einer ordinären Fläche $n$ter Ordnung umgeschriebene Kegel singulär, er hat Doppelgerade, und zwar $12\binom{n}{4}$ biplanarer und $6\binom{n}{3}$ uniplanarer Doppelpuncte; er hat mehr Doppelgerade, wenn die Fläche $n$ter Ordnung singulär ist d. h. mehrfache Puncte enthält. Ein Planschnitt dieses Kegels, die Centralprojection eines scheinbaren Contours der Fläche, ist eine singuläre Linie $n(n-1)$ter Ordnung mit mindestens $12\binom{n}{4}$ Doppelpuncten und $6\binom{n}{3}$ Spitzen, mithin (§. 43, 13) höchstens der Classe

$$n(n-1)[n(n-1)-1] - 24\binom{n}{4} - 18\binom{n}{3} = n(n-1)^2$$

Salmon a. a. O.

III. Dieselbe Classe hat auch die Fläche $n$ter Ordnung und der ihr umgeschriebene Kegel. PONCELET Crelle J. 4 p. 30. Denn die Fläche wird von einer Ebene der gegebenen Geraden PP' in Q berührt, wenn Q auf den ersten Polaren der gegebenen Fläche für die Puncte P und P' liegt, also dem Polygon

$$(p_0 = 0, \; p_1 = 0, \; p'_1 = 0)$$

angehört. Das Polygon hat $n(n-1)^2$ Puncte Q der Art, dass $PP'Q$ eine Ebene der Geraden PP' ist, von welcher die gegebene Fläche berührt wird. Mitgezählt sind dabei die uneigentlichen Tangentenebenen, in dem Fall dass Q ein mehrfacher Punct der Fläche ist.

§. 56. Die unebenen Linien.

1. Durch u, v werden Functionen des Punctes $x|y|z$ der Grade k, l bezeichnet. Die Linie $(u = 0, \; v = 0)$ ist der Schnitt der Fläche $k$ter Ordnung $u = 0$ und der Fläche $l$ter Ordnung $v = 0$. Mit einer Ebene hat sie kl Puncte gemein, und hat demnach die Ordnung kl (§. 54, 1 und 2). Auf der unendlichfernen Ebene hat sie kl unendlichferne Puncte, nach welchen ebensoviel Zweige der Linie sich erstrecken.

Die Linie $(u = 0, \; fg = 0)$ ist reducibel, und besteht aus den Linien $(u = 0, \; f = 0)$ und $(u = 0, \; g = 0)$ niederer Ordnungen. Unter einer Linie klter Ordnung soll der ganze Schnitt (die Serie aller gemeinschaftlichen Puncte) einer Fläche $k$ter Ordnung und einer Fläche $l$ter Ordnung verstanden werden. Die Linie klter Ordnung hat mit einer Fläche $m$ter Ordnung klm Puncte gemein; wenn sie mit ihr mehr Puncte gemein hat, so liegt sie ganz oder (wenn sie reducibel ist) zum Theil auf der Fläche $m$ter Ordnung (§. 55, 3).

2. Die Linie $(u = 0, \; v = 0)$ liegt auf der Fläche $u + \lambda v = 0$ bei allen λ, und wird durch je 2 Flächen dieser Serie bestimmt (§. 55, 4). Die Serie enthält eine bestimmte Menge singulärer Flächen mit mehrfachen Puncten, entsprechend dem System (§. 54, 6. II)

$$u_1 + \lambda v_1 = 0, \quad u_2 + \lambda v_2 = 0, \quad u_3 + \lambda v_3 = 0, \quad u_4 + \lambda v_4 = 0$$

für x, y, z, λ. Ausnahmsweise kann unter den singulären Flächen der Serie eine reducibel sein, indem z. B $u_1 + \lambda_1 v = fg$. Dann ist die gegebene Linie ($u = v$, $v = 0$) reducibel: sie hat, wenn v nicht höhern Grades als u ist, die Doppelpuncte ($u = 0, f = 0, g = 0$), die gemeinschaftlichen Puncte der beiden Linien, aus welchen die reducible Linie besteht. Vergl. unten (5). Wenn insbesondere f linear ist, so ist die Linie ganz oder zum Theil plan oder gerad.

Die beiden Linien ($u = 0$, $f = 0$) und ($u = 0$, $g = 0$), welche das Polygon ($u = 0$, $f = 0$, $g = 0$) gemein haben, liegen auf der Fläche $u + \lambda fg = 0$ bei allen λ.

Wenn insbesondere eine Linie 2.2ter Ordnung (auf 2 Flächen 2ter Ordnung liegend) einen Kegelschnitt enthält, so enthält sie noch einen zweiten Kegelschnitt, der mit dem erstern 2 Puncte gemein hat, die Doppelpuncte der reduciblen Linie 2.2ter Ordnung. Monge Corresp. sur l'Ecole polyt. t. 2 p. 321. Chasles ebendas. t. 3 p. 13. Poncelet Propr. proj. 600. Binet in Leroy Géom. des 3 dim. 206. Magnus Aufgaben II §. 69 und §. 79. Ueber einen besondern Fall dieses Satzes vergl. Stereom. §. 5, 17.

Wenn die Linie 2.2ter Ordnung eine Gerade enthält, so enthält sie noch eine Linie, welche mit einer beliebigen Ebene 3 Puncte, und mit jener Geraden 2 Puncte, die Doppelpuncte der reduciblen Linie 2.2ter Ordnung, gemein hat. Hesse 1843 Crelle J. 26 p. 147. Vergl. unten (11).

3. Wenn eine Linie mit einer Ebene n Puncte gemein hat, so ist sie $n$ter Ordnung, aber im Allgemeinen nicht der ganze Schnitt von 2 Flächen. Wenn n eine Primzahl, so ist die Linie nicht der ganze Schnitt von 2 Flächen; denn die Ordnung einer solchen Linie ist keine Primzahl. Eine Linie 3ter Ordnung ist ein Theil einer Linie 2.2ter Ordnung, oder einer Linie 3.2ter Ordnung, u. s. w. Eine Linie $n$ter Ordnung kann ein Theil einer reduciblen Linie klter Ordnung sein, deren andrer Theil eine Linie n'ter Ordnung ist, so dass $n + n' = kl$.

Die Linie AB erster Ordnung hat mit einer Ebene AB mehr als einen Punct gemein, und liegt auf dieser Ebene, wie auf allen Ebenen AB. Daher ist die Linie erster Ordnung plan und gerad.

Die Linie ABC zweiter Ordnung hat mit der Ebene ABC mehr als 2 Puncte gemein, und liegt entweder ganz oder zum Theil auf dieser Ebene. Der letztere Fall tritt ein, wenn die Linie zweiter Ordnung aus 2 Geraden AB, CD besteht, die nicht auf einer Ebene liegen. Aber die beiden Geraden ($p = 0$, $q = 0$) und ($r = 0$, $s = 0$), wo p, q, r, s lineare Functionen des Punctes $x|y|z$ bedeuten, sind nur ein Theil der Linie 2.2ter Ordnung ($pr = 0$, $qs = 0$).

Der Kegel 2ter Ordnung der Geraden 12, 13, 14, 15, 16 hat mit dem Kegel 2ter Ordnung der Geraden 21, 23, 24, 25, 26 eine Linie 2.2ter Ordnung gemein, bestehend aus der Geraden 12 und einer bestimmten Linie dritter Ordnung. Wenn diese Linie 3ter Ordnung mit einer Fläche 2ter Ordnung mehr als 6 Puncte gemein hat, so liegt sie auf ihr.

4. I. Die Ebenen, welche den Punct A einer Linie $n$ter Ordnung enthalten, enthalten je $n - 1$ andre Puncte der Linie. Darunter sind ausgezeichnet eine Serie Ebenen, welche je 2 Puncte A und $n - 2$ andre Puncte der Linie enthalten: die Ebenen, welche die Linie in A 2punctig berühren, und eine bestimmte Gerade gemein haben, von welcher die Linie in A 2punctig berührt wird. Darunter ist eine bestimmte Ebene ausgezeichnet, welche 3 Puncte A und $n - 3$ andre Puncte der Linie enthält, von welcher die Linie in A 3punctig berührt wird. Diese osculirende Ebene ist von TINSEAU 1780 Mém. prés. t. 9 p. 606 bestimmt worden.

Normal zu einer Tangente der Linie steht eine Normalenebene der Linie, welche mit der osculirenden Ebene die Hauptnormale der Linie gemein hat (n. principale, CAUCHY Applic. XVI). Die Normale der osculirenden Ebene hat den Namen Binormale erhalten (SAINT-VENANT 1844 J. de l'Éc.

polyt. Cah. 30 p. 17), weil sie normal ist zur Tangente und zur Hauptnormale.

II. Wenn A, B, C, D Puncte der Linie sind, welche verschwindende Distanzen von einander haben, so ist die Gerade AB die Tangente der Linie, welche die Richtung der Linie in A angiebt; die Ebene ABC ist die osculirende Ebene der Linie, welche die Stellung der Linie in A angiebt; das Tetraeder $ABCD = DCBA$ (§. 46, 2) ist positiv oder negativ, je nachdem die Linie daselbst links-gewunden ist oder rechtsgewunden. Die Tangenten der Linie erfüllen die der Linie zugehörige Developpable, welche von den osculirenden Ebenen der Linie berührt wird (§. 54, 11).

Wenn eine Ebene n Puncte der Linie enthält, so hat die Linie die Ordnung n (1). Wenn ein Punct m osculirende Ebenen der Linie, Tangentenebenen ihrer Developpablen, enthält, so hat die Linie und ihre Developpable die Classe m (§. 54, 10 und 11). Wenn eine Gerade r Tangenten der Linie schneidet, so hat die Linie den Rang r, ihre Developpable die Ordnung r. Cayley 1845 Liouv. J. 10 p. 245.

III. Unter den Puncten der Linie giebt es unbedingt einen (mehrdeutig) bestimmten, in welchem die Linie plan ist (ohne Torsion, $ABCD = 0$), und einen (mehrdeutig) bestimmten Punct, in welchem die Linie gerad ist (ohne Flexion, $ABC = 0$). Diese Puncte sind von Monge Mém. prés. 1785 t. 10 p. 542, Applic. §. 27 unterschieden worden als einfache oder doppelte Inflexionen, von Tinseau p. 604 desselben Bandes als plane oder lineare Inflexionen. Cayley a. a. O. hat die osculirende Ebene des einen Punctes, die Tangente des andern, den Punct selbst stationär genannt.

5. Nur ausnahmsweise kann die Linie einen mehrfachen Punct mit mehr Tangenten oder mehr osculirenden Ebenen haben. Wenn jede Ebene des Punctes A der Linie k Puncte A und $n - k$ andre Puncte der Linie enthält, so ist A ein $k$facher Punct der Linie mit einer Mehrheit von Tangenten oder osculirenden Ebenen. Die Linie ist singulär, wenn sie einen mehrfachen Punct hat, ordinär, wenn sie nur einfache Puncte hat. Die Linien, aus welchen eine reducible Linie besteht, haben gemeinschaftliche Puncte (2), welche Doppelpuncte der reduciblen Linie sind.

Wenn die Flächen $u = 0$, $v = 0$ den Punct $A(0|0|0)$ gemein haben und beide daselbst von derselben Ebene berührt werden, so ist A ein mehrfacher Punct der Linie $(u = 0, v = 0)$. Plücker 1829 Crelle J. 4 p. 359. Vergl. Salmon Geom. of 3 dim. 128. Wenn nach Formen des Punctes $x|y|z$ geordnet

$$u = f_1 + f_2 + f_3 + \ldots, \quad v = f_1 + g_2 + g_3 + \ldots$$

so ist (§. 54, 5) A sowohl ein 2facher Punct der Planlinie $(u = 0, f_1 = 0)$ mit den Tangenten $(f_1 = 0, f_2 = 0)$, als auch ein 2facher Punct der Planlinie $(v = 0, f_1 = 0)$ mit den Tangenten $(f_1 = 0, g_2 = 0)$. Der Punct A ist zugleich ein 2facher Punct der Fläche $u - v = 0$ mit dem Tangentenkegel $f_2 - g_2 = 0$. Die Linie $(u = 0, v = 0)$ liegt auf der Fläche $u - v = 0$, also wird sie in A von den Geraden $(f_1 = 0, f_2 - g_2 = 0)$ berührt. Daher ist A ein 2facher Punct der Linie $(u = 0, v = 0)$ mit den Tangenten $(f_1 = 0, f_2 - g_2 = 0)$.

6. Der Kegel, durch welchen die Linie klter Ordnung $(u = 0, v = 0)$ aus dem Centrum P projicirt wird, ist klter Ordnung (§. 53, 3). Wenn P ein einfacher Punct der Linie ist, so hat der Kegel die Ordnung $kl - 1$; denn eine Ebene des P enthält den Punct P und $kl - 1$ andre Puncte der Linie, mithin $kl - 1$ Gerade des Kegels. Wenn P ein 2facher Punct der Linie ist, so hat der Kegel die Ordnung $kl - 2$; denn eine Ebene des P enthält 2 Puncte P und $kl - 2$ andre Puncte der Linie, mithin $kl - 2$ Gerade des Kegels. U. s. w.

Die Gerade PQ enthält k Puncte R der Fläche $u = 0$ unter der Bedingung (§. 55, 7)

$$p_0 + p_1 \lambda + \frac{p_2}{1.2} \lambda^2 + \ldots = 0$$

Dieselbe enthält l Puncte S der Fläche $v = 0$ unter der ähnlichen Bedingung

$$p'_0 + p'_1 \lambda + \frac{p'_2}{1.2} \lambda^2 + \ldots = 0$$

Die Gerade PQ enthält einen Punct der Linie $(u=0,\ v=0)$, und ist eine Gerade des projicirenden Kegels, wenn einer der Puncte S auf einen der Puncte R fällt, d. h. wenn die beiden Gleichungen für λ eine gemeinschaftliche Wurzel haben, also die Resultante D der beiden Functionen von λ null ist (Determ. §. 11, 4). Demnach ist $D=0$ der projicirende Kegel klter Ordnung. SALMON Geom. of 3 dim. 117, 7.

In der That haben die Formen $p_0, p_1, .., p'_0, p'_1, ..$ des Punctes Q die Grade $k, k-1, .., l, l-1, ...$ Nun ist D eine Form $l$ten Grades der $p_0, p_1, ..$ und $k$ten Grades der $p'_0, p'_1, ...$ Ihr Anfangsglied ist theilbar durch $p_0{}^l p'_l{}^k$, durch eine Form klten Grades von Q. Also hat D den Grad kl.

7. Es giebt eine bestimmte Menge Gerade eines Punctes P, Gerade des die Linie projicirenden Kegels, welche 2 Puncte der Linie enthalten. CAYLEY 1845 Liouv. J. 10 p. 246. Die nähern Bestimmungen sind von SALMON Geom. of 3 dim. 311 gegeben worden.

Wenn Q ein Punct der Linie ist, und wenn die Linie von der Geraden PQ nochmals in R getroffen wird, sind (6) p_0, p'_0 null, und die beiden Gleichungen für λ haben eine von 0 verschiedene gemeinschaftliche Wurzel. Daher ist die Resultante D' der beiden Functionen von λ

$$p_1 + \frac{p_2}{1.2}\lambda + .., \quad p'_1 + \frac{p'_2}{1.2}\lambda + ..$$

der Grade $k-1$, $l-1$ null. Die Resultante D' ist eine Form $(l-1)$ten Grades der $p_1, p_2, ..$, und eine Form $(k-1)$ten Grades der $p'_1, p'_2, ...$ Ihr Anfangsglied ist theilbar durch $p_1{}^{l-1} p'_l{}^{k-1}$, durch eine Form $(k-1)(l-1)$ten Grades von Q. Demnach ist D' eine Form von Q des Grades $(k-1)(l-1)$, und Q ein Punct des Polygons

$$(u=0,\ v=0,\ D'=0)$$

der Puncte, welche die Linie $(u=0,\ v=0)$ mit einer bestimmten Fläche $(k-1)(l-1)$ter Ordnung gemein hat. Das Polygon hat $kl(k-1)(l-1)$ Puncte Q der Linie der Art, dass von der Geraden PQ die Linie nochmals in R, und zugleich von der Geraden PR die Linie nochmals in Q getroffen wird. Also hat die Linie klter Ordnung aus einem beliebigen Punct P gesehn

$$\tfrac{1}{2}kl(k-1)(l-1) = 2\binom{k}{2}\binom{l}{2}$$

scheinbare Doppelpuncte. Nicht mitgezählt sind dabei die wirklichen Doppelpuncte, welche die Linie hat in dem Fall, dass die Flächen $u = 0$ und $v = 0$ in einem Punct oder in mehr Puncten sich berühren (5), oder dass die Linie reducibel ist; denn die gemeinschaftliche Wurzel 0 war ausgeschlossen.

8. Auf dem die Linie aus P projicirenden Kegel $D = 0$ (6) giebt es soviel Doppelgerade PQ mit den Tangentenebenen PQQ' und PRR', als die Linie scheinbare Doppelpuncte und wirkliche Doppelpuncte hat. Dieser Kegel ist unbedingt singulär, und wird von einer Ebene in einer singulären Linie geschnitten, welche ebensoviel Doppelpuncte besitzt. Vergl. §. 55, 10. II.

Der Planschnitt des Kegels hat die Ordnung kl und mindestens $2\binom{k}{2}\binom{l}{2}$ Doppelpuncte, während eine irreducible Planlinie derselben Ordnung $\binom{kl-1}{2}$ Doppelpuncte haben kann (§. 42, 1). Die plane Centralprojection einer ordinären Linie klter Ordnung hat also

$$\binom{kl-1}{2} - 2\binom{k}{2}\binom{l}{2} = 1 + \tfrac{1}{2}kl(k+l-4)$$

Doppelpuncte weniger, als eine irreducible Planlinie derselben Ordnung haben kann.

Eine Linie 2.2ter Ordnung hat 2 scheinbare Doppelpuncte, und kann keinen oder einen oder (wenn sie reducibel ist) zwei Doppelpuncte haben. Eine plane Centralprojection dieser Linie ist keine ordinäre Linie 4ter Ordnung, sondern hat 2 oder 3 oder 4 Doppelpuncte. Das unbedingte Vorhandensein von 2 Doppelpuncten war von Chasles Aperçu V, 51 ff. bemerkt worden.

9. Zwei Linien $n$ter und n'ter Ordnung haben aus einem Punct gesehn nn' scheinbare gemeinschaftliche Puncte. Wenn eine Gerade des P die eine Linie in Q, und die andre in R trifft, so ist sie eine gemeinschaftliche Gerade der concentrischen Kegel, durch welche die beiden Linien aus P projicirt werden. Diese Kegel haben die Ordnungen n, n' (6), also nn' gemeinschaftliche Gerade (§. 53, 7). Mitgezählt sind die Puncte, welche die beiden Linien gemein haben.

Eine reducible Linie klter Ordnung bestehe aus den ordinären Linien λ, λ' der Ordnungen n, n', so dass $n + n' = kl$. Die beiden Linien haben nn' scheinbare gemeinschaftliche Puncte, darunter d gemeinschaftliche Puncte, die Doppelpuncte der ganzen Linie. Wenn die Linie λ aus P gesehn h scheinbare Doppelpuncte hat, so giebt es auf dieser Linie $2h$ Puncte Q der Art, dass die Gerade PQ die λ in einem andern Punct trifft, und nn' Puncte Q der Art, dass die Gerade PQ die λ' trifft. Die Puncte Q derselben Linie λ der Art, dass PQ die ganze Linie in einem andern Punct trifft, sind die Puncte, welche die λ mit einer bestimmten Fläche $(k-1)(l-1)$ter Ordnung gemein hat (7); die Puncte Q der λ der Art, dass PQ die ganze Linie in demselben Punct trifft, sind die Doppelpuncte der ganzen Linie. Also hat man

$$2h + nn' = n(k-1)(l-1) + d$$

und bei h' scheinbaren Doppelpuncten der λ'

$$2h' + nn' = n'(k-l)(l-1) + d$$

folglich

$$h + h' + nn' - d = 2\binom{k}{2}\binom{l}{2}$$

$$h - h' = \tfrac{1}{2}(n-n')(k-1)(l-1)$$

Wenn z. B. eine Linie $2 . 2$ter Ordnung aus einer Linie 3ter Ordnung und einer Geraden besteht, so ist $h' = 0$, folglich $h = 1$, $d = 2$. Vergl. Salmon Geom. of 3 dim. 313. Da die Linie 3ter Ordnung einen scheinbaren Doppelpunct hat, so ist ihre plane Centralprojection keine ordinäre Planlinie 3ter Ordnung. Diese letztere Bemerkung ist von Chasles a. a. O. gemacht worden.

10. I. Unter den unebenen Linien $n$ter Ordnung sind zuerst die barycentrischen Linien (§. 44, 3 und §. 42, 12) der Untersuchung zugänglich gemacht worden durch Möbius Baryc. Calc. §§. 95. 96. 98. 132. Es seien

$$P = a_0 + a_1 t + \ldots + a_n t^n$$

$$Q = b_0 + b_1 t + \ldots, \quad R = c_0 + c_1 t + \ldots, \quad S = d_0 + d_1 t + \ldots$$

gegebene Functionen $n$ten Grades des Parameters t, ohne einen allen gemeinschaftlichen Divisor, nicht ausdrückbar durch niedere Potenzen eines andern Parameters; insbesondere sei S keine lineare Form der P, Q, R, und d_n nicht null. Wenn dann

$$x : y : z : 1 = P : Q : R : S$$

so entspricht jedem t ein bestimmter Punct $x|y|z$ einer barycentrischen Linie $n$ter Ordnung. In der That hat diese Linie n Puncte der Ebene

$$ax + by + cz + d = 0$$

entsprechend den Wurzeln der Gleichung

$$aP + bQ + cR + dS = 0$$

$n$ten Grades für t. Die n unendlichfernen Puncte der Linie sind durch die Gleichung $S = 0$ gegeben. Der Punct $x|y|z$ kann durch Lineal-Construction gefunden werden.

II. Das System $P - Sx = 0$, $Q - Sy = 0$, $R - Sz = 0$ hat $4n + 3$ Coefficienten, deren 3 durch die Substitution

$$t = \frac{\alpha + \beta u}{1 + \gamma u}$$

null werden bei bestimmten α, β, γ. Zur Bestimmung der übrigen $4n$ Coefficienten sind ebensoviel Gleichungen, also z. B. $2n$ gegebene Puncte der Linie erforderlich, aber nicht unbedingt hinreichend. Zur Bestimmung einer barycentrischen Linie 2ter Ordnung sind 4 Puncte nicht hinreichend. Eine barycentrische Linie 3ter Ordnung ist durch 6 Puncte derselben, deren nicht 4 auf einer Ebene liegen, bestimmt. Zur Bestimmung einer barycentrischen Linie 4ter Ordnung sind 8 Puncte derselben erforderlich, zur Bestimmung einer Linie 2 . 2ter Ordnung ebensoviel (§. 55, 4 ff.). Zur Bestimmung einer barycentrischen Linie 6ter Ordnung sind 12 Puncte derselben erforderlich, zur Bestimmung einer Linie 3 . 2ter Ordnung 15.

III. Wenn $x'|y'|z'$ ein Punct des Kegels ist, durch welchen der Punct $x|y|z$ der barycentrischen Linie aus dem Centrum $a|b|c$ projicirt wird, so ist (§. 53, 3)

$$\frac{x'-a}{z'-c} = \frac{x-a}{z-c} = \frac{P-aS}{R-cS}$$

$$\frac{y'-b}{z'-c} = \frac{y-b}{z-c} = \frac{Q-bS}{R-cS}$$

folglich

$$(R-cS)x' + (aS-P)z' + cP - aR = 0$$

$$(R-cS)y' + (bS-Q)z' + cQ - bR = 0$$

Dieses System giebt nach Elimination von t die Gleichung für den Punct $x'|y'|z'$ des die Linie projicirenden Kegels. Wenn nun z. B. $z' = 0$, so verhalten sich $x' : y' : 1$ wie Functionen $n$ten Grades von t, d. h. der Punct $x'|y'|0$ liegt auf einer barycentrischen Planlinie $n$ter Ordnung. Demnach ist eine plane Centralprojection einer barycentrischen Linie $n$ter Ordnung eine barycentrische Planlinie derselben Ordnung. Die letztere hat $\binom{n-1}{2}$ Doppelpuncte (§. 42, 12), welchen ebensoviel scheinbare oder wirkliche Doppelpuncte der projicirten Linie entsprechen. Also gehört eine barycentrische Linie zu den singulärsten Linien ihrer Ordnung.

IV. Eine barycentrische Linie 1ter Ordnung ist gerad. Denn das System $P - Sx = 0$, $Q - Sy = 0$, $R - Sz = 0$ für x, y, z, t giebt 2 lineare Gleichungen für x, y, z.

Eine barycentrische Linie 2ter Ordnung ist plan. Denn sie hat 2 Puncte der Ebene $ax + by + cz + d = 0$, entsprechend den Wurzeln der Gleichung $aP + bQ + cR + dS = 0$. Diese Gleichung 2ten Grades existirt nicht bei 3 linearen Gleichungen für $a : b : c : d$, welche die Ebene der Linie bestimmen.

Eine barycentrische Linie 3ter Ordnung ist im Allgemeinen uneben, und hat einen scheinbaren Doppelpunct (vergl. 9).

Wenn sie aus P gesehn die 2 scheinbaren Doppelpuncte QR, $Q'R'$ hat, so hat sie 4 Puncte der Ebene PQQ', und liegt ganz auf derselben. Wenn sie einen Doppelpunct hat, so wird sie aus demselben durch einen Kegel (3 — 2)ter Ordnung projicirt (6), und ist plan.

11. Eine barycentrische Linie 3ter Ordnung liegt auf 2 bestimmten Flächen 2ter Ordnung, welche eine Gerade gemein haben, Möbius §. 132. Vergl. Joachimsthal 1859 Crelle J. 56 p. 44. Die barycentrische Linie hat mit der Geraden, welche auf den beiden Flächen liegt, 2 Puncte gemein, real oder nicht real oder vereint, die Doppelpuncte der reduciblen Linie 2 . 2ter Ordnung (2).

Nach der Voraussetzung hat man das System

$$\begin{aligned} a_0 + a_1 t + a_2 t^2 + a_3 t^3 - Sx &= 0 \\ b_0 + b_1 t + b_2 t^2 + b_3 t^3 - Sy &= 0 \\ c_0 + c_1 t + c_2 t^2 + c_3 t^3 - Sz &= 0 \\ d_0 + d_1 t + d_2 t^2 + d_3 t^3 - S \;\; &= 0 \end{aligned}$$

homogen linear für t^0, t^1, t^2, t^3, S. Wenn die Determinante der ersten 4 Colonnen, nach ihrer ersten Zeile durch $(a_0\, a_1\, a_2\, a_3)$ bezeichnet, nicht null ist (10, I), so hat das System die Lösung

$$1 : t : t^2 : t^3 : S = p : q : r : s : (a_0\, a_1\, a_2\, a_3)$$

wo $p = (x\, a_1\, a_2\, a_3)$, $q = (a_0\, x\, a_2\, a_3)$, .. gegebene lineare Functionen der x, y, z sind. Die Functionen p, q, r, s bilden eine geometrische Progression, also hat man für x, y, z

$$\frac{q}{p} = \frac{r}{q} = \frac{s}{r} = t$$

$$qr - ps = 0, \quad q^2 - pr = 0, \quad r^2 - qs = 0$$

d. h. die barycentrische Linie liegt auf 3 bestimmten Flächen 2ter Ordnung, und enthält die 4 Eckpuncte des Tetraeders

$$p = 0, \quad q = 0, \quad r = 0, \quad s = 0$$

Die 3 Flächen, die erste ein hyperbolisches Hyperboloid, die beiden andern Kegel, haben paarweise die Geraden

$$(p = 0,\ q = 0), \quad (q = 0,\ r = 0), \quad (r = 0,\ s = 0)$$

gemein; jede dieser Geraden enthält 2 Puncte der barycentrischen Linie.

12. Eine Linie 2.2ter Ordnung, von welcher eine Gerade ein Theil ist, enthält ausser der Geraden eine barycentrische Linie 3ter Ordnung, die mit der Geraden 2 Puncte (real oder nicht, gesondert oder nicht) gemein hat. Wenn p, q, r und p', q', r' lineare Functionen des Punctes x, y, z sind, so ist von der Linie 2.2ter Ordnung

$$qr' - q'r = 0, \quad rp' - r'p = 0$$

die Gerade ($r = 0$, $r' = 0$) ein Theil. Wenn nun

$$\frac{p'}{p} = \frac{q'}{q} = \frac{r'}{r} = t$$

so hat man 3 lineare Gleichungen ($i = 1, 2, 3$)

$$(\alpha_i - a_i t)x + (\beta_i - b_i t)y + (\gamma_i - c_i t)z + \delta_i - d_i t = 0$$

mithin $x : y : z : 1 = P : Q : R : S$, wie gegebene Functionen 3ten Grades von t.

Auf der Linie 3ter Ordnung liegen die 3 Paare von gegebenen Puncten

$$\begin{array}{lll} p = 0, & p' = 0, & qr' - q'r = 0 \\ q = 0, & q' = 0, & rp' - r'p = 0 \\ r = 0, & r' = 0, & pq' - p'q = 0 \end{array}$$

real oder nicht, gesondert oder nicht, durch welche die Linie bestimmt ist.

Unebene Linien, von welchen auf einer Ebene 3 Puncte liegen, sind demnach barycentrische Linien, und wesentlich verschieden gestaltet nur insoweit, als ihre unendlichfernen Puncte entsprechend den Wurzeln der Gleichung $S = 0$ nicht alle real und nicht alle gesondert sind. Ueber diese Linien vergl. Fiedler-Salmon Raumgeom. II, 74 ff. Schröter Oberfl. 2. Or. §. 31—34, und die daselbst angezeigten Quellen.

13. Eine barycentrische Linie 4ter Ordnung hat 3 scheinbare Doppelpuncte (10. II), und gehört daher nicht zu den ordinären Linien 2.2ter Ordnung, welche deren nur 2 besitzen (7). Sie ist im Allgemeinen nicht der Schnitt von 2 Flächen 2ter Ordnung, sondern liegt auf einer bestimmten Fläche 2ter Ordnung. Denn man kann die Fläche

$$ax^2 + by^2 + cz^2 + d + 2fyz + 2gxz + 2hxy \\ + 2lx + 2my + 2nz = 0$$

so bestimmen, dass die Resultante

$$aP^2 + bQ^2 + cR^2 + dS^2 + 2fQR + 2gPR + 2hPQ \\ + 2lP + 2mQ + 2nR = 0$$

d. i. $\alpha_0 + \alpha_1 t + .. + \alpha_8 t^8 = 0$, nicht existirt. Die 9 Coefficienten $\alpha_0, \alpha_1, ..$ sind lineare Formen der 10 Coefficienten $a, b, ...$ Wenn eine der Determinanten 9ten Grades des Systems $\alpha_0 = 0, \alpha_1 = 0, ..$ nicht null ist, so ist $a : b : ..$ eindeutig bestimmt, d. h. es giebt eine bestimmte Fläche 2ter Ordnung, auf welcher die barycentrische Linie liegt. Wenn alle Determinanten 9ten Grades null sind, und eine Determinante 8ten Grades nicht null ist, so giebt es eine bestimmte Serie Flächen 2ter Ordnung, auf welchen die barycentrische Linie liegt. U. s. w.

Wenn die barycentrische Linie 4ter Ordnung auf einer bestimmten Fläche 2ter Ordnung liegt, und nicht eine Linie 2.2ter Ordnung ist, so ist sie z. B. ein Theil einer Linie 3.2ter Ordnung. Denn sie wird aus einem auf ihr liegenden Punct O durch einen Kegel 3ter Ordnung projicirt (6), welcher mit der Fläche 2ter Ordnung, auf welcher die barycentrische Linie liegt, eine Linie 3.2ter Ordnung gemein hat. Theile dieser Linie sind die beiden Geraden der Fläche 2ter Ordnung, welche den Punct O enthalten.

14. Eine ordinäre Linie 2.2ter Ordnung hat 2 scheinbare Doppelpuncte. Sie liegt auf einer Fläche 2ter Ordnung, welche mit ihr 9 Puncte (mehr als 4.2) gemein hat.

Eine Linie 2.2ter Ordnung mit einem Doppelpunct ist barycentrisch, z. B. die Linie (5)

$$f_2 = f_1, \quad g_2 = f_1$$

Durch die Substitution $y = \lambda x$, $z = \mu x$ findet man

$$mx = n, \quad m'x = n$$

folglich $m - m' = 0$ für λ, μ, d. i.

$$a\lambda^2 + b\mu^2 + c + 2f\mu + 2g\lambda + 2h\lambda\mu = 0$$

Dieser Gleichung wird nach §. 42, 8 genügt durch

$$1 : \lambda : \mu = p : q : r$$

wo p, q, r bestimmte quadratische Functionen von t sind. Hiernach geht $mx = n$ über in $Tx = ps$, wo s eine quadratische, T eine biquadratische Function von t ist. Also hat man

$$x : y : z : 1 = ps : qs : rs : T$$

Eine Linie 2.2ter Ordnung mit 2 Doppelpuncten ist barycentrisch und reducibel, und besteht entweder aus einer Geraden und einer Linie 3ter Ordnung, oder aus 2 Planlinien 2ter Ordnung.

Zwei Species der Linien 2.2ter und 4ter Ordnung sind unterschieden worden von Salmon 1850 Cambr. and Dublin math. J. t. 5 p. 23, Geom. of 3 dim. 315; sowie von Steiner 1856 Crelle J. 53 p. 138, insbesondere nach den Developpablen, welche von den Tangenten dieser Linien erfüllt werden. Die Developpable einer barycentrischen Linie 4ter Ordnung hat 6 Puncte einer Geraden und 6 Tangentenebenen eines Punctes; die Developpable einer ordinären Linie 2.2ter Ordnung hat 8 Puncte einer Geraden (Chasles Aperçu V, 52) und 12 Tangentenebenen eines Punctes.

Die Developpable einer Linie 3ter Ordnung hat 4 Puncte einer Geraden (Chasles Aperçu Note 33, 14) und 3 Tangentenebenen eines Punctes (Schröter Crelle J. 56 p. 27).

Capitel XI.

Die Flächen 2ter Ordnung.

§. 57. Die Species dieser Flächen.

1. Eine quadratische Form u der x, y, z, t hat 10 Glieder

$$ax^2 + by^2 + cz^2 + dt^2$$
$$+ 2fyz + 2gxz + 2hxy + 2lxt + 2myt + 2nzt$$

Sie wird nach Formen der x, y, z geordnet

$$u = dt^2 + 2t(lx + my + nz) + ax^2 + \ldots$$

Insbesondere nach den linearen Formen der x, y, z, t

$$\begin{aligned} p &= ax + hy + gz + lt \\ q &= hx + by + fz + mt \\ r &= gx + fy + cz + nt \\ s &= lx + my + nz + dt \end{aligned}$$

geordnet, ist $u = px + qy + rz + st$, so dass

$$\det u = \det(p, q, r, s) = \begin{vmatrix} a & h & g & l \\ h & b & f & m \\ g & f & c & n \\ l & m & n & d \end{vmatrix} = aa' + hh' + \ldots$$

Daher sind auch x, y, z, t lineare Formen der p, q, r, s, und u eine quadratische Form derselben. Vergl. §. 33.

Unter der Bedingung $u = 0$ liegt der Punct $\frac{x}{t} \Big| \frac{y}{t} \Big| \frac{z}{t}$ auf einer Fläche 2ter Ordnung (§. 54, 1). Wenn $\det u$ nicht null ist, so ist die Fläche $u = 0$ ordinär; bei $\det u = 0$ ist die Fläche $u = 0$ singulär oder reducibel.

2. Wenn $\det u = 0$, so ist unbedingt

$$l'p + m'q + n'r + d's = 0$$

Daher ist, wenn z. B. d' nicht null, s eine lineare Form der p, q, r; folglich sind auch x, y, z, t lineare Formen der p, q, r, und u eine quadratische Form derselben. Also ist $u = 0$ eine singuläre Fläche 2ter Ordnung, ein Kegel mit dem Centrum (§. 53, 3)

$$p = 0, \quad q = 0, \quad r = 0$$
$$x : y : z : t = l' : m' : n' : d'$$

Der Kegel hat, wenn u eine definite ternäre Form ist, ausser dem Centrum keinen realen Punct; wenn u eine indefinite ternäre Form ist, so ist $u = 0$ ein realer Kegel. Die Transformation der gegebenen Form u in eine ternäre Form wird dadurch bewirkt (§. 33, 2), dass man der Reihe nach x, y, z, t ersetzt durch

$$x - l'\frac{t}{d'} \qquad y - m'\frac{t}{d'} \qquad z - n'\frac{t}{d'} \qquad t - d'\frac{t}{d'}$$

In dem Fall, dass $d' = 0$, wird der Kegel ein Cylinder. Zur Transformation von u genügt, wenn z. B. l' nicht null ist, die Substitution

$$x - l'\frac{x}{l'} \qquad y - m'\frac{x}{l'} \qquad z - n'\frac{x}{l'} \qquad t$$

Wenn endlich u auf eine binäre Form sich reduciren lässt, oder auf das Quadrat einer linearen Form, so ist $u = 0$ eine reducible Fläche 2ter Ordnung, bestehend aus 2 Ebenen, welche eine reale Gerade gemein haben, oder aus 2 vereinten Ebenen.

3. I. Wenn eine Form u der x, y, z, t durch eine lineare Substitution, deren Determinante nicht null ist, in die Form v der x', y', z', t' transformirt worden ist, so sind die Flächen $u = 0$ und $v = 0$ collineare Figuren der entsprechenden Puncte $x|y|z|t$ und $x'|y'|z'|t'$ (§. 52, 6).

II. Die ordinäre quadratische Form u, d. h. eine Form, deren Determinante nicht null ist, kann auf verschiedene Arten in 4 Glieder zusammengefasst werden, Quadrate linearer Formen der x, y, z, t (§. 33, 5). Wenn u z. B. durch

$$\alpha x_1^2 + \beta y_1^2 + \gamma z_1^2 + \delta t_1^2$$

ausgedrückt worden, wo x_1, y_1, z_1, t_1 lineare Formen der x, y, z, t, so ist (§. 33, 4)

$$\det(\alpha x_1^2 + ..) = \det(a x^2 + ..) \det^2(x_1, y_1, z_1, t_1)$$

Die Form der x_1, .. hat die Determinante $\alpha\beta\gamma\delta$ desselben Zeichens, wie die Determinante der gegebenen Form.

III. Wenn eine ordinäre quadratische Form der x, y, z, t sowohl durch

$$\alpha x_1^2 + \beta y_1^2 + \gamma z_1^2 + \delta t_1^2$$

als auch durch

$$\alpha' x_2^2 + \beta' y_2^2 + \gamma' z_2^2 + \delta' t_2^2$$

ausgedrückt wird, wo x_1, y_1, z_1, t_1 und x_2, y_2, z_2, t_2 von einander unabhängige lineare Formen der x, y, z, t sind, so sind nicht nur die Determinanten $\alpha\beta\gamma\delta$ und $\alpha'\beta'\gamma'\delta'$ desselben Zeichens (II), sondern es sind auch unter den Coefficienten α', β', γ', δ' ebensoviele eines bestimmten Zeichens, als unter den Coefficienten α, β, γ, δ (§. 33, 6).

4. Demnach kann eine gegebene ordinäre quadratische Form u oder $-u$ der x, y, z, t durch eine der 3 Formen ausgedrückt werden

$$x_1^2 + y_1^2 + z_1^2 + t_1^2$$
$$x_1^2 + y_1^2 + z_1^2 - t_1^2$$
$$x_1^2 + y_1^2 - z_1^2 - t_1^2$$

wo x_1, y_1, z_1, t_1 lineare Formen der x, y, z, t sind.

In dem ersten Fall ist u eine definite Form, also $u = 0$ eine ordinäre Fläche 2ter Ordnung, welche keinen realen Punct hat.

In dem zweiten Fall hat u eine negative Determinante, also ist $u = 0$ eine ordinäre Fläche 2ter Ordnung, deren Puncte sämmtlich elliptisch sind (§. 54, 9. III), eine elliptische Fläche 2ter Ordnung.

In dem dritten Fall hat u eine positive Determinante, also ist $u = 0$ eine ordinäre Fläche 2ter Ordnung, deren Puncte sämmtlich hyperbolisch sind, eine hyperbolische Fläche 2ter Ordnung.

Es giebt 3 Species ordinärer Flächen 2ter Ordnung. Zwei Flächen derselben Species sind collinear, also zwei imaginäre Flächen, zwei elliptische Flächen, zwei hyperbolische Flächen. Determ. §. 13, 12.

5. Wenn die quadratische Form u der x, y, z, t ein Quadrat ist, so besteht die Fläche $u = 0$ aus 2 vereinten Ebenen. Wenn u durch 2 Quadrate (ein Product) ausdrückbar ist, so besteht die Fläche $u = 0$ aus 2 Ebenen, welche eine reale Gerade gemein haben, während die Ebenen übrigens nicht real sein können. Die beiden Ebenen können parallel sein, eine derselben kann unendlichfern sein.

Von der ordinären Form u kann man 2 Quadrate ablösen, eines von x, das andre von y nicht unabhängig, so dass man im Allgemeinen eine quadratische Form v der z, t übrig behält. Wenn nun v ein Quadrat ist, so ist die Fläche $u = 0$ ein Kegel. Wenn v ein Quadrat nicht ist, so kann v insbesondere ein Product sein von t mit einer linearen Form der z, t. Demnach findet man bei $t = 1$, wenn x_1, y_1, z_1 lineare Functionen der x, y, z sind, die erste von x, die zweite von y, die dritte von z nicht unabhängig, eine der folgenden 6 Gleichungen ordinärer Flächen 2ter Ordnung mit realen Coefficienten:

$$\frac{x_1^2}{\varkappa^2} + \frac{y_1^2}{\lambda^2} + \frac{z_1^2}{\mu^2} + 1 = 0$$

$$\frac{x_1^2}{\varkappa^2} + \frac{y_1^2}{\lambda^2} + \frac{z_1^2}{\mu^2} - 1 = 0, \qquad \frac{x_1^2}{\varkappa^2} + \frac{y_1^2}{\lambda^2} - \frac{z_1^2}{\mu^2} + 1 = 0$$

$$\frac{x_1^2}{\varkappa^2} + \frac{y_1^2}{\lambda^2} + z_1 = 0$$

$$\frac{x_1^2}{\varkappa^2} + \frac{y_1^2}{\lambda^2} - \frac{z_1^2}{\mu^2} - 1 = 0, \qquad \frac{x_1^2}{\varkappa^2} - \frac{y_1^2}{\lambda^2} + z_1 = 0$$

Die erste dieser Flächen ist imaginär, die 3 folgenden sind elliptisch, die beiden letzten hyperbolisch.

6. Die unendlichfernen Puncte der Fläche 2ter Ordnung $u = 0$ liegen auf dem Kegel 2ter Ordnung (§. 54, 1)

$$ax^2 + by^2 + cz^2 + 2fyz + 2gxz + 2hxy = 0$$

dessen Centrum der Nullpunct ist. Die unendlichferne Linie der Fläche $u = 0$ ist nicht real, real, reducibel, je nach dem Kegel, welchem sie angehört.

Mit einer Ebene hat die Fläche $u = 0$ und der Kegel je eine Linie 2ter Ordnung gemein; mit einer parallelen Ebene, welche den Nullpunct enthält, hat der Kegel 2 Gerade gemein: die unendlichfernen Puncte der beiden Linien 2ter Ordnung liegen auf den beiden Geraden des Kegels. Die Linien der Fläche $u = 0$, welche auf parallelen Ebenen liegen, haben daher gemeinschaftliche unendlichferne Puncte, und sind (§. 24, 1) je nach der Stellung der parallelen Ebenen entweder Parabeln, oder ähnliche Ellipsen, oder ähnliche Hyperbeln in perspectivischer Lage, oder conjugirte Hyperbeln. Eine der Hyperbeln kann aus 2 Geraden bestehn, welche mit den Asymptoten der andern Hyperbeln parallel sind.

Die unendlichferne Linie ist nicht real auf den Flächen I und II, real auf den Flächen III und V; auf den Flächen IV und VI besteht sie aus 2 unendlichfernen Geraden, real oder nicht, welche einen realen Punct enthalten.

A. Bei nicht realer unendlichferner Linie ist die Fläche entweder nicht real (I), oder elliptisch (II). In dem letztern Fall ist dieselbe eine geschlossene Fläche, auf welcher reale Parabeln, Hyperbeln, Gerade nicht liegen, und wird ein Ellipsoid genannt. Zu den Ellipsoiden gehören die beiden Sphäroide, das platte und das lange, und die Kugel.

B. Bei realer unendlichferner Linie ist die Fläche entweder elliptisch (III) oder hyperbolisch (V), dem Kegel (und dem Gegenkegel) eingeschrieben oder umgeschrieben, also getheilt durch den Kegel oder ungetheilt. Solche Flächen heissen Hyperboloide, das elliptische bestehend aus zwei durch den Kegel (Asymptotenkegel) getrennten Feldern (nappes, sheets), und das hyperbolische ungetheilt à une nappe. Auf den Hyperboloiden liegen Ellipsen, Parabeln, Hyperbeln; reale

Gerade liegen auf einem hyperbolischen, nicht auf einem elliptischen Hyperboloid.

C. Bei reducibler unendlichferner Linie wird die Fläche ein Paraboloid genannt, und ist entweder elliptisch (IV) oder hyperbolisch (VI). Das elliptische Paraboloid hat einen realen unendlichfernen Punct, welchen seine beiden übrigens nicht realen unendlichfernen Geraden gemein haben; auf dem elliptischen Paraboloid liegen also keine Hyperbeln, aber Parabeln und Ellipsen. Das hyperbolische Paraboloid hat 2 reale unendlichferne Gerade; auf demselben liegen keine Ellipsen, aber Parabeln und Hyperbeln.

Die verschiedenen Species der Flächen 2ter Ordnung sind zuerst von Euler 1748 Introd. Append. c. V bestimmt worden. Er unterschied Elliptoide, elliptisch-hyperbolische, hyperbolisch-hyperbolische, elliptisch-parabolische, parabolisch-hyperbolische Flächen. Die jetzt gebräuchlichen Namen Ellipsoid (statt Elliptoid), Hyperboloid, Paraboloid wurden durch die École polytechnique (Biot, Lacroix) eingeführt. Das weniger correcte Ellipsoide war von Clairaut 1743 Figure de la terre beiläufig statt Sphéroide elliptique gebraucht worden. Die obige Entwickelung der einzelnen Species ist von mir in den Leipz. Berichten 1873 p. 530 und Determ. 1875 §. 13, 12 angezeigt worden.

7. Die Ebenen (5) $x_1 = 0$, $y_1 = 0$, $z_1 = 0$ bilden ein (im Allgemeinen nicht orthogonales) Trieder der Art, dass die mit der Kante desselben ($y_1 = 0$, $z_1 = 0$) parallelen Chorden einer jeden unter den 6 Flächen von der Ebene $x_1 = 0$ halbirt werden: die Richtung der Geraden und die Ebene sind conjugirt. Vergl. §. 33, 10. Denn die Gerade ($y_1 = \beta$, $z_1 = \gamma$), welche mit der Kante ($y_1 = 0$, $z_1 = 0$) parallel ist, hat mit der Fläche die Puncte ($x_1{}^2 = \alpha^2$, $y_1 = \beta$, $z_1 = \gamma$) gemein, deren Mitte auf der Ebene $x_1 = 0$ liegt. Ebenso sind die Richtung der Kante ($z_1 = 0$, $x_1 = 0$) und die Ebene $y_1 = 0$ conjugirt.

Bei den Flächen I, II, III, V sind auch die Richtung der Kante ($x_1 = 0$, $y_1 = 0$) und die Ebene $z_1 = 0$ conjugirt.

Die beiden Puncte der Flächen $(x_1 = \alpha,\ y_1 = \beta,\ z_1 = \gamma)$ und $(x_1 = -\alpha,\ y_1 = -\beta,\ z_1 = -\gamma)$ sind Gegenpuncte, der Punct $(x_1 = 0,\ y_1 = 0,\ z_1 = 0)$ ist ein Centrum der Flächen. Ihre das Centrum enthaltenden Chorden sind Diameter der Flächen. Die Ebenen $x_1 = 0$, $y_1 = 0$, $z_1 = 0$ bilden ein Trieder conjugirter Diameterebenen der Flächen.

Dagegen enthalten die mit der Kante $(x_1 = 0,\ y_1 = 0)$ parallelen Geraden je einen endlichfernen Punct der Paraboloide IV und VI, und einen unendlichfernen Punct derselben. Bei den Paraboloiden sind die Richtung dieser Kante und die unendlichferne Ebene conjugirt; das Centrum dieser Flächen ist der unendlichferne Punct jener Richtung.

8. Wenn der Punct $x|y|z$ der Fläche $u = 0$ an dem Trieder der Ebenen $x_1 = 0$, $y_1 = 0$, $z_1 = 0$ die Coordinaten

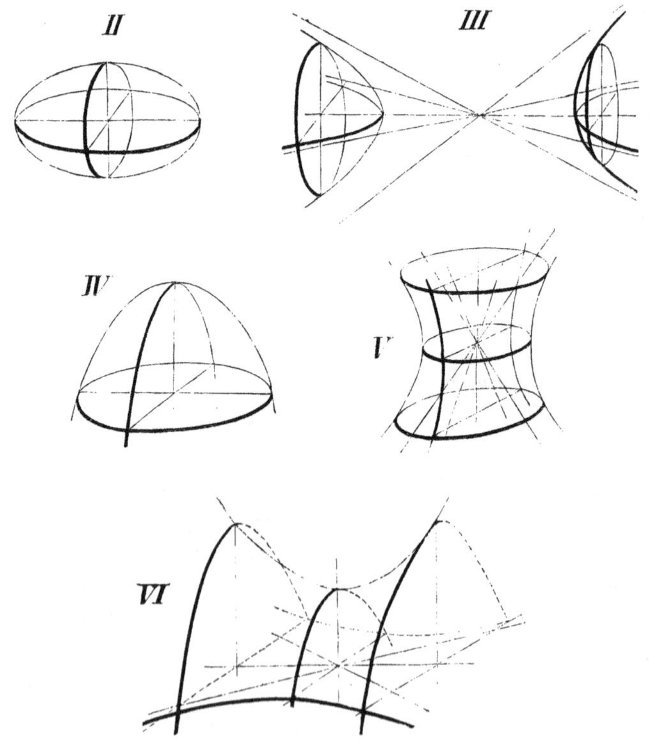

x_1, y_1, z_1 hat, so sind die letztern durch die Gleichung $v = 0$ verbunden, welche aus $u = 0$ dadurch entsteht, dass x, y, z durch lineare Functionen der x_1, y_1, z_1 ersetzt werden (§. 47, 1 und 2), und zwar durch bestimmte Functionen, weil x_1, y_1, z_1 gegebene lineare Functionen der x, y, z sind.

Aus den verschiedenen Gleichungen für den Punct $x_1|y_1|z_1$ an dem Trieder $x_1 y_1 z_1$ findet man die vorstehenden Gestalten der 5 realen Flächen 2ter Ordnung, indem man die Linien zeichnet, in welchen die Flächen von Ebenen geschnitten werden, die mit den coordinirten Ebenen parallel sind.

Wenn an dem Trieder xyz der Punct $x_1|y_1|z_1$ der Gleichung $v = 0$ genügt, und wenn die Function v der x_1, y_1, z_1 durch eine lineare Substitution in die Function u der x, y, z übergeht, so sind $u = 0$ und $v = 0$ affine Flächen der entsprechenden Puncte $x|y|z$ und $x_1|y_1|z_1$ (§. 52, 8). Affin sind demnach je zwei Ellipsoide, je zwei elliptische Hyperboloide, u. s. w. Möbius Baryc. Calcul §. 172 ff.

§. 58. Polaren und Pole.

1. Wie §. 57, 1 sei $u = px + qy + rz + st$. Wenn in den Puncten $P(x_1|y_1|z_1|t_1)$, $Q(x_2|y_2|z_2|t_2)$ die Form p die Werthe p_1, p_2 hat, u. s. w., so hat in dem der Geraden PQ angehörenden Punct

$$R(x_1 + \varepsilon x_2 | y_1 + \varepsilon y_2 | z_1 + \varepsilon z_2 | t_1 + \varepsilon t_2)$$

die Form p den Werth $p_1 + \varepsilon p_2$, u. s. w. Also hat daselbst die Form u den Werth

$$(p_1 + \varepsilon p_2)(x_1 + \varepsilon x_2) + \ldots = u_1 + 2v\varepsilon + u_2\varepsilon^2$$

wo

$$p_1 x_2 + q_1 y_2 + r_1 z_2 + s_1 t_2 = p_2 x_1 + q_2 y_1 + r_2 z_1 + s_2 t_1 = v$$

Um die Puncte R zu finden, welche die Gerade PQ mit der Fläche $u = 0$ gemein hat, setzt man

$$u_1 + 2v\varepsilon + u_2\varepsilon^2 = 0$$

zur Bestimmung von ε durch P und Q. Wie §. 34.

2. Wenn beide ε null sind, so fallen die beiden Puncte R auf P. Die Gerade PQ berührt die Fläche in P unter den Bedingungen $u_1 = 0$, $v = 0$, d. h. wenn Q auf der durch P bestimmten Ebene $v = 0$ liegt.

Wenn beide ε unendlich sind, so fallen die beiden Puncte R auf Q. Die Gerade PQ berührt die Fläche in Q unter den Bedingungen $u_2 = 0$, $v = 0$, d. h. wenn Q auf der Ebene $v = 0$ liegt. Die Planlinie $(u_2 = 0,\ v = 0)$ enthält die Contacte der Geraden, welche den Punct P enthalten und die Fläche berühren: sie ist der scheinbare Contour der aus P gesehenen Fläche (§. 55, 9).

Wenn beide ε gleich sind, so sind die beiden Puncte R vereint. Die Gerade PQ berührt die Fläche in R unter der Bedingung $u_1 u_2 - v^2 = 0$, wobei $u_1 + v\varepsilon = 0$. Für einen Punct Q des Kegels, dessen Gerade den Punct P enthalten und die Fläche berühren, hat man $u_1 u_2 - v^2 = 0$. Dass $u_1 u_2 - v^2$ eine quadratische Form der x_2, y_2, z_2, t_2 ist, deren Determinante null ist, sowie bei $t_1 = t_2 = 1$ eine quadratische Form der $x_2 - x_1$, $y_2 - y_1$, $z_2 - z_1$, wird wie §. 34, 2 und 3 bewiesen.

Wenn beide ε conträr-gleich sind $(v = 0)$, so sind die beiden Puncte R mit den Puncten P, Q in Harmonie. Daher sind unter der Bedingung $v = 0$ die Puncte P, Q harmonisch mit der Fläche $u = 0$ d. h. mit den auf der Geraden PQ liegenden Puncten der Fläche. Ebenso sind der Punct P und die Ebene $v = 0$ harmonisch mit der Fläche, d. h. jede Gerade des P enthält einen Punct Q der Ebene und zwei Puncte R', R'' der Fläche der Art, dass die Paare PQ, $R'R''$ in Harmonie sind.

3. Dieselben Bemerkungen gelten, wenn P, Q, R nicht Puncte sondern Ebenen bedeuten, wenn also $u = 0$ nicht die Doppelserie Puncte einer Fläche 2ter Ordnung ist, sondern die Doppelserie Ebenen, welche eine Fläche 2ter Classe berühren. Die Ebenen P, Q sind harmonisch mit der Doppelserie Ebenen, wenn sie harmonisch sind mit den beiden Ebenen der Doppelserie, welche die Gerade PQ enthalten. Bei der einen Voraussetzung heisst die Ebene $v = 0$ die Polare des Punctes P, bei der andern Voraussetzung heisst der Punct $v = 0$ der Pol der Ebene P. Ein Punct und seine Polare, eine Ebene und ihr Pol sind in Harmonie mit der Doppelserie Puncte oder Ebenen $u = 0$.

Wenn der Punct Q auf der Polare des Punctes P liegt, d. h. $p_1 x_2 + q_1 y_2 + r_1 z_2 + s_1 t_2 = 0$, so ist $p_2 x_1 + q_2 y_1 + r_2 z_1 + s_2 t_1 = 0$, d. h. P liegt auf der Polare des Punctes Q. Von dem mit der Fläche $u = 0$ harmonischen Paar PQ liegt ein Punct auf der Polare des andern. Die Polaren der Puncte einer Ebene enthalten den Punct, dessen Polare die Ebene ist. Die Polaren der Puncte einer Geraden haben eine Gerade gemein.

4. Wenn der Punct P auf seiner Polare liegt, d. h. $p_1 x_1 + q_1 y_1 + r_1 z_1 + s_1 t_1 = 0$, so ist $u_1 = 0$, d. h. P liegt auf der Fläche, welche daselbst von der Polare berührt wird (2). Die Tangentenebenen der Fläche, welche eine Gerade enthalten, sind die Polaren der Berührungspuncte, welche auf einer Geraden liegen: die Fläche 2ter Ordnung hat 2 Tangentenebenen einer Geraden, und ist 2ter Classe.

I. Die Fläche $u = 0$ wird in dem Punct $x_1 | y_1 | z_1 | t_1$ von der Ebene $A | B | C | D$ berührt, wenn $Ax_1 + By_1 + Cz_1 + Dt_1 = 0$ und

$$A : B : C : D = p_1 : q_1 : r_1 : s_1$$

Daher hat man wie §. 34, 14

$$\begin{aligned}
0 &= Ax_1 + By_1 + Cz_1 + Dt_1 \\
\lambda A &= ax_1 + hy_1 + gz_1 + lt_1 \\
\lambda B &= hx_1 + by_1 + fz_1 + mt_1 \\
\lambda C &= gx_1 + fy_1 + cz_1 + nt_1 \\
\lambda D &= lx_1 + my_1 + nz_1 + dt_1
\end{aligned}$$

$$\begin{vmatrix} 0 & A & B & C & D \\ A & a & h & g & l \\ B & h & b & f & m \\ C & g & f & c & n \\ D & l & m & n & d \end{vmatrix} = 0$$

für die Tangentenebene der Fläche $u = 0$, mithin für die Fläche 2ter Classe, deren Enveloppe die Fläche $u = 0$ ist. Die quadratische Form der A, B, C, D ist die Adjuncte der Form u der x, y, z, t. Wenn $\det u = 0$, so ist $u = 0$ ein Kegel, und die Adjuncte ein Quadrat (§. 33, 3), d. h. die Tangentenebenen eines Kegels enthalten einen bestimmten Punct, das Centrum des Kegels.

II. Wenn $U = aA^2 + bB^2 + \ldots = pA + qB + rC + sD$ eine quadratische Form der Ebene $A|B|C|D$, so sind mit $U = 0$ harmonisch die Ebenen $A_1|B_1|C_1|D_1$ und $A_2|B_2|C_2|D_2$ unter der Bedingung $p_1A_2 + q_1B_2 + r_1C_2 + s_1D_2 = 0$: die Ebene $A_1|B_1|C_1|D_1$ hat den Pol $p_1|q_1|r_1|s_1$, d. h. für eine Ebene $A_2|B_2|C_2|D_2$ dieses Punctes ist $p_1A_2 + \ldots = 0$.

Daher ist der Punct $x|y|z|t$ ein Punct der Enveloppe von $U = 0$, wenn er auf der Ebene liegt, deren Pol er ist. Man hat also

$$A_1x + B_1y + C_1z' + D_1t = 0$$

$$x : y : z : t = p_1 : q_1 : r_1 : s_1$$

$$\begin{vmatrix} 0 & x & y & z & t \\ x & a & h & g & l \\ y & h & b & f & m \\ z & g & f & c & n \\ t & l & m & n & d \end{vmatrix} = 0$$

für einen Punct der von der Doppelserie Ebenen $U = 0$ berührten Fläche 2ter Ordnung. Die gefundene quadratische Form der x, y, z, t ist die Adjuncte der Form U der A, B, C, D. Wenn $\det U = 0$, so ist $U = 0$ eine singuläre Doppelserie Ebenen 2ter Classe, die Adjuncte ein Quadrat, d. h. die Puncte der Enveloppe liegen auf einer bestimmten Ebene, die Enveloppe der singulären Doppelserie Ebenen ist eine plane Fläche 2ter Ordnung. Vergl. §. 24, 8. Diese Enveloppe ist die von Hesse Raumgeom. Vorl. 15 betrachtete »Grenzfläche 2ter Ordnung«.

5. I. Die Gerade ($Ax + \ldots = 0$, $A'x + \ldots = 0$) und die sie enthaltende Ebene $Ax + \ldots + \mu(A'x + \ldots) = 0$ berühren die Fläche $u = 0$, wenn der Berührungspunct $x_1|y_1|z_1|t_1$ der Geraden die Polare $Ax + .. + \mu(A'x + ..) = 0$ hat. Dann ist

$$Ax_1 + By_1 + Cz_1 + Dt_1 = 0, \quad A'x_1 + B'y_1 + C'z_1 + D't_1 = 0$$

$\lambda(A + \mu A') = p_1$, $\lambda(B + \mu B') = q_1$, .., folglich

$$\begin{vmatrix} 0 & 0 & A & B & C & D \\ 0 & 0 & A' & B' & C' & D' \\ A & A' & a & h & g & l \\ B & B' & h & b & f & m \\ C & C' & g & f & c & n \\ D & D' & l & m & n & d \end{vmatrix} = 0$$

II. Die Ebene $Ax + .. + \mu(A'x + ..) = 0$ der Geraden $(Ax + .. = 0,\ A'x + .. = 0)$ ist eine Tangentenebene der $u = 0$ unter der Bedingung (4. I)

$$\begin{vmatrix} 0 & A + \mu A' & B + \mu B' & C + \mu C' & D + \mu D' \\ A + \mu A' & a & h & g & l \\ B + \mu B' & h & b & f & m \\ C + \mu C' & g & f & c & n \\ D + \mu D' & l & m & n & d \end{vmatrix} = 0$$

d. i. $\alpha' + 2\beta'\mu + \gamma'\mu^2 = 0$. Vergl. §. 34, 16. Dabei ist

$$\begin{vmatrix} \gamma' & \beta' \\ \beta' & \alpha' \end{vmatrix} = \begin{vmatrix} 0 & 0 & A & B & C & D \\ 0 & 0 & A' & B' & C' & D' \\ A & A' & a & h & g & l \\ B & B' & h & b & f & m \\ C & C' & g & f & c & n \\ D & D' & l & m & n & d \end{vmatrix} \operatorname{det} u$$

Bei einer ordinären Fläche $u = 0$ sind die beiden Tangentenebenen der Geraden vereint, wenn die Gerade eine Tangente der Fläche ist. Bei einem Kegel $u = 0$ enthält jede Gerade, auf welcher das Centrum des Kegels nicht liegt, zwei vereinte Ebenen, auf welchen das Centrum liegt, uneigentliche Tangentenebenen des Kegels.

6. Bei der Fläche 2ter Ordnung oder 2ter Classe $u = 0$ ist die Polare $p|q|r|s$ des Punctes $x|y|z|t$ oder der Pol $p|q|r|s$

der Ebene $x|y|z|t$ unbestimmt, wenn daselbst p, q, r, s null sind. Ein solcher Punct oder eine solche Ebene existirt, wenn $\det u = 0$, d. h. wenn p, q, r, s nicht unabhängig von einander sind, wenn $u = 0$ ein Kegel 2ter Ordnung oder eine Planfläche 2ter Classe (4). Bei einem Kegel 2ter Ordnung hat das Centrum desselben (§. 57, 2) keine Polare; bei einer singulären Fläche 2ter Classe hat die Ebene der Enveloppe keinen Pol.

Wenn aber $\det u$ nicht null, mithin $u = 0$ eine ordinäre Fläche 2ter Ordnung oder 2ter Classe ist, so hat ohne Ausnahme jeder Punct seine Polare, jede Ebene ihren Pol. Eine Mehrheit von Puncten und die Polaren dieser Puncte sind reciproke Figuren, weil p, q, r, s, deren Determinante nicht null ist, von einander unabhängige lineare Formen der x, y, z, t sind. U. s. w. §. 52, 11.

7. Auf der Polare eines beliebigen Punctes A werde der Punct B gewählt; auf der Geraden, welche die Polaren der A und B gemein haben, werde der Punct C gewählt; auf derselben Geraden werde der Punct D so bestimmt, dass das Paar CD harmonisch ist mit $u = 0$. Dann sind harmonisch mit der Fläche A und B, A und C, A und D, weil B, C, D auf der Polare des A liegen; ferner B und C, B und D, weil C und D auf der Polare des B liegen; endlich C und D nach der Voraussetzung. Also ist $ABCD$ ein mit der Fläche harmonisches Quadrupel, ein »System von 4 harmonischen Polen oder Polaren«, ein »Pol-Tetraeder«, d. h. von den 4 Puncten sind je 2 harmonisch mit der Fläche, die Ebene von je 3 derselben ist die Polare des 4ten, eine Ebene ist die Polare des Punctes der 3 andern Ebenen, u. s. w. Dabei ist der Punct A 3fach, B 2fach, C 1fach unbestimmt, also das harmonische Quadrupel 6fach unbestimmt. In der That hat man für die 12 freien Coordinaten der 4 Puncte nur 6 Gleichungen, welche die Paare AB, AC, AD, BC, BD, CD verbinden. Vergl. §. 34, 4, insbesondere Hesse a. a. O.

8. Unter der Voraussetzung

$$\begin{aligned} x_i &= A_i x + B_i y + C_i z + D_i t \\ y_i &= A_i x' + B_i y' + C_i z' + D_i t' \end{aligned}$$

fällt bei $y_i = 0$ der Punct $x'|y'|z'|t'$ auf die Ebene $A_i|B_i|C_i|D_i$ d. i. $x_i = 0$. Die Puncte $x|y|z|t$ und $x'|y'|z'|t'$ haben an dem Tetraeder $x_1 = 0$, $x_2 = 0$, $x_3 = 0$, $x_4 = 0$ die Coordinaten x_1, x_2, x_3, x_4 und y_1, y_2, y_3, y_4, und werden durch x und y bezeichnet.

Wenn nun $u = \alpha_1 x_1{}^2 + \alpha_2 x_2{}^2 + \alpha_3 x_3{}^2 + \alpha_4 x_4{}^2$, so sind die beiden Puncte x, y harmonisch mit der Fläche $u = 0$ unter der Bedingung

$$\alpha_1 x_1 y_1 + \alpha_2 x_2 y_2 + \alpha_3 x_3 y_3 + \alpha_4 x_4 y_4 = 0$$

wodurch der Punct y auf die Polare des x beschränkt wird. Daher hat der Punct ($x_1 = 0$, $x_2 = 0$, $x_3 = 0$) die Polare $y_4 = 0$ d. i. $x_4 = 0$, u. s. w. Also bilden die Ebenen $x_1 = 0$, $x_2 = 0$, $x_3 = 0$, $x_4 = 0$ ein mit der Fläche 2ter Ordnung

$$\alpha_1 x_1{}^2 + \alpha_2 x_2{}^2 + \alpha_3 x_3{}^2 + \alpha_4 x_4{}^2 = 0$$

harmonisches Tetraeder. Vergl. §. 34, 18. Plücker 1830 Crelle J. 5 p. 19. Salmon Geom. of 3 dim. 146. Die Fläche wird von dem Kegel $\alpha_1 x_1{}^2 + \alpha_2 x_2{}^2 + \alpha_3 x_3{}^2 = 0$ berührt längs der Linie, welche die Fläche mit der Ebene $x_4 = 0$ gemein hat, d. i. auf dem scheinbaren Contour der aus dem Pol der Ebene $x_4 = 0$ gesehenen Fläche.

9. Wenn auch $u = \alpha_5 x_5{}^2 + \alpha_6 x_6{}^2 + \alpha_7 x_7{}^2 + \alpha_8 x_8{}^2$, so bilden auch die Ebenen $x_5 = 0$, $x_6 = 0$, $x_7 = 0$, $x_8 = 0$ ein mit derselben Fläche $u = 0$ harmonisches Tetraeder. Zwei mit einer Fläche 2ter Ordnung harmonische Tetraeder sind 8 Ebenen der Art, dass eine von 7 derselben berührte Fläche 2ter Ordnung auch von der 8ten Ebene berührt wird. Hesse 1840 Crelle J. 20 p. 296. Raumgeom. 16 und 17. Denn man hat

$$\alpha_1 x_1{}^2 + \ldots - \alpha_5 x_5{}^2 - \ldots = 0$$

bei allen x, y, z, t; folglich (§. 36, 9)

$$
\begin{array}{l}
\alpha_1 A_1{}^2 \;+ \,.\,. - \alpha_5 A_5{}^2 \;- \,.\,. = 0 \\
\quad .\;\;.\;\;. \qquad .\;\;.\;\;. \qquad .\;\;.\;\;. \\
\alpha_1 D_1{}^2 \;+ \,.\,. - \alpha_5 D_5{}^2 \;- \,.\,. = 0 \\
\alpha_1 B_1 C_1 + \,.\,. - \alpha_5 B_5 C_5 - \,.\,. = 0 \\
\quad .\;\;.\;\;. \qquad .\;\;.\;\;. \qquad .\;\;.\;\;. \\
\alpha_1 A_1 D_1 + \,.\,. - \alpha_5 A_5 D_5 - \,.\,. = 0 \\
\quad .\;\;.\;\;. \qquad .\;\;.\;\;. \qquad .\;\;.\;\;.
\end{array}
$$

4 Geichungen für die Quadrate der A, B, C, D, und 6 für die Producte ihrer Paare.

Aus diesem System folgt, dass die Determinante der 8 Zeilen (Colonnen)

$$
\begin{array}{l}
| A^2 \;\; B^2 \;\; C^2 \;\; D^2 \;\; BC \;\; CA \;\; AB \;\; AD + \lambda BD + \mu CD | \\
\qquad\qquad\qquad = F + \lambda G + \mu H
\end{array}
$$

null ist bei allen λ, μ. Also wird eine von 7 unter den 8 Ebenen $x_i = 0$ berührte Fläche 2ter Ordnung auch von der 8ten Ebene berührt. Die 8 Ebenen $x_i = 0$ sind die gemeinschaftlichen Tangentenebenen aller Flächen 2ter Ordnung $F + \lambda G + \mu H = 0$, also die Ebenen ($F = 0$, $G = 0$, $H = 0$).

Umgekehrt schliesst man: Wenn die Determinante 8ten Grades null ist bei allen λ, μ, so hat man 8 Coefficienten α (Adjuncten einer Colonne) von bestimmter Proportion, der Art dass $\alpha_1 x_1{}^2 + ..$ null ist bei allen x, y, z, t, u. s. w. Drei Flächen 2ter Ordnung, welche nicht eine Serie gemeinschaftlicher Tangentenebenen haben, haben 8 gemeinschaftliche Tangentenebenen: beliebige 4 derselben und die übrigen 4 bilden zwei Tetraeder, welche beide harmonisch sind mit einer eindeutig bestimmten Fläche 2ter Ordnung.

10. Ebenso, wenn x, y (8) Ebenen bedeuten:

Die Puncte $x_1 = 0$, $x_2 = 0$, $x_3 = 0$, $x_4 = 0$ bilden ein mit der Fläche 2ter Ordnung (Doppelserie Ebenen) $\alpha_1 x_1{}^2 + .. + \alpha_4 x_4{}^2 = 0$ harmonisches Tetragon.

Zwei mit einer Fläche 2ter Ordnung harmonische Tetragone sind 8 Puncte der Art, dass eine 7 dieser Puncte enthaltende Fläche 2ter Ordnung auch den 8ten Punct enthält.

Die 8 Puncte sind die gemeinschaftlichen Puncte von 3 Flächen 2ter Ordnung, welche eine Linie nicht gemein haben.

Wenn von den mit einer Fläche 2ter Ordnung harmonischen Tetragonen $ABCD$ und $EFGH$ der Punct E auf A fällt, so enthält eine Fläche 2ter Ordnung der Puncte A, B, C, D, F, G den Punct H: der Kegel 2ter Ordnung der Geraden AB, AC, AD, AF, AG enthält die Gerade AH. In der That liegen BCD und FGH auf der Polare des A, und sind harmonische Dreiecke auch mit der Linie 2ter Ordnung, welche die gegebene Fläche 2ter Ordnung mit der Polare des A gemein hat. §. 36, 10.

Drei Flächen 2ter Ordnung, welche eine Linie nicht gemein haben, haben 8 Puncte gemein: beliebige 4 derselben und die übrigen 4 bilden 2 Tetragone, welche beide harmonisch sind mit einer eindeutig bestimmten Fläche 2ter Ordnung. Hesse a. a. O.

11. Unter der Voraussetzung

$$u' = p'x + q'y + r'z + s't$$
$$p' = a'x + h'y + g'z + l't$$

u. s. w. ist $u + \lambda u' = 0$ eine die Linie 2.2ter Ordnung ($u = 0$, $u' = 0$) enthaltende Fläche 2ter Ordnung, abhängig von dem Parameter λ. Diese Fläche ist elliptisch, hyperbolisch, ein Kegel je nach dem Werth von $\det(u + \lambda u')$, einer Function 4ten Grades von λ unter der Voraussetzung, dass $\det u'$ nicht null. Vergl. §. 37, 6 ff. Die Gleichung $\det(u + \lambda u') = 0$ für λ hat die Wurzeln λ_1, λ_2, .., so dass $u + \lambda_1 u' = 0$, $u + \lambda_2 u' = 0$, .. singuläre oder reducible Flächen 2ter Ordnung sind: es giebt 4 Kegel 2ter Ordnung, welche die Linie 2.2ter Ordnung enthalten. Lamé Examen p. 72.

Wenn den verschiedenen Wurzeln λ_1, λ_2 die Centren $x_1|y_1|z_1|t_1$, $x_2|y_2|z_2|t_2$ von Kegeln entsprechen, so hat man (§. 57, 2)

$$\begin{aligned} p_1 + \lambda_1 p'_1 &= 0 & \qquad p_2 + \lambda_2 p'_2 &= 0 \\ q_1 + \lambda_1 q'_1 &= 0 & q_2 + \lambda_2 q'_2 &= 0 \\ r_1 + \lambda_1 r'_1 &= 0 & r_2 + \lambda_2 r'_2 &= 0 \\ s_1 + \lambda_1 s'_1 &= 0 & s_2 + \lambda_2 s'_2 &= 0 \end{aligned}$$

also durch Composition

$$p_1x_2 + q_1y_2 + \ldots + \lambda_1(p'_1x_2 + q'_1y_2 + \ldots) = 0$$
$$p_2x_1 + q_2y_1 + \ldots + \lambda_2(p'_2x_1 + q'_2y_1 + \ldots) = 0$$

Nun ist $p_1x_2 + \ldots = p_2x_1 + \ldots$, $p'_1x_2 + \ldots = p'_2x_1 + \ldots$, also

$$(\lambda_1 - \lambda_2)(p'_1x_2 + \ldots) = 0$$

Weil $\lambda_1 - \lambda_2$ nicht null, so ist

$$p'_1x_2 + \ldots = 0, \quad p_1x_2 + \ldots = 0$$
$$(p_1 + \lambda p'_1)x_2 + \ldots = 0$$

d. h. die beiden Centren sind in Harmonie mit allen Flächen $u + \lambda u' = 0$. Also bilden die 4 Centren ein harmonisches Tetragon mit allen Flächen der Serie $u + \lambda u' = 0$. Hesse Raumgeom. 16.

Ebenso, wenn die Coordinaten Ebenen statt Puncte bedeuten, wobei die Ebenen von planen Flächen 2ter Ordnung an die Stelle der Centren von Kegeln 2ter Ordnung treten.

12. Wenn $\det(u + \lambda u')$ nicht bei allen λ null ist, und wenn die Gleichung $\det(u + \lambda u') = 0$ für λ eine complexe Wurzel hat, so ergiebt sich, dass die quadratische Form $u + \lambda u'$ bei allen λ indefinit oder singulär ist. Daher hat die Gleichung $\det(u + \lambda u')$ keine complexe Wurzel, wenn eine der ordinären Formen $u + \lambda u'$ z. B. u' definit ist. Weierstrass und Kronecker. Vergl. Determ. §. 13, 14 f. §. 14, 13.

Unter Voraussetzung einer positiven Form u' ist λ_1 real, $u + \lambda_1 u'$ eine Form der x_1, x_2, x_3, linearer Formen der x, y, z, t, also u' eine Form der x_1, x_2, x_3 und einer 4ten Variablen. Weil u' eine positive Form ist, so bleibt von ihr nach Ablösung des Quadrats einer linearen Form y_1 der 4 Variablen eine positive quadratische Form v' der x_1, x_2, x_3 übrig. Also hat man

$$\begin{aligned} u + \lambda u' &= (\lambda - \lambda_1)u' + u + \lambda_1 u' \\ &= (\lambda - \lambda_1)(y_1^2 + v') + u + \lambda_1 u' \\ &= (\lambda - \lambda_1)y_1^2 + v + \lambda v' \end{aligned}$$

wo v ebenfalls eine quadratische Form der x_1, x_2, x_3 ist.

Wenn $v + \lambda v'$ singulär ist, so ist auch $u + \lambda u'$ singulär, d. h. die Wurzeln der Gleichung $\det(v + \lambda v') = 0$ sind Wurzeln der Gleichung $\det(u + \lambda u') = 0$. Daher findet man in gleicher Weise, auch bei $\lambda_2 = \lambda_1$,

$$v + \lambda v' = (\lambda - \lambda_2) y_2^2 + w + \lambda w'$$

und endlich

$$w + \lambda w' = (\lambda - \lambda_3) y_3^2 + (\lambda - \lambda_4) y_4^2$$

folglich überhaupt

$$u + \lambda u' = (\lambda - \lambda_1) y_1^2 + \ldots + (\lambda - \lambda_4) y_4^2$$

wo $y_1, y_2, \ldots$ lineare Formen der x, y, z, t sind, während es gleichgültig ist, ob die Wurzeln $\lambda_1, \lambda_2, \ldots$ alle von einander verschieden sind oder nicht.

Wenn unter den ordinären Formen $u + \lambda u'$ keine definit ist, und wenn die Wurzeln der Gleichung $\det(u + \lambda u') = 0$ real und von einander verschieden sind, so kann $u + \lambda u'$ auf dieselbe Art transformirt werden, wie a. a. O. gezeigt ist.

Diese Transformation der quadratischen Form $u + \lambda u'$ giebt unmittelbar zu erkennen, dass die Ebenen $y_1 = 0, \ldots, y_4 = 0$ ein mit den Flächen $u + \lambda u' = 0$ harmonisches Tetraeder bilden.

§. 59. Centrum, Diameter, Axen.

1. Der Punct C, welcher in Bezug auf die Fläche 2ter Ordnung $u = 0$ die unendlichferne Ebene zur Polare hat, ist das Centrum der Fläche. Denn eine beliebige Gerade des C hat mit der Fläche die Puncte R', R'' und mit der unendlichfernen Ebene den Punct Q gemein, so dass R', R'' mit C, Q in Harmonie sind. Nun ist Q unendlichfern, folglich ist C die Mitte der Chorde $R'R''$, eine Gerade des C ist ein Diameter der Fläche.

Die Polare des Punctes $x_1 | y_1 | z_1 | t_1$ ist (§. 58, 3) die Ebene $p_1 | q_1 | r_1 | s_1$, und zwar unendlichfern, wenn p_1, q_1, r_1 null sind und s_1 nicht null. Das System $p_1 = 0$, $q_1 = 0$, $r_1 = 0$ giebt (§. 57, 2)

$$x_1 : y_1 : z_1 : t_1 = l' : m' : n' : d'$$

In dem Punct $l'|m'|n'|d'$ ist

$$s_1 = (ll' + mm' + dd')\frac{t_1}{d'} = \frac{\det u}{d'}t_1$$

nicht null, wenn $u = 0$ eine ordinäre Fläche 2ter Ordnung ist. Also hat die ordinäre Fläche $u = 0$ das Centrum $l'|m'|n'|d'$, endlichfern, wenn d' nicht null.

2. Durch die Substitution

$$x = x_1 + x', \quad y = y_1 + y', \quad z = z_1 + z', \quad t = 1$$

findet man $p = ax' + hy' + gz' + p_1$, u. s. w., also

$$\begin{aligned} u &= px + qy + rz + s \\ &= ax'^2 + by'^2 + cz'^2 + 2fy'z' + 2gx'z' + 2hx'y' \\ &+ 2p_1x' + 2q_1y' + 2r_1z' + p_1x_1 + q_1y_1 + r_1z_1 + s_1 \end{aligned}$$

Wenn man zum Nullpunct der mit x, y, z parallelen Coordinaten x', y', z' eines Punctes der Fläche $u = 0$ das Centrum der Fläche wählt, so hat man, weil daselbst p_1, q_1, r_1 null sind,

$$ax'^2 + by'^2 + cz'^2 + 2fy'z' + 2gx'z' + 2hx'y' + \frac{\det u}{d'} = 0$$

Die unendlichfernen Puncte der Fläche liegen auf dem Kegel

$$ax'^2 + \ldots + 2hx'y' = 0$$

welcher mit der Fläche concentrisch und der Asymptotenkegel der Fläche ist. Eine Gerade dieses Kegels enthält 2 vereinte unendlichferne Puncte der Fläche, und berührt daselbst die Fläche. Eine das Centrum enthaltende Ebene hat mit der Fläche eine Linie 2ter Ordnung gemein, und mit dem Kegel 2 Gerade, die Asymptoten der Linie 2ter Ordnung.

3. Das Centrum der Fläche ist unendlichfern in der Richtung $l'|m'|n'$, wenn $d' = 0$. In Folge dieser Bedingung ist der Kegel

$$ax^2 + by^2 + cz^2 + 2fyz + 2gxz + 2hxy = 0$$

welcher die unendlichfernen Puncte der Fläche $u = 0$ enthält, reducibel. Daher ist die Fläche $u = 0$ ein Paraboloid

(§. 57, 6). Das unendlichferne Centrum liegt auf seiner Polare, der unendlichfernen Ebene; also ist die unendlichferne Ebene eine Tangentenebene der Fläche (§. 58, 4). Ein Paraboloid hat ein unendlichfernes Centrum, und wird daselbst von der unendlichfernen Ebene berührt.

4. Die Polare eines Punctes P der unendlichfernen Ebene ist eine das Centrum enthaltende Diameterebene. Eine beliebige Gerade des P hat mit der Fläche die Puncte R', R'', und mit der Diameterebene den Punct Q gemein, so dass $R'R''$ und PQ harmonisch sind. Nun ist P unendlichfern, also ist Q die Mitte der Chorde $R'R''$. Die Mitten paralleler Chorden der Fläche 2ter Ordnung liegen auf einer Diameterebene, der Polare des unendlichfernen Punctes, welchen die parallelen Chorden gemein haben.

Der unendlichferne Punct $P(\alpha|\beta|\gamma|0)$ hat die Polare

$$(a\alpha+h\beta+g\gamma)x + (h\alpha+b\beta+f\gamma)y + (g\alpha+..)z + (l\alpha+..)t = 0$$
$$\text{d. i.} \quad p\alpha + q\beta + r\gamma = 0$$

welche das Centrum ($p = 0$, $q = 0$, $r = 0$) enthält. Dem Diameter CP der Richtung $\alpha|\beta|\gamma$ ist eine Diameterebene δ der Stellung

$$a\alpha + h\beta + g\gamma \,|\, h\alpha + b\beta + cf \,|\, g\alpha + f\beta + c\gamma$$

conjugirt, der Art dass die mit dem Diameter CP parallelen Chorden der Fläche von der Diameterebene δ halbirt werden.

Der unendlichferne Punct P und seine Polare δ sind aber harmonisch nicht nur mit der Fläche $u = 0$, sondern auch mit dem Asymptotenkegel derselben (2). Eine Parallele des Diameters CP hat daher mit dem Asymptotenkegel die Puncte S', S'', und mit der Diameterebene δ den Punct Q gemein, so dass die Puncte S', S'' mit P, Q, die Geraden CS', CS'' mit CP, CQ harmonisch sind. Also sind der Diameter CP und die conjugirte Diameterebene δ harmonisch mit dem Asymptotenkegel der Fläche, der Art dass CP und eine Gerade CQ der Diameterebene harmonisch sind mit den auf der Ebene PCQ liegenden Geraden CS', CS'' des Asymptotenkegels. Vergl. §. 34, 10.

5. Drei Diameter einer Fläche 2ter Ordnung heissen conjugirt, wenn jeder der Ebene der beiden andern conjugirt ist, wenn demnach ihre unendlichfernen Puncte und das Centrum, ihre Ebenen und die unendlichferne Ebene ein mit der Fläche harmonisches Quadrupel bilden. Wenn der erste Diameter den unendlichfernen Punct P hat, so liegt der zweite Diameter, welcher den unendlichfernen Punct Q hat, auf der Polare des P, und der unendlichferne Punct des dritten Diameters ist der Pol der Ebene PCQ. Also ist das Tripel conjugirter Diameter 3fach unbestimmt.

Die Richtungen $\alpha_2 | \beta_2 | 1$ und $\alpha_3 | \beta_3 | 1$ des zweiten und des dritten Diameters sind enthalten in der Stellung, welche der Richtung $\alpha_1 | \beta_1 | 1$ des ersten Diameters conjugirt ist, u. s. w. Also hat man

$$(a\alpha_1 + h\beta_1 + g)\alpha_2 + (h\alpha_1 + b\beta_1 + f)\beta_2 + g\alpha_1 + f\beta_1 + c = 0$$
$$(a\alpha_1 + h\beta_1 + g)\alpha_3 + (h\alpha_1 + b\beta_1 + f)\beta_3 + g\alpha_1 + f\beta_1 + c = 0$$
$$(a\alpha_2 + h\beta_2 + g)\alpha_3 + (h\alpha_2 + b\beta_2 + f)\beta_3 + g\alpha_2 + f\beta_2 + c = 0$$

3 lineare Gleichungen für die 6 Grössen α, β.

6. Zwei Tripel conjugirter Diameter CL, CM, CN und CL', CM', CN' liegen auf einem Kegel 2ter Ordnung, ihre Ebenen berühren einen Kegel 2ter Ordnung (§. 58, 10). Dieser besondre Fall des allgemeinen von Hesse 1840 gegebenen Satzes ist von Göpel 1844 Grunert Archiv 4 p. 205 aufgestellt und direct bewiesen worden. Ein Kegel 2ter Ordnung, welcher die conjugirten Diameter CL, CM, CN einer gegebenen Fläche 2ter Ordnung und den Diameter CL' derselben enthält, hat mit der dem Diameter CL' conjugirten Diameterebene die Geraden CM', CN' gemein, der Art dass CL', CM', CN' conjugirte Diameter der Fläche 2ter Ordnung sind.

Bei einer Kugel ist jedem Diameter die normale Diameterebene conjugirt, je 3 conjugirte Diameter sind normal zu einander. Daher liegen 3 zu einander normale Gerade CL, CM, CN und 3 zu einander normale Gerade CL', CM', CN' auf einem Kegel 2ter Ordnung, die beiden Trieder berühren einen Kegel 2ter Ordnung. Steiner Syst. Entw. 60, 59. Ein Kegel

2ter Ordnung, welcher die 3 zu einander normalen Geraden CL, CM, CN und die Gerade CL' enthält, hat mit der normal zu CL' gestellten Ebene die Geraden CM', CN' gemein, der Art dass CL', CM', CN' normal zu einander sind. Der Kegel ist ein gleichseitiger (§. 53, 8).

7. Ein Diameter $\alpha|\beta|\gamma$, welcher normal steht zu der conjugirten Diameterebene, ist eine Axe der Fläche 2ter Ordnung, seine Endpuncte sind Scheitel derselben (§. 22, 3). Bei orthogonalen Coordinaten ist der Richtung $\alpha|\beta|\gamma$ normal zu der conjugirten Stellung (4) unter den Bedingungen (§. 49, 7)

$$\frac{a\alpha + h\beta + g\gamma}{\alpha} = \frac{h\alpha + b\beta + f\gamma}{\beta} = \frac{g\alpha + f\beta + c\gamma}{\gamma} = \varrho$$

für $\alpha : \beta : \gamma$ und ϱ, d. i.

$$\begin{array}{llll} \alpha(a-\varrho) + \beta h & + \gamma g & = 0 \\ \alpha h & + \beta(b-\varrho) + \gamma f & = 0 \\ \alpha g & + \beta f & + \gamma(c-\varrho) = 0 \end{array} \qquad \begin{vmatrix} a-\varrho & h & g \\ h & b-\varrho & f \\ g & f & c-\varrho \end{vmatrix} = 0$$

Jede Wurzel dieser cubischen Gleichung für ϱ bestimmt eine Axe der Fläche; die Fläche hat bei 3 verschiedenen Wurzeln der cubischen Gleichung 3 eindeutig bestimmte Axen. Der Wurzel ϱ_1 entspricht die Richtung $\alpha_1|\beta_1|\gamma_1$ einer Axe, so dass

$$\alpha_1 : \beta_1 : \gamma_1 = \operatorname{adj}(a-\varrho_1) : \operatorname{adj}h : \operatorname{adj}g$$

u. s. w. Dabei ist $\varrho_1(\alpha_1\alpha_2 + \beta_1\beta_2 + \gamma_1\gamma_2)$

$$= (a\alpha+h\beta_1+g\gamma_1)\alpha_2 + (h\alpha_1+b\beta_1+f\gamma_1)\beta_2 + (g\alpha_1+f\beta_1+c\gamma_1)\gamma_2$$

Denselben Werth hat $\varrho_2(\alpha_1\alpha_2 + \beta_1\beta_2 + \gamma_1\gamma_2)$, also ist

$$(\varrho_1 - \varrho_2)(\alpha_1\alpha_2 + \beta_1\beta_2 + \gamma_1\gamma_2) = 0$$

Wenn $\varrho_1 - \varrho_2$ nicht null, so ist $\alpha_1\alpha_2 + \ldots = 0$, d. h. die Richtungen $\alpha_1|\beta_1|\gamma_1$, $\alpha_2|\beta_2|\gamma_2$ von 2 Axen sind normal zu einander (§. 51, 1). Ueber die Geschichte der die Axen einer Fläche 2ter Ordnung bestimmenden cubischen Gleichung vergl. Determ. §. 14, 13.

8. Die cubische Function von ϱ

$$\varDelta = \begin{vmatrix} a-\varrho & h & g \\ h & b-\varrho & f \\ g & f & c-\varrho \end{vmatrix} = (\varrho_1-\varrho)(\varrho_2-\varrho)(\varrho_3-\varrho)$$

ist die Determinante der quadratischen Form

$$ax^2 + by^2 + cz^2 + 2fyz + 2gxz + 2hxy - \varrho(x^2+y^2+z^2)$$

Diese Form kann, weil $x^2 + y^2 + z^2$ definit ist, bei allen ϱ ausgedrückt werden (§. 58, 12) durch

$$(\varrho_1-\varrho)x'^2 + (\varrho_2-\varrho)y'^2 + (\varrho_3-\varrho)z'^2$$

wo ϱ_1, ϱ_2, ϱ_3 real sind, und

$$\begin{aligned} x' &= A_1x + B_1y + C_1z \\ y' &= A_2x + B_2y + C_2z \\ z' &= A_3x + B_3y + C_3z \end{aligned}$$

lineare Formen der x, y, z. Also hat man zugleich

$$\begin{aligned} ax^2 + \ldots + 2hxy &= \varrho_1x'^2 + \varrho_2y'^2 + \varrho_3z'^2 \\ x^2 + y^2 + z^2 &= x'^2 + y'^2 + z'^2 \end{aligned}$$

Zufolge der letzten Gleichung ist bei allen x, y, z

$$(A_1x + \ldots)^2 + (A_2x + \ldots)^2 + (A_3x + \ldots)^2 = x^2 + y^2 + z^2$$

folglich

$$A_1B_1 + A_2B_2 + A_3B_3 = 0, \quad A_1C_1 + A_2C_2 + A_3C_3 = 0, \quad B_1C_1 + \ldots = 0$$

d. h. die Ebenen $x' = 0$, $y' = 0$, $z' = 0$ bilden orthogonales Trieder, dessen Kanten Axen der Fläche 2ter Ordnung sind.

9. Dass die Gleichung $\varDelta = 0$ für ϱ reale Wurzeln hat, ist direct von Cauchy 1829 Exercices t. 4 p. 140 bewiesen worden. Vergl. Jacobi 1835 Crelle J. 12 p. 125.

Zunächst hat die Gleichung $(b-\varrho)(c-\varrho) - f^2 = 0$ die realen Wurzeln λ_1 unter b und c, und μ_1 über b und c, so dass

$$(b-\varrho)(c-\varrho) - f^2 = (\varrho-\lambda_1)(\varrho-\mu_1)$$

Ebenso ist

$$(c-\varrho)(a-\varrho)-g^2 = (\varrho-\lambda_2)(\varrho-\mu_2)$$
$$(a-\varrho)(b-\varrho)-h^2 = (\varrho-\lambda_3)(\varrho-\mu_3)$$

Nun ist

$$\begin{aligned}\Delta = (a-\varrho)(b-\varrho)(c-\varrho)-(a-\varrho)f^2\\ -(b-\varrho)g^2-(c-\varrho)h^2+2fgh\end{aligned}$$

also bei $\varrho = -\infty,\ \lambda_1,\ \mu_1,\ \infty$

$$\Delta(-\infty) = \infty$$

$$\begin{aligned}\Delta(\lambda_1) &= -(b-\lambda_1)g^2-(c-\lambda_1)h^2+2\sqrt{(b-\lambda_1)(c-\lambda_1)}gh\\ &= -\left(g\sqrt{b-\lambda_1}-h\sqrt{c-\lambda_1}\right)^2\\ \Delta(\mu_1) &= (\mu_1-b)g^2+(\mu_1-c)h^2+2\sqrt{(\mu_1-b)(\mu_1-c)}gh\\ &= \left(g\sqrt{\mu_1-b}+h\sqrt{\mu_1-c}\right)^2\end{aligned}$$

$$\Delta(\infty) = -\infty$$

Daher hat die Gleichung $\Delta = 0$ je eine Wurzel zwischen

$$-\infty,\quad \lambda_1,\quad \lambda_2,\quad \infty$$

d. h. 3 Wurzeln getrennt durch λ_1 und μ_1, getrennt auch durch λ_2 und μ_2, und getrennt durch λ_3 und μ_3.

10. Wenn zwei Wurzeln der Gleichung $\Delta = 0$ einander gleich sind, $\varrho_2 = \varrho_1$, so fallen sie zusammen entweder mit λ_1 oder mit μ_1, entweder mit λ_2 oder mit μ_2, entweder mit λ_3 oder mit μ_3. Also sind die zu Δ gehörenden Subdeterminanten 2ten Grades

$$(b-\varrho)(c-\varrho)-f^2,\quad (c-\varrho)(a-\varrho)-g^2,\quad (a-\varrho)(b-\varrho)-h^2$$

theilbar durch $\varrho-\varrho_1$. Denselben Divisor haben auch die übrigen Subdeterminanten 2ten Grades

$$(a-\varrho)f-gh,\quad (b-\varrho)g-fh,\quad (c-\varrho)h-fg$$

Denn man hat

$$\begin{aligned}(a-\varrho_1)[(b-\varrho_1)(c-\varrho_1)-f^2]+(b-\varrho_1)[(c-\varrho_1)(a-\varrho_1)-g^2]\\ +(c-\varrho_1)[(a-\varrho_1)(b-\varrho_1)-h^2] = 0\end{aligned}$$

und $\Delta(\varrho_1) = 0$, folglich

$$(a-\varrho_1)(b-\varrho_1)(c-\varrho_1) - fgh = 0$$
$$(a-\varrho_1)f - gh = 0, \text{ u. s. w.}$$

In der That findet man, indem man $a - \varrho$ durch $a - \varrho_1 + \varrho_1 - \varrho$ ersetzt, u. s. w.

$$\Delta = (a-\varrho_1+b-\varrho_1+c-\varrho_1)(\varrho_1-\varrho)^2 + (\varrho_1-\varrho)^3$$

d. h. Δ theilbar durch $(\varrho_1 - \varrho)^2$.

In diesem Fall bleibt von dem linearen System (7) nur eine Gleichung übrig

$$\alpha_1(a-\varrho_1) + \beta_1 h + \gamma_1 g = 0 \quad \text{d. i.} \quad \frac{\alpha_1}{f} + \frac{\beta_1}{g} + \frac{\gamma_1}{h} = 0$$

d. h. die Richtung $\alpha_1 | \beta_1 | \gamma_1$ ist eine beliebige der Stellung $\frac{1}{f} \Big| \frac{1}{g} \Big| \frac{1}{h}$. Dabei hat man $a - \varrho_1 + b - \varrho_1 + c - \varrho_3 = 0$, also das System

$$-\alpha_3(b-\varrho_1+c-\varrho_1) + \beta_3 h + \gamma_3 g = 0$$
$$\alpha_3 h - \beta_3(c-\varrho_1+a-\varrho_1) + \gamma_3 f = 0$$

folglich $\alpha_3 f = \beta_3 g = \gamma_3 h$ für die Richtung $\alpha_3 | \beta_3 | \gamma_3$, normal zu der Stellung $\frac{1}{f} \Big| \frac{1}{g} \Big| \frac{1}{h}$. Die Fläche ist eine Rotationsfläche mit einer bestimmten Axe, die beiden andern Axen können auf der normalen Ebene gewählt werden.

Wenn ϱ_1 eine 3fache Wurzel der Gleichung $\Delta = 0$ ist, so fällt sie zusammen sowohl mit λ_1, als auch mit μ_1, u. s. w. Daher sind $c - b$, f, $c - a$, g und h null, $\Delta = (a - \varrho)^3$. Für α, β, γ existirt keine Gleichung; die Fläche ist eine Kugel, jeder Diameter derselben ist eine Axe.

Ueber die von Weierstrass und von Kronecker bewiesenen Eigenschaften der Subdeterminanten vergl. Determ. §. 14, 13.

11. Unter Voraussetzung rechtwinkeliger Coordinaten habe die Fläche $ax^2 + \ldots + 2hxy + C = 0$ die Axen x', y', z', und $\alpha_1 | \beta_1 | \gamma_1$, $\alpha_2 | \beta_2 | \gamma_2$, $\alpha_3 | \beta_3 | \gamma_3$ seien die Strecken δ_1, δ_2, δ_3 der Axen, so dass

$$\alpha_1 = \delta_1 \cos xx', \quad \beta_1 = \delta_1 \cos yx', \ldots$$

Wenn nun der Punct $x|y|z$ die mit den Axen parallelen Coordinaten x', y', z' hat, so ist $x = x'\cos xx' + y'\cos xy' + z'\cos xz'$, .., d. i.

$$x = \frac{\alpha_1}{\delta_1}x' + \frac{\alpha_2}{\delta_2}y' + \frac{\alpha_3}{\delta_3}z'$$
$$y = \frac{\beta_1}{\delta_1}x' + \frac{\beta_2}{\delta_2}y' + \frac{\beta_3}{\delta_3}z'$$
$$z = \frac{\gamma_1}{\delta_1}x' + \frac{\gamma_2}{\delta_2}y' + \frac{\gamma_3}{\delta_3}z'$$

Diese Substitution ist es, durch welche man

$$ax^2 + .. + 2hxy = \varrho_1 x'^2 + \varrho_2 y'^2 + \varrho_3 z'^2$$

findet. Denn $\frac{x'^2}{\delta_1{}^2}$ erhält den Coefficienten

$$(a\alpha_1 + ..)\alpha_1 + (h\alpha_1 + ..)\beta_1 + (g\alpha_1 + ..)\gamma_2$$
$$= \varrho_1\alpha_1{}^2 + \varrho_1\beta_1{}^2 + \varrho_1\gamma_1{}^2 = \varrho_1\delta_1{}^2$$

und $2\frac{x'y'}{\delta_1\delta_2}$ erhält den Coefficienten

$$(a\alpha_1 + ..)\alpha_2 + (h\alpha_1 + ..)\beta_2 + (g\alpha_1 + ..)\gamma_2$$
$$= \varrho_1\alpha_1\alpha_2 + \varrho_1\beta_1\beta_2 + \varrho_1\gamma_1\gamma_2 = 0 \quad (7)$$

Für den Radius OP der Fläche $\varrho_1 x'^2 + \varrho_2 y'^2 + \varrho_3 z'^2 + C = 0$ hat man, wenn seine Gerade durch r bezeichnet wird,

$$OP^2(\varrho_1\cos^2 x'r + \varrho_2\cos^2 y'r + \varrho_3\cos^2 z'r) + C = 0$$

wo $\varrho_1\cos^2 x'r + \varrho_2\cos^2 y'r + \varrho_3\cos^2 z'r$

$$= \varrho_1 + (\varrho_2 - \varrho_1)\cos^2 y'r + (\varrho_3 - \varrho_1)\cos^2 z'r$$
$$= \varrho_3 - (\varrho_3 - \varrho_1)\cos^2 x'r - (\varrho_3 - \varrho_2)\cos^2 y'r$$

zur Beurtheilung der Grenzen, zwischen welchen OP^2 liegt.

12. Unter der Voraussetzung schiefwinkeliger Coordinaten hat die Fläche $ax^2 + by^2 + cz^2 + d = 0$ auf den conjugirten Diametern x, y, z die Radien OE_1, OE_2, OE_3, so dass $a\,.\,OE_1{}^2 + d = 0$, u. s. w. Die Richtung $\alpha|\beta|\gamma$ ist der Stellung $a\alpha|b\beta|c\gamma$ conjugirt (4), und normal zu ihr, wenn (§. 49, 7)

$$\frac{\alpha \cos xx + \beta \cos xy + \gamma \cos xz}{a\alpha} = \frac{\alpha \cos xy + \ldots}{b\beta} = \frac{\alpha \cos zx + \ldots}{c\gamma} = \varrho$$

Daher hat man das lineare System

$$\begin{aligned} \alpha(1 - a\varrho) + \beta \cos xy \quad + \gamma \cos zx \quad &= 0 \\ \alpha \cos xy \quad + \beta(1 - b\varrho) + \gamma \cos yz \quad &= 0 \\ \alpha \cos zx \quad + \beta \cos yz \quad + \gamma(1 - c\varrho) &= 0 \end{aligned}$$

$$\begin{vmatrix} 1 - a\varrho & \cos xy & \cos zx \\ \cos xy & 1 - b\varrho & \cos yz \\ \cos zx & \cos yz & 1 - c\varrho \end{vmatrix} = 0$$

Diese cubische Gleichung für ϱ hat 3 reale Wurzeln ϱ_1, ϱ_2, ϱ_3, wie (8). Durch jede Wurzel wird die Richtung $\alpha|\beta|\gamma$ einer Axe der Fläche bestimmt. Die Entwickelung giebt

$$\frac{\sin^2 xyz}{abc} - \left(\frac{\sin^2 yz}{bc} + \frac{\sin^2 zx}{ca} + \frac{\sin^2 xy}{ab}\right)\varrho$$

$$+ \left(\frac{1}{a} + \frac{1}{b} + \frac{1}{c}\right)\varrho^2 - \varrho^3 = 0$$

$$\frac{\sin^2 xyz}{abc} = \varrho_1 \varrho_2 \varrho_3 \qquad \frac{1}{a} + \frac{1}{b} + \frac{1}{c} = \varrho_1 + \varrho_2 + \varrho_3$$

$$\frac{\sin^2 yz}{bc} + \frac{\sin^2 zx}{ca} + \frac{\sin^2 xy}{ab} = \varrho_1 \varrho_2 + \varrho_1 \varrho_3 + \varrho_2 \varrho_3$$

Wenn die Strecke $\alpha|\beta|\gamma$ eine Einheit der Axe l ist, so hat man

$$\cos xl = \alpha \cos xx + \beta \cos xy + \gamma \cos xz = \varrho a \alpha$$

u. s. w. Wenn auf l die Strecke $OD(x|y|z)$ liegt, so ist

$$x : y : z : OD = \alpha : \beta : \gamma : 1$$

$$OD = x \cos xl + y \cos yl + z \cos zl = \varrho(a\alpha x + b\beta y + c\gamma z)$$

$$= \frac{\varrho}{OD}(ax^2 + by^2 + cz^2)$$

Wenn nun D auf der Fläche liegt, so ist $OD^2 = -\varrho d$, und auf den 3 Axen

$$-\varrho_1 d = OD_1{}^2, \quad -\varrho_2 d = OD_2{}^2, \quad -\varrho_3 d = OD_3{}^2$$

Nun ist auf den conjugirten Diametern $-d : a = OE_1{}^2$, u. s. w., folglich

$$OE_1^2 . OE_2^2 . OE_3^2 \sin^2 xyz = OD_1^2 . OD_2^2 . OD_3^2, \quad OE_1 E_2 E_3^2 = OD_1 D_2 D_3^2$$
$$OE_1^2 + OE_2^2 + OE_3^2 = OD_1^2 + OD_2^2 + OD_3^2$$
$$OE_2 E_3^2 + OE_3 E_1^2 + OE_1 E_2^2 = OD_2 D_3^2 + OD_3 D_1^2 + OD_1 D_2^2$$

Diese Gleichungen geben den Zusammenhang zwischen 3 conjugirten Diametern und den 3 Axen der Fläche 2ter Ordnung (vergl. §. 35, 4), und sind in den oben §. 47, 5 angezeigten Relationen enthalten. Sie sind von Livet und Binet Corresp. sur l'école polyt. 1 p. 29, 2 p. 323 bemerkt worden. Vergl. Magnus Aufgaben II §. 46. Salmon Geom. of 3 dim. 91 ff. Schröter Oberflächen 2ter Ordnung §. 58.

13. Wenn $ax^2 + by^2 + cz^2 + 2fyz + 2gxz + 2hxy$ singulär, ihre oben (3) durch d' bezeichnete Determinante null ist, so hat die Fläche $u = 0$ ein unendlichfernes Centrum und ist ein Paraboloid. In diesem Fall hat die die Richtungen der Axen bestimmende Gleichung (7) die Wurzel $\varrho_3 = 0$, und man findet

$$\alpha_3 : \beta_3 : \gamma_3 = \text{adj}\, a : \text{adj}\, h : \text{adj}\, g$$

für die nach dem Centrum gerichtete Axe z'.

Durch die Substitution (11) wird dann

$$ax^2 + \ldots + 2hxy = \varrho_1 x'^2 + \varrho_2 y'^2$$
$$u = \varrho_1 x'^2 + \varrho_2 y'^2 + 2Lx' + 2My' + 2Nz' + d$$

Nun macht man (wie §. 35, 7) den Scheitel $p|q|r$ zum Anfang der mit x', y', z' parallelen Coordinaten ξ, η, ζ durch die Substitution

$$x' = p + \xi, \quad y' = q + \eta, \quad z' = r + \zeta$$

und erhält

$$u = \varrho_1 \xi^2 + \varrho_2 \eta^2 + 2N\zeta$$

indem man den Scheitel bestimmt durch das System

$$\varrho_1 p + L = 0, \quad \varrho_2 q + M = 0, \quad \varrho_1 p^2 + \varrho_2 q^2 + \ldots = 0$$

Die dritte Gleichung giebt

$$2Nr = \frac{L^2}{\varrho_1} + \frac{M^2}{\varrho_0} - d$$

§. 60. Gerade, Kreise, Focallinien.

1. Die Flächen 2ter Ordnung mit einem endlichfernen Centrum haben, wenn die Coordinaten x, y, z eines Punctes derselben mit 3 conjugirten Diametern parallel sind und im Centrum anfangen, die Gleichung (§. 57)

$$ax^2 + by^2 + cz^2 + d = 0$$

Der Punct $l|0|0$ liegt auf der Fläche, wenn $al^2 + d = 0$. Seine Polare ist die Ebene $al|0|0|d$, d. h. $alx + d = 0$, $x = l$, eine Tangentenebene der Fläche. Die Fläche hat auf dieser Tangentenebene die Linie $by^2 + cz^2 = 0$, bestehend aus 2 Geraden des Berührungspunctes.

Ebenso auf jeder Tangentenebene. Durch die Substitution

$$\begin{aligned} x &= \alpha_1 x' + \alpha_2 y' + \alpha_3 z' \\ y &= \beta_1 x' + \beta_2 y' + \beta_3 z' \\ z &= \gamma_1 x' + \gamma_2 y' + \gamma_3 z' \end{aligned}$$

wird $ax^2 + by^2 + cz^2 = a'x'^2 + b'y'^2 + c'z'^2$, wenn

$$\begin{aligned} a\alpha_1\alpha_2 + b\beta_1\beta_2 + c\gamma_1\gamma_2 &= 0 \qquad & a\alpha_1^2 + b\beta_1^2 + c\gamma_1^2 &= a' \\ a\alpha_1\alpha_3 + b\beta_1\beta_3 + c\gamma_1\gamma_3 &= 0 \qquad & a\alpha_2^2 + b\beta_2^2 + c\gamma_2^2 &= b' \\ a\alpha_2\alpha_3 + b\beta_2\beta_3 + c\gamma_2\gamma_3 &= 0 \qquad & a\alpha_3^2 + b\beta_3^2 + c\gamma_3^2 &= c' \end{aligned}$$

Hiernach sind auch $x' = 0$, $y' = 0$, $z' = 0$ conjugirte Diameterebenen. Die Gerade $(y' = 0,\ z' = 0)$ hat die Richtung

$$x : y : z = \alpha_1 : \beta_1 : \gamma_1$$

u. s. w. Die Richtung $x'(\alpha_1|\beta_1|\gamma_1)$ kann frei gewählt werden. Die Richtung $y'(\alpha_2|\beta_2|\gamma_2)$ ist dann in der Stellung $a\alpha_1|b\beta_1|c\gamma_1$ zu wählen, und die Richtung $z'(\alpha_3|\beta_3|\gamma_3)$ ist bestimmt.

An dem Trieder $x'y'z'$ hat die Fläche die Gleichung

$$a'x'^2 + b'y'^2 + c'z'^2 + d = 0$$

Der Diameter x' enthält den Punct $m|0|0$ der Fläche, wo $a'm^2 + d = 0$, und m real ist bei negativem $a'd$. Die Fläche wird daselbst berührt von der Polare des Punctes $m|0|0$, also von der Ebene $a'm|0|0|d$ d. i. $a'mx' + d = 0$, $x' = m$. Daher hat die Fläche auf ihrer Tangentenebene $x' = m$ die Linie 2ter Ordnung

$$b'y'^2 + c'z'^2 = 0$$

und auf der parallelen Ebene $x' = m + n$ die Linie 2ter Ordnung

$$b'y'^2 + c'z'^2 + a'n(2m+n) = 0$$

mit den Asymptoten $b'y'^2 + c'z'^2 = 0$. Wenn die Fläche elliptisch ist, so ist die Determinante $a'b'c'd$ negativ; wenn die Fläche hyperbolisch ist, so ist $a'b'c'd$ positiv. Nun ist $a'd$ negativ bei realen Berührungspuncten, also $b'c'$ in dem ersten Fall positiv, in dem zweiten Fall negativ. Eine Fläche 2ter Ordnung hat mit ihren Tangentenebenen reducible Linien 2ter Ordnung gemein, bestehend aus 2 Geraden (osculirenden Tangenten der Fläche), welche nicht real sind auf einer elliptischen Fläche, real auf einer hyperbolischen Fläche. Die Geraden eines hyperbolischen Hyperboloids enthalten je einen unendlichfernen Punct der Fläche, und sind parallel mit je einer Geraden des Asymptotenkegels.

Die Centren der parallelen Flächenschnitte liegen auf dem Diameter, welcher die Berührungspuncte der parallelen Tangentenebenen enthält, und der parallelen Diameterebene conjugirt ist.

2. Wenn $ax^2 + by^2 + 2z = 0$, so liegt der Punct $x|y|z$ auf einem Paraboloid. Die Kante z des Trieders xyz enthält das unendlichferne Centrum der Fläche. Der Nullpunct liegt auf der Fläche, und hat die Polare $0|0|1|0$ d. i. $z = 0$. Also wird die Fläche von der Ebene $z = 0$ berührt; sie hat mit ihrer Tangentenebene die aus 2 Geraden bestehende Linie $ax^2 + by^2 = 0$ gemein. Den Richtungen x, y der Tangentenebene conjugirt sind die Diameterebenen yz, xz.

Durch die Substitution

$$\begin{aligned} x &= \alpha_1 x' + \alpha_2 y' + x_1 \\ y &= \beta_1 x' + \beta_2 y' + y_1 \\ z &= \gamma_1 x' + \gamma_2 y' + z_1 + z' \end{aligned}$$

wird $ax^2 + by^2 + 2z = a'x'^2 + b'y'^2 + 2z'$ unter den Bedingungen

$$\begin{array}{ll} ax_1\alpha_1 + by_1\beta_1 + \gamma_1 = 0 & a\alpha_1^2 + b\beta_1^2 = a' \\ ax_1\alpha_2 + by_1\beta_2 + \gamma_2 = 0 & a\alpha_2^2 + b\beta_2^2 = b' \\ a\alpha_1\alpha_2 + b\beta_1\beta_2 = 0 & ax_1^2 + by_1^2 + 2z_1 = 0 \end{array}$$

Die letzte Bedingung fordert, dass der Anfang der neuen Coordinaten $x_1|y_1|z_1$ ein Punct des Paraboloids sei. Dieser Punct hat die Polare $ax_1|by_1|1|z_1$, die Ebene, von welcher die Fläche in dem Punct $x_1|y_1|z_1$ berührt wird.

Die Gerade $(x' = 0,\ y' = 0)$ hat die Richtung

$$x - x_1 : y - y_1 : z - z_1 = 0 : 0 : 1$$

und ist daher ein mit der Kante z paralleler Diameter der Fläche. Die Gerade $(y' = 0,\ z' = 0)$ hat die Richtung $\alpha_1|\beta_1|\gamma_1$, die Gerade $(x' = 0,\ z' = 0)$ hat die Richtung $\alpha_2|\beta_2|\gamma_2$. Zufolge der beiden ersten Bedingungen sind die Richtungen $\alpha_1|\beta_1|\gamma_1$ und $\alpha_2|\beta_2|\gamma_2$ in der Stellung $ax_1|by_1|1$ enthalten, welche die Fläche in dem Punct $x_1|y_1|z_1$ hat. Die Richtung $\alpha_1|\beta_1|\gamma_1$ kann in der angegebenen Stellung frei gewählt werden; die Richtung $\alpha_2|\beta_2|\gamma_2$ ist zufolge der dritten Bedingung zugleich in der Stellung $a\alpha_1|b\beta_1|0$ enthalten, welche der Richtung $\alpha_1|\beta_1|\gamma_1$ conjugirt ist.

An dem Trieder $x'y'z'$ hat das Paraboloid die Gleichung

$$a'x'^2 + b'y'^2 + 2z' = 0$$

und wird in dem neuen Anfangspunct von der Ebene $z' = 0$ berührt. Das Paraboloid hat auf dieser Tangentenebene die Linie $a'x'^2 + b'y'^2 = 0$, und auf der parallelen Ebene $z' = m$ die Linie $a'x'^2 + b'y'^2 + 2m = 0$ mit den Asymptoten $a'x'^2 + b'y'^2 = 0$. Nun sind $a'b'$ und ab desselben Zeichens, u. s. w. Also gehn durch jeden Punct eines Paraboloids 2 der Fläche angehörende Gerade, nicht real auf einer elliptischen, real auf einer hyperbolischen Fläche. Die Geraden eines hyperbolischen Paraboloids enthalten je einen unendlichfernen Punct der Fläche, und sind parallel die einen mit einer Ebene, die andern mit einer andern Ebene.

Die Centren der parallelen Flächenschnitte liegen auf dem

Diameter des Punctes, in welchem das Paraboloid von einer parallelen Ebene berührt wird.

3. Die Geraden einer Fläche 2ter Ordnung, real auf den hyperbolischen Flächen, bilden 2 Serien (Regelschaaren). Vergl. §. 54, 3. MONGE J. de l'éc. polyt. Cah. 1. MÖBIUS Baryc. Calcul §. 111. BOBILLIER Quetelet Corresp. t. 4. Die Function $ax^2 + by^2 + cz^2 + d$ von 2 positiven und 2 negativen Gliedern kann durch $pq - rs$ ausgedrückt werden, so dass p, q, r, s von einander unabhängige lineare Functionen der x, y, z sind. Also ist $pq - rs = 0$ die Gleichung eines hyperbolischen Hyperboloids. Diese Gleichung kann ersetzt werden sowohl durch das System

$$p = \varkappa r, \quad q = \frac{1}{\varkappa} s$$

als auch durch das System

$$p = \lambda s, \quad q = \frac{1}{\lambda} r$$

Den realen Werthen des Parameters $\varkappa$ entsprechen die Geraden einer ersten Serie, welche das Hyperboloid erfüllen (erzeugen, Generatricen); den realen λ entsprechen die Geraden einer zweiten Serie, welche dasselbe Hyperboloid erfüllen.

Unter den Geraden einer Serie sind nicht 3 mit einer Ebene parallel; die Fläche würde die unendlichferne Gerade der Ebene enthalten, also ein Paraboloid sein. Unter den Geraden einer Serie haben nicht 2 einen Punct gemein. Denn dem System

$$p = \varkappa r, \quad q = \frac{1}{\varkappa}, \quad p = \varkappa' r, \quad q = \frac{1}{\varkappa'} s$$

dessen Determinante

$$\begin{vmatrix} 1 & 0 & \varkappa & 0 \\ 0 & 1 & 0 & \frac{1}{\varkappa} \\ 1 & 0 & \varkappa' & 0 \\ 0 & 1 & 0 & \frac{1}{\varkappa'} \end{vmatrix} = (\varkappa' - \varkappa)\left(\frac{1}{\varkappa'} - \frac{1}{\varkappa}\right)$$

nicht null ist, genügen nur $p = 0$, $q = 0$, $r = 0$, $s = 0$.

Dabei würden aber alle Geraden der Serie einen Punct gemein haben, und die Fläche ein Kegel sein, gegen die Voraussetzung.

Dagegen hat eine Gerade $\varkappa$ der einen Serie mit einer Geraden λ der andern Serie einen Punct gemein, bestimmt durch das System

$$p : q : r : s = \varkappa\lambda : 1 : \lambda : \varkappa$$

Jede Ebene einer Geraden erster Serie

$$p - \varkappa r + \lambda(\varkappa q - s) = 0 \quad \text{d. i.} \quad p - \lambda s + \varkappa(\lambda q - r) = 0$$

enthält eine bestimmte Gerade zweiter Serie. Die beiden Geraden sind parallel bei einer bestimmten linearen Gleichung, welche λ mit $\varkappa$ verbindet, hier $\varkappa + \lambda = 0$. Die Ebene der beiden Geraden ist in jedem Fall eine Tangentenebene der Fläche. Denn $pq - rs$ hat die Fluxionen q, p, $-s$, $-r$; also hat an dem Tetraeder $p = 0$, $q = 0$, $r = 0$, $s = 0$ der Punct $\varkappa\lambda|1|\lambda|\varkappa$ die Polare

$$1|\varkappa\lambda|-\varkappa|-\lambda \quad \text{d. i.} \quad p + \varkappa\lambda q - \varkappa r - \lambda s = 0$$

4. I. Durch 3 Gerade $\varkappa$, $\varkappa'$, $\varkappa''$ der einen Serie ist die andre Serie, also das Hyperboloid bestimmt. Wenn auf $\varkappa''$ die Puncte A'', B'', .. liegen, so haben die Ebenen $\varkappa A''$ und $\varkappa' A''$, $\varkappa B''$ und $\varkappa' B''$, .. die Geraden der andern Serie gemein, welche $\varkappa$ in A, B, .., und $\varkappa'$ in A', B', .. schneiden. Das Doppelverhältniss der Puncte A, B, C, D ist das Doppelverhältniss der Ebenen $\varkappa'' A$, $\varkappa'' B$, $\varkappa'' C$, $\varkappa'' D$, und dieses wiederum das Doppelverhältniss der Puncte A', B', C', D'. Auf 2 Geraden einer Serie werden daher von den Geraden der andern Serie collineare Figuren abgetheilt, und 4 Gerade einer Serie werden von jeder Geraden der andern Serie nach demselben Doppelverhältniss geschnitten. Steiner syst. Entw. 51, III. Chasles Aperçu note 9.

II. Durch 3 Gerade, welche nicht mit einer Ebene parallel sind, und deren nicht 2 einen Punct gemein haben, werden 3 Paare paralleler Ebenen bestimmt, also ein Parallelepiped auf der Basis $ABCD$, dessen Gegenpuncte A und A', B und

B', .. sind. Die Geraden AB, CA', $B'C'$ liegen auf einem Hyperboloid, welches concentrisch ist mit dem Parallelepiped, und die Geraden (zweiter Serie) BC, $A'B'$, $C'A$ enthält, weshalb das Sechseck $ABCA'B'C'$ hyperboloidisch genannt wird.

An dem concentrischen Trieder xyz, dessen Kanten mit AB, CA', $B'C'$ parallel sind, werden diese Geraden gegeben durch die Systeme

$$(y = b, z = -c), \quad (z = c, x = -a), \quad (x = a, y = -b)$$

Die Ebenen

$$z + c - \lambda(y - b) = 0 \text{ der } AB, \quad z - c - \mu(x + a) = 0 \text{ der } CA'$$

haben eine Gerade, welche auch $B'C'$ schneidet, wenn

$$z + c + 2b\lambda = 0 \text{ und } z - c - 2a\mu = 0$$

also unter der Bedingung $a\mu + b\lambda + c = 0$, d. i.

$$a\frac{z - c}{x + a} + b\frac{z + c}{y - b} + c = 0$$

$$ayz + bxz + cxy + abc = 0$$

Der Punct $x|y|z$ einer Geraden, welche die 3 gegebenen Geraden schneidet, liegt auf einer Fläche 2ter Ordnung. Der Asymptotenkegel der Fläche

$$\frac{a}{x} + \frac{b}{y} + \frac{c}{z} = 0$$

ist real und concentrisch mit dem Parallelepiped. Die Gleichung der Fläche ist auch

$$(ay + bx)(az + cx) - bc(x^2 - a^2) = 0$$

und bleibt unverändert, wenn a, b, c durch $-a$, $-b$, $-c$ ersetzt werden. Also ist die Fläche das oben beschriebene hyperbolische Hyperboloid. Vergl. Magnus Aufgaben II p. 277. Fiedler-Salmon Raumgeom. I, 114.

III. Im Allgemeinen liegen 4 Gerade, deren nicht 2 einen Punct gemein haben, nicht auf einem Hyperboloid. Eine Gerade, welche die 3 gegebenen Geraden a_1, a_2, a_3 schneidet, liegt auf dem Hyperboloid $a_1 a_2 a_3$. Eine Gerade, welche die 4 gegebenen Geraden a_1, a_2, a_3, g schneidet, enthält einen gemeinschaftlichen Punct H des Hyperboloids und der Geraden g. Nun gehn durch den Punct H die Geraden a_4, b_4 des Hyperboloids, a_4 zu der Serie a_1, a_2, a_3 gehörig, und b_4 zu der andern Serie gehörig, folglich a_1, a_2, a_3, g schneidend. Daher werden 4 Gerade, deren nicht 2 einen Punct gemein haben, von 2 bestimmten Geraden b_4, b_5 (real oder nicht real, oder vereint) geschnitten. Die Schnittpuncte einer der 4 Geraden liegen auf dem Hyperboloid der 3 andern Geraden; die Hyperboloide $a_1 a_2 a_3$ und $a_1 a_2 g$ haben die Geraden b_4, b_5 gemein, so dass a_1, b_4, a_2, b_5 ein unebenes Viereck bilden. Vergl. Möbius Baryc. Calc. §. 245 und 246, Statik §. 99. Steiner syst. Entw. 57. Schröter Oberfl. 2. Or. §. 14.

Wenn g auf a_4 fällt, so sind die 4 Geraden hyperboloidisch, einer Serie angehörig, und werden alle von jeder Geraden der andern Serie geschnitten. Hyperboloidisch sind z. B. die Höhen eines Tetraeders. Vergl. Stereom. §. 6, 9. Schröter a. a. O.

5. Das hyperbolische Paraboloid

$$\frac{x^2}{a^2} - \frac{y^2}{b^2} - z = 0$$

enthält sowohl die Serie von Geraden

$$\frac{x}{a} - \frac{y}{b} = \varkappa, \qquad \frac{x}{a} + \frac{y}{b} = \frac{z}{\varkappa}$$

als auch die Serie von Geraden

$$\frac{x}{a} + \frac{y}{b} = \lambda, \qquad \frac{x}{a} - \frac{y}{b} = \frac{z}{\lambda}$$

Die Geraden der ersten Serie sind parallel mit der Ebene $\frac{x}{a} - \frac{y}{b} = 0$, die Geraden der zweiten Serie sind parallel mit der Ebene $\frac{x}{a} + \frac{y}{b} = 0$. Die unendlichfernen Geraden dieser Ebenen sind es, aus welchen die unendlichferne Linie des Paraboloids besteht. Auf 2 Geraden einer Serie werden von den Geraden der andern Serie ähnliche Figuren abgetheilt.

Die Seiten eines unebenen Vierecks $ABCD$ liegen auf einem bestimmten Paraboloid, welches die unendlichferne Gerade g einer Ebene enthält, mit welcher die Seiten AB, CD parallel sind, und die unendlichferne Gerade h einer Ebene, mit welcher die Seiten BC, DA parallel sind. Auf dem Paraboloid $ABCD$ liegen die Geraden erster Serie in der Stellung (AB, CD), welche die Geraden g, BC, DA schneiden, sowie die Geraden zweiter Serie in der Stellung (BC, DA), welche die Geraden h, AB, CD schneiden.

6. Ein Kegel 2ter Ordnung hat mit den Ebenen von 2 bestimmten Stellungen reale Kreise gemein. Dasselbe gilt von den ordinären Flächen 2ter Ordnung; ausgenommen das hyperbolische Paraboloid, welches auf jeder Ebene reale unendlichferne Puncte hat. Zwei Kreise einer Fläche 2ter Ordnung, deren Ebenen nicht parallel sind, haben 2 Puncte gemein, welche den beiden Kreisebenen und der Fläche angehören; deshalb liegen die beiden Kreise auf einer Kugel. Bei einer Rotationsfläche sind die beiden Stellungen der Kreisebenen vereint, normal zur Axe; bei einer Kugel ist die Stellung der Kreisebenen unbestimmt.

Diese Kreise eines Kegels 2ter Ordnung waren den griechischen Geometern bekannt. Apollonius Con. I, 5. Die Kreise eines Ellipsoids sind von D'Alembert Opusc. t. 7 p. 163, die Kreise der Flächen 2ter Ordnung in der polytechnischen Schule bemerkt worden. Chasles Aperçu V §. 46. Die Ausnahme des hyperbolischen Paraboloids wurde von Klügel 1808 Math. Wörterbuch 3 p. 328 erwähnt.

7. I. Wenn $a < b < c$, und

$$\alpha^2 = c - b, \quad \beta^2 = c - a, \quad \gamma^2 = b - a$$

folglich $b\beta^2 = a\alpha^2 + c\gamma^2$, so ist

$$\begin{aligned} u &= ax^2 + by^2 + cz^2 \\ &= a(x^2+y^2+z^2) + \gamma^2 y^2 + \beta^2 z^2 \\ &= b(x^2+y^2+z^2) - \gamma^2 x^2 + \alpha^2 z^2 \\ &= c(x^2+y^2+z^2) - \beta^2 x^2 - \alpha^2 y^2 \end{aligned}$$

Hier ist $-\gamma^2 x^2 + \alpha^2 z^2$ ein reales Product, während $\gamma^2 y^2 + \beta^2 z^2$ und $-\beta^2 x^2 - \alpha^2 y^2$ nicht reale Producte sind. Die Gleichung $u + d = 0$ ist daher ersetzbar sowohl durch das reale System

$$b(x^2+y^2+z^2) + d - \varkappa(\gamma x - \alpha z) = 0, \quad \gamma x + \alpha z = \varkappa$$

als auch durch das System

$$b(x^2+y^2+z^2) + d - \lambda(\gamma x + \alpha z) = 0, \quad \gamma x - \alpha z = \lambda$$

II. An dem orthogonalen Trieder xyz hat die Fläche 2ter Ordnung $u + d = 0$ die Axen x, y, z, unter welchen y die mittlere Axe heisst, weil y^2 den mittlern Coefficienten b hat. Die Fläche enthält den Kreis, welchen die Kugel

$$b(x^2+y^2+z^2) + d - \varkappa(\gamma x - \alpha z) = 0$$

bei gegebenem $\varkappa$ mit der Ebene $\gamma x + \alpha z = \varkappa$ gemein hat. Dieser Kreis, dessen Ebene die Stellung $\gamma|0|\alpha$ hat, und die Richtung der mittleren Axe enthält, hat sein Centrum auf der Ebene $y = 0$ der beiden andern Axen. Das hiernach berechnete Kreiscentrum $\frac{c\gamma\varkappa}{b\beta^2}\Big|0\Big|\frac{a\alpha\varkappa}{b\beta^2}$ liegt auf dem Diameter der Fläche $u + d = 0$, dessen Richtung $c\gamma|0|a\alpha$ conjugirt ist der Stellung $ac\gamma|0|ca\alpha$ d. i. der Stellung $\gamma|0|\alpha$ der Kreisebene, wie nach (1) zu erwarten war. Die zweite Stellung von Ebenen, welche reale Kreise der Fläche enthalten, findet man durch Vertauschung von α, $\varkappa$ mit $-\alpha$, λ. Ebenen, welche mit den andern Axen parallel sind, enthalten bei bestimmten Stellungen nicht reale Kreise der Fläche.

III. Die den beiden Stellungen von Kreisebenen conjugirten Diameter

$$\frac{x}{c\gamma} = \pm\frac{z}{a\alpha}, \quad y = 0$$

haben mit der Fläche $u + d = 0$ die Puncte

$$x^2 = \frac{-dc}{ab}\frac{\gamma^2}{\beta^2}, \quad y = 0, \quad z^2 = \frac{-da}{bc}\frac{\alpha^2}{\beta^2}$$

gemein. Nun sind x^2 und z^2 bei einer hyperbolischen Fläche $u + d = 0$ negativ, bei einer elliptischen Fläche positiv. Also liegen auf den beiden Diametern 4 Puncte der Fläche, Eckpuncte eines Rectangels, nicht reale Puncte einer hyperbolischen Fläche, reale cyclische Puncte (§. 54, 9) einer elliptischen Fläche.

Der Kreis $\varkappa$ erster Serie liegt auf der Kugel

$$b(x^2 + ..) + d - \varkappa(\gamma x - \alpha z) - \lambda(\gamma x + \alpha z - \varkappa) = 0$$

Der Kreis λ zweiter Serie liegt auf der Kugel

$$b(x^2 + ..) + d - \lambda(\gamma x + \alpha z) - \varkappa(\gamma x - \alpha z - \lambda) = 0$$

Also liegen die beiden Kreise auf der Kugel

$$b(x^2 + ..) + d - \varkappa(\gamma x - \alpha z) - \lambda(\gamma x + \alpha z) + \varkappa\lambda = 0$$

Die bei der Fläche $u + d = 0$ gefundenen Stellungen der Kreisebenen sind auch die Stellungen der Kreisebenen bei dem concentrischen Asymptotenkegel $u = 0$, sowie bei den concentrischen Flächen $u + d + \mu(x^2 + y^2 + z^2) = 0$. Denn α, β, γ bleiben unverändert, wenn man a, b, c um μ verändert.

Wenn unter den Differenzen α^2, β^2, γ^2 eine null ist, so hat die Fläche nur eine Serie realer Kreise, und ist eine Rotationsfläche. Wenn 2 derselben Differenzen null sind, so ist die Fläche eine Kugel.

8. Wenn $b < c$, so ist

$$\begin{aligned} u &= by^2 + cz^2 + 2lx \\ &= b(x^2 + y^2 + z^2) + 2lx - bx^2 + (c - b)z^2 \\ &= c(x^2 + y^2 + z^2) + 2lx - cx^2 - (c - b)y^2 \end{aligned}$$

Bei gleichen Zeichen der b, c ist entweder $-bx^2 + (c - b)z^2$ oder $-cx^2 - (c - b)y^2$ ein reales Product; bei verschiedenen Zeichen der b, c ist weder das eine noch das andre Binomium ein reales Product. Also giebt es auf dem hyperbolischen

Paraboloid keine realen Kreise; auf dem elliptischen Paraboloid giebt es 2 Serien Kreise, und 2 cyclische Puncte, deren Gegenpuncte unendlichfern sind.

9. Wenn der Punct P von einem gegebenen Punct F, von 2 gegebenen Ebenen und von ihrer Geraden n die Distanzen FP, LP, MP, NP hat, und $FP^2 : LP.MP$ gegeben ist, so liegt P auf einer bestimmten Fläche 2ter Ordnung, von welcher eine Axe mit n parallel ist. Die Fläche hat auf der Ebene Fn eine Linie 2ter Ordnung, für welche F ein Brennpunct und n die zugehörige Directrix ist. Der Kegel, dessen Centrum F ist, und dessen Gerade die Fläche 2ter Ordnung berühren, ist ein Rotationskegel, dessen Axe auf einer zu n normalen Ebene liegt. Vergl. Salmon Geom. of 3 dim. 136. 144. Schröter Oberfl. 2. Or. §. 68.

I. Dass der Punct P auf einer Fläche 2ter Ordnung liegt, erkennt man daraus, dass das gegebene Verhältniss $FP^2 : LP.MP$ eine quadratische Function des Punctes P ist. Wenn insbesondere P auf der Ebene Fn liegt, so bilden die Geraden NL, NM mit NP gegebene Winkel, also sind

$$LP : NP, \quad MP : NP, \quad LP.MP : NP^2, \quad FP^2 : NP^2$$

constant. Folglich liegt P auf einer Linie 2ter Ordnung, welche den Brennpunct F mit der Directrix n hat (§. 23, 14).

II. Das orthogonale Trieder xyz wird so gerichtet, dass eine seiner Kanten z. B. z mit der Geraden n parallel ist, und dass die Ebenen xz, yz parallel sind mit den Ebenen, von welchen die Winkel der gegebenen Ebenen halbirt werden. An diesem Trieder seien bestimmt die Puncte $F(p|q|r)$, $P(x|y|z)$, die Gerade $n(x = f,\ y = g)$, und die Ebenen Ln, Mn

$$y - g - m(x - f) = 0, \quad y - g + m(x - f) = 0$$

folglich (§ 51, 5)

$$LP.MP = [(y - g)^2 - m^2(x - f)^2] \ (m^2 + 1)$$

Also hat man die gesuchte Fläche 2ter Ordnung

$$(x-p)^2+(y-q)^2+(z-r)^2+A(x-f)^2-B(y-g)^2=0$$

Die Axen der Fläche sind mit den Kanten x, y, z parallel.

III. Der der Fläche aus dem Punct F umgeschriebene Kegel wird nach §. 58, 2 gefunden. Zur Abkürzung werden

$$x-p,\quad y-q,\quad z-r,\quad x-f,\quad y-g$$

ersetzt durch x, y, z, $x+\alpha$, $y+\beta$, wo $\alpha=p-f$, $\beta=q-g$. Dann erhält man den umgeschriebenen Kegel

$$(A\alpha^2-B\beta^2)[x^2+y^2+z^2+A(x+\alpha)^2-B(y+\beta)^2]$$
$$-[A\alpha(x+\alpha)-B\beta(y+\beta)]^2=0$$

d. i. $(A\alpha^2-B\beta^2)(x^2+y^2+z^2)-AB(\beta x-\alpha y)^2=0$

Dieser Kegel ist nach §. 53, 8 ein Rotationskegel, dessen Axe die Richtung $\beta|-\alpha|0$ hat.

10. I. Unter den Kegeln, welche eine gegebene Linie 2ter Ordnung projiciren, giebt es Rotationskegel. An dem orthogonalen Trieder xyz ist

$$[(x-p)^2+(y-q)^2+(z-r)^2]\delta-[\alpha(x-p)+\beta(y-q)+\gamma(z-r)]^2=0$$

ein Rotationskegel, welcher das Centrum $S(p|q|r)$ hat, und dessen Axe die Richtung $\alpha|\beta|\gamma$ hat. Derselbe enthält die Linie 2ter Ordnung

$$z=0,\quad n^2x^2+m^2y^2-m^2n^2=0$$

nicht ohne die Bedingung $\alpha\beta=0$. Bei $\alpha=0$ ist die Axe des Kegels normal zur Kante x, bei $\beta=0$ ist sie normal zur Kante y.

In dem Fall $\alpha=0$ ist zunächst $p=0$ erforderlich zur Uebereinstimmung der beiden Gleichungen. Die Linie

$$[x^2+(y-q)^2+r^2]\delta-[\beta(y-q)-\gamma r]^2=0$$

ist congruent mit $n^2x^2+m^2y^2-m^2n^2=0$ unter den Bedingungen

$$\lambda n^2 = \delta, \quad \lambda m^2 = \delta - \beta^2, \quad \text{also} \quad \lambda(n^2 - m^2) = \beta^2$$
$$-\delta q + \beta^2 q + \beta\gamma r = 0, \quad \text{d. i.} \quad \beta\gamma r = \lambda m^2 q$$
$$-\lambda m^2 n^2 = \delta(q^2 + r^2) - (\beta q + \gamma r)^2$$

Nun ist $\beta q + \gamma r = \frac{\beta^2 q + \lambda m^2 q}{\beta} = \frac{\delta q}{\beta}$, folglich

$$-m^2 = q^2 + r^2 - \frac{\delta}{\beta^2} q^2$$

$$= r^2 - \frac{\delta - \beta^2}{\beta^2} q^2 = r^2 - \frac{m^2 q^2}{n^2 - m^2}$$

$$\text{d. i. } 1 + \frac{q^2}{m^2 - n^2} + \frac{r^2}{m^2} = 0$$

In dem Fall $\beta = 0$ ist $q = 0$, und man findet nach Vertauschung von q mit p und von m mit n

$$q = 0, \quad \frac{p^2}{m^2 - n^2} - 1 - \frac{r^2}{n^2} = 0$$

II. Demnach ist ein die Linie 2ter Ordnung

$$z = 0, \quad \frac{x^2}{m^2} + \frac{y^2}{n^2} - 1 = 0$$

projicirender Kegel ein Rotationskegel, wenn sein Centrum $S(p|q|r)$ entweder auf der Linie 2ter Ordnung

$$p = 0, \quad 1 + \frac{q^2}{m^2 - n^2} + \frac{r^2}{m^2} = 0$$

oder auf der Linie

$$q = 0, \quad \frac{p^2}{m^2 - n^2} - 1 - \frac{r^2}{n^2} = 0$$

liegt. Bei $m > n$ ist die erste Linie nicht real; sie enthält $(r = 0)$ die nicht realen Brennpuncte der gegebenen Ellipse, welche der kleinen Axe derselben angehören. Die andre Linie der Puncte S ist eine Hyperbel; ihre Scheitel $(r = 0)$ sind die auf der grossen Axe der Ellipse liegenden Brennpuncte der Ellipse, während die Brennpuncte der Hyperbel die Scheitel der Ellipse sind.

Dabei findet man, dass die Hyperbel in $S(p|0|r)$ von der Axe des die Ellipse aus dem Centrum S projicirenden Rotationskegels berührt wird.

III. Zugleich hat man für die Distanz des Punctes $P(x|y|0)$ der Ellipse von dem Punct $S(p|0|r)$ der Hyperbel

$$SP^2 = (x-p)^2 + y^2 + r^2 = \frac{m^2-n^2}{m^2}x^2 - 2px + \frac{m^2}{m^2-n^2}p^2$$

$$SP = \varepsilon x - \frac{p}{\varepsilon}, \quad \varepsilon = \frac{\sqrt{m^2-n^2}}{m}$$

Wenn S' und S auf demselben Zweig der Hyperbel liegen, so ist

$$S'P = \varepsilon x - \frac{p'}{\varepsilon}, \quad S'P - SP = \frac{p-p'}{\varepsilon}$$

Wenn T auf dem andern Zweig der Hyperbel liegt, so sind p' und p nicht eines Zeichens, und man hat

$$SP = -\varepsilon x + \frac{p}{\varepsilon}, \quad TP = \varepsilon x - \frac{p'}{\varepsilon}$$

$$SP + TP = \frac{p-p'}{\varepsilon}$$

Und wenn P' auf der Ellipse liegt, so ist

$$SP' = \varepsilon x' - \frac{p}{\varepsilon}, \quad SP - SP' = \varepsilon(x-x')$$

Mithin haben 2 Puncte S und T verschiedener Zweige der Hyperbel die Eigenschaft von Brennpuncten der Ellipse, während 2 Puncte P und P' der Ellipse die Eigenschaft von Brennpuncten der Hyperbel haben.

IV. Der Rotationskegel (I) enthält die Parabel

$$z = 0, \quad y^2 - 2hx = 0$$

nicht ohne die Bedingung $\alpha\beta = 0$. Bei $\alpha = 0$ ist $\delta = 0$, der Rotationskegel plan mit unbestimmtem Centrum. Bei $\beta = 0$ ist die Linie

$$[(x-p)^2 + (y-q)^2 + r^2]\delta - [\alpha(x-p) - \gamma r]^2 = 0$$

mit $y^2 - 2hx = 0$ congruent unter den Bedingungen

$$\delta - \alpha^2 = 0, \quad \delta q = 0, \quad \gamma r + \alpha h = 0$$

$$\delta(p^2 + r^2) - (\alpha p + \gamma r)^2 = 0$$

d. i. $p^2 + r^2 - (p-h)^2 = 0, \quad r^2 = 2h(\tfrac{1}{2}h - p)$

Also ist der die Parabel projicirende Kegel ein Rotationskegel, wenn sein Centrum $p|q|r$ auf der Linie

$$q = 0, \quad r^2 = 2h(\tfrac{1}{2}h - p)$$

liegt, auf einer Parabel der Ebene xz. Die beiden Parabeln sind congruent, ihre Diameter haben conträre Richtungen, der Scheitel der einen ist der Brennpunct der andern. Die zweite Parabel wird in $S(p|0|r)$ berührt von der Axe des die erste Parabel aus S projicirenden Rotationskegels. Dabei ist, wenn $P(x|y|0)$ auf der gegebenen Parabel liegt,

$$SP^2 = (x-p)^2 + y^2 + r^2 = (x-p)^2 + 2hx + h^2 - 2hp$$
$$= (x-p+h)^2$$
$$SP = x - p + h, \quad S'P = x - p' + h$$
$$SP - S'P = p' - p$$

eine constante Differenz für 2 bestimmte Puncte der einen und jeden beliebigen Punct der andern Parabel.

V. Demnach hat eine Ellipse und eine Hyperbel nicht nur 2 reale und 2 nicht reale Brennpuncte auf ihren Axen, sondern eine Serie realer Brennpuncte (Focalpuncte) und eine Serie nicht realer Brennpuncte auf den Centralebenen, welche normal zu den Axen gestellt sind. Die Puncte der beiden Serien erfüllen 2 Linien 2ter Ordnung, eine real, die andre nicht real, die beiden Focallinien der gegebenen Linie 2ter Ordnung. Die Ellipse hat eine reale Focalhyperbel, die Hyperbel hat eine reale Focalellipse, die Parabel hat eine reale Focalparabel.

Die realen Focallinien der Linien 2ter Ordnung sind von Dupin entdeckt worden. Corresp. sur l'école polyt. 1813 t. 2 p. 424, Applications 1822 p. 209. Dieselben ergeben sich geometrisch mit Hülfe der beiden Kugeln, welche den Rotationskegel und seinen Planschnitt berühren (§. 22, 4). Vergl. Quetelet Mém. de Bruxelles 1822 p. 151.

Dieselben Focallinien sind von Steiner 1827 Crelle J. 2 p. 192 bemerkt worden. Vergl. Jacobi 1834 Crelle J. 12 p. 138 und 73 p. 220. Chasles Aperçu Note 31 art. 27. Magnus Aufgaben II p. 298 ff. Schröter Oberflächen 2. Or. §. 65.

Eine Tangente eines Kegels 2ter Ordnung enthält eine Serie Planschnitte des Kegels (§. 53, 4). Die Brennpuncte dieser Planschnitte erfüllen eine Linie, welche die Focale der Serie Linien 2ter Ordnung genannt worden ist von QUETELET Dissertatio de quibusdam locis geometricis. Gand 1819. Vergl. DANDELIN Mém. de Bruxelles 1822 p. 171. CHASLES Aperçu note 4.

11. I. Wenn $u = ax^2 + by^2 + cz^2 + d$ in dem Punct $x_1|y_1|z_1$ den Werth u_1 hat, so liegt der Punct $x_2|y_2|z_2$ auf dem Kegel, dessen Gerade den Punct $x_1|y_1|z_1$ enthalten und die Fläche $u = 0$ berühren, unter der Bedingung (§. 58, 2)

$$u_1(ax_2^2 + by_2^2 + cz_2^2 + d) - (ax_1x_2 + by_1y_2 + cz_1z_2 + d)^2 = 0$$

d. i. $$Ax_2^2 + By_2^2 + Cz_2^2 + 2Fy_2z_2 + 2Gz_2x_2 + 2Hx_2y_2 + \ldots = 0$$

wo
$$\begin{aligned} A &= au_1 - a^2x_1^2 & F &= -bcy_1z_1 \\ B &= bu_1 - b^2y_1^2 & G &= -caz_1x_1 \\ C &= cu_1 - c^2z_1^2 & H &= -abx_1y_1 \end{aligned}$$

Unter Voraussetzung rechtwinkeliger Coordinaten ist der Kegel $Ax_2^2 + \ldots = 0$ ein Rotationskegel (§. 53, 8), wenn die Form $Ax_2^2 + \ldots + 2Hx_2y_2$ durch eine orthogonale Substitution in die Form $A'x_3^2 + A'y_3^2 + C'z_3^2$ gebracht werden kann. Alsdann ist (§. 59, 10)

$$A' = A - \frac{GH}{F} = B - \frac{HF}{G} = C - \frac{FG}{H}$$

$$(B - A')(C - A') - F^2 = 0, \ldots$$

Die ersten Bedingungen fordern, dass zugleich

$$\begin{aligned} (B-A)FG - (F^2 - G^2)H &= 0 & u_1(b-a)abc^2x_1y_1z_1^2 &= 0 \\ (C-A)HF - (F^2 - H^2)G &= 0 & u_1(c-a)ab^2cx_1y_1^2z_1 &= 0 \end{aligned}$$

sei. Bei $u_1 = 0$ würde der die Fläche $u = 0$ berührende Kegel plan sein; bei $a = b = c$ würde die Fläche eine Kugel, mithin jeder dieselbe berührende Kegel ein Rotationskegel sein; also ist entweder x_1 oder y_1 oder z_1 null.

II. Bei $x_1 = 0$ sind G, H null, folglich $A' = A$, so dass y_1, z_1 nur noch der Bedingung $(B - A)(C - A) - F^2 = 0$ unterworfen sind. Man findet

$$B - A = (b - a)u_1 - b^2 y_1^2 \qquad C - A = (c - a)u_1 - c^2 z_1^2$$

$$(B - A)(C - A) - F^2 = [(b-a)(c-a)u_1 - (b-a)c^2 z_1^2 - (c-a)b^2 y_1^2]u_1$$
$$= [-ab(c-a)y_1^2 - ca(b-a)z_1^2 + (b-a)(c-a)d]u_1$$

also für das Centrum $S(x_1|y_1|z_1)$ eines die Fläche $u = 0$ berührenden Rotationskegels

$$x_1 = 0, \quad \frac{y_1^2}{c(b-a)} + \frac{z_1^2}{b(c-a)} = \frac{d}{abc}, \quad \frac{y_1^2}{\frac{1}{b} - \frac{1}{a}} + \frac{z_1^2}{\frac{1}{c} - \frac{1}{a}} + d = 0$$

und ebenso

$$y_1 = 0, \quad \frac{x_1^2}{c(a-b)} + \frac{z_1^2}{a(c-b)} = \frac{d}{abc}, \quad \frac{x_1^2}{\frac{1}{a} - \frac{1}{b}} + \frac{z_1^2}{\frac{1}{c} - \frac{1}{b}} + d = 0$$

$$z_1 = 0, \quad \frac{x_1^2}{b(a-c)} + \frac{y_1^2}{a(b-c)} = \frac{d}{abc}, \quad \frac{x_1^2}{\frac{1}{a} - \frac{1}{c}} + \frac{y_1^2}{\frac{1}{b} - \frac{1}{c}} + d = 0$$

Wenn wie oben (7) $a < b < c$,

$$\alpha^2 = c - b, \quad \beta^2 = c - a, \quad \gamma^2 = b - a$$

so hat man die 3 Linien

$$x_1 = 0, \quad \frac{d}{abc} - \frac{y_1^2}{c\gamma^2} - \frac{z_1^2}{b\beta^2} = 0$$

$$y_1 = 0, \quad \frac{x_1^2}{c\gamma^2} + \frac{d}{abc} - \frac{z_1^2}{a\alpha^2} = 0$$

$$z_1 = 0, \quad \frac{x_1^2}{b\beta^2} + \frac{y_1^2}{a\alpha^2} + \frac{d}{abc} = 0$$

III. Die Centren S der die Fläche $u = 0$ berührenden Rotationskegel werden wie oben Brennpuncte (Focalpuncte) der Fläche 2ter Ordnung genannt. Diese Brennpuncte liegen auf 3 Linien 2ter Ordnung, den F o c a l l i n i e n d e r F l ä c h e 2 t e r O r d n u n g. Die Ebenen der Focallinien sind die Axen-Ebenen der Fläche. Eine Focallinie und der auf ihrer Ebene liegende

Flächenschnitt sind confocal (§. 24, 3), z. B. die erste Focallinie und $by^2 + cz^2 + d = 0$, weil

$$\frac{1}{b} - \frac{1}{a} - \left(\frac{1}{c} - \frac{1}{a}\right) = \frac{1}{b} - \frac{1}{c}$$

Eine der Focallinien ist nicht real, eine andre ist eine Ellipse, die dritte ist eine Hyperbel.

Wenn S ein realer Punct einer Focallinie, so wird die Focallinie in S von der Axe des Rotationskegels berührt, auch in dem Fall dass der Rotationskegel selbst nicht real ist. Ein realer Punct, welchen die Fläche mit einer ihrer Focallinien gemein hat, ist ein cyclischer Punct der Fläche (7).

Von den Focallinien einer Rotationsfläche 2ter Ordnung liegt eine ganz auf der Rotationsaxe (wie §. 24, 8), eine andre ist ein Kreis, real oder nicht real.

Die Focallinien eines Kegels ($d = 0$) bestehn jede aus 2 Geraden, von welchen ein Paar (die Focalhyperbel) real ist.

IV. Wenn $u = ax^2 + by^2 + 2z$ in dem Punct $x_1|y_1|z_1$ den Werth u_1 hat, so liegt der Punct $x_2|y_2|z_2$ auf dem Kegel, dessen Gerade den Punct $x_1|y_1|z_1$ enthalten und das Paraboloid $u = 0$ berühren, unter der Bedingung

$$u_1(ax_2^2 + by_2^2 + 2z_2) - (ax_1x_2 + by_1y_2 + z_2 + z_1)^2 = 0$$

d. i. $Ax_2^2 + By_2^2 + Cz_2^2 + 2Fy_2z_2 + 2Gz_2x_2 + 2Hx_2y_2 + .. = 0$

$$\begin{array}{lll} \text{wo } A = au_1 - a^2x_1^2 & & F = -by_1 \\ \phantom{\text{wo }} B = bu_1 - b^2y_1^2 & & G = -ax_1 \\ \phantom{\text{wo }} C = -1 & & H = -abx_1y_1 \end{array}$$

Unter Voraussetzung rechtwinkeliger Coordinaten kann der Kegel nur dann ein Rotationskegel sein, wenn

$$u_1(b-a)abx_1y_1 = 0 \quad \text{und} \quad u_1a^2b^2x_1y_1^2 = 0$$

also x_1 oder y_1 null ist.

Bei $x_1 = 0$ sind G, H null, folglich $A' = A$, und y_1, z_1 der Bedingung $(B - A)(C - A) - F^2 = 0$ unterworfen, d. i.

$$[(b-a)u_1 - b^2y_1^2](1 + au_1) + b^2y_1^2 = 0$$

$$y_1^2 = 2\left(\frac{1}{a} - \frac{1}{b}\right)\left(\frac{1}{2a} + z_1\right)$$

Bei $y_1 = 0$ sind F, H null, $A' = B$, und x_1, z_1 durch die Gleichung $(C - B)(A - B) - G^2 = 0$ verbunden, d. i.

$$x_1^2 = 2\left(\frac{1}{b} - \frac{1}{a}\right)\left(\frac{1}{2b} + z_1\right)$$

Das Paraboloid hat demnach 2 Focallinien, Parabeln der Ebenen yz und xz, confocal mit den Parabeln $by^2 + 2z = 0$ und $ax^2 + 2z = 0$ des Paraboloids.

V. Die Focallinien einer Fläche 2ter Ordnung, auf welchen die Centren der der Fläche umgeschriebenen Rotationskegel liegen, sind von Steiner 1826 eingeführt worden (zunächst eine der drei) Crelle J. 1 p. 47. Vergl. Jacobi 1834 Crelle J. 12 p. 137, Magnus Aufgaben II, §. 64. Weitere Aufschlüsse hat Chasles Aperçu Note 31 über die Focallinien („excentrische Kegelschnitte, Focalkegelschnitte") gegeben. Vergl. Salmon Geom. of 3 dim. 137 ff. Reye Geom. d. Lage II, 23. Schröter Oberfl. 2. Or. §. 61—65. Ueber die Focallinien eines Kegels 2ter Ordnung Magnus 1826 Gergonne Ann. 16 p. 33, Aufgaben II p. 170. Salmon Geom. of 3 dim. c. XI.

Bestimmte Puncte der Axen einer Fläche 2ter Ordnung haben für die Krümmungslinien der Fläche die Eigenschaft der Brennpuncte eines Kegelschnittes, und sind deshalb Focalpuncte der Fläche 2ter Ordnung in besonderem Sinn genannt worden. Heilermann 1859 Crelle J. 56 p. 345. Vergl. Schröter Oberfl. 2. Or. §. 70.

12. I. Wenn x, y, z die rechtwinkeligen Coordinaten eines Punctes sind, $\varkappa$ ein Parameter, $c^2 < b^2 < a^2$, und

$$u = \frac{x^2}{a^2 - \varkappa} + \frac{y^2}{b^2 - \varkappa} + \frac{z^2}{c^2 - \varkappa} - 1$$

so ist $u = 0$ eine Fläche 2ter Ordnung, deren Axen die Kanten des orthogonalen Trieders xyz, und deren Focallinien von $\varkappa$ unabhängig sind. Daher erhält man entsprechend allen realen $\varkappa$ eine Serie confocaler Flächen 2ter Ordnung $u = 0$ (mit gemeinschaftlichen Focallinien). Vergl. §. 24, 3 ff.

Wenn $c^2 - \varkappa$ positiv, so ist $u = 0$ ein Ellipsoid (§. 57). Wenn $c^2 - \varkappa$ negativ, $b^2 - \varkappa$ positiv, so ist $u = 0$ ein hyperbolisches Hyperboloid. Wenn $b^2 - \varkappa$ negativ, $a^2 - \varkappa$ positiv, so ist $u = 0$ ein elliptisches Hyperboloid. Wenn $a^2 - \varkappa$ negativ, so ist $u = 0$ eine nicht reale Fläche 2ter Ordnung.

Bei $\varkappa = c^2$ ist $z = 0$, die Fläche $u = 0$ plan, einerseits der Ebene xy ein planes Ellipsoid, andrerseits ein planes hyperbolisches Hyperboloid, beide getrennt durch die Focalellipse

$$z = 0, \quad \frac{x^2}{a^2 - c^2} + \frac{y^2}{b^2 - c^2} - 1 = 0$$

U. s. w. Also besteht die Serie confocaler Flächen aus 4 Abtheilungen:

Ellipsoide, wenn $-\infty < \varkappa < c^2$
hyp. Hyperboloide, wenn $c^2 < \varkappa < b^2$
ell. Hyperboloide, wenn $b^2 < \varkappa < a^2$
nicht reale Flächen, wenn $\varkappa > a^2$

Getrennt werden die Flächen der 4 Abtheilungen durch die planen Flächen der 3 Focallinien.

Die Flächen einer Abtheilung sind affin. Zwei Flächen einer Abtheilung haben eine Linie 2.2ter Ordnung gemein, einem Kegel angehörig, von welchem nur das Centrum real ist; also haben die beiden Flächen keinen realen Punct gemein. Wie §. 24, 4.

II. Einen gegebenen Punct $x|y|z$ haben je eine bestimmte Fläche der ersten, zweiten, dritten Abtheilung gemein. Denn die cubische Gleichung $u = 0$ für $\varkappa$ hat eine reale Wurzel λ zwischen $-\infty$ und c^2, eine positive Wurzel μ zwischen c^2 und b^2, eine positive Wurzel zwischen b^2 und a^2 (§. 24, 5). Aus den Wurzeln λ, μ, ν findet man

$$x^2(a^2 - b^2)(a^2 - c^2) = (a^2 - \lambda)(a^2 - \mu)(a^2 - \nu)$$
$$y^2(b^2 - c^2)(b^2 - a^2) = (b^2 - \lambda)(b^2 - \mu)(b^2 - \nu)$$
$$z^2(c^2 - a^2)(c^2 - b^2) = (c^2 - \lambda)(c^2 - \mu)(c^2 - \nu)$$

Eine Function der x, y, z wird durch diese reale Substitution in eine Function der λ, μ, ν transformirt, so dass λ, μ, ν elliptische Coordinaten sind, geeignet den Punct $x|y|z$ eines gegebenen Raumoctanten eindeutig zu bestimmen.

III. Die 3 Flächen, das Ellipsoid $\varkappa = \lambda$, das hyp. Hyperboloid $\varkappa = \mu$, und das ell. Hyperboloid $\varkappa = \nu$, werden überall von einander normal geschnitten. Denn aus den Bedingungen $u(\lambda) = 0$, $u(\mu) = 0$ folgt durch Subtraction

$$\frac{x^2}{(a^2-\lambda)(a^2-\mu)} + \frac{y^2}{(b^2-\lambda)(b^2-\mu)} + \frac{z^2}{(c^2-\lambda)(c^2-\mu)} = 0$$

d. h. die Stellungen $\frac{x}{a^2-\lambda} \Big| \frac{y}{b^2-\lambda} \Big| \frac{z}{c^2-\lambda}$ und $\frac{x}{a^2-\mu} \Big| \frac{y}{b^2-\mu} \Big| \frac{z}{c^2-\mu}$ der Ebenen, von welchen die Flächen $u(\lambda) = 0$, $u(\mu) = 0$ in dem Punct $x|y|z$ berührt werden, sind normal zu einander (§. 51, 4).

Wenn überhaupt 3 Flächen einander überall normal schneiden, so sind ihre Schnitte Krümmungslinien der Flächen. DUPIN 1813 Développements p. 305 ff. Den besondern Fall, dass in der Serie confocaler Flächen 2ter Ordnung eine Fläche einer Abtheilung von den Flächen der beiden andern Abtheilungen in ihren Krümmungslinien geschnitten wird, hatte gleichzeitig auch BINET bekannt gemacht. J. de l'école polyt. Cah. 16. LIOUVILLE J. 2 p. 248.

JACOBI Crelle J. 12 p. 137 hat bemerkt, dass die aus einem beliebigen Centrum K den Flächen der Serie umgeschriebenen Kegel ebenfalls confocal sind: ihre gemeinschaftlichen Focallinien sind die Geraden des Punctes K, welche auf den durch den Punct K gehenden 3 Flächen der Serie liegen. Vergl. SALMON Geom. of 3 dim. c. 8. HESSE Raumgeom. 22. SCHRÖTER Oberfl. 2. Or. §. 69.

IV. Wenn wie §. 24, 7 dem Punct P

$$t\sqrt{a^2-\varkappa} \,|\, u\sqrt{b^2-\delta\varkappa} \,|\, v\sqrt{c^2-\varepsilon\varkappa}$$

der Punct P'

$$t\sqrt{a^2-\varkappa'} \,|\, u\sqrt{b^2-\delta\varkappa'} \,|\, v\sqrt{c^2-\varepsilon\varkappa'}$$

entspricht, so sind die Figuren der entsprechenden Puncte affin.

Die der Bedingung $t^2 + \delta u^2 + \varepsilon v^2 = 1$ genügenden Puncte P, Q, .. und die entsprechenden Puncte P', Q', .. liegen auf confocalen Flächen 2ter Ordnung, so dass die Distanzen PQ' und $P'Q$ gleich sind. Ivory a. a. O. Wenn nun den Puncten A, B, C, D der einen Fläche die Puncte A', B', C', D' der andern Fläche entsprechen, so hat D' von A, B, C die Distanzen $A'D$, $B'D$, $C'D$, durch welche er (zweideutig) bestimmt ist. Daher kann eine Fläche 2ter Ordnung mit Hülfe einer gegebenen Fläche 2ter Ordnung, insbesondere einer planen, construirt werden, wie Jacobi a. a. O. bemerkt hat.

Druck von Hundertstund & Pries in Leipzig.

Berichtigungen und Nachträge.

Zu lesen p. 44 Z. 12 v. u. §. 3, 3. p. 53 Z. 13 v. u. 1837. p. 56 Z. 3. OA_i. p. 60 Z. 1 v. u. §. 12, 1. p. 77 Z. 18. 1748. p. 82 Z. 1. der. p. 83 Z. 8. eine. p. 92 Z. 7. α_i statt a_i. p. 98 Z. 6. Keppler. p. 104 Z. 17. nicht vereint statt vereint. p. 123 Z. 12. u^2 statt u. p. 124 Z. 16 k' statt k^1. p. 126 Z. 16. $-OP^2$ statt $+$. p. 206 Z. 13. §. 13, 12. p. 229 Z. 7. $h \sin \alpha$. p. 408 Z. 4 v. u. $y = b -$. p. 443 Z. 13 v. u. $-$ statt $=$.

p. 24 unten zu citiren: Maclaurin Tractatus §. 28. p. 95 unten: das Wort Ellipse kommt bei Archimedes nicht vor. p. 248 Z. 4. Euler Nova Acta Petrop. 9 p. 132. p. 254 zu citiren: Hesse 4 Vorlesungen über analyt. Geom. 1866 Vorl. 2 und Serret.

p. 267 Z. 13 ff. Die Stelle soll heissen: „bestimmt durch die Gleichung $R_{31} = 0$ oder (wenn R_{31} bei $x = x_i$ unbedingt null ist) durch die Gleichung $u = 0$. Der 3fachen oder 4fachen Abscisse x_i entsprechen 3 oder 4 Ordinaten, welche der Gleichung $R_{31} = 0$ oder (wenn diese nicht existirt) der Gleichung $u = 0$ genügen.“ Die Bedeutung mehrfacher Wurzeln der resultirenden Gleichung $R_{40} = 0$ war 1880, als diese Stelle gedruckt wurde, noch nicht vollständig aufgeklärt. Vergl. unten §. 40 und die 5te Auflage meiner Determinanten 1881.

p. 280 Z. 14 soll heissen: „wenn die Functionen f, g der x, y in Functionen der p, q transformirt werden.“ p. 282 unten: Eine der Spitze nahe Tangente des Bogens, welchem der andre Bogen seine concave Seite zukehrt, schneidet diesen Bogen, und hat mit der Linie 4 oder mehr Puncte gemein. p. 287 Z. 3 hinzuzufügen: oder auf der unendlichfernen Geraden. p. 315. Bei art. 4 sind die folgenden art. 8 und 11 zu beachten. p. 318 Z. 10. Plücker 1829 Crelle J. 4 p. 329. p. 321 art. 11. Vergl. Cayley Crelle J. 64 p. 369.

Berichtigungen und Nachträge.

Zu lesen p. 44 Z. 12 v. u. §. 3, 3. p. 53 Z. 13 v. u. 1837. p. 56 Z. 3. OA_i. p. 60 Z. 1 v. u. §. 12, 1. p. 77 Z. 18. 1748. p. 82 Z. 1. der. p. 83 Z. 8. eine. p. 92 Z. 7. α_i statt a_i. p. 98 Z. 6. Keppler. p. 104 Z. 17. nicht vereint statt vereint. p. 123 Z. 12. u^2 statt u. p. 124 Z. 16 k' statt k^1. p. 126 Z. 16. $-OP^2$ statt $+$. p. 206 Z. 13. §. 13, 12. p. 229 Z. 7. $h \sin \alpha$. p. 408 Z. 4 v. u. $y = b -$. p. 443 Z. 13 v. u. $-$ statt $=$.

p. 24 unten zu citiren: Maclaurin Tractatus §. 28. p. 95 unten: das Wort Ellipse kommt bei Archimedes nicht vor. p. 248 Z. 4. Euler Nova Acta Petrop. 9 p. 132. p. 254 zu citiren: Hesse 4 Vorlesungen über analyt. Geom. 1866 Vorl. 2 und Serret.

p. 267 Z. 13 ff. Die Stelle soll heissen: „bestimmt durch die Gleichung $R_{31} = 0$ oder (wenn R_{31} bei $x = x_i$ unbedingt null ist) durch die Gleichung $u = 0$. Der 3fachen oder 4fachen Abscisse x_i entsprechen 3 oder 4 Ordinaten, welche der Gleichung $R_{31} = 0$ oder (wenn diese nicht existirt) der Gleichung $u = 0$ genügen." Die Bedeutung mehrfacher Wurzeln der resultirenden Gleichung $R_{40} = 0$ war 1880, als diese Stelle gedruckt wurde, noch nicht vollständig aufgeklärt. Vergl. unten §. 40 und die 5te Auflage meiner Determinanten 1881.

p. 280 Z. 14 soll heissen: „wenn die Functionen f, g der x, y in Functionen der p, q transformirt werden." p. 282 unten: Eine der Spitze nahe Tangente des Bogens, welchem der andre Bogen seine concave Seite zukehrt, schneidet diesen Bogen, und hat mit der Linie 4 oder mehr Puncte gemein. p. 287 Z. 3 hinzuzufügen: oder auf der unendlichfernen Geraden. p. 315. Bei art. 4 sind die folgenden art. 8 und 11 zu beachten. p. 318 Z. 10. Plücker 1829 Crelle J. 4 p. 329. p. 321 art. 11. Vergl. Cayley Crelle J. 64 p. 369.

www.ingramcontent.com/pod-product-compliance
Lightning Source LLC
LaVergne TN
LVHW011252110826
845149LV00001B/114

* 9 7 8 1 4 1 8 1 8 5 2 2 0 *